Gerald H. Pollack

Wasser – viel mehr als H_2O

Gerald H. Pollack

Wasser – viel mehr als H_2O

Bahnbrechende Entdeckung: Das bisher unbekannte Potenzial unseres Lebenselements

VAK

VAK Verlags GmbH
Kirchzarten bei Freiburg

Titel der amerikanischen Originalausgabe:
The Fourth Phase of Water.
Beyond Solid, Liquid, and Vapor

ISBN 978-0-9626895-4-3
Erschienen bei: Ebner and Sons Publishers, Seattle/WA (USA)

Die Originalausgabe wurde bereits zweifach ausgezeichnet:
- *Distinguished Award 2013* (Puget Sound Chapter of the Society for Technical Communication)
- *Excellence Award 2014* (Society for Technical Communication International Summit Awards)

Bibliografische Information der Deutschen Nationalbibliothek
Die Deutsche Nationalbibliothek verzeichnet diese Publikation in der Deutschen Nationalbibliografie; detaillierte bibliografische Daten sind im Internet über http://dnb.d-nb.de abrufbar.

VAK Verlags GmbH
Eschbachstr. 5
79199 Kirchzarten
Deutschland
www.vakverlag.de

6. Auflage: 2023

Übersetzung: Cornelia Renate Gottwald
Fachliche Beratung: Prof. Dr. Manfred Wussling
Lektorat: Norbert Gehlen
Grafiken und Illustrationen: Ethan Pollack
Fotos: siehe Urheberverzeichnis
Umschlagfoto: Fotolia
Umschlagdesign: Kathrin Steigerwald
Satz: Goar Engeländer, www.dametec.de
Druck: Himmer GmbH, Augsburg
Printed in Germany
ISBN 978-3-86731-158-8 (Paperback)
ISBN 978-3-95484-342-8 (ePub)
ISBN 978-3-95484-344-2 (PDF)

Inhalt

Für Gilbert Ling

der mir beibrachte, dass Wasser im Inneren einer Zelle
nichts gemein hat mit Wasser in einem Glas,

und dessen Mut mich ein Leben lang inspiriert hat.

Vorwort

Mitten in meinem Wohnzimmer saß der Nobelpreisträger. *Er* war sehr zurückhaltend und *ich* ein wenig eingeschüchtert, eine Kombination, die prädestiniert war für peinliche Situationen. Es war, als müsste man Smalltalk mit Einstein führen. Was soll man da bloß sagen?

Sir Andrew Huxley war der Nobelpreisträger unter den Nobelpreisträgern. Ihm waren grundlegende Erkenntnisse in der Zellmembran-Forschung zu verdanken und zu dem Zeitpunkt, als wir uns trafen, war er ein führender Experte auf dem Gebiet der Muskelkontraktion. Zu seinen zahlreichen Auszeichnungen gehörten unter anderen diese: Präsident der *Royal Society*, Master des *Trinity College* (Cambridge) und Träger des Verdienstordens der Königin von England. Er gehörte zur angesehenen Familie der Huxleys, von der auch der legendäre Biologe Thomas Henry Huxley (sein Spitzname war „Darwins Bulldogge") abstammte und der visionäre Schriftsteller Aldous Huxley. Hier in meinem Wohnzimmer saß also dieser überragende wissenschaftliche Aristokrat.

In dieser angespannten Situation wagte niemand, das eigentliche Problem anzuschneiden: Experimentelle Ergebnisse aus meinem Labor wiesen darauf hin, dass die Theorie meines Gastes möglicherweise falsch sein könnte. Der Grund seines Besuchs war seine Absicht, diese Belege zu überprüfen; das hatte er vor unserem Gespräch schon in den Räumlichkeiten des Labors getan. Doch in meinem Wohnzimmer vermieden wir es beide, auf diese haarige Angelegenheit zu sprechen zu kommen, und wir konzentrierten uns stattdessen auf ein so spannendes Thema wie das Wetter. Sogar nach einigen Gläsern Sherry zur allgemeinen Auflockerung blieb es mühsam, in Bezug auf das heikle Thema Klartext zu reden. Schließlich war Huxley ein wissenschaftliches Orakel – praktisch eine Gottheit.

Überragende Persönlichkeiten wie Huxley erscheinen ehrfurchtgebietend und wir neigen dazu, zu vergessen, dass auch die berühmtesten Wissenschaftler Menschen sind. Sie essen dieselbe Nahrung wie wir, haben dieselben Vorlieben und leiden unter denselben menschlichen Schwächen. Wenngleich wir also ihre Erkenntnisse bewundern und ihr Werk respektieren mögen, müssen wir uns nicht verpflichtet fühlen, dieses Werk als fehlerlos oder absolut anzusehen; wissenschaftliche Aussagen sind nicht heilig.

Es wäre ein großer Irrtum, jegliche wissenschaftliche Theorie als unumstößlich anzusehen. Jedes Erklärungsmodell, das wir entwickeln, muss auf einem soliden Fundament aus Ergebnissen von Experimenten stehen – und nicht auf doktrinären Thesen. Sonst könnte das Endergebnis eher einer von M. C. Eschers Zeichnungen von hintergründiger Unmöglichkeit gleichen und das sollte tunlichst vermieden werden. Auch bereits lange gültige Modelle bleiben angreifbar, wenn es ihnen nicht gelingt, einfache und zufriedenstellende Erklärungen zu liefern. Die Geschichte von Galileo Galilei lehrt uns, dass dann, wenn etablierte Grundfesten der Wissenschaft auf die Unterstützung durch ausgefeilte theoretische Konstrukte – im Fall der Planetenbewegungen etwa auf „Epizyklen“ – angewiesen sind, um mit den empirischen Beobachtungen zur Deckung gebracht zu werden, dass es dann höchste Zeit ist, nach *einfacheren* Erklärungen zu suchen.

Dieses Buch versucht, verlässliche Grundlagen zu schaffen für eine neue Wissenschaft vom Wasser. Ihr Ursprung liegt in Entdeckungen aus jüngster Zeit. Auf diesen neuen Grundlagen werden wir ein verständliches Bezugssystem mit beachtlicher Voraussagekraft aufbauen: Alltägliche Beobachtungen werden damit – ohne die Notwendigkeit komplizierter Gedankensprünge und -verbiegungen – vollständig erklärbar. Und es gibt noch ein weiteres Plus: Die Entwicklung dieses neuen Konzepts wird vier neue wissenschaftliche Prinzipien hervorbringen – Prinzipien, die sich über das Wasser hinausgehend überall in der Natur anwenden lassen.

Meine Herangehensweise ist also unkonventionell. Sie baut nicht auf die „vorherrschende Doktrin“ und sie akzeptiert nicht automatisch alle aktuellen grundlegenden Prinzipien als von Haus aus gültig. Stattdessen kehrt sie zur ursprünglichen Methode zurück, Wissenschaft zu betreiben: sich auf die allgemeine Beobachtung zu verlassen, einfache Logik anzuwenden und die elementaren Prinzipien aus Chemie und Physik zum Verständnis zu nutzen. Ein Beispiel: Wenn Sie den Dampf beobachten, der aus Ihrem heißen Kaffee aufsteigt, können Sie die Dampfwolken tatsächlich *sehen*. Was sagt Ihnen dies über die Natur des Verdampfungsprozesses? Reichen die vorherrschenden Prinzipien aus, um das zu erklären, was Sie sehen? Oder müssen wir unseren Blick woanders hin ausrichten? (Sie werden erfahren, was ich damit meine, wenn Sie Kapitel 15 lesen.)

Diese altmodische Herangehensweise könnte leicht als respektlos angesehen werden, weil sie den „Göttern“ der Wissenschaft zu wenig huldigt. Andererseits glaube ich, dass dies der beste Weg ist, zu einem intuitiven Verständnis der Natur zu gelangen – einem Verständnis, das selbst Laien nachvollziehen können.

Ich habe mein Leben sicherlich nicht als Revolutionär begonnen. Tatsächlich war ich sehr konventionell. Als Student des Elektroingenieurwesens kam ich ordentlich angezogen und mit gebührendem Respekt zum Unterricht. Bei Partys trug ich Krawatte und Jackett, wie meine Kommilitonen auch. Wir sahen so revolutionär aus wie ein Handarbeitskränzchen älterer Damen.

Erst während meines Studiums an der *University of Pennsylvania* keimte die „Saat der Revolution“ in mir. Mein Studienfach zu dieser Zeit war das

Bioingenieurwesen. Ich fand damals den „Ingenieur-Anteil" sehr bieder, während die biologische Komponente einen willkommenen Arbeitsbereich mit Zukunftspotenzial darstellte. Biologie war angesagt, hier passierte etwas; sie war voller Dynamik und Zukunftsversprechen. Dennoch machte keiner meiner Biologieprofessoren auch nur die geringste Andeutung davon, dass Studenten wie wir eines Tages einen wissenschaftlichen Durchbruch erzielen könnten. Unsere Aufgabe war lediglich, ein bereits existierendes wissenschaftliches Skelett mit Fleisch aufzufüllen.

Ich dachte, das schrittweise erfolgende Hinzufügen von Fleischstücken sei der Weg der Wissenschaft – bis ein Kollege die roten Warnlichter in mir aufleuchten ließ: Tatsuo Iwazumi kam an die *University of Pennsylvania,* als ich kurz vor meiner Promotion stand. Ich hatte eine einfache Computersimulation der Herzkontraktion gemäß dem Modell von Huxley entwickelt und Iwazumi sollte in meine Fußstapfen treten. Sein Kommentar: „Unmöglich!" Das respektvolle Verhalten, das die meisten mir bekannten Japaner an den Tag legten, gehörte nicht zu seinen hervorstechenden Eigenschaften. Iwazumi machte mir unmissverständlich klar, dass meine Simulation wertlos sei: Sie beruhe auf der gängigen Theorie der Muskelkontraktion – doch dieser theoretisch konzipierte Mechanismus könne gar nicht funktionieren. „Diese Funktionsweise ist in Wirklichkeit instabil", fuhr er fort. „Wenn ein Muskel wirklich so arbeiten würde, würde er bei seiner ersten Kontraktion in Stücke gerissen."

Wow! Ein Frontalangriff auf Huxleys Muskeltheorie? Das konnte doch nicht sein.

Obwohl Iwazumi später in jeder Hinsicht brillierte und mit makellosen Qualifikationen der Universität von Tokio und des MIT glänzen konnte, schien er dem legendären Sir Andrew Huxley in keiner Weise gewachsen zu sein. Wie könnte ein solch anerkannter Nobelpreisträger sich dermaßen geirrt haben?! Wir glaubten, dass die wissenschaftlichen Zusammenhänge, die von solchen Koryphäen aufgezeigt worden waren, Grundwahrheiten und Lehrbuchwissen darstellten. Und dann kam so ein unverschämter, junger japanischer Ingenieurstudent daher und wollte mich glauben machen, dass dieser spezielle Sachverhalt nicht nur falsch, sondern sogar unmöglich war?!

Widerwillig musste ich eingestehen, dass Iwazumis Argumentation überzeugend war – klar, logisch und einfach. Meines Wissens wurde sie bis zum heutigen Tag nicht angefochten. Wer diese Argumentation zum ersten Mal hört, erkennt sehr schnell die Logik dahinter und ihre Einfachheit lässt alle kritischen Stimmen verstummen.

Für mich markierte dies einen Wendepunkt. Es hat mich gelehrt, dass stimmige, logische Argumente auch bereits lange bestehende Glaubenssysteme übertrumpfen können, selbst wenn letztere von ganzen Armeen unterstützt werden. Ist eine Theorie erst einmal widerlegt, bedeutet dies ihr Aus. Sich auf ewig daran zu klammern, ist gleichbedeutend mit religiöser Anhängerschaft, aber nicht mit Wissenschaft. Die Begegnung mit Iwazumi hat mich auch gelehrt, dass unabhängiges Denken mehr ist als eine bloße Floskel; es ist ein notwendiger Bestandteil der Suche nach Wahrheit. Und es führte dann tatsächlich zu meinem Disput mit Sir Andrew Huxley über die Muskelkontraktion (der nie beigelegt wurde).

Konventionelle Denkweisen anzufechten ist kein Zuckerschlecken, das kann ich Ihnen versichern. Vielleicht glauben Sie, dass das wissenschaftliche Establishment frische Ideen, die neues Licht auf alte Denkweisen werfen, begeistert willkommen heiße, doch das ist meist nicht der Fall. Neue Denkansätze stellen bisherige Weisheiten infrage. Die im jeweiligen Fachgebiet führenden Wissenschaftler neigen dazu, defensiv zu reagieren, denn ein solches „Infragestellen" bedroht ihren Status. Als Konsequenz daraus begibt sich derjenige, der die vorherrschenden Auffassungen anzweifelt, auf einen steinigen Weg – voller gefährlicher Wendungen und erheblicher Hürden.

Und dennoch ist es mir irgendwie gelungen, diese Anfangszeit zu überstehen. Indem ich vorsichtig ein Gleichgewicht zwischen „Respektlosigkeit" einerseits und solider konventioneller Wissenschaft, ja, sogar taktvoller Ehrerbietung wahrte, konnte ich zum größten Teil unbeschadet weitermachen. Was wir infrage stellten, war offenkundig, doch wir waren die Ersten, die neue Technologien einsetzten, die so beeindruckend waren, dass meine Studenten weltweit gute Berufsaussichten hatten. Dass ich mir auf diese Weise Respekt verschaffte, bewahrte mich vor einem Schicksal, das zum wissenschaftlichen Aus führt, wie es den meisten „Herausforderern" beschieden ist.

In der Mitte meiner Karriere begann sich mein Interesse auszuweiten und ich befasste mich mit *verschiedenen* wissenschaftlichen Gebieten. Während ich das tat, stieß ich überall auf Ungereimtheiten. Es wimmelte nur so von Widersprüchen. Auch in anderen Bereichen wurde vorherrschendes Wissen infrage gestellt und die Zweifel schienen ebenso grundlegend zu sein wie diejenigen im Bereich der Muskelkontraktion.

Ein Beispiel solchen Infragestellens fand ich auch auf dem Gebiet der Wasserforschung – dem Thema dieses Buches. Der bekannteste Zweifler war zu dieser Zeit Gilbert Ling. Ling hatte die Glasmikroelektrode erfunden, die die zelluläre Elektrophysiologie revolutionierte. Eigentlich hätte er für diese Leistung den Nobelpreis verdient, doch Ling geriet in Schwierigkeiten, weil seine Ergebnisse darauf hindeuteten, dass die Wassermoleküle in einer Zelle sich *ordneten*. Die Annahme einer solchen Ordnung war jedoch für die meisten Biologen und Physiker eine Irrlehre und damit tabu. Der wenig zurückhaltende Ling indes verbreitete seine Schlussfolgerungen, insbesondere bei denen, die vielleicht anderer Meinung waren.

Aus diesem Grund und auch wegen anderer Ketzereien fiel Ling schließlich in Ungnade. Wissenschaftler, die eher traditionelle Ansichten hatten, beschimpften ihn als Provokateur. Ich war anderer Meinung. Ich fand seine Ansichten in Bezug auf Zellwasser genauso stimmig wie Iwazumis Auffassungen über die Muskelkontraktion. Es blieben noch einige Fragen offen, doch insgesamt erschien mir seine Hypothese evidenzbasiert, logisch und potenziell von weitreichender Gültigkeit. Als ich Ling als Gastredner für eine Vorlesung an der Universität einlud, mahnte mich ein älterer Kollege ganz väterlich: Ich solle mir das doch besser noch einmal überlegen. Die Unterstützung einer solch umstrittenen Persönlichkeit könne auch meinen eigenen Ruf in irreparabler Weise schädigen. Ich nahm das Risiko auf mich – doch die Konsequenzen seiner Warnung klangen nach.

Die Geschichte mit Ling öffnete mir noch mehr die Augen. Ich begann zu verstehen, warum den Kritikern das Schicksal zuteil wurde, das sie erlitten: Sie bereiteten denen, die der orthodoxen Meinung anhingen, stets Unannehmlichkeiten. Und das brachte die unbequemen Zweifler in Schwierigkeiten. Mir wurde auch klar, dass es derer viele gab – mehr, als man normalerweise erwarten würde. Nicht nur auf dem Gebiet des Wassers und der Muskelkontraktion wurden Theorien angefochten; Stimmen des Widerspruchs wurden auch in anderen Bereichen laut, von der Signalübertragung in Nerven bis hin zur kosmischen Gravitation. Je mehr ich mich umsah, umso mehr konnte ich entdecken. Ich meine damit nicht die exzentrischen Behauptungen von ein paar Verrückten, die nach Aufmerksamkeit gierten. Ich beziehe mich auf die wohlüberlegten Widersprüche, die von klugen, professionell arbeitenden Wissenschaftlern kamen.

Auf ernsthafte Widersprüche trifft man also überall in der Wissenschaft. Diese kritischen Stimmen sind Ihnen vielleicht nicht bewusst – so ist es mir bis vor Kurzem ebenfalls ergangen –, denn sie verhallen oft außerhalb des wahrnehmbaren Bereichs. Das Establishment sieht wenig Nutzen darin, den Meinungsstreit öffentlich auszutragen, und so finden die Einwände keine Verbreitung. Selbst junge Wissenschaftler, die auf ihrem jeweiligen Feld die Arbeit aufnehmen, wissen möglicherweise nicht, dass dessen spezielles „Glaubensgerüst" ins Wanken geraten ist.

Solche kritischen Einwände folgen einem vorhersehbaren Muster. Aufgerüttelt von der wachsenden Komplexität einer Theorie und ihrem Widerspruch gegenüber den Beobachtungen erhebt sich ein Wissenschaftler und berichtet von einem Problem; oft wird gleichzeitig mit dem Problem eine Ersatztheorie präsentiert. Normalerweise reagiert das Establishment darauf mit Ignoranz und schon ist das Schicksal vieler Einwände besiegelt, denn sie geraten in das Dunkel der Vergessenheit. Die wenigen Einwände, denen es gelingt, weiterhin Aufmerksamkeit auf sich zu ziehen, werden oft aggressiv angegangen: Man begegnet dem Herausforderer mit Hohn und Verachtung und bescheinigt ihm Wahnvorstellungen.

Die Konsequenzen sind absehbar: Die Wissenschaft behält den *Status quo* bei. Es passiert nicht viel. Der Krebs ist nicht geheilt. Die Denkgebäude der Wissenschaft wachsen weiter auf verwitterten und häufig bröckelnden Fundamenten, was zu umständlichen Modellen führt und zu noch dickeren Lehrbüchern, die mit Myriaden oft unbedeutender Details gefüllt sind. Einige Bereiche sind so komplex geworden, dass sie praktisch gar nicht mehr verstanden werden. Oft lässt sich nicht einmal mehr ein Zusammenhang herstellen. Viele Wissenschaftler behaupten, genau so müsse moderne Wissenschaft aber sein – kompliziert, unnahbar, getrennt von der menschlichen Erfahrung. Die Einfachheit von Ursache und Wirkung sei ein Relikt aus vergangenen Zeiten, das man zugunsten der komplexen, statistischen Korrelationen der Moderne über Bord geworfen hat.

Mir wurde noch eine ganze Menge mehr klar in Bezug auf die stillschweigende Billigung wissenschaftlicher Komplexität, als ich Richard Feynmans Buch über Quantenelektrodynamik las, treffend mit *QED* betitelt. Viele betrachten Feynman, eine legendäre Figur im Bereich der Physik, als den Einstein des späten 20. Jahrhunderts. In der Einleitung zu Feynmans Buch (in der Ausgabe von 2006) stellt ein berühmter Physiker fest, dass man den Inhalt dieses Buches wahrscheinlich nicht verstehen werde, doch man solle das Buch auf alle Fälle lesen, weil es wichtig sei. Ich fand diese Betrachtungsweise gelinde gesagt entmutigend. Dennoch war es nicht annähernd so beunruhigend wie all das, was Feynman selbst schreibt: „Es ist meine Aufgabe, Sie davon zu überzeugen, dass Sie das Buch jetzt *nicht* weglegen, weil Sie den Inhalt nicht verstehen. Sehen Sie, meinen Studenten erschließt es sich auch nicht. Und das kommt daher, weil ich es selbst nicht verstehe. Niemand kann das verstehen ..."

Das Buch, das Sie jetzt gerade in den Händen halten, verfolgt einen Ansatz, der der Vorstellung widerspricht, dass moderne Wissenschaft jenseits menschlichen Begreifens liegen müsse. Wir streben nach Einfachheit. Wenn die gegenwärtig anerkannten, orthodoxen Prinzipien der Wissenschaft einfache alltägliche Beobachtungen nicht erklären können, bin ich bereit, zu verkünden, dass der Kaiser keine Kleider trägt: Denn diese Prinzipien sind wahrscheinlich unzureichend. Obwohl auch sie von bedeutenden wissenschaftlichen Autoritäten postuliert wurden, können wir nicht die Möglichkeit außer Acht lassen, dass *neue* Prinzipien einfach besser funktionieren.

Unser spezielles Ziel ist es, das *Wasser* zu verstehen. Das Wasser *scheint* kompliziert zu sein. Das Verständnis alltäglicher Phänomene erfordert oft komplexe und wenig intuitive Überlegungen – und trotzdem gelingt es uns nicht, zu einem zufriedenstellenden Verständnis zu gelangen. Ein möglicher Grund dieser nicht zufriedenstellenden Komplexität ist die gegenwärtig bestehende Untermauerung der Grundlagen: eine Ad-hoc-Sammlung bewährter Prinzipien aus verschiedenen Forschungsbereichen. Vielleicht könnte ein passenderes Fundament – das sich aus dem direkten Studium des Wassers ableitet – ein einfacheres Verständnis liefern. In diese Richtung wollen wir gehen.

Um dieses Buch zu verstehen, müssen Sie kein Wissenschaftler sein; das Buch wurde für jeden geschrieben, der die einfachsten wissenschaftlichen Grundlagen kennt. Wenn Sie also wissen, dass positiv geladene und negativ geladene Teilchen einander anziehen, und auch schon einmal vom Periodensystem der Elemente gehört haben, dann werden Sie die Botschaft verstehen. Wer jedoch all dem, was gegenwärtige Dogmen ernsthaft infrage stellt, nichts abgewinnen kann, wird meinen Ansatz geschmacklos finden, denn der Faden des Widerspruchs zieht sich durch das ganze Buch. Es ist unkonventionell – eine Story voller heißer Szenen und unerwarteter Wendungen, die sich aber alle in etwas auflösen, von dem ich hoffe, dass es Sie zufriedenstellt und Ihnen vielleicht sogar Spaß macht.

Ich habe formale Quellenangaben auf die Fälle beschränkt, bei denen Zitate absolut notwendig erschienen. Ist das Thema allgemein bekannt oder leicht zugänglich, wurde darauf verzichtet. Das wichtigste Ziel war, den Text in Bezug auf die Lesbarkeit möglichst zu glätten.

Zum Schluss möchte ich eingestehen, dass ich mir nicht einbilde, dass all die hier vorgestellten Ideen sich als Grundwahrheiten erweisen werden. Einige sind spekulativ. Sicher war es mein Ziel, wissenschaftliche *Fakten* anstatt wissenschaftlicher *Fiktion* zu produzieren. Wie Sie jedoch wissen, kann schon eine einzige unschöne Tatsache die schönste Theorie demolieren. Das Material dieses Buches stellt meinen besten und ernsthaftesten Versuch dar, verfügbare Belege in einem zusammenhängenden, erklärenden Bezugssystem umfassend darzustellen. Dieses Bezugssystem ist unkonventionell und ich weiß bereits im Voraus, dass manche Wissenschaftler nicht mit allen Aspekten einverstanden sein werden. Dennoch ist es ein ernst gemeinter Versuch, Verständnis dort zu schaffen, wo es noch wenig gibt.

Wenn wir jetzt also in dieses trübe „Gewässer“ springen, dann lassen Sie uns sehen, ob wir ein wenig Licht ins Dunkel bringen können.

Gerald H. Pollack
Seattle, im September 2012

*Entdecken heißt sehen, was jeder sieht,
und denken, was noch niemand gedacht hat.*

Albert Szent-Györgyi (1893–1986),
Nobelpreisträger

Einführung: Verzeichnis der Fabelwesen im Wasser

Ein kleiner Führer zu den seltsamen Wesen, die sich im geheimnisvollen Reich des Wassers verbergen

Wassermolekül

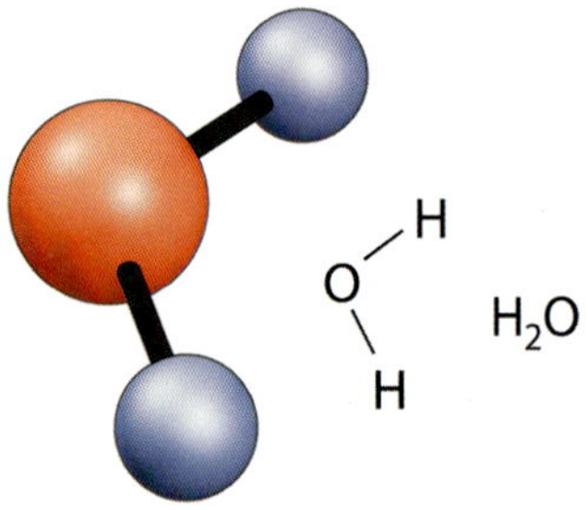

Das bekannte Wassermolekül, bestehend aus zwei Wasserstoffatomen und einem Sauerstoffatom

Restwasser oder Bulkwasser

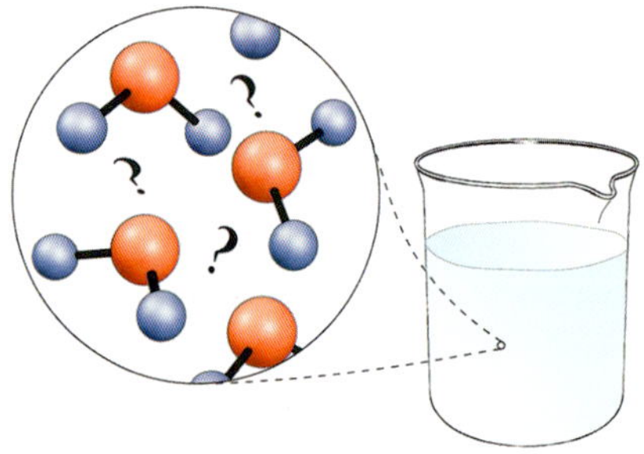

Die normale Ansammlung von Wassermolekülen, deren Anordnung immer noch diskutiert wird
[Der auch im Deutschen geläufige Begriff des Bulkwassers wird in diesem Buch aus dem Englischen übernommen, damit man bei „Restwasser" nicht an irgendwelche Wasserreste denkt. Nähere Erklärung folgt weiter unten. Anmerkung des Verlags]

Ausschlusszone

Auch: EZ (= die in diesem Buch benutzte Abkürzung für *Exclusion Zone*)

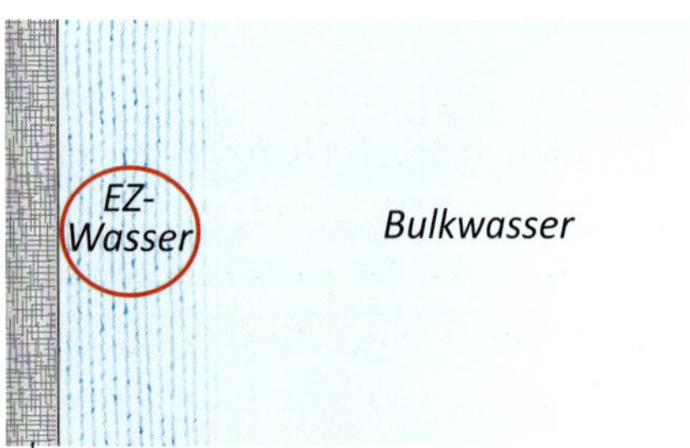

Hydrophiles (wörtlich: wasserliebendes), das heißt, stark mit dem Wasser wechselwirkendes Material

Die Ausschlusszone ist der unerwartet große Bereich von Wasser, der sich an der Grenzfläche vieler Materialien bildet, die mit Wasser in Berührung kommen oder sich im Wasser befinden. Sie verdankt ihren Namen der Tatsache, dass sie praktisch alles ausschließt. Die EZ ist stark geladen und ihr Charakter unterscheidet sich von dem des Bulkwassers. Manchmal wird sie als vierter Aggregatzustand von Wasser bezeichnet.

Elektron und Proton

Elektronen und Protonen sind die Grundbausteine von Ladung. Sie ziehen einander an, denn das eine Teilchen ist negativ und das andere positiv geladen. Elektronen und Protonen spielen eine zentrale Rolle im Verhalten von Wasser – mehr, als Sie sich vorstellen können.

Ladung des Wassermoleküls

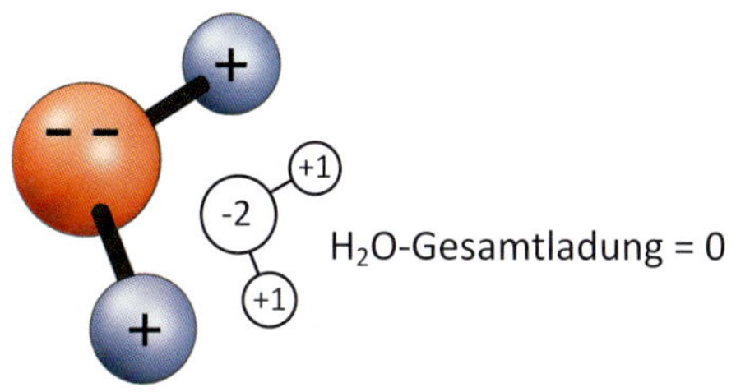

Das Wassermolekül ist neutral. Das Sauerstoffatom ist zweifach negativ geladen, jedes der beiden Wasserstoffatome hat eine einfache positive Ladung.

Hydroniumion

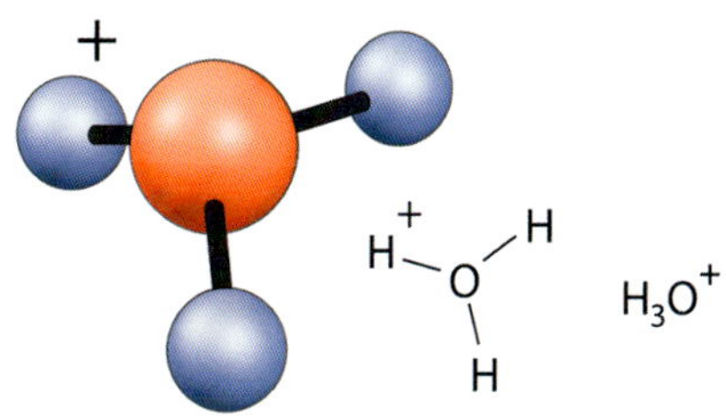

Freie Protonen binden an Wassermoleküle und bilden dadurch Hydroniumionen. Stellen Sie sich ein positiv geladenes Wassermolekül vor – genau das ist ein Hydroniumion. Geladene Teilchen wie diese Hydroniumionen sind hoch beweglich und können verheerende Schäden anrichten.

Grenzflächenbatterie

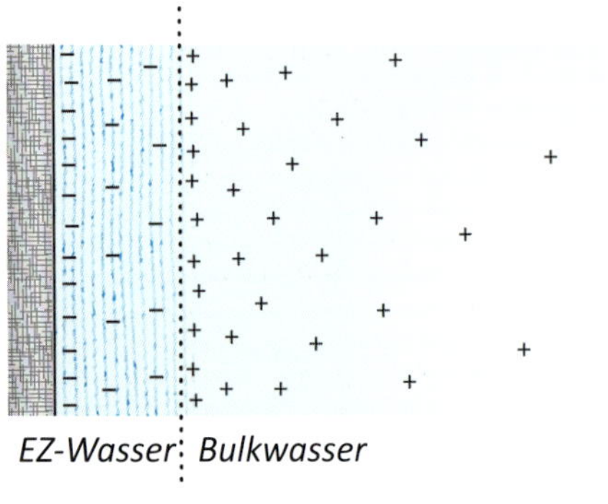

Diese Batterie umfasst die Ausschlusszone und den Bulkwasserbereich daneben. Diese beiden Zonen sind unterschiedlich geladen und die Trennung der Ladungen wird wie bei einer normalen Batterie aufrechterhalten.

Strahlungsenergie

Strahlungsenergie lädt die Batterie auf. Die Energie kommt von der Sonne und anderen Strahlungsquellen. Das Wasser absorbiert diese Energien und nutzt sie zur Aufladung der Batterie.

Honigwabenschicht

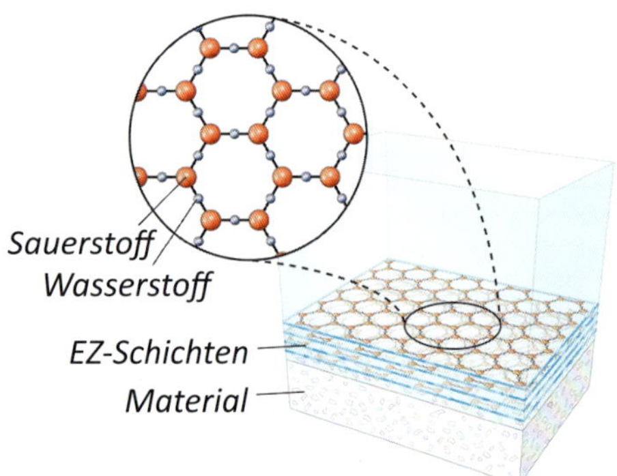

Die Honigwabenschicht ist die Struktureinheit der Ausschlusszone. Die Schichten (oder Ebenen) liegen parallel zum formgebenden Material, das die Ausschlusszone bildet.

Eis

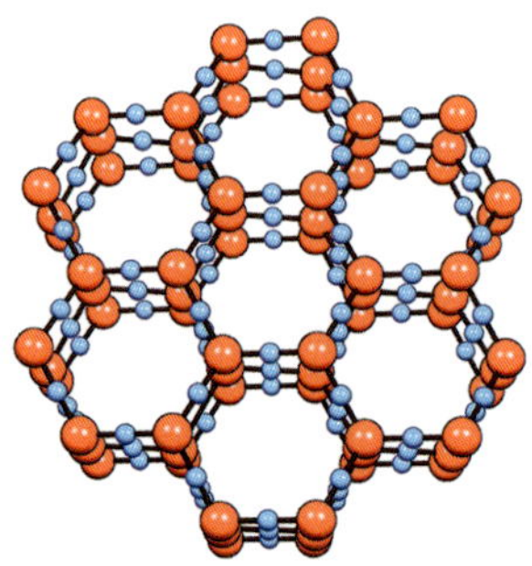

Die atomare Struktur von Eis ähnelt stark der atomaren Struktur der Ausschlusszone. Die Ähnlichkeit ist nicht zufällig: Jede der beiden Strukturen verwandelt sich leicht in die andere.

Tröpfchen

Das Wassertröpfchen besteht aus einer EZ-Hülle, die das Bulkwasser umgibt. Beide Bestandteile sind unterschiedlich geladen.

Blase

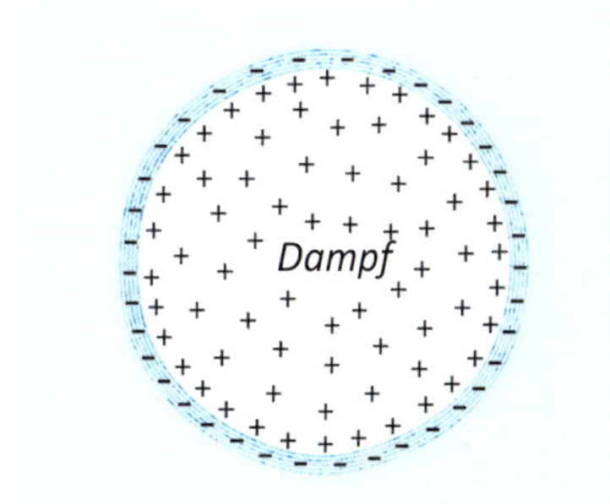

Die Blase ist wie das Tröpfchen strukturiert, außer dass ihr Inhalt gasförmig ist. Dieser besteht normalerweise aus Wasserdampf.

Vesikel

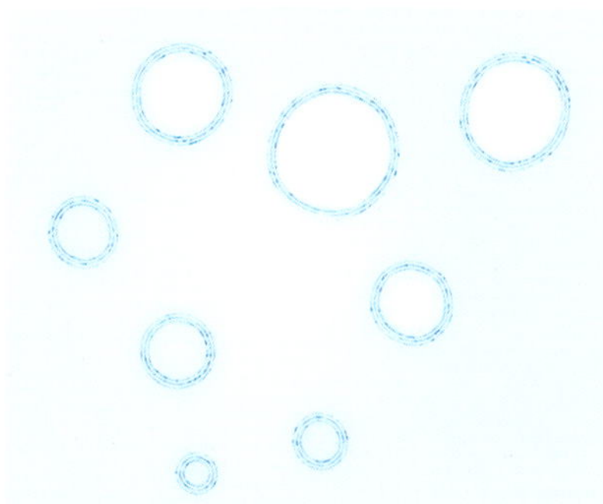

Da Tröpfchen und Blasen ähnlich aufgebaut sind, haben wir eine allgemeine Bezeichnung eingeführt: *Vesikel*. Ein Vesikel kann ein Tröpfchen oder eine Blase sein, je nach der Phase, dem Aggregatzustand, in dem sich das Wasser im Innenraum gerade befindet. Wenn ein Tröpfchen genug Energie absorbiert, kann es zu einer Blase werden.

Teil I

Wasser gibt uns Rätsel auf

1 Wir sind umgeben von Geheimnissen

Mit einem Becherglas in der Hand kamen zwei Studenten im Gang auf mich zugelaufen, um mir etwas Unerwartetes zu zeigen. Unglücklicherweise verschwand ihre Entdeckung, bevor ich sie mir anschauen konnte. Aber es war nicht nur ein einmaliger Glücksfall. Am nächsten Tag zeigte sich das Phänomen erneut und es war schnell klar, warum die Studenten mit solcher Aufregung reagiert hatten: Sie waren Zeuge einer durch das Wasser verursachten Erscheinung geworden, die nach einer Erklärung verlangte.

Wasser bedeckt einen großen Teil der Erde. Es durchzieht den Himmel. Es füllt Ihre Zellen – in größerem Ausmaß, als Ihnen vielleicht bewusst ist: Es macht zwei Drittel Ihres Volumens aus; allerdings ist das Wassermolekül so klein, dass – wenn Sie jedes einzelne Molekül in Ihrem Körper zählen wollten – 99 % davon Wassermoleküle wären. So viele Moleküle werden gebraucht, um zwei Drittel Ihres Volumens auszufüllen. Ihre Füße schleppen also sozusagen einen riesigen Sack von Wassermolekülen mit sich herum.

Was wissen wir über Wassermoleküle? Wissenschaftler erforschen sie, aber sie interessieren sich kaum für die großen Ansammlungen von Wassermolekülen, wie sie in einem Becherglas zu finden sind. Die meisten Wissenschaftler konzentrieren sich eher auf das *einzelne* Molekül und seine unmittelbaren Nachbarn, in der Hoffnung, das, was sie dort finden, auch auf die größer dimensionierten Phänomene übertragen zu können, die wir *sehen*. *Viele* also sind auf der Suche danach, das beobachtbare Verhalten von Wasser zu verstehen, das heißt, wie seine Moleküle sich „sozial" verhalten. – Verstehen wir das Sozialverhalten des Wassers wirklich?

Da Wasser überall ist, könnten Sie leicht zu dem Schluss kommen, dass wir es komplett begriffen haben. Ich fordere Sie hier auf, diese gängigen Annahmen auf den Prüfstand zu stellen. Nachfolgend führe ich Ihnen eine Reihe alltäglicher Beobachtungen vor Augen und danach eine Handvoll einfacher Laborexperimente. Prüfen Sie mal, ob Sie sie erklären können. Wenn ja, habe ich verloren. Dann können Sie sofort damit aufhören, dieses Buch zu lesen. Wenn Ihnen die Erklärungen aber weiterhin fehlen, auch nachdem Sie vielleicht in einer Menge verfügbarer Quellen nachgeschaut haben, dann bitte ich Sie, die Annahme zu überprüfen, dass wir alles wüssten, was es über Wasser zu wissen gibt. Ich glaube *nicht*, dass wir alles wissen. Lassen Sie uns sehen, wie es *Ihnen* damit ergeht.

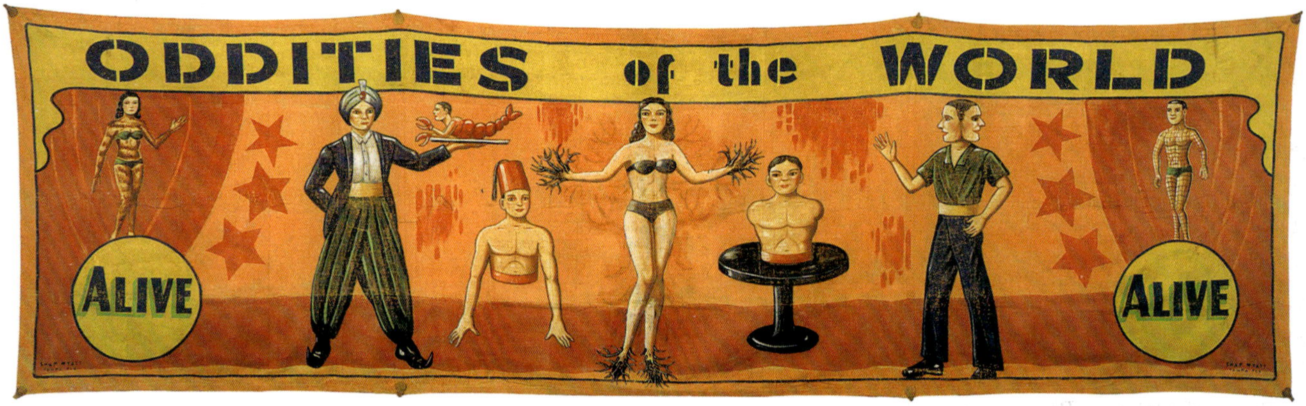

Wie ein Kuriositätenkabinett: So rätselhaft erscheinen manche Phänomene im Zusammenhang mit Wasser …

Alltägliche Geheimnisse

Hier beschreibe ich fünfzehn alltägliche Beobachtungen. Können Sie sie erklären?

- *Nasser Sand und trockener Sand:* Wenn Sie auf *trockenem* Sand gehen, sinken Sie tief ein. Doch auf *nassem* Sand – wenn Sie zum Beispiel am Meer den Strand entlanggehen – passiert das nicht. Nasser Sand ist so fest, dass Sie ihn zum Bauen trutziger Sandburgen oder großer Sandskulpturen verwenden können. Das Wasser scheint wie ein Klebstoff zu wirken. Aber wie genau klebt Wasser die Sandpartikel aneinander? (Die Antwort finden Sie in Kapitel 8.)
- *Ozeanwellen:* Normalerweise lösen sich Wellen nach einer verhältnismäßig kurzen Strecke auf. Doch Tsunamiwellen können die Erde mehrfach umrunden, bevor sie endlich auslaufen. Wieso bleiben sie über diese immens großen Entfernungen erhalten? (Das lesen Sie in Kapitel 16.)
- *Desserts aus Gelatine:* Nachspeisen aus Gelatine bestehen zum größten Teil aus Wasser. Bei so großem Wasseranteil könnte man erwarten, dass eine Menge davon herausläuft. (Abb. 1.1) Doch das passiert nicht. Sogar bei Gelen, die zu 99,95 % aus Wasser bestehen, sehen wir keine Tropfen.[1] Warum läuft all dieses Wasser nicht einfach heraus? (Lesen Sie Kapitel 4 und 11.)
- *Windeln:* Ähnlich wie ein Gel können Windeln mehr als das Fünfzigfache ihres Gewichts an Urin aufnehmen und das Achthundertfache ihres Gewichts an reinem Wasser. Wie können sie so viel Wasser festhalten? (Lesen Sie dazu Kapitel 11.)
- *Eisglätte:* Feste Stoffe gleiten gewöhnlich nicht leicht aneinander vorbei. Denken Sie an Ihre Schuhe, mit denen Sie eine ansteigende Straße hinaufgehen: Die Reibung verhindert, dass Sie ausrutschen. Doch wenn der Hügel vereist ist, müssen Sie sehr vorsichtig sein, damit Sie nicht auf die Nase fallen. Warum verhält sich Eis so grundlegend anders als die meisten festen Stoffe? (Kapitel 12 erklärt es Ihnen.)

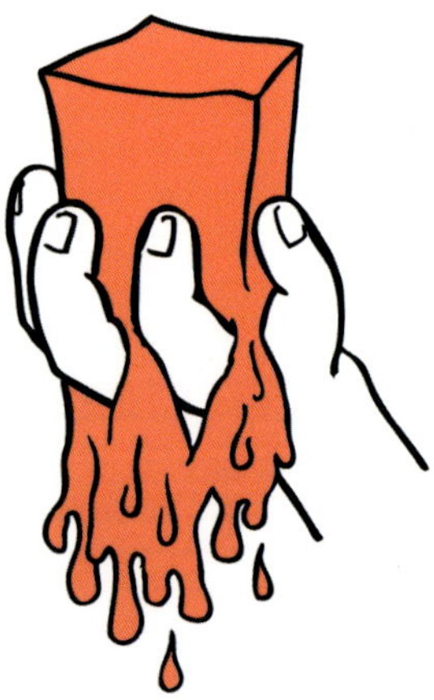

Abb. 1.1: *Was hält das Wasser davon ab, aus dem Jell-O-Würfel (= Fruchtgel) herauszulaufen?*

• *Schwellungen:* Ihre Freundin bricht sich bei einem Tennismatch den Knöchel. Innerhalb von Minuten schwillt dieser auf das Doppelte seiner Größe an. Warum fließt Wasser so schnell in solche Verletzungen? (Kapitel 11 hat die Antwort.)

• *Gefrierendes warmes Wasser:* Ein besonders kluger Schüler beobachtete einmal etwas Seltsames in seinem Kocher: Er konnte aus seinem Eiscremepulver viel schneller seine geliebte Leckerei produzieren, wenn er *warmes* Wasser anstatt kaltem hinzufügte. Diese paradoxe Beobachtung ist berühmt geworden. Wie kommt es, dass warmes Wasser schneller gefriert als kaltes Wasser? (Schauen Sie in Kapitel 17 nach.)

• *Steigendes Wasser:* Blätter von Pflanzen und Bäumen sind durstig. Um das Wasser zu ersetzen, das durch Verdunstung verloren geht, fließt das Wasser von den Wurzeln in engen Wasserröhren aufwärts. Die gängige Erklärung besagt, dass die oberen Enden der Röhren eine aufwärtsziehende Kraft auf das Wasser ausübten. In 100 m hohen Redwood-Bäumen ist das aber problematisch, denn: Das *Gewicht* des Wassers, das sich in jeder der Röhren ansammelt, würde ausreichen, um die Röhre zu brechen. Wenn sie erst einmal abgebrochen ist, kann eine Röhre kein Wasser mehr aus den Wurzeln ziehen. Wie wendet die Natur dieses Debakel ab? (Schauen Sie bei Kapitel 15.)

• *Aufbrechender Beton:* Gehsteige aus Beton können durch Baumwurzeln, die darunter wachsen, aufgebrochen werden. Diese Wurzeln bestehen hauptsächlich aus Wasser. Wie ist es möglich, dass Wasser enthaltende Wurzeln so viel Druck ausüben können, dass Betonplatten brechen? (Gehen Sie Kapitel 12 durch.)

• *Tröpfchen auf Oberflächen:* Wassertröpfchen reihen sich auf manchen Oberflächen *perlenartig* auf und auf anderen *verteilen* sie sich. Der Grad der Verteilung wird sogar dazu benutzt, verschiedene Oberflächen zu klassifizieren. Doch damit, dass eine Einteilung festgelegt wurde, ist noch nicht erklärt, *warum* sich die Tröpfchen verteilen oder *wie weit* sie sich verteilen. Welche Kräfte lassen ein Wassertröpfchen sich auflösen? (Blättern Sie zu Kapitel 14.)

• *Auf Wasser gehen:* Vielleicht haben Sie schon einmal Filme über „Jesus-Christus-Eidechsen" gesehen, die auf Teichoberflächen laufen. Die Eidechsen flitzen von einem Ende zum anderen. Kommt Ihnen die hohe Oberflächenspannung des Wassers als mögliche Erklärung in den Sinn?

Doch Oberflächenspannung kommt nur aus den oberen Molekülschichten. Diese Spannung wäre viel zu schwach. Was genau im Wasser (oder in der Eidechse) macht diese „biblisch" anmutende Gangart möglich? (Lesen Sie Kapitel 16.)

• *Einzelne Wolken:* Aus sehr weit ausgedehnten Flächen von Meerwasser steigt Wasserdampf auf. Dieser Dampf müsste sich doch ebenso weit verbreiten, sollte man eigentlich denken. Aber: Es bilden sich bauschige

Abb. 1.2: *Was zieht aufsteigenden Wasserdampf an bestimmten Orten zusammen?*

weiße Wolken, oft als ganz separate Einheiten, die an einem sonst klaren, blauen Himmel Akzente setzen. (Abb. 1.2) Welche Kraft zieht den diffus aufsteigenden Dampf genau zu diesen speziellen Orten? (Die Kapitel 8 und 15 befassen sich mit dieser Angelegenheit.)

- *Gelenke, die nicht quietschen:* Kniebeugen bringen normalerweise keine Quietschgeräusche hervor. Das kommt daher, weil Wasser zwischen den Knochen (genauer gesagt: zwischen Knorpelschichten, die die Knochen bedecken) einen ausgezeichneten Feuchtigkeitsfilm bildet. Welche Eigenschaft des Wassers bewirkt, dass die Reibung hier so verschwindend gering ist? (Sehen Sie sich Kapitel 12 an.)
- *Schwimmendes Eis:* Die meisten Stoffe ziehen sich zusammen, wenn sie gekühlt werden. Wasser ebenso – zumindest bis 4 Grad Celsius. Unterhalb dieser kritischen Temperatur beginnt Wasser, sich auszudehnen, und das sehr weit, bis es in Eis übergeht. Das ist der Grund dafür, dass Eis schwimmt. Was ist so besonders bei 4 Grad Celsius? Und warum ist Eis um so viel weniger dicht als Wasser? (Kapitel 17 beantwortet diese Fragen.)
- *Die Konsistenz von Joghurt:* Warum hält Joghurt so fest zusammen, wie es das tut? (Das lesen Sie in Kapitel 8.)

Geheimnisse aus dem Labor

Als Nächstes beschreibe ich einige einfache Laborbeobachtungen. Ich beginne mit dem Ergebnis, das unsere beiden Studenten gesehen hatten, die aufgeregt auf mich zuliefen, um mir zu zeigen, was sie gefunden hatten.

Das Geheimnis der wandernden Mikrosphären

Die Studenten hatten ein einfaches Experiment durchgeführt: Sie legten ein Häufchen winziger Kügelchen, die als „Mikrosphären“ bezeichnet werden, in ein Becherglas mit Wasser. Sie schüttelten die Lösung, um eine gute Mischung zu gewährleisten, deckten das Becherglas zu, um die Verdunstung zu reduzieren, und gingen dann nach Hause. Feierabend. Am nächsten Tag kamen sie wieder, um das Ergebnis zu untersuchen.

Denkt man in konventionellen Bahnen, so sollte nicht viel passiert sein, außer dass vielleicht einige Ablagerungen am Boden des Glases zu sehen wären. Die Lösung hätte einheitlich trüb aussehen sollen, so, wie wenn man einige Tröpfchen Milch in Wasser gießt und danach kräftig schüttelt.

Die Lösung *sah* einheitlich trüb aus – *größtenteils*. Doch in der Nähe der Glasmitte (wenn man von oben nach unten schaut) hatte sich unerklärlicherweise ein *klarer* Zylinder gebildet, der sich von oben bis unten erstreckte. (Abb. 1.3) Klarheit bedeutet hier, dass der Zylinder keinerlei Mikrosphären enthielt. Eine geheimnisvolle Kraft hatte die Mikrosphären aus diesem inneren Zentrum in Richtung der Außenwand des Glases vertrieben. Wenn Sie den Film *2001: Odyssee im Weltraum* gesehen haben und sich an das Erstaunen der Affenmenschen erinnern, als sie zum ersten Mal den Monolith erblickten, so bekommen Sie einen Eindruck davon, wie uns die Kinnladen herunterfielen. Das war etwas, was wir unbedingt weiter beobachten mussten!

Solange die anfänglichen Bedingungen innerhalb eines genau definierten Fensters lagen, zeigten sich die klaren Zylinder andauernd; wir konnten sie immer und immer wieder erzeugen.[2] Die Frage war: Was bewirkte die unerwartete Wanderung der Kügelchen weg von der Mitte? (Kapitel 9 liefert die Erklärung.)

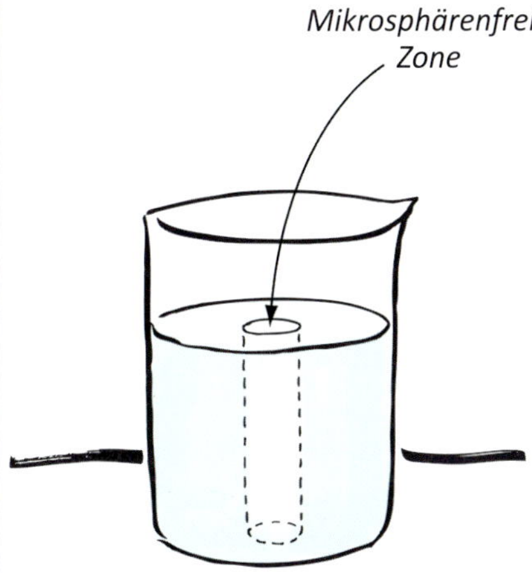

Abb. 1.3: *Die zentrale klare Zone in der Mikrosphärenlösung. Warum taucht dieser mikrosphärenfreie Zylinder spontan auf?*

Die Brücke aus Wasser

Ein anderes seltsames Phänomen aus dem Labor, die sogenannte „Wasserbrücke", verbindet das Wasser, das in zwei separaten Bechergläsern steht, quer über eine Lücke zwischen den beiden Bechergläsern hinweg. Zwar ist die Wasserbrücke eine bereits seit Jahrhunderten bekannte Kuriosität, aber Elmar Fuchs und seine Kollegen haben ihr zu einer modernen „Wiedergeburt" verholfen, die weltweit Aufsehen erregt hat.

Die Demonstration beginnt, indem die beiden Bechergläser beinahe bis zu ihren Rändern mit Wasser gefüllt werden. Dann stellt man sie nebeneinander, ihre oberen Ränder berühren einander. In jedem Becherglas ist eine Elektrode, die ein Spannungsgefälle von circa 10 kV erzeugt. Sofort springt das Wasser an die Oberkante eines der Gläser und bildet eine Brücke zum anderen Glas hinüber. Wenn diese erst einmal gebildet ist, kann man die beiden Bechergläser langsam voneinander wegbewegen. Die Brücke bleibt erhalten; sie wird immer länger und überspannt die Lücke zwischen den beiden Gläsern auch dann noch, wenn die Ränder mehrere Zentimeter voneinander entfernt sind. (Abb. 1.4)

Erstaunlicherweise tropft die Wasserbrücke kaum. Sie zeigt eine fast eisähnliche Starrheit, auch wenn das Experiment bei Zimmertemperatur durchgeführt wird.

Seien Sie vorsichtig und widerstehen Sie der Versuchung, dieses Hochspannungsexperiment zu wiederholen – es sei denn, Sie sind immun gegen Tod durch Stromschlag. Schauen Sie sich lieber ein Video dieses erstaunlichen Phänomens an.[w1] Die Frage lautet nun: Was erhält diese Bücke aus Wasser aufrecht? (Schauen Sie in Kapitel 17 nach.)

Abb. 1.4: *Die Wasserbrücke: Eine Brücke aus Wasser überspannt die Lücke zwischen zwei wassergefüllten Bechergläsern. Was erhält die Brücke aufrecht?*

Schwimmende Wassertröpfchen

Abb. 1.5: *Wassertropfen bleiben auf einer Wasseroberfläche einige Zeit erhalten.*

Wasser sollte sich eigentlich sofort mit Wasser vermischen. Aber wenn Sie Wassertröpfchen aus einer engen Röhre tropfen lassen, die direkt über einem Gefäß mit Wasser angebracht ist, werden diese Tröpfchen oft eine Zeit lang auf der Oberfläche des Wassers schwimmen, bevor sie sich auflösen. (Abb. 1.5) Manchmal bleiben die Tröpfchen sekundenlang erhalten. Was noch paradoxer erscheint, ist, dass die Tröpfchen sich nicht einzeln auflösen. Sie tun es in einer *Folge* von Spritzern in das Wasserbad unter ihnen.[3] Ihre Auflösung sieht wie ein choreografierter Tanz aus.

Schwimmende Wassertropfen können Sie auch in der Natur sehen, wenn Sie wissen, wo Sie hinschauen müssen. Eine gute Zeit dafür ist kurz nach einem Regenschauer, wenn das Wasser über eine Kante in eine Pfütze tropft oder vom Seitendeck eines Segelbootes in einen See. Sogar Regentropfen schwimmen manchmal, wenn sie direkt auf Wasser fallen. Die offensichtliche Frage: Wenn sich Wasser normalerweise mit Wasser vermischt, was könnte dieses natürliche Verhalten verzögern? (Sehen Sie nach in den Kapiteln 13 und 16.)

Lord Kelvins Entladung

Eine letzte rätselhafte Beobachtung in diesem Zusammenhang zeigt Abbildung 1.6.: Wasser, das aus einer auf dem Kopf stehenden Flasche oder einem ganz normalen Wasserhahn läuft, wird in ein zweigeteiltes Rohr geleitet. Aus jedem der beiden Rohre tropft Wasser durch einen Ring aus Metall und fällt dann in einen Behälter aus Metall. Wie Sie in der Abbildung sehen, sind Ringe und Behälter durch Strom leitende Drähte kreuzweise verbunden. Metallische Kugeln, die mit metallischen Befestigungen an jedem Behälter angebracht sind, weisen mit einem Abstand von mehreren Millimetern zueinander hin. Das ursprünglich von Lord Kelvin erdachte Experiment zeigt ein überraschendes Ergebnis. Ist eine bestimmte Menge an Tröpfchen gefallen, hört man ein knisterndes Geräusch. Dann entlädt sich kurz danach ein Lichtblitz über der Lücke zwischen den Kugeln, begleitet von einem hörbaren Knacken.

Elektrische Entladung findet nur dann statt, wenn sich zwischen den beiden Behältern ein großes Spannungsgefälle aufbaut. Das Spannungsgefälle kann leicht 100 000 Volt erreichen und ist abhängig von der Größe der Lücke zwischen den beiden Kugeln. Doch die massive Ladungstrennung, die benötigt wird, um das Spannungsgefälle zu erzeugen, entsteht *nur durch eine einzige Wasserquelle.*

Solch ein exotisches Gerät zuhause zu bauen, ist möglich[w2]; doch es ist viel einfacher, sich die Entladung in einem Video anzuschauen. Ein schönes Beispiel ist der von Professor Walter Levin produzierte Film.[w3] Er zeigt darin die Entladung einem Raum voller ehrfürchtiger Anfänger am MIT (*Massachusetts Institute of Technology*). Danach gibt er den Studenten die Hausaufgabe, das Phänomen zu erklären. Können *Sie* erklären, wie eine einzige Wasserquelle diese massive Ladungstrennung erzeugen kann? (Lesen Sie darüber in Kapitel 15.)

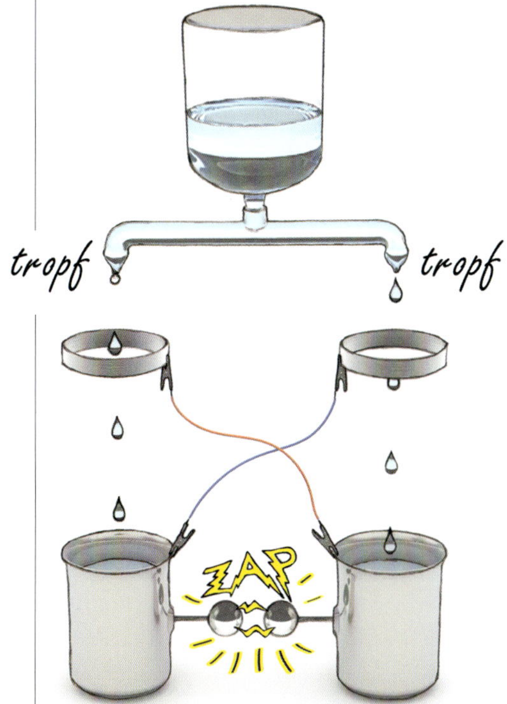

Abb. 1.6: *Das Wassertropfexperiment von Kelvin: Steigende Wasserspiegel erzeugen eine Hochspannungsentladung. Warum geschieht das?*

Lektionen, die wir aus diesen Geheimnissen lernen können

Die Phänomene, die wir auf den vorangehenden Seiten gesehen haben, lassen sich nicht einfach erklären. Sogar bekannte Wasserwissenschaftler, die ich kenne, können keine zufriedenstellende Antwort geben. Die meisten kommen über oberflächliche Erklärungen nicht hinaus. Irgendetwas scheint in unserem Verständnis zu fehlen, denn sonst könnten wir die Phänomene ohne Weiteres erklären – wir können es aber nicht.

Ich möchte noch einmal betonen, dass wir es nicht mit Wasser auf der molekularen Ebene zu tun haben, sondern mit einer *Menge* von Molekülen. Wir verstehen noch nicht ausreichend, wie sich Wassermoleküle untereinander verhalten – also das „Sozialverhalten" des Wassers.

Sozialverhalten ist eigentlich das Aktionsfeld von Sozialwissenschaftlern und Medizinern; von ihnen könnten wir lernen. Ein Freund von mir, ein Psychiater, sagte mir einmal, dass wir, um das menschliche Verhalten zu verstehen, uns auf Spinner und Verrückte konzentrieren sollten. Deren Extremverhalten, so der Psychiater, liefere den Schlüssel zu dem dezenteren Verhalten beim Rest der Bevölkerung.

Das gleiche Prinzip könnte man hier anwenden: Die vorher beschriebenen Fälle zeigen Situationen, in denen Wasser ein extremes „Sozialverhalten" an den Tag legt. Als solche liefern sie Hinweise darauf, wie das normale Verhalten von Wassermolekülen zu verstehen ist.

Deshalb lassen Sie uns die Hinweise, die sie geben, doch besser verwerten, anstatt unsere Unfähigkeit, die genannten Erscheinungen zu verstehen, einfach beiseitezuschieben. So machen wir Unwissenheit zu einem Vorteil. Sie werden viele Beispiele eines solchen Prozesses gesehen haben, wenn Sie bei den mittleren Kapiteln dieses Buches angelangt sind.

Das nächste Kapitel liefert nützliches Hintergrundwissen. Es betrachtet, was wir bereits über das Sozialverhalten von Wasser wissen und was nicht, aber es konzentriert sich hauptsächlich auf die überraschenden Gründe dafür, dass wir über die auf der Erde am häufigsten vorkommende Substanz so wenig wissen.

2 Das Sozialverhalten von H_2O

Wasser spielt für Leben eine zentrale Rolle. So zentral, dass Albert Szent-Györgyi, der Begründer der modernen Biochemie, die Auffassung äußerte: „Leben ist Wasser, das zum Klang von Feststoffen tanzt." Ohne diesen Tanz wäre Leben nicht möglich.

Wenn man dem Wasser diese Bedeutung beimisst, könnten Sie vielleicht annehmen, dass wir im 21. Jahrhundert so gut wie alles wüssten, was es über Wasser zu wissen gibt; alle Antworten sollten bereits gefunden sein. Doch das vorangehende Kapitel hat Ihnen gezeigt, wie wenig wir eigentlich über diese vertraute und überall vorhandene Substanz wissen.

Beachten Sie, was Philip Ball zu diesem Thema zu sagen hat. Ball ist einer der führenden Wissenschaftsautoren unserer Zeit, Autor des Buches *H_2O: A Biography of Water.* Er ist langjähriger Mitarbeiter der Zeitschrift *Nature* und äußerte sich einmal wie folgt: „Niemand versteht Wasser wirklich. Es ist beschämend, dies zuzugeben, doch der Stoff, der zwei Drittel unseres Planeten bedeckt, ist immer noch ein Geheimnis. Schlimmer noch, je mehr wir suchen, um so mehr häufen sich die Probleme. Neue Techniken, die die molekulare Architektur flüssigen Wassers tiefer erforschen, rufen neue Rätsel auf den Plan."[1] [Übersetzung der Zitate in diesem Buch: C. R. Gottwald. Anm. d. Verlags]

Das Wassermolekül selbst ist gut erforscht. Gay-Lussac und von Humboldt haben vor mehr als zweihundert Jahren seine wesentliche Natur definiert. Inzwischen sind genauere Details seiner Struktur bekannt. Im Wesentlichen besteht das Wassermolekül aus zwei Wasserstoffatomen und einem Sauerstoffatom, die in einer bestimmten Konfiguration zueinander liegen, die Sie vielleicht schon in Lehrbüchern gesehen haben. (Abb. 2.1)

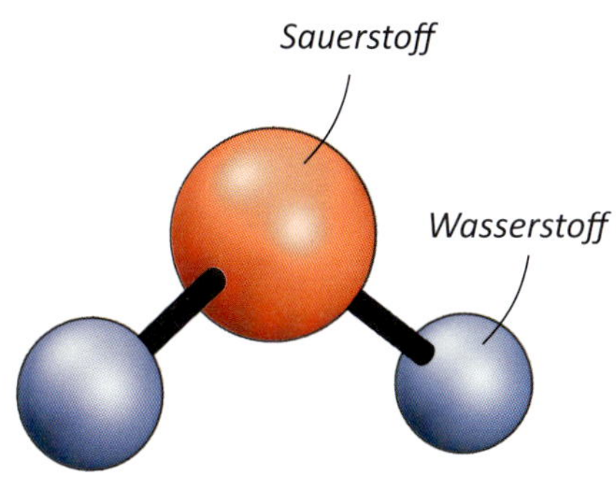

Abb. 2.1: *Künstlerische Darstellung des Wassermoleküls*

Wir wissen noch zu wenig darüber, wie sich ein Wassermolekül einem anderen Wassermolekül gegenüber oder gegenüber Molekülen anderer Art verhält. Laien stellen kaum Fragen zur Natur des Wassers. Für die meisten reicht es aus, zu wissen, dass sich Wassermoleküle irgendwie mit anderen Wassermolekülen verbinden. Und das war's. Biologen zum Beispiel betrachten Wasser als das weite molekulare Meer, in dem die wichtigen Moleküle des Lebens baden. Wir betrachten Wassermoleküle nicht als etwas, was mit etwas anderem ernsthaft interagiert.

Aber Wassermoleküle *müssen* interagieren. Denken Sie nur an die einfachen Wassertröpfchen: Zumindest einige der zig Millionen Wassermoleküle, aus denen ein Tröpfchen besteht, müssen sich mit anderen verbinden, denn ohne Kohäsion könnte es kein Tröpfchen geben. Dieser Vorgang kann nicht statisch ablaufen. Es muss sich etwas verändern, wenn zwei Tropfen ineinanderlaufen, und es muss sich etwas verändern, wenn sich ein Tröpfchen auf einer Oberfläche ausdehnt. Sogar das einfache Tröpfchen können wir nicht verstehen, ohne die Wasser-Wasser-Interaktionen zu begreifen.

So fragen wir uns also: Was ist die Natur, das Wesentliche dieses Zusammenwirkens?

Der aktuelle Stand des Wissens

Die nachfolgende Zusammenstellung mag zwar wie ein Sammelsurium von Ideen erscheinen, doch sie liefert einen kurzen Überblick über die neuesten Versuche, das Verhalten des Wassers zu erklären. Die Theorien der Wasser-Wasser-Wechselwirkung sind komplex und sogar Wasserwissenschaftler haben gelegentlich Schwierigkeiten, die Theorie eines anderen zu begreifen. So will ich es kurz machen. Leser, die nach einem umfassenden Verständnis suchen, könnten es nützlich finden, eine von Philip Ball erstellte detaillierte Übersicht zu lesen.[2] Hier werde ich nur skizzieren, wie sich sieben bekannte Gruppen von Wissenschaftlern die Interaktion von Wassermolekülen miteinander vorstellen. (Abb. 2.2)

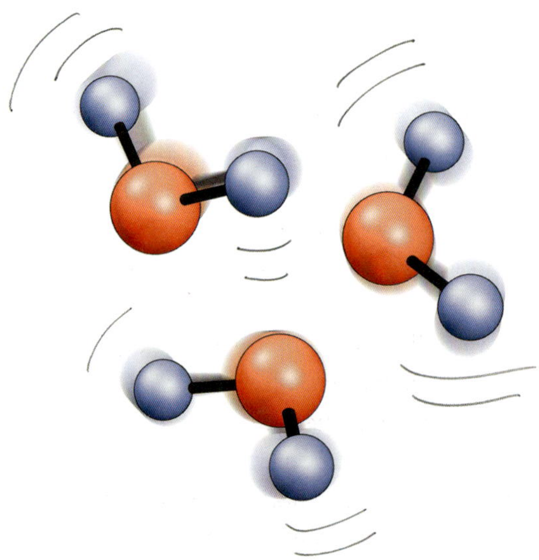

Abb. 2.2: *Interaktion zwischen Wassermolekülen. Die Natur dieses Zusammenwirkens ist noch wenig erforscht.*

- Die klassische Sichtweise einer Wasser-Wasser-Interaktion ist das Modell der „flimmernden Cluster", das 1957 von Frank und Wen eingeführt wurde. In diesem Modell entstehen Cluster (Anhäufungen) von Wassermolekülen durch das umgebende Wasser. Positive Rückkopplung lässt die Cluster bis zu einer bestimmten kritischen Größe anwachsen und sich spontan wieder auflösen. All dies passiert in einem Zeitrahmen von 10^{-10} bis 10^{-11} Sekunden. Somit „flimmern“ die Cluster. Obwohl das Modell bereits überholt ist, erscheint es immer noch in einigen Lehrbüchern.

- Martin Chaplin von der *London Southbank University* präsentiert ein Modell mit etwas mehr Organisation. Chaplin nimmt an, dass flüssiges Wasser aus zwei Typen miteinander vermischter Nanocluster besteht. *Ein* Typ sei leer, wie eine Muschelschale, und mehr oder weniger in sich zusammengefallen, während der andere Typ eher fest und regelmäßiger strukturiert sei. Wassermoleküle wechseln demnach ihre Bindung schnell zwischen den beiden Phasen, doch bei stets gleich bleibenden Bedingungen bleibt die durchschnittliche Anzahl der Wassermoleküle in jeder Kategorie dieselbe. Wenn Sie sich für dieses Modell interessieren, finden Sie dazu Details und noch viel mehr über Wasser auf Chaplins außerordentlich informativer Website.[w1]
- Ein ganz anderes Bild erscheint in der Arbeit von Anders Nilson von der *Stanford University* und Lars Petterson von der Universität Stockholm. Ihr Modell beschreibt ebenso zwei nebeneinander existierende Typen von Wasser: zum einen eisähnliche Klumpen oder Ketten, die bis zu 100 Moleküle enthalten; zum anderen einen ungeordneten Typ von organisierten Molekülen, die diese Klumpen umgeben. Die Autoren stellen sich eine Art ungeordnetes Meer vor, das Ringe und Ketten von Wasserstoff- und Sauerstoffatomen enthält.
- Das Modell der Universität von Mailand ist durch ein wesentlich größeres Ausmaß von Clustern charakterisiert. Basierend auf der Quantenfeldtheorie postuliert del Giudice submikroskopisch kleine kohärente Bereiche von Wasser, wobei jeder Bereich viele Millionen Moleküle enthalten kann. Die Verbindungen zwischen den Wassermolekülen innerhalb dieser Bereiche können als Antennen angesehen werden, die elektromagnetische Energie von außen empfangen. Durch diese Energie können die Moleküle Elektronen freisetzen, die sie für chemische Reaktionen brauchen.
- Ein bekanntes Modell, das sich auf Annahmen stützt, die in allen bisher beschriebenen Modellen eine Rolle spielen, stammt von Gene Stanley, *Boston University*. Stanley stellt die These auf, dass Wasser zwei verschiedenartige Zustände annimmt: einen Zustand von hoher Dichte und einen von niedriger Dichte. Die Unterscheidung wird ganz klar in supergekühltem Wasser. Das Wasser niedriger Dichte hat eine offene Tetraederstruktur, während das Wasser hoher Dichte eine eher kompakte Struktur aufweist. Die beiden Zustände interagieren in dynamischer Weise miteinander.
- Ein weiteres „Zwei-Zustände-Modell“ hebt hervor, dass Wassermoleküle spiegelbildlich existieren können. Das bedeutet, dass ein Teil der Wassermoleküle linksorientiert ist, während der andere rechtsorientiert

ist. Die Hauptbefürworter dieses Modells sind Sergey Pershin aus Russland sowie Meir Shinitzky und Yosi Scolnik aus Israel. Sie behaupten, dass die jeweiligen Verhältnisse dieser beiden Arten einige Eigenschaften von Wasser erklären könnten.

- Das strukturell komplexeste Modell, das in der späten Forschungsarbeit eines Pioniers der Materialwissenschaft, Rustum Roy, beschrieben wird, betont die Verschiedenartigkeit der Wasserstruktur und die Leichtigkeit des Zusammenwirkens zwischen den Wassermolekülen. Dies benötigt sehr wenig Energie. Abbildung 2.3 zeigt eine Zeichnung, die beispielhaft und schematisch einige Strukturen darstellt.

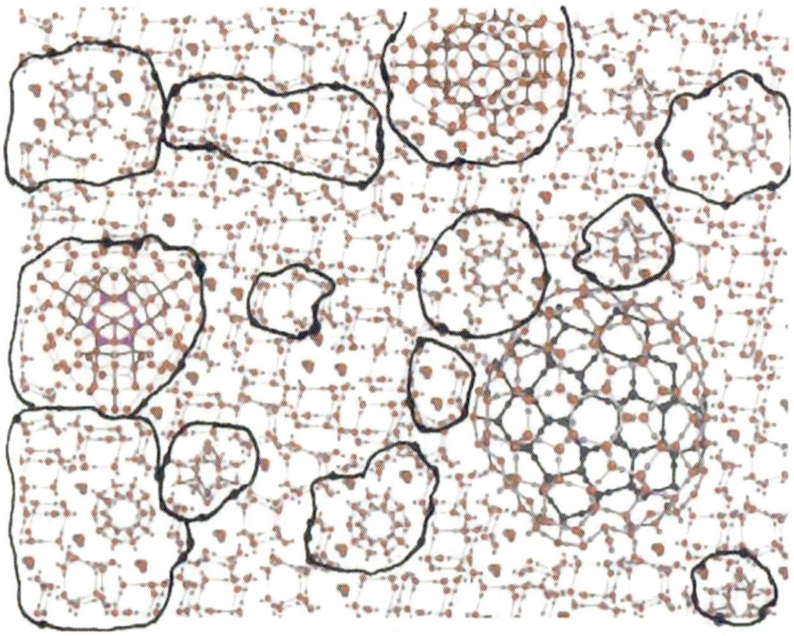

Abb. 2.3: *Die von Rustum Roy und Kollegen postulierte Struktur von flüssigem Wasser.[3] Cluster sind durch schwarze Linien hervorgehoben.*

Mittlerweile haben Sie vielleicht das Gefühl, genug über Strukturmodelle des Wassers gelesen zu haben. Doch steht diese Übersicht nur stellvertretend für eine größere Gruppe von Modellen, die laufend diskutiert und infrage gestellt werden. Unser Verständnis von Wasser bleibt also unvollständig.

Andererseits ist all diesen Modellen eines gemeinsam: die Vorstellung unterschiedlicher Zustände des Wassers. Die allgemeine Sichtweise ist die, dass flüssiges Wasser mehr als einen Zustand habe; doch alle diese Modelle postulieren einen *zusätzlichen* Zustand. Später werden wir einen konkreten Beleg für einen „festen" Zustand von Wasser finden, den man visuell entdecken kann und der mit eindeutig definierten Eigenschaften ausgestattet ist.

Warum wir so wenig verstehen

Sie können es vielleicht kaum glauben, aber nur wenige Wissenschaftler erforschen Wasser. Die meisten Wissenschaftler nehmen (genauso wie Laien) an, dass über diese alltägliche Substanz bereits alles bekannt sein müsse. Wo sollte da also noch eine wissenschaftliche Herausforderung liegen? Da erscheint es doch viel besser, sich mit „trendigen" Bereichen zu befassen, zum Beispiel mit der Molekularbiologie oder der Nanowissenschaft, als in das langweilige Wasser einzutauchen.

Wissenschaftler scheuen das Wasser aus einem weiteren Grund: Wasser scheint einen sehr mystischen Charakter angenommen zu haben. Gurus aus alter Zeit waren sicher, dass dem Wasser exotische heilende Eigenschaften innewohnten. Denken Sie nur an „heiliges Wasser". Dieser mystische Touch macht die Wasserforschung zu einem potenziell riskanten Geschäft: Eine exotische Erkenntnis könnte eher als das Werk des Teufels angesehen werden denn als das eines Wissenschaftlers. Man vermeidet das Risiko der Verdammnis lieber.

Trotz dieser beiden abschreckenden Faktoren spielte Wasser einmal eine zentrale Rolle in der wissenschaftlichen Forschung. Während der ersten Hälfte des 20. Jahrhunderts hatte die Wissenschaft eine andere Ausrichtung als jetzt. Wissenschaftler versuchten, eher allgemeine Prinzipien zu entdecken, die allgemein in der Natur anzuwenden wären, anstatt eng eingegrenzten Wissensbereichen weitere Details hinzuzufügen. Das Ganze erschien wichtiger als seine molekularen Bestandteile. Dieses Ganze musste Wasser mit einschließen, denn Wasser war praktisch überall.

Es war auch eine Zeit, in der Kolloide, also submikroskopische Teile, die in einer Flüssigkeit gelöst sind, wichtig erschienen. Weil sie glaubten, dass ein kolloidales Fundament die Grundlage des Lebens sei, nahmen viele Wissenschaftler an, dass das Wissen über das Zusammenwirken von Wasser mit Kolloiden Aufschluss über die dem Leben zugrunde liegende Chemie geben würde. Die Konzentration auf die Kolloide in Kombination mit einer ganzheitlichen Herangehensweise stellte damals das Wasser in den Mittelpunkt wissenschaftlicher Forschung.

Aber in der Mitte des 20. Jahrhunderts passierten ein paar Dinge, die die vielversprechenden Ansätze der Wasserforschung im Keim erstickten. *Eine* Sache war die Verlagerung der Forschung in Richtung Spezialisierung. Diese Verschiebung trieb die Wissenschaftler in Richtung einer molekular orientierten Herangehensweise, die dem Wasser eine zweitrangige Rolle zuwies. Moleküle kamen groß in Mode. Es schien, je mehr man die Moleküle verstünde, um so näher käme man der wissenschaftlichen Wahrheit. Daraufhin wurde die Wasserforschung unzeitgemäß und verlor allmählich ihre Bedeutung.

Der zweite Grund, der die Wissenschaftler vom Wasser abhielt, ging mit zwei Ereignissen einher, die eine stark dämpfende Wirkung auf den Fortschritt im Verständnis des Wassers hatten.

Das erste Ereignis, das sogenannte „Polywasser-Debakel", begann mit einer provokanten russischen Entdeckung während des Kalten Krieges in den späten 60er-Jahren: Wasser in engen Kapillarröhren schien sich anders zu verhalten als gewöhnliches Wasser. Seine Moleküle zeigten andere Schwingungen, seine Dichte war unnormal hoch und es war sehr schwer einzufrieren oder zu verdampfen. Ganz klar, das war eine ganz exotische Art von Wasser. Weil seine Eigenschaften dieselbe hohe Stabilität beinhalteten, die vielen Polymeren eigen ist, betrachteten die Chemiker es als Polymer-Wasser und prägten letztendlich den schicksalhaften Begriff „Polywasser".

Die Entdeckung des Polywassers verursachte unter vielen Wissenschaftlern Aufregung – stellen Sie sich vor, eine neue Art von Wasser! Aber die Entdeckung wurde auch mit Skepsis betrachtet. Die Russen fühlten sich vielleicht auf den Schlips getreten, als westliche Wissenschaftler ein heimtückisches Problem identifizierten: Unreinheiten. Es stellte sich heraus, dass das angeblich reine Wasser in diesen Kapillaren Salze und Silicium enthielt, das sich aus den umgebenden Glasröhren gelöst hatte. Offensichtlich waren es diese Unreinheiten, die der Grund für die exotischen Eigenschaften waren, die gefunden worden waren. Sogar der legendäre Physiker und Chemiker Boris Derjagin, der für die meisten der anfänglichen Studien verantwortlich war, räumte schließlich öffentlich ein, dass die Unreinheiten vorhanden waren. Die Skeptiker hatten so eine Rechtfertigung für ihre erste Reaktion gefunden, dass Polywasser „schwer zu schlucken" sei.

Später werde ich noch mehr über Polywasser ausführen. Ich möchte hier nur erwähnen, dass „Verunreiniger" Schreckgespenster sind, die alle wissenschaftlichen Bereiche heimsuchen. Ein Wissenschaftler hofft, mit etwas Reinem arbeiten zu können, doch absolute Reinheit kann oft nur sehr schwer erreicht werden. Im Fall von Wasser ist es kaum möglich, Reinheit zu erreichen, denn Wasser hat die Tendenz, Moleküle aller Art zu absorbieren. Es ist ein natürliches Lösungsmittel für beinahe alles. So gesehen sind Verunreinigungen natürliche Gegebenheiten von Wasser und ihr Vorhandensein in begrenztem Ausmaß bedeutet nicht automatisch, dass man jegliches beobachtete Verhalten sofort verwerfen muss.

Doch der Schaden war da. In den frühen 1970er-Jahren sagte man den Russen nach, dass sie ohne Sorgfalt experimentierten. Die Schädigung dieses Wissenschaftsfeldes wuchs überproportional zur Bedeutung dieses Ereignisses. Hauptsächlich wegen der sensationellen Publicity, die dem Polywasser zuteil wurde, als die Presse von der Geschichte Wind bekam. Stellen Sie sich nur vor, was die Wissenschaftler behaupteten: Ein Tropfen

Polywasser, den man ins Meer schütte, könne sich wie jeder andere Polymer-Katalysator verhalten – ein einzelner Tropfen könne den weltweiten Wasservorrat in eine einzige klumpige Masse verwandeln, wodurch alles Leben ausgelöscht würde. Mit Sicherheit ein sehr gefährlicher Stoff. (Abb. 2.4)

Die Öffentlichkeit war deshalb nach dem Bericht über den Verunreinigungsirrtum erleichtert. Andere, weniger verängstigte Leute waren enttäuscht, dass diese neue aufregende Entdeckung sich als nichts anderes als ein experimenteller Schnitzer herausstellte. So oder so wurden Wasserwissenschaftler als inkompetent angesehen.

Die nachfolgende katastrophale Auswirkung auf die gesamte Wasserforschung können Sie sich sicher vorstellen. Wenn Russlands führender physikalischer Chemiker derart auf Irrwege geraten konnte, was tun dann die „normalen" Wissenschaftler? Das Risiko, peinlich aufzufallen, schien hoch zu sein. Talentierte Wissenschaftler, die vielleicht die Wasserforschung weiterbetrieben hätten, entschieden sich dafür, in anderen Bereichen zu arbeiten, um ja nicht mit Polywasser in Verbindung gebracht zu werden.

Abb. 2.4: *Polywasser als Schreckgespenst*

So wurde die Wasserforschung hauptsächlich aus Angst ausgebremst. Nur einige tapfere Sturschädel blieben dabei, hauptsächlich im Bereich des biologischen Wassers, aber die Schwungkraft blieb auf der Strecke. Das immer noch ungelöste Geheimnis des Wassers zu lüften blieb anderen vorbehalten – irgendwann in unbestimmter Zukunft.

Das Debakel um das Gedächtnis des Wassers

Zwei Jahrzehnte später zeigte die Wasserforschung Anzeichen von Erholung – bis ein noch schlimmerer Rückschlag folgte: das sogenannte „Wassergedächtnis-Debakel". Dabei war der renommierte französische Forscher und Immunologe Jacques Benveniste die zentrale Figur. Beinahe zufällig entdeckten Benveniste und seine Kollegen, dass Wasser Information aus Molekülen speichern konnte, mit denen es in Berührung kam. Wasser, so könnte man sagen, kann sich „erinnern".

Die Vermutung, dass Wasser ein Gedächtnis haben könnte, entstand durch aufeinander folgende Verdünnungen von Lösungen biologisch wirksamer Substanzen. Nehmen Sie eine solche Substanz, die in Wasser gelöst ist, und verdünnen Sie sie. Dann nehmen Sie ein wenig von dieser verdünnten Substanz und verdünnen sie erneut; wiederholen Sie diesen Vorgang immer wieder und wieder. Nachdem Sie das oft genug gemacht haben, ist alles, was übrig bleibt, nur Wasser. Statistisch gesehen ist nichts mehr von der ursprünglichen Substanz vorhanden. Benveniste und seine Kollegen gingen noch weiter und verdünnten sogar jenseits dieses

Stadiums und fanden, dass diese Lösung noch genauso wirksam sie wie die ursprüngliche Substanz. Egal, ob man die konzentrierte Substanz oder die so stark verdünnte Lösung verwendete – beide lösten bei Zellen denselben molekularen Tanz aus. Es schien, als ob das Wasser als Lösungsmittel ein Gedächtnis für die Moleküle hätte, mit denen es in Kontakt gekommen war. Denn nur diese Moleküle waren spezifisch genug, um diesen Tanz zu bewirken.

Widersinnig, dachte der Herausgeber der Zeitschrift *Nature*, Sir John Maddox. Wie um Himmels willen kann Wasser Informationen behalten? Aber nicht jeder teilte diese scheinbar offensichtliche Reaktion. Homöopathen benutzen ein ähnliches Prozedere, um ihre Heilmittel herzustellen, und manche Anhänger der homöopathischen Richtung waren überzeugt davon, dass ein angesehener Wissenschaftler endlich den Beleg für ihre Herangehensweise gefunden hätte. Benveniste selbst war aber an Homöopathie weniger interessiert als an Wissenschaft. Als Reaktion auf die knapp formulierte Zurückweisung seiner Erkenntnisse durch *Nature* bat Benveniste Kollegen in drei anderen Laboratorien, seine Experimente zu wiederholen, um zu sehen, ob sie zu denselben Ergebnissen kämen.

Und die Ergebnisse wurden tatsächlich bestätigt. Erneut sandte Benveniste einen Bericht über seine Erkenntnisse an *Nature*. Das Journal antwortete wie zuvor. Es war offensichtlich: Egal, wie viele Laboratorien die Ergebnisse bestätigten, die Erkenntnisse erschienen so unwahrscheinlich, dass in dieser verdünnten Lösung irgendein experimenteller Fehlerteufel lauern musste. Das Polywasser-Debakel immer noch im Kopf, schöpfte *Nature* Verdacht.

Unter dem Druck des Anspruchs, fair mit der Angelegenheit umzugehen, stimmte das Journal schließlich doch zu, die Ergebnisse zu veröffentlichen, wenn auch unter einer Bedingung: Der Herausgeber behielt sich das Recht vor, ein Komitee zusammenzustellen, das dem französischen Wissenschaftler über die Schulter schauen sollte, während er seine Experimente durchführte; danach sollte dieses Komitee *Nature* Bericht erstatten. Das französische Team war mit dieser Bedingung einverstanden. Der Artikel erschien sehr schnell, gemeinsam mit einem angehängten Dementi voller Skepsis. Der Herausgeber kündigte an, dass er eine Untersuchung starten werde: Eine Expertenkommission sollte feststellen, wozu diese französischen Wissenschaftler *wirklich* in der Lage wären.

Diese Kommission war sozusagen ein Rudel von Bluthunden. Herausgeber Maddox selbst war der Vorsitzende. Maddox engagierte zwei weitere Personen. Der erste war Walter Stewart, der am *US National Institute of Health* in einer speziellen Abteilung arbeitete, die wissenschaftlichen Betrug aufdecken sollte. Stewart war professioneller Schnüffler. Der andere war James Randi, ein Bühnenmagier von Weltklasse. Randi wurde dadurch berühmt, dass er die Tricks anderer Magier entlarvte, wie zum

Beispiel Uri Gellers Behauptung, in der Luft schweben zu können. Wenn man sich die Zusammenstellung seiner „Expertenkommission" so anschaute, war es klar, dass Maddox mehr als einen harmlosen Irrtum vermutete.

Der Ausschuss reiste nach Paris und überwachte die Experimente sorgfältig. Die erste Serie der Experimente verlief genau so, wie es die vorhergehenden erwarten ließen und die Franzosen schienen in den ersten Runden erfolgreich zu sein. Doch wenn einer der kontrollierenden Experten selbst die Verdünnungen herstellte, waren die Ergebnisse weniger gut. Die Kontrolleure steckten die Köpfe zusammen. Aus der Tatsache, dass die Franzosen die vorhergesagten Ergebnisse bestätigen konnten, die Prüfer aber nicht, schlossen diese schnell, dass es sich um einen Trick handeln müsse. Die Art des Tricks blieb den professionellen Schnüfflern unklar. Nichtsdestotrotz erklärte ihr Bericht der Welt der Wissenschaft plakativ, dass das Gedächtnis des Wassers eine Täuschung sei.

Diese schillernde Geschichte enthält viele Details und wenn Sie darüber noch mehr wissen wollen, empfehle ich zwei Bücher. Das erste ist das bereits zitierte Buch von Philip Ball[1], der zu dieser Zeit für *Nature* gearbeitet hat und Maddox nahe stand. Das zweite Buch mit dem Titel *The Memory of Water* wurde von dem Physiker Michel Schiff geschrieben.[4] Schiff hat zur Zeit dieser Vorfälle in dem französischen Labor gearbeitet. Wie Sie sich sicher vorstellen können, vertreten die beiden Autoren gegensätzliche Sympathien. Um sich ein vollständiges Bild machen zu können, sollten Sie beide Bücher lesen.

Als Ergebnis aus diesem Fiasko erlitt Benveniste von allen Seiten Schmach. Diese Blamage führte auch zum Verlust von Förderungsgeldern, zum Zusammenbruch eines großen und produktiven Labors und zu der äußerst geringen Chance, zukünftig noch eine wissenschaftliche Arbeit zu publizieren. Die größte Schande aber war, dass er zweimal den „Ig-Nobel-Preis" erhielt, der von Harvard-Studenten für „unmögliche" Forschungsergebnisse verliehen wird. (Ig steht als Abkürzung für *ignoble* = unwürdig.) Es war keine glückliche Zeit für die französische Wissenschaft. (Abb. 2.5)

Abb. 2.5: *Eine Blamage für die französische Wissenschaft*

Das Wichtigste an diesem Vorfall indessen ist weder dessen Hässlichkeit noch der sofortige Niedergang einer glanzvollen wissenschaftlichen Karriere. Der Hauptaspekt ist die Auswirkung, die dieser Vorfall auf die Erforschung des Wassers hatte. Kaum etwas erholt vom Debakel um Polywasser, erlitt dieser Forschungsbereich einen erneuten, noch verheerenderen Rückschlag. Das Gedächtnis des Wassers wurde zur Lachnummer der gesamten wissenschaftlichen Gemeinde: Wie bitte, Sie können sich keine Namen merken? Versuchen Sie's damit, mehr Wasser zu trinken … (Ha, ha, ha!)

Wenn Sie sich diese von Pannen begleitete Geschichte vergegenwärtigen, können Sie sich die Folgen für die Wasserforschung sicher vorstellen. Wie viele Wissenschaftler mit gesundem Menschenverstand werden sich noch auf ein Feld wagen, das durch Polywasser befleckt worden war und das dann auch noch als Schauplatz wissenschaftlicher Witze abgewertet wurde? Wirklich nur wenige. Ironischerweise wurden die Ergebnisse von Benveniste später durch andere bestätigt[5] und wieder andere – eingeschlossen der Nobelpreisträger Luc Montagnier – stützten sich die auf das Wassergedächtnis, um die Annahme zu begründen, dass Wasser Informationen übertrage.[6] Trotz allem bleibt das Gedächtnis des Wassers nach wie vor eher eine Angelegenheit für Scherze als ein Gegenstand seriöser wissenschaftlicher Forschung.

Das Geheimnis bleibt bestehen

Ich denke, Sie können dieses Paradox jetzt besser verstehen: warum wir über etwas so Vertrautes so wenig wissen. Zwei aufeinanderfolgende Debakel haben einen einst dynamischen Forschungsbereich in eine heimtückische Domäne verwandelt, in die sich nur wenige verwegene Wissenschaftler hineintrauen.

Der aktuelle Bereich der Wasserforschung ist aus der Asche der beiden Debakel wieder auferstanden. Man kann dieses Feld am besten als „schizophren“ beschreiben. Auf der einen Seite benutzen Mainstream-Wissenschaftler Computersimulationen und hochtechnische Verfahren, um mehr über die Wassermoleküle und ihre direkten Nachbarn zu erfahren. Es sind deren Ergebnisse, die mehr oder weniger das Feld definieren. Indem sie relativ risikolos herangehen, haben sie schrittweise Fortschritte erzielt. Diese helfen, die verschiedenen Modelle, die ich weiter oben beschrieben habe, zu verfeinern und auszugestalten.

Auf der anderen Seite gibt es Wissenschaftler, die die provokanteren Phänomene erkunden – solche, die ich im vorangehenden Kapitel beschrieben habe. Diese Erscheinungen auch nur zu erwähnen, ruft bei den „Mainstreamern“, die diese Phänomene als befremdlich und wissenschaftsunwürdig betrachten, ein Kichern hervor. Einige Mainstream-Forscher ziehen es vor, diese Erscheinungen schlichtweg als eine Art von „unheimlichem Wasser“ abzulehnen.

Die beiden Parteien vermischen sich kaum. Diejenigen, die das „unheimliche Wasser“ mögen, bewundern zwar die Ausgefeiltheit der Mainstream-Forschung, finden ihre Herangehensweise aber beschränkt und undurchschaubar. Daher wahren sie Abstand zu ihnen. Mainstreamer wiederum meiden die andere Partei wie die Pest. Manche Mainstream-Vertreter schaudern in Erwartung eines weiteren Wasserdebakels. Die

Phänomene des „unheimlichen Wassers" bleiben damit dazu verurteilt, als „Grenzwissenschaft" abgetan zu werden – in derselben Kategorie wie die kalte Fusion, UFOs und feinstoffliche Energien. Man bleibt dem besser fern, wenn man seine wissenschaftliche Anerkennung behalten will.

Angesichts einer solchen Atmosphäre des Misstrauens können Sie ermessen, wieso es eine Herausforderung geworden ist, tieferes Verständnis aufzubauen. Grundlagenforschung über Wasser zu betreiben ist ungefähr so, wie im Morast nach Goldnuggets zu suchen. Ab und zu findet man ein paar, aber dieser langsame, beschwerliche Sammelprozess erfolgt in einer Atmosphäre des Misstrauens, die es unmöglich macht, auch nur eine einfache Grundlage für Verstehen zu schaffen.

• • •

Die nachfolgenden Kapitel werden diesen sumpfigen, ausgetretenen Pfad umgehen. Wir werden einen völlig neuen Weg beschreiten, der auf Anhaltspunkte baut, die andere ignoriert haben. Wir werden diese Straße benutzen, um einen Fortschritt in Richtung eines besseren Verständnisses zu erreichen. Wir stehen auf dem Standpunkt, dass das Sozialverhalten von Wasser nicht so unbegreiflich ist, wie es im Moment scheint. Wenn die Natur selbst einfach und intuitiv erfassbar ist, wie viele Wissenschaftler glauben, dann gibt uns dies Anlass zu hoffen, dass der am meisten verbreitete Bestandteil der Natur genau so einfach und intuitiv verstehbar ist.

Es ist dieses einfache Verständnis, zu dem wir gelangen möchten.

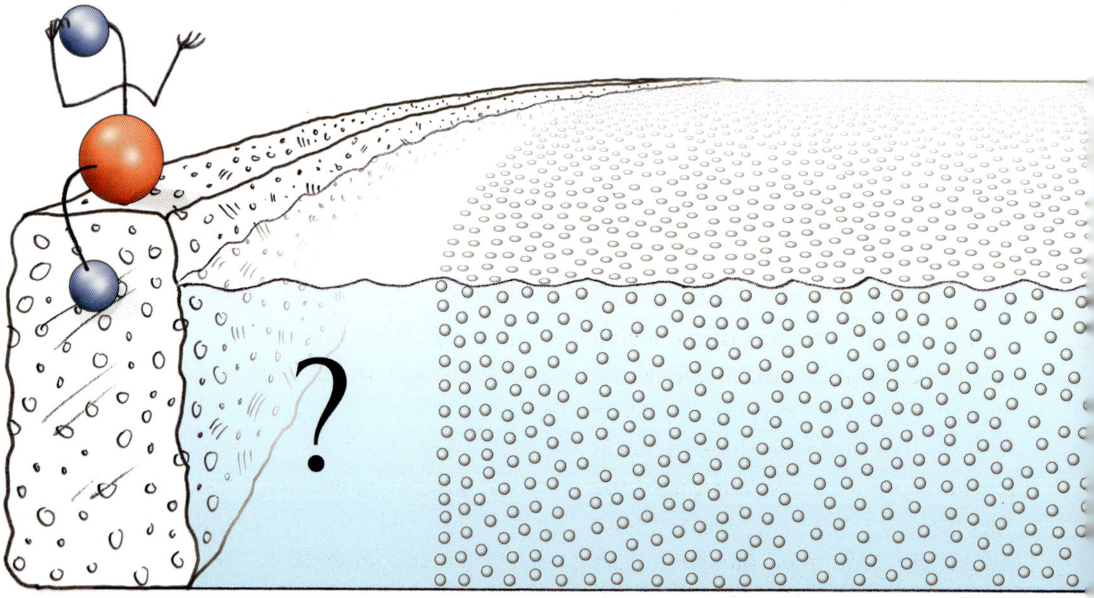

3 Das Rätsel des Grenzflächenwassers

In einem Glas sieht das gesamte darin befindliche Wasser gleich aus. Auch wenn man ganz genau hinschaut, gibt es keinen Hinweis darauf, dass sich die Wassermoleküle in *einem* Bereich anders als die Moleküle in einem *anderen* Bereich zusammensetzen könnten. Denn Wasser ist schließlich Wasser.

Andererseits kann die oberflächliche Erscheinung täuschen. Ich habe erst im letzten Jahrzehnt gelernt, dass die Oberflächen von Materialien die daran angrenzenden Wassermoleküle stark beeinflussen können – so grundlegend und außerordentlich, dass sich fast alles im Wasser völlig verändert. Praktisch jede Oberfläche, die Wasser berührt, hat eine solche Wirkung: der Behälter, schwebende Partikel und sogar gelöste Moleküle. Oberflächen aller Art haben einen tiefgreifenden Einfluss auf alle sie berührenden Wassermoleküle.

Hätte ich mir die Mühe gemacht, die Literatur zu lesen, wäre ich mir des Einflusses dieser Oberflächen bewusst gewesen: Eine vor einem halben Jahr veröffentlichte Übersicht von J. C. Henniker zitiert mehr als hundert veröffentlichte Studien, die den weitreichenden Effekt verschiedenster Oberflächen auf viele Flüssigkeiten (einschließlich Wasser) bestätigt haben. Hinweise waren also reichlich vorhanden.[1]

Doch für mich waren diese weitreichenden Wirkungen eine neue Offenbarung. Ich wusste, dass eine Oberfläche Wasser bis zu einer Reichweite von vielleicht einigen Molekülschichten beeinflussen kann. Ich hatte sogar schon ein Buch über die biologische Bedeutung dieses „geordneten" Wassers geschrieben.[2] Doch ein wirklich weitreichender Effekt, der sich über Tausende oder sogar Millionen Molekülschichten erstrecken kann, schien mir nicht möglich zu sein. Wenn es den geben sollte, war dieser starke Einfluss auf alle Fälle etwas sehr Wichtiges für alle auf Wasser basierenden Phänomene.

Ich werde beschreiben, wie wir zuerst über Hinweise auf diese weitreichenden Ordnungsprozesse gestolpert sind und was wir getan haben, um zu testen, ob diese Hinweise stimmig waren. Den „Weckruf" erhielt ich durch eine zufällige Begegnung bei einer wissenschaftlichen Konferenz.

Toshihiro Hirai von der Shinshu-Universität

Mittagessen mit Hirai

An einem glühend heißen Sommertag in den späten 1990er-Jahren, während ich mich von einem Konferenzgebäude zum anderen bewegte, um ein Seminar zu besuchen, hatte ich das Glück, Professor Toshihiro Hirai von der Shinshu-Universität in Japan zu begegnen. Wir unterhielten uns lange. Ich erzählte von dem Buch, das ich damals gerade über die Rolle des Wassers in der Zellfunktion schrieb (*Cells, Gels and the Engines of Life*). Das Thema interessierte ihn offensichtlich, denn als wir zum Mittagessen gingen, um der Hitze zu entkommen, informierte mich Hirai über eine offensichtlich wichtige Beobachtung, die seine Studenten gemacht hatten – eine Beobachtung, die sich letztendlich als grundlegend für das Verständnis von Wasser herausstellen sollte.

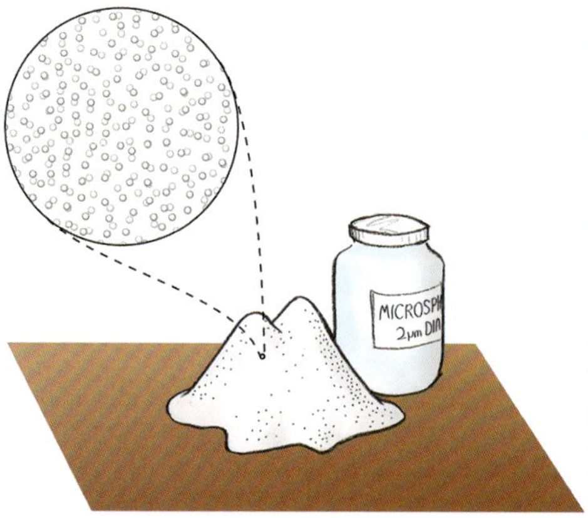

Abb. 3.1: *Mikrosphären sind alltägliche Instrumente für Wissenschaftler.*

Hirai und seine Studenten hatten das Fließen des Blutes in Gefäßen erforscht. Anstatt echter Blutgefäße benutzen sie zylindrische Tunnel, die durch Gele gebohrt wurden. Anstelle von Blut verwendeten sie Lösungen mit Mikrosphären. (Abb. 3.1) So wurde also der Blutfluss imitiert, indem man wässrige Lösungen, die winzige Kügelchen enthielten, durch Tunnel in Gelen pumpte. Die Forscher konnten das fließende „Blut“ beobachten, denn das Gel war durchsichtig. Alles, was sie brauchten, war ein einfaches Mikroskop.

Hirai berichtete mir bereitwillig, was sie beobachtet hatten. Ich fand seine Ergebnisse im Bezug auf das Fließverhalten von Blut sehr aufschlussreich, aber was meine Aufmerksamkeit am meisten erregte, war seine Beschreibung des seltsamen Verhaltens der Mikrosphären. Er sagte, dass die fließenden Mikrosphären die ringförmige Zone direkt an der Gel*oberfläche* mieden; sie bewegten sich nur im Bereich der Tunnel*mitte*. (Abb. 3.2) Hirai ließ erkennen, dass er dieser Eigenschaft keine besondere

Abb. 3.2: *Der schematische Querschnitt zeigt die mikrosphärenfreie Zone im Geltunnel.*

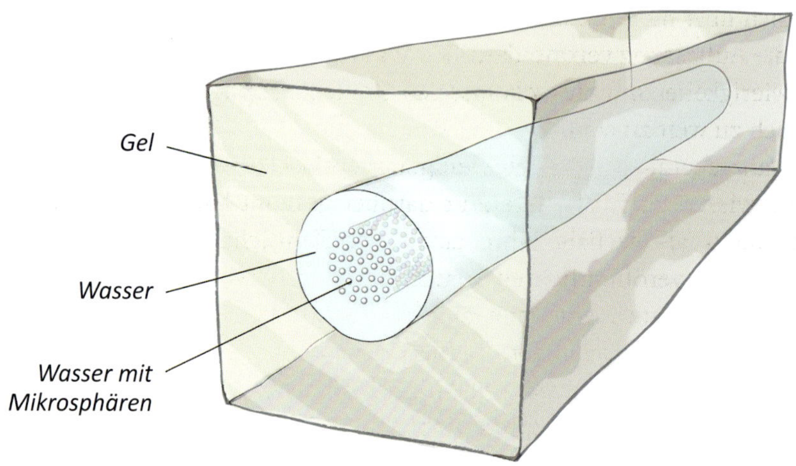

Aufmerksamkeit schenkte, in der Annahme, dass sie ein sekundärer Effekt sei. Die möglicherweise sehr große Bedeutung des oberflächennahen Ausschlusses der Mikrosphären war ihm offensichtlich entgangen.

Nach diesem Treffen tauschten Hirai und ich viele E-Mails aus. Ich übte mich darin, die Grenzen der höflichen japanischen Kommunikation nicht zu übertreten, und versuchte Hirai dazu zu überreden, seine Ergebnisse zu veröffentlichen, da ich hoffte, sie in meinem bald erscheinenden Buch zitieren zu können. Das passierte nicht. Hirai wurde zunehmend ungeduldiger durch meine unaufhörlichen Mails und bot mir schließlich an, mich als Koautor einer zukünftigen Veröffentlichung zu nennen, wenn ich ihm erlauben würde, in seinem eigenen Rhythmus fortzufahren.

Meines Wissens blieben Hirais Beobachtungen bisher unveröffentlicht. Doch glücklicherweise zog ein früherer Postdoc-Forschungskollege von ihm nach Seattle und kam auf seiner Arbeitssuche in mein Labor. Ich stellte Jian-ming Zheng (Abb. 3.3) sofort ein und wir gingen gleich daran, Hirais Beobachtungen fortzuführen.

Abb. 3.3: *Jian-ming „Jim" Zheng*

Ich hatte Grund anzunehmen, dass die Tendenz der Mikrosphären, die Zone nahe der Geloberfläche zu meiden, auf etwas hindeutete, was von großer Bedeutung war. Es erschien mir möglich, dass die Oberfläche des Gels die benachbarten Wassermoleküle ordnen könnte. Die zunehmende Ordnung könnte dann die Mikrosphären gleichermaßen „herausschubsen", verdrängen, ausschließen, wie wachsende Eiskristalle schwebende Teilchen ausstoßen. Diese Annahme war unorthodox; doch mein Buch aus dem Jahre 2001 führte detailliert eine beträchtliche Menge an Belegen an, die genau diese Vorstellung stützten.

Der erstaunlichste Aspekt von Hirais Beobachtungen jedoch waren die Dimensionen. Die mikrosphärenfreie Zone erstreckte sich etwa einen Zehntelmillimeter von der Geloberfläche nach innen. Das bedeutete, dass die geordnete Struktur Hunderttausende von Wassermolekülen umfassen konnte. Das lässt sich vergleichen mit einer Aufreihung von Murmeln, die sich über mehrere Dutzend Footballfelder erstreckt. Sogar als Autor, der die Auffassung vertrat, dass sich Wasser in der Zelle ordne[2], hatte ich Schwierigkeiten mit dieser kolossalen Größenordnung; die Spanne schien einfach zu weit zu sein.

Wahrscheinlich wäre ich weniger skeptisch gewesen, wenn ich die ältere wissenschaftliche Literatur darüber gekannt hätte. Sie wurde bereits mehr als sechzig Jahre zuvor veröffentlicht und gründete auf zahlreichen veröffentlichten Artikeln. Der Übersichtsartikel, den ich bereits erwähnte[1], zog eine ähnliche Schlussfolgerung: Oberflächen haben einen weitreichenden Einfluss auf angrenzende Flüssigkeiten; sie erzeugen eine beachtliche molekulare Ordnung. – Da wir diese Dokumente nicht kannten, machten wir ahnungslos weiter damit, das Rad neu zu erfinden.

Diese Beobachtung rief Unruhe hervor, denn die Debye-Länge und die Doppelschicht-Theorie sind Grundfesten der Oberflächen-Chemie. Weil wir diese Theorie mit gegenteiligen experimentellen Beobachtungen infrage stellten, mussten wir das Ganze absichern: Wir mussten sichergehen, dass keine triviale Erklärung oder ein experimenteller Irrtum Ursache für unsere Beobachtungen waren.

Triviale Erklärung?

Zheng und ich nahmen uns ein ganzes Jahr Zeit, um jeden vorstellbaren Irrtum auszuschließen.[3, 4] (Wir erhielten viel Input von anderen, die nicht davor zurückscheuten, Kobolde als Ursache vorzuschlagen, die hinterhältig neben der zu interpretierenden Oberfläche lauerten.) Von den zahlreichen Aspekten, mit denen wir uns beschäftigten, schienen vier besonders problematisch:

- Der erste betraf den Konvektionsstrom, der durch leicht unterschiedliche Temperaturen in den verschiedenen Bereichen entstehen könnte. Ein solches Temperaturgefälle könnte gegebenenfalls Wirbel erzeugen, die Mikrosphären von der Oberfläche wegziehen könnten. Wir haben in vielen Experimenten Konvektionsströme gesehen – in anderen dagegen fehlten sie völlig und die Ausschlusszone blieb trotzdem bestehen. Wir schlossen daraus, dass Konvektionsströme keine allgemeine Erklärung für die beobachteten Ausschlusszonen sein können.
- Ein zweiter Aspekt war der Polymer-Bürsten-Effekt. Gele bestehen aus Polymeren (großen Molekülen, die aus sich wiederholenden strukturellen Einheiten aufgebaut sind), deren Ausläufer über den Gelrand hinaus in die umgebende Lösung reichen können – wie die Borsten einer Bürste. Einige wenige dünne Borsten entziehen sich möglicherweise der Entdeckung durch das Mikroskop und könnten Ursache für den Ausschluss der Mikrosphären sein. Doch wir haben eine hyperempfindliche *Nano-lever*-Messung parallel zur Oberfläche des Gels gemacht: Sie zeigte keinerlei Anzeichen irgendwelcher Borsten. [Mit *Nano-lever*-Messung meint der Autor hier ein Verfahren zum Messen kleinster Kräfte. Anmerkung des Verlags] Das Argument mit den unsichtbaren Borsten erwies sich damit als nicht haltbar.

Nachfolgende Experimente bestätigten diese Annahme. In einem dieser Experimente verwendeten wir sich selbst erzeugende „Monoschichten“ (engl.: *monolayers*). Das sind Strukturen, die aus einer einzigen Schicht von Molekülen mit Ladungsgruppen bestehen. Monoschichten haben keine Ausläuferpolymere. Und dennoch konnten sie Ausschlusszonen ausladender Größe erzeugen.[4] Wir sahen auch beachtliche Ausschlusszonen in der Nähe bestimmter n-Typen von Siliconplatten sowie an

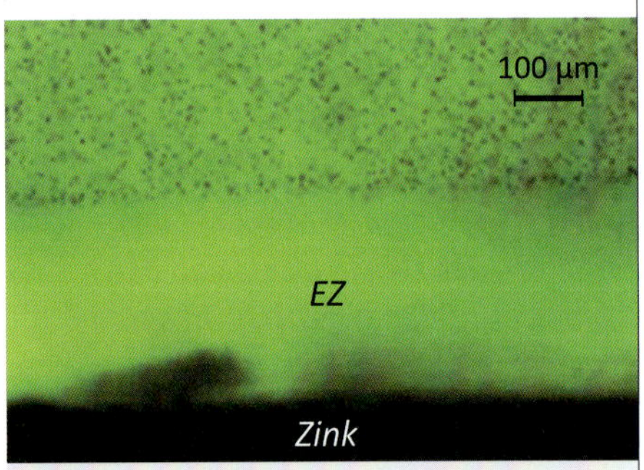

Abb. 3.6: *Ausschlusszone an einer Zinkoberfläche.[5] Die grüne Farbe entsteht durch Verwendung eines Grünfilters im Mikroskop.*

Metalloberflächen, die wiederum keine Polymerausläufer enthalten. (Die Abbildung 3.6 zeigt ein Beispiel.)

- Eine dritte triviale Erklärung für den Ausschluss der Mikrosphären könnte auch die weitreichende elektrostatische Abstoßung sein: Wenn das Material und die Mikrosphären gleichartige Ladung tragen, hätte diese eine Abstoßung zur Folge. Wäre die Abstoßung stark genug, könnte sie die Mikrosphären wegtreiben und eine Ausschlusszone entstehen lassen. Wir haben diese Möglichkeit in Betracht gezogen, obwohl die Doppelschicht-Theorie besagt, dass jegliche Abstoßung dieser Art jenseits einiger weniger Nanometer – einer Entfernung, die hunderttausendfach kleiner ist als die, die wir regelmäßig beobachteten – vernachlässigbar klein sein müsste.

Der einfachste Test für die Abstoßungshypothese war, negativ geladene Mikrosphären durch positiv geladene zu ersetzen. Gemäß der elektrostatischen Hypothese hätten die positiv geladenen Mikrosphären an die negativ geladene Oberfläche herangezogen werden müssen. Wir haben herausgefunden, dass die positiv geladenen Mikrosphären die Ausschlusszone manchmal kollabieren ließen. Bei anderen Versuchen blieb die Ausschlusszone nicht nur erhalten, sondern behielt dieselbe Größe, die mit den negativ geladenen Mikrosphären erzeugt worden war.[3, 4]

Wir erhielten ein ähnliches Ergebnis, wenn wir die Ladung der ausschließenden Oberfläche umkehrten. Um dieses Experiment durchzuführen, verwendeten wir Perlen (Kugeln) aus Gel, deren sphärische Oberfläche schalenförmige Ausschlusszonen produzierte. (Abb. 3.7) Negativ geladene Mikrosphären wurden konsequent ausgeschlossen – ganz egal, ob die Oberfläche der Kugeln negativ geladene oder positiv geladene Polymere enthielt.[6] Einfache elektrostatische Abstoßung kann unsere Ergebnisse nicht erklären.

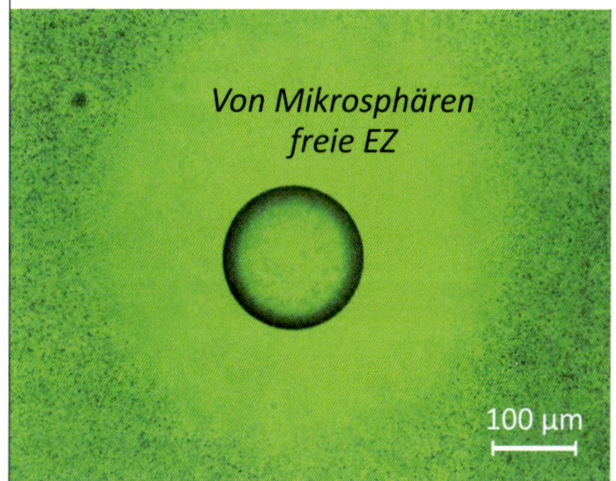

Abb. 3.7: *Von Mikrosphären freie Zone rund um eine geladene Gelkugel, betrachtet durch ein Lichtmikroskop. (Die Färbung ist durch den Mikroskopfilter bedingt.) Wir hatten die Kugel auf eine gläserne Fläche gelegt und dann die Mikrosphärenlösung hinzugefügt. Die EZ wuchs mit der Zeit bis zu dem hier gezeigten Umfang an.*

- Eine vierte Möglichkeit wäre das Diffundieren von Stoffen aus dem Gel. Schmutzteilchen im Gel könnten die Mikrosphären abstoßen und dabei eine sichtbare Ausschlusszone hinterlassen. Jedoch widersprechen die Ergebnisse aus den Monoschicht-Experimenten dieser Hypothese: Diese Strukturen aus nur einer einzigen Molekülschicht erzeugten beträchtliche Ausschlusszonen[4], obwohl sie so dünn sind, dass gar nichts vorhanden sein kann, was herausdiffundieren könnte.

- Wir versuchten auch noch ein anderes Verfahren: Wir spülten jegliche vermeintliche Verschmutzungspartikel weg. Der kräftige Strom parallel zur EZ erzeugenden Oberfläche konnte – wie schnell er auch immer war – die EZ nicht beseitigen.[7]

- Letztendlich fanden wir heraus, dass die Ausschlusszonen zu ausladend waren, als dass sie durch diffundierende Stoffe hätten erklärt werden können. Solche ausgedehnten Ausschlusszonen fanden wir in langen, waagrecht liegenden zylindrischen Kammern. Am einen Ende

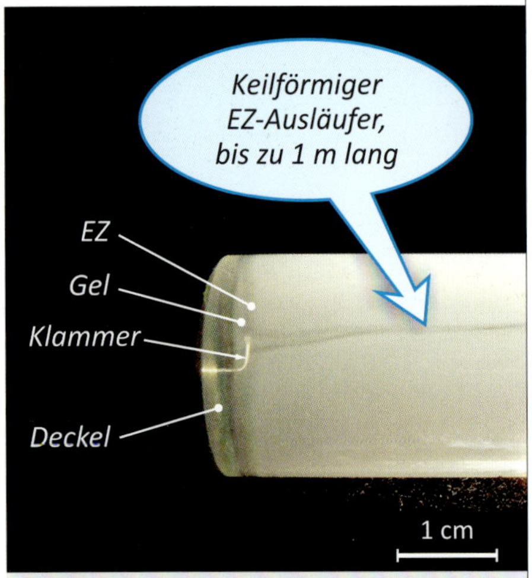

Abb. 3.8: *Lange EZ-Ausdehnung. Das scheibenförmige Gel erzeugt eine scheibenförmige Ausschlusszone, die sich zu einem langen, keilförmigen Ausläufer auswächst. Die Ausdehnung kann sogar 1 m Länge erreichen.*

des Zylinders montierten wir ein scheibenförmiges Stück Gel, das von Klammern gehalten wurde. Dann füllten wir die Kammer mit einer wässrigen Lösung mit Mikrosphären und warteten ab. Wie erwartet bildete sich eine pfannkuchenartige Ausschlusszone, von der Geloberfläche angefangen bis zu einer Stärke von mehreren Hundert Mikrometern. Aber das Wachstum kam auch bei dieser Stärke nicht zum Stillstand. (Abb. 3.8) Die Ausschlusszone wuchs immer weiter und spaltete sich zu stangenähnlichen Ausbuchtungen oder Vorsprüngen auf. Manchmal in Äste aufgeteilt, dehnten sich diese stangenähnlichen Ausschlusszonen sogar bis zum Ende der meterlangen Kammern aus.[8] Schmutzpartikel konnten für diese überlangen Ausschlusszonen nicht verantwortlich sein.

Unsere jahrelangen Studien untermauerten, dass die beobachteten Ausschlusszonen nicht aufgrund trivialer Ursachen entstanden sein konnten. Während ich dies schreibe, haben bereits mehrere Dutzend andere Laboratorien die Existenz der EZ bestätigt. Darüber hinaus brachte eine erst kürzlich wiederentdeckte Studie, die bereits in den 1970er-Jahren veröffentlicht worden war, im Wesentlichen dieselben Ergebnisse: Mikrosphären ausschließende Zonen mit einer Stärke von mehreren Hundert Mikrometern, die man in der Nachbarschaft von polymerischen und biologischen Geloberflächen gefunden hatte.[9] So ist also der Ausschluss von Mikrosphären kein einmaliger Glückstreffer – da muss wohl irgendetwas bisher Unbekanntes, von keiner Theorie Vorhersehbares passieren, was die Mikrosphären von bestimmten Materialoberflächen wegtreibt.

Zwar verschlang unsere Suche nach Artefakten einen beträchtlichen Teil unserer Energie, aber sie erbrachte auch einen unerwarteten Hinweis: Diese meterlangen Ausschlusszonen beeindruckten uns, weil sie auf eine kristallähnliche Struktur hindeuteten. Denn Kristalle wachsen sehr leicht zu einer solchen Größe an: Denken Sie nur an einen Eiszapfen. Kristalle schließen außerdem beim Wachsen ebenfalls Partikel aus. Die Vorstellung oder Möglichkeit, dass die EZ eine kristallähnliche Konsistenz haben könnte, faszinierte uns.

Kristalle wachsen üblicherweise von „keimbildenden" Stellen aus, von einer bestimmten Art von Oberflächen. Deshalb erschien es uns wichtig zu bestimmen, welche Art von Oberflächen Ausschlusszonen erzeugen.

Inwieweit sind Ausschlusszonen ein generelles Phänomen?

Wir untersuchten zunächst noch weitere als die bisher genannten Gele. Alle Wasser enthaltenden (Hydro-) Gele erzeugten Ausschlusszonen, auch solche, die aus biologischen Molekülen oder künstlichen Polymeren bestanden. (Abb. 3.9a) Wir fanden auch Ausschlusszonen neben biologischen Oberflächen; unter diesen waren Gefäßendothel (die Innenseite der Blutgefäße), Bereiche von Pflanzenwurzeln und Muskelzellen. (Abb. 3.9b) Monoschichten habe ich bereits erwähnt. (Abb. 3.9c) Weil wir beträchtliche Ausschlusszonen neben solchen monomolekularen Schichten fanden, wussten wir, dass die Materialstärke nicht ausschlaggebend war: Es schien möglich, *dass zum Erzeugen einer EZ nur* ***eine*** *Molekülschicht nötig war.*

Verschiedene geladene Polymere erzeugten ebenfalls Ausschlusszonen. Ein ganz besonders wirksames war Nafion. (Abb. 3.9d) Die teflonartige Hauptkette von Nafion enthält viele negativ geladene Schwefelsäuregruppen, die dieses Polymer zu einem der potentesten Ausschlussstoffe machen. Wegen der Stärke und Stabilität der durch Nafion erzeugten Ausschlusszonen und weil es uns damit die Arbeit erleichterte, werden Sie es in diesem Buch noch oft erwähnt finden.

Die einzigen Besonderheiten, die uns begegneten, waren begrenzte Stellen *ohne* Ausschlusszonen. Diese kahlen Flecken waren atypisch. Doch wir fanden sie regelmäßig neben bestimmten Metallen und auch an Polymermembranen, wenn diese Membranen unterschiedliche Lösungen überspannten. Dies war der Fall bei unseren Osmose-Experimenten (Kapitel 11). Diese EZ-Unterbrechungen schienen wie Löcher im „EZ-Damm" zu sein.

Die Ausschlusszonen produzierenden Materialien, die ich in den vorangehenden Absätzen beschrieben habe, fallen in die Kategorie „hydrophil" (wörtlich: wasserliebend, wasserfreundlich). Ihre Wasserfreundlichkeit scheint ausgeprägt genug zu sein, um andere Anwärter auszuschließen; nur das Wasser darf bleiben. „Hydrophobe" oder wasserabweisende Oberflächen wie Teflon scheinen hingegen ungeeignet – da konnten wir keine Ausschlusszonen finden. *Es scheint, als könne man das EZ-Phänomen der Klasse der hydrophilen Oberflächen zuordnen.*

Nachdem wir das generelle Auftreten von Ausschlusszonen belegt hatten, fragten wir als Nächstes: Was alles wird durch die EZ ausgeschlossen? Nur Mikrosphären? Oder werden auch andere Substanzen verdrängt?

Wir fanden ein breites Spektrum ausgeschlossener Substanzen. Es reichte von großen, schwebenden Partikeln bis hin zu kleinen, gelösten Stoffen.[3] Mikrosphären aller Art wurden ausgeschlossen. Es umfasste den Bereich von 10 Mikrometern bis hinunter zu 0,1 Mikrometern Größe und verschiedenste Substanzen. Sogar rote Blutkörperchen, einige Bakterienstämme und ganz gewöhnliche Schmutzpartikel, die wir von außerhalb des Labors mitbrachten, wurden ausgeschlossen. Das Protein Albumin wurde hinausgedrängt, genauso wie verschiedene Farbstoffe mit Molekulargewichten so niedrig wie 100 Daltons, nur ein wenig größer als

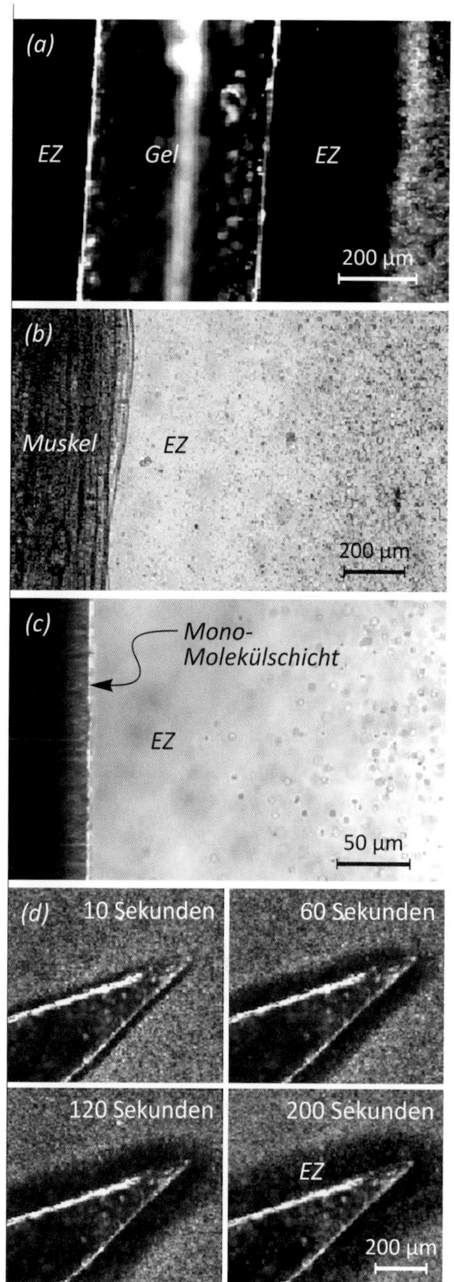

Abb. 3.9: *Beispiele verschiedener Mikrosphären ausschließender Zonen, gesehen durch das Lichtmikroskop. a) Polyacryl-Säure-Gel; b) Muskel; c) eine selbsterzeugende Mono-Molekülschicht auf Gold; d) Nafion-Polymer (4 zeitlich versetzte Aufnahmen in Folge)*

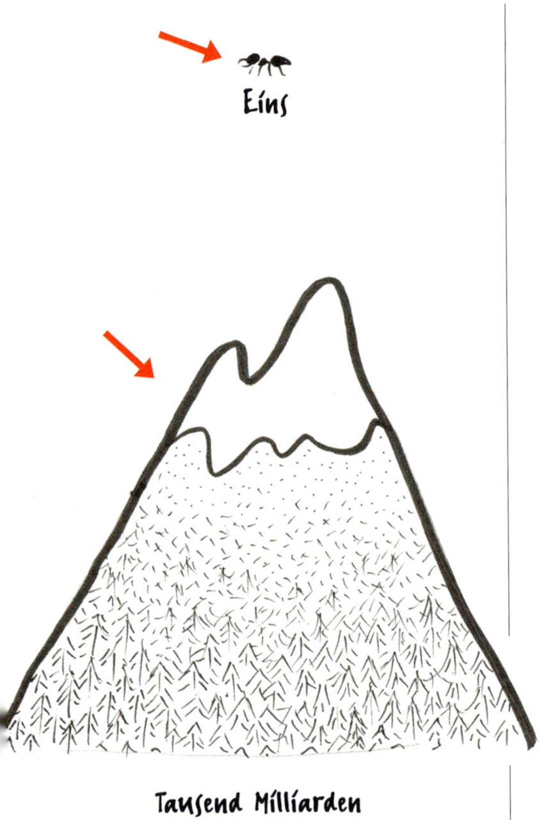

Abb. 3.10: *Das Größenspektrum ausgeschlossener Substanzen*

gewöhnliche Salzmoleküle. Die Spannweite von der kleinsten bis hin zur größten Substanz der ausgeschlossenen Stoffe war das Tausendmilliardenfache. (Abb. 3.10)

Diese Experimente zeigten also, dass eine EZ ein breites Spektrum von Substanzen ausschließt, von ganz klein bis ganz groß.

Wir konnten das wirklich allerkleinste zu lösende Molekül nicht endgültig testen – das musste warten. Aber gleichwohl konnten wir den Schluss ziehen, dass das Ausschlussphänomen allgemeingültig war: *Beinahe jede hydrophile Oberfläche kann eine EZ erzeugen und die EZ schließt fast alles aus, was in Wasser schwebt oder gelöst ist.*

Warum werden gelöste Stoffe ausgeschlossen?

Diese große ausschließende Kraft, die sich experimentell demonstrieren ließ, wies einmal mehr darauf hin, dass wir es mit einer Art kristalliner Substanz zu tun hatten. Denn Kristalle haben die Eigenschaft, in großem Stil Substanzen auszuschließen. Ich wies ja bereits weiter oben auf eine mögliche kristalline Struktur hin: Die hydrophile Oberfläche könnte daneben befindliche Wassermoleküle so beeinflussen, dass sie sich wie in einem Flüssigkristall anordnen. Wenn dann die „geordnete" Zone anwächst, schiebt sie gelöste Substanzen genau so hinaus, wie ein wachsender Gletscher dies mit Felsen tut.

Ein derartiger Prozess molekularen Ordnens ist keine neue Idee. Der bereits zitierte Beitrag von Henniker (1949) listet viele ältere Arbeiten auf, die starke Prozesse des Neuordnens in der Nähe von Oberflächen beschreiben. Henniker war keine einsame Stimme in der Wüste.

In der Folge wurde die Idee einer weitreichenden Ordnung der Wassermoleküle von einer Anzahl prominenter Wissenschaftler weiterverfolgt. Dazu gehörten etwa Walter Drost-Hansen, James Clegg und insbesondere Albert Szent-Györgyi und Gilbert Ling. Szent-Gyorgyi (Abb. 3.11) war ein bahnbrechender Denker, der für die Entdeckung des Vitamin C den Nobelpreis erhielt. Ein Meilenstein seines Denkens war die weitreichende Ordnung von Wasser, die er als einen Hauptpfeiler im Gebäude des Lebens ansah.

Gilbert Ling (Abb. 3.12) dachte ähnlich. Er betonte die herausragende Rolle von Ordnungsprozessen im Wasser bei der Zellfunktion und begründete ein neuartiges Konzept für das Verständnis biologischer Prozesse. Er hat über dieses Thema fünf Bücher geschrieben, das letzte ist seine 2001 erschienene Monografie *Life at the Cell and Below-Cell Level.*[10] Dieses Buch belegt, dass die geladenen Oberflächen der Zellen die anliegenden Wassermoleküle ordnen und damit die Lösung der meisten Stoffe ausschließen. Gemäß Ling ist dieses Ordnen der Hauptgrund dafür, dass die meisten gelösten Stoffe nur in geringer Dosis im Zellinneren auftauchen; das geordnete Wasser in den Zellen schließt sie aus.

Vor dem fundierten Hintergrund, der durch diese Persönlichkeiten geschaffen worden ist, erschien uns die Idee, dass geladene oder hydrophile Oberflächen Wassermoleküle bis zu einem beträchtlichen Abstand ordnen können, plausibel. Wir hatten dazu ja solide frühere Studien gefunden. Es war uns auch klar, dass die heutigen Chemiker, die dem Mainstream angehören, diese Art von Ordnung für unwahrscheinlich halten, denn Moleküle neigen gewöhnlich zur Unordnung. Gleichwohl muss es bestimmte Mechanismen geben, die diese gut belegte Ausschlusszone erklären. Die Idee von ordnenden Prozessen im Wasser erschien als ein gangbarer Weg. Unser Labor machte sich deshalb daran, diese Möglichkeit zu erforschen.

Abb. 3.11: *Albert Szent-Györgyi in seinen späteren Jahren*

Weitere Belege für den Einfluss von Oberflächen auf benachbartes Wasser

Um die physikalische Natur einer Ausschlusszone zu bestimmen, testeten wir eine Vielzahl von Methoden. Bei jedem Experiment erzeugten wir eine Ausschlusszone (immer mit dem reinstmöglichen Wasser, das verfügbar war); wir untersuchten, ob sich die jeweilige Eigenschaft, die wir in der Ausschlusszone gerade untersuchten, vom Wasser *außerhalb* dieser Zone unterschied. Während wir das taten, hofften wir, nicht nur einen Unterschied zu finden, sondern auch – wenn wir Glück hatten – die Natur des EZ-Wassers näher bestimmen zu können. Was jetzt kommt, ist ziemlich techniklastig, aber ich hoffe trotzdem, dass Sie es schaffen, mir durch die Beschreibung sechs wichtiger Experimente zu folgen.

Abb. 3.12: *Gilbert Ling in seinen früheren Jahren*

a) Lichtabsorption. – Substanzen unterscheiden sich in der Art, wie sie Licht absorbieren. Wenn wir die Absorption verschiedener Wellenlängen („Farben") aufzeichnen, gibt dies Aufschluss darüber, wie ein Stoff elektromagnetische Energie aufnimmt; dies wiederum sagt uns, wie die Moleküle mit der aufgenommenen Energie umgehen. Ganz zuletzt hofften wir, dadurch zu beobachten, ob die Wellenlängen, die die EZ absorbierte, sich von den Wellenlängen unterschieden, die durch das *ungeordnete* Wasser außerhalb der EZ absorbiert wurden.

Um einen solchen Unterschied zu testen, führten wir ein Experiment wie in Abb. 3.13a beschrieben durch.

Wir befestigten ein Stück Nafion an der Innenseite eines Standard-Glasbehälters, einer Küvette, die wir dann mit Wasser füllten. Wie die Abbildung zeigt, stellten wir die Küvette vor ein schmales Lichtfenster. So fiel das Licht, bevor es das Spektrometer erreichte, durch das mit Wasser gefüllte Gefäß. Indem wir die Küvette in definierten Schritten

Abb. 3.13a: *Das Messen der Lichtabsorption. Indem wir die Küvette seitlich bewegten, konnten wir das Wasser in unterschiedlichen Abständen von der Nafion-Oberfläche untersuchen.*

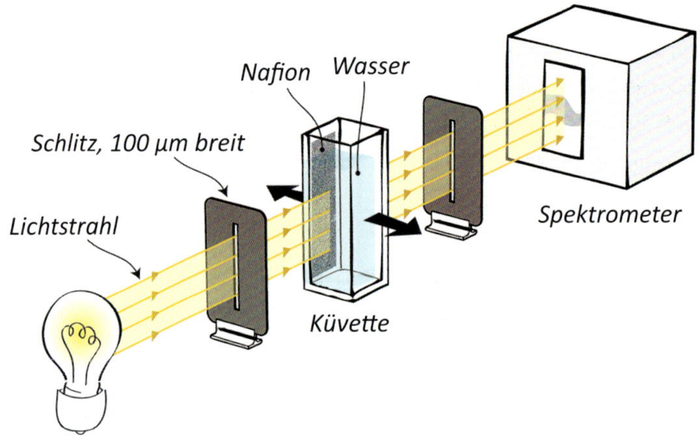

bewegten, konnten wir das Licht beobachten, wenn es durch Zonen wanderte, die innerhalb oder außerhalb der EZ lagen.

Abb. 3.13b zeigt die Ergebnisse. Weit entfernt von der Nafion-Wasser-Kontaktfläche (jenseits von 400 Mikrometer) war das Spektrum flach. Die absorbierten Wellenlängen von sichtbarem und fast sichtbarem Licht unterschieden sich nicht von einem Behälter mit normalem Wasser ohne Ausschlusszone. Das war vorhersehbar. Doch als wir die Küvette so verschoben, dass das Lichtfenster näher an die Nafion-Wasser-Kontaktfläche kam und Licht in die Ausschlusszone fiel, zeigte sich ein starkes Absorptionsmaximum. Seine Wellenlänge lag bei ungefähr 270 Nanometer. Dieser „Gipfel" bildete sich aus, je näher das Lichtfenster der Nafion-Oberfläche kam, und dominierte schließlich das Absorptionsspektrum.

Abb. 3.13b: *Die Messung des Absorptionsspektrums bei unterschiedlichen Entfernungen von der Nafion-Wasser-Kontaktfläche. Die 4 Stufen des verminderten Abstands sind dokumentiert mit den 4 Kurven (von Grün bis Rot). Die an den Kurven platzierten Zahlen bezeichnen den jeweiligen Abstand.*

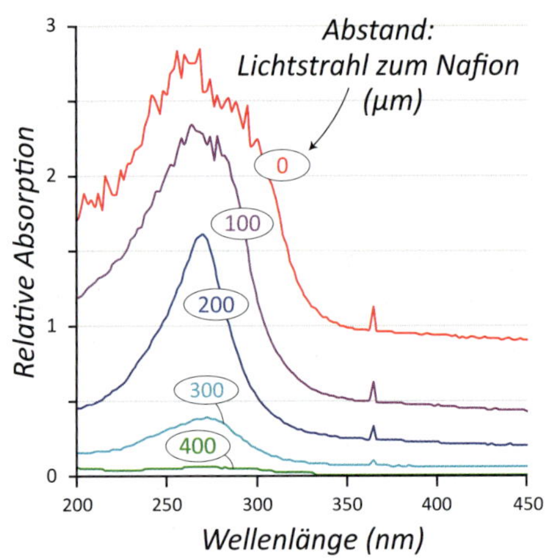

Da sich ein solches Maximum im Wasser *jenseits* der Ausschlusszone nicht zeigte, wurde klar, dass sich die Absorptionseigenschaften der EZ in bemerkenswertem Maße von denen des restlichen Wassers unterscheiden.

b) Absorption von Licht im Infrarotbereich. – Absorptionsunterschiede können auch im infraroten Bereich des elektromagnetischen Spektrums gemessen werden. Diese längeren Wellenlängen geben Auskunft über die molekulare Struktur. Abbildung 3.14 zeigt eines unserer Ergebnisse, eine „Landkarte" der Infrarotabsorption in und um ein in Wasser getauchtes Stück Nafion. Die unterschiedlichen Farben stehen für die verschiedenen Absorptionsgrößen. Weit entfernt vom Nafion zeigt die einheitlich blaue Farbe einen niedrigen Grad der Absorption. Der Farbwechsel zu Grün, wenn man dem Nafion näherkommt, belegt, dass sich die Absorption der EZ von der des jenseits davon liegenden Wassers unterscheidet.

Ein noch genaueres Ergebnis könnte man erhalten, wenn man noch dünnere Probestücke verwenden würde, doch diese sind schwierig herzustellen. Demzufolge würde ihr Gebrauch eine noch fortschrittlichere Technik erfordern. Dessen ungeachtet belegen die Absorptionsunterschiede in der Abbildung, dass sich die Struktur normalen Wassers von der Wasserstruktur einer EZ unterscheidet.

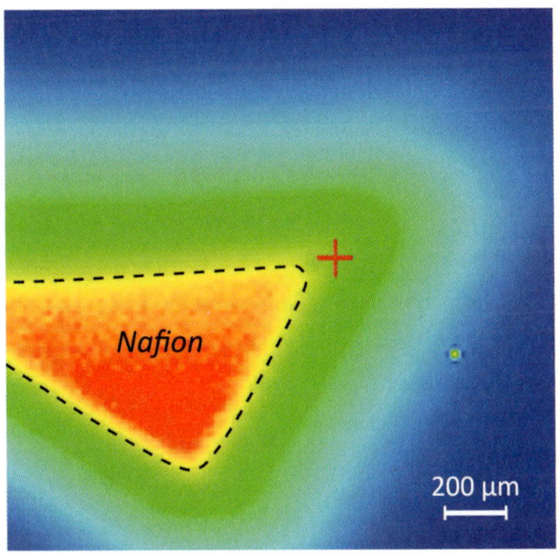

Abb. 3.14: *Ein dreieckiges Probestück Nafion in Wasser, untersucht mit Infrarotabsorption. Die Farbunterschiede stehen für Unterschiede in der Absorption. Bei Blau ist sie am geringsten.*

c) Abstrahlung im Infrarotbereich. – In unserem dritten Experiment verwendeten wir eine Infrarotkamera, um die infrarote Strahlung („Hitze"), die von einer Probe ausging, zu messen. Wenn sich der Charakter der EZ vom normalen Wasser unterscheidet, könnte man auch einen Unterschied in der infraroten Abstrahlung erwarten.

Um die Emission zu messen, platzierten wir ein Stück Nafion in einem flachen Behälter, der Wasser enthielt. Wir ließen das Stück für eine Stunde im Behälter ruhen, damit es sich der Umgebungstemperatur anpassen konnte. Danach machten wir Aufnahmen der Probe und ermittelten einen Durchschnittswert der Strahlung mithilfe von Mehrbildrahmen (*multiple image frames*). Abbildung 3.15 zeigt ein repräsentatives Ergebnis. Der dunkle Bereich neben dem Nafion ist die Ausschlusszone; sie ist dunkel, weil sie sehr wenig strahlt. Die weiter entfernten Regionen strahlen heller.

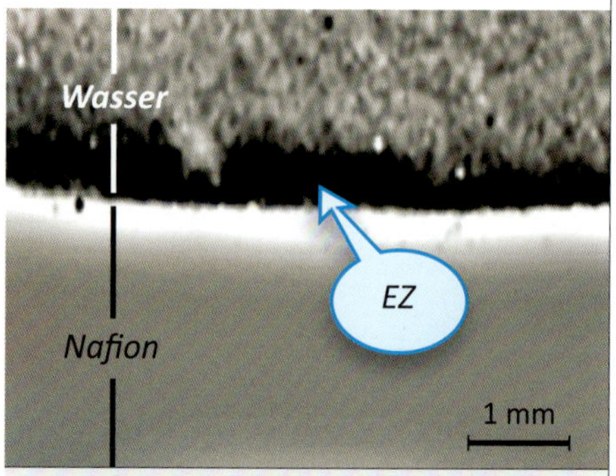

Abb. 3.15: *Infrarotabstrahlung von Nafion neben Wasser. Die Probe hatte sich an die Raumtemperatur angleichen können. Das schwarze Band, das horizontal durch die Bildmitte läuft, entspricht der erwarteten Lage der Ausschlusszone.*

Um das Ergebnis zu interpretieren, ist es erforderlich, zu verstehen, wovon die Intensität infraroter Strahlung abhängt. Heißere Substanzen strahlen mehr Infrarot ab (– so können die Wärmebildscanner am Flughafen entdecken, ob Sie vielleicht die Grippe haben und besser für eine Woche in Quarantäne gehen sollten, anstatt am Strand zu liegen). Jedoch bestimmt die Temperatur nicht allein die Intensität infraroter Strahlung: Die Intensität ist das Produkt aus Temperatur und „Strahlungsvermögen". Letzteres gibt Auskunft über die Art der Strahlungsstruktur. Geordnete, kristallähnliche Strukturen strahlen weniger infrarote Energie ab als ungeordnete Strukturen, denn die molekularen Bestandteile eines Kristalls bewegen sich weniger lebhaft. Diese Bestandteile sind unbeweglicher. Demzufolge kann die Erzeugung geringerer infraroter Energie entweder eine stabilere Struktur oder eine niedrigere Temperatur anzeigen.

Eine niedrigere Temperatur erklärt nicht die niedrigere Abstrahlung der EZ, wie wir sie in Abbildung 3.15 sehen. Die Aufzeichnungen wurden während des Experiments über einen ausgedehnten Zeitraum als Durchschnitt ermittelt, sodass jeglicher Temperaturunterschied zwischen EZ und dem übrigen Wasser hätte verschwunden sein müssen. Die dunklere EZ deutet also auf ein geringeres Strahlungsvermögen hin. Das heißt, die EZ ist stärker geordnet und kristalliner als das übrige Wasser.

d) Bildgebung mit Magnetresonanz. – MRI (*Magnetic Resonance Imaging*) ist eine Technik, die verwendet wird, um Tumoren zu entdecken. Raymond Damadian, der Pionier, der das Patent für diese Technik besitzt, hat seine Erfindung auf das Prinzip gegründet, dass sich der Charakter des Wassers verändert, je nachdem, in welcher Umgebung es sich befindet. Diese Tatsache macht die räumliche Darstellung möglich. In unserem MRI-Experiment haben wir ein Gel und daran angrenzendes Wasser in die Testzone gestellt. Die MRI liefert ein gepulstes Magnetfeld, das die Atomkerne des Wassers zunächst anregt. Danach entspannen sich deren Protonen wieder in ihren Ausgangszustand. Die Entspannungszeit gibt über den Grad der Bewegungseinschränkung in Relation zu den nebenan liegenden Molekülen Auskunft. Danach rekonstruiert der MRI-Computer diese Einschränkungsdaten, um ein Bild zu erzeugen.

Abbildung 3.16 zeigt eine Übersichtskarte verschiedener Entspannungszeiten. Die dunklen Bereiche bezeichnen kürzere Entspannungszeiten, was bedeutet, dass die Bewegung eingeschränkter war. Die Karte zeigt ein dunkles Band in der Bildmitte; dieses Band entspricht der

Ausdehnung und Lage der EZ. Anscheinend sind die Moleküle innerhalb der EZ mehr in ihrer Bewegung eingeschränkt als die Moleküle jenseits dieser Zone.

Diese Beobachtung ist kein Einzelfall. Eine frühere Studie berichtete von einer ähnlichen Einschränkung, die sich sogar noch über eine größere Entfernung von der Materialoberfläche ausdehnte.[11] Und ein nachfolgender Bericht unseres Labors konnte belegen, dass Wasser in der Nähe der Oberfläche eine chemische Veränderung aufwies.[12] Das hieß im Jargon, hier handelte es sich um eine chemisch andere Art. Die MRI-Technik belegt also wesentliche Unterschiede zwischen EZ-Wasser und dem übrigen Wasser.

e) ***Viskosität.*** – Wir haben auch die Viskosität gemessen, die den Flüssigkeitsgrad beschreibt. Zum Beispiel hat Honig eine höhere Viskosität als Wasser. Um zu testen, ob sich die Viskosität der EZ von der des umgebenden Wassers unterscheidet, haben wir eine Technik verwendet, die man als Viskosimetrie der fallenden Kugel bezeichnen könnte: Wir bedeckten den Boden eines kleinen Gefäßes mit einem Stück Nafion und füllten den Behälter mit Wasser. Danach wurden Partikel aus polymerischem Material in das Wasser geworfen. Diese Kügelchen gingen mit ungefähr gleicher Geschwindigkeit unter, wurden aber nach und nach langsamer, sobald sie in den Bereich der Ausschlusszone gelangten. (Abb. 3.17) Die Reduzierung der Geschwindigkeit ließ auf eine höhere Viskosität schließen. Dieser Versuch zeigte, dass das Wasser der EZ eine höhere Viskosität hat als das umgebende Wasser.

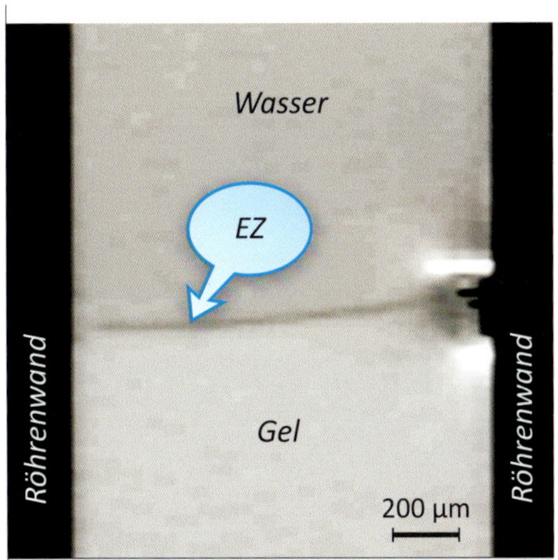

Abb. 3.16: *MRI-Aufnahme von Entspannungszeiten. Die untere Hälfte einer Kapillarröhre war mit einem Gel aus Polyvinyl-Alkohol gefüllt, während die obere Hälfte mit Wasser gefüllt war. Das dunkle Band, das der Ausschlusszone des Gels entspricht, zeugt von einer größeren molekularen Bewegungseinschränkung.*

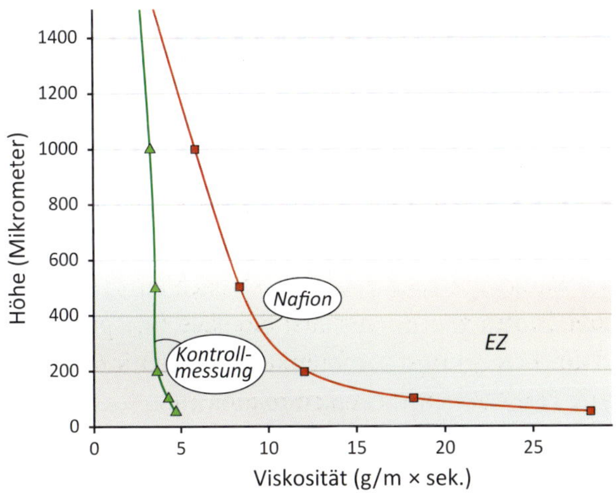

Abb. 3.17: *Viskoser Charakter der EZ (getönter Bereich). Wir haben die Viskosität des Wassers in verschiedenen Höhen oberhalb einer Nafion-Oberfläche gemessen (rote Kurve). Als Kontrollmessung diente die Messung unter Verwendung einer Oberfläche, die keine oder nur eine geringe Ausschlusszone erzeugte.*

f) Optische Eigenschaften. – Zwei russische Forschergruppen maßen unabhängig voneinander die Brechungseigenschaften (Lichtbrechung) der Ausschlusszone gemessen.[13, 14] Beide fanden heraus, dass die EZ einen um 10 % höheren Refraktionsindex aufwies als das umgebende Wasser. Ein höherer Refraktionsindex steht normalerweise für höhere Dichte. Dies lässt vermuten, dass EZ-Wasser dichter ist als das umgebende Wasser.

Alle sechs Experimente – über die Sie weitere Details anderswo nachlesen können[4] – belegten, *dass sich die Beschaffenheit des Wassers in Ausschlusszonen vom Wasser außerhalb der Ausschlusszonen (Bulkwasser) unterscheidet*. Die Unterschiede sind beträchtlich. EZ-Wasser hat eine höhere Viskosität und ist stabiler als das restliche Wasser; seine molekularen Bewegungen sind eingeschränkter; sein Lichtabsorptionsspektrum unterscheidet sich im UV-Bereich des sichtbaren Lichts, aber auch im Infrarotbereich. Und es hat einen höheren Refraktionsindex. Diese Unterschiede belegen, dass sich EZ-Wasser grundlegend von Bulkwasser unterscheidet. Die Ausschlusszone ist alles andere als einfach nur flüssiges Wasser.

Ordnung in der Ausschlusszone

In Bezug darauf, was am besten die Natur der Ausschlusszone beschreibt, lautete unsere Hypothese: dass das Wasser „geordnet" ist. Die Experimente, die wir hier bisher betrachtet haben, schienen mit der Annahme von geordnetem Wasser vereinbar zu sein, doch diese Experimente behandelten den strukturellen Aspekt nicht direkt. Dafür brauchten wir andere Beweise.

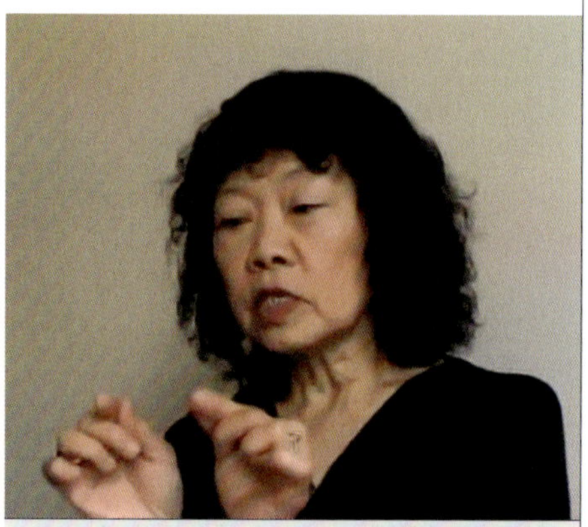

Abb. 3.18: *Mae-Wan Ho*

Aufgrund unserer Experimente hatten wir gute Gründe, eine solche Ordnung zu vermuten. Mae-Wan Hos wunderbares Buch *The rainbow and the Worm*[15] hatte bereits gute Argumente für eine weitreichende Ordnung geliefert. Ho (Abb. 3.18) verwendete ein empfindliches Polarisationsmikroskop. Polarisationsmikroskopie ist eine Standardmethode, um Ordnung zu entdecken, insbesondere in Mineralien. Das Prinzip ist einfach: Wenn molekulare Strukturen in *einer* Richtung eine bestimmte Ordnung aufweisen, dann sind die optischen Eigenschaften in dieser Richtung verschieden von denen, die im rechten Winkel dazu gefunden werden; das wird als „Doppelbrechung" bezeichnet. Ho zeigt strukturelle Anordnungen, die sich über weite Strecken eines Wurmkörpers ausdehnen, und zieht daraus den Schluss, dass die beobachtete Ordnung hauptsächlich durch geordnetes Wasser entsteht. Abbildung 3.19 zeigt ein Bild aus ihrem Buch.

Von Ho motiviert, dieses Phänomen zu untersuchen, haben wir uns ein eigenes Polarisationsmikroskop angeschafft. Wir verwendeten es, um

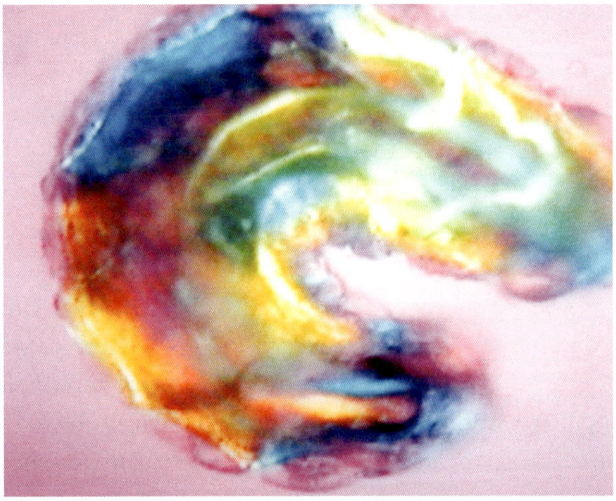

Abb. 3.19: *Eine frisch geschlüpfte Drosophila-Larve unter dem Polarisationsmikroskop. Die auf Interferenzfarben beruhende Technik erleichtert das Entdecken von flüssig-kristallinen Phasen. Die Farben zeigen an, dass im Wesentlichen alle Moleküle, das Wasser eingeschlossen, geordnet sind. Die einzelnen Farben ergeben sich aus der Orientierung der molekularen Ordnung und ihrem Grad der Doppelbrechung.*
Mehr Details finden Sie in Hos Buch auf den Seiten 219–221.[15]

die Ordnung von Wasser in der Nachbarschaft von Nafion zu untersuchen. Einige Experimente zeigten keine Doppelbrechung, vielleicht aufgrund der ungenügenden Empfindlichkeit. Bei anderen Experimenten erhielten wir positive Ergebnisse, die Hos Beobachtungen bestätigten. Abbildung 3.20 zeigt dasjenige Wasser, das sich weit entfernt vom Nafion befindet, in *blauer* Farbe, was bedeutet, dass es hier keine eindeutige molekulare Orientierung gibt. Näher an der Kontaktfläche belegt die grüne Farbe eine bestimmte molekulare Ausrichtung. Die geordnete Region entspricht der Ausschlusszone, die unmittelbar am Nafion beginnt. Mit anderen Worten, das Wasser in der Ausschlusszone ist stärker geordnet als das Wasser außerhalb davon.

Die geordnete Zone in Abbildung 3.20 ist im Verhältnis zu den molekularen Dimensionen von Wasser riesig. Denken Sie an die winzige Größe von Wassermolekülen: Sie beträgt zwischen 0,25 und 0,3 Nanometer (das ist weniger als ein Millionstel eines Millimeters). Die geordnete Zone in der Abbildung entspricht einem geordneten Bereich von ungefähr einer

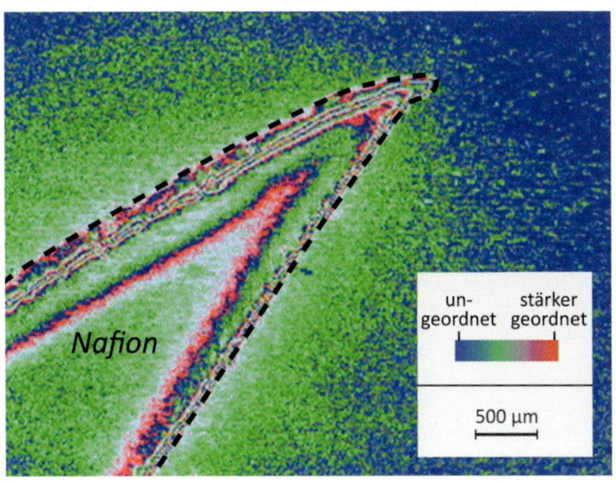

Abb. 3.20: *Ein pfeilförmiges Stück Nafion (abgegrenzt durch die gestrichelte Linie) in Wasser, betrachtet durch ein Polarisationsmikroskop. Die blaue Farbe zeigt eine zufällige Anordnung von Molekülen an; die Farbe Rot (siehe Skala rechts) signalisiert den höchsten Grad molekularer Ordnung.*

Million dieser Wassermoleküle – vergleichbar einer Anordnung von Murmeln über Dutzende von Fußballfeldern hinweg.

Zwei Artikel befassen sich mit der theoretischen Wahrscheinlichkeit einer solch weitreichenden Ordnung. Einer dieser Beiträge stammt von Rustum Roy, einem Pionier der Materialwissenschaft. Roy und seine Kollegen[16] behaupteten, das vorher Beschriebene sei Beleg dafür, dass bestimmte Oberflächen eine schablonenhafte formbildende Wirkung auf geschmolzenes Material hätten, das sich dadurch zu ausgedehnten kristallartigen Gebilden ordne. Dieser Prozess wurde routinemäßig für halbleitendes Material wie Silicium benutzt und hat die moderne integrierte Festkörperschaltung ermöglicht. Das gleiche Verfahren wird für geschmolzenes Aluminium angewendet. Ein ähnlicher Prozess findet auch bei der Bildung von ganz gewöhnlichem Eis statt. Diese bereits bekannten Tatsachen führten bei Roy und seinen Kollegen dazu, eine ähnliche schablonenbasierte Ordnung bei Wassermolekülen anzunehmen. Sie vertraten die Auffassung, dass dies eine logische Konsequenz sei.

Indem er von einem physikalisch-chemischen Standpunkt aus argumentierte und die Ergebnisse zahlreicher Experimente berücksichtigte, kam Ling zu einem ähnlichen Schluss: Die weitreichende Ordnung von Wassermolekülen werde durch die Oberflächenstruktur initiiert.[17] Bei idealen Bedingungen könne dieser geordnete Bereich riesige Entfernungen annehmen. Das bedeute, die Tendenz, Ordnung zu erzeugen, könne die natürliche Tendenz zur Unordnung aufheben.

Diese beiden Beiträge liefern die theoretischen Grundlagen für die molekulare Anordnung, die wir beobachtet haben. Sie stellen auch ein Gegengewicht zur vorherrschenden Annahme dar, dass eine so weit reichende Ordnung unmöglich sei. Andererseits bleiben offene Fragen. Weder die experimentellen Ergebnisse noch die theoretischen Erkenntnisse können sie beantworten: Wie genau ordnen sich die Wassermoleküle? Lagern sich die Wassermoleküle nur aneinander an? Oder ist hier ein ausgefeilterer Typ von Ordnungssystem im Spiel? Antworten auf diese Fragen folgen in Teil II.

Reflexionen

Ich kann verstehen, dass diejenigen, die sich an den Lehrbüchern der modernen Chemie orientieren, hier wenig finden, was ihnen geläufig ist. Die Lehrbücher sagen etwas ganz anderes über Wasser als das, was wir gefunden haben. Das Beharren auf der Doppelschicht-Theorie führt zu der Annahme, dass sich nur *wenige* Schichten in der Nähe von geladenen Oberflächen organisieren können. Jenseits dieser Schichten soll sich demgemäß nichts Bemerkenswertes ereignen.

Andererseits haben einige Wissenschaftler begonnen, zu verstehen und anzuerkennen, dass Wasser nicht nur die bekannten, ganz banalen Eigenschaften hat. Viele Phänomene des Wassers (– einige davon wurden im Eröffnungskapitel vorgestellt) haben sich bisher einer Erklärung entzogen. Wegen dieser Erklärungsprobleme werden bisher unvermutete Eigenschaften von Wasser allmählich mit mehr Offenheit betrachtet. Das heißt, das Feld der Wasserforschung hat begonnen, sich für „frische“, unerwartete Ergebnisse zu öffnen. Eines davon ist die weitreichende Ordnung von Wasser.

Indem sie auf den Belegen für eine weitreichende Ordnung des Wassers aufbauen, decken die nachfolgenden Kapitel eine EZ-Struktur auf, die überraschenderweise wie Eis aussieht. Dennoch ist sie kein Eis. Die eisähnliche Anordnung wird sich nur als die sprichwörtliche Spitze eines Eisbergs herausstellen: Etwas mit tiefgreifenden Folgen erzeugt die Bildung von geordnetem Wasser in der Ausschlusszone. Diese treibende Kraft wird sich als eine Art Energie herausstellen, die zum Alltag gehört und für jeden einfach zu verstehen ist.

Der vorangehende Teil hat gezeigt, dass Wasser, das sich neben Oberflächen befindet, sich vom anderen Wasser unterscheidet. Als Nächstes werden wir die Natur dieses Unterschiedes erkunden. Wir bestimmen die Struktur der oberflächennahen Ausschlusszone und werden uns diese im Detail anschauen. Alles Nachfolgende wird sich daraus ergeben.

Teil II

Das verborgene Leben des Wassers

1234

4 Ein *vierter* Aggregatzustand von Wasser?

Als Studienanfänger des Jahres 1957 erinnere ich mich an die Aufregung, die der Start des ersten Weltraumsatelliten verursachte. Der *Sputnik* war eine atemberaubende Errungenschaft. Es war auch ein Coup der Sowjets, der die USA unvorbereitet traf – was mitten in der angespannten Ära des Kalten Krieges Unheil vermuten ließ. Aufgerüttelt durch diese Meisterleistung der Sowjetunion, reagierte die Regierung der USA mit einer massiven Förderung wissenschaftlicher Arbeit und technischer Entwicklung. Der *Sputnik* war eine Peinlichkeit von einer Art, die die amerikanische Regierung niemals wieder zulassen wollte.

Aber nur ein Jahrzehnt später schien eine neue Pleite unmittelbar bevorzustehen. Zu dieser Zeit war die „Quelle" des Problems etwas weniger Hochfliegendes als ein Satellit: Es war die Wasserforschung. Wieder hatten die Russen die Nase vorn: Anscheinend hatten sie einen neuen Aggregatzustand des Wassers entdeckt. Russische Wissenschaftler hatten Wasser in engen Kapillarröhren untersucht und herausgefunden, dass sich die Eigenschaften des Wassers dort dramatisch verändert hatten. Das Wasser verhielt sich nicht mehr wie eine Flüssigkeit; es war aber auch kein Feststoff. Eine Zeit lang sah es so aus, als sei ein völlig neuer physikalischer Zustand des Wassers entdeckt worden.

Die Grundlagenchemie lehrt uns, dass Wasser in drei Zuständen oder Phasen vorkommt: fest, flüssig und gasförmig. Die Forschungsergebnisse der Russen ließen einen vierten Zustand erkennen – oder zumindest etwas völlig anderes als die anderen drei Aggregatzustände. Erinnern Sie sich an die experimentellen Ergebnisse, die ich im letzten Kapitel beschrieben habe: Wasser nahm in der Nachbarschaft zu gewöhnlichen hydrophilen Oberflächen neue Eigenschaften an – das Wasser der Ausschlusszone war von höherer Viskosität, beständiger und stärker geordnet als das außerhalb davon liegende Wasser. Zwar war das nicht ganz genau das, was die Russen gefunden zu haben behaupteten, doch schienen die Eigenschaften so ähnlich zu sein, dass man annehmen konnte, dass sich ihre Ergebnisse mit unseren Ergebnissen teilweise deckten.

Wir beginnen dieses Kapitel damit, dass wir uns noch einmal anschauen, was die russischen Forscher genau herausgefunden haben. Auch sehen wir uns die internationale Ränkeschmiede an, die mit diesen Ergebnissen verbunden war. Wir werden sehen, welche nützlichen Wahrheiten aus dem nachfolgenden Debakel gezogen werden können. Danach konzentrieren wir uns auf die Ausschlusszone: Ist die EZ eine einfache, organisierte Anhäufung von Wassermolekülen oder hat sie eine andere, kristallähnliche Organisation? Und kann man diese Struktur tatsächlich als einen vierten Aggregatzustand des Wassers bezeichnen?

Noch einmal: Das Polywasser-Debakel

Abb. 4.1: *Boris Derjaguin, ein Pionier unter den russischen Chemikern*

Diese russische Geschichte begann, wie bereits einige Kapitel zuvor beschrieben, als ein obskurer Wissenschaftler mit Namen Nikolai Fedyakin entdeckte, dass Wasser bei bestimmten Bedingungen unerwartet stabil sein konnte: Es war schwierig, es gefrieren zu lassen, und genauso schwierig, es in Dampf zu verwandeln. Es schien auch dichter und von höherer Viskosität zu sein als gewöhnliches Wasser. Fasziniert von dieser ungewöhnlichen Stabilität des Wassers stellte Fedyakin seine Ergebnisse dem damals prominentesten Physiker und Chemiker der Sowjetunion vor, Boris Derjaguin. (Abb. 4.1) Derjaguin war so beeindruckt, dass er gleich einen Stab von Leutnants in Bewegung setzte, die eine heiße Verfolgungsjagd begannen.

Derjaguin war sich der Tatsache bewusst, dass Kapillarröhren natürlich nicht das einzige Material waren, mit dem das Wasser in Berührung kam: *Alles*, was Wasser berührt, hat eine Kontaktfläche – angefangen von einem Glas, in dem Trinkwasser ist, bis hin zu den Proteinen in den Zellen. All diese Kontaktflächen erzeugen „Grenzflächenwasser“ mit Eigenschaften, die möglicherweise genauso viel Stabilität aufweisen wie das Wasser in den Kapillarröhren. Derjaguin erkannte genau, was auf dem Spiel stand: Allein dieses Phänomen zu enträtseln, das könnte gleichzeitig der Schlüssel dazu sein, eine Menge mehr von der Natur zu verstehen. Derjaguin untersuchte das Phänomen mit größter Sorgfalt und Genauigkeit. Um Reinheit zu gewährleisten, wurde das bei seinen Experimenten verwendete Wasser zuerst verdampft und konnte danach in peinlich sauber gereinigte Glas-Kapillarröhren kondensieren. Es war anscheinend nur ganz reines Wasser, das diese bemerkenswerte Stabilität aufwies. Allerdings führte genau diese Frage der Reinheit schließlich zu Derjaguins Debakel.

Wenngleich Derjaguins Arbeit in der russischen Wissenschaftsszene Mitte der Sechzigerjahre sehr bekannt geworden war, nahmen westliche Wissenschaftler erst später davon Notiz. Dann aber wurden in den USA und in Großbritannien Follow-up-Studien gestartet. Bald war alle Welt an dieser speziellen Art von Wasser interessiert.

Sogar die Presse griff das Thema auf. Mit der ihr innewohnenden Neigung, Sensationen zu suchen, weckte die Presse Aufmerksamkeit, indem sie die Theorie konstruierte, dass ein Fingerhut voll mit dieser Substanz sich im Meer wie ein Kristallkeim verhalten könnte, der den gesamten

Wasservorrat der Erde zu einem massiven Klumpen polymerisieren und das Wasser somit untrinkbar machen würde; so müssten wir alle sterben.

Als Ergebnis dieser Art von schockierender Kalte-Kriegs-Berichterstattung waren die Menschen dann wirklich erleichtert, als gezeigt werden konnte, dass dieses polymerartige Wasser (oder Polywasser) nichts als ein experimenteller Patzer war. Als westliche Wissenschaftler nämlich die Experimente wiederholten, fanden sie heraus, dass das Wasser Spuren von Silicium enthielt, die wahrscheinlich aus den Wänden der umgebenden Quarz-Kapillarröhre stammten. Demzufolge war das Wasser in der Tat unrein. Zwar war nicht anzunehmen, dass Wasser in einem *großen* Becherglas wirklich mit einer nennenswerten Menge von Material des Behältnisses „verschmutzt" werden könnte, doch hatten es die Wissenschaftler hier mit extrem engen Röhren zu tun. Damit war das Verhältnis von Oberfläche zu Volumen hoch genug, um die Siliciumkonzentration im Wasser auf Höhen jenseits des Normalen ansteigen zu lassen. In der Tat lag die Konzentration oberhalb des Nachweisschwellenwertes. Etwas von dem Silicium hatte sich im Wasser gelöst, und als diese Verunreinigung entdeckt wurde, standen die Sowjets ganz schön dumm da.

Später freute sich ein anderer westlicher Wissenschaftler diebisch, als er berichten konnte, dass man in dem Polywasser *ähnliche* Eigenschaften beobachten konnte (wie die russischen Forscher), wenn man *Salz* in reines Wasser gab –damit deutete er an, dass die russischen Ergebnisse vielleicht auch aus dem Schwitzen der Menschen im Sommer hätten resultieren können. Daraufhin konnte man die gesamte Wissenschaftswelt sozusagen schallend lachen hören.

Derjaguin selbst besiegelte das Schicksal des Polywassers, als er letztendlich zugab, dass sein Wasser tatsächlich unrein gewesen sei. Nach diesem öffentlichen Eingeständnis konnte der Wasservorrat der Erde doch noch als sicher erachtet werden, gerettet vor der bevorstehenden Bedrohung einer polymerischen Erstarrung. Akte geschlossen. Diese Leistung, nämlich das Polywasser als großen Irrtum zu entlarven, war zur Antwort Amerikas auf den Sputnik-Coup geworden. Dieses Mal waren die Russen die Witzfiguren.

Zwar hat die Beschreibung dieses berühmten Vorfalls ihren Weg in viele Bücher gefunden, doch gibt es Insiderwissen über diese Episode, das immer noch nicht genügend bekannt ist. Hier folgen daher noch einige interessante Pikanterien.

Während ich vor einiger Zeit in Russland auf Reisen war, hatte ich das Vergnügen, mit dem Direktor eines berühmten biophysikalischen Instituts zu sprechen, der mit Derjaguin gut befreundet gewesen war. Sie waren Nachbarn gewesen. Der Biophysiker erzählte mir, dass die beiden sich täglich unterhalten hätten, und versicherte mir, dass Derjaguin bis zu seinem Tod sicher gewesen sei, dass die Spuren von Verunreinigung nicht der entscheidende Punkt waren – trotz seines öffentlichen Eingeständnisses. Ich hörte noch vieles, was in dieselbe Richtung wies, von einem anderen bekannten russischen Wissenschaftler, der einer von Derjaguins letzten Schützlingen war. In der Öffentlichkeit gab Derjaguin seinen Irrtum zu. Privat aber war er sicher, dass er auf einer richtigen Spur war.

Warum sollte ein Wissenschaftler eine „Sünde" zugeben, die er gar nicht begangen hatte? – Der arroganten Regierung der Sowjetunion muss es ganz schön peinlich gewesen sein, als einer ihrer führenden Wissenschaftler angeklagt wurde, schludrig experimentiert zu haben. Die „Sünde" schien für die öffentliche Meinung bei „den Sowjets" zu liegen. Von einem totalitären Regime an der kurzen Leine gehalten, wurde Derjaguin möglicherweise gezwungen zu widerrufen. Dieser Widerruf hätte das Image des Regimes unbeschädigt gelassen und die Verantwortung auf das Individuum geschoben: Eine Schande für Derjaguin – aber nicht für „die Sowjets"!

Politischer Druck war auf der *anderen* Seite sicherlich ebenso deutlich erkennbar. Geplagt von der Angst vor einer sowjetischen Dominanz nach dem Sputnik-Coup, waren die Wissenschaftler des Westens definitiv in der Verteidigungssituation. Dass möglicherweise Schweiß im Wasser die Ursache für die russischen Ergebnisse war, diese Annahme muss den westlichen Wissenschaftlern einen gewaltigen Ego-Auftrieb gegeben haben.

In seinem Buch *Polywater* erzählt Felix Franks alle Ereignisse im Zusammenhang mit diesem berühmten Vorfall.[1] Zwar stellt Franks die Glaubwürdigkeit von Derjaguins Widerruf nicht infrage, doch kann man die Mechanismen der politischen Kräfte beider Seiten spüren, die hinter den Kulissen den Gang der Dinge beeinflusst haben könnten. Dieser politische Beigeschmack hinterlässt ein ungutes Gefühl in Bezug auf die Frage, was denn nun wahr ist und was nicht.

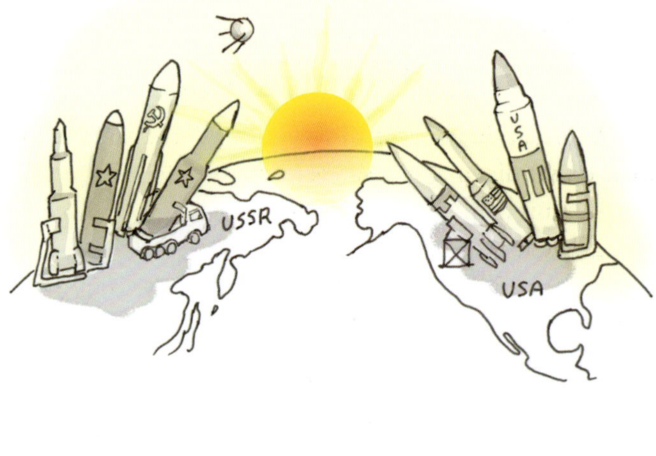

Abb. 4.2: *Das Gespenst des Kalten Krieges*

Meine Intuition sagt mir, dass *beide* Seiten Recht hatten. Im Laufe der Jahre, in denen ich das Wasser erforscht habe, wurde offensichtlich, dass es ein Ding der Unmöglichkeit ist, *absolut reines* Wasser zu erhalten. Egal, welche Vorsichtsmaßnahmen man ergreift, irgendeine Verunreinigung ist unvermeidlich, weil Wasser ein universelles Lösungsmittel ist. Es kann praktisch *alles* lösen. Daher kann es gut sein, dass Derjaguins Wasser Spuren von Silicium enthielt und vielleicht auch Spuren von Salz. Die Kritiker könnten also Recht gehabt haben.

Andererseits wird genau hier die Geschichte interessant. Was bei Derjaguins Experimenten zur Debatte stand, war nur das Wasser – nicht die Richtigkeit der Beobachtungen, die bei der *Verwendung* dieses Wassers gemacht wurden. Nehmen wir einmal an, dass Derjaguins Wasser unrein war, wie man es ihm vorgeworfen hat. Dann reduziert sich die Frage auf Folgendes: Warum nimmt Wasser bei Vorhandensein von Verunreinigungen diese interessanten Eigenschaften an, die es dabei zeigt?

Derjaguin, Fedyakin und sogar viele westliche Wissenschaftler haben diese Eigenschaften in zahlreichen veröffentlichten Artikeln im Detail beschrieben. Warum sollte man diese Eigenschaften nicht näher betrachten? Ich befürworte keine schludrigen Experimente, doch eine Verunreinigung in Form von Spuren ist unvermeidlich und sie ist kein Grund, jegliche weiteren Untersuchungen abzukanzeln. Warum sollte man das Kind mit dem Bad ausschütten?

Lassen Sie uns diese Erwägungen im Auge behalten, während wir damit fortfahren, die Natur des EZ-Wassers zu untersuchen. EZ-Wasser liegt an Oberflächen, wie das Polywasser. Ist diese Ähnlichkeit vielleicht mehr als zufällig?

Mögliche Strukturen von Wasser, das an Oberflächen grenzt

Als wir zum ersten Mal „Ausschlusszonenwasser" identifizierten, nahmen viele an, dass es sich um dasselbe Phänomen handele wie bei Polywasser – nicht im Sinne eines konstruktiven Kommentars, sondern eher in dem Tonfall, dass dieses Ergebnis wohl durch ähnliche experimentelle Schlampigkeit gefunden worden sei. Ein bekannter Physiker und Chemiker kam damit direkt zu mir und erklärte, dass er uns nur vor demselben unwürdigen Schicksal bewahren wolle, wie es denen widerfahren sei, die mit dem Polywasser zu tun hatten.

Wir reagierten, indem wir dem Wasser absichtlich Verunreinigungen hinzufügten. Wir wollten sehen, ob diese Verunreinigungen unsere Ausschlusszone in derselben Weise bildeten, wie man es dem Polywasser zugeschrieben hatte. Wir fanden das Gegenteil: Praktisch alles, was wir dem Wasser hinzufügten, *reduzierte* die Größe der Ausschlusszone, anstatt sie zu vergrößern. Die *größte* Ausschlusszone erhielten wir mit dem *reinsten* Wasser.

Dieses Ergebnis lehrte uns Folgendes: Entweder war das Wasser der Ausschlusszone nicht dasselbe wie Polywasser, weil es sich gegensätzlich verhielt. Oder: Wenn EZ-Wasser dasselbe war wie Polywasser, dann wären die Einwände gegen Polywasser ungerechtfertigt und nur von Faktoren jenseits der Wissenschaft bestimmt gewesen. Jedenfalls hat das Schreckgespenst Polywasser keinen Sand ins Getriebe unserer Arbeit geworfen. Wir fühlten uns darin bestätigt, das Wasser der Ausschlusszone als eigenständiges Phänomen zu untersuchen.

Der Name „Ausschlusszone" (engl.: *Exclusion Zone*) stammt übrigens von meinem australischen Freund John Watterson, der auch die Abkürzung „EZ" vorschlug. Jetzt, da wir wissen, dass die Ausschlusszone *mehr* bewirkt, als nur etwas *auszuschließen*, erscheint dieser Name dafür *nicht* mehr als ideal. Allerdings hört sich EZ einfach gut an und die Bezeichnung ist hängengeblieben. Vorerst verwenden wir sie weiter.

Die zentrale Frage, der wir uns gegenübersahen, war die molekulare Struktur der EZ. Wir hatten das Gefühl, sie müsse sich vom umgebenden Wasser unterscheiden, denn EZ-Wasser hatte sich als beständiger, viskoser und mehr geordnet erwiesen. Aber wie sah diese Struktur aus?

Gestapeltes dipolares Wasser

Zunächst zogen wir die offensichtlichste, nächstliegende Möglichkeit in Betracht: Es könne sich einfach um einen geordneten „Stapel" von Wassermolekülen handeln. Das Stapeln ist hier möglich, denn Wasser ist ein Dipol: Es enthält ein elektrochemisch negativ geladenes Sauerstoffatom am *einen* Ende und zwei positiv geladene Wasserstoffatome am *anderen* Ende. (Abb. 4.3)

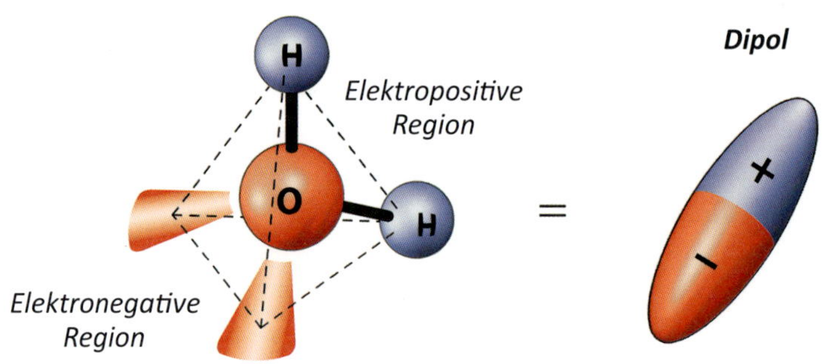

Abb. 4.3: *Die Struktur des Wassermoleküls laut Lehrbuch (links) zeigt zwei negativ geladene Kegel und eine positiv geladene Region; das ergibt insgesamt die Form eines Tetraeders. Die beiden getrennten Ladungen werden häufig als einfacher Dipol dargestellt (rechts).*

Wegen dieser Ladungspolarisation haben Dipole die Neigung, „aneinanderzukleben". Demzufolge erschien es vernünftig, die geordneten Strukturen der EZ im Sinne der Dipol-Anziehung zu erklären. Abbildung 4.4 erläutert dieses Modell.

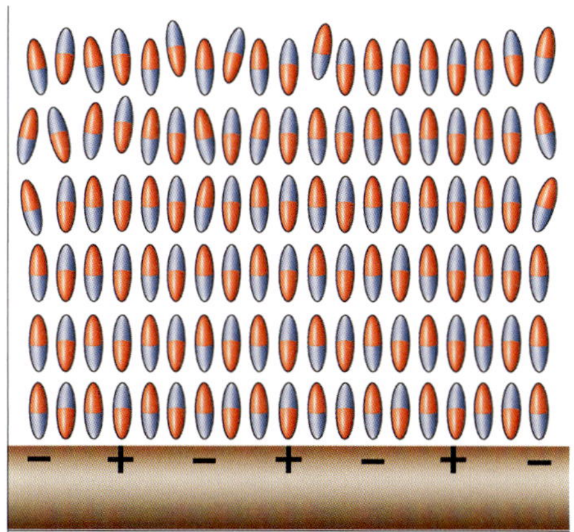

Abb. 4.4: *Gestapelte („aneinanderklebende") Dipole als Modell für die Ordnung im Wasser. Eine geringe Abnahme der Ordnung mit zunehmendem Abstand von der Oberfläche könnte aufgrund thermisch verursachter Bewegungen entstehen.*

Die Konfiguration gestapelter Dipole erschien als die naheliegende Lösung für unser Problem. Beginnend an der den „Keim" bildenden Oberfläche würden dabei die Dipole aufeinanderkleben und sich als höher werdender Stapel immer weiter von der Oberfläche entfernen, so lange, bis die entgegenwirkenden Kräfte „thermischer" Bewegung (Brown'sche Molekularbewegung) dem weiteren geordneten Anwachsen eine Grenze setzen. Wie weit sich ein solch geordneter Kristall ausbilden kann, hängt von verschiedenen Voraussetzungen ab. Die meisten Chemiker würden behaupten, dass das Wachstum nicht über mehr als einige wenige Molekülschichten hinausgehen könne, während andere für ein beinahe unbegrenztes Wachstum plädieren.[2, 3]

Der leidenschaftlichste Verfechter des Modells der gestapelten Dipole war Gilbert Ling. Als Wissenschaftler von Weltklasse hatte Ling eine umfassende Theorie der Zellfunktion auf der Basis geordneten Wassers aufgestellt, in der er vorbehaltlos das dipolare Arrangement voraussetzte.[4] Seine Zellfunktionstheorie erschien mir und einigen anderen so zwingend logisch, dass ich sogar auch in neueren Publikationen[5] keinen Grund finden konnte, deren Basis infrage zu stellen: das einfache „Stapeln" von Wassermolekülen. In der Tat schien diese Art der Ordnung die einzig plausible Möglichkeit.

Später stießen wir auf Gründe, diese Annahme zu überdenken. Zwar hat das Modell der gestapelten Dipole unter bestimmten Umständen seine Berechtigung, aber neuere Erkenntnisse belegten, dass es *nicht generell* angewendet werden kann. Die Belege, auf die wir weiter unten in diesem Kapitel im Detail zurückkommen werden, beruhen auf der Tatsache, dass die Ausschlusszone eine Ladung hat. Dipole aber bleiben neutral. Sie können sich nicht aufbauen und dabei geladene Bereiche hervorbringen.

In der Zwischenzeit – es war uns ja zunächst noch nicht klar, dass die EZ Ladung trägt – fuhren wir fort, alternative Strukturmodelle zu untersuchen, um sicherzugehen, dass die Richtung stimmte, die wir eingeschlagen hatten.

Kristallines Wasser

Ein guter Weg, mögliche Strukturen herzuleiten, ist der, mit bereits Bekanntem anzufangen. Wenn „geordnetes Wasser" die Ausschlusszone entstehen lässt, dann ist die logische Herangehensweise, bekannte

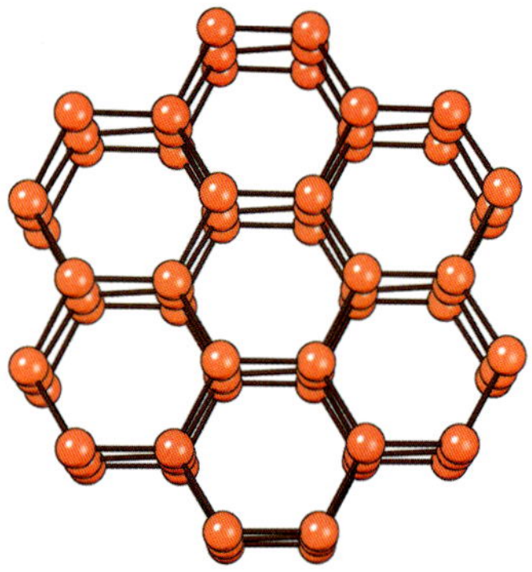

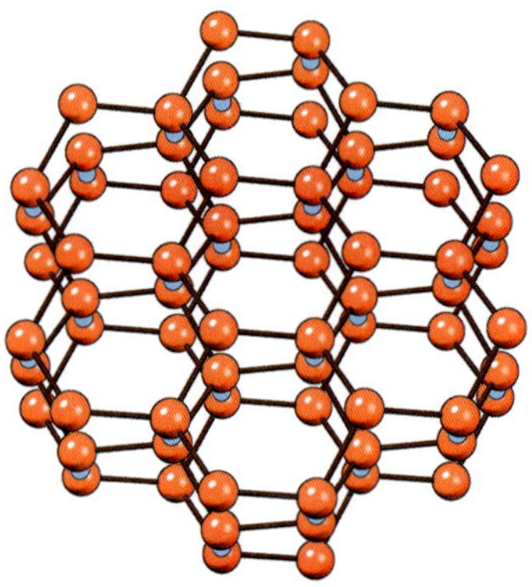

Abb. 4.5: *Strukturmodell von gewöhnlichem Eis, aus zwei verschiedenen Winkeln betrachtet. Die Sauerstoffatome sind rot. Die Wasserstoffatome (nicht sichtbar) liegen in der Mitte entlang der Linien, die die Sauerstoffatome miteinander verbinden. Protonen, die sich zwischen den einzelnen Schichten befinden (blau, siehe unteres Bild), binden jedes zweite Sauerstoffatom an ein anderes. Diese Verbindungen erzeugen eine Erhebung, die die Anordnung der Atome weniger eben, sondern eher wie einen Tetraeder erscheinen lässt.*

Strukturen geordneten Wassers zu untersuchen. Vielleicht reicht ja bereits eine Variante einer dieser bekannten Strukturen zur Erklärung aus?

Wir sahen im *Eis* den dafür aussichtsreichsten Kandidaten. Eis hat eine gut bekannte geordnete Struktur. Und Eis schließt aus: Während es wächst, stößt es Moleküle und Partikel hinaus und schafft dabei einen Kristall, der zum größten Teil frei von solchen Überbleibseln ist. Könnte also das Eis den Schlüssel zur Struktur der EZ liefern?

Die Ebenen von (normalem) Eis sind in hexagonalen Einheiten angeordnet. (Abb. 4.5) Sich wiederholende Einheiten bilden die bekannte Bienenwabenstruktur, die aus Sauerstoff und Wasserstoff besteht. Protonen (siehe unteres Bild) verbinden jede Schicht mit jeder anderen, die darüber- oder darunterliegt. Diese Protonen binden die Sauerstoffatome und erzeugen dabei die dem Eis eigene, starre Struktur. Nur jedes zweite Sauerstoffatom ist gebunden; die restlichen Sauerstoffatome stoßen einander ab, weil sie negativ geladen sind, und bilden dabei eine geringfügige Erhebung, die in jeder ebenen Schicht erkennbar ist.

Andererseits ist die Ausschlusszone nichts Starres. Sie verhält sich wie ein Flüssigkristall. Das bedeutet, dass die Struktur von Eis kein angemessenes Modell für die Struktur der EZ darstellt. Wenn man aber eine geringfügige Korrektur vornimmt, liefert sie ein mögliches Modell der EZ. Die korrekte EZ-Struktur erfordert etwas Flüssiges. Flüssigkeiten werden dadurch flüssig, dass zusammenhängende Schichten von Molekülen aneinander vorbeigleiten können. Was die Ausschlusszone betrifft, wäre es lohnend, ein Modell in Augenschein zu nehmen, das aus einem Stapel eisähnlicher Schichten besteht und ohne die Starre erzeugenden Protonenbindungen zwischen den einzelnen Ebenen auskommt. Ohne diese Bindungen könnten die einzelnen Schichten aneinander vorbeigleiten, was den gewünschten Zustand des „Halb-Flüssigseins" mit sich bringen würde. Dieses Modell erschien uns vielversprechend.

Das Thema Ladung

Dann kam das Thema Ladung auf den Tisch. Die Ladung von Eis ist neutral. Als wir uns vom Modell Eis zum „eisähnlichen" Modell hinbewegten, also *ohne* die bindenden Protonen, entstand ein Problem: Das neue Modell machte es erforderlich, dass die EZ negativ geladen war.

Früh schon – noch nicht ahnend, dass die EZ negativ geladen war – hatten wir festgelegt, dass wir jedes Modell ausschließen wollten, das mit Ladung verbunden war. Schließlich konnte sich die Ausschlusszone bis zu einem halben Millimeter ausdehnen, und zu erwarten, einen solch großen ladungstragenden Bereich zu finden, erschien unwahrscheinlich. Die Literatur über Wasser berichtet in erdrückender Fülle über dessen

Neutralität in Bezug auf Ladung. Auch das vertraute Dipol-Modell beinhaltet eine Ladungsstärke von 0. All unsere wissenschaftliche Erfahrung ließ uns sicher sein, dass ein ungeladener Bereich wahrscheinlicher war als ein geladener. So erwarteten wir, das eisähnliche Modell oder jedes andere Ladung implizierende Modell leicht ausschließen zu können.

Um diesen Gegenbeweis zu bewerkstelligen, dachten wir uns ein unkompliziertes Experiment aus. (Abb. 4.6) Die Erfahrung unseres Labors damit, elektrisches Potenzial in lebenden Zellen zu messen, machte es einfach, ein vergleichbares Experiment in und um Gele herum durchzuführen. Wir verwendeten Mikroelektroden. Wie ihr Name vermuten lässt, läuft deren Form zu extrem feinen Spitzen aus, die eine mikrometergenaue räumliche Auflösung ermöglichen. Wir platzierten eine zweite Mikroelektrode als Kontrollpunkt weiter entfernt. Ein Motor transportierte eine Mikroelektrode schrittweise näher zur Geloberfläche, um das oberflächennahe elektrische Potenzial aufzuzeichnen. So konnten wir bestimmen, ob die Ausschlusszone geladen war. Zu unserer Überraschung stellten wir fest, dass die EZ in der Tat geladen war – negativ geladen!

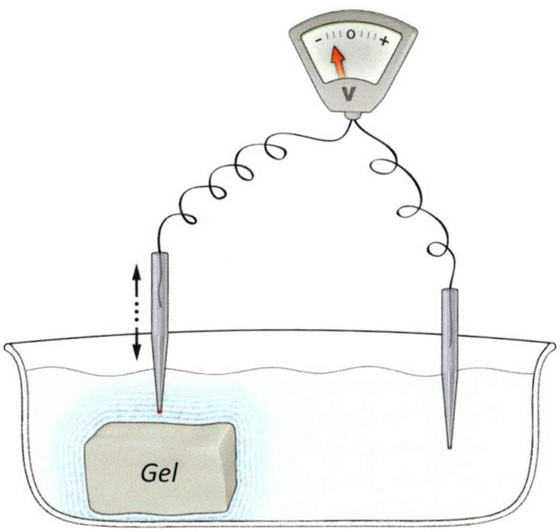

Abb. 4.6: *Die experimentelle Anordnung, die wir verwendeten, um die elektrischen Eigenschaften der EZ zu messen. Auf der rechten Seite: die Kontrollelektrode.*

Abbildung 4.7a zeigt ein repräsentatives Ergebnis. Als die durch den Motor angetriebene Elektrode anfangs ein gutes Stück außerhalb der Ausschlusszone im umgebenden Wasser platziert war, maßen wir eine Potenzialdifferenz von Null. Das war zu erwarten. Bei Annäherung der Elektrode an die Kontaktfläche wurden negative Potenziale aufgezeichnet, deren Größe anwuchs, je näher wir der Oberfläche kamen. Unmittelbar außerhalb des Gels blieb das 120 mV starke negative Potenzial auf dem gleichen Level stehen, während sich die Elektrode weiter im Gel fortbewegte. Im nächsten Experiment entfernten wir das Gel und ersetzten es durch ein Stück Nafion. Bei diesem Material stieg das negative Potenzial nahe der Oberfläche bis auf 200 mV an. (Abb. 4.7b)

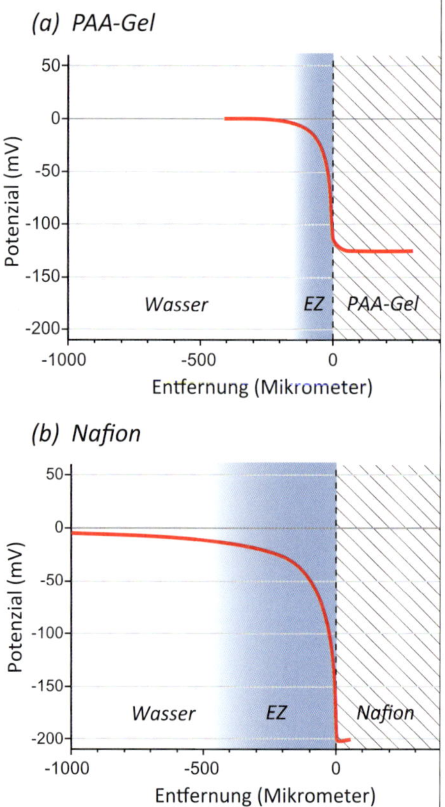

Abb. 4.7: *Elektrische Potenziale, gemessen neben einem Polyacrylsäure-Gel (a) und neben einem Stück Nafion (b). Die Zone negativer Ladung entspricht der Ausdehnung der EZ, die sich bei den beiden Proben unterscheidet.*

Bei beiden Proben erstreckte sich der mit negativem Potenzial geladene Bereich sehr weit von der Oberfläche weg: bis annähernd 200 Mikrometer beim Gel und mehr als 500 Mikrometer bei Nafion. Es schien, als brächte die EZ negative Ladungen hervor.

Dieses Ergebnis war etwas ganz anderes als die „Neutralität", mit der wir gerechnet hatten. Statt dass wir das eisähnliche Modell ausschließen konnten, wurde es mit dem Messen dieser negativen Ladung bestätigt. Gleichzeitig aber wurde damit das Dipol-Modell ausgeschlossen; Dipole haben keine Ladung.

Es schien so, als kämen wir voran. Dennoch hatten meine Kollegen keine Hemmungen, ein mögliches Versehen in Betracht zu ziehen. Ich hatte genug Praxis als Elektroingenieur und hätte clever genug sein müssen, daraus schlau zu werden. Statt dessen mussten mich meine Studenten daran erinnern, dass negative elektrische Potenziale auch durch eine negativ geladene Oberfläche erzeugt werden können; wenn die Materialoberfläche geladen wäre, dann wäre die Wirkung dieser Ladung auch noch in einiger Distanz zu spüren. Daher musste das negative Potenzial innerhalb der EZ nicht notwendigerweise eine Ladung desselben nach sich ziehen. Aua!

Ich brauchte einige Minuten, um mir demgegenüber wieder ins Gedächtnis zu rufen, dass bestimmte Eigenschaften eines Stoffs in Wasser verändert sind. Die Ladungen von Oberflächen können ihren Einfluss in *Wasser* nicht sehr weit ausdehnen, denn die Ionen mit entgegengesetzter Ladung im Wasser würden sich unvermeidlich sammeln und die Ladung der Materialoberfläche überdecken. Jenseits einer geringen Distanz von der Oberfläche würde man den Wert Null messen. Diese Erwägung fußt nicht auf der Doppelschicht-Theorie; fixierte Ladungen ziehen nämlich *immer* verfügbare entgegengesetzte Ladungen in einer Flüssigkeit an. So stimmte der Einwand meiner Kollegen zwar für das Vakuum, aber nicht in Bezug auf Flüssigkeiten wie Wasser, wo bewegliche Ladungen jeden weitreichenden Einfluss ausgleichen.

Gleichwohl prüften wir, ob sich in der EZ negative Ladung befand. Unser Test bestand darin, herauszufinden, ob es den entsprechenden Pool entgegengesetzter Ladung irgendwo gab. Die EZ baut sich aus neutralem Wasser auf. Mit einem neutralen Medium anzufangen und dann bei einem negativ geladenen anzukommen, das ergibt keinen Sinn. Wenn die EZ jedoch negative Ladung enthält, dann muss es irgendwo die ausgleichende Menge an positiver Ladung geben.

Diese positive Ladung müsste in Form von Protonen auftauchen, denn Protonen sind das Einzige, was in Wasser positive Ladung trägt. Wenn die EZ also negative Ladung hervorbringt, müssten wir einen Bereich voller Protonen finden – das heißt, einen Bereich mit einem niedrigen pH-Wert.

Wie ich in Kapitel 5 im Detail beschreibe, testeten wir auf diesen niedrigen pH-Wert, indem wir ein dickes Stück Gel in ein Becherglas mit Wasser legten. (Abb. 4.8) Um das Gel herum bildete sich sehr schnell eine Ausschlusszone. Ein pH-Messgerät, das wir außerhalb dieser EZ ins Wasser tauchten, zeigte an, dass der pH-Wert dort beträchtlich abnahm, stellenweise auf Werte von 2 und sogar 1. Die Dimension dieser Abnahme war erstaunlich. Diese äußerst niedrigen pH-Werte belegten, dass das Wasser außerhalb der Ausschlusszone Protonen in hoher Konzentration enthielt.

Mit dem Auffinden dieser Protonen bestätigte sich, dass es die Zone positiver Ladung, die wir erwartet hatten, tatsächlich gab; diese positive Ladung war also komplementär zu der negativen Ladung der EZ. Insgesamt erschien die Gesamtmenge des Wassers so neutral wie *vor* der Bildung der EZ. Offensichtlich trennen sich die Ladungen des Wassers während der Bildung der EZ in positiv und negativ geladene Gruppen. Es war uns gelungen, beide Komponenten aufzuspüren.

Diese neuen Erkenntnisse schienen einerseits schlecht und andererseits gut zu passen. Schlecht, weil sie belegten, dass Lings Modell der gestapelten Dipole, das ich in meinem Buch von 2001 ebenfalls unterstützte, nicht stimmig war; Dipolmodelle enthalten keine Ladung. Ich hatte mich offensichtlich geirrt. Andererseits waren es gute Nachrichten, denn das Modell von der „Eisähnlichkeit" des EZ-Wassers erschien jetzt vielversprechend; es passte zur negativen Ladung der EZ genauso wie zu ihrem halbflüssigen Charakter. Das Beste aber war, dass es Hinweise auf dieses Modell aus früheren Tagen gab – es war nicht einfach aus dem Hut gezaubert worden.

Überrascht es Sie, zu erfahren, dass jemand genau dasselbe Modell Jahrzehnte zuvor vorgeschlagen hatte? In einem Leitartikel des renommierten Journals *Science* aus dem Jahr 1969 hatten E. R. Lippincott und seine Chemikerkollegen von der *University of Maryland* praktisch dieselbe Hypothese für diese Struktur aufgestellt – für Polywasser. Die Originalskizze ist in Abbildung 4.9 reproduziert. Dieses Polywasser-Modell wurde damals nicht weiterverfolgt. Denn nur wenige Monate, nachdem es veröffentlicht wurde, kam es zur Diskreditierung von Polywasser und niemand nahm das Ungemach auf sich, sich mit der gefundenen Struktur tiefergehend zu beschäftigen. So kamen jegliche Bestrebungen, die Natur von Polywasser zu ergründen, schnell zum Erliegen.

Nun gewinnt das Polywasser-Modell aber wieder an Bedeutung. Wir wollen mehr darüber wissen. Was haben die Wissenschaftler herausgefunden, bevor die schlechte Publicity dem Fortschritt auf diesem Gebiet ein so plötzliches Ende setzte?

Abb. 4.8: *Messung des Wasser-pH-Wertes neben einem eingetauchten Stück Gel. Das Gel nimmt einen beträchtlichen Teil des Becherglasvolumens ein.*

Und wieder Polywasser

So ähnlich, wie wir uns die eisähnliche Struktur vorstellen, beschreibt das Polywasser-Modell einen Stapel von Schichten aus honigwabenförmigen Elementen, die aus Wasserstoff- und Sauerstoffatomen bestehen. Die Autoren dieses schicksalhaften Artikels in *Science* hatten diese Struktur aus einem breiten Spektrum gesammelter physikalischer und chemischer Daten abgeleitet. Die Daten beinhalteten die Raman-Spektren, das Verhalten beim Tiefgefrieren, an den Siedepunkten und die Dichtemessung. Die Struktur, die in Abbildung 4.9 zu sehen ist, beschreibt die gefundenen Daten am besten.

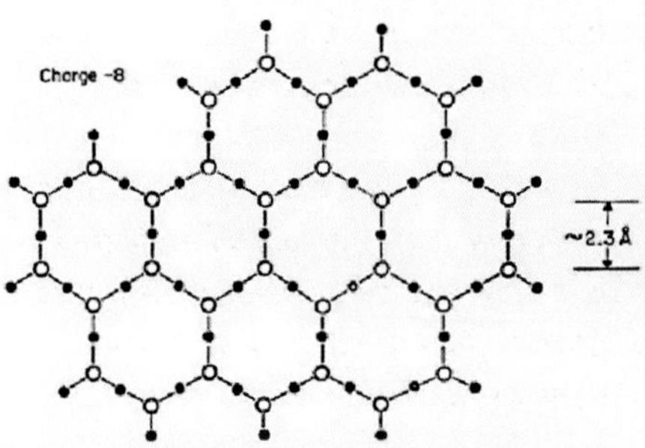

Abb. 4.9: *Die molekulare Struktur von Polywasser, wie sie von Lippincott und Kollegen vorgeschlagen wurde.*[6] *Die Sauerstoffmoleküle sind durch kleine Kreise, die Wasserstoffatome durch Punkte bezeichnet. Die Schichten im Stapel ergeben die volumetrische Struktur.*

Einige Aspekte dieses *Science*-Artikels brachten in mir Seiten zum Klingen. Der Artikel erinnerte mich zuerst daran, dass die Natur hexagonale Strukturen liebt. Man sieht sie überall in der organischen Chemie. Man findet diese Struktur auch in Grafit, bei dem einzelne Honigwabenschichten (wie bei Graphen) ganz leicht aneinander vorbeigleiten können, was eine sehr niedrige Reibung nach sich zieht. Da sie so häufig vorkommen, scheinen hexagonale Schichten eine natürliche Möglichkeit zu sein, der wir nachgehen sollten.

Der zweite Punkt, der mich im genannten Artikel ansprach, war der, dass die Autoren provokant anmerkten, dass die Flüssigkeit, um die es hier ging, gar kein Wasser sei. Die Substanz besteht sicherlich aus Sauerstoff und Wasserstoff, aber deren Anordnung in einem hexagonalen Gitter hat wenig Ähnlichkeit mit ihrer Anordnung im Wassermolekül. Diese neue Substanz, behaupteten sie, solle weder als Wasser betrachtet und schon gar nicht als Wasser bezeichnet werden, genauso wenig, wie die Eigenschaften des Polymers Polyethylen direkt den Eigenschaften des Gases Ethylen entsprächen. Die Autoren betrachteten es als völlig klar, dass sich diese Substanz chemisch von Wasser unterschied.

Ein dritter Faktor, der mich wirklich aufrüttelte und näher hinschauen ließ, war das Verhältnis zwischen den Wasserstoff- und den Sauerstoffatomen. Wie jedermann weiß, stehen diese im *gesamten* Wasser in einem Verhältnis von 2 zu 1. In der planaren Struktur ist das Verhältnis aber 3 zu 1. Diese Eigenschaft mag auf den ersten Blick nicht offensichtlich sein, aber Abbildung 4.10 zeigt eine vereinfachte Methode, dieses Verhältnis zu verifizieren.

Diese zahlenmäßige Betrachtung ist wichtig, denn das vertraute Verhältnis von 2 zu 1 ist die Ursache der Neutralität. Zwei positiv geladene Wasserstoffatome gleichen ein zweifach negativ geladenes Sauerstoffatom aus. So ist das Wassermolekül insgesamt neutral. Das Gitter hat aber ein unausgewogenes Verhältnis – und liefert eine *negative* Ladung pro Sechseck.

Die Autoren machten dazu eine spezielle Anmerkung in Bezug auf diese Eigenschaft in der oberen linken Ecke ihrer Zeichnung (vgl. Abb. 4.9),

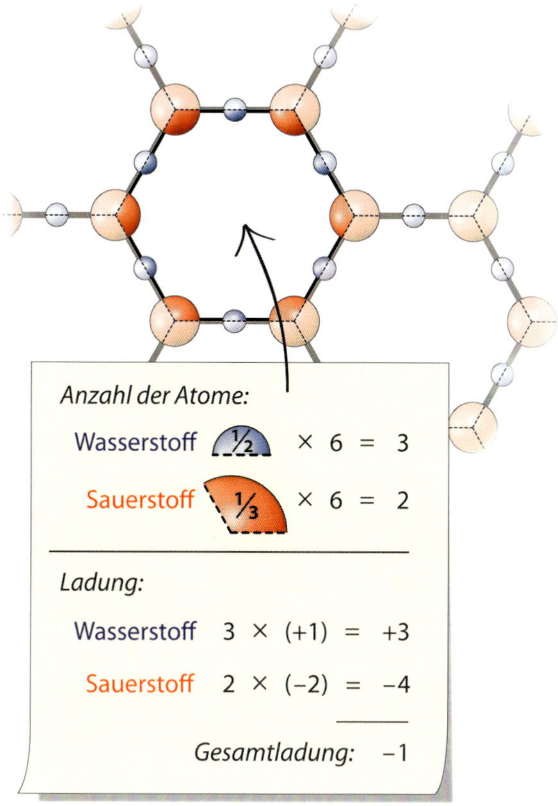

Abb. 4.10: *Ladungsberechnung jeder einzelnen hexagonalen Einheit. Um die Summe auszurechnen, stellen Sie sich jedes Atom als teilbares Stück vor. Dann addieren Sie alle Teilstücke in einem Sechseck. Denken Sie daran, dass die Ladung des Sauerstoffs minus 2, die des Wasserstoffatoms jedoch plus 1 beträgt. Das daraus sich ergebende Verhältnis von Wasserstoff zu Sauerstoff ist 3 zu 2; die Gesamtladung des Hexagons beträgt minus 1.*

aber sie schenkten dieser potenziellen Bedeutung zu wenig Aufmerksamkeit. In ihrer nüchternen Art nahmen sie an, dass die positiven Ladungen, die sich zwischen den negativ geladenen Ebenen befinden, den größten Teil der Ladung neutralisieren. Der wesentliche Punkt des Modells aber war, dass die Ebenen selbst negativ geladen waren.

Lippincotts Polywasser-Modell ist im Wesentlichen dasselbe wie das Modell, das wir auf diesen Seiten vorgestellt haben. Das Polywasser-Modell wurde aus strengen physikalischen und chemischen Grundsätzen abgeleitet, während unser Modell durch Vorläufer und logische Schlussfolgerungen entstanden ist. Beide Wege führten im Wesentlichen zum selben Ziel: zu einem Honigwabenelement mit einem Wasserstoff-Sauerstoff-Verhältnis von 3 zu 2.

Dieses Verhältnis von 3 zu 2 wurde experimentell belegt. Ein Bericht in einem bekannten Physikjournal führte zu einem „Aufruhr" wegen eines Forschungsergebnisses, das genau dieses Verhältnis beschrieb: Wenn Protonen und Neutronen aus Wassermolekülen abprallen, zeigte das Streumuster $H_{1,5}O$ anstatt H_2O.[7, w1] Und das Verhältnis von 1,5 zu 1 ist dasselbe wie 3 zu 2.

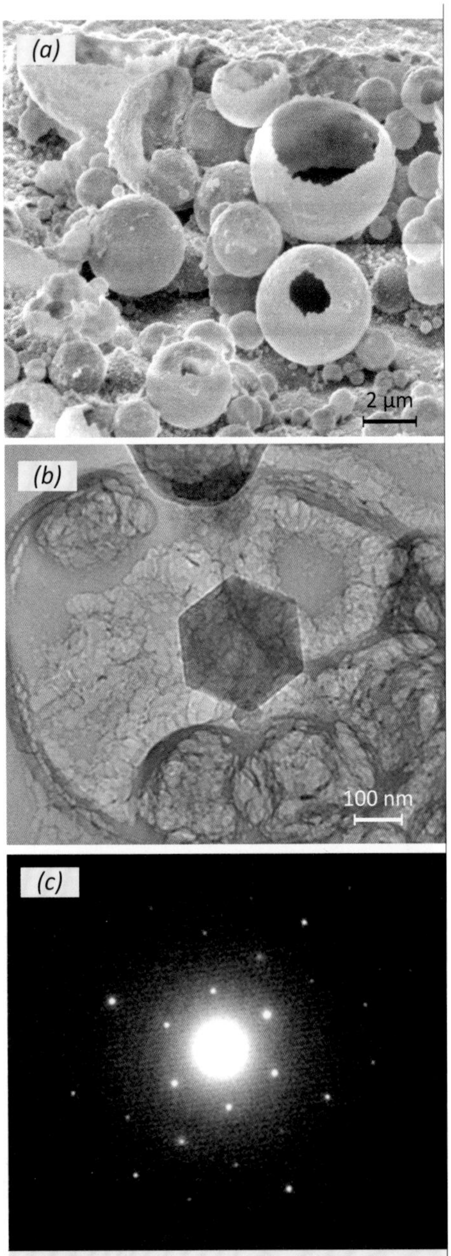

Abb. 4.11

Die wesentliche Eigenschaft in beiden Modellen ist die sechseckige Anordnung der Atome, die die Frage aufwirft, ob die hexagonalen Formen experimentell beobachtbar sind. Die Antwort lautet: ja. Forscher haben die Wasser-Hexamere in der Nachbarschaft zu verschiedenen Oberflächen gefunden, Metall eingeschlossen[8], in Untereinheiten von Proteinen[9], in Graphen[10] und in Quarz[11]. Nahe der Oberfläche wurden auch in supergekühltem Wasser Hexagone gefunden.[12] Und Wasser, das sich auf Glimmer angesammelt hatte, zeigte ein Vorherrschen von 120-Grad-Winkeln, was als Beleg für die Hexagonalität gedeutet werden kann.[13] Das Wasser in der Nähe vieler Oberflächen ist offensichtlich hexagonal – und das deckt sich mit dem vorgestellten Modell.

Als Beleg für die Existenz von Hexagonalität ist eine Studie einen Kommentar wert, die von Proteinen eingeschlossene Wassertropfen untersucht hat.[14] Das besagte Protein ist eine Untereinheit der ATP-Synthase, eines seit Langem existierenden Proteins, das in der gesamten Entwicklungsgeschichte von Lebewesen auftaucht. Wenn trockene Bedingungen herrschen, bildet dieses Protein eine kapselähnliche Hülle um Wasser, damit dieses nicht verdunstet.

Abbildung 4.11 zeigt zwei Beispiele dieser Schalenstrukturen: sphärische Kapseln (Bild a) und geometrische Kapseln (Bild b). Das Beugungsmuster der geometrischen Kapseln zeigt, dass das eingeschlossene Wasser hexagonal geordnet ist (Bild c). Außerdem ist die Dimension der hexagonalen Einheit von 0,37 Nanometer sehr nah an der in Abbildung 4.9 gezeigten. Das lässt darauf schließen, dass hexagonale Ordnung in beachtlicher Menge in Wasser gefunden werden kann, das in der Nähe von Oberflächen liegt.

Eine weitere erwartete Eigenschaft dieser Modelle ist die Absorption von ultraviolettem Licht. Man kann eine Absorption erwarten, die ungefähr bei 270 Nanometer Wellenlänge im ultravioletten Bereich liegt, wenn Elektronen „ungebunden" sind, das heißt, sich frei in der Struktur bewegen können. Diese Situation kommt häufig bei aromatischen (Ring-) Strukturen vor und auch bei sogenannten Kronenethern, deren Sauerstoff enthaltende hexagonale Strukturen den Strukturen ähneln, um die es hier geht. Daher ist die bestätigte Absorption von 270 nm (Abb. 3.13) ein weiterer Beleg zugunsten einer hexagonalen Struktur.

So haben wir also die erwartete UV-Absorption bestätigt, Hexagone können im Experiment aufgezeigt werden und zwei unterschiedliche Arten der Interpretation führten im Wesentlichen zum selben hexagonalen Modell. Diese unterstützende Beweislage gibt uns den Antrieb, das Modell noch intensiver zu untersuchen. Lassen Sie uns damit fortfahren.

Gestapelte Honigwabenschichten

Wenn wir wissen wollen, ob das vorgeschlagene Modell wirklich genügend Erklärungspotenzial aufweist, müssen wir zuerst bestimmen, wie die Honigwabenschichten zusammenhalten, um die Ausschlusszone zu bilden. Denn die EZ ist ein dreidimensionales Gebilde und nicht nur eine einzelne Schicht. Wir müssen auch verstehen, wie sich die allererste EZ-Schicht bildet. Schauen wir uns zuerst an, wie die Schichten zusammenhalten.

Das einfachste Stapelmodell legt alle Sechsecke aller Ebenen gerade übereinander. So könnte man von oben auf den Stapel schauen und würde durch alle Hexagone hindurchsehen.

Dieses direkt Übereinanderstapeln ist in seiner Einfachheit attraktiv – aber unmöglich. Damit Sie ermessen können, warum, schauen Sie zurück auf das oberste Bild der Abbildung 4.5, die ein Beispiel von Ebenen direkt übereinander zeigt. Jetzt stellen Sie sich vor, Sie entfernen die Protonen, die sich zwischen den einzelnen Schichten befinden (– Sie sehen diese Protonen als blaue Punkte im unteren Bild bei Abbildung 4.5). Genau das erzeugt den Stapel aus Schichten, um den es hier geht. Wenn wir den aus Protonen bestehenden „Kleister" entfernten, lägen negativ geladene Sauerstoffatome der einen Schicht direkt über negativ geladenen Sauerstoffatomen der anderen Schicht. Dies hätte aber wegen der großen Menge an einander abstoßenden, gleich geladenen Sauerstoffatomen eine Abstoßung der beiden Schichten zur Folge. Die Struktur würde sich sofort auflösen.

Ein natürlicherer Weg, die Ebenen zusammenzuhalten, ist der, sie zu verschieben. (Abb. 4.12) Wenn die negativ geladenen Elemente der einen Ebene den positiv geladenen Elementen der anderen Ebene gegenüberliegen, können die beiden Ebenen wegen der elektrostatischen Anziehung zusammenhalten.

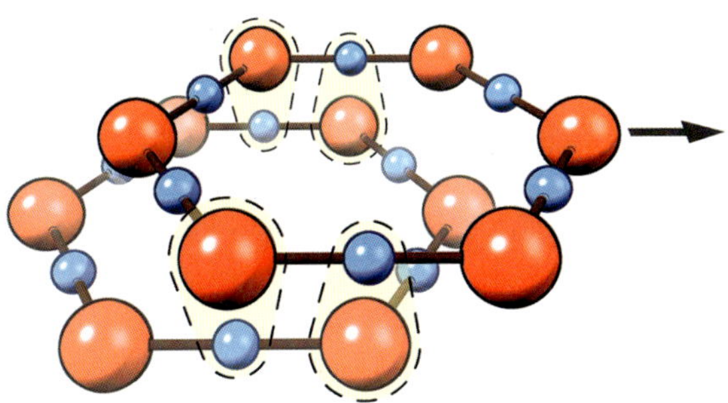

Abb. 4.12: *Wenn man die eine Ebene gegenüber der anderen ein wenig verschiebt, liegen Elemente unterschiedlicher Ladung übereinander, die einander anziehen.*

Eine solche Verschiebung der Ebenen ist theoretisch auf zweierlei Weise umsetzbar, aber nur *eine* dieser beiden Möglichkeiten ist wirklich geeignet. (Abb. 4.13) Die erste Möglichkeit wäre, die eine Ebene *senkrecht*

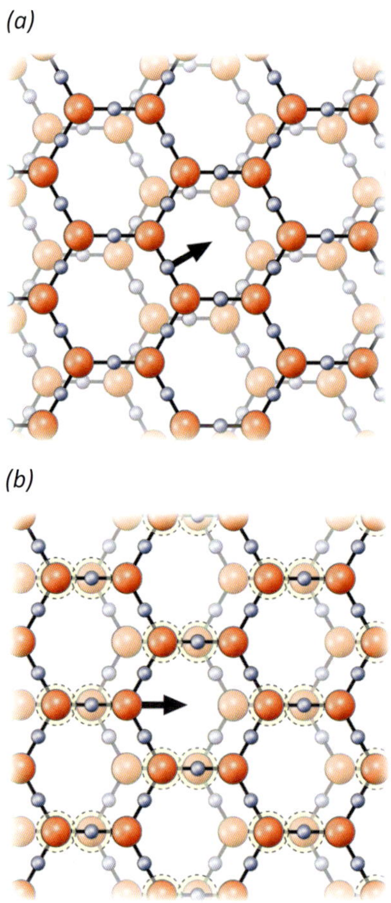

Abb. 4.13: *Möglichkeiten der Herbeiführung ausreichender Kohäsion zweier Ebenen durch lineare Verschiebungen. Nur die Verschiebung im unteren Bild liefert mit dem Gegenüberliegen von Elementen entgegengesetzter Ladung eine stabile Struktur.*

zur Kante der hexagonalen Elemente zu verschieben (Bild a); die zweite Möglichkeit ist eine Verschiebung *entlang* der Kante der hexagonalen Elemente (Bild b). Im ersten Fall führt eine Verschiebung (jeglicher Größenordnung) zu keiner „anziehenden" Anlagerung entgegengesetzter Ladungen und daher fehlt auch die Anziehung. Beim zweiten Modell, wenn wir eine Schicht um die Hälfte des Abstandes zwischen zwei Sauerstoffatomen verschieben, bringt das viele entgegengesetzte Ladungen in die richtige Position: Ein Drittel der Ladungen einer Ebene ist dann mit entgegengesetzten Ladungen der anderen Ebene verbunden. Diese starke Anziehung erzeugt ausreichende Kohäsion. Die Kohäsion wiederum ist der Grund für hohe Dichte (siehe Kapitel 3, Seite 60, Punkt f) Optische Eigenschaften). Dieses zweite Modell scheint also zu funktionieren.

Die Verschiebung der Ebenen erzeugt aber auch Abstoßung, denn gleich geladene Atome benachbarter Ebenen stoßen einander ab. Doch die Abstoßung ist geringer als die Anziehung: Gleich geladene Atome stoßen einander ab, versuchen, sich im Rahmen des Gitters voneinander zu entfernen, und schwächen damit die Gesamtabstoßung. In der Tat konnten wir mit Berechnungen zeigen, dass die vorherrschenden *Anziehungskräfte* weit größer sind.

So erzeugt das zweite Modell eine stabile Struktur, die auf natürliche Weise zusammenhält. Dieses Modell ermöglicht es, das mechanische Verhalten vorherzusagen: Diese Struktur ist sozusagen halbfest, wenn man sie in Ruhe lässt, doch immer noch fähig, entsprechend einer einwirkenden Scherkraft zu fließen. Dieses Verhalten entspricht in etwa dem gelatineähnlichen Eiweiß.

Variationen dieses einfachen Stapelverfahrens führen zu interessanten strukturellen Möglichkeiten. In Abbildung 4.13b sind übereinanderliegende Ebenen des Stapels nach rechts verschoben. Man könnte sie aber genauso gut nach links verschieben. Mit diesen beiden Optionen kann man ein rechtsorientiertes oder ein linksorientiertes Gebilde bauen. Diese Variationen können vielleicht die spiegelbildlichen Gebilde erklären, die ich in Kapitel 2 erwähnt habe.

Die Verschiebungsrichtung ist außerdem nicht auf links oder rechts beschränkt. Sie kann in jeder der sechs Säulenrichtungen erfolgen, was zu endlosen Stapelvarianten führt. Wir können auch spiralförmiges Stapeln erzielen (Abb. 4.14): Beginnen Sie mit einer Schicht, verschieben Sie die Schicht *darüber* entlang des Verlaufs einer Strebe, drehen Sie die *darüber* liegende Ebene dazu um 60 Grad, die *darüber* liegende wieder um 60 Grad und so fort. Eine Spiralstufe umfasst sechs Schichten. Größere Stufen sind theoretisch möglich, auch unregelmäßige Stufen. Diese spiralförmige Eigenschaft könnte speziell für die Biologie von Bedeutung sein, wo das Wasser der EZ mit den spiralförmig gewundenen Proteinen und Aminosäuren in Kontakt kommt.

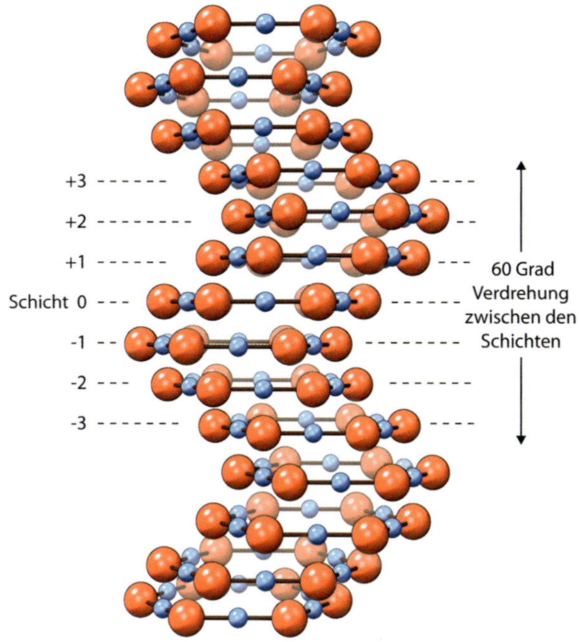

Abb. 4.14: *Indem man aufeinanderliegende Ebenen jeweils zueinander um 60 Grad verdreht, erzeugt man eine spiralförmige Struktur.*

Zusammengefasst lässt sich sagen: Wasser, das auf hydrophile Oberflächen gegossen wird, erzeugt das Wachstum einer EZ. Wasser ist der Rohstoff. Aus diesem Rohstoff bilden sich die „Honigwabenschichten“. Diese können aneinander vorbeigleiten, wenn genügend Scherkraft einwirkt; doch normalerweise kleben die Ebenen aneinander und bilden gemeinsam das, was man makroskopisch als Ausschlusszone sehen kann. (Abb. 4.15)

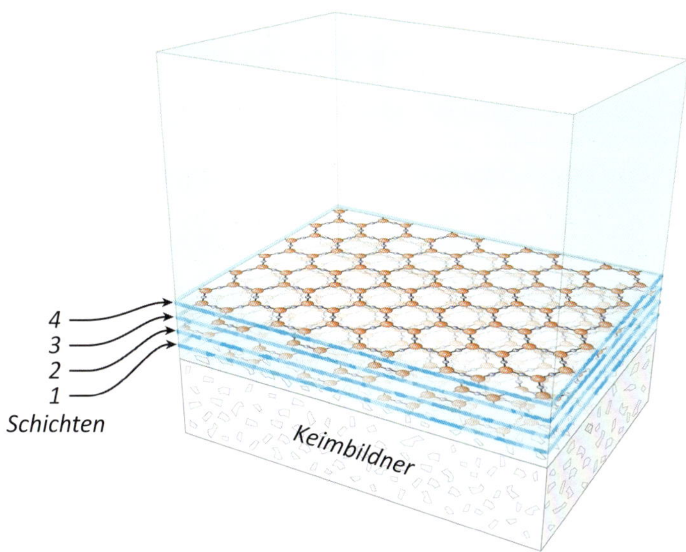

Abb. 4.15: *Die Entstehung der Honigwabenschichten aus normalem Wasser. Die hydrophile Oberfläche ist der „Keim“ für das Wachstum der EZ, die sich Schicht um Schicht aufbaut.*

Die allererste Schicht

Wie beginnt der Bildungsprozess einer EZ? Normalerweise enthalten hydrophile Oberflächen Sauerstoffatome. Eine Möglichkeit ist, dass diese Oberflächen-Sauerstoffatome eine Art Schablone bilden. Wenn genügend dieser Atome passend zu den Sauerstoffatomen in der Honigwabenstruktur liegen, kann man die Oberfläche selbst als erste Schicht der EZ betrachten. Weitere Schichten würden sich dann ganz leicht über der formgebenden Schicht aufstapeln. Natürlich stellt keine Materialoberfläche eine ideal geformte Basisebene dar. Die Oberflächen unterscheiden sich, was die atomare Anordnung betrifft, und können anstatt Sauerstoff *andere* negativ geladene Atome aufweisen. Manche Oberflächen können sich daher als weniger geeignet zum Erzeugen einer EZ erweisen; sie sind damit auch weniger hydrophil.

Eine interessante Schlussfolgerung ist, dass der „Formgeber" Informationen an die Schichten der EZ übermittelt. Wenn zum Beispiel an einer Stelle in der Oberfläche Sauerstoff fehlt, hat die *entsprechende* Lücke in der ersten EZ-Schicht auch wiederum eine Lücke zur Folge, und so weiter; diese Lücke kann sich durch viele Schichten hindurchziehen. Wenn dies der Fall ist, enthält die EZ Informationen über die Natur der formgebenden Oberfläche. Solange die EZ stabil bleibt, kann auch diese Information erhalten bleiben.

Eine andere Schlussfolgerung ist, dass der Aufbau einer EZ durch einen Formgeber nur die Schablone erfordert, das heißt, eine einzige Molekülschicht. Dies erklärt, warum die EZ auch von einem Monolayer erzeugt werden kann. (Vgl. Abb. 3.9)

Materialien, die an der Oberfläche keine geladenen Atome haben, werden auch kaum die Fähigkeit besitzen, eine EZ zu erzeugen. Das träfe auch auf Oberflächen zu, deren Ladung ganz und gar nicht zum Standard-Honigwaben-Muster passt. All diese Oberflächen würde man als „hydrophob" bezeichnen – Wasser abweisend oder „wasserscheu". Nur geladene hydrophile Oberflächen können das Wachstum einer EZ in Gang setzen.

Selbst wenn die Ladungen stimmig sind, kann die *Rauheit* der Oberfläche noch ein wichtiger Faktor für das EZ-Wachstum sein. Leichte Rauheit dürfte unproblematisch sein: Wenn eine Oberfläche auf molekularer Ebene nur leicht rau ist, so sollte sich die Ausgangsebene der EZ an Oberflächenerhebungen, Vertiefungen und Kanten anpassen können; der Stapel aus Schichten wird dann eine leicht wellige Form annehmen. *Erhöhte* Rauheit jedoch könnte Unterbrechungen zur Folge haben: Statt eines ausgedehnten EZ-Schichten-Stapels würden dann zahlreiche Ministapel aus der Ebene jeder einzelnen Oberflächenschräge wachsen. Wenn diese Stapel sich so bilden, dass Reaktionen der darin enthaltenen Elemente untereinander erschwert möglich sind, wird sich ein nicht gleichmäßiges Wachstum daraus ergeben. Ein solcher „Formgeber" wird keine so ausgedehnte EZ produzieren wie eine *glatte* Oberfläche. Einige vorausgehende Untersuchungsergebnisse unseres Labors stützen diese Folgerung.

Demzufolge ist der Formgeber nicht der einzige Faktor, der für die Größe der EZ ausschlaggebend ist. Formgeber erzeugen das Wachstum der EZ, indem sie passende „atomare Partner" bereitstellen. Stark hydrophile Formgeber liefern bessere Partner und daher entstehen bei ihnen stabilere Ausschlusszonen; doch die Oberflächenrauheit und andere bedeutsame Faktoren (mehr dazu im Folgenden) beeinflussen letztlich auch die Größe der EZ. Der Formgeber ist nur einer von mehreren Determinanten.

Gitterverletzung und EZ-Größe

So weit, so gut – doch hier stellt sich ein Problem: Identische EZ-Ebenen sollten auch identische Ladungspotenziale haben. Tatsächlich aber wird das elektrische Potenzial der EZ mit zunehmendem Abstand von der formgebenden Oberfläche immer kleiner. (Vgl. Abb. 4.7) Die Ebenen *können* also nicht identisch sein. Diese Abnahme kann nur auftreten, wenn sich die Ladung einer Ebene mit zunehmender Distanz zur formgebenden Oberfläche reduziert. Diese Verminderung kann auf zweifache Weise erfolgen: indem *negative* Ladung entfernt oder *positive* Ladung hinzugefügt wird. Beides wäre möglich.

Negative Ladung aus dem Gitter zu nehmen würde bedeuten, Sauerstoffatome zu entfernen; je mehr Sauerstoffatome entfernt würden, um so geringer wäre dann die gesamte negative Ladung der Ebene. Abbildung 4.16 zeigt, dass ein *begrenztes* Entfernen strukturell tolerabel ist: Solange die Anzahl der entfernten Sauerstoffatome nicht zu groß ist, bricht das Strukturgitter nicht auseinander. Sogar der Verlust jedes zweiten Sauerstoffatoms beeinträchtigt das Gitter nicht, weil die Anziehungskräfte zwischen den Ebenen die Stabilität des Gitterwerks gewährleisten. Wenn Sauerstofflücken mit der Entfernung von der formgebenden Oberfläche zunehmen, werden die entfernteren Ebenen schrittweise weniger negativ geladen sein.

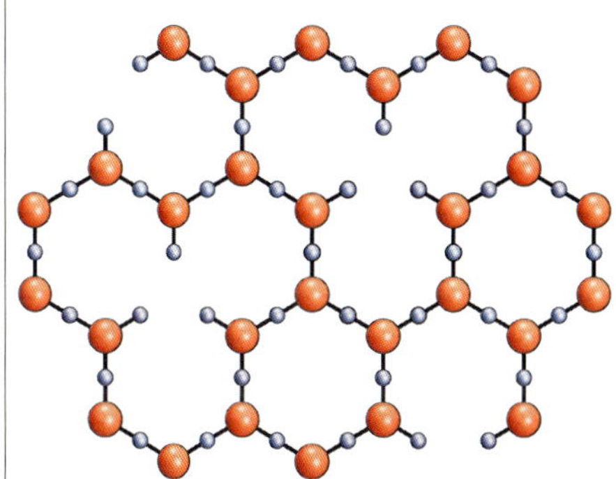

Abb. 4.16: *Verringerung der Ladung einer Ebene. Das Beispiel zeigt, wie das Entfernen von Sauerstoffatomen aus der hexagonalen Gitterstruktur möglich ist, ohne die Integrität der Struktur zu schwächen.*

Eine Möglichkeit für die Entstehung des Sauerstoffverlustes ist die Erosion des Gitters. Die negative Ladung der Gitterstruktur animiert positiv geladene Protonen, erneut in die EZ einzudringen. Genauer gesagt sind es nicht Protonen *per se*, die dazu aktiviert werden, denn Protonen sind kurzlebig; freie Protonen verbinden sich sofort mit Wassermolekülen und bilden Hydroniumionen. Normalerweise können diese Hydroniumionen nicht in die Gitterstruktur der EZ eindringen; die Festigkeit des Gitters verhindert dies.

Dennoch schaffen Öffnungen, wie sie in Abbildung 4.16 dargestellt sind, Invasionsmöglichkeiten, genau so, wie dies auch Strukturunregelmäßigkeiten tun, die durch Oberflächenrauheit entstanden sind. Würde man die hereindrängenden Hydroniumionen mit den benachbarten Sauerstoffatomen in der Gitterstruktur kombinieren, so entstünde Wasser. Dies würde die Gitterstruktur auflösen. Die schwerwiegendste Erosion würde sich dort ergeben, wo die Hydroniumionen hereinkämen; dabei würden sie den größtmöglichen Zusammenbruch negativer Ladung in der entferntesten Ebene der EZ bewirken – das entspricht genau dem, was wir im Experiment beobachtet haben.

Die hereinströmenden positiven Ladungen können auch im Raum zwischen den Ebenen hängen bleiben. Besonders dann, wenn ein Proton sich von einem Hydroniumion löst, kann es zwischen nahe beieinanderliegenden Sauerstoffatomen aufeinanderliegender Ebenen eine Brücke bilden. (Vgl. Abb. 4.13 b) Dies ist wiederum dort am wahrscheinlichsten, wo es mehr Protonen gibt, nämlich in der Nähe der entferntesten Ebene des Gitters. Indem sie positive Ladung beisteuern, entsteht dasselbe Resultat wie bei der Sauerstofferosion: Die Gesamtnegativität in den Ebenen, die von der formgebenden Oberfläche weiter entfernt sind, wird geringer.

Das Ausmaß der Gittererosion könnte die Größe der EZ beeinflussen. Extrem hydrophile Oberflächen mit relativ geringen Gitterdefekten müssten Ausschlusszonen bilden, deren Erosion begrenzt ist. Bei weniger hydrophilen Oberflächen mit mehr Defekten können positive Ionen leichter eindringen und dabei das Gitter erodieren und die EZ-Größe eindämmen. Das könnte erklären, warum weniger hydrophile Oberflächen *kleinere* Ausschlusszonen erzeugen.

Das Vorhandensein von Gitterdefekten erinnert an Halbleiter, bei denen Defekte im Gitter des kristallinen Materials zu Strukturen mit einem Überschuss an Elektronen oder einem Überschuss an „Löchern" führen, die man jeweils als n-Halbleiter oder p-Halbleiter bezeichnet. Die Struktur der EZ entspricht eher dem n-Typ, der einen Überschuss an Elektronen hervorbringt, die von den Sauerstoffatomen stammen. Deshalb sind auch einige Eigenschaften der EZ zu erwarten, die Halbleitern ähneln, und später werden wir sehen, dass diese Eigenschaften tatsächlich existieren. Im Moment genügt es, festzuhalten, dass die Gitterdefekte einen Mechanismus darstellen, der durch Gittererosion die Größe der EZ beeinflusst.

Gibt es positiv geladene Ausschlusszonen?

Aufmerksame Leser haben im eben Dargestellten vielleicht eine seltsame Anomalität entdeckt. Wenn man einige Sauerstoffatome aus dem Gitter nimmt, vermindert dies die negative Ladung: Je mehr Sauerstoffatome entfernt werden, um so weniger negativ ist das Gitter geladen. Das führt zu der offensichtlichen Frage, was im Extremfall passieren kann. Wenn man jedes zweite Sauerstoffatom entfernte, würde das die Gesamtladung auf weniger als null verschieben, also in den positiven Bereich. Sie können diese „Übung“ leicht selbst ausprobieren und verifizieren, dass sich die Ladung pro Sechseckeinheit des Standardgitters von –1 zu +1 verschiebt.

Auf den ersten Blick erscheint dieses Phänomen seltsam, da es die Möglichkeit eröffnet, dass *positiv* geladene Ausschlusszonen existieren; bisher haben wir nur negative Ausschlusszonen in Betracht gezogen. Doch wenn sich das vorgeschlagene Modell für die EZ als richtig erweist, könnten wir genauso erwarten, positiv geladene Ausschlusszonen zu finden. Deren strukturelles Gitterwerk würde dasselbe bleiben, außer dass in ihnen weit weniger Sauerstoffatome wären.

Diese positiven Ausschlusszonen gibt es – wenn sie auch weniger häufig vorkommen als die negativ geladenen. Wir haben sie an bestimmten Polymeren und Metallen gefunden.[15] Ein Beispiel dafür liefern Gelperlen, die als Ionentauscher benutzt werden. Man verwendet sie häufig, um Stoffe physikalisch zu trennen, und es gibt von diesen einen halben Millimeter großen Perlen zwei Varianten: anionische und kationische. Beide Typen können als Keime für eine Ausschlusszone funktionieren (Abb. 4.17), aber die Ausschlusszonen neben den kationischen Perlen haben eine *positive* Ladung.

Abbildung 4.18 belegt diese positive Ladung. Die Abbildung zeigt, dass sich die räumliche Verteilung des elektrischen Potenzials neben den kationischen und den anionischen Perlen praktisch spiegelbildlich gestaltet. Die eine Kurve zeigt den negativen Standardtyp, während die andere

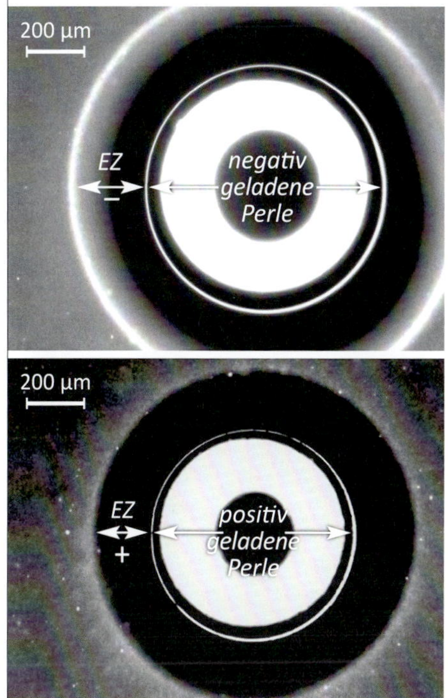

Abb. 4.17: *Ausschlusszonen umgeben sowohl die negativ als auch die positiv geladenen Perlen.*

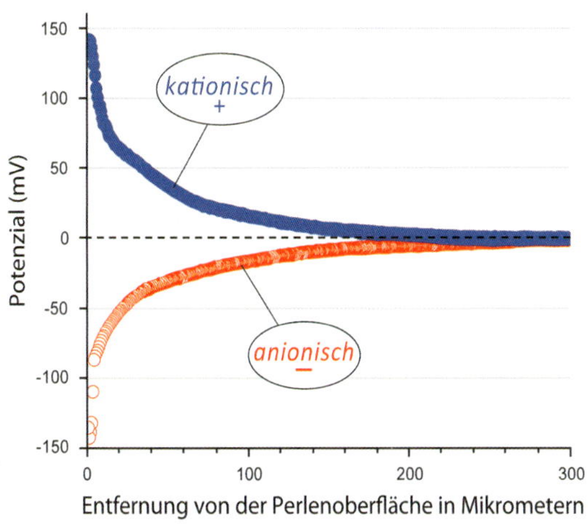

Abb. 4.18: *Die neben kationischen und anionisch geladenen Perlen aufgenommenen elektrischen Potenziale*

ein entsprechend positives Potenzial abbildet. Bereiche, die außerhalb der positiv geladenen Ausschlusszonen liegen, zeigen einen höheren pH-Wert statt des für gewöhnlich niedrigeren, den wir von den negativ geladenen Ausschlusszonen kennen.[15]

Beide Potenzialverteilungen sind also möglich. Die Eigenschaften der positiv geladenen Ausschlusszone scheinen denen der negativ geladenen Ausschlusszone mehr oder weniger entgegengesetzt zu sein.

Falls die positiv geladenen Ausschlusszonen viel weniger Sauerstoffatome enthalten, kann man erwarten, dass deren Gitterstruktur zerbrechlicher ist, denn Defekte schwächen das Gitter. Wir konnten diese Zerbrechlichkeit bestätigen. Positiv geladene Ausschlusszonen sind von einer besonderen Art, die mit geringem mechanischem Kraftaufwand relativ leicht zerstört werden können. Das hat zur Folge, dass meine Kollegen zögern, sie im Labor zu untersuchen. Nichtsdestotrotz existieren diese positiv geladenen Ausschlusszonen.

Das vorgeschlagene Strukturmodell hat offensichtlich genügend Flexibilität, um beide Typen von Ausschlusszonen zu ermöglichen, negative und positive; wir brauchen kein Extramodell für jeden Typ. Diese Eigenschaft ist interessant und von Vorteil, denn wir nehmen ja an, dass die Natur Einfachheit bevorzugt. Darüber hinaus: Wenn Ausschlusszonen so häufig vorkommen, wie wir das später zeigen werden, dann ist auch das geringe Vorkommen *positiv* geladener Ausschlusszonen aufgrund ihrer Zerbrechlichkeit erklärbar; sie existieren oft nicht lange.

Ein vierter Aggregatzustand des Wassers (– und warum manche Chemiker Anfälle erleiden)

Ein wesentliches Merkmal des vorgeschlagenen EZ-Modells ist seine Ähnlichkeit mit Eis. Diese Ähnlichkeit ist nicht überraschend: Gerade auf dieser Grundlage haben wir unser Modell der EZ-Struktur abgeleitet. Andererseits bedeutet das: Wenn Eis einen der physikalischen Zustände des Wassers darstellt, dann könnte die EZ ebenfalls ein solcher sein – vielleicht die lange gesuchte „vierte Phase" des Wassers, die vor hundert Jahren von dem bekannten Physiker und Chemiker Sir William Hardy vorgeschlagen worden ist.

Damit man die EZ als einen neuen, bisher unbekannten Aggregatzustand anerkennen könnte, müsste sie bestimmten Kriterien genügen: Sie müsste von spezifischer, unverwechselbarer Qualität und räumlich begrenzt sein und sie müsste in signifikantem Ausmaß vorkommen. Diese Kriterien sind ausreichend erfüllt für die drei „klassischen" Zustände von Wasser (wenngleich die nachfolgenden Kapitel das für den Wasserdampf infrage stellen …). Sie sind auch in Bezug auf die EZ erfüllt:

Ausschlusszonen sind räumlich begrenzt, ganz spezifisch strukturiert und können sich von einer Oberfläche bis zu einer Entfernung von einem ganzen Meter erstrecken. (Siehe Abb. 3.8) Die EZ scheint also als ein eigenständiger Aggregatzustand genauso qualifiziert zu sein wie Eis.

Andererseits, wenn man sich die große Ausdehnung der EZ vor Augen führt, kann dies sonst gelassene Chemiker zur Verzweiflung treiben. Wie kann sich eine Struktur aus Wassermolekülen über Millionen von Molekülschichten von einer formbildenden Oberfläche entfernt erstrecken? Chemiker haben doch gelernt, dass die Störkräfte der thermischen Bewegung jegliche Ordnung, die über einige wenige Molekülschichten hinausreicht, zunichtemachen. Deshalb tendieren diese Chemiker dazu, das Konzept einer so weitreichenden Ordnung als „Blindgänger", als Irrtum abzutun: Das könne einfach nicht sein!

Wir jedoch schlagen nicht eine Struktur vor, die sich aus gestapelten Wasserdipolen zusammensetzt, sondern aus gestapelten Ebenen. Das ist ein Unterschied. Chemiker könnten einen Stapel von Dipolen so ähnlich wie einen Stapel Ziegelsteine betrachten, der durch die Störkräfte der thermischen Bewegung wackelt. (Vgl. Abb. 4.19, links) Weil sich diese Störkräfte addieren, kann der Stapel nicht sehr hoch werden, bevor er ins Schwanken gerät. Es ist notwendig zu wiederholen, dass wir nicht einen Stapel aus Dipolen, sondern einen Stapel aus Ebenen postulieren. (Abb. 4.19, rechts) Jede der Ebenen ist weitreichend strukturiert und je ausgedehnter die Struktur ist, desto niedriger ist die thermische Unruhe. So ist jeglicher zerstörerische Effekt in dem Stapel aus Ebenen weit weniger ausgeprägt als im Stapel aus Dipolen. Das lässt hoffen, dass das Ebenenmodell es deshalb unwahrscheinlicher macht, dass Chemiker sich aufregen.

Abb. 4.19: *Das Modell gestapelter Dipole kann zu Wackeln und Unordnung führen (links); die Unordnung reduziert sich, wenn die Elemente untereinander verbunden sind, wie dies bei ausgedehnten Schichtenstrukturen der Fall ist (rechts).*

Außerdem hilft uns das Modell der Ebenen, eine Angelegenheit zu klären, die die Chemiker bisher nicht gelöst haben: warum Gele eine solche Menge Wasser halten können. Gele halten Wasser fest. Erinnern Sie sich daran, dass gewöhnliche Gele nicht tropfen, selbst dann nicht, wenn ihr Wassergehalt 99,9 Prozent ihres Gesamtvolumens ausmacht. (Vgl. Abb. 1.1) Jetzt können wir es wagen, für dieses Phänomen eine Erklärung zu geben: Die Gelmatrix beinhaltet zahlreiche hydrophile Stränge. Die Oberfläche dieser Stränge verwandelt das normale Wasser in EZ-Wasser. Die EZ-Ebenen kleben an den formbildenden Strängen und auch aneinander; daher hält Ihr Gel-Dessert das Wasser. Das EZ-Wasser läuft nicht aus.

Schließlich macht die vorgeschlagene Struktur klar, warum Ausschlusszonen *ausschließen*. Sie schließen aus, weil nur durch die hexagonalen Öffnungen gelöste Stoffe in das EZ-Gitter eindringen können – und diese Öffnungen sind sehr klein. Dieses Hindernis ist sogar noch ausgeprägter: Weil die einzelnen Elemente der übereinander angeordneten Ebenen *nicht genau* übereinanderliegen, sind die tatsächlich vorhandenen Öffnungen kleiner als die hexagonalen Öffnungen jeder einzelnen Ebene. (Abb. 4.15) Das Gitter ist extrem eng und deshalb fast frei von gelösten Stoffen. Nur Protonen und noch kleinere Gebilde sind klein genug, um hineinzugelangen.

Andererseits existieren Protonen normalerweise nicht als separate Einheiten; sie verbinden sich mit Wassermolekülen und bilden Hydroniumionen, die wesentlich voluminöser sind als Protonen und daher ausgeschlossen werden. Weiter unten (in Kapitel 17) werden wir sehen, wie sich Protonen aus ihren „elterlichen" Wassermolekülen ablösen und dann in das EZ-Gitter eindringen, um Eis zu bilden.

Außer diesen losgelösten Protonen *scheinen alle gelösten Stoffe ausgeschlossen zu werden* – zumindest aus Bereichen des Gitters, die ohne Öffnungen sind. Weil sogar Hydroniumionen ausgeschlossen werden, die positiv geladen sind, wird sichergestellt, dass das elektrische Potenzialgefälle zwischen der EZ und dem außerhalb von ihr liegenden Wasser erhalten bleibt. Aus diesem Grund können wir dasselbe Gefälle über lange Zeitabschnitte messen.

• • •

Die anhaltende Ladungstrennung zwischen der EZ und dem übrigen Wasser außerhalb davon hat Auswirkungen auf vieles, was jetzt folgt. Diese Ladungstrennung stellt eine Art „Batterie" dar. Der Charakter dieser Batterie und die Natur der Energie, die die Batterie geladen hält, werden sich als wichtig für das Verständnis praktisch aller mit Wasser verbundenen Phänomene erweisen.

Zusammenfassung

Um ein Strukturmodell der Ausschlusszone zu entwickeln, haben wir zunächst gestapelte Dipole in Betracht gezogen. Sie erscheinen zwar einfach, logisch und haben historische Wurzeln, jedoch bleiben sie „stur" bei ihrer elektrischen Neutralität. Sie können also nicht für die Ladung der EZ herangezogen werden. Daher ist dieses Modell ungeeignet. Wir fanden das „Honigwabenschichten-Modell" vielversprechender; seine Sechsecke liegen nicht direkt gegenüber den Sechsecken der Ebenen darüber und darunter. Dieses Modell lässt Ladung zu; zusätzlich hat es den Vorteil, dass es etwas Ähnliches schon gibt – es hat Ähnlichkeit mit Eis.

In dem Modell der gestapelten Ebenen hängt die lokale Ladung von der Dichte der elektrisch negativen Sauerstoffatome ab. Daher kann das elektrische Potenzial mancher Ausschlusszonen von extrem negativen Werten über null bis hin zu positiven Werten reichen. Das strukturelle Grundgerüst ist flexibel genug, um allen möglichen Typen von Ausschlusszonen gerecht zu werden.

Reale Ausschlusszonen unterscheiden sich von speziell erzeugten Ausschlusszonen. Letztere enthalten vollständige hexagonale Gitter. Reale Ausschlusszonen sind weniger regelmäßig: Es kann sein, dass Sauerstoffatome und Wasserstoffatome an Stellen fehlen, die die Ladungsverteilung der ursprünglich formgebenden Oberfläche widerspiegeln, und sie können unter Erosion leiden.

Ausschlusszonen scheinen sowohl ausgedehnt als auch eigenständig genug zu sein – beides qualifiziert sie als eigenständigen Aggregatzustand von Wasser. Die allgemeine wissenschaftliche Anerkennung dieses vierten Aggregatzustands steckt noch in den Anfängen. Seine weitere Erforschung verspricht zu erhellen, was passiert, wenn Wasser mit praktisch allem in Berührung kommt, was wir sehen können.

5 Batterien aus Wasser

Der Himmel über uns entfesselt einen Blitz, der Hunderttausende Volt Energie auf die Oberfläche der Erde entlädt. Solche Blitzschläge tauchen rund um die Welt so häufig auf, dass – gemäß den Wissenschaftlern, die sich mit der Atmosphäre beschäftigen – die Erdoberfläche die sich ansammelnde Energie nicht ableiten oder auflösen kann, und so bleibt sie negativ geladen. Wenn Sie auf dem Boden stehen, ist Ihre Nase um circa 200 Volt positiver aufgeladen als Ihre Zehen.[1]

Zwar sind Blitze und ihre Folgen nicht Gegenstand dieses Kapitels, aber die *Ladung* ist es. Wie die Wolken, so enthalten auch Ausschlusszonen konzentrierte elektrische Ladungen. Diese Ladungen sind Träger potenzieller Energie, genauso wie die Ladung der Gewitterwolken. Und die Folgen können ähnlich eindrucksvoll sein.

Denken Sie an die Biologie, an geladene Dinge wie Membranen, Proteine oder die DNA – sie alle sind mit Wasser in Kontakt; Ausschlusszonen sollte es daher im Überfluss geben. Diese Ausschlusszonen sind geladen, das bedeutet, sie tragen potenzielle Energie. Da die Natur verfügbare potenzielle Energie nicht einfach verschwendet, könnte die Ladung der EZ dazu dienen, verschiedene zelluläre Prozesse anzutreiben, die von chemischen Reaktionen bis hin zum Blutfluss reichen können. Möglichkeiten gibt es im Überfluss.

Andererseits sind *isolierte* geladene Teilchen selten. Geladene Teilchen hängen sich in der Regel an andere Teilchen mit entgegengesetzter Ladung – zum Beispiel auf der anderen Seite einer biologischen Membran. Daher erwarteten wir ein ähnliches „Paarverhalten" der konzentrierten Ladung in der EZ in Bezug zu einer entsprechenden Ansammlung entgegengesetzter Ladung außerhalb der EZ.

So lassen Sie uns unsere Frage wieder aufgreifen und erweitern, und zwar dahingehend, ob die EZ vielleicht einen Partnerpol mit entgegengesetzter Ladung hat (Kapitel 4), und uns anschauen, welche Folgen die Existenz eines solchen Partners gegebenenfalls hat.

Ladungen außerhalb der Ausschlusszone

Wenn wir untersuchen wollen, ob das EZ-System zwei Pole anstatt nur einen hat, müssen wir uns daran erinnern, dass sich die Ausschlusszone aus dem guten alten Wasser aufbaut, das neutral ist. Wenn eine neutrale

Substanz eine geladene EZ hervorbringt, dann muss eine gleich große entgegengesetzte Ladung irgendwo anders sein. Denn sonst wäre der Energieerhaltungssatz verletzt. Eine Annahme aber, die gegen solche naturwissenschaftlichen Gesetze verstößt, kann uns nicht zu sinnvollen Ergebnissen führen.

Deshalb war zu erwarten, dass wir eine Zone entgegengesetzter Ladung unmittelbar außerhalb der EZ fänden. Da sich die *negative* Ladung innerhalb der EZ aufbaut, sollte sich eine entsprechende Zone *positiver* Ladung direkt daneben bilden. Dieser Bereich müsste sehr viele Protonen beinhalten. Da eine hohe Konzentration von Protonen mit einem niedrigen pH-Wert einhergeht, haben wir schon früher vermutet, dass eine Zone mit niedrigem pH-Wert im Wasser außerhalb der EZ existieren müsse.

Um diese Vermutung zu testen, gaben wir ein Gel in ein Becherglas mit Wasser und positionierten ein pH-Messgerät direkt außerhalb der EZ des Gels. (Vgl. Abb. 4.8) Wir wären schon überrascht gewesen, hätten wir den pH-Wert um *eine* Einheit fallen sehen, was ja ein zehnfaches Ansteigen der Menge an Protonen angezeigt hätte. Doch wir erhielten ein noch dramatischeres Ergebnis (wie bereits in Kapitel 4 beschrieben): Neben der EZ des Polyacrylsäure-Gels haben wir den pH-Wert oft um drei bis vier Einheiten fallen sehen und manchmal sogar um mehr. Da die pH-Skala logarithmisch ist, bedeutete dies ein zehntausendfaches Ansteigen der Protonenkonzentration. Dieses Ergebnis verblüffte uns.

Wir fanden heraus, dass eine Änderung der experimentellen Anordnung die Größe dieser pH-Wert-Abnahme verändern konnte. Beispielsweise haben wir die Größe des Becherglases im Verhältnis zur Größe des Gels variiert. Wenn das Becherglas viel größer als das darin befindliche Gel war, beobachteten wir nur eine mäßige pH-Wert-Abnahme. Wenn wir aber ein Becherglas verwendeten, das kaum größer als das Gel war, sodass die Protonen nicht ausweichen konnten, so erhielten wir eindrucksvollere Werte.

Es gab wenig aus der klassischen Chemie, was uns zu einem besseren Verständnis dessen verhelfen konnte, was wir da beobachteten. Die Ergebnisse waren so dramatisch, dass die eher konservativen Mitarbeiter unseres Labors begannen, sich unbehaglich zu fühlen. Ein sehr kluger Mitarbeiter, versiert in klassischer Chemie, konnte das Ergebnis einfach nicht glauben und beschäftigte sich daraufhin mit einem anderen Projekt. Am Anfang war auch ich nicht absolut überzeugt.

Hartnäckig hielt sich das Bedenken, ja, die Sorge, dass sich diese Protonen vielleicht nicht wirklich als Folge der Bildung der EZ ansammelten. Ihre überraschende Häufung wäre bedeutungslos, wenn wir herausfinden würden, dass sie nur aus dem Gel stammten. Wir überlegten bald, wie wir diese Möglichkeit bestätigen oder ausschließen konnten: Falls Protonen aus dem Gel kämen, könnte ihre Summe einen bestimmten Wert nicht übersteigen; denn kein Gel kann eine unendliche Zahl an Protonen hervorbringen. Wir fanden heraus, dass das vorhergehende Eintauchen des Gels in aufeinanderfolgende Wasserbäder – um jedes mögliche herauslösbare Proton zu entfernen – nur einen geringen Unterschied ausmachte: In den nachfolgenden Versuchen beobachteten wir einen ähnlichen Abfall des pH-Wertes. Es schien, als komme die Ansammlung der Protonen tatsächlich als Folge der Bildung der EZ zustande, wie wir vermutet hatten.

Diese Schlussfolgerung vermittelte uns eine gewisse Befriedigung – wie ein kühler Drink an einem heißen Sommertag. Sie bestärkte uns auch deshalb, weil das Vorliegen hoher Positivität auch die entsprechend hohe Negativität in der EZ glaubwürdig machte. Für manche Physiker lag diese quasi-stabile Konzentration negativer Ladung völlig außerhalb ihrer bisherigen Erfahrung und sie konnten sie daher schlecht akzeptieren. Als wir die entsprechende positive Ladung woanders gefunden hatten, gab uns das die Sicherheit, dass wir auf dem richtigen Weg waren.

Das Entstehen der vielen Protonen

Um die Dynamik der Protonenbildung dingfest zu machen, verwendeten wir ein kleines pH-Messgerät. Der Messfühler war so klein, dass wir den jeweiligen lokalen pH-Wert in einer Serie verschiedener Abstände vom formbildenden Probestück der EZ verfolgen konnten. (Abb. 5.1, oben) Für die Überprüfung verwendeten wir ein Stück Nafion, das am Boden des Gefäßes befestigt wurde. Wir füllten das Gefäß mit Wasser und beobachteten dann die Entstehung der Protonen.

Das untere Bild der Abbildung 5.1 zeigt Aufzeichnungen der Veränderung des pH-Wertes bei verschiedenen Abständen von der Nafion-Probe. Bei einer Distanz von 1 mm begann der pH-Wert innerhalb weniger Sekunden zu sinken, erreichte nach 15 Sekunden einen Tiefpunkt und stieg danach zum Teil wieder an, als sich die Protonen auch auf die weiter entfernten Bereiche verteilten. Bei einer Entfernung von 5 mm begann die Protonenanhäufung später; bei 10 mm noch später. Letztendlich kam der pH-Wert annähernd bei jedem Messpunkt immer zum selben Endwert, der niedriger war als der Ausgangswert.

Abbildung 5.1 zeigt, dass die pH-Werte sich um so später ändern, je weiter entfernt der Messpunkt vom Nafion-Probestück ist. Diese schrittweisen Verzögerungen lassen eine Welle von Protonen vermuten, die am Probestück entsteht und sich dann entfernt. Es erscheint wahrscheinlich, dass die Welle am äußeren Rand der EZ entsteht, denn genau dort baut sie sich auf. (Abb. 5.2) Wir können annehmen, dass sich die Verteilung mit der Zeit ausgleicht: Protonen stoßen einander ab und werden sich letztlich mehr oder weniger einheitlich verteilen – ganz zuletzt die Protonen, die sich deutlich außerhalb des Einflusses der negativen Ladung der

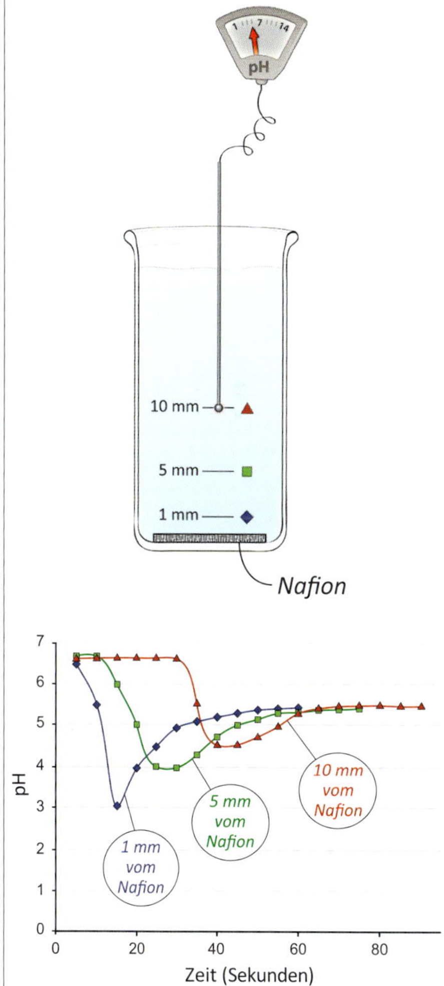

Abb. 5.1: *Zeitlicher Verlauf der Veränderung des pH-Wertes, nachdem Wasser auf ein Stück Nafion gegeben wurde. Wir haben den pH-Wert an drei Stellen gemessen, wie Sie in der Abbildung mit dem Becher sehen. Der Kurvenverlauf lässt eine progressiv ansteigende Welle von Protonen vermuten.*

EZ befinden. Die Zeit des Ausgleichs ist nicht fixiert. Sie ist abhängig von der physikalischen Natur des Systems und insbesondere davon, wie viel Platz den Protonen zur Verfügung steht, um sich zu verteilen.

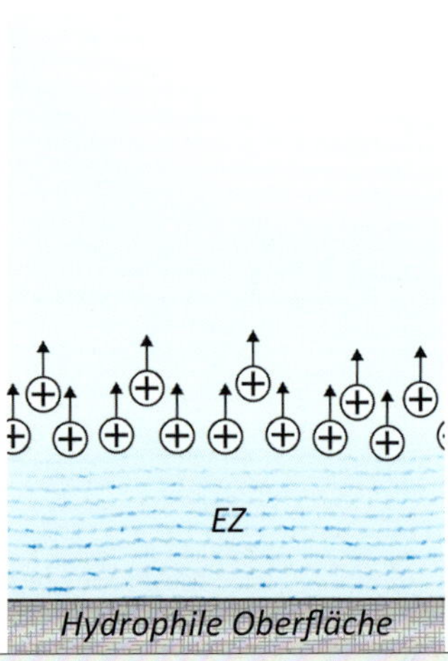

Abb. 5.2: *Protonen, die am äußeren Rand der wachsenden Ausschlusszone entstehen*

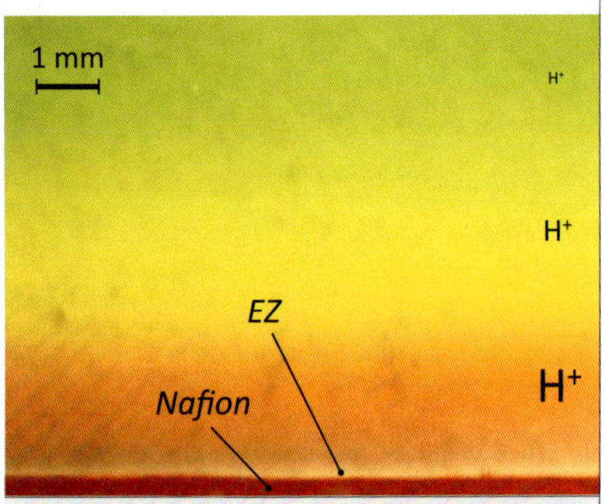

Abb. 5.3: *Die Protonenverteilung jenseits der Ausschlusszone (gesehen von der breiten Seite einer engen Kammer). Dieses Bild haben wir erhalten, nachdem wir Wasser mit pH-empfindlichem Farbstoff in das Gefäß gegossen hatten. Es zeigt, dass die EZ den gelösten Farbstoff ausschließt. Der pH-Wert unmittelbar neben der EZ beträgt 3 oder weniger (Rot-Orange); das ist gleichbedeutend mit einer hohen Protonenkonzentration. Die zu erwartende höhere Protonenkonzentration angrenzend an die EZ liegt jenseits des Referenzbereichs des Farbstoffs.*

Protonenverteilung: pH-empfindliche Farbstoffe

Weil das Thema Protonen kritisch erschien, setzten wir ein weiteres Protonenentdeckungsinstrument ein: pH-empfindliche Farbstoffe. Diese Farbstoffe, ähnlich denen, die im Lackmus-Papier verwendet werden, verändern ihre Farbe in Abhängigkeit vom pH-Wert.

Abbildung 5.3 zeigt ein repräsentatives Beispiel der beobachteten Farbverteilung außerhalb der Ausschlusszone. Gemäß der Auswertungsskala zeigt die Rot-Orange-Färbung neben der EZ einen pH-Wert von 3 und darunter an – also *viele* Protonen. Bei größeren Abständen zur EZ war der pH-Wert ebenfalls vermindert, aber weniger dramatisch. Daher konnte mit der pH-Farbdetektionstechnik größtenteils bestätigt werden, was das pH-Messgerät angezeigt hatte: ein Überfluss an Protonen im Wasser unmittelbar außerhalb der EZ. Wieder ein Beleg mehr.

Wir versuchten, die Ergebnisse des Farbversuchs noch eine Stufe tiefer auszuwerten und die Protonen zu zählen, aber es gelangen nur grobe Schätzungen. Wir waren aufgeschmissen wegen der Unmöglichkeit, die Anzahl der Protonen direkt an der EZ zu bestimmen: Hier müsste eigentlich die negative Ladung der EZ eine Menge positiv geladener Protonen anziehen, doch der Referenzbereich des Farbtests lag unterhalb dieser hohen Konzentration.

Unverdrossen bauten wir wieder eine Kammer auf wie in Abbildung 5.3 und maßen, was wir konnten. Wir fanden geschätzte 10^{15} bis 10^{16} Protonen, verteilt im gesamten Bereich außerhalb der EZ. Zum Vergleich schätzten wir die Menge der Elektronen der EZ. Diese wurde aus der Gitterstruktur und der gemessenen Potenzialverteilung berechnet. Diese Zahl, 10^{18} bis 10^{19}, war wesentlich höher als die Summe der gemessenen Protonen. Zwei unsichere Größen konnten dafür verantwortlich sein: die direkt an die EZ angrenzenden, nicht gemessenen Protonen und/oder die reduzierte negative Ladung der EZ, die sich aus der nicht vollständigen Sauerstoffbesetzung ergab. Daher konnten wir die Frage, ob sich positive und negative Ladung exakt die Waage halten, nicht eindeutig beantworten.

Später spürten wir die freigesetzten Protonen noch mit einer anderen Methode auf: mit einer Versuchsanordnung, bei der das Wasser neben der EZ kontinuierlich ausgetauscht wurde. (Abb. 5.4) Wir verwendeten eine hohle Nafion-Röhre. Die innere Oberfläche der Röhre erzeugt eine ringförmige Ausschlusszone innen, was Protonen in Richtung Röhrenmitte treibt (a). Wir entfernten diese Protonen ständig, indem wir laufend

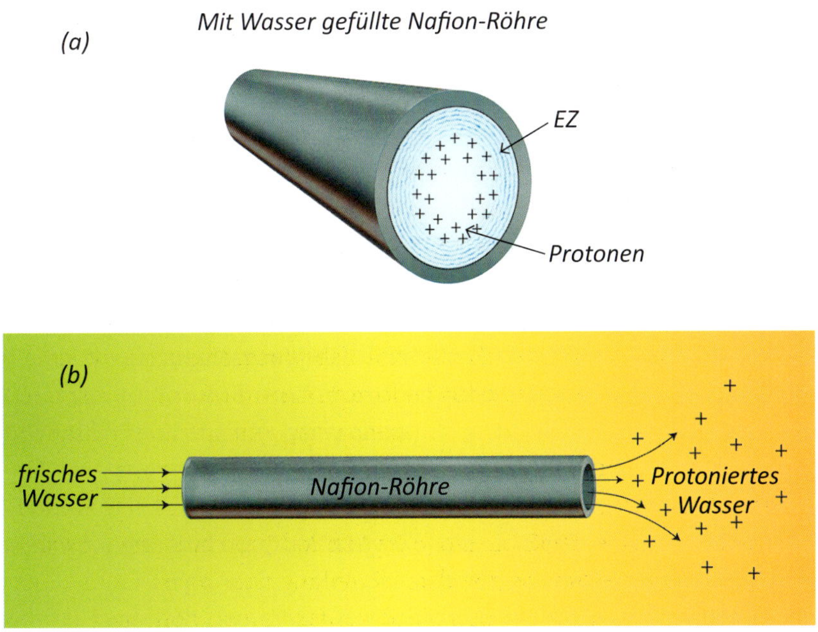

Abb. 5.4: *a) Die ringförmige EZ setzt Protonen in Richtung Röhrenmitte frei. b) Das durchlaufende frische Wasser schwemmt die freigesetzten Protonen hinaus.*

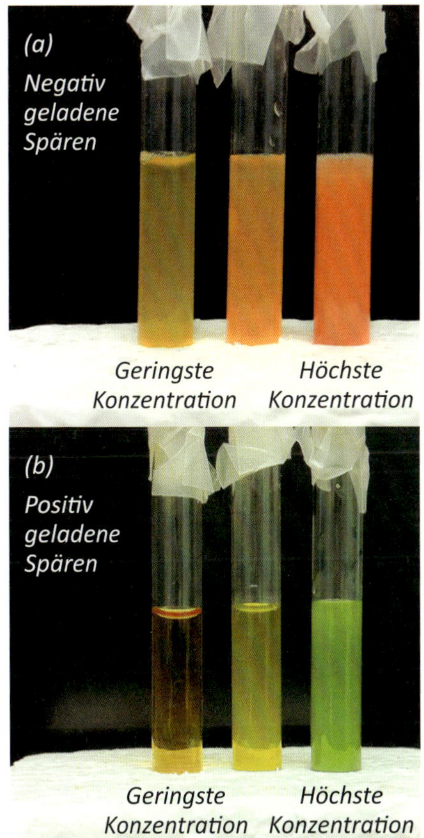

Abb. 5.5: *Das Hinzufügen von Mikrosphären verändert den pH-Wert des Wassers (a). Mikrosphären aus Carboxylat mit 1 Mikrometer Durchmesser. Eine Erhöhung der Konzentration von Mikrosphären verändert den pH-empfindlichen Farbstoff zu Rot; dies zeigt einen niedrigeren pH-Wert an (b). Positiv geladene Amino-Mikrosphären verändern den Farbwert zu Grün; dies signalisiert einen höheren pH-Wert.*

frisches Wasser durch die Röhre laufen ließen (b). Da die ringförmige EZ dazu neigt, am Röhrenmaterial festzuhaften, findet der stärkste Durchfluss in der Röhrenmitte statt. Wir fanden heraus, dass das austretende Wasser einen niedrigeren pH-Wert aufwies als das einströmende; der Unterschied war größer als eine Einheit und reduzierte sich nicht – auch nicht nach 30 Minuten Dauerdurchlauf.[2] Während wir die Frage der Menge der Protonen immer noch nicht beantworten konnten, konnten wir aber nachweisen, dass das vorbeiströmende Wasser laufend Protonen aus der ringförmigen EZ ohne Verminderung aufnahm, auch über längere Zeitspannen hinweg.

Wir fanden sogar Belege für freigesetzte Protonen, wenn schwebende Mikrosphären mit im Wasser waren. Da sie hydrophile Gebilde sind, müssten sie sich auch selbst mit einer EZ umgeben und diese müsste so aussehen wie eine Muschelschale. Eine schalenförmige Zone wäre möglicherweise so klein, dass sie mikroskopisch nicht nachweisbar ist. Aber wir sollten in der Lage sein, die entsprechende Veränderung des pH-Wertes im Wasser zu messen. Je mehr Mikrosphären, umso größer müsste die Veränderung des pH-Wertes sein. Abbildung 5.5 belegt diese Erwartung.

Die Serie der oben beschriebenen Ergebnisse bestätigte die Messungen, die wir mit dem pH-Messgerät erhalten hatten: Positive Ladungen im umgebenden Wasser tauchen regelmäßig neben den negativ geladenen Ausschlusszonen auf. Die Wassermoleküle haben sich effektiv in positive und negative Ladungen aufgespalten und erzeugen dabei etwas, was verdächtig nach einer Batterie aussieht – einer chemischen „Fabrik“ mit getrennten Ladungen.

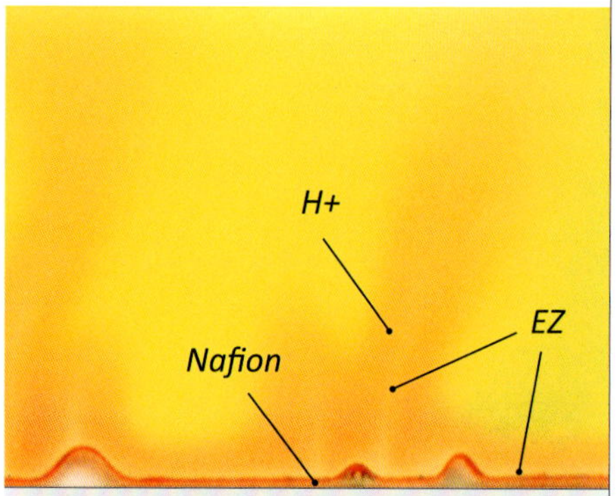

Abb. 5.6: *Eine Abbildung ähnlich wie 5.3; das Bild wurde später und mit geringerer Vergrößerung aufgenommen. Beachten Sie, dass jeden vertikalen EZ-Ausläufer Zonen mit niedrigem pH-Wert (rot) umgeben.*

Die an eine Batterie erinnernde Ladungstrennung bleibt sogar erhalten, wenn die Ausschlusszone eigentümliche Konfigurationen annimmt. Abbildung 5.6 zeigt ein Beispiel. Dieses Bild stammt aus derselben Versuchsanordnung wie Abbildung 5.3, wurde aber zu einem späteren Zeitpunkt aufgenommen. (Die „Erhebungen" im Nafion kommen daher, weil Wasser es aufwölbt; sie ändern aber nichts am Ergebnis.) Zu der Zeit, als wir dieses Bild aufnahmen, hatte die EZ begonnen, polartige Ausläufer zu bilden, ähnlich denen von Abbildung 3.7. Um jeden Ausläufer herum sehen Sie die Farbe Rot. Rot veranschaulicht die Dichte der Protonen nahe den stangen- oder pfahlähnlichen Ausschlusszonen.

So finden wir ein Ansteigen der Anzahl von Protonen neben Ausschlusszonen nicht nur bei Standardsituationen (Abb. 5.3), sondern auch dann, wenn die EZ tief in das Wasser hineinragt.

Mit anderen Worten, Ladungen trennen sich überall dort, wo eine EZ präsent ist. Die einer Batterie vergleichbare Ladungstrennung ist sozusagen wie der Fingerabdruck einer EZ.

Die Nutzung gespeicherter Energie aus der EZ-Batterie

Falls die getrennten Ladungen der EZ sich wirklich wie eine Batterie verhalten, dann sollte diese elektrische Energie auch nutzbar sein. Wenn man eine Elektrode *innerhalb* der EZ, eine andere Elektrode *außerhalb* platziert und die beiden mit einem Widerstand verbindet, sollte man einen Stromfluss erzeugen können. Genau das haben wir herausgefunden: Die gespeicherte Energie fließt wie Strom. (Abb. 5.7)

Somit sind getrennte Ladungen nicht nur zufällige Nebenprodukte der EZ-Bildung; sie können über einen Widerstand fließen. Das Szenario ähnelt dem einer normalen Batterie, aber mit einem einfacheren inneren Aufbau: Hier befindet sich eine Ausschlusszone, die *negativ* geladen ist, neben einer Zone anderen Wassers, das *positiv* geladen ist.

Denken Sie einmal darüber nach: Kurz nachdem ein hydrophiles Material in Wasser getaucht wird, bildet sich eine EZ und zwei verschiedene Ladungen trennen sich. (Diese Ladungstrennung geht nicht von alleine vor sich; wir werden uns weiter unten mit der Energie befassen, die erforderlich ist, um die Ladungstrennung zu ermöglichen.) Die getrennten Ladungen haben eine starke Tendenz, sich wieder zu vereinigen, aber sie bleiben getrennt, weil die dichte Gitterstruktur der EZ verhindert, dass diese freien Ladungen wieder in die entgegengesetzt geladene EZ zurückkommen. Die Trennung hält das Spannungsgefälle aufrecht. Die Größe dieses Gefälles erreicht vielleicht nur 100 bis 200 mV, aber die betroffenen Zonen sind gleichwohl dicht mit Ladungen angereichert; die nutzbare Energie ist beträchtlich.

Zellbatterien: Nerven, Schmerz und Betäubung

„Aua!“ Der Herd ist unerwartet heiß. Sie ziehen automatisch Ihre Hand zurück, um die unangenehmen Folgen zu vermeiden, die sich sonst ergeben würden.

Die *Nerven* veranlassen dieses Zurückziehen; Ihre Nerven signalisieren dem Gehirn, dass die Hand ganz schnell zurückgezogen werden muss. Dieser Signalmechanismus wird durch einen elektrischen Vorgang ausgelöst: Nervenzellen haben negative Ladung, während die Bereiche außerhalb der Zellen positiv geladen sind. Schädliche Reize lösen eine örtliche Entladung aus, die sich entlang des Nervs bis zum Gehirn fortsetzt. So ist Ladungstrennung also eine wesentliche Eigenschaft einer Nervensignalübermittlung; jeder Nerv verhält sich wie eine sich entladende Batterie.

Wie erfolgt diese Ladungstrennung? Gemäß der vorherrschenden Meinung enthält die Zellmembran Ionenpumpen und Kanäle, die diese Funktion erfüllen; dabei bleibt das Zellinnere negativ und die Außenseite positiv geladen. (Mein letztes Buch hat diese Auffassung infrage gestellt.[3])

Eine alternative Sicht auf den Vorgang schlägt vor, dass die Ladungstrennung durch das Wasser erfolgt. Wie wir gesehen haben, wird jegliches Wasser, das sich neben einer geladenen oder einer hydrophilen Oberfläche befindet, EZ-Wasser. Da Zellen in ihrem Inneren so dicht gepackt geladene Oberflächen haben, ist das meiste Wasser innerhalb der Zelle EZ-Wasser. Weil dieses EZ-Wasser vorherrscht, könnte die negative Ladung der Zelle einfach die negative Ladung der EZ widerspiegeln.

Neben einer möglichen Erklärung für die Negativladung von Zellen erklärt die EZ-Hypothese gleichzeitig die Negativität von Gelen: Gele zeigen für gewöhnlich große negative Potenziale, ähnlich wie Zellen; und doch haben sie keine Membran, die Ionen pumpen könnte. Daher erscheinen unter diesem Gesichtspunkt Membranen fast unwichtig. Wenn das EZ-Wasser (eher als der mutmaßlich membranbasierte Mechanismus) die elektrische Aktivität der Zelle speist, scheint die Beobachtung, dass Zellen (Nervenzellen eingeschlossen) auch überleben können, wenn man sie teilt, weniger paradox.[3]

Wenn der EZ-Batterie die Fähigkeit zugrunde liegt, Signale zu übertragen, dann sollte eine Entfernung der Batterie dazu führen, die Signale verschwinden zu lassen; das Gehirn erhielte dann keine Mitteilung mehr. Die Lokalanästhesie macht genau das: Das Gefühl von Schmerz erreicht dadurch nicht mehr Ihr Gehirn. Dieser Sachverhalt liefert uns ein experimentelles Testwerkzeug: Wenn die EZ das Übertragen von Signalen ermöglicht, dann müssten Betäubungsmittel die EZ auflösen.

Um diese Hypothese zu testen, erzeugten wir eine Standard-EZ und fügten ein Lokalanästhetikum hinzu. Die klinisch wirksame Konzentration desselben reduzierte reversibel die Größe der EZ, in Abhängigkeit von der Konzentration (siehe Abbildung unten). Lokalanästhetika lösen die EZ in der Tat auf, genau so, wie wir erwartet hatten. Dieses Ergebnis mag diejenigen nicht überraschen, die die frühere Literatur gelesen haben. Immerhin hat Linus Pauling, der legendäre Chemiker des 20. Jahrhunderts, etwas Ähnliches vorgeschlagen: einen sehr engen Zusammenhang zwischen Betäubungsaktivität und Wasser.[f]

Über die Mechanismen der Anästhesie hinausgehend implizieren diese Beobachtungen etwas Grundlegendes: die EZ als Grundlage der elektrischen Eigenschaften von Zellen. Es wird interessant werden zu sehen, ob weitere Forschungen bestätigen können, dass das negative Potenzial der Zelle durch die negative Ladung der EZ entsteht.

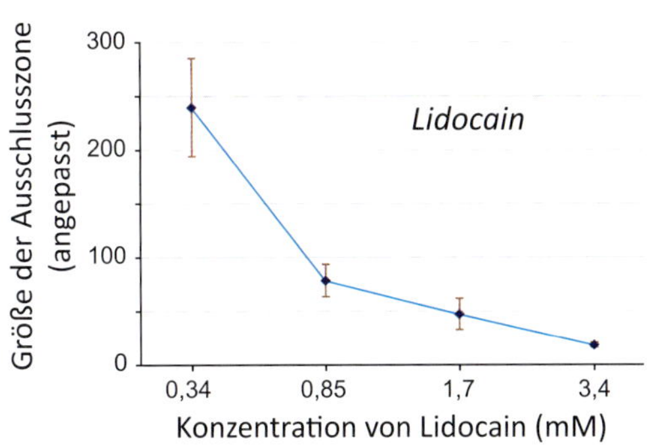

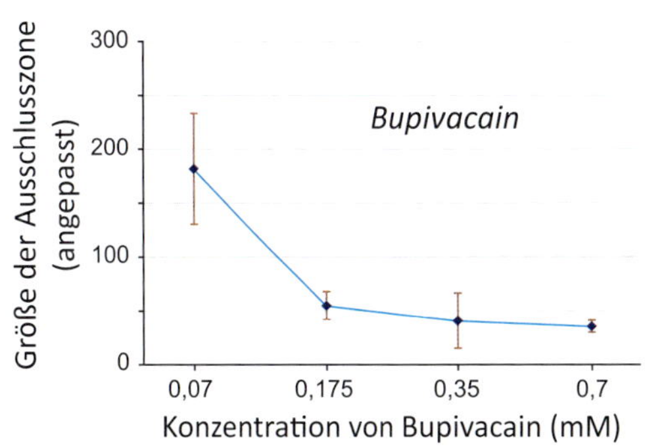

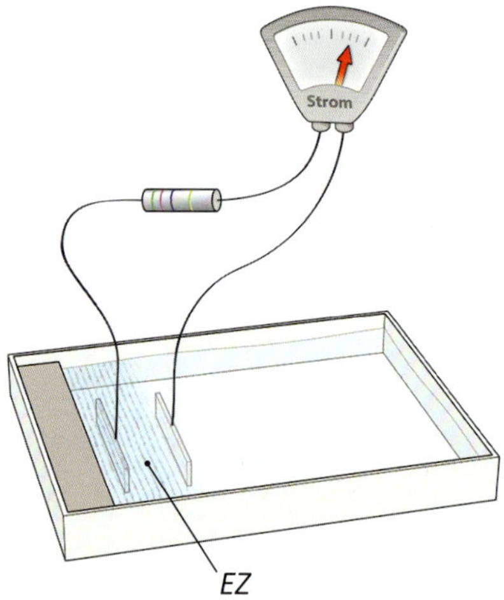

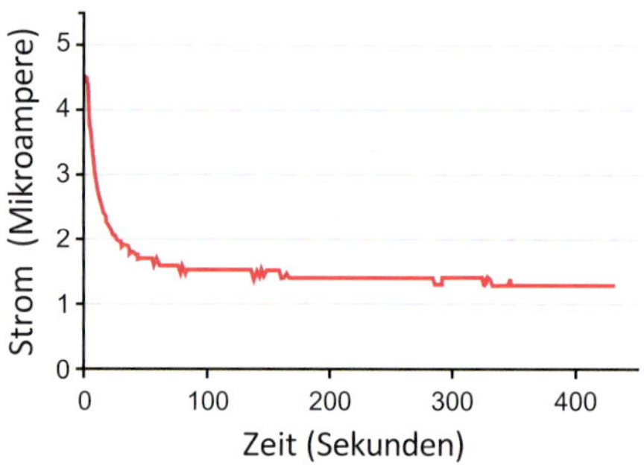

Abb. 5.7: *Stromfluss von getrennten Ladungen in der EZ und dem Wasser außerhalb. Der Stromfluss beginnt unmittelbar nach dem Eintauchen der Elektroden und bleibt während einer ausgedehnten Zeitspanne auf einem beständigen Level über null.*

Auf Wasser basierende Batterien dieser Art existieren immer dort, wo hydrophile Oberflächen mit Wasser in Berührung kommen. Das ist *praktisch überall!* In der Zelle zum Beispiel stellen die dicht nebeneinanderliegenden Elemente hydrophile Oberflächen dar, die das sie umgebende Wasser in Ausschlusszonen ordnen (siehe Text im Rahmen auf Seite 99); mithin enthalten Zellen zahlreiche „Nano-Batterien“. Solche Wasserbatterien sollten sich auch in wässrigen Suspensionen und Lösungen befinden, weil die schwebenden Partikel oder gelösten Moleküle von Ausschlusszonen umgeben sind. (Vgl. Abb. 5.5) Sogar Wasserbehälter können Ladungstrennung auf EZ-Basis erzeugen. Alle diese Konstellationen erzeugen sozusagen Batterien, die den vierten Aggregatzustand des Wassers greifbar und nutzbar werden lassen.

Diese Batterien werden denjenigen, die in konventionellen Bahnen denken, vermutlich als unmöglich erscheinen. Wir werden jedoch bald sehen, dass dieses einfache Konzept über ein immenses Erklärungspotenzial verfügt. Dieses Potenzial werden wir demonstrieren, indem wir uns näher mit den Phänomenen beschäftigen, die mit Wasser in Verbindung stehen – von der Osmose bis hin zur Bildung von Eis.

Ladungsträger und das Verrichten von Arbeit

Um zu verstehen, wie diese gespeicherte Energie genutzt werden könnte, ist es nötig, sich das jeweilige Medium zu vergegenwärtigen, das die Ladung trägt. Dieses Medium ist abhängig von der jeweiligen Zone im Wasser. In der *Ausschlusszone* sind *Elektronen* Träger der Ladung; die Elektronen befinden sich in den *negativ* geladenen Sauerstoffatomen, die im EZ-Gitter verteilt sind. Je größer die Anzahl der Sauerstoffatome, umso größer die Anzahl der Elektronen.

Diese Elektronen können sich sehr leicht von Punkt zu Punkt durch das Gitter bewegen. Jegliche solche Ladungsbewegung erzeugt fließenden Strom und wir haben die Existenz dieses Stromflusses bereits verifiziert. Abbildung 5.7 zeigt, dass der Stromfluss senkrecht zu den EZ-Ebenen erfolgt. Die Ladungen können sich auch parallel zur EZ bewegen: Die elektrische Leitfähigkeit, gemessen parallel zur EZ erzeugenden Oberfläche, ist hunderttausendfach höher als die Leitfähigkeit, die im normalen Wasser gemessen wurde.[5] Daher können sich die Elektronenladungen des Gitters leicht in alle Richtungen bewegen, ähnlich der Bewegung in Gittern von Halbleitern des n-Typs, wie Physiker sie kennen.

In der Zone *außerhalb* der EZ liegen die *positiven* Ladungsträger. Dies sind freie Protonen; doch eigentlich sind es Hydroniumionen im Wasser – positiv geladene Wassermoleküle. Das kommt daher, weil freie Protonen nach Negativität suchen, und negativ geladene Stellen befinden sich gehäuft in den negativ geladenen Sauerstoffatomen des Wassers. Negativ geladene Stellen sind überall. Daher heften sich die Protonen ganz schnell an das nächstgelegene Wassermolekül und dabei entstehen Hydroniumionen (H_3O^+). Hydroniumionen tragen die *positive* Ladung der Batterie und sie befinden sich zwischen ganz normalen Wassermolekülen.

Positiv geladenes Wasser ist gespickt mit Potenzial. Da gleich geladene Moleküle einander abstoßen, bewegen sich die Hydroniumionen weit auseinander. Dies erzeugt ein Fließen. Außerdem sollte jegliche negative, weiter entfernte Stelle diese Hydroniumionen anziehen, was das Fließen weiter verstärkt. Später werden wir sehen, wie diese anziehenden und abstoßenden Kräfte einen einfachen „Motor" natürlicher Wasserbewegung in Gang setzen.

Mit anderen Worten: Sowohl die Elektronen der EZ als auch die Hydroniumionen des die EZ umgebenden Wassers haben beträchtliches Potenzial, um Arbeit zu verrichten. Die Elektronen können sich durch das Strukturgitter zu benachbarten Stellen bewegen, die nach Elektronen „hungern". Hydroniumionen können innerhalb der Flüssigkeit ein Strömen in Gang setzen und auch Reaktionen bewirken, die positive Ladung erfordern. Daher können *beide* geladenen Elemente im Überfluss Energie liefern, die Arbeit verrichten kann.

Effiziente Energienutzung

Wie Sie gesehen haben (Abb. 5.7), kann aus Wasser elektrische Energie gewonnen werden, indem man Elektroden in den entgegengesetzt geladenen Zonen der „Wasserbatterie" platziert. Eine damit verbundene offene Frage ist aber, ob man die Energie effizient *nutzen* kann.

Diese Frage kam bei einer Unterhaltung mit Andrey Klimov auf, einem russischen Kollegen, der mich anfänglich in das Fachgebiet der Wasserelektrolyse einführte. Andrey vermutete, dass die Elektrolyse eine weitreichende Energiespeicherung im Wasser erzeuge (ähnlich dem, was wir später im Ausschlusszonen-System fanden). Wir fragten uns, ob elektrolytisch erzeugte Energie problemlos nutzbar gemacht werden könne.

Im einfachen Elektrolyseexperiment werden Platinelektroden an zwei Stellen in einem mit Wasser gefüllten Behälter positioniert. Zwischen diese beiden Elektroden werden einige Volt (Gleichstrom) angelegt. Am Anfang passiert scheinbar nichts, aber wenn man die Spannung erhöht, sieht man Gasblasen, die sich an den Elektroden bilden. Bei einer niedrigeren Spannung entstehen keine Blasen; gleichwohl fließt auch dann elektrischer Strom zwischen den Elektroden. Also muss Ladung irgendwie in das Wasser hinein- und wieder herauskommen.

Um festzustellen, was während dieser Ladungsübertragung genau passiert, mischten wir pH-sensitiven Farbstoff bei. Dann konnten wir beobachten, dass etwas passierte (Abb. 5.8): In der Nähe der *Kathode* zeigte der

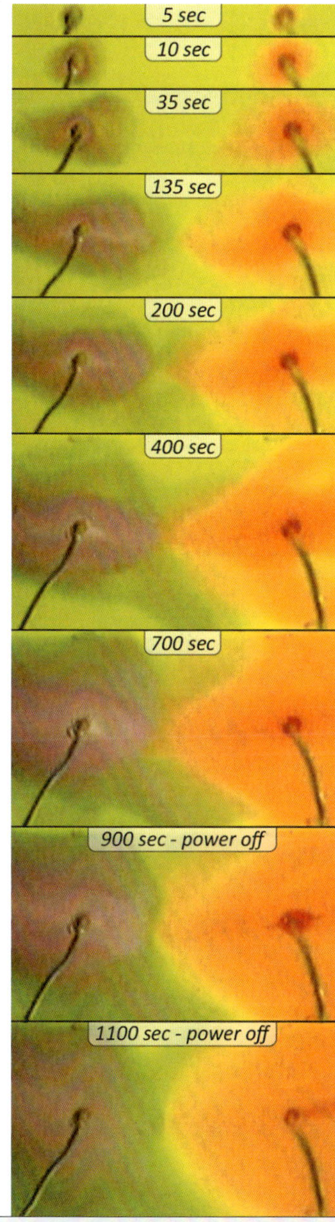

Abb. 5.8: *Die Abbildung dokumentiert, wie sich die pH-Wert-spezifische Farbverteilung im Zeitverlauf ändert, während zwischen zwei in ein Wasserbad getauchten, mit Draht verbundenen Elektroden Strom fließt. Das Wasser enthält pH-empfindlichen Farbstoff. Orange entspricht einem niedrigen pH-Wert, Violett einem hohen pH-Wert.*

Farbwechsel einen *hohen* pH-Wert an; nahe der *Anode* zeigte er einen *niedrigen* pH-Wert an. Der Unterschied betrug gut sechs pH-Einheiten – in der Protonenkonzentration machte dies einen millionenfachen Unterschied aus.

Die jeweiligen Farbzonen breiteten sich progressiv aus und bald hatten ausgedehnte Regionen des Behältnisses die eine oder die andere Farbe. Das Wasser in der Kammer sah aus wie eine Farbskala: Die Region, die *positiv* geladen war, wies einen *niedrigen* pH-Wert auf, die andere, *negativ* geladene Zone einen *hohen* pH-Wert.

Als wir die Stromversorgung unterbrachen, blieb diese Farbverteilung einige Dutzend Minuten erhalten.[6] Wir hatten die sofortige Ladungsauflösung erwartet, sobald sich positive und negative Ladungen wieder verbinden konnten, aber die Trennung blieb für eine beträchtliche Zeit erhalten. In der Zwischenzeit konnte man zwischen den beiden Elektroden einen Stromfluss erkennen. Die Ladungen blieben in ihrer jeweiligen Zone konzentriert.

Um zu bestimmen, wie viel Energie daraus gewonnen werden könnte, starteten wir ein quantitatives Experiment. (Abb. 5.9) Wir platzierten Platinelektroden an den beiden Enden eines rechtwinkligen Gefäßes. Wir legten einige Volt Spannung an und die bekannten Farben verteilten sich wiederum auf zwei Zonen, wie im Bild zu sehen ist. Dann unterbrachen wir den Stromfluss. Wieder konnten wir feststellen, dass Strom floss. Wir konnten ihn mit demselben Elektrodenpaar ableiten, das wir zum Laden verwendet hatten, aber auch mit einem *neuen* Elektrodenpaar, das wir an beliebigen Stellen in den beiden Hälften des Behälters einbrachten. So konnten wir bis zu 70 % der Inputladung wieder „herausholen“.[7]

Die unterschiedlichen Farbzonen blieben normalerweise für eine ganze Reihe von Minuten bestehen; dies zeigte uns, dass sich die getrennten Ladungen nicht leicht wieder vereinigen. Vielleicht stecken diese Ladungen in Ausschlusszonen ähnlichen Strukturgittern – denn die Zonen (Abb. 5.8) konnten dahingehend beeinflusst werden (durch einen Permanentmagneten), dass sie sich verschoben oder verdrehten, ohne dabei ihre Form wesentlich zu verändern. Die Zonen verhielten sich eher wie Stücke von Gewebe. Der Umstand, dass die Ladungen in Strukturgitter eingebettet sind, hindert sie offensichtlich daran, sich wieder zu vereinigen.

In der Tat konnten wir das Vorhandensein von Strukturgittern belegen. Erinnern Sie sich an den 270-Nanometer-Lichtabsorptionsgipfel, der die EZ-Matrix charakterisiert (vgl. Abb. 3.13 b)? Beide Zonen zeigten genau dieses 270-Nanometer-Absorptionsmaximum – die negative Zone sehr stark und die positive Zone etwas schwächer. So liegen also die gespeicherten Ladungen in Strukturgittern und diese sind dafür verantwortlich, dass sie so lange erhalten bleiben.

Wir haben gezeigt, dass EZ-Batterien imstande sind, Ladungen zu erzeugen. Sie können die Ladungen für eine beträchtliche Zeitspanne

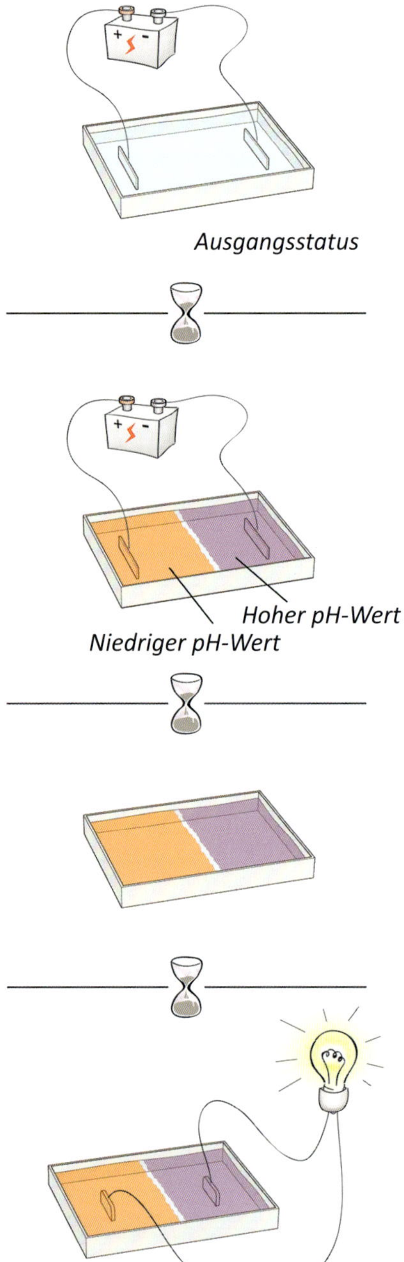

Abb. 5.9: *Die Abbildung illustriert, wie sich aus einer „Wasserbatterie“ mittels zweier Elektroden Strom ableiten lässt – bis zu 70 % der ursprünglichen Ladung.*

speichern; außerdem können sie einen wesentlichen Teil der Ladung verfügbar machen. In den nachfolgenden Kapiteln werden wir sehen, wie diese Ladung Energie liefern kann, um verschiedene Prozesse anzutreiben, die von chemischen Reaktionen bis hin zu hydraulischen Strömen reichen. *Somit könnte die EZ ein vielfältiger Energielieferant für einen großen Teil der in der Natur vorkommenden Energie sein.*

Zusammenfassung

Wasser, dass an hydrophile Oberflächen grenzt, enthält Ausschlusszonen. Diese Ausschlusszonen trennen Ladungen. Die getrennten Ladungen stellen eine Batterie dar. (Abb. 5.10)

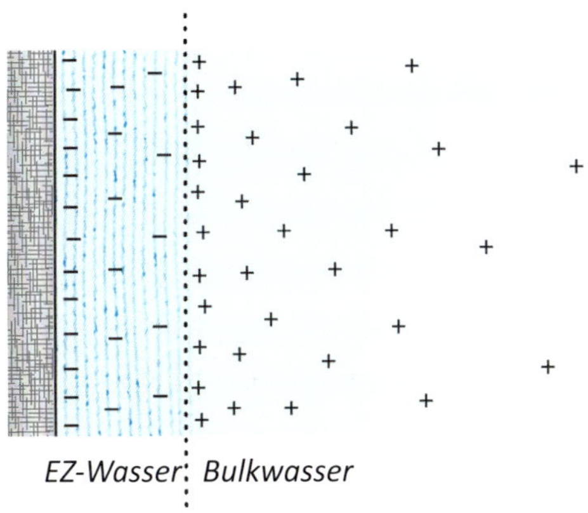

Abb. 5.10: *Schematische Darstellung einer EZ-Wasserbatterie. Die hydrophile Oberfläche befindet sich links. Die getrennten Ladungen kann man nutzen.*

Ein Pol der Batterie ist die EZ, typischerweise negativ geladen, als Folge eines Überschusses an Sauerstoffatomen. *Der andere Pol* liegt in der Zone „normalen" Wassers direkt neben der EZ; dieser Bereich ist charakterisiert durch die vorhandenen Hydroniumionen, die sich gemäß den Regeln der Elektrostatik frei verteilen können. Sie werden von der Negativität angezogen und sammeln sich daher in der Nähe der EZ-Grenze an.

Während der Prozess der Ladungstrennung damit aufgeklärt zu sein scheint, ist es der Mechanismus, der für die *Erhaltung* der Ladung zuständig ist, noch nicht. Wie die Batterie Ihres Mobiltelefons wird sich die Wasserbatterie ganz schnell entladen, sobald die entgegengesetzten Ladungen wieder zusammenkommen. So muss auch die Wasserbatterie wieder *aufgeladen* werden. Da es in der Natur an „Steckdosen" mangelt, muss eine andere Quelle angezapft werden, um das zu bewerkstelligen.

Diese Quelle blieb uns für mehrere Jahre verborgen – bis uns eine zufällige Entdeckung schließlich aufs richtige Gleis setzte. Dazu kommen wir im nächsten Kapitel.

6 Wie die Wasserbatterie geladen wird

Es war einfach nur Jims lässige, entspannte Art, die uns half, eine Goldader zu entdecken – oder zumindest etwas Gleichwertiges: eine Energiequelle, die praktisch umsonst zu haben ist.

Mein Kollege aus Postdoc-Zeiten, Jim Zheng, und ich hatten uns bei dem Versuch, herauszufinden, welche Energie wohl die EZ speist, die Haare gerauft. Wir schienen nicht in der Lage zu sein, darauf eine Antwort zu finden. Man muss zuerst eine EZ aufbauen, sie dann laden; dann muss man die Negativität aufrechterhalten, immer angesichts der Möglichkeit, dass positiv geladene Hydroniumionen begierig darauf warten, einzudringen und die Ladung zunichtezumachen. So war Energie nicht nur nötig, um die anfängliche Ladungstrennung zu erreichen, sondern auch, um sie angesichts der unvermeidlichen Anziehung entgegengesetzt geladener Ladungen aufrechtzuerhalten.

Was den Aufbau der Ladung betrifft, hatten wir den Verdacht, dass ursächlich dafür die „Oberflächenenergie" war, die bei Grenzflächen zwischen verschiedenen Materialien vorhanden ist. Doch schien diese Hypothese nicht recht zu passen: Die Energie der Oberfläche konnte praktisch die *erste* Molekülschicht einer Ausschlusszone, die der Oberfläche direkt benachbart ist, erzeugen, aber Ausschlusszonen können sich bis hin zu Hunderttausenden, wenn nicht bis zu Millionen oder mehr Lagen ausdehnen. Wie kann eine Eigenschaft der Oberfläche über eine solch weite Entfernung wirken? Etwas anderes schien wahrscheinlicher.

Was die Aufrechterhaltung anbelangt, musste irgendetwas die Ladungstrennung stabil halten, sobald sie einmal erfolgt war. Die Aufrechterhaltung erschien nicht erklärbar, ohne dabei eine Art Dauereinspeisung von Energie in Betracht zu ziehen, die die natürliche Anziehung verhinderte. Aber die Quelle dieses ständigen Nachschubs an Energie blieb zu dieser Zeit unklar – zumindest uns.

Der erste Hinweis auf die Energiequelle kam glücklicherweise von Jim, als er einmal einem normalen menschlichen Bedürfnis nachging: Laboratorien sind wie andere Arbeitsplätze, wo Menschen aktiv sind – sobald es Abend wird und bei allen der Magen knurrt, klingen beinahe hörbar Glöckchen, die zum Abendessen rufen, und die Menschen folgen dem Ruf ziemlich schnell, ohne noch aufzuräumen. Das passierte Jim eines Abends – er ließ einfach den Wasserbehälter unter dem Mikroskop stehen, schaltete die Mikroskopbeleuchtung aus und ging gemütlich zum Abendessen.

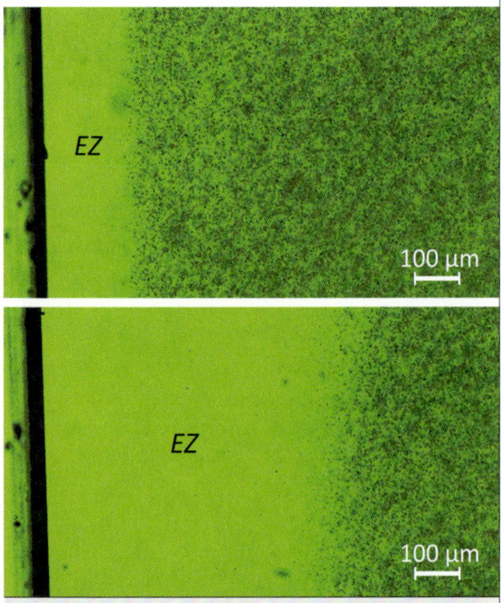

Abb. 6.1: *Eine Ausschlusszone neben einer Nafion-Oberfläche. Oben: Zustand beim Einschalten des Lichts; unten: Die EZ mehrere Minuten nach der Lichtexposition*

Als er am nächsten Morgen zurückkam und die Mikroskopbeleuchtung einschaltete, um einen Blick auf sein Experiment zu werfen, hatte sich die Ausschlusszone um die Hälfte der ehemaligen Größe reduziert. Innerhalb von ein oder zwei Minuten kehrte die EZ dann zu ihrer ursprünglichen Größe zurück. Es war, als ob die Mikroskopbeleuchtung die EZ wiederbeleben konnte! Etwas, was mit dem Licht zu tun hatte, schien hier eine Rolle zu spielen. (Abb. 6.1)

Rückblickend muss ich sagen, uns hätte die Rolle des Lichts eigentlich schon früher klar sein müssen. Als ich während einer Präsentation bei Studenten einmal die Frage nach der Herkunft der Energie aufwarf, ging eine Hand nach oben und ein Student platzte mit einer halb fragenden, halb erklärenden Aussage heraus: „Licht"? Er hatte ins Schwarze getroffen. Die Antwort war diesem Studenten (dessen Talente wir uns dann ganz schnell im Labor zunutze machten) einfach so eingefallen. Wir aber hatten mehrere Jahre dazu gebraucht, das herauszufinden. Es war uns gelungen, mit einiger Sicherheit zu ermitteln, dass das Licht der verantwortliche Faktor war. Ich sollte genauer sein: Mit „Licht" meine ich nicht nur den sichtbaren Teil des elektromagnetischen Spektrums, sondern auch die ultravioletten und infraroten Bereiche. Die Energieversorgung bestand aus strahlender elektromagnetischer Energie – die das Wasser absorbiert und dazu benutzt, die EZ aufzubauen und die Ladungstrennung aufrechtzuerhalten!

Licht als „Treibstoff"

Um den mysteriösen Ladungstrennungseffekt von Licht zu erklären, haben wir zunächst ein potenzielles Artefakt in Betracht gezogen: einen durch Licht ausgelösten Temperaturanstieg. Einfallendes Licht könnte das Behältnis aufgeheizt und möglicherweise die Trennung in die Wege geleitet haben. Wir kamen aber schnell darauf, dass dies unwahrscheinlich war: Das schnelle Wachstum der EZ hatte unmittelbar begonnen, nachdem das Licht eingeschaltet wurde – also *bevor* das Wasser im Behältnis sich in nennenswerter Weise erwärmt haben konnte. Nachfolgende Experimente bestätigten diese Schlussfolgerung: Sogar nach fünfminütiger Lichtexposition, die eine beträchtliche Ausdehnung der EZ zur Folge hatte, nahm die Temperatur nur unwesentlich zu.[1]

Offensichtlich war die Wirkung von Licht hier nicht thermisch: Photonen übertrugen ihre Energie irgendwie auf das Wachstum der EZ. Das war ein aufregender Moment: Es schien, als könne das *Sonnenlicht* die Energie liefern, die gebraucht wird, um Ordnung und Ladungstrennung zu erzeugen; *die Umgebung selbst konnte die Wirkung auslösen.* Stellen Sie sich vor: Die Energie der Sonne kann die Wasserbatterie weitgehend auf dieselbe Weise laden, wie sie die Fotosynthese ermöglicht. Wow!

Nachdem wir aus den erhebenden Gefilden der Begeisterung wieder heruntergekommen waren, stellten wir die naheliegende Frage: Welche Wellenlängen des Lichts sind für das Anfeuern des EZ-Wachstums verantwortlich? Normale Mikroskopleuchten (und Sonnenlicht) erzeugen ein breites Spektrum von Wellenlängen; es umfasst sowohl sichtbares Licht als auch ultraviolettes und infrarotes Licht. Wir fragten uns, ob bestimmte Wellenlängen wirksamer seien als andere.

Um diese Frage zu beantworten, führten wir Experimente mit Licht verschiedenster Wellenlängen durch. Als Lichtquelle verwendeten wir lichtemittierende Dioden. LEDs geben Licht in spezifischen Wellenlängen ab, die vom ultravioletten über das sichtbare bis hin zum infraroten Licht reichen. Indem wir die verschiedenen LEDs *nacheinander* ausprobierten, setzten also wir den Experimentierbehälter, der einen in Wasser getauchten Streifen Nafion enthielt, der jeweiligen Wellenlänge aus. Das Wasser enthielt Mikrosphären. Wir wollten sehen, wie stark die jeweilige Wellenlänge sich auf die Ausdehnung der EZ auswirkte.

Die Ergebnisse bestätigten uns, dass die Wellenlänge von Belang war.[1] Abbildung 6.2. zeigt, wie sich die Größe der EZ veränderte, nachdem sie jeweils fünf Minuten lang einer Reihe verschiedener Wellenlängen ausgesetzt war. Das einfallende Licht war so schwach, dass auch nach fünfminütiger Einwirkung die Temperatur nie um mehr als 1 Grad Celsius stieg. Die senkrechte Achse zeigt die relative Ausdehnung – ein Verhältnis von 2 zeigt beispielsweise an, dass sich die EZ-Größe verdoppelte.

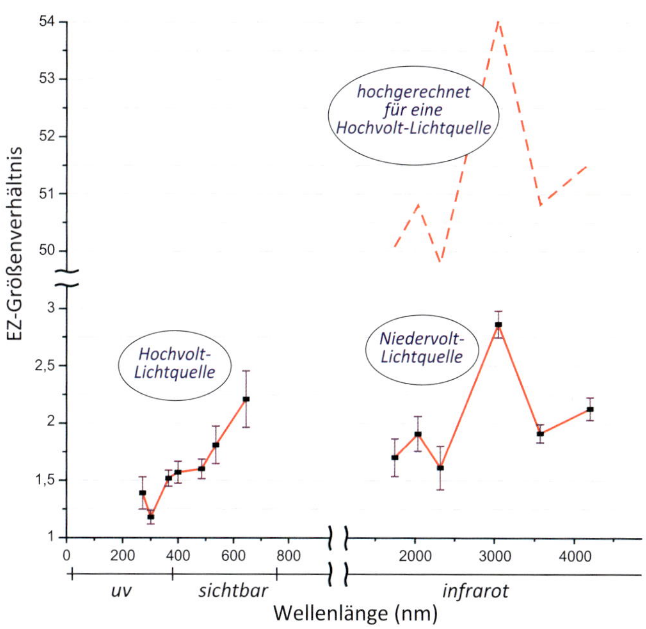

Abb. 6.2: *Die Wirkung einfallenden Lichts verschiedener Wellenlängen auf das Wachstum der EZ. Das EZ-Größenverhältnis (senkrechte Achse) bezieht sich auf die EZ-Größe am Ende einer fünfminütigen Bestrahlung mit Licht, relativ zu ihrer Größe* ***vor*** *der Lichtexposition. Aus technischen Gründen wurden die Daten in der rechten Hälfte der Abbildung mit Niedervoltstrahlern gewonnen. Wenn wir auf der rechten Seite ähnliche Intensitäten verwendet hätten, wie wir sie in Gebrauch hatten, um die Daten auf der linken Seite zu gewinnen, hätte dies die Grafik gesprengt, wie das in der gestrichelten Kurve rechts oben zu sehen ist.*

Die Abbildung zeigt, dass *alle* Wellenlängen das Wachstum der EZ anregen, aber einige Wellenlängen waren effizienter als andere. Ultraviolettes Licht (bis einschließlich 270 Nanometer) war am wenigsten effizient, das sichtbare Licht effizienter und das infrarote Licht am effizientesten, insbesondere bei 3000 Nanometer, was uns zunächst überraschte. Später fanden wir heraus, dass die Wellenlänge von 3000 Nanometer diejenige ist, die von Wasser am besten absorbiert wird. Das bedeutet, dass die Wellenlänge, die am besten absorbiert wird, gleichzeitig die ist, die am effizientesten das Wachstum der EZ beeinflusst – eine sehr zufriedenstellende Korrelation.

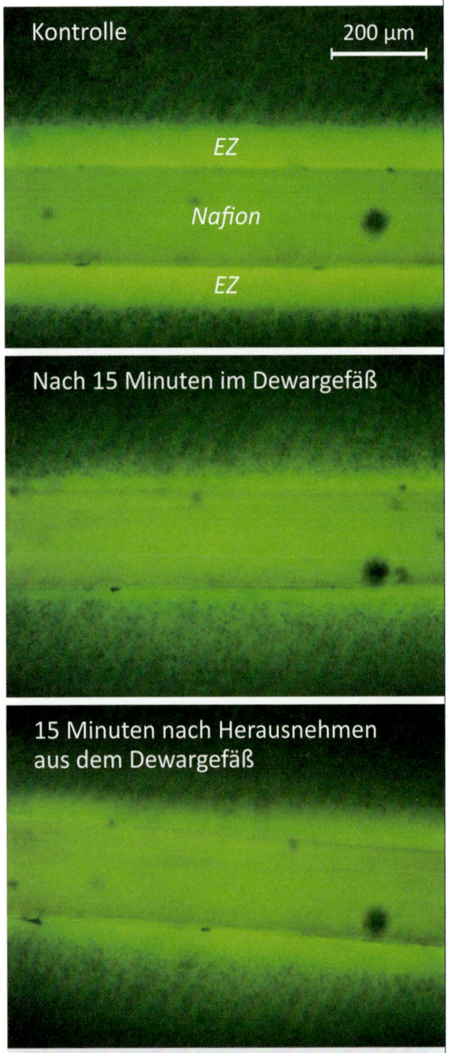

Abb. 6.3: *Wenn man einfallendes IR-Licht reduziert, verkleinert sich die EZ. Wenn man den Behälter wieder aus dem Dewargefäß nimmt, kehrt die EZ zur ursprünglichen Größe zurück.*

Wir fanden auch heraus, dass länger dauernde Exposition und höhere Intensitäten das Wachstum der EZ sogar noch mehr ausdehnen konnten. Die vorher gezeigte Abbildung erhielten wir nach fünfminütiger Exposition. Bei *längeren* Einwirkzeiten gleicher Intensität konnten wir zum Beispiel mit Leichtigkeit eine EZ-Ausdehnung erzeugen, die fünf bis zehn Mal größer war. Sobald wir das Extralicht ausschalteten, reduzierte sich die EZ zur normalen Größe innerhalb einiger Sekunden.

Die seltsame gestrichelte Kurve oben rechts in Abbildung 6.2 sollte ich vielleicht noch erklären. Die Infrarotquellen, die wir bei diesem Experiment verwendeten, brachten keine große Leistung: Sie produzierten eine sechshundert Mal schwächere Intensität als die Quellen, die wir für sichtbares und ultraviolettes Licht in Gebrauch hatten. So fallen die Datenpunkte in der rechten Hälfte der Abbildung sicher unter das Niveau, das sie erreicht hätten, wenn die infrarote Lichtquelle genauso intensiv gewesen wäre wie die des sichtbaren Lichts. Wie viel niedriger die Werte ausgefallen sind, das ist unbestimmt. Mit der gestrichelten Linie habe ich versucht, dieses Missverhältnis auszugleichen; sie stellt eine vertretbare *Schätzung* dieser Kurve dar, bei der eine gleich starke Infrarotquelle angenommen wird.

Ganz klar, *die infraroten Lichtquellen sind am effizientesten*. Ultraviolett spielt fast keine Rolle. (Wir werden uns später mit den Folgen aller von der EZ absorbierten UV-Energie befassen.) Das sichtbare Licht spielt eine nur mäßig bedeutsame Rolle für die Ausdehnung der EZ. Und die infraroten (IR) Wellenlängen sind bei Weitem die effizientesten für den Aufbau von Ausschlusszonen.

IR-Energie war wahrscheinlich der entscheidende Faktor bei Jims zufälligem „Übernachtexperiment". Als Jim die Mikroskopbeleuchtung am Ende des Tages ausschaltete, reduzierte er das einfallende IR-Licht, was wiederum die Größe der Ausschlusszone verringerte. Als er die Beleuchtung am nächsten Tag einschaltete und damit die IR-Beleuchtung wieder auf den Level des vorigen Tages anhob, kehrte die EZ sofort zu ihrer ursprünglichen Größe zurück.

Jims zufälliges Experiment führte auch dazu, dass wir die IR-Verringerung weiter untersuchten (Abb. 6.3) – indem wir einen Behälter mit einer voll entwickelten EZ in ein isolierendes Gefäß stellten (ein sogenanntes Dewargefäß). In gleicher Weise, wie eine Thermosflasche gekühlte Getränke kühl halten kann, indem sie einfallende IR-Strahlung abschirmt, blockiert das Dewargefäß die IR-Strahlung sogar noch wirksamer. Nach 15 Minuten in einem Dewar verkleinerte sich die EZ etwa bis zur Hälfte ihrer früheren Größe. Das Herausnehmen des Behälters aus dem Dewar ließ die EZ innerhalb weniger Minuten wieder zu ihrer früheren Größe zurückkehren. So funktioniert also das infrarote Licht in zwei Richtungen: Die *Erhöhung* der Strahlung dehnt die EZ aus, während die *Verminderung* von Infrarot auch die EZ verkleinert.

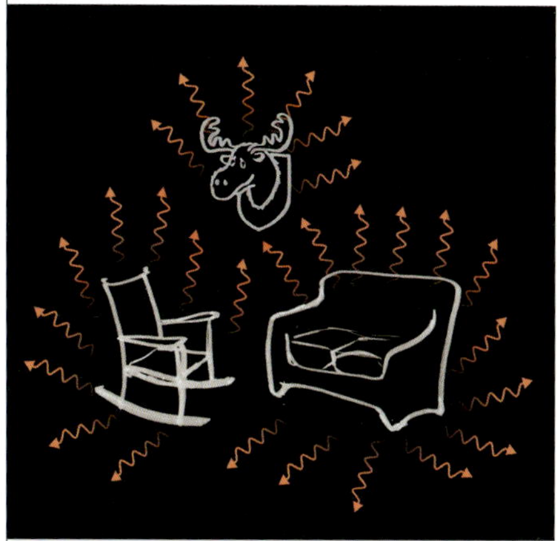

Abb. 6.4: *Auch in der Dunkelheit ist Infrarot-Strahlung stets verfügbar.*

Denken Sie einmal kurz darüber nach, was das bedeutet. (Abb. 6.4) Wenn die infrarote Energie am effizientesten darin ist, Ausschlusszonen zu bilden, und wenn infrarote Strahlung so gut wie immer vorhanden ist, dann ist also die Quelle zur Bildung von Ausschlusszonen stets verfügbar. Der „Treibstoff" ist sozusagen kostenfrei zu haben.

Im Gegensatz zu sichtbarem Licht, das sich mit einem Druck auf den Schalter zum Verschwinden bringen lässt, kann man das infrarote Licht nicht einfach abschalten – Infrarotkameras können beispielsweise Menschenmengen oder fahrende Panzer auch bei völliger Dunkelheit erkennen. (Abb. 6.5)

Abb. 6.5: *Infrarotfoto, bei Dunkelheit aufgenommen. Die helleren Farben zeigen relativ hohe Intensitäten an.*

Auch in Ihrem Zimmer befindet sich infrarote Strahlung. Die Außenwände Ihres Hauses absorbieren die Strahlungsenergie der Sonne und geben diese Energie in verschiedenen Wellenlängen wieder ab; so strahlen auch die Innenwände eine Menge an IR ab, egal, ob das Licht ein- oder ausgeschaltet ist. Infrarot ist immer da – betrachten Sie es als Geschenk der Natur, das wir einfach so erhalten.

Einfallende Strahlungsenergie könnte die Wassermoleküle spalten

Wie mag das funktionieren, dass Lichtenergie die Ausschlusszonen bildet? – Licht ist vielfältig. Abgesehen davon, dass es Bilder erzeugt, bewerkstelligt das Licht noch viele andere wunderbare Dinge, denn die Photonenenergie verwandelt sich bereitwillig in andere Energieformen. Einige Beispiele:

- Einfallendes Licht von *einer* bestimmten Wellenlänge verwandelt sich in eine *andere* Wellenlänge und erzeugt dabei Fluoreszenz.
- Licht liefert die Schwingungsenergie, die die Brown'sche Molekularbewegung erzeugt.
- Licht setzt Elektronen in Halbleitern frei, die den fotoelektrischen Effekt bewirken.
- Licht katalysiert Reaktionen und
- Licht trennt Ladungen bei der Fotosynthese.

Angesichts dieses vielfältigen Potenzials des Lichts, Energie auf so unterschiedliche Art zu verwandeln, kommt die Erkenntnis, dass Licht die Bildung von Ausschlusszonen fördert, nicht ganz überraschend. Dieser Aufbau von Ordnung und die damit einhergehende Trennung von Ladungen bewirkt nur eine weitere Umwandlung in einer Reihe durch Licht induzierter Verwandlungen – ist also nichts völlig Befremdendes. In der Tat wurden durch Licht veranlasste Ordnungsprozesse bereits in anderen Systemen experimentell belegt.[2] Daher ist die durch Licht erzeugte Bildung von EZ weder exotisch noch seltsam. Die Herausforderung besteht darin, den zugrunde liegenden Mechanismus zu entdecken.

Ein logischer Schlüssel zu diesem Mechanismus liegt in der Tatsache, dass die Bildung einer EZ auch durch andere Energiequellen als Licht bewirkt werden kann. Zum Beispiel haben wir im Ultraschall eine solche Quelle gefunden, die ebenfalls das Wachstum einer EZ beeinflusst. Wir benutzten 7,5-Megahertz-Ultraschall, ähnlich dem, der für die Beobachtung des Embryos im Mutterleib verwendet wird. Die Dicke der EZ war unter Einwirkung von Ultraschall geringer, möglicherweise als Ergebnis dabei erzeugter Scherkräfte von Molekülen, die dabei gegeneinanderreiben. Als wir den Ultraschall ausschalteten, ergab sich ein erstaunliches sofortiges Wiederanwachsen der EZ: Sie konnte bis zum Fünf- oder Sechsfachen ihrer ursprünglichen Größe anwachsen, bevor sie schließlich zum Ausgangspunkt vor dem Experiment zurückkehrte. Anscheinend beeinflusste die akustische Energie das Wasser in irgendeiner Form und kurbelte dabei ein verzögertes EZ-Wachstum an – genauso wie einfallendes Licht EZ-Wachstum erzeugen kann.

Die Erkenntnis, dass *verschiedene* Auslöser Ausschlusszonen bilden können, lässt es unwahrscheinlich erscheinen, dass Licht Ausschlusszonen durch das *direkte* Spalten der Wassermoleküle erzeugt. Jede Aufspaltung dieser Art wird eher durch ein eng definiertes Band von Wellenlängen erzeugt, dessen Energie die Wassermoleküle in Resonanz versetzen würde. Statt dessen beobachten wir Wirksamkeit über ein *breites* Spektrum von Wellenlängen hinweg, sowohl innerhalb als auch außerhalb des optischen Bereichs. Darüber hinaus haben IR-Photonen im Vergleich zu ultravioletten Photonen geringe Energie – so niedrig, dass Physiker infrarote Strahlung als völlig unfähig betrachten, Wassermoleküle aufzuspalten. Und doch sind die infraroten Photonen die effizientesten EZ-Erzeuger.

Es scheint, dass einstrahlende Energie einen subtileren Effekt bewirkt als das direkte Aufbrechen von Molekülen; es ist wahrscheinlicher, dass Strahlungsenergie das Aufbrechen nur *möglich* macht. Die Trennung der Ladung findet dann zu einem späteren Zeitpunkt statt.

Zwar ist die Natur dieser subtileren Wirkung noch unbestimmt, aber es ist eine vernünftige Annahme, dass die Energie Wassermoleküle voneinander trennt. (Abb. 6.6) Das geht, wenn die absorbierte Energie die Verbindungen zwischen den Molekülen schwächt. Darüber hinaus zu spekulieren scheint kontraproduktiv, denn die Struktur ganz normalen Wassers bleibt immer noch ein Geheimnis. Wir wissen, dass benachbarte Moleküle irgendwie zusammenkleben müssen; sonst wäre Wasser ein Gas statt einer Flüssigkeit. Was diese Kohäsion betrifft, sprechen einige Wissenschaftler von kurzlebigen zwischenmolekularen Verbindungen. Andere sagen, es handle sich dabei um geordnete Cluster, die aufgrund quantenmechanischer Effekte miteinander verbunden seien. (Vgl. Kapitel 2) Diese geordneten Cluster könnten sich reorganisieren und dabei die EZ aufbauen, wie in einer neueren Veröffentlichung vorgeschlagen wurde.[3]

Daher könnte Strahlungsenergie die Verbindungen zwischen den Wassermolekülen oder den Clustern schwächen und dabei Wassermoleküle für neue, „soziale" Kontakte frei machen. Das stellt die erste Stufe des EZ Aufbaus dar.

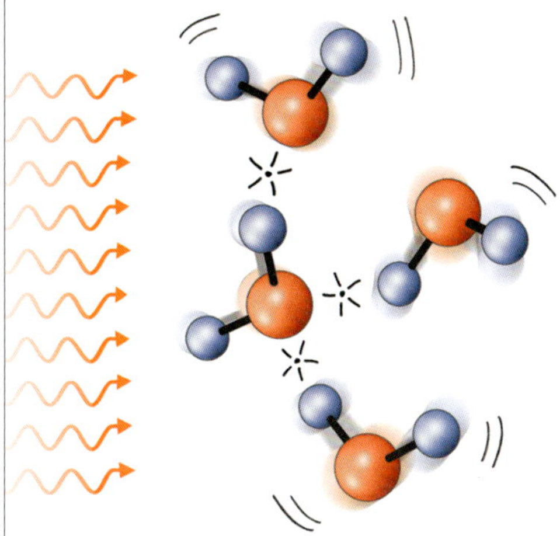

Abb. 6.6: *Zugeführte Energie trennt möglicherweise die Wassermoleküle voneinander.*

Der Zusammenbau der Ausschlusszone

Die zweite Stufe sollte eine Art Montage beinhalten. Wassermoleküle, die voneinander getrennt sind, müssen sich am wachsenden Strukturgitter der EZ wieder zusammenfinden. Lassen Sie uns einmal annehmen, dass mehrere Schichten von Honigwabenebenen bereits vor Ort sind, und uns dann fragen, wie die neuen, freigesetzten Wassermoleküle sich an der äußersten Ebene der EZ zusammenfügen, um die nächste Schicht zu bilden.

Das Wassermolekül beinhaltet negative und positive Ladungen, die geringfügig voneinander getrennt vorliegen. Diese getrennten Ladungen sollten sich jeweils an der entgegengesetzten Ladung anheften, die an der

Oberfläche des Strukturgitters liegt. (Abb. 6.7) Das Molekül würde sich dann mit dem Strukturgitter verbinden. Eines nach dem anderen könnten die Wassermoleküle sich in ähnlicher Weise niederlassen und dabei die nächste Honigwabenebene bilden.

Dieser Prozess mag unkompliziert erscheinen, aber da taucht ein unbequemes Hindernis auf: ein Wasserstoffatom, das aus dem Strukturgitter herausragt. Abbildung 6.7 zeigt, dass – wenn sich ein Wassermolekül erst einmal mit dem Strukturgitter verbunden hat – eines der Wasserstoffatome lose hervorsteht. Wenn dies so bleibt, kann sich die nächste Schicht nicht bilden. Daher kann das Wachstum der Struktur nur dann regelmäßig ablaufen, wenn sich diese herausstehenden Wasserstoffatome ablösen. Diese lästigen Protonen müssen entfernt werden.

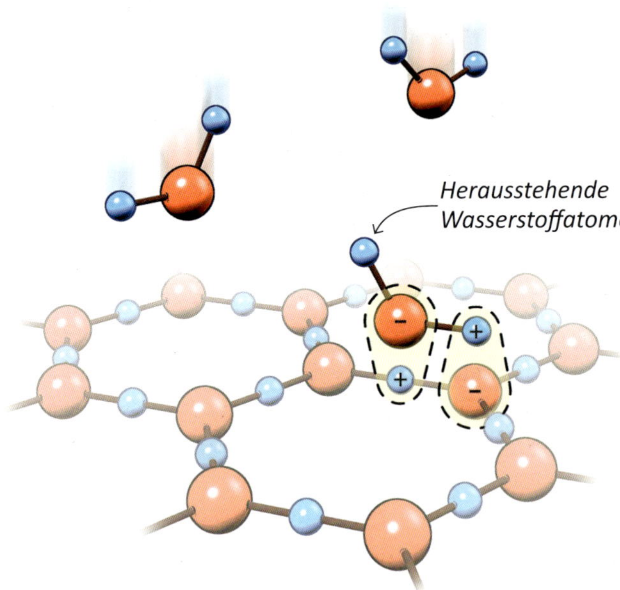

Abb. 6.7: *Die Bildung einer Ausschlusszone. Freie Wassermoleküle werden in Richtung der offen liegenden EZ-Oberfläche gezogen, weil die Ladungen der EZ-Oberfläche die entgegengesetzten Ladungen der Wassermoleküle anziehen. Nach der Anlagerung ragt ein Wasserstoffatom heraus.*

Das Entfernen des Wasserstoffatoms kann ganz natürlich geschehen. Um zu verstehen, wie das passiert, beachten Sie die Elektronenwolken des Wasserstoffmoleküls. (Abb. 6.8) Die negativen Elektronenwolken des Sauerstoffs weisen in Richtung der positiven Ladung (a). Weil das Molekül isoliert ist, zeigen diese Wolken in Richtung des Wasserstoffkerns. Die daraus folgenden OH-Bindungen halten das Wassermolekül intakt. Dieses ordentliche Szenario löst sich auf, wenn sich das Wassermolekül auf dem Strukturgitter der EZ niederlässt (b): Wenn das Molekül andockt, verschiebt sich die Elektronenwolke des Sauerstoffs zumindest teilweise in Richtung des Gitters; diese Wolke ist der „Klebstoff", der dabei hilft, das Molekül an das Strukturgitter zu binden.

Für das herausragende Wasserstoffatom jedoch ist diese Elektronenverschiebung unangenehm. Der Klebstoff, der früher einmal das Wasserstoffatom an den Sauerstoff gebunden und dabei ein Wassermolekül gebildet hat, ist verschwunden; er ist die Bindung mit dem Strukturgitter eingegangen. Man könnte auch sagen, dass das herausragende Wasserstoffatom entbunden wurde – hinausgeworfen als einsames Proton (c).

Dieser Prozess des „Hinauswerfens“ kann auch als Energieumwandlung dargestellt werden. Während jedes neue, sich niederlassende Wassermolekül auf seinen Platz im Strukturgitter rutscht, wird Energie freigesetzt. Diese Freisetzung erfolgt, weil entgegengesetzt geladene Einheiten, die sich in einer Entfernung zueinander befinden, eine Menge potenzieller Energie besitzen. Wenn sie zusammenkommen, wird diese Energie frei und steht dem System zur Verfügung. Das Szenario ähnelt getrennten magnetischen Polen, die potenzielle Energie freigeben, wenn sie zusammenkommen. Hier bewirkt die frei gesetzte Energie etwas: Sie löst das herausragende Wasserstoffatom heraus.

Ob wir das Ganze also durch die Lupe der Struktur oder die Lupe der Energie betrachten – es führt zum selben Ergebnis: zur Ablösung des Protons. Das freigesetzte Proton trägt positive Ladung, die jetzt vom negativ geladenen EZ-Strukturgitter losgelöst ist. So hat sich das Wassermolekül selbst aufgespalten und dadurch das Wachstum der EZ bewirkt.

Durch diesen Mechanismus bilden sich freie Protonenladungen jenseits des wachsenden Randes der EZ. (Vgl. Abb. 5.3) Einige dieser Ladungen stoßen andere ab und verteilen sich ganz schnell im Wasser neben der EZ. Diese Verteilungsaktion könnte funktionelle Bedeutung haben: Wenn nämlich jede einzelne dieser positiv geladenen Einheiten an den Grenzen der EZ bleiben würde, wäre die Grenzfläche „verstopft“; Moleküle aus dem übrigen Wasser hätten keinen Zugang mehr und das Wachstum der EZ wäre ganz schnell gestoppt.

Das ist aber noch nicht die ganze Geschichte. Wie ich früher schon erwähnt habe, sind freie Protonen eine kurzlebige Spezies. Sie sind freie Agenzien mit positiver Ladung und suchen daher alles, was in ihrer Nähe negativ ist – völlig egal, um was es sich handelt. (Ungefähr so, wie es sich bei Jungen im Teenageralter verhält, die sich für jegliche Frau interessieren – fast jede Kandidatin kommt infrage.) In Bezug auf das positiv geladene Proton ist der normalerweise verfügbare Anziehungspunkt der negative Sauerstoff des Wassermoleküls. Das Proton wird sich an diesen Sauerstoff heften und dabei ein H_3O^+ erzeugen. Das sogenannte Hydroniumion ist nichts anderes als ein positiv geladenes Wassermolekül – ein Gebilde mit beachtlichem Potenzial, das – wie ich noch zeigen werde – alle möglichen Bewegungen im Wasser erklären kann.

Wenn wir also über die Dynamik freier Protonen sprechen, erörtern wir in Wirklichkeit die Dynamik freier Hydroniumionen. Die Hydroniumionen sind die *langlebige* Spezies. Es sind diejenigen, die diffundieren.

Der Hauptpunkt jedoch ist, dass die Ablösung der Protonen vom Wassermolekül ein *sekundärer* Effekt ist. Er findet statt, während sich das

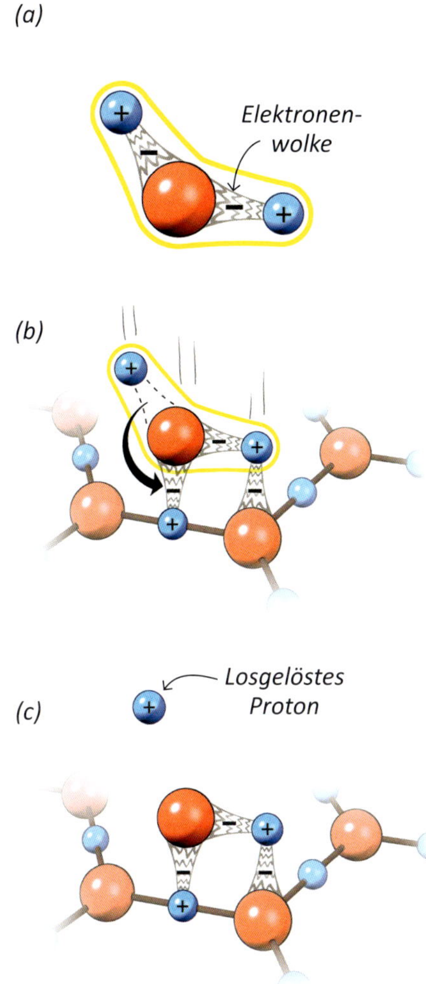

Abb. 6.8: *Die Elektronenwolke verschiebt sich, wenn sich Wasser an die Struktur heftet. Diese Verschiebung löst das herausstehende Proton heraus.*

Wassermolekül auf der wachsenden EZ-Struktur niederlässt. Die absorbierte Strahlungsenergie, die den gesamten Prozess antreibt, trennt das Proton nicht direkt vom Wasser. Diese Strahlungsenergie kann die Struktur des normalen Wassers nur auflockern und dabei Wassermoleküle, die zum Bauen verwendet werden können, frei machen. Der Akt des Andockens an die Struktur setzt dann das herausragende Proton des Wassermoleküls zur Verteilung im Restwasser frei, wo es die Tendenz hat, ein Hydroniumion zu bilden. Durch diese Prozesse wächst die EZ weiter an und die Wasserbatterie lädt sich immer mehr auf.

Eine Frage, über die es sich nachzudenken lohnt, ist die, wie eine negativ geladene Gitterstruktur fortfahren kann, noch mehr Negativität anzunehmen. Negatives zu Negativem hinzuzufügen, das erscheint unlogisch. Allerdings ist das nicht genau das, was da passiert. Die Spezies, die der negativ geladenen Gitterstruktur wirklich hinzugefügt wird, ist das neutrale Wassermolekül. Das Wassermolekül wird durch das als Honigwabengitter vorliegende EZ-Wasser angezogen, weil seine negativen und positiven Ladungen sich komplementär ergänzend zu den positiven und negativen Ladungen des Strukturgitters anlagern. Die Anziehung der entgegengesetzten Ladungen ist sehr stark, weil sie sehr nahe beieinanderliegen, sodass das Molekül haften bleibt. Erst später wird das Proton in einer energetisch günstigen Weise abgetrennt und hinterlässt das Strukturgitter noch mehr negativ geladen. Dieser schrittweise erfolgende Prozess erlaubt es, dass sich hohe Konzentrationen negativer Ladung aufbauen können.

Dieser Bildungsprozess dauert nicht ewig an; er kommt schließlich zum Stillstand. Stangen- oder pfahlähnliche Ausläufer treiben vielleicht von der EZ aus und wachsen weiter, aber der Hauptkörper erreicht schließlich einen relativ stabilen Wert. Damit taucht die Frage auf: Warum stoppt das Wachstum der Ausschlusszone? Und wie und warum wird die EZ kleiner, wenn das einfallende Licht reduziert wird?

Die Auflösung der Ausschlusszone

Hier finden wir – wie überall – Naturkräfte am Werk. Überlässt man geordnete Strukturen sich selbst, löst sich die Ordnung schließlich auf. Dieser Zuwachs an Entropie ist ein grundlegendes Merkmal der Thermodynamik. Es ist wie in Ihrem Zimmer: Es ist vielleicht an manchen Stellen unordentlich, aber manche Ecken sehen doch aufgeräumt und sauber aus. Um das so hinzukriegen, braucht man *Energie*. (Abb. 6.9) Wenn Sie nicht ständig diese Energie investieren, wird Ihr Zimmer früher oder später so unordentlich aussehen wie …, na ja, wie meines!

Und genau so verhält es sich mit der Ausschlusszone: Die Ordnung bleibt nicht erhalten ohne einen immerwährenden Nachschub von Energie. Die getrennten Ladungen werden sich allmählich wieder zusammenfinden und die Ordnung wird sich in Unordnung verwandeln. Die weiter außen liegenden Bereiche der EZ werden sich abnutzen wie ein ausgefranster Strand. Genau das passierte bei jenem zufälligen „Übernacht-Experiment“: Die EZ verkleinerte sich, weil einer der Hauptenergielieferanten ausgeschaltet wurde; als der Input am nächsten Morgen erneut startete, wuchs die EZ wieder auf ihre ursprüngliche Größe.

Um zu verstehen, was die Größe der EZ beeinflusst, müssen wir uns die Balance zwischen dem von Energie abhängigen Wachstum und der natürlichen Tendenz zur Auflösung anschauen. Wenn diese beiden Prozesse im Gleichgewicht sind, behält die EZ eine beständige Größe. Die Größe haben wir soeben erforscht und die die Größe begrenzenden Faktoren wie Oberflächenrauheit und Grad der Hydrophilität haben wir bereits weiter oben behandelt. Dagegen haben wir den Prozess der *Auflösung* kaum beachtet: Wie genau löst sich die EZ auf?

Um diese Frage zu beantworten, müssen wir die äußeren Ränder der EZ betrachten, von denen man vermutet, dass dort das Andocken stattfindet. Dort misst man ein elektrisches Potenzial, das näher bei null liegt; das heißt wahrscheinlich, dass einige gelöste Protonen im Strukturgitter eingebettet sind und/oder die Struktur mehr geöffnet ist. (Vgl. Kapitel 4) Sehen Sie sich dazu Abbildung 6.10 an.

Eine aufgelockerte Struktur lässt ein leichtes Eindringen von Molekülen vermuten. Die wahrscheinlichsten Kandidaten für das Eindringen sind die Hydroniumionen, denn ihre positive Ladung wird unweigerlich von der hohen Negativität der inneren Bereiche der EZ angezogen. So drängen sich Hydroniumionen in die „Täler“ zwischen den EZ-Gipfeln.

Dieses Eindringen hat Konsequenzen. Sind sie erst einmal eingedrungen, werden diese positiven Ionen ganz schnell von den flankierenden negativen EZ-Molekülen eingefangen. Das Ergebnis ist der Zusammenschluss, auf den ich früher schon hingewiesen habe: ein H_3O^+, das sich mit einer Gitterstruktur-Einheit verbindet (OH^-), ergibt zwei Wassermoleküle. (Abb. 6.11) Dieser erodierende Prozess lockert die hexagonale Struktur der EZ.

Damit sind wir an den Punkt zurückgelangt, wo wir begonnen haben: Ein Element der EZ ist wieder zu Wasser geworden und das System hat sich einen Schritt rückwärts entwickelt. Das System erreicht eine Größe mit stabilem Dauerzustand, wenn Erschaffen und Zerstören sich die Waage halten, das heißt, wenn die durch Energie gespeiste EZ-Produktion die natürliche Tendenz zur EZ-Auflösung ausbalanciert.

Diese Balance kann sich verschieben, wenn sich die Bedingungen in der Umgebung ändern. Ist das Wasser sauer, sollten die umgebenden

Abb. 6.9: *Ordnung zu schaffen erfordert einen beträchtlichen Energieaufwand. Um die ursprüngliche Unordnung wiederherzustellen, braucht man weit weniger Energie.*

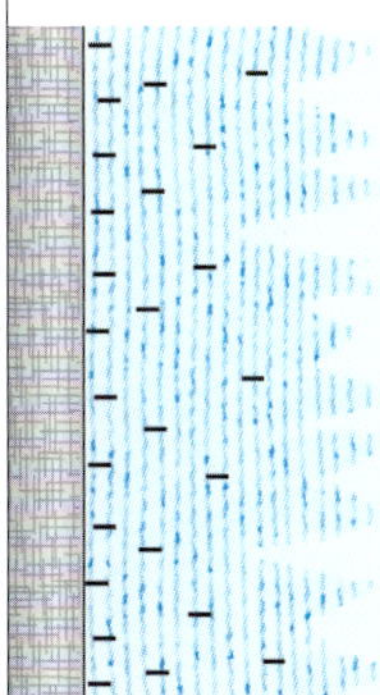

Abb. 6.10: *Zerklüftete Außenbereiche der Ausschlusszone. Hydroniumionen dringen in die Täler zwischen den Berggipfeln ein, weil sie von den negativen Ladungen angezogen werden.*

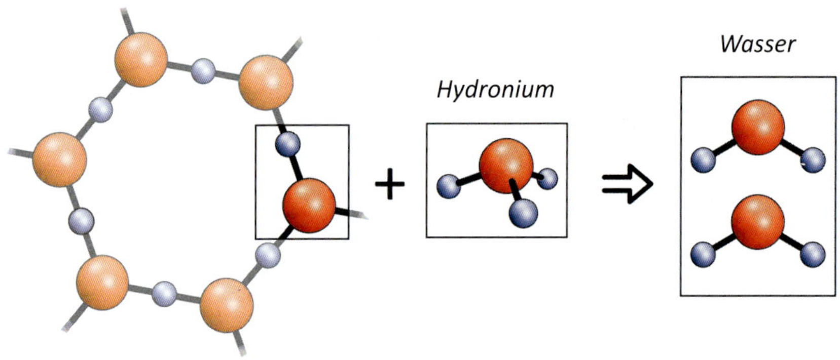

Abb. 6.11: *Natürliche Erosion der Ausschlusszone. Wenn sich ein Hydroniumion mit einer Struktureinheit der EZ verbindet, löst es sich aus dem Gitter. Es entstehen zwei Wassermoleküle.*

Hydroniumionen im normalen Wasser permanent etwas von der Masse der EZ wegnehmen und die Balance in Richtung einer kleineren EZ verschieben. Wir haben dies experimentell bestätigt: Ein genügend großer saurer pH-Wert verringert die EZ-Größe. Salze erodieren die EZ in ähnlicher Weise. Betrachten Sie NaCl: Während der Cl-Bestandteil sich mit H_2O^+ im normalen Wasser verbinden kann und dabei HCl + H_2O erzeugt, kann das positiv geladene Na^+ in die negative Gitterstruktur eindringen und damit fortfahren, NaOH zu erzeugen, indem es eine OH^--Einheit der Gitterstruktur herauslöst. Die EZ erodiert und fügt dem normalen Wasser wieder ein Wassermolekül hinzu. Wo immer das Gitter geöffnet ist, können positive Ionen jeglicher Art eindringen und die Erosion der EZ in die Wege leiten.

Insgesamt kann man sagen, dass sich die Ausschlusszone durch einen Prozess zusammenzieht oder zurückbildet, der größtenteils die Umkehr dessen ist, wie sie sich bildet. Sie baut sich durch angezogene Wassermoleküle auf, die das Strukturgitter berühren und dabei Protonen freisetzen, von denen viele sofort zu Hydroniumionen werden. Das Gitter löst sich auf, wenn Hydroniumionen in Gitteröffnungen eindringen und EZ-Einheiten herauslösen, die wieder zu Wasser werden. Der Punkt der Balance oder Ausgeglichenheit hängt von der Menge an Energie ab, die in das System hereinkommt: Intensivere Strahlungsenergie erzeugt größere Ausschlusszonen, während weniger intensive Energie kleinere bildet.

Freie Radikale

Kein Prozess ist perfekt, auch nicht die Dynamik des Bildungs- und Auflösungsprozesses der EZ. Im Mittelpunkt dieser Dynamik steht die (OH^-)-Struktureinheit. Die EZ bildet sich, indem diese (OH^-)-Einheiten in die Struktur eingeschlossen werden, und sie löst sich auf, in dem sie zu einem anderen Zeitpunkt diese Einheiten wieder in das umgebende Wasser entlässt. Der Prozess ist also umkehrbar – mehr oder weniger. Er ist *ganz* umkehrbar, sofern Hydroniumionen präsent sind und sofort jedes frei gewordene OH^- aufsaugen und damit Wasser produzieren; dann wird das System dorthin zurückkehren, wo es am Anfang war.

Nehmen wir aber an, dass die Hydroniumionen stellenweise knapp sind und daher nicht verfügbar, um aktiv zu sein. Das kann zum Beispiel passieren, wenn eine negativ geladene Stelle, die in deutlicher Entfernung zur EZ liegt, die Hydroniumionen abgezogen hat. Dann ist kein Partner verfügbar, um die OH^--Gittereinheit zu neutralisieren. Damit kann der Zyklus nicht abgeschlossen werden. Genau so kann eine Unterbrechung des Zyklus von Störungen in der EZ selbst stammen: Nehmen wir an, ein Prozess, der Elektronen verschlingt, zieht einiges von der negativen Ladung der EZ ab und hinterlässt die Struktur-Gitter-Einheit ohne die ihm gewöhnlich eigene Negativität. Wieder kann der Zyklus nicht fortschreiten. Ereignisse dieser Art können den Abschluss behindern.

In solchen Fällen wird das vorher skizzierte reversible Zyklusschema nicht so reibungslos und sauber ablaufen. Anstatt Wasser zu erzeugen, wird der eingeschränkte Prozess verschiedene andere Formen von Sauerstoff produzieren, die dann in das normale Wasser übergehen. Die Natur der alternativen Sauerstoffvarianten hängt von der Natur ihres Ausgangsmaterials ab.

Diese alternativen Sauerstoffvarianten werden allgemein als freie Radikale bezeichnet oder manchmal auch – aufgrund ihrer immensen „Reaktionsfreudigkeit" – als reaktive Sauerstoffspezies (ROS). Die bekannteste Art, das Superoxid-Radikal, enthält zwei Sauerstoffatome mit einer einzigen negativen Ladung. Ein anderes Radikal, das OH-Radikal, trägt keine Ladung. Ein weiteres ist das H_2O_2 oder Wasserstoffperoxid. Alle enthalten Sauerstoff und können theoretisch durch den Zusammenbruch einer EZ entstehen.

Die hohe Reaktivität dieser Spezies kann Probleme verursachen. Hohe Reaktionsfreudigkeit ist mit sofortiger Bindung an viele Substanzen verbunden und diese Bindung kann die Substanzen verändern. In lebenden Systemen können diese Reaktionen Gifte produzieren: Superoxid-Radikale zum Beispiel töten Mikroorganismen.

Es überrascht nicht, dass die Natur jeden Versuch unternimmt, diese Radikale loszuwerden, um solche Folgen zu verhindern. Daher enthält jede Zelle Ihres Körpers ein Radikalenfänger-Enzym namens Superoxid-Dismutase oder SOD. Diese SOD neutralisiert entstehende Superoxid-Radikale fast genauso schnell, wie sie sich bilden. Die Allgegenwart dieses Enzyms ist bisher ein Rätsel geblieben. Andererseits wird, wenn freie Radikale als natürliche Nebenprodukte der EZ-Dynamik auftauchen, die Allgegenwart des Enzyms verständlich: Weil sich Ausschlusszonen praktisch überall bilden, sollte auch SOD überall vorkommen.

Leben in der Tiefe

Sich den Charakter dieser energetischen Prozesse bewusst zu machen, kann helfen, einige Geheimnisse der Natur zu entwirren. Ich kann nicht widerstehen, eines davon hier zu erwähnen: warum der Meeresgrund in der Tiefsee so viele lebende Kreaturen beherbergt. Dieser Tiefe mangelt es nicht nur an gelöstem Sauerstoff, sondern auch an Licht. Organismen können weder atmen noch Fotosynthese betreiben. Das sollte Leben eigentlich unmöglich machen, aber paradoxerweise blüht es dort. Jedes Mal, wenn aus der Tiefsee Proben genommen werden, entdecken die Wissenschaftler immer neue Arten. Sogar Bakterien, die normalerweise stets Fotosynthese betreiben, haben keine Schwierigkeit, in solch einer lichtlosen Umgebung zu gedeihen.[4]

Abb. 6.12: *Leben am Meeresgrund (im Golf von Mexiko)*

Die energetischen Prozesse, die ich vorher skizziert habe, könnten dieses Rätsel erklären. Obwohl es in extremen Tiefen bestimmt an sichtbarem Licht mangelt, gibt es keine Knappheit an *infrarotem* Licht. IR-Energie strahlt von der Erde selbst ab und ganz besonders von den thermischen Strömen am Meeresgrund. IR-Wellen bilden Ausschlusszonen und trennen Ladungen. Der Ladungstrennungsprozess hat viel Ähnlichkeit mit dem ersten Schritt der Fotosynthese, bei dem Wassermoleküle sich aufspalten; daher könnten Bakterien und andere Geschöpfe diesen Mechanismus nutzen, um Energie zu gewinnen.

Darüber hinaus fehlt Sauerstoff am Meeresgrund nicht gänzlich. Die durch IR-Energie erzeugten Ausschlusszonen enthalten viel Sauerstoff. Daher kann Sauerstoff aus den EZ kommen. Mein Kollege Vladimir Voeikov spricht in diesem Zusammenhang vom „Verbrennen" von Wasser. *Gelöster* Sauerstoff mag ja dort fehlen, aber solange es Ausschlusszonen gibt, bleibt reichlich Sauerstoff verfügbar, um Lebensprozesse zu nähren.

So können wir trotz der Kargheit der Umgebung in der Tiefsee die Fülle an Leben in diesen extremen Tiefen verstehen – Energie und Sauerstoff gibt es im Überfluss. Wie dem auch sei, ich habe ich diese Tiefseethematik nur angeschnitten, um Ihnen sozusagen den Mund für die Freuden der Energetik wässrig zu machen: Die zugrunde liegenden energetischen Prozesse sind fundamental. Sie gelten nicht nur für das Leben in der Tiefsee, sondern auch für vieles andere in der Natur. Wir werden die weitreichende Bedeutung dieser energetischen Prozesse im nächsten Kapitel untersuchen.

Zusammenfassung

Ausschlusszonen (EZ) entstehen mithilfe von Lichtenergie, insbesondere mit infrarotem Licht. Infrarot-Energie ist auch dann verfügbar, wenn das Licht ausgeschaltet ist. Akustische Energie kann ebenfalls eine EZ aufbauen. Es erscheint uns plausibel, dass diese Energien Wassermoleküle das normalen Wassers voneinander trennen, die damit frei werden und die EZ erzeugen. Durch die Ladungsanziehung der wachsenden EZ angelockt, heften sich die Wassermoleküle an die Gitterstruktur. Daraus resultieren das Wachsen der EZ und die damit verbundene Ladungstrennung.

Der EZ-Bildungsprozess löst das Dilemma des vorangehenden Kapitels, warum die EZ mit dicht beieinanderliegenden Ladungen vollgepackt ist. Negative Ladungen stoßen einander ab. Deshalb müsste die EZ eigentlich auseinanderfallen. Jedoch „kleben" Elektronenwolken jedes neue Element an die wachsende Gitterstruktur und sichern damit ihre Unversehrtheit. Diese Elektronenwolken können mit den Ausbuchtungen verglichen werden, die Puzzlestücke zusammenhalten. Trotz der Abstoßung bleiben die Einzelteile fest miteinander verbunden.

Die EZ beginnt möglicherweise, sich aufzulösen, wenn ein Mangel an Energie herrscht. Getrennte Ladungen bewegen sich unvermeidlich in das Gitter zurück. Wenn dies geschieht, werden Elemente der EZ-Matrix wieder zu denselben Wassermolekülen, die ursprünglich für die Bildung der EZ verantwortlich waren. Ohne genügend Strahlungsenergie, mit der der Erosion gegengesteuert werden kann, kehrt sich der Wachstumsprozess um und die Wasserbatterie entlädt sich.

Wenn die Bedingungen für diesen Umkehrungsprozess nicht ausreichend gegeben sind, können sich Sauerstoffradikale anstatt Wasser bilden. Diese Radikale können sehr unangenehm werden. Um ihre zerstörerische Kraft zu brechen, ergreifen biologische Systeme spezielle Maßnahmen: Sie stellen Enzyme im Überfluss zur Verfügung, die die Radikale so schnell aufsaugen, wie sie sich bilden. Selbsterhaltung scheint eines der hervorstechenden Merkmale der Natur zu sein.

Vielleicht haben Sie sich gefragt, was mit all der Energie geschieht, die die EZ erzeugt. Löst sich die EZ letztendlich in Luft auf? Oder findet noch etwas Nützliches statt? Das nächste Kapitel behandelt diese Frage. Es fragt danach, ob ein bescheidenes Glas Wasser wirklich gespeicherte Energie dazu verwenden kann, Arbeit zu verrichten.

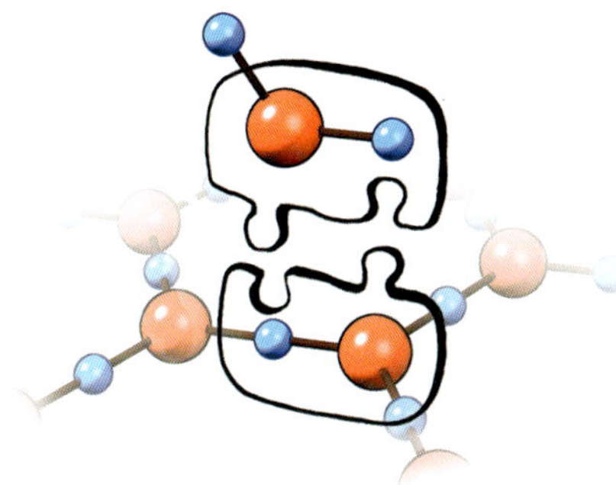

Abb. 6.13: *Wie neue Elemente zur Struktur hinzugefügt werden: Trotz der Abstoßung verbinden sich die Elemente miteinander wie bei einem Puzzle.*

7 Wasser – der Motor der Natur

Mein Kollege Vladimir Voeikov hat eine Leidenschaft für Experimente. Während meines letzten Besuchs in seiner Wochenend-Datscha außerhalb von Moskau zeigte Vladimir stolz auf die Fensterbank, wo ein paar mit Wasser gefüllte Bechergläser dem Licht ausgesetzt waren und darauf warteten, beobachtet zu werden. Dann zeigte er auf den Garten, wo ein anderes Experiment in Arbeit war, das von seiner Frau und seinen Töchtern durchgeführt wurde.

Abb. 7.1: *Vladimir Voeikov in seinem Büro, über sein nächstes Experiment grübelnd*

Das Gärtnern war für die Voeikovs relativ neu. Sie hatten ihre Datscha erst seit Kurzem. Russen scheinen eine genetisch bedingte Leidenschaft dafür zu haben, Gemüse anzubauen, und die Voeikovs waren begierig darauf, ihr grünes Händchen zu betätigen. Ihre Nachbarn hatten seit Generationen gegärtnert – aber Vladimirs Pflanzen waren um ein Drittel höher als die seiner Nachbarn. Dieser fast peinliche Erfolg war nicht durch irgendeine spezielle Begabung oder übertriebene Pflege erreicht worden, denn die Daumen der Voeikovs waren nicht bemerkenswert grüner als die anderer Leute. Etwas anderes war für diesen Erfolg verantwortlich.

Vladimir behauptete, es sei das *Wasser*. Seine Berufserfahrung umfasste auch eine Zeit, die er damit verbracht hatte, im 200-km-Umkreis von der Moskauer Universität natürliche Wässer zu untersuchen, die „energetisiert" waren. Dieser Begriff hört sich nach *New Age* an; doch dieses energetisierte Wasser ist inzwischen zu einem zentralen Bestandteil einer medizinischen Therapie geworden, die in der Moskauer Gegend legendär ist. Es überrascht nicht, dass Vladimir dasselbe Wasser verwendete, um seine Pflanzen zu pflegen.

Kann Wasser wirklich Energie beinhalten? Frühe Pioniere, darunter Viktor Schauberger und Rudolf Steiner, lieferten reichlich Anhaltspunkte dafür, dass Wasser Energie speichern und liefern kann. Zeitgenössische Wissenschaftler beginnen jetzt, diese Möglichkeit wieder zu erforschen. Andererseits sagt die konventionelle Auffassung etwas anderes: Eine geschlossene Wasserflasche, die auf dem Tisch steht, ist angeblich im thermischen Gleichgewicht mit ihrer Umgebung; die Umgebung könne sich aufheizen und dem Wasser Energie übertragen, aber es gebe keinen anderen Vorgang, der Wasser in die Lage versetze, Energie zu empfangen und zu speichern (geschweige denn, Energie zu liefern), als diesen langsamen thermischen Prozess. Wasser sei eben nur Wasser – langweilig wie ein Türgriff und wohl kaum ein Träger, der irgendeine Energie speichere, außer dieser geringfügigen Wärmeenergie. Oder etwa nicht?

Wasser als Energiewandler

Wenn Wasser Licht absorbiert, bildet die absorbierte Energie eine strukturelle Ordnung und erzeugt Ladungstrennung. Diese gespeicherte potenzielle Energie kann man nutzen: Ladungstrennung kann Strom erzeugen (vgl. Kapitel 5); und strukturelle Ordnung kann die Arbeit von Zellen in Gang setzen.[1] Diese Umwandlungsprozesse bestätigen die Fähigkeit des Wassers, potenzielle Energie zu speichern und zu liefern.

Andererseits: Können wir sicher sein, dass man diese Energiewandlung als allgemeingültig betrachten kann? Auch wenn die vorangehenden Kapitel eine fehlerfreie Beweisführung für Energiespeicherung und Energienutzung von Wasser geliefert haben, beruht diese Beweisführung doch nur auf einer einzigen Reihe von Experimenten in einem einzigen Labor. Das ist ungenügend, um Allgemeingültigkeit zu postulieren. Daher schauen wir uns noch woanders um, um Belege dafür zu finden, dass Wasser Energie von außen absorbiert und sie in nützliche Arbeit umwandelt. Lassen Sie mich mit der Arbeit eines legendären italienischen Wissenschaftlers beginnen.

Piccardis Marathon

Auf einem ansonsten unspektakulären Flug von Seattle nach Frankfurt vertiefte ich mich in ein Buch, das ich nie vergessen werde: ein Buch des bedeutenden Chemikers Giorgio Piccardi. (Abb. 7.2) Ein Kollege hatte mir diesen Klassiker empfohlen, aber nicht um alles in der Welt konnte ich mir zunächst vorstellen, wie ein Buch mit dem Titel *The Chemical Basis of Medical Climatology*[2] etwas mit dem Thema Wasser und Energie zu tun haben könnte. Als ich aber zu lesen begonnen hatte, hätte mich nicht einmal mehr ein stotternder Flugzeugmotor wieder davon abbringen können.

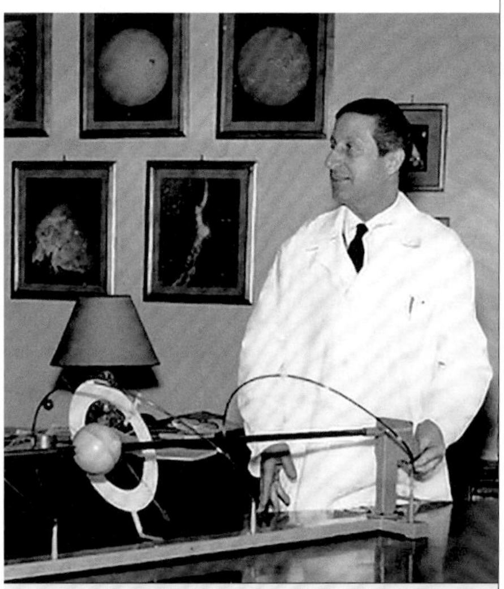

Abb. 7.2: *Der italienische Wissenschaftler Giorgio Piccardi (1895–1972)*

Piccardi war fasziniert von der statistischen Variabilität der Ergebnisse seiner Experimente: An *einem* Tag dauerte es 2 Sekunden, bis eine Reaktion beendet war, am nächsten Tag 2,5 Sekunden und am übernächsten Tag 1,8 Sekunden … Um mehr über die Quelle dieser Veränderungen der Reaktionszeiten herauszufinden, starteten Piccardi und seine Kollegen eine Reihe von Experimenten, die sich beinahe über 12 Jahre hinzogen (abgesehen von einer kurzen Unterbrechung durch den Zweiten Weltkrieg). Sie führten fast eine Viertelmillion Experimente durch. Die zentrale Frage: Warum variierten die Reaktionszeiten von *einem* experimentellen Durchlauf zum *nächsten*? Jeder, der Experimente durchführt, weiß, dass so etwas passieren kann, aber wenige verstehen, wieso. Um eine Antwort zu erhalten, erforschte Piccardi eine Auswahl verschiedener Reaktionen parallel. An all diesen Experimenten war Wasser beteiligt.

Zu den Reaktionen gehörten unter anderem eine einfache chemische Abscheidung, die Bildung eines Polymers und eine Umwandlung des Aggregatzustandes, bei der es um das Gefrieren von supergekühltem Wasser ging. Die Endpunkte dieser Reaktionen waren klar definiert, sodass die Reaktionszeiten exakt gemessen werden konnten. Mit beinahe religiösem Eifer brachten Piccardi und seine Kollegen Tag für Tag die an der jeweiligen Reaktion beteiligten Substanzen miteinander in Verbindung und maßen die Reaktionszeiten. Andere Parameter wie Temperatur und Druck blieben konstant.

Alle Experimente wurden paarweise ausgeführt: Der eine Teil des Paares wurde in einen metallischen Faraday-Käfig oder unter eine horizontale Abschirmung gestellt; der andere Teil wurde genauso vorbereitet, war jedoch *ohne* jegliche Abschirmung. Die Abschirmung gegen elektromagnetische Wellen war ein kritischer Punkt des Experiments. Danach maßen die Forscher die Reaktionszeiten im jeweiligen Versuchsaufbau mit den verschiedenen Reaktionspartnern.

Von Tag zu Tag änderten sich die Zeiten, wie erwartet. Piccardi stellte jedoch fest, dass die Durchschnittswerte der Reaktionszeiten davon abhingen, ob die Probe abgeschirmt worden war oder nicht. Der Unterschied blieb konstant bestehen. Das brachte Piccardi zu der Schlussfolgerung, dass – über die *bekannten* Variablen hinaus – irgendein Faktor in der Umgebung die Reaktionszeiten beeinflussen musste. Und da sich diese Unterschiede konstant bei den *verschiedenen* Arten von Reaktionen einstellten, schlossen die Wissenschaftler, dass der Einfluss der Umgebung *generell* wirksam war.

Piccardi folgerte weiter, dass das Wasser daran beteiligt war. Und weil Wasser die einzige von allen Substanzen war, die an *allen* untersuchten Reaktionen beteiligt war, schien es für Piccardi so zu sein, dass Wasser aus der Umgebung eine Energie aufgenommen haben musste, die die Reaktionszeiten beeinflusste.

Zwar konnte die Natur dieser Energie aus der Umgebung nicht geklärt werden, doch fanden die Forscher spannende Hinweise auf ihren Ursprung. Sie beobachteten nämlich sich wiederholende Zyklen: Von Dezember bis Januar sank der Grad der Variation in den Reaktionszeiten immer steil abfallend, begann dann um den März herum zuzunehmen und hatte sein Maximum im Juni und Juli. Der gleiche Zyklus wiederholte sich jedes Jahr. Sie beobachteten weitere sich wiederholende Phänomene: Zum Beispiel variierten die Reaktionszeiten mit den natürlichen Perioden der Sonnenaktivität und ganz besonders mit Sonnenflecken und Sonneneruptionen – was ganz klar belegte, dass die *Sonnenenergie* eine Rolle spielte.

Da Piccardi systematisch analysierte und extensive Kontrollen durchführte, konnte er schlussfolgern, dass die einzige plausible Erklärung nur diese Strahlungsenergie sein konnte, die vom Wasser absorbiert wurde und dann bei den Reaktionen eine Rolle spielte. Da die Strahlungsenergie variierte, änderten sich auch die Reaktionszeiten. Der Verlauf in Zyklen war ausschlaggebend: Er deutete darauf hin, dass die Energie von der Sonne kommen könnte und vielleicht auch von weiteren kosmischen Einflüssen.

Piccardis Arbeit hatte bedeutsame Folgen. Dazu gehörte eine spezielle „Piccardi-Gruppe“, die im Rahmen einer internationalen wissenschaftlichen Gesellschaft gegründet wurde. Zwar zerstreuten die Mitglieder der Gruppe sich letztendlich, aber ein bekannter russischer Wissenschaftler führte die Arbeit über mehr als vier Jahrzehnte weiter, mit Experimenten, die auf Piccardis Werk aufbauten.

Weitere rätselhafte Schwingungen

Simon Shnoll und seine Kollegen wichen in einer bestimmten Weise von Piccardis Ansatz ab. Wie Piccardi erforschten sie das Timing biologischer Reaktionen; jedoch beobachteten sie auch die Zeitverläufe scheinbar nicht damit verbundener Phänomene, darunter radioaktive Halbwertszeiten und bestimmte durch die Schwerkraft bedingte Verhaltensweisen.

Aus diesen Zeitdaten leiteten sie Zeithistogramme ab – Grafiken, die die Wahrscheinlichkeit möglicher Zeitverläufe darstellten. Shnoll konzentrierte sich auf die „Feinstruktur“ der Histogramme, das heißt auf die „Schnörkel“ oder Zacken an den Kurven. Im Allgemeinen zeigten diese Zacken wenig Ähnlichkeit von einer Kurve zur anderen. Allerdings zeigten die Datenpaare, die in Intervallen von 24 Stunden, 27 Tagen und 365 Tagen aufgezeichnet wurden, eine bemerkenswerte Ähnlichkeit. Für diese Ähnlichkeit sprach nicht nur der Augenschein; man analysierte sie auch, indem man objektive Methoden verwendete, die dem Zufall nur geringe Möglichkeiten ließen. Aus den beobachteten Periodizitäten schloss Shnoll, dass alle beobachteten Phänomene von geophysikalischen oder kosmophysikalischen Quellen beeinflusst sein mussten – dieselbe Schlussfolgerung, die Piccardi bereits gezogen hatte.

Sowohl die Ergebnisse von Shnoll als auch die von Piccardi stellen die Rolle von Energien heraus, die jenseits der gewöhnlich beobachteten liegen. Wenn solche „exotischen“ Energien einen Einfluss haben sollen, dann müssen sie zuerst absorbiert worden sein; und da an den Versuchsreihen beider Forscher Wasser beteiligt war, schien Wasser der wahrscheinlichste Träger dieser Absorption gewesen zu sein. Shnolls Ergebnisse führten noch einen Schritt weiter, indem sie darauf hindeuteten, dass diese Energien auch von nichtwässrigen physikalischen Systemen absorbiert werden könnten.

Noch mehr Schwingungen

Weitere Belege für die Absorption von Strahlungsenergie in Wasser kommen von Vladimir Voeikov, den ich bereits erwähnt habe. Voeikov erforscht das Licht, das von wässrigen Lösungen emittiert wird. Die Intensität dieses emittierten Lichts schwankt mit dem Tageszyklus. (Abb. 7.3a) Das Experiment, das in der Abbildung dokumentiert wird, hatte in einem lichtdichten Raum mit kontrollierter Temperatur stattgefunden; das bedeutet, dass die beobachtete Schwingung zu groß war, um von äußeren Temperaturschwankungen herstammen zu können. Die emittierte Lichtoszillation war offensichtlich die Wirkung einer Art Strahleninput außerhalb des sichtbaren Lichts, das ja blockiert worden war. Die Strahlungsenergie variierte offensichtlich im Laufe eines Tages. Das lässt einen Einfluss der Sonnenenergie vermuten.

Eine andere Aufzeichnung enthüllte noch mehr. Beachten Sie in Abbildung 7.3b den steilen Anstieg der Kurve nahe an deren Anfang. Voeikov vermutete zunächst einen experimentellen Zufall, aber er checkte die Aufzeichnung und fand heraus, dass die Aufwärtsbewegung exakt mit dem Beginn einer lokalen Mondfinsternis zusammenfiel. Dies ließ vermuten, dass kosmische Energie die Lichtemission beeinflussen könnte. Der kosmische Einfluss war offensichtlich stark genug, um die tägliche Oszillation zu überlagern.

(a)

(b)

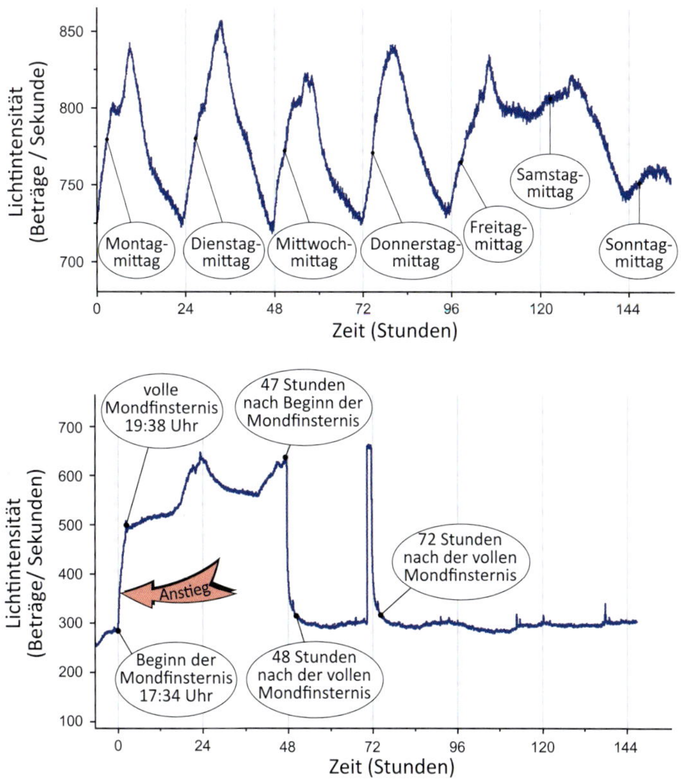

Abb. 7.3: *(a) Die aufgezeichnete Lichtemission von Wasser, das Bicarbonat-Ionen enthielt und mit gelöstem Luminol optimiert worden war. Beachten Sie die periodische Schwankung der Intensität.*
(b) Ähnlich wie bei (a), doch aufgenommen während einer Mondfinsternis.

Der Zusammenhang zwischen der Mondfinsternis und dem steilen Anstieg könnte zufällig gewesen sein; jedoch deuteten bestimmte andere Merkmale der Kurve auf etwas anderes hin. 24 Stunden nach der Mondfinsternis begann ein mäßiges Wiederabsinken; 48 Stunden danach sank der Wert stärker und nach 72 Stunden zeigte die Kurve erneut einen steilen Abstieg. Zwar sind diese Signale nicht einfach zu erklären, doch ist die Tatsache, dass sie zum jeweils Mehrfachen von 24 Stunden nach der Sonnenfinsternis auftauchten, zu unwahrscheinlich, um zufällig zu sein. Infolgedessen ist die Schlussfolgerung, die hier gezogen wurde, dieselbe, wie sie von Piccardi und Shnoll in Erwägung gezogen worden war: Strahlungsenergie aus einer kosmischen Quelle scheint das Wasser zu beeinflussen.

Zusammenfassend lässt sich sagen: Wasser nimmt Energie aus der Umgebung auf. Es gibt keine andere plausible Erklärung für die periodisch auftretenden Messdaten, die wir in diesen Studien gesehen haben. Daher stehen die im vorangehenden Kapitel gewonnenen Belege, die den Einfluss von Strahlungsenergie gezeigt haben, nicht für sich alleine; andere experimentelle Versuche bestätigen, dass Strahlungsenergie Wasser beeinflusst. Diese Energie hat offensichtlich Einfluss auf viele Eigenschaften des Wassers, vom Anwachsen der Reaktionsgeschwindigkeiten bis hin zum Erzeugen von Licht.

Diese Ergebnisse machen deutlich, dass eine verschlossene Flasche mit Wasser, die auf einem Tisch steht, nicht ein geschlossenes System darstellt; es ist offen gegenüber seiner Umgebung. Das Wasser verhält sich eher wie eine Pflanze, die neben der Flasche steht. Die Pflanze ist ein offenes System: Sie nutzt die einfallende Strahlungsenergie, die auf ihre Oberfläche trifft. Dasselbe passiert tatsächlich auch mit der Wasserflasche. Die Ähnlichkeit sollte nicht überraschen, denn Pflanzenzellen enthalten hauptsächlich Wasser …

Energieumwandlung: Der Motor der Natur

Wenn Wasser Strahlungsenergie aufnimmt, was passiert dann mit all dieser Energie? Kann das Wasser sie in unbegrenzter Menge aufnehmen? Oder muss es diese Energie auf irgendeine Weise verarbeiten, weitergeben?

Eine nützliche Analogie ist das Befüllen eines Luftballons. Steigender innerer Druck überträgt dem Ballon potenzielle Energie. Wenn Sie ihn loslassen, flattert er herum und wird durch Bewegung diese Energie wieder los. Die Energie, die Sie *aufgewendet* haben, verwandelt sich in einen anderen Typ von Energie. Andererseits, wenn Sie immer weiter hineinblasen, wird der Ballon schließlich platzen: Alle Energie wird dann mit einem einzigen lauten und zerstörerischen Knall herausgelassen.

Wasser nimmt ständig Strahlungsenergie aus der Umgebung auf; es explodiert jedoch nicht wie der Luftballon. Daher muss eine Art ständiger Energieabgabe im System eingebaut sein. Wenn wir uns das wieder analog zum Ballon anschauen, könnte man sagen, dass der Ballon einen kontinuierlichen Luftstrom abgeben müsste. (Abb. 7.4) (Das wäre ein Druckabbau ähnlich dem lang gezogenen Abgang von Blähungen.)

Wie und in welcher Form wird die Energie aus dem Wasser freigesetzt?

Sie haben oben bereits einige Beispiele gesehen. Ich werde Ihnen zeigen, dass diese Beispiele nur einige wenige von vielen sind. Energie kann auf vielfältige Weise aus dem Wasser herauskommen: optisch, physikalisch und chemisch, elektrisch und mechanisch. Mit anderen Worten, Wasser verhält sich wie ein Motor, der den Input von Strahlungsenergie in vielerlei Formen von Outputenergie umwandelt.

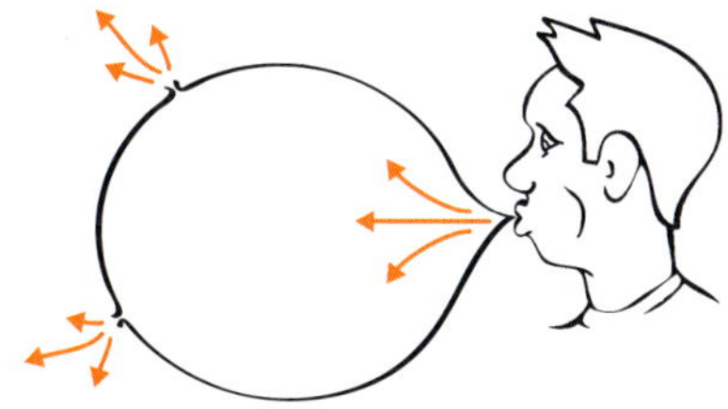

Abb. 7.4: *Kontinuierliches Ablassen von Energie stellt sicher, dass das System sich nicht überlädt und explodiert.*

Optischer Energieoutput

Voeikovs Demonstrationen von Lichtemission habe ich bereits erwähnt. Er hat diese Experimente kürzlich ausgeweitet, um Emissionen zu zeigen, die sich über lange Zeitetappen erstrecken. Voeikov hat Behälter mit Wasser gefüllt und geringe Mengen von Bicarbonat, Peroxid und eine kleine Menge Luminol hinzugefügt, um das Licht zu verstärken. Dann hat er diese Behälter versiegelt und einen Fotomultiplier benutzt, um die Lichtemission im Zeitverlauf zu beobachten.

Die Ergebnisse waren unerwartet: Wie bei seiner ersten Versuchsreihe bewahrte Voeikov die Behälter in dunklen Schränken auf und maß nur gelegentlich. Ungefähr nach einem Jahr dieser Lagerung im Dunklen lieferten dieselben versiegelten Flaschen immer noch Licht. Die Intensität war leicht zurückgegangen, aber die Flaschen gaben weiter in unbegreiflich langen Zeiträumen Licht ab. Das Licht „weigerte" sich, auszugehen. (Abb. 7.5)

Vielleicht denken Sie, dass der Lichtoutput durch irgendwelche chemischen Reaktionen entsteht – aber wie soll das mehr als ein Jahr lang

Abb. 7.5: *Wässrige Lösungen können einen praktisch unendlichen Lichtoutput produzieren.*

Abb. 7.6: *Salzwasser, das elektromagnetischer Energie ausgesetzt wird. Die Lösung fängt Feuer.*[3]

gehen? Entweder ist Magie mit im Spiel oder die wässrigen Lösungen müssen permanent Strahlungsenergie absorbieren und diese Energie in den praktisch unendlichen Photonenoutput verwandeln, den wir beobachten. Es besteht kein Grund, diesen Punkt immer wieder infrage zu stellen: Die Wasserlösung verhält sich wie eine Glühbirne, es liefert beinahe endlos Photonenenergie, ohne eine andere offensichtliche Quelle als die im Wasser gespeicherte Energie.

Eine noch offensichtlichere Demonstration eines optischen Energieoutputs aus Wasser kommt von „brennendem" Wasser. Eine Darstellung davon sehen Sie in Abbildung 7.6. Das Foto zeigt ein Becherglas mit Salzwasser, das an einer Halterung befestigt ist. Das Salzwasser wird der Energie von Mikrowellen oder Radiofrequenzen ausgesetzt, und voilá! – es entstehen Licht und Wärme.[3] Sie können dazu auch ein Video anschauen[w1]: eine anschauliche Demonstration dessen, dass Wasser einen Input an Energie in Licht umwandeln kann.

Physikochemische Arbeit

Wir lassen das Licht nun beiseite und wenden uns einem zweiten Output zu: der physikochemischen Energie. Stellen Sie sich ein mit Wasser gefülltes Becherglas vor. Es enthält Schwebepartikel wie Mikrosphären. Die Suspension ist zuerst einheitlich, aber nach einigen Stunden passiert etwas scheinbar Mysteriöses: Die Mikrosphären werden vom Rand des Gefäßes angezogen und hinterlassen dabei in der Mitte einen senkrechten Zylinder, der von Mikrosphären frei ist. (Vgl. Abb. 1.3) Man sagt, dass die Mikrosphären eine „Phasentrennung" verursachten, bei der *ein* Bereich mit Mikrosphären angefüllt wird und ein anderer davon frei wird.

Systeme, die sich selbst überlassen werden, tendieren normalerweise zu Unordnung, nicht zu Ordnung. Aber das eben beschriebene System scheint sich von der Unordnung in Richtung Ordnung zu bewegen: Anfangs völlig zufällig überall in der Suspension verteilt, konzentrieren sich die Mikrosphären schließlich am Rand des Becherglases. Eine solche Ansammlung entspricht einer Menschengruppe, die zuerst in lockere Unterhaltung vertieft herumsteht und danach gebeten wird, nur noch die Hälfte des Raums einzunehmen. Das passiert nicht spontan. Es erfordert Zielgerichtetheit und Energie.

Dasselbe gilt für das beobachtete Ansammeln der Mikrosphären: Eine Art von Energie muss dies veranlassen. Offensichtlich ist Strahlungsenergie der Auslöser, Kapitel 9 wird dies bestätigen. Hier jedoch ist der Auslöser weniger akkurat als das Ergebnis – die beinahe deterministische Reorganisation in Richtung einer konzentrierteren Anordnung. Um diese Neuorganisation zu vollziehen, müssen sich die Mikrosphären durch ein viskoses Medium bewegen und das erfordert Arbeit. Trennungen bedeuten immer Arbeit.

Trennungen tauchen auch in vielen anderen Arten von Suspensionen auf und in allen Fällen wird Arbeit verrichtet. Diese Art von Arbeit passt vielleicht besser in einen späteren Abschnitt des Buches, wo es um mechanische Arbeit geht, aber Phasentrennungen werden normalerweise als physikochemische Phänomene klassifiziert; daher behandeln wir sie hier. Wie dem auch sei, die beobachtete Bewegung der Partikel liefert einen Anhaltspunkt für eine Art von Energieoutput, die über den optischen Output hinausgeht.

Elektrische Arbeit

Wir können auch elektrische Energie aus Wasser ableiten. (Abb. 7.7) Wie Sie bereits in Kapitel 5 gesehen haben, erzeugen Elektroden, die in entgegengesetzt geladene Zonen der Wasserbatterie getaucht werden, elektrischen Strom. Ob diese Art der Energieerzeugung mit existierenden Technologien mithalten kann, bleibt unsicher; gleichwohl produziert die Wasserbatterie aus eingespeister Strahlungsenergie elektrische Energie.

Tatsächlich haben wir ja auch elektrische Energie aus denjenigen Zonen entgegengesetzter Ladung erhalten, die elektrisch induziert worden waren. (Vgl. Abb. 5.9) Indem wir die Elektroden in unterschiedlich geladene Bereiche einführten, waren wir in der Lage, beträchtliche Energie zu gewinnen – praktisch genauso viel Energie wie die, die wir aufwenden mussten, um diese geladenen Zonen zu erzeugen.

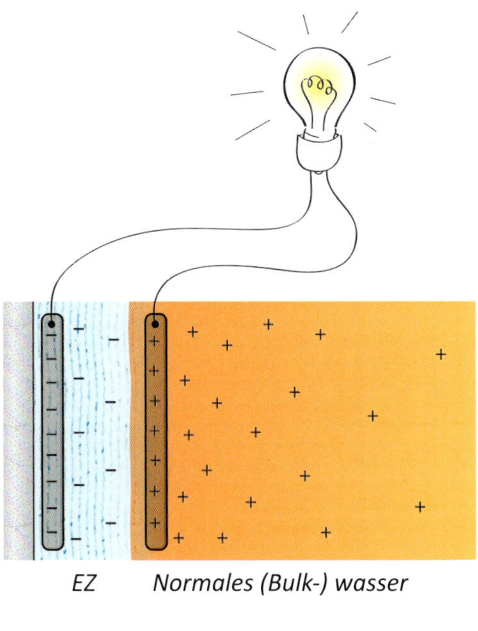

Abb. 7.7: *Elektrische Energie, die durch Elektroden erzeugt wurde, die wir innerhalb und außerhalb der EZ platziert hatten*

Abb. 7.8: *Die „Wasseruhr". Die zugrunde liegenden Prinzipien unterscheiden sich von denen, die Elektrochemiker vielleicht vermuten (siehe Kapitel 12).*

So kann Wasser also elektrische Energie liefern. Stellen Sie sich Wasser als Treibstoff für Ihr Mobiltelefon vor! Diese Aussicht ist keine absolute Überraschung, denn auf Wasser basierende Batterien können bereits genügend Strom liefern, um eine Uhr laufen zu lassen. (Abb. 7.8)

Mechanische Arbeit

Im Zusammenhang mit mechanischer Arbeit beziehe ich mich auf die *Bewegung* von Wasser, das *Strömen*. Um solches Strömen zu erzeugen, braucht man eine Zufuhr von Energie: Wenn Sie Wasser bergauf transportieren, verbrauchen Sie Energie; Sie könnten dabei sogar ins Schwitzen geraten … Auch wenn Sie Wasser durch eine waagrecht liegende Röhre schicken wollen, werden Sie immer noch Energie aufwenden müssen, um die molekulare Reibung oder Viskosität zu überwinden. Um ein solches Strömen in Gang zu bringen, brauchen Sie einen Input an Energie.

Nun stellen Sie sich vor, weder Sie noch irgendein anderer Energielieferant ist verfügbar, um den Wasserstrom in Gang zu setzen. Dann muss die Energie aus dem Wasser selbst kommen. Das ist es, was ich Ihnen als Nächstes zeigen möchte: Das Entstehen einer Strömung unter Abwesenheit eines offensichtlichen Erzeugers – sondern nur durch die subtile Energie hervorgerufen, die im Wasser gespeichert ist. Ich präsentiere Ihnen drei Beispiele:

a) Röhren: Das dramatischste Beispiel ist das Strömen durch hydrophile Röhren. (Abb. 7.9) Um dies zu beobachten, legen Sie ein Stück Nafion-Schlauch in ein kleines Behältnis mit Wasser und tragen Sie dafür Sorge, dass das Innere des Schlauchs ganz mit Wasser gefüllt ist. Dann stellen Sie sicher, dass die Röhre flach auf dem Boden des Behältnisses liegt. Um das Strömen verfolgen zu können, fügen Sie einige Mikrosphären oder einen Tropfen Farbe hinzu.

Vielleicht erwarten Sie, dass *nichts* passiert, aber es geschieht etwas: Nach einigen Minuten chaotischen Verhaltens sehen Sie einen beständigen Strom durch die Röhre laufen, in etwa wie Blut durch Blutgefäße

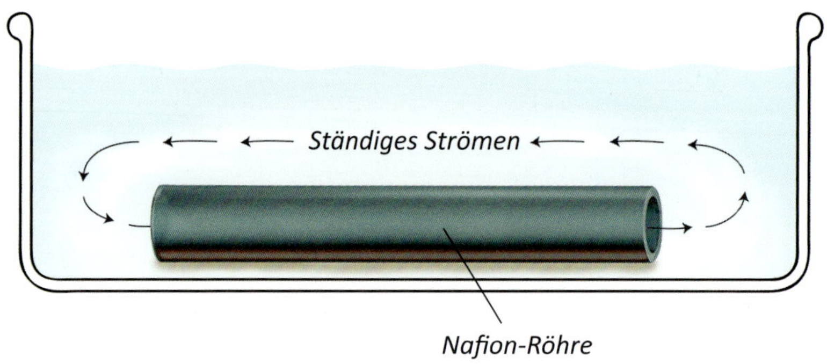

Abb. 7.9: *Praktisch unaufhörlich strömt Wasser durch hydrophile, in Wasser getauchte Röhren.*

rinnt. Die Richtung ist nicht vorherzusagen, aber wenn dieses Strömen erst einmal begonnen hat, bleibt es mit nur geringer Abnahme fast eine Stunde lang in Gang.[4] Wenn man Schritte unternimmt, um die Wirkung der sich in der Röhre ansammelnden Protonen zu verbessern, kann der Strom sogar mehr als einen Tag lang anhalten.[5] Auch wenn man die Röhre während dieser Zeit neu ausrichtet, behält diese Strömung ihre Richtung bei (relativ zur Röhre).

Wir haben diese Art von Strom nicht nur in Nafion-Röhren beobachtet, sondern auch in zylindrischen Tunnels, die wir in verschiedene Gele gebohrt hatten. Die Ergebnisse sind ähnlich. Daher scheint dieses Strömungsphänomen nicht auf bestimmten Materialien zu beruhen, sondern auf der hydrophilen Natur eines Materials. Röhren aus hydrophobem Material erzeugen kein Strömen. Offensichtlich setzt eine Art Interaktion zwischen hydrophilen Oberflächen und Wasser die Strömung in Gang.

Zwar haben wir den Antriebsmechanismus noch nicht genau durchschaut, aber einige Aspekte sind bereits klar. (Abb. 7.10) Innerhalb der Röhre bildet sich eine EZ (a); wir können sie sehen. Die EZ erzeugt die Bildung von Hydroniumionen im Zentrum der Röhre (b); das können wir messen. Wenn die Hydroniumionen-Konzentration groß genug ist, müssen die positiv geladenen Wassermoleküle an *einem* Ende der Röhre nach außen entweichen. Dieses Entweichen setzt das Strömen in Gang (c). Die entweichenden Ionen ziehen frisches Wasser in das *andere* Ende der Röhre. Das hereinkommende Wasser reichert sich wieder mit Protonen an und dies erhält die Strömung aufrecht …

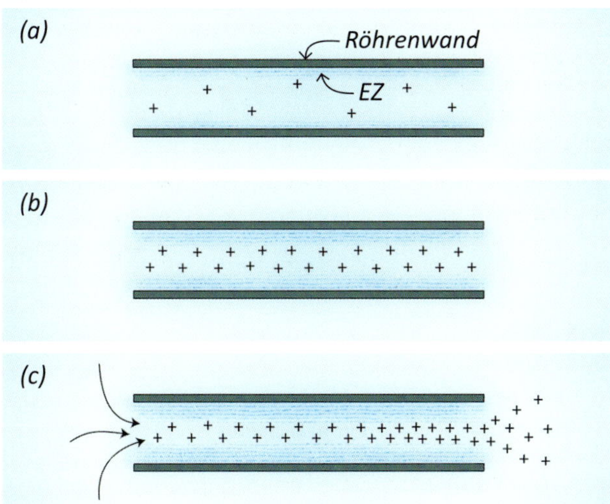

Abb. 7.10: *Wie das Strömen im Inneren einer Röhre in Gang kommt: Schlüsselelement ist die Bildung von Hydroniumionen im Zentrum der Röhre und ihr Entweichen in das äußere Wasser.*

Hat das Strömen erst einmal begonnen, wird es durch Licht verstärkt.[5] *Weißes* Licht verstärkt den Strom in einem Ausmaß, der von der Intensität

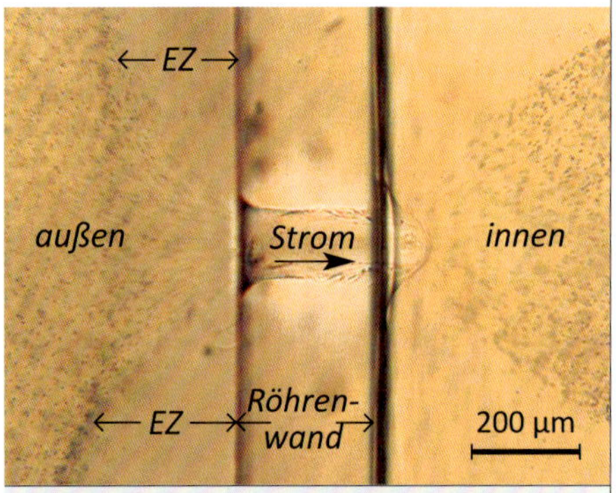

Abb. 7.11: *Einwärtsstrom, durch ein gestanztes Loch in der Wand der Nafion-Röhre erzeugt. Man sieht hier von oben in das Gefäß. Die nach innen strömende Mikrosphären-Suspension bewegt sich in Richtung der beiden offenen Röhrenenden.*

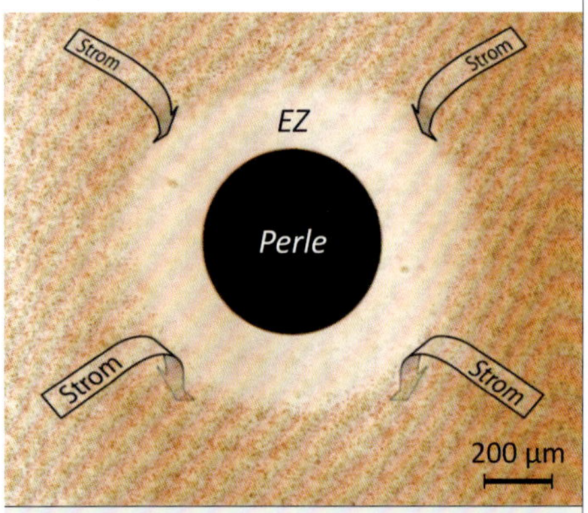

Abb. 7.12: *Eine Gelperle (von oben gesehen), die in einem Behälter liegt, der Wasser und Mikrosphären enthält. Es entsteht ein beständiges Strömen um die Perle herum.*[7]

des Lichtes abhängig ist. *Ultraviolettes* Licht kann den Strom um das Vier- oder Fünffache verstärken. So kommt also die Energie, die diesen Strom in Röhren antreibt, vom Licht. Es ist anzunehmen, dass das Licht die Protonen freisetzt, die das Strömen in Gang bringen.

b) Löcher: Der Strom in Röhren ist nicht die einzige Manifestation eines „spontanen" Wasserstroms. Ein anderes Beispiel: Stellen Sie sich ein kleines Loch vor, das in die Wand einer untergetauchten Nafion-Röhre gebohrt wird. Sofort fließt Wasser durch das Loch in die Röhre. (Abb. 7.11) Dieser einwärts gerichtete Strom, den man beobachten kann, wenn man Mikrosphären zufügt, hat eine bemerkenswert hohe Geschwindigkeit. Zwar verringert sich die Geschwindigkeit schließlich, doch bleibt das Strömen unerwartet lange erhalten. Eine Art von Energie muss diesen Strom antreiben. Wieder deuten verschiedene Beobachtungen auf freie Protonen hin, die hier von der negativen Ladung im Röhreninneren angezogen werden.[6]

c) Perlen: Ein drittes Beispiel eines anscheinend spontanen Stroms taucht um Gelperlen herum auf. Wir platzieren eine Gelperle von einem halben Millimeter Durchmesser am Boden eines kleinen Experimentierbehälters. Dann bedecken wir die Perle mit Wasser, sodass die Oberseite der Perle gerade noch unter Wasser liegt. Wir fügen einige Mikrosphären hinzu, um das Strömen verfolgen zu können. Die Natur dieses Stroms ist überraschend: In der Flüssigkeitslage, die der Wasseroberfläche am nächsten ist, fließt das Wasser beständig von allen Richtungen auf die Perle zu. (Abb. 7.12) Wenn das Wasser die Perle erreicht – oder die EZ der Perle –, wendet es sich nach unten in Richtung Boden; unten schlägt es dann einen Auswärtskurs von der Perle weg ein. Dieser Strom zirkuliert außen um die Perle herum, wiederum angezogen von den positiven Hydroniumionen, in Richtung der negativ geladenen EZ.[7]

Wir haben diese zirkulierende Strömung an verschiedenen Typen von Perlen und in verschiedenen Gefäßen beobachtet. Stets gleichbleibend setzt sich der Strom, ohne zu ermüden, für viele Stunden fort, bis die Mikrosphären sich schließlich am Boden des Gefäßes absetzen. Irgendeine Art von Energie muss diesen beständigen Strom antreiben und Kandidatin dafür ist offensichtlich die Strahlungsenergie, die vom Wasser absorbiert wurde.

Wenn man diese drei Beispiele für spontane Strömung im Zusammenhang mit den üblichen, bisher gültigen Paradigmen zum Thema Energie betrachtet, erscheinen sie mysteriös; sie sind so etwas wie ein *Perpetuum mobile*. Theoretisch könnte man die Strömungen so erklären, dass sie von Nebeneffekten stammten wie etwa einem Temperaturgefälle. Aber jede Studie wurde auf solche Störfaktoren hin überprüft und konnte sie ausschließen. Die Strömung erscheint etwas weniger mysteriös, wenn man sie im Kontext einer EZ betrachtet, denn eine EZ neben all diesen Materialoberflächen setzt Protonen frei. Auch kleinere Proton- (oder Hydroniumionen-) Gradienten können Ströme antreiben, weil ein Spannungsgefälle stets dazu tendiert, sich auszugleichen. *Spannungsgefälle sind kraftvolle Auslöser aller Arten von Strömen.*

Das führt uns zu einem damit verbundenen Thema: Was wird aus diesen Strömungen bei Fehlen irgendeines Materials, das ihnen eine Richtung vorgibt? Stellen Sie sich vor, dass weder eine Röhre noch ein Loch noch eine Sphäre da sind, um diese Ströme in Gang zu setzen und zu steuern. Was passiert dann? Strahlungsenergie gelangt weiterhin in das System; aber wie verschwindet oder verbraucht sich diese Energie in Abwesenheit von etwas, das Ströme erzeugen kann?

Vielleicht vermuten Sie schon, dass weiterhin Bewegungen ablaufen, allerdings ungerichtet. Solche zufälligen Umwälzungen finden im Wasser laufend statt. Diese „Brown'schen Molekularbewegungen“ haben sowohl physikalische als auch chemische Auswirkungen. Wir werden sie in Kapitel 9 näher behandeln, wo wir erforschen, ob die Brown'sche Molekularbewegung vielleicht von Strahlungsenergie erzeugt wird.

Hier soll es genügen, zur Kenntnis zu nehmen, dass absorbierte elektromagnetische Energie mechanische Auswirkungen hat. Sie kann Ströme aller Art in Gang setzen, die einen Output an Arbeit bewirken.

Energieumwandlung ähnlich der Fotosynthese

Wasser verrichtet offenkundig alle Arten von „Arbeit“; das Spektrum reicht von der Chemie über die Optik bis hin zur Elektrik und Mechanik. Die potenzielle Energie, die diese Arbeit ermöglicht, entsteht durch Ladungstrennung, die wiederum von der Aktivität absorbierter Strahlungsenergie stammt. Die gespeicherte Energie dient als Zwischenphase oder Batterie, die alle Arten von Arbeit oder Energieoutput in Gang setzen kann.

Diese Kette von Vorgängen hat eine beeindruckende Ähnlichkeit mit der Fotosynthese. Bei der Fotosynthese ermöglicht die absorbierte Strahlungsenergie der Sonne Energieleistungen, die denen, die wir gerade kennengelernt haben, nicht unähnlich sind: chemische Energie (Stoffwechsel), mechanische Energie (Verformungen); Fließen (in den Gefäßen der Pflanzen) und in einigen Organismen sogar Licht. Die absorbierte Strahlungsenergie bewerkstelligt verschiedene Arten von „Arbeit“; Beispiele dafür sehen Sie überall um uns herum in grünen Pflanzen und Mikroorganismen.

Der erste Schritt im fotosynthetischen Prozess ist das Aufspalten von Wasser. Die Trennung in positive und negative Komponenten wird durch das Licht absorbierende Chlorophyll vermittelt, das mit Wasser in

Betreiben Sie Fotosynthese?

Pflanzen tun es; Bakterien tun es; verschiedene Einzeller tun es; Fotosynthese ist für Lebewesen, die im Baum der Evolution weiter unten stehen, ein so effizienter Prozess, dass man die Frage einfach stellen muss, ob die Natur diesen Prozess zurückgehalten hat, als sie sich zu komplexeren Organismen weiterentwickelte. Ich rege nicht unbedingt an, dass auch Sie mit Fotosynthese anfangen sollten, denn das, was dort am Ende entsteht, sind organische Substanzen. Was uns Menschen betrifft, so bekommen wir organische Substanzen leichter über die Nahrung. Allerdings könnte Ihr Körper dennoch den ersten Schritt des Fotosyntheseprozesses vollziehen: indem er Strahlungsenergie dazu verwendet, die Ladungen des Körperwassers zu trennen. Diese Ladungen könnten dann nützlich sein, um verschiedene physiologische Prozesse in Gang zu bringen.

Ein plausibler Prozess ist die Versorgung der Kapillaren mit Blut. Wir haben gerade gesehen, dass Licht das Strömen durch hydrophile Röhren bewirkt; in ähnlicher Weise könnte Licht das Fließen des Blutes durch die Kapillaren an der Hautoberfläche bewirken, die nichts anderes sind als hydrophile Röhren. Es kommt ja sehr viel Licht in Ihren Körper, das aktiv sein könnte – das können Sie beobachten, indem Sie das Blitzlicht einer Kamera direkt vor Ihrer Handfläche aufflammen lassen. Wenn Sie das im Dunklen tun, sehen Sie das Licht, wenn Sie von der anderen Seite auf Ihre Handfläche schauen. So könnte das Eindringen von Licht in Ihren Körper durchaus helfen, den kapillaren Blutfluss anzutreiben.

Der Blutfluss kann jegliche Unterstützung gut gebrauchen. Bei gesunden jungen Erwachsenen können die roten Blutkörperchen größer als der Durchmesser der Kapillaren sein, durch die sie hindurch müssen: 6 oder 7 Mikrometer (Durchmesser der roten Blutkörperchen) statt 3 bis 5 Mikrometer (Durchmesser der Kapillaren). Diese roten Blutkörperchen verformen sich nachweislich während der Passage durch die Kapillaren.[w2] Stellen Sie sich zum Vergleich einen teilweise zusammengedrückten Ball vor, der eine Toilette hinuntergespült werden soll. Wenn Sie das wirklich tun wollten, müssten Sie beträchtlichen Druck aufwenden, auch wenn die Reibung gering ist. Im Gegensatz dazu zeigen Messungen in den Kapillaren beinahe gar keinen Druck; der größere Teil des Drucks herrscht in den größeren *Arteriolen*. Kapillaren leisten dem Blutstrom also nicht so viel Widerstand, wie man zunächst erwarten könnte. Irgendeine Energie unterstützt das Herz möglicherweise dabei, den Blutstrom zu gewährleisten, und diese Energie könnte leicht von der Strahlungsenergie stammen, die Ihr Körper absorbiert!

So hat uns Mutter Natur also nicht enttäuscht. In ihrer unendlichen Weisheit hat sie einen Prozess, der normalerweise Pflanzen und Bakterien vorbehalten ist, möglicherweise angepasst, um Licht in ein Fließen oder in andere Vorgänge zu verwandeln, wie sie bei Tieren vorkommen. Der erste Schritt könnte für *alle* Lebewesen gelten: Übertragung von Licht durch eine hydrophile Substanz, die mit Wasser in Berührung steht. Während *Sie* aber wahrscheinlich nie neue Triebe hervorbringen oder dem Licht zuwachsen werden, könnten Sie trotzdem denselben Übertragungsmechanismus nutzen, der bei den Pflanzen auf Ihrer Fensterbank so wirksam ist.

Kontakt ist. Das Szenario ähnelt einem, das wir hier schon betrachtet haben: einer hydrophilen Oberfläche, die mit Wasser in Kontakt ist. In beiden Fällen initiiert das Licht die Spaltung der Wassermoleküle. Es erscheint daher verlockend, zu denken, dass das durch Licht verursachte Aufspalten des Wassers bei der Fotosynthese ähnlich dem Trennen von Ladungen sein könnte, das mit der EZ verbunden ist. Das bedeutet, dass das Chlorophyll bei der Fotosynthese nur eine spezielle Verkörperung hydrophiler Oberflächen allgemein darstellt. Strahlung, die auf Chlorophyll und Wasser trifft, spaltet das Wasser genau so, wie die Strahlung auf hydrophilen Oberflächen, die mit Wasser in Berührung stehen, das Wasser aufteilt – wobei Erstgenanntes wahrscheinlich effizienter ist.

Wenn Chlorophyll nichts anderes ist als eine spezifische Verkörperung von hydrophilem Material, dann sollten die Zentren, an denen die Fotosynthese stattfindet, auch den 270-Nanometer-Absorptionsgipfel zeigen, der für das Vorhandensein einer EZ charakteristisch ist. Blauviolette und rote Absorptionsgipfel werden in Lehrbüchern beschrieben; Experten für Fotosynthese finden jedoch auch einen beeindruckend großen Gipfel bei 280 Nanometer. Dieser 280-Nanometer-Gipfel wird für gewöhnlich als lästige Nebenerscheinung einer Verunreinigung durch Proteine betrachtet, doch man fragt sich: Könnte dieser (so bezeichnete) 280-Nanometer-Gipfel nicht auch der 270-Nanometer-Gipfel sein, die für die EZ typisch ist? Wenn das so wäre, würde dies ganz stark auf die Anwesenheit von EZ-Wasser in den Reaktionszentren der Fotosynthese hindeuten. Die EZ müsste dann am Chlorophyll zu finden sein und ihre Ausformung wäre derjenigen ähnlich, die an hydrophilen Oberflächen allgemein entsteht.

Kurz gesagt: Der erste Schritt der Fotosynthese könnte eine spezielle Verkörperung des allgemeineren Prozesses sein, den ich auf den vorhergehenden Seiten beschrieben habe: lichtinduziertes Aufspalten von Wasser und Trennen von Ladungen. *Eine auf einer Ausschlusszone basierende Ladungstrennung könnte ein allgemeiner, erster Schritt im Verlauf der Fotosynthese sein.*

Der Ausgleich der Energie

Vielfältige Beispiele haben gezeigt, dass die EZ potenzielle Energie für nachfolgenden Gebrauch speichert. Jedoch bleibt nicht alles von dieser gespeicherten Energie verfügbar. Das kommt daher, dass ein wenig Energie an die Umgebung zurückgestrahlt wird; ein Teil davon ist Wärme. Infrarotkameras und manchmal auch einfache Thermometer können diese Wärme aufzeichnen. So besteht der Output nicht nur aus Arbeit, sondern aus Arbeit plus Strahlungsenergie.

Eine einfache Möglichkeit, dieses Konzept zusammenzufassen, ist die Form einer Gleichung:

Aufgenommene Strahlungsenergie	=	freigesetzte Energie oder Arbeit + abgegebene Strahlungsenergie

(Gleichung 1)

Diese Gleichung 1 bezieht sich auf einen Gleichgewichtszustand. Sie lässt sich nicht auf Übergangszustände anwenden. Beispiel: Wenn die aufgenommene Strahlungsenergie abrupt zunimmt und beginnt, die EZ zu vergrößern, müsste man einen anderen Begriff einführen, der die vorübergehend gespeicherte Energie beschreibt. Für einen gleichmäßigen Gleichgewichtszustand aber genügt die Gleichung 1.

Diese Gleichung beschreibt die Energiebilanz für den Gleichgewichtszustand. Sie bringt zum Ausdruck, dass die Übertragung weniger als 100 Prozent beträgt, denn ein Teil der absorbierten Energie geht ja wieder an die Umgebung zurück, aus der sie gekommen ist. Nur der nicht wieder zurückgegebene Anteil wird nutzbare Energie oder Arbeit. Der Teil, der nicht zurückgegeben wird, ist praktisch und leistungsfähig: Er liefert Energie für eine Menge von Prozessen.

Zusammenfassung und Ausblick

Wir schließen diesen Teil des Buches ab, indem wir darüber nachdenken, wohin uns die letzten Kapitel gebracht haben und wohin uns die neu aufgedeckten Eigenschaften von Wasser führen werden.

Wir haben zunächst eine unerwartete Eigenschaft von Wasser identifiziert. Wir haben herausgefunden, dass sich Wassermoleküle in Berührung mit hydrophilen Oberflächen zu kristallinen Gebilden aufreihen, die sich auch bis in unerwartet große Entfernungen von den formgebenden Oberflächen ausdehnen können. Wie Eiskristalle schließen diese Flüssigkristalle viele Substanzen aus. Die Bandbreite reicht von makroskopischen kolloidalen Partikeln bis hin zu submikroskopisch winzigen lösbaren Stoffen. Diese vorrangig wichtige, ausschließende Eigenschaft hat zu der Bezeichnung „EZ" geführt, die für *Exclusion Zone* steht.

Ausschlusszonen sind normalerweise negativ geladen, während die Wasserbereiche jenseits davon die ergänzende positive Ladung tragen. Die beiden Zonen haben unterschiedlichen Charakter: Die negativ geladene EZ scheint ein halbkristallines Gebilde von übereinandergestapelten Honigwabenebenen zu enthalten. Die positiv geladene Zone hat keine besonderen Eigenschaften. Sie enthält freie Hydroniumionen, die sich verteilen oder ganz nach „Laune" der Elektrostatik herumschwimmen.

Die Energie, die benötigt wird, um die EZ aufzubauen und die Ladungen zu trennen, kommt hauptsächlich von Quellen, die Strahlung aussenden. Infrarotes Licht scheint besonders wirksam zu sein. Es ist auch überall vorhanden und frei verfügbar. Akustische Energie scheint diese Fähigkeit ebenfalls zu besitzen, wenngleich noch unklar ist, wie das im Detail funktioniert. All diese Energien werden wirksam, indem sie Wassermoleküle aufspalten und dadurch einzelne Moleküle freisetzen, sodass sich diese den bereits bestehenden EZ-Ebenen anheften können – wie Ziegelsteine oben auf einer halb fertigen Mauer. Die Wassermoleküle halten dort ganz natürlich, und während sie sich anheften, verlieren sie positive Ladung an das Wasser *außerhalb* der EZ. So trennen sich die Ladungen und die Wasserbatterie lädt sich auf.

Der an diesem Prozess beteiligte Energiestrom passt insofern nicht in das konventionelle Paradigma, als die absorbierte Strahlungsenergie nicht nur als Wärme zum Tragen kommt, wie allgemein angenommen wird. (Abb. 7.13) Einiges von dieser Energie kann in potenzielle Energie umgewandelt werden; diese potenzielle Energie kann in vielen verschiedenen Formen genutzt werden – chemisch, optisch, elektrisch, mechanisch und möglicherweise noch in weiteren Formen von Arbeit oder Energie. Mit anderen Worten gibt es zwei verschiedene Energiebahnen.

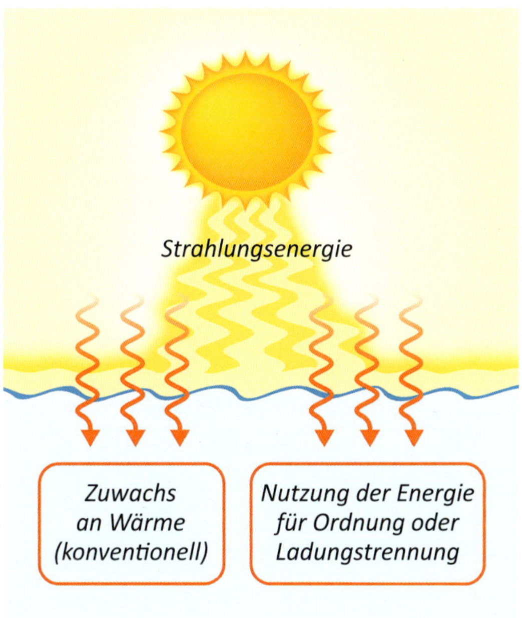

Abb. 7.13: *Energiebahnen innerhalb des Wassers. Die konventionelle Energiebahn ist die Wärmeerzeugung; die hier beschriebene neue Bahn ist die Erzeugung potenziell verfügbarer Energie; sie könnte der erste Schritt beim Prozess der Fotosynthese sein.*

Daher ist Wasser ein Energiewandler, der *eine* Art von Energie absorbiert und sie in andere Arten umwandelt. Diese Umwandlung kann sofort geschehen, wie bei der Fluoreszenz, oder die Energie kann erst einmal für eine spätere Verwendung zwischengelagert werden. Vielleicht dafür, Ihr Gemüse größer und ertragreicher wachsen zu lassen als das Ihrer Nachbarn …

Damit kommen wir zur zweiten Gleichung:

E = H_2O (Gleichung 2)

Gleichung 2 stellt heraus, dass Wasser und Energie Hand in Hand gehen. Puristen werden über das Nicht-zusammen-Passen dieser beiden Einheiten lästern; dem habe ich nichts entgegenzusetzen. Gleichwohl denke ich, Sie verstehen, was ich meine: Energie und Wasser sind eng miteinander verknüpft. Wo immer Wasser existiert, findet man gespeicherte Energie und diese gespeicherte Energie kann alle möglichen Arten von Arbeit verrichten.

Denken Sie einmal darüber nach, was das bedeutet: Man gibt Energie in das Wasser hinein und bekommt eine andere Art von Energie heraus. (Abb. 7.14) Wasser ist ein Energiewandler – ein „flüssiger Motor“, wenn Sie so wollen.

Stellen Sie sich vor, wie die Arbeit dieses Motors praktisch jede Eigenschaft des Wassers beeinflussen kann. Betrachten Sie zum Beispiel die Wärmekapazität des Wassers. Der Begriff der Wärmekapazität bezieht

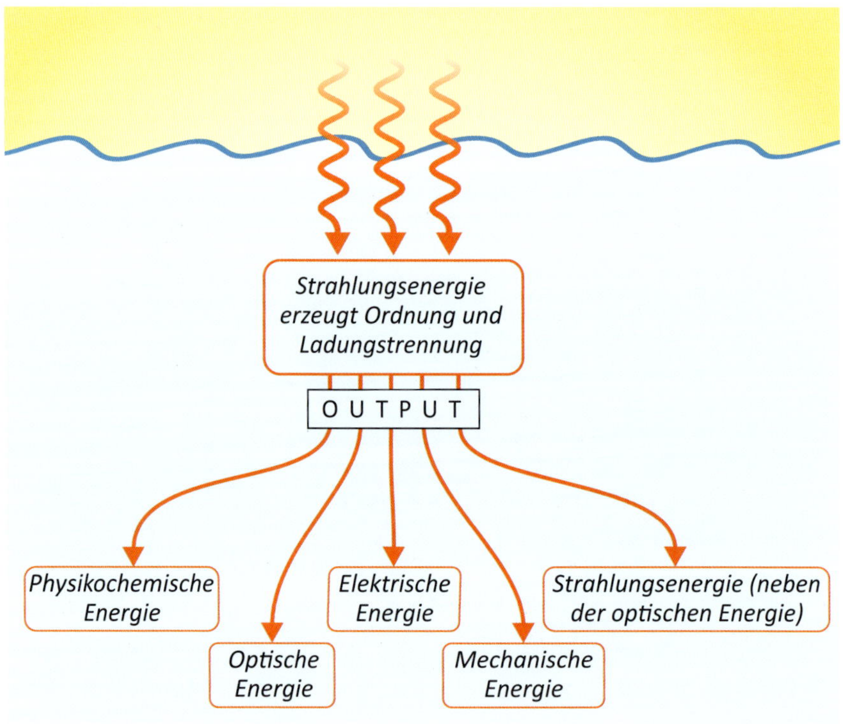

Abb. 7.14: *Wasser verwandelt Energie.*

sich auf die Menge an Wärme, die gebraucht wird, um die Temperatur einer bestimmten Menge Wasser um 1 Grad Celsius zu erhöhen. Bei Wasser ist die Wärmekapazität größer, als die konventionelle Chemie voraussagen würde: Das Wasser heizt sich langsamer auf als das Gefäß, in dem es erhitzt wird.

Die Ursache für die hohe Wärmekapazität des Wassers war schon immer ein Anlass für Diskussionen – aber bitte schauen Sie zurück auf Abbildung 7.13: Strahlungsenergie erhöht sicher auch die Wassertemperatur, aber einiges von dieser Energie wird dafür verwendet, Ordnung zu erzeugen. Das bedeutet, dass nur ein Teil der Inputenergie Wärme erzeugt. Die Konsequenz daraus ist, dass Wasser mehr Strahlungsenergie aufnehmen muss als gedacht, um die Temperatur um einen bestimmten Betrag zu erhöhen.

Die Wärmekapazität stellt nur eines der vielen mit Energie verbundenen Themen dar, an denen Wasser beteiligt ist. Andere Themen reichen von der Verdampfung warmen Wassers bis zum Gefrieren kalten Wassers. Vielleicht denken Sie, dass wir diese Phänomene inzwischen verstehen, das ist jedoch keineswegs der Fall. Viele Anomalien bleiben – das heißt, wir haben nicht die geringste Ahnung davon, was *wirklich* vor sich geht. Zahlreiche Geheimnisse rund um das Wasser sind nicht gelöst.

Um diese Geheimnisse zu lüften, müssen wir zunächst ein Verständnis dafür entwickeln, was passiert, wenn man dem Wasser Energie zuführt oder entzieht – und darauf kommen wir im nächsten Teil des Buches zu sprechen.

Jetzt fangen wir an, das zu verwenden, was wir bisher über Wasser erfahren haben, um ein breites Spektrum natürlicher Phänomene klarer zu verstehen. Unser Modell der EZ wirft ein neues Licht auf althergebrachte Konzepte und Sie werden – wie ich hoffe – bald radikal andere Ansichten kennenlernen, um unsere Welt zu begreifen.

Teil III

Was das Wasser bewegt, das bewegt die Welt

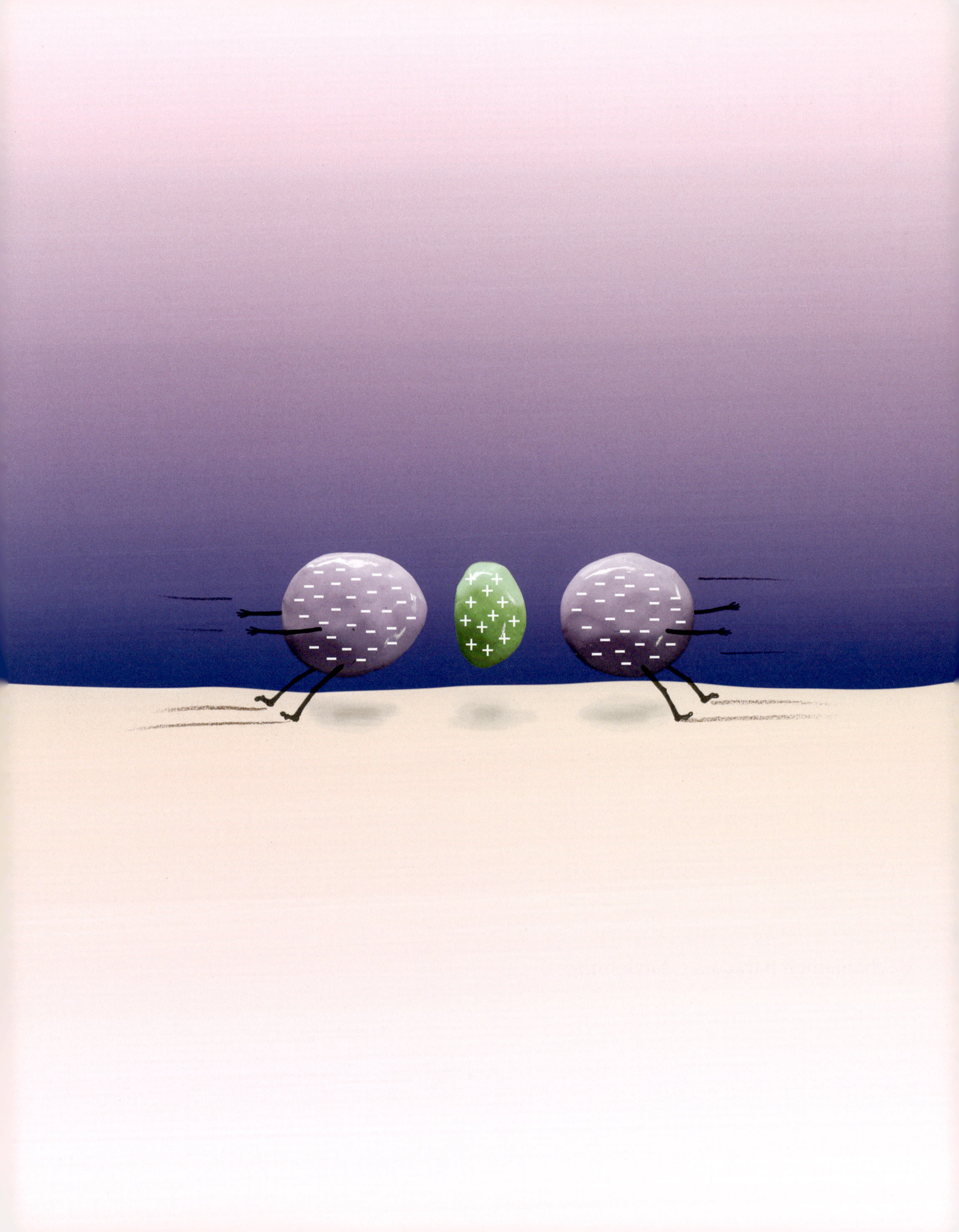

8 Wasser macht alles anziehend

Falls wir überhaupt irgendetwas in der Wissenschaft als „fundamental“ bezeichnen können, dann ist es der Begriff (die Idee, das Konzept) der *Ladung*. Entgegengesetzte Ladungen ziehen einander an, gleiche Ladungen stoßen einander ab. Das ist ganz einfach. Lassen Sie mich also eine Frage stellen: Nehmen wir an, Sie ziehen ein geladenes Partikel aus Ihrer *linken* Tasche und ein gleich geladenes Partikel aus Ihrer *rechten* Tasche. Sie geben diese beiden Partikel gemeinsam in ein Becherglas mit Wasser, nahe genug beinander, sodass das eine Partikel die Ladung des anderen „spüren“ kann. Was passiert mit der Entfernung zwischen diesen beiden Partikeln?

Wenn ich diese Frage bei meinen Vorträgen stelle, meldet sich typischerweise niemand. Die Leute vermuten einen Trick und haben Angst, dass eine falsche Antwort ihre tiefe Unsicherheit offenbaren könnte. Ein mutiger Zuhörer wird vielleicht die Hand heben und kleinlaut vorschlagen: „ Also ..., ähh, die gleich geladenen Partikel werden einander wohl abstoßen und sich voneinander wegbewegen.“

Tatsächlich aber bewegen sie sich *aufeinander zu!*

Bevor Sie voreilig den Schluss ziehen, dass der Autor dieses Buches irgendwelche Drogen nimmt, lassen Sie mich Ihnen versichern, dass dieses Paradox keine Halluzination ist. Das Phänomen ist seit *einem* Jahrhundert bekannt. Irving Langmuir, ein Mann, der so bedeutend war, dass eine Zeitschrift für Chemie und Physik sogar seinen Namen trägt, kannte dieses Phänomen gut.[1] Der berühmte Physiker Richard Feynman gab später eine vernünftige Erklärung dafür, die keinen der fundamentalen Glaubenssätze der Physik verletzt.[2]

Richard Feynman (1918–1988)

Warum also bewegen sich zwei gleich geladene Partikel aufeinander zu? Und was könnte dieses Phänomen für den Rest der Naturwissenschaft bedeuten?

Mechanismen paradoxer Anziehung

Feynman stellte eine einfache Erklärung für diese Anziehung vor. Auf seine unverwechselbare Art meinte er, Gleiches liebe Gleiches aufgrund dazwischenliegender ungleicher Dinge. Mit anderen Worten, gleich geladene Partikel zögen einander an, weil Ladungen *entgegengesetzter* Polarität dazwischenlägen. Eine dazwischenliegende *positive* Ladung wird demnach zwei negativ geladene Sphären zueinander hinziehen. (Abb. 8.1)

Abb. 8.1: *Negativ geladene Partikel können „einander anziehen", wenn genügend positive Ladungen dazwischenliegen.*

Wir werden in diesem Kapitel reichlich Hinweise darauf finden, dass dieses Prinzip wirklich stimmt und funktioniert. Wir werden die naheliegenden Fragen ansprechen: Woher kommen die „ungleichen" Ladungen? Warum sollten sie sich zwischen den „gleichen" Ladungen aufhalten? Und schließlich: Was bestimmt den Endpunkt der Anziehung? Dieses Kapitel wird sogar noch über die Beantwortung dieser Fragen hinausgehen, um zu zeigen, dass dieser Mechanismus ein einfaches System darstellt, das viele paradoxe Phänomene erklären kann.

Wäre Feynman im Publikum gewesen, als ich meine Frage stellte, dann wäre er sicher mit der Antwort herausgeplatzt, aber seine Antwort wäre eine mutmaßliche gewesen: Denn zu seiner Zeit wusste man noch wenig über die Natur dieser entgegengesetzten Ladungen. Da musste erst Norio Ise von der Kyoto-Universität kommen und unterstützende Belege für Feynmans grundlegende Idee sammeln.

Abb. 8.2: *Milch ist ein bekanntes Beispiel einer kolloidalen Suspension.*

Norio Ise forschte an Kolloiden. Kolloide sind relativ homogene Mischungen aus Partikeln und einem Lösungsmittel – so wie Joghurt, Blut oder Milch. (Abb. 8.2) Die Partikel sind kleiner als Kieselsteine, aber größer als Moleküle; typischerweise liegen sie im Mikrometerbereich. Man kann ihr Vorhandensein erkennen, weil die Partikel Licht streuen und daher der Suspension ein trübes Aussehen verleihen. Um die einzelnen Partikel zu sehen, braucht man ein Mikroskop. Gleichwohl sind sie im gesamten Kolloid verteilt und verdicken sowohl die Milch, die Sie trinken, als auch das Blut, das durch Ihre Adern fließt.

Ise erforschte Kolloide, die aus Mikrosphären und Wasser bestanden – also die einfachsten, die er bekommen konnte. Er fand heraus, dass – wenn er lange genug wartete, nachdem er sie zusammengemischt hatte – die Partikel sich selbst wieder in regelmäßige Arrangements verteilten, in sogenannte „Kolloidkristalle". Abbildung 8.3 zeigt ein Beispiel. Das Bild illustriert die beiden bemerkenswertesten Eigenschaften:

a) Die Partikel verteilen sich in einem gleichmäßigen Abstand zueinander.

b) Die Partikel bleiben getrennt voneinander.

Die Abstände mögen klein erscheinen, aber die Distanz zwischen den einzelnen Partikeln ist groß genug, um die Ordnung Tausender gelöster Moleküle aufrechtzuerhalten.

Ise und seine Kollegen fanden heraus, dass sich diese Kristalle durch elektrische Anziehung bilden.[4] Unmittelbar nach dem Zusammenmischen verteilten sich die Mikrosphären überall im Lösungsmittel, doch mit der Zeit wurden sie nach und nach zueinander hingezogen und hinterließen dabei Lücken, die frei von Mikrosphären waren und die Cluster umgaben. (Abb. 8.4)

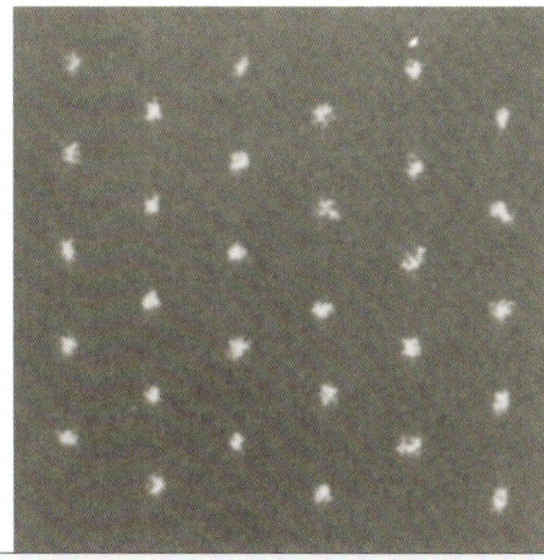

Abb. 8.3: *Endgültige Verteilung von Latexpartikeln mit einem Durchmesser von 0,4 Mikrometern und einer zweiprozentigen Konzentration in wässriger Lösung*

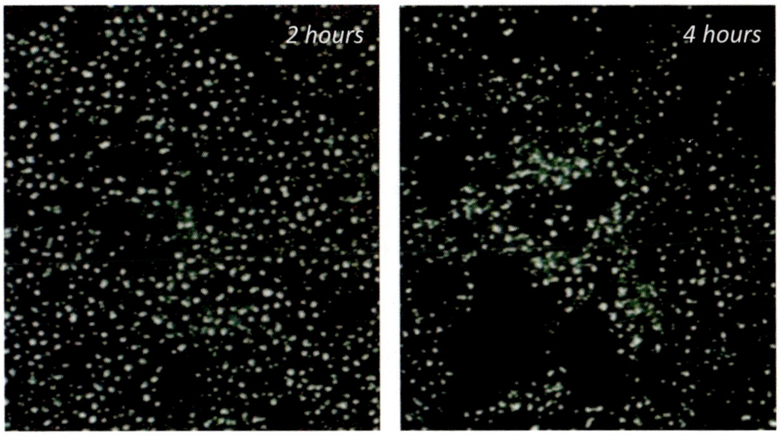

Abb. 8.4: *Mikrosphären ziehen einander mit der Zeit an und hinterlassen dabei große Lücken, die von Mikrosphären frei sind. Rasterweite: 10 Mikrometer [4]*

Aber hier endet diese Geschichte nicht. Nach einiger Zeit verdichteten sich die Zonen mit den Ansammlungen weiter und wurden schließlich zu regelmäßigen Anordnungen (wie in Abb. 8.3 gezeigt). Ise und seine Kollegen fuhren damit fort, die Wirkungen vieler Variablen dieser anziehenden Kraft zu erforschen.[5, 6, 7] Bei jedem Versuch traf Feynmans Vorhersage zu: Die Ergebnisse konnten nur erklärt werden, wenn sich zwischen Partikeln *gleicher* Ladung *entgegengesetzte* Ladungen befanden. Ise und Kollegen schlossen daraus, dass Feynman recht hatte. Die vermeintlich *paradoxe* Anziehung beruhte offensichtlich auf etwas ganz *Orthodoxem*: auf der Anziehung zwischen entgegengesetzten Ladungen. Kein Grund also, sich auf etwas zu berufen, was auch nur annähernd die Verletzung eines grundlegenden physikalischen Gesetzes andeutete.

Für die Eleganz seiner Arbeit bekam Ise den höchsten Wissenschaftspreis, den man in Japan erhalten kann: ein Abendessen mit dem Kaiser. Wie mir erzählt wurde, waren sowohl das Essen als auch die Unterhaltung exzellent. (Abb. 8.5)

Abb. 8.5: *Norio Ise erhält den höchsten Wissenschaftspreis Japans. Kaiser und Kaiserin sitzen auf der linken Seite. (Mit freundlicher Genehmigung der japanischen Akademie der Wissenschaften)*

Bestätigung weitreichender Anziehung

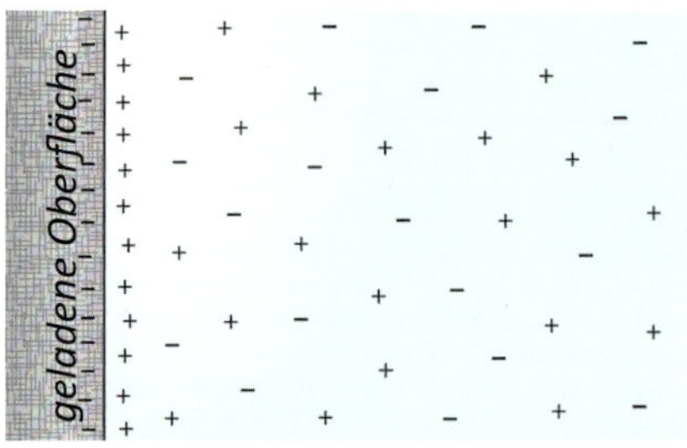

(a) DLVO-Theorie

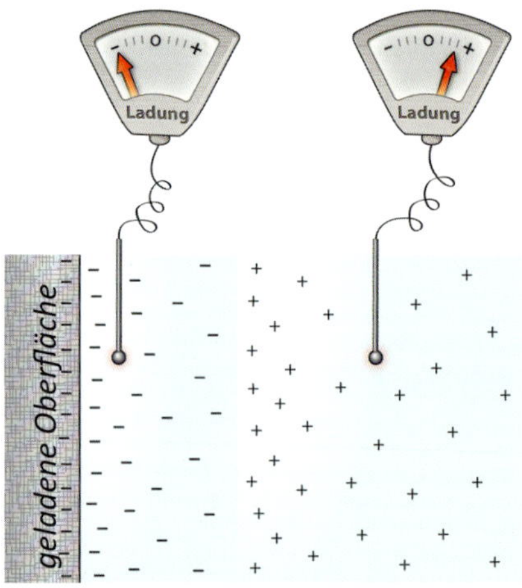

(b) Aktueller Forschungsstand

Abb. 8.6: *Unterschiedliche Ladungsverteilungen. a) Ladungsverteilung gemäß der DLVO-Theorie, bei der sich entgegengesetzt zur Oberfläche geladene Ionen auf dieser ansammeln b) Experimentell gemessene Ladungsverteilung*

Weil er so unkompliziert und geradlinig war, kam der von Feynman und Ise aufgezeigte Zusammenhang bei einigen Physikern und Chemikern nicht gut an; sie argumentierten, dass jegliche Anziehung solcher Art unmöglich ist. Ihre Ansicht beruhte auf der sogenannten DLVO-Theorie, die weitreichende Interaktionen ausschließt. DLVO ist das Akronym, das sich aus den Anfangsbuchstaben der Nachnamen der Verantwortlichen zusammensetzt: Derjaguin und Landau (Russland) sowie Verwey und Overbeek (Niederlande).

Die DLVO-Theorie beschreibt die Kraft, die sich zwischen zwei geladenen Oberflächen entwickelt, die einander in einem flüssigen Medium gegenüberstehen. Diese Theorie leitet sich von der Annahme ab, dass jede geladene Oberfläche entgegengesetzt geladene Ionen aus der Flüssigkeit anziehe; diese Ionen „verhüllten" die Ladung der Oberfläche (wie ein Grabtuch einen Leichnam). (Abb. 8.6a, links) So könne ein Beobachter, der sich in der Flüssigkeit in einiger Entfernung zur Oberfläche befinde, kaum das Vorhandensein dieser geladenen Oberfläche „spüren".

Demnach kann die DLVO-Theorie die Anziehung der Partikel nicht erfassen. Geladene Oberflächen, auch wenn sie nur in geringer Entfernung voneinander liegen, können gemäß dieser Theorie einander nicht „wahrnehmen", weil die entgegengesetzt geladenen Ionen die Ladungen bedecken.

Daher ist es nicht möglich, dass die Oberflächen einander anziehen. Die für die Nichtanziehung entscheidende Trennungsdistanz hängt von verschiedenen Faktoren ab, aber sie beträgt kaum mehr als 10 oder 20 Nanometer und manchmal sind es sogar nur wenige Nanometer. Im Gegensatz dazu zeigen die Beobachtungen von Ise Anziehung bei Distanzen, die das Hundertfache betragen, und gleich werde ich Ihnen Anziehungen zeigen, die sich auf einer *Millimeterskala* bewegen. Die DLVO-Theorie passt nicht zu diesen Beobachtungen.

Diese Theorie hat ein grundlegendes Problem. In ihrem Kern nimmt diese Theorie eine Ladungsverteilung an, die zur *gemessenen* Verteilung im Widerspruch steht. Abbildung 8.6b skizziert schematisch die experimentell gemessene Ladungsverteilung (siehe auch Kapitel 4). Das Bild zeigt eine weite Zone von Ladung, die sich von der Oberfläche aus bis zu einer beträchtlichen Entfernung ins Wasser erstreckt; das ist die EZ-Ladung. Die DLVO-Theorie besagt nichts Derartiges (Abb. 8.6a); die von entgegengesetzt geladenen Ionen bedeckte Oberfläche hinterlässt nur wenig oder gar keine Ladung jenseits dieser „Maske". So steht diese Theorie also im Widerspruch zur messbaren Realität.

Physiker und Chemiker sind gleichwohl immer noch Anhänger der DLVO-Theorie. Viele bezweifeln deshalb, dass die *beobachteten* Anziehungen überhaupt existieren. Und einige wenige halten sogar in aggressiver Weise die Flagge hoch.[8] Ise hat jedem Einzelnen nachdrücklich geantwortet.[9, 10] Soweit ich weiß, konnte niemand seine Antworten infrage stellen.

Gleichwohl war es für uns verlockend zu prüfen, ob wir die „Feynman-Ise-Anziehung" bestätigen und vielleicht sogar erweitern konnten. Um das zu tun, führten wir Experimente durch. Als Partikel verwendeten wir Gelperlen. Diese Perlen mit einem Durchmesser von einem halben Millimeter sind herumgaloppierende Massen – mit molekularen Maßstäben gemessen – mit einem Volumen, das millionenfach größer ist als die Mikrosphären, die von Ise und anderen gewöhnlich verwendet werden. Ihre riesige Dimension half uns, zu beobachten, was wirklich passiert.

Wir legten zwei Perlen gleicher Ladung in einiger Entfernung zueinander auf den Boden eines kleinen Behälters mit reinem Wasser. Dann warteten wir ab, um zu sehen, was passiert. Gelegentlich bewegten sich die Perlen spontan aufeinander zu, was auf die erwartete Anziehung hindeutete; aber meist blieben sie einfach liegen, wo wir sie anfangs hingelegt hatten. Es schien, als überlagere die Tendenz der Perlen, am Boden des Gefäßes zu haften, jeglichen Ansatz einer Anziehung. So nahmen wir die experimentelle Technik hinzu, leicht von unten an das Gefäß zu klopfen, um die Perlen „frei" zu machen. Diese Strategie ging auf. (Abb. 8.7) Mit jedem Klopfen lösten sich die Perlen sichtbar vom Boden und konnten sich danach frei bewegen, bevor sie wieder absanken, um erneut festzuhaften. Dieses wiederholte Klopfen machte es möglich, die sich verändernden Entfernungen zwischen den Perlen zu verfolgen.

Die Ergebnisse waren klar: Die Perlen zogen einander an.[11] (Abb. 8.8) Sogar Perlen, die ursprünglich beinahe einen halben Millimeter voneinander entfernt lagen, rutschten immer näher zueinander. Diese Anziehung war permanent, sowohl bei positiven als auch bei negativ geladenen Perlen. Ja, die positiv geladenen Perlen hafteten weniger an der Oberfläche und zogen einander sogar oft ohne jegliches Klopfen an.

Abb. 8.7: *Die experimentelle Technik, mit der wir die Perlen vom Boden lösten: Klopfen*

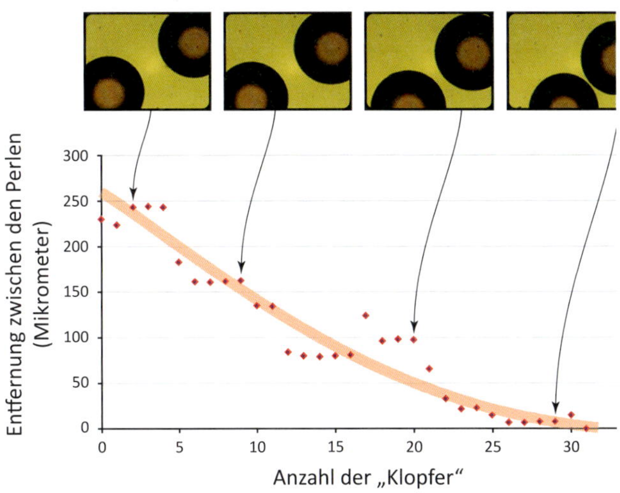

Abb. 8.8: *Die Trennung von Perlen in Abhängigkeit von der Zeit. Die Perlen bewegen sich Schritt für Schritt aufeinander zu. Die Bilder oben entsprechen den Datenpunkten darunter.*

So wurde die Anziehung mit einem der einfachsten Systeme bestätigt: mit zwei großen Perlen in Wasser. Es scheint, als ob das Prinzip „Gleiches zieht Gleiches an" auch von weiter weg funktioniert – ein Ergebnis, das wir ganz besonders erfreulich fanden.

Die noch verbleibende Herausforderung war, die entgegengesetzten Ladungen aufzuspüren, die es theoretisch brauchte, um die Anziehung auszulösen. Konnten wir sicher sein, dass sie existierten? Und woher kommen diese entgegengesetzten Ladungen, falls es sie gibt?

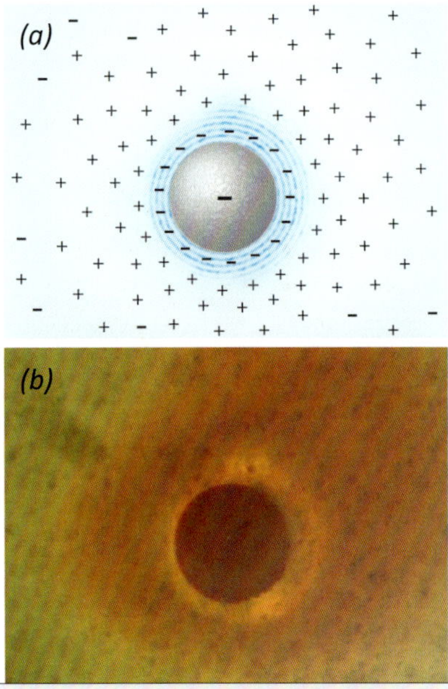

Abb. 8.9: *Mikrosphärische Partikel, in Wasser eingebracht. a) Das linke Bild zeigt die umgebenden Ladungen. b) Negativ geladene Perle (dunkel) in Wasser, das pH-sensitiven Farbstoff enthält. Der hellere Bereich um die dunkle Sphäre ist die EZ, die den pH-sensitiven Farbstoff ausschließt. Der intensiv rote Bereich jenseits davon steht für einen niedrigen pH-Wert oder eine hohe Konzentration von Protonen.*

Bestätigung der Rolle entgegengesetzter Ladungen

Eine mögliche Quelle für entgegengesetzte Ladungen ist die Ausschlusszone. Ausschlusszonen bauen sich kraft einfallender Strahlungsenergie neben hydrophilen Oberflächen auf. Ihre Oberflächen können flach oder sphärisch sein. (Vgl. Kapitel 4) Der Prozess ihrer Entstehung erzeugt außerhalb der EZ entgegengesetzte Ladungen. (Abb. 8.9a) Daher müsste eine negative, in Wasser suspendierte Sphäre von zahlreichen positiv geladenen Ionen umgeben sein.

Wir konnten das Vorhandensein dieser positiven Ladungen experimentell bestätigen. Abbildung 8.9b zeigt eine Gelsphäre in Wasser, das einen pH-sensitiven Farbstoff enthält. Außerhalb der farbstofffreien EZ zeigt die intensiv rote Farbe einen extrem niedrigen pH-Wert an – und damit eine hohe Konzentration von Hydroniumionen. So passen die beiden Abbildungen wunderbar zusammen.

Nun nehmen wir an, dass wir statt eines negativ geladenen Partikels ein *Paar* haben; nehmen wir weiter an, dass diese beiden Partikel nicht allzu weit voneinander entfernt liegen. (Abb. 8.10) Ein Überfluss an positiven Ladungen umgibt beide von einer EZ ummantelten Partikel. Die größte Anzahl positiver Ladungen sollte sich *dazwischen* befinden, weil dieser Zwischenbereich ja von beiden Partikeln mit Ladungen „beliefert" wird.

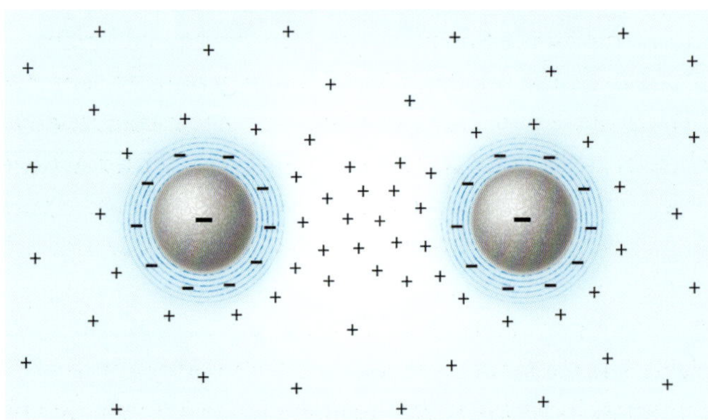

Abb. 8.10: *Die Verteilung von Ladung – wie erwartet, wenn zwei Sphären nebeneinander liegen. Die positiven Ladungen zwischen ihnen verteilen sich nicht signifikant, weil sie von der Negativität der EZ angezogen werden.*

Das Ergebnis? Die Sphären bewegen sich *aufeinander zu*, das heißt in Richtung der höchsten positiven Ladung. Bitte beachten Sie, dass dieser Mechanismus kein Gesetz der konventionellen Physik verletzt. Gleiche Ladungen *ziehen einander nicht an*. Entgegengesetzte Ladungen bewirken die Anziehung (genau so, wie Studienanfänger es in Physik lernen). Diese entgegengesetzten Ladungen gibt es zwischen den Partikeln in großer Zahl. Daher ist eine Menge an Ladungen verfügbar, um die Anziehung zu bewirken, auch bei unerwartet weiten Entfernungen zwischen den Partikeln.

Können wir die dazwischenliegenden Ladungen aufspüren?

Mit Perlen makroskopischer Dimension schafften wir es, das Vorhandensein von Ladungen zu prüfen.[11] Wir machten zwei Experimente. Zuerst verwendeten wir pH-sensitive Farbstoffe (Abb. 8.11): Die Färbung bestätigte, dass bei zwei nebeneinanderliegenden Perlen negativer Ladung die *größte* Anzahl an Protonen *zwischen* ihnen liegt (a); die Färbung bestätigte weiter, dass bei zwei positiv geladenen Perlen die (OH^-) Konzentration (hoher pH-Wert) am höchsten *zwischen* den beiden Perlen ist (b).

Beim zweiten Experiment verwendeten wir feine Mikroelektroden. Indem wir sie an verschiedenen Punkten überall in der Zone zwischen den Perlen platzierten, bestätigten die Elektroden, was das Farbstoffexperiment gezeigt hatte: ein elektrisches Potenzial mit entgegengesetzter Ladung zu dem der EZ.[11]

So sind also die entgegengesetzten Ladungen, die zur vermeintlichen Anziehung *gleicher* Ladungen erforderlich sind (siehe weiter oben), tatsächlich vorhanden. Feynmans Hypothese ist valide.

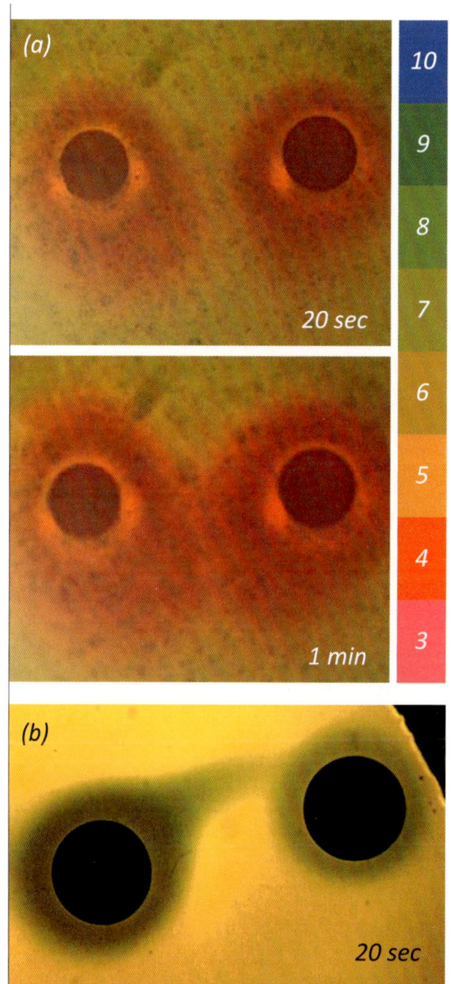

Abb. 8.11: *Entgegengesetzte Ladungen zwischen gleich geladenen Sphären. (a) Die Färbung zeigt einen Bereich mit niedrigem pH-Wert (zahlreiche Protonen oder Hydroniumionen) zwischen zwei negativ geladenen Perlen. Rechts sehen Sie die pH-Skala. (b) Eine Zone mit hohem pH-Wert (negative Ladungen) liegt zwischen zwei Perlen mit positiver Ladung. Die negativen Ladungen laufen manchmal zu brückenähnlichen Strukturen zusammen, wie Sie hier sehen. In allen Bildern werden die entgegengesetzten Medien durch die Strömung der Flüssigkeit leicht aus der Mitte des Gefäßes geschoben.*

Kräftebalance: Wie ein Endzustand entsteht

Mit dem Vorhandensein eines Mechanismus, der die Anziehung erklärt, taucht eine weitere Frage auf: Wann *stoppt* die anziehende Bewegung? Beobachtungen zeigen, dass die Sphären generell aufhören, sich zu bewegen, bevor sie aneinanderstoßen. (Vgl. Abb. 8.3) Aber *warum* ist das so? Warum verbinden sich die Sphären nicht im Aufprall aufeinander?

Das Geheimnis liegt in der abstoßenden Kraft zwischen gleichen Ladungen. Die abstoßende Kraft zwischen den gleich geladenen Partikeln ist schwach, wenn die Partikel weit voneinander entfernt liegen; hier dominiert die Anziehung. Wenn dann die negativ geladenen Sphären sich aufeinander zubewegen, nimmt auch die Negativ-negativ-Abstoßung zu. Wenn die abstoßende Kraft so weit zunimmt, dass sie die anziehende Kraft ausgleicht, kommt jegliche Bewegung zum Stillstand.

Eine solche Balance kann zwei verschiedene Endzustände hervorbringen und in unseren Experimenten haben wir beide gesehen. Bei typischen

Partikeln der Mikroskala, die in dem Wasser sind, tritt der Endzustand ein, solange die Partikel noch ein wenig voneinander entfernt sind. (Abb. 8.12, oben) Dann halten sich die abstoßenden und die anziehenden Kräfte die Waage und erzeugen das normale Kolloidkristallgitter, das wir in Abbildung 8.3 gesehen haben.

Bei *größeren Partikeln*, zum Beispiel bei den Perlen mit einem halben Millimeter Durchmesser, geht die Anziehung weiter, bis die Partikel einander berühren. Der Grund liegt in den verschiedenen Dimensionen: Die Bereiche, die *neben* dem Berührungspunkt liegen, bleiben bei großen Partikeln durch einen beträchtlichen Zwischenraum getrennt (Abb. 8. 12 unten), in dem noch viele *entgegengesetzte* Ladungen verweilen können. So wird die Anziehung aufrechterhalten. Gleichzeitig bleibt die *Abstoßung* wegen der großen Abstände zwischen den negativ geladenen Oberflächen relativ schwach. Bei starker Anziehung und schwacher Abstoßung dominiert die Anziehung, sogar dann noch, wenn die Sphären buchstäblich „aufeinanderkrachen" – an diesem Punkt setzt sich die Anziehung fort und hält sie zusammen. Wenn mehrere Sphären vorhanden sind, führt das Aneinanderstoßen zu einem Klumpen. Die kristalline Ordnung bleibt erhalten, aber ohne Abstand zwischen den Elementen.

Bei allen Versuchen bilden sich Kristallgitter, wenn abstoßende und anziehende Kräfte sich die Waage halten. Reichlich vorhandene Ladungen halten das System in Balance, auch in Fällen mit größerem Abstand zwischen den Partikeln. Da *entgegengesetzte* Ladungen die Balance bestimmen, könnte man erwarten, dass einfallendes Licht die Ladungstrennung beeinflusst. Experimente haben dies bestätigt: Wenn man das Licht verstärkt, werden die Partikel enger zusammengezogen.[12]

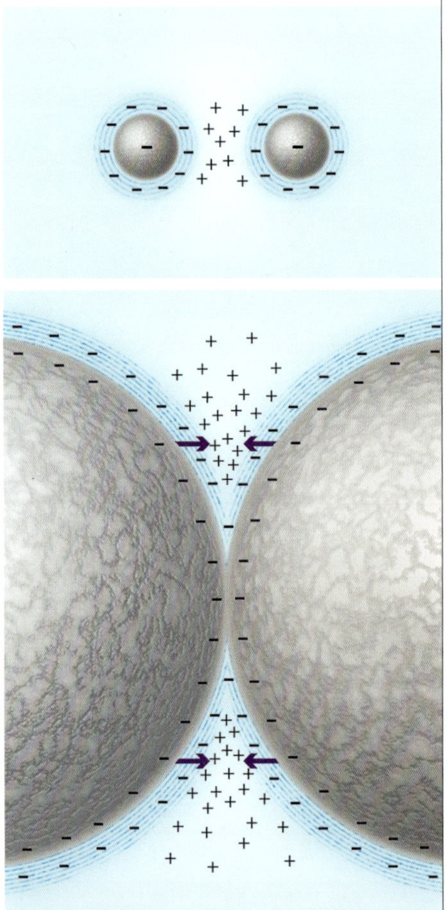

Abb. 8.12: *Stabile Endzustände für kleinere Partikel (oben) und für größere Partikel (unten). Ihre Bewegungen kommen dann zum Stillstand, wenn Anziehung und Abstoßung sich die Waage halten.*

Lösungen oder Suspensionen?

Bei der Beschäftigung mit kolloidalen Partikeln habe ich hier wiederholt den Begriff der Suspension verwendet. Was genau ist eine „Suspension"? Und wie unterscheiden sich Suspensionen von Lösungen bzw. suspendierte Teilchen von gelösten Teilchen?

Physikochemiker machen eine klare Unterscheidung zwischen den beiden Phänomenen. Chemiker betrachten Moleküle dann als gelöst, wenn sie mit dem umgebenden Wasser reagieren, das heißt: Die Moleküle sind „hydriert", sie haben sozusagen eine Hülle aus Wasser. Anders ist es bei Partikeln. Gemäß der vorherrschenden Meinung *vermischen* sich die Partikel nur mit dem Wasser, bis sie sich schließlich am Boden absetzen.

Allerdings, auch Partikel *reagieren* tatsächlich mit dem Wasser: Sie bilden nachweislich Ausschlusszonen, die man ebenso gut als „Hydration" gelten lassen könnte und sollte. In diesem Sinne sind suspendierte

Partikel so ziemlich dasselbe wie gelöste Stoffe. (Abb. 8.13) Damit dürften in beiden Fällen wohl auch die gleichen Mechanismen, Prozesse und Gesetzmäßigkeiten gelten. Um die Logik dieser Argumentation einschätzen zu können, denken Sie an ein Teilchen, das größenmäßig an der Grenze zwischen Partikel und Molekül liegt: Ist dieses Teilchen nun als suspendiert oder als gelöst zu betrachten? Welchen Regeln wird es wohl unterliegen?

Wenn diese beiden Phänomene ein einziges Prinzip demonstrieren, dann gilt andererseits vielleicht auch, dass *ein* Schuh für alle mechanistischen „Füße" passt. Die derzeit vorherrschenden Interpretationen könnten sich dann auch einmal verändern. Wir möchten hoffen, dass die eher zurückweisenden, ablehnenden Erklärungen, die momentan in den Lehrbüchern stehen, einfacheren Prinzipien Platz machen.

Folgerungen

Die zentrale Botschaft dieses Kapitels lautet (sehr knapp zusammengefasst), dass *alles* Anziehung auf *alles andere* auszuüben scheint. Gleiches zieht Ungleiches an (– das ist bekannt) und wir haben auf den letzten Seiten gesehen, dass Gleiches auch Gleiches anzieht. Ich möchte betonen, dass die Regeln der konventionellen Physik dabei nicht verletzt werden; die Physik funktioniert genau so, wie Sie sie gelernt haben. Der wichtige Punkt dabei ist, dass Anziehung ein *universelles Prinzip* darstellt; zumindest in Wasser gilt: Alles zieht alles an.

Dennoch sind die Mechanismen, die die beiden Arten von Anziehung bestimmen, verschieden, insbesondere im Hinblick auf die Energie. Wir betrachten die Anziehung *entgegengesetzt* geladener Objekte als unumstößlich: Bisher gibt es keine Befunde, die die Auffassung infrage gestellt hätten, dass positive Ladung die negative anzieht. Für diese Art von Anziehung bedarf es keiner Energie. Ja, tatsächlich setzen Partikel entgegengesetzter Ladung, wenn sie sich einander annähern, genau genommen sogar potenzielle Energie *frei*, die mit der Ladungstrennung einhergeht.

Die Anziehung *gleichartig* geladener Partikel ist dagegen subtiler. Hier kommt die Anziehung letztendlich von absorbierter Energie: Absorbierte Strahlung bildet Ausschlusszonen und trennt die Ladungen, die wiederum für das Entstehen von Anziehung verantwortlich sind. Je intensiver das absorbierte Licht, umso intensiver die Anziehung.[12] *So benötigt die Anziehung* ***gleich*** *geladener Partikel also Energie*. Und solange die Sonne Energie liefert, werden gleich geladene Teilchen fortfahren, einander anzuziehen.

Die Anziehung gleich geladener Teilchen beschränkt sich nicht nur auf kolloide Partikel, die in Wasser suspendiert sind. Ausschlusszonen gibt es auch in verschiedenen polaren Lösungsmitteln wie etwa Ethanol

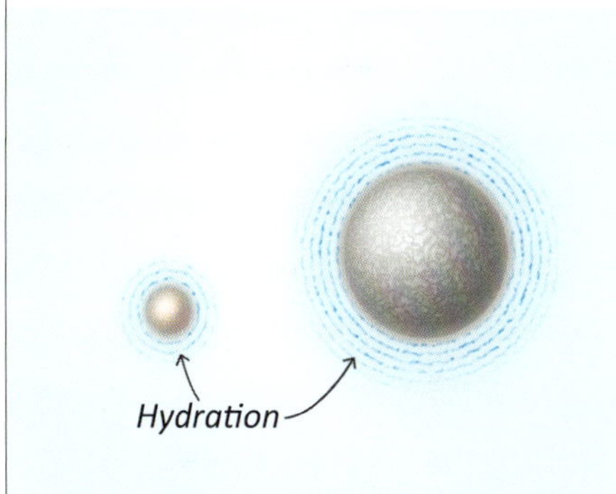

Abb. 8.13: *Die Ähnlichkeit der Hydration von Molekül und Partikel lässt den Schluss zu, dass Lösungen und Suspensionen prinzipiell dasselbe sind.*

Zuckerkristalle

Salz und Zucker stellen Extreme des Prinzips „Gleiches zieht Gleiches an" dar. Um Zuckerkristalle herzustellen, löst man Zucker (Sucrose) in Wasser und erwärmt die Lösung in Anwesenheit eines eingetauchten „Keimkristalls". Wenn das Wasser langsam abkühlt und verdunstet, bildet sich ein Kristall. Dieser „harte" Kristall ist als Würfelzucker bekannt. Seine vielen entgegengesetzten Ladungen halten ihn zusammen.

Das Vorhandensein dieser Ladungen kann bestätigt werden, indem man den Kristall im Dunklen auseinanderbricht (siehe Abbildung). Während der Kristall bricht, „springen" die getrennten Ladungen über die Bruchstelle und produzieren eine blitzähnliche Entladung.

Die Funken kann man bei einzeln verpackten, nach Wintergrün (einer Beerenart) schmeckenden *Lifesaver*-Bonbons leicht sehen: Nehmen Sie eine kleine Zange, platzieren Sie das eingewickelte Bonbon in der Zange, dimmen Sie das Licht herunter und warten Sie, bis sich Ihre Augen an die Dunkelheit gewöhnt haben. Dann brechen Sie mit der Zange diesen „Kristall" in der Mitte durch und Sie können den Blitz sehen. (Wenn Sie die Verpackung in diesem Zustand öffnen, können Sie den Zuckerstaub genießen.) Für eine noch „persönlichere" Begegnung mit der Wissenschaft entfernen Sie die Verpackung und lassen Sie einen Freund das Bonbon *zerbeißen:* Wenn der Mund des Freundes trocken genug ist, können Sie blaue Funken sehen ...

und Acetonsäure.[13] Bei getrennten Ladungen müsste das Prinzip „Gleiches zieht Gleiches an" ebenso funktionieren. In der Theorie könnte dieses Prinzip nicht nur auf Flüssigkeiten anwendbar sein, sondern auf jegliche Situation, bei der elektromagnetische Energie Ladungstrennung verursacht. Das kann von der atomaren bis zur kosmischen Größenordnung reichen. Einige Beispiele:

- ***Atomare Größenordnung:*** Denken Sie an gasförmigen Wasserstoff. Zwei benachbarte Wasserstoffatome teilen sich die Elektronenwolke, um das Gas zu bilden. Da liegen dann negative Ladungen zwischen den beiden positiv geladenen Kernen.
- ***Beispiel aus der Physik:*** Eine Reihe gleich geladener metallischer Kugeln, die sich auf einem sanft geschüttelten nichtleitenden Tisch befinden, nimmt bald eine zweidimensionale Ordnung ein; und ganz gewiss liegen dabei entgegengesetzte Ladungen auf dem isolierenden Trägermaterial zwischen diesen gleich geladenen metallischen Kugeln.[14] Die Situation ähnelt einem zweidimensionalen Kolloidkristall.
- ***Beispiel aus der Biologie:*** Denken Sie hier etwa an frisch synthetisierte Biomoleküle, die sich zu größeren Strukturen zusammenschließen, wie

etwa Filamente und Bläschen. Dieser Prozess der Vereinigung ist noch nicht ganz geklärt. Könnte es nicht sein, dass das Prinzip „Gleiches zieht Gleiches an" diese Moleküle zusammenbringt?

- ***Aus der Welt der Organismen:*** Die Tendenz von Fischen, in Schwärmen (= „Schulen") aufzutreten, wird aus der Entwicklungsgeschichte erklärt. Allerdings umgibt eine schleimige, gelartige Substanz die Haut der Fische. Gelartige Substanzen erzeugen Ausschlusszonen und Protonen, die außerhalb davon liegen ... Könnte es nicht sein, dass Fische von dem Prinzip „Gleiches zieht Gleiches an" profitieren, um sich selbst zu organisieren?
- ***Kosmische Größenordnung:*** Geladene Plasmen beherrschen die kosmischen Phänomene.[15] „Staubige" Plasmen befinden sich in den Ringen des Saturn, in Kometenschweifen und in den zahlreichen interstellaren Wolken, die den Weltraum erfüllen. Partikel dieser staubigen Plasmen arrangieren sich zu geordneten kristallähnlichen Strukturen. Diese Strukturen sind denen von Kolloidkristallen so ähnlich, dass sie oft als „Kolloidplasmen" bezeichnet werden.

Zwar wurde das Prinzip „Gleiches zieht Gleiches an" ursprünglich entwickelt, um das paradoxe Verhalten kolloidaler Partikel in Wasser zu erklären, doch könnte dieses Prinzip von der atomaren bis hin zur kosmischen Größenordnung zur Anwendung kommen. Dieses breite Spektrum beinhaltet auch Phänomene, die uns täglich begegnen, die wir aber nicht gänzlich begreifen – und bei denen wir bisher auch nie daran gedacht haben, sie mit dem Prinzip „Gleiches zieht Gleiches an" zu erklären. Einige Beispiele:

- ***Wolken.*** – Betrachten Sie die bauschige weiße Wolke an einem klaren blauen Himmel. (Vgl. Abb. 1.2) Wolken bilden sich aus Wassertröpfchen. Tröpfchen *gleicher* Ladung sollten sich normalerweise auseinanderbewegen, aber offensichtlich vereinigen sie sich, um die einzelnen weißen Wolken zu bilden, die wir sehen. Diese Vereinigung könnte leicht durch das Prinzip „Gleiches zieht Gleiches an" entstehen – entgegengesetzte Ladungen halten die Tröpfchen zusammen und bilden die Wolke.

Wenn diese Tröpfchen wie in einem Kolloidkristall regelmäßig angeordnet sind, lösen sich einige Geheimnisse. Stellen Sie sich einen Strahl nachmittäglichen Sonnenscheins vor, der eine dieser Wolken trifft. Die Tröpfchen, aus denen die Wolke besteht, zerstreuen das einfallende Licht in alle Richtungen. Wenn es diesen Wolkentröpfchen gelungen ist, einheitliche Abstände zueinander einzunehmen, dann wird Licht unter bestimmten Winkeln, abhängig von den einzelnen Wellenlängen, gebeugt. Das Ergebnis: ein leuchtender Regenbogen.

- ***Sandburgen.*** – Sie werden gebaut, um uns vor dem Schreckgespenst einfallender „Flotten" zu schützen, und könnten ihre unbeugsame Standfestigkeit durch das Prinzip „Gleiches zieht Gleiches an" gewinnen. Diese Sandburgen werden nicht aus Sand allein errichtet; sie enthalten auch

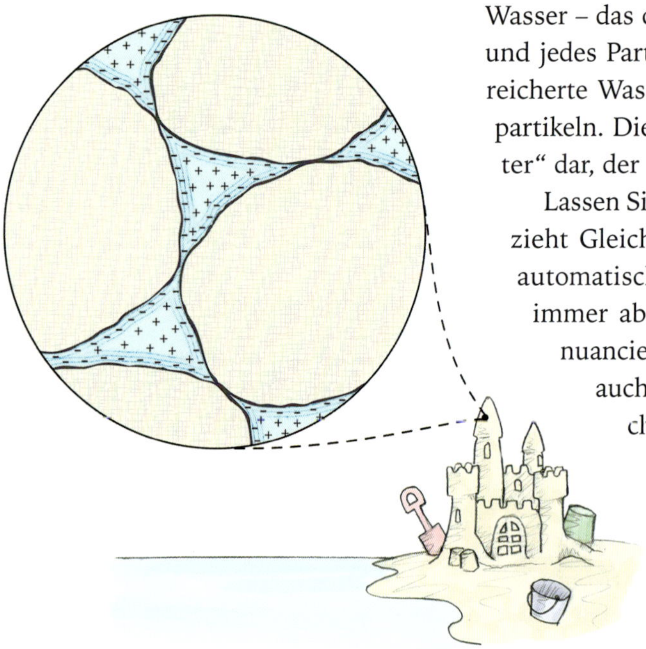

Wasser – das die Bildung von Ausschlusszonen rund um jedes Sandkorn und jedes Partikel ermöglicht! (Abb. 8.14 So liegen mit Protonen angereicherte Wassermoleküle zwischen den mit einer EZ umhüllten Sandpartikeln. Diese entgegengesetzt geladenen Teilchen stellen den „Kleister“ dar, der die Burg zusammenhält.

Lassen Sie mich die Hypothese aufstellen, dass das Prinzip „Gleiches zieht Gleiches an“ Allgemeingültigkeit hat. Zumindest stellt es das automatische Denkmuster infrage, dass gleiche Ladungen einander immer abstoßen *müssten* – und ersetzt diese Sichtweise durch ein nuancierteres Modell mit einer Interaktion zwischen Partikeln, die auch Anziehung mit einschließt. Wenn sich dieses Prinzip „Gleiches zieht Gleiches an“ als weitreichend valide erweist, könnten viele Fundamente ins Bröckeln geraten.

Seien Sie also nicht überrascht, wenn das Prinzip „Gleiches zieht Gleiches an“ in den nächsten Kapiteln immer wieder auftaucht, denn es erklärt anderweitig nicht erklärbare Phänomene. *Möglicherweise ist es ein grundlegendes Prinzip der Natur.*

Abb. 8.14: *Entgegengesetzte Ladungen halten die Sandpartikel zusammen.*

Zusammenfassung

Partikel, die in wässrigen „Medien“ suspendiert sind, sind sozusagen in Ladung eingehüllt. Diese Ladung baut sich auf, während Wasser die umgebende Energie in strukturierte Ausschlusszonen umwandelt. Die Ausschlusszonen haben Ladung einer bestimmten Polarität, während das Wasser *außerhalb* davon Ladungen der entgegengesetzten Polarität enthält. Diese entgegengesetzten Ladungen konzentrieren sich meist zwischen benachbarten Partikeln und erklären, warum diese Partikel einander anziehen und zueinander hinwandern. Diese Anziehung entsteht ganz natürlich.

Diese Anziehung – bekannt als das Prinzip „Gleiches zieht Gleiches an“ – entsteht durch die Anwesenheit entgegengesetzter Ladungen, die *zwischen* den gleich geladenen Partikeln liegen. *Entgegengesetzte* Ladungen ziehen sich aber nach wie vor ebenfalls an. Daher werden die Gesetze der Physik hier nicht verletzt. Auf einem ganz grundlegenden Level gilt immer noch, dass entgegengesetzte Ladungen einander anziehen.

Denken Sie an die philosophischen Schlussfolgerungen dieser Anziehung. In der japanischen Kultur (in der aus dem 11. Jahrhundert stammenden Legende von Genji) besteht der Weg, zwei verfeindete Parteien zusammenzubringen, darin, eine attraktive Frau zwischen die beiden zu stellen; das bringt die Männer zueinander. (Abb. 8.15) Das Prinzip „Gleiches zieht Gleiches an“ funktioniert ähnlich: Der dazwischenliegende *entgegengesetzte* Pol erzeugt Anziehung. So ist Anziehung mehr oder weniger ein universelles Prinzip: Entgegengesetzte *und* ähnliche Objekte ziehen einander an. Wenn Sie mir erlauben, ein wenig poetisch zu werden, möchte ich die Meinung kundtun, dass eine Welt voller Anziehung gastfreundlicher ist als eine von Abstoßung dominierte Welt.

Das Prinzip „Gleiches zieht Gleiches an" stellt die Grundlage des nächsten Kapitels dar, das sich mit der Brown'schen Molekularbewegung beschäftigt: mit dem zitternden Tanz suspendierter Partikel.

Mein Interesse am Phänomen der Brown'schen Molekularbewegung wurde durch ein vermeintliches Paradox ausgelöst: Partikel, die in Wasser gelöst sind, tanzen für gewöhnlich herum. Sobald ein Partikel jedoch Teil eines Kolloidkristalls wird, kommt seine Bewegung praktisch zum Erliegen. Das Partikel sinkt ganz ruhig ab und platziert sich in einiger Entfernung von jedem seiner Nachbarn. Nicht nur der Übergang von Bewegung zur Bewegungslosigkeit erschien mir seltsam, sondern auch der aufgeregte Tanz selbst: Die Partikel scheinen von einer Art innewohnender Energie so aktiviert zu sein, als ob sie lebendig wären.

Das Thema ließ mir keine Ruhe. Warum erschienen die Teilchen in der Suspension so lebendig, während sie praktisch starben, wenn sie in eine organisierte Ordnung integriert wurden? Ich konnte nicht aufhören, darüber nachzudenken. Letztendlich verdichteten sich diese Gedanken zu einem ganz einfachen, neuen Verständnis der Brown'schen Molekularbewegung, das ich im nächsten Kapitel vorstellen will.

Abb. 8.15: *Gegensätze können unter den richtigen Umständen auch vereint werden.*

𝄞 BROWNS TANZ

9 Browns Tanz – durch Energie angetriebene Bewegungen

Im frühen 19. Jahrhundert stellte der schottische Botaniker Robert Brown (Abb. 9.1) etwas Seltsames fest. Nachdem er einige Körnchen Pollen in einen Behälter mit Wasser gegeben hatte, beobachte er eine Art lebhafter Bewegung: Anstatt einfach nur bewegungslos im Wasser zu liegen, tanzten die Körnchen endlos herum. Er fand bald heraus, dass diese Bewegung nicht nur für Pollen typisch ist, sondern auch für Sporen, Staub und sogar für kleine Splitter aus Fensterglas.

Dieser lebhafte Tanz ist unter dem Namen „Brown'sche Molekularbewegung" bekannt geworden. Ähnliche Berichte lagen allerdings bereits ein halbes Jahrhundert früher vor. Browns hauptsächlicher Beitrag bestand darin, zu demonstrieren, dass nicht nur biologische, sondern auch nichtbiologische Gebilde diese scheinbar „selbstanimierte" Bewegung ausführen. Mit anderen Worten, die Brown'sche Molekularbewegung war ein universelles Phänomen der Natur.

Was feuert diese Brown'schen „Tänzer" an? Warum sollten sich diese trägen Partikel endlos hin und her bewegen, wenn es doch ein *Perpetuum mobile* angeblich gar nicht gibt? Das lange vorherrschende allgemeine Verständnis dieser eigenartigen Bewegung berücksichtigte nicht das Spektrum an Strahlungsenergie, das aus der Umgebung absorbiert wird. In diesem Kapitel fragen wir, ob diese absorbierte Energie möglicherweise ein neues (und vielleicht einfacheres) Verständnis des Ursprungs dieser Bewegung liefern kann.

Abb. 9.1: *Robert Brown (1773–1858)*

Die Brown'sche Molekularbewegung im Verständnis von Einstein

Browns Beobachtungen stifteten anfangs Verwirrung unter den Physikern. Um Bewegung zu erzeugen, braucht man Energie, aber die Quelle dieser Energie war nicht klar. Energie aus der Umgebung schien als Auslöser unwahrscheinlich, weil die Wissenschaftler annahmen, dass ein mit Wasser gefülltes Becherglas auf einem Tisch nach einiger Zeit im thermischen Gleichgewicht mit der Umgebung sein müsse. Es erschien unmöglich, dass Wasser eine Art von Energie aufnahm, die etwas bewegen konnte. Die Physiker rauften sich die Haare, aber sie fanden keine zufriedenstellende Antwort.

Dann kam Albert Einstein. In dem fruchtbaren Jahr 1905 entwickelte Einstein bahnbrechende Ideen an drei Fronten: Er schrieb über die Spezielle Relativitätstheorie, den fotoelektrischen Effekt und die Brown'sche Molekularbewegung. Da hatte er wirklich ein gutes Jahr. Einsteins Erklärung für die Brown'sche Molekularbewegung erforderte keine ständige Zufuhr antreibender Energie. Sie beruhte stattdessen auf einer stets gegenwärtigen, *inneren* Energie, die sich als Temperatur widerspiegelt.

Laut Einstein wird die Brown'sche Molekularbewegung zum größten Teil durch zwei Phänomene verursacht: durch Osmose und Reibung. Osmose ist das Phänomen, bei dem sich Wasser in Richtung gelöster Stoffe oder Partikel bewegt; die Konzentration des Wassers strebt stets nach Ausgleich. Einstein betrachtete diesen den Wassermolekülen innewohnenden Antrieb als „Generator" der Brown'schen Molekularbewegung.

Um nachvollziehen zu können, wie das geschehen kann, stellen Sie sich einige in Wasser suspendierte Partikel vor. Ein einzelnes Partikel stellt einen Ort dar, an dem sich kein Wasser befindet. Aufgrund des osmotischen Drucks neigen Wassermoleküle stets dazu, sich in Richtung dieser Stelle zu bewegen. Gelegentlich stoßen die Wassermoleküle dabei mit diesem Partikel zusammen und verursachen dadurch dessen Bewegung.

Jegliche solche Bewegung muss Reibung überwinden. Einstein war sich dessen bewusst. Um die Überwindung dieses viskosen Widerstands zu erklären, wandte er das Reibungsgesetz an, das unter dem Namen „Stokes'sches Gesetz" bekannt ist. Er setzte die Antriebskraft der Osmose mit der Widerstandskraft der Reibung gleich und formulierte damit die *moderne* Auffassung der Brown'schen Molekularbewegung.

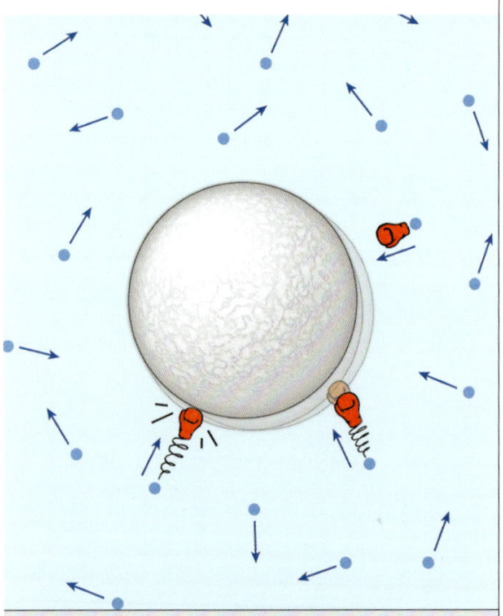

Abb. 9.2: *Der Ursprung der Brown'schen Molekularbewegung nach Albert Einstein. Wassermoleküle bombardieren ein Partikel ständig mit mechanischer Energie. Diese Energie verursacht die Bewegung.*

Dieser simpel erscheinende Ansatz spiegelt die Ausgefeiltheit von Einsteins Analyse nicht angemessen wider. Denn Einstein hat damit nicht nur den *Ursprung* der Molekularbewegung erfasst, sondern gleichzeitig ihre *Natur*. Er hat die Bewegung von Wassermolekülen mit der Bewegung von Gasmolekülen verglichen. Gasmoleküle springen – entsprechend einer zum damaligen Zeitpunkt gut ausgearbeiteten kinetischen Theorie – zufällig herum; ihre Bewegungen leiten sich von ihrer Temperatur ab. Die Temperatur wurde als Maß für die Bewegung angesehen.

So hat Einstein versucht, die für Gas zutreffende Theorie auf Flüssigkeiten zu erweitern. Indem er flüssige Moleküle wie Gasmoleküle betrachtete, konnte er sich vorstellen, wie Wassermoleküle zufällig herumtanzen und dabei gelegentlich suspendierte Partikel anstoßen, die dann selbst wiederum umherhüpfen. (Abb. 9.2)

Natürlich produzieren einzelne Treffer nicht sehr viel Bewegung. Die Masse eines Wassermoleküls ist etwa 10 Milliarden Mal kleiner als das Partikel, das bewegt werden soll. Also wäre sein Stoß viel zu schwach. Mein Freund Emilio del Guidice vergleicht den Vorgang mit dem Aufprall eines Insekts auf die Windschutzscheibe eines Lastwagens – dieser wird dadurch nicht von seinem Kurs abgelenkt ... Um einen Lastwagen zu bewegen, bräuchte man eine größere Menge aufschlagender Käfer ...

Indem er die kinetische Theorie der Gase verwendete, gelangte Einstein zu einer Gleichung, die die Brown'sche Molekularbewegung beschrieb (siehe Rahmen auf Seite 170). Mit dieser Gleichung lässt sich die Dimension der Lageveränderung der Partikel (genauer gesagt: die mittlere quadratische Verschiebung der Partikel) innerhalb einer bestimmten Zeit berechnen.

Mit dieser formalen Theorie beschrieb Einstein, was mit einem Partikel passiert, das in einem Bad von Wassermolekülen suspendiert ist. Die Wassermoleküle, so dachte er, müssten sich ähnlich zufällig wie Gasmoleküle bewegen. Manchmal träfen diese Moleküle auf Partikel. Weil diese Treffer nur gelegentlich und zufällig erfolgten, müsste auch die Lageveränderung der Partikel zufällig und ungeordnet sein, ähnlich den Bewegungen eines betrunkenen Seemanns. (Abb. 9.3)

Abb. 9.3: *Die Brown'sche Molekularbewegung ähnelt den Bewegungen eines betrunkenen Seemanns.*

Einsteins Theorie führte zum Konzept der „thermischen" Bewegung. Gemäß seiner Gleichung hängen die Brown'schen Molekularbewegungen eines Partikels in einer Flüssigkeit von der Temperatur ab. Im Zuge einer Temperaturerhöhung nimmt auch die Bewegung zu. Auf Basis der Temperaturabhängigkeit konnte Einstein diese Bewegung als „Wärmebewegung" oder „thermische Bewegung" bezeichnen. Physiker gelangten zu der Auffassung, dass die Temperatur als ein Maß für die Bewegung betrachtet werden könne: Atome und Moleküle tanzten mit einer Intensität umher, die mit den Maßeinheiten der Temperatur gemessen werden könne.

Zwar akzeptiert die Wissenschaft heutzutage Einsteins Analyse auf breiter Basis, aber das war anfangs ganz und gar nicht der Fall. In seinem historischen Rückblick liefert Brush einen gut lesbaren Beitrag über den frühen Widerstand gegenüber Einsteins Theorie.[1] Die Physiker drückten ihre Skepsis gegenüber nach ihrer Auffassung fragwürdigen theoretischen Gedankensprüngen aus. Das Stokes'sche Gesetz beispielsweise sei formuliert worden, um Reibung in *makroskopischen* Systemen (wie schwingende Pendel) zu beschreiben. Doch Einstein ging davon aus, dass das Gesetz genauso für *mikroskopische* Gebilde anwendbar sei, um die es bei der Brown'schen Molekularbewegung geht. Außerdem dachten einige Physiker, dass die Wirkung der auftreffenden Wassermoleküle viel zu wenig Kraft habe, um die beobachteten Lageveränderungen der Partikel zu erklären, es sein denn, diese Zusammenstöße würden koordiniert stattfinden. Andere Physiker erhoben Bedenken in Bezug auf sich gegenseitig ausschließende Annahmen: Die Theorie der Osmose besage, dass die Wassermoleküle auf die Oberfläche eines Partikels stießen und dann abprallten. Das Stokes'sche Gesetz impliziere aber, dass diese Moleküle am Partikel hängen bleiben müssten, um Reibung zu erzeugen. Das waren die Aspekte, die die Physiker zu dieser Zeit störten.

Brush beschreibt dann weiter eine andere Problematik, die Unmut hervorrief: Einsteins allgemeine Denkweise. Diese Denkweise beruht auf einer abstrakten Form der statistischen Mechanik, deren Grundlage einige Physiker kaum nachvollziehbar fanden.

Was diese theoretischen Schwierigkeiten noch gravierender machte, war die Tatsache, dass einige experimentelle Beobachtungen der Einstein'schen Theorie widersprachen. Zeitgenossen wie Svedberg oder Henri fanden heraus, dass die Lageveränderungen vier bis sieben Mal größer waren als nach Einsteins Gleichung vorausberechnet. Diese Wissenschaftler hatten keine Hemmungen, diese Unstimmigkeiten hinauszuposaunen.

Gleichwohl schmolz der Widerstand gegen seine Theorie in dem Maße dahin, wie Einsteins Ansehen zunahm; ein paar Jahrzehnte später war Einsteins theoretische Formulierung allgemein anerkannt. Heute wird die thermische Bewegung als eines der fundamentalen Gesetze der Natur betrachtet. Man nimmt an, dass jedes Atom, jedes Molekül und jedes Partikel diesem ständigen thermischen Tanz unterliegt; und aus diesen „Tanzschritten" hat sich unser gegenwärtiges Verständnis der Festkörperphysik entwickelt. Es ist keine Übertreibung zu behaupten, dass das Konzept der thermischen Bewegung als genauso fundamental angesehen wird wie die Newton'schen Bewegungsgesetze oder die Atomtheorie der Materie.

Aktuelle diesbezügliche Themen

Die früheren Vorbehalte von Einsteins Zeitgenossen sind lange vergessen und Sie könnten denken, dass alles, was mit der Brown'schen Molekularbewegung zusammenhängt, gut erforscht sei. Das ist jedoch nicht der Fall. Die Theorie kann modernen experimentellen Beobachtungen bei mindestens drei Szenarien nicht standhalten:

a) wenn Salz dem Wasser hinzugefügt wird,
b) wenn die Partikelkonzentration relativ hoch ist und
c) wenn ein Licht angeschaltet wird.

Lassen Sie mich das kurz ausführen.

Fall a): Die Brown'sche Molekularbewegung wurde in *reinem* Wasser gemessen und zum Vergleich in Wasser, das unterschiedliche Mengen an Salz enthielt.[2] Wenn man die Salzmenge erhöht, nimmt auch die Bewegung zu, das heißt, die Vibrationen werden stärker. Einsteins Analyse liefert keine offensichtliche Erklärung dafür, warum Salz die Wassermoleküle dazu veranlasst, häufiger oder mit größerer Energie an Partikel zu stoßen.

Fall b): Die Analyse von Albert Einstein berücksichtigt keinen Einfluss der Partikelkonzentration. Bei höheren Konzentrationen treten die Bewegungen *benachbarter* Teilchen aber oft gemeinsam auf: Wenn sich *ein* Teilchen bewegt, bewegen sich nahe gelegene Teilchen in dieselbe Richtung.[3]

Ein solch synchrones Verhalten zeigt sich auch bei Kolloidkristallen[4] und – bei hoher Konzentration – bei Hinzufügung von Salz.[5] Diese Synchronisation stellt für die klassische Theorie, die *zufällige* Bewegungen beschreibt, ein Problem dar: Koordination sollte es demnach nicht geben.

Eine mögliche Umgehung dieser Schwierigkeit könnte darin bestehen, dass man postuliert, dass die klassische Theorie nicht für Situationen anwendbar sei, in denen eine hohe Konzentration vorliegt: Wenn die Partikelkonzentration hoch genug wäre, um das gesamte Wasser hinauszudrängen, wären gar keine Wassermoleküle mehr verfügbar, auf die die Partikel treffen könnten, und dann wäre Einsteins Ansatz nicht mehr anzuwenden. Allerdings waren die Konzentrationen in den genannten Studien selten so hoch: Der Raum zwischen den Partikeln lag typischerweise im Mikrometerbereich, vergleichbar einer Aneinanderreihung Tausender Wassermoleküle; daher sollte eigentlich eine ausreichende Menge anstoßbarer Moleküle zur Verfügung gestanden haben, um die Lageveränderungen zu bewirken. Der Konflikt zwischen der Theorie und den Beobachtungen bleibt also relevant.

Synchrone Bewegung ist nicht der einzige Typ des beobachteten nichtzufälligen Verhaltens. Bei hoher Partikelkonzentration entdeckten Forscher eine „hüpfende“ Bewegung.[6, 7] Ein Partikel vibrierte eine Zeit lang beinahe immer an derselben Stelle; dann sprang es an eine andere Stelle, wo es erneut ähnliche vibrierende Bewegungen vollführte. Es war, als würden die Partikel von einem Käfig in den nächsten springen. Dieses käfigartige Muster begründet eine noch augenscheinlichere Abweichung von der Aussage der Theorie, dass eine direkte Proportionalität zwischen der mittleren quadratischen Verschiebung und der Zeit bestehe.

Fall c): Die Wirkungen von Licht werfen ein weiteres Problem auf. Während Jahrhunderte alte Studien von Gouy jeglichen Einfluss von Licht bei der Brown'schen Molekularbewegung ausgeschlossen hatten, haben modernere Instrumente tiefgreifende reproduzierbare Wirkungen enthüllt: Wenn man nur geringste Mengen an Licht einwirken lässt, nehmen die Lageveränderungen ab. (Abb. 9.4) Die Verminderung hängt von der Intensität und der Wellenlänge ab und kann leicht bis zu 50 Prozent betragen.[8]

Diese Lichtwirkungen könnte man ignorieren, wenn sie indirekt, durch einen lichtinduzierten Temperaturanstieg verursacht wären. Allerdings stieg die Temperatur während der oben zitierten Experimente um weniger als 1 Grad Celsius. Tatsächlich müsste gemäß der Theorie die Temperatur sogar fallen: Einsteins Ansatz geht davon aus, dass jegliche Temperaturerhöhung die Bewegung der Partikel *erhöht*, doch das Licht hat eine *geringere* Bewegung bewirkt. So ist dieser Widerspruch kaum dazu geeignet, Einsteins Erklärung zu „retten“.

Für den lichtinduzierten Effekt finden wir im Rahmen des klassischen Denkens keine einleuchtende Erklärung. Der Effekt ist aber auffallend

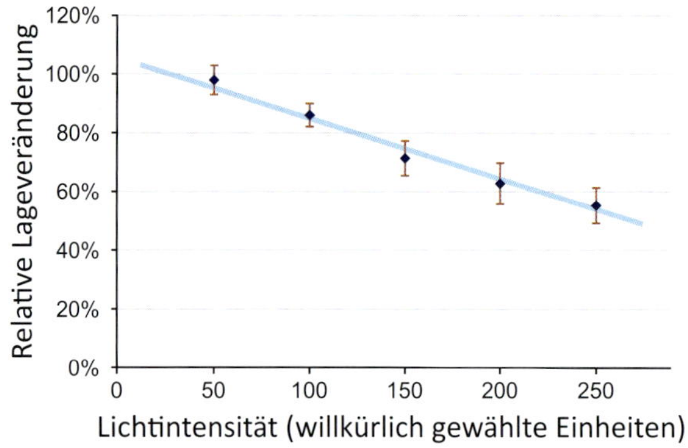

Abb. 9.4: *Die Lageveränderungen von Mikrosphären, gemessen innerhalb einer bestimmten Zeitperiode bei unterschiedlicher Intensität des einfallenden Lichts. Höhere Lichtintensität verringert die Bewegungen.*

genug, um eine Erklärung zu verlangen. Wir werden uns weiter unten noch damit auseinandersetzen.

Neben diesen drei modernen Problemstellungen, die wir bisher behandelt haben, stellt sich ein weiteres Problem aufgrund der ungeklärten Natur der Antriebskraft. Einstein hat Osmose als Antrieb der Brown'schen Molekularbewegung vorgeschlagen. Das tat er aus dem Grunde, weil zu seiner Zeit die Osmose als fundamentales Phänomen der Natur angesehen wurde, etwa auf derselben Ebene angesiedelt wie die Anziehung zwischen positiven und negativen Ladungen. Doch seither ist der osmotische Mechanismus immer mehr infrage gestellt worden und er wird immer noch diskutiert. Kapitel 11 präsentiert Anhaltspunkte dafür, dass die osmotische Kraft *eine Folge der Ladungstrennung* sein könnte und nicht der fundamentale Mechanismus der Natur, den die klassische Theorie postuliert.

Insgesamt findet Einsteins Theorie der Brown'schen Molekularbewegung breite Akzeptanz und sie passt auch zu einigen experimentellen Beobachtungen. Doch zu anderen steht sie im Widerspruch, nicht nur zu solchen aus der Vergangenheit, sondern auch aus der Gegenwart. Diese Widersprüchlichkeiten lassen vermuten, dass die Theorie bestenfalls unvollständig ist. Ich werde im Folgenden sogar darlegen, dass diese Theorie ungenügend ist. Sie berücksichtigt nicht den Antrieb, der durch die einfallende Strahlungsenergie ausgelöst wird, die die Brown'sche Molekularbewegung beeinflusst oder sogar verursacht.

Thermisches Ungleichgewicht – ein weiteres Problem der Brown'schen Molekularbewegung

Einsteins Ansatz setzt ein System voraus, das sich in thermischem Gleichgewicht befindet: Solange die Umgebungstemperatur gleich bleibt, *gewinnt* das System weder Energie, noch *verliert* es Energie. Eine Tasse mit warmem Wasser verliert sicher Energie an die Umgebung und ein Glas kaltes Wasser könnte Energie aufnehmen; doch ein *bedecktes* Gefäß mit Wasser, das einige Zeit in einem Zimmer steht, wird weder als Energie aufnehmend noch als Energie verlierend betrachtet. So die klassische Theorie.

Kapitel 7 lieferte jedoch Anhaltspunkte dafür, dass das Wasser bei Raumtemperatur ständig elektromagnetische Energie aus der Umgebung aufnimmt. Diese absorbierte Energie erzeugt Ordnung und trennt Ladung – und produziert dabei potenzielle Energie, die in der Folge viele Arten von „Arbeit" verrichten kann. Indem es diese Umwandlung von Energie bewirkt, funktioniert Wasser wie alle anderen arbeitenden Maschinen: Es ist *nicht* im thermischen Gleichgewicht.

Ein Verhalten, wie es außerhalb des thermischen Gleichgewichts typisch ist, charakterisiert auch einen der einfachsten auf Wasser basierenden Prozesse des Lebens: die Fotosynthese. (Abb. 9.5) Bei der Fotosynthese spalten einstrahlende Photonen Wasser und erzeugen damit die Stoffe, die dann wiederum den Stoffwechsel, das Wachstum, Ströme und Ähnliches innerhalb von Pflanzen aktivieren. Die absorbierte Lichtenergie ist der ständige Nachschub für das Erzeugen von Arbeitsleistungen – das bedeutet, dass das System sich *außerhalb* des thermischen Gleichgewichts befindet.

Daher steht die Annahme der klassischen Theorie, es handle sich um ein System im thermischen Gleichgewicht, im Widerspruch zu den Anhaltspunkten dafür, dass sich Wasser *außerhalb* des thermischen Gleichgewichts befindet. Sowohl Wasser als auch die Pflanzen (die hauptsächlich aus Wasser bestehen) arbeiten jenseits vom thermischen Gleichgewicht: Hereinkommende Energie verrichtet ständig Arbeit, in derselben Weise, wie Benzin laufend Ihr Fahrzeug antreibt. Wenn Wasser außerhalb des thermischen Gleichgewichts liegt, dann ist ein Verständnis der Brown'schen Molekularbewegung, das sich auf die Annahme stützt, es handle sich um ein System im Gleichgewicht, mit Skepsis zu betrachten.

Dieses Problem ist ernst zu nehmen. Partikel sind ständig in Bewegung und verrichten Arbeit, aber nach der *klassischen* Sichtweise braucht es keine von außen kommende Energie, um diese Arbeit in Gang zu setzen: Die interne Energie reiche aus – unbegrenzt. Wie diese Arbeit des Bewegens ständig ohne von außen kommende Unterstützung weitergehen soll, das wirft für das klassische Verständnis der Brown'schen Molekularbewegung ein echtes Problem auf.

Abb. 9.5: *Strahlungsenergie kann in Pflanzen und in Wasser Arbeit verrichten; beide Prozesse sind von ähnlicher Art. Indem sie Inputenergie weiter verwerten, finden beide außerhalb des thermischen Gleichgewichts statt.*

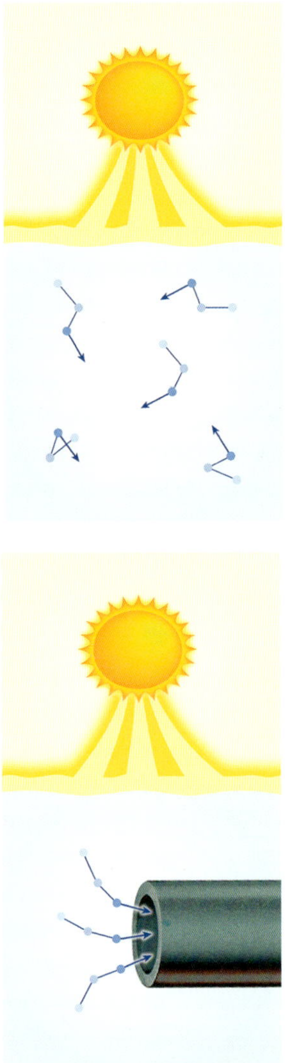

Abb. 9.6: *Einstrahlende Energie erzeugt Bewegungen, die zufällig oder koordiniert sein können – je nach Abwesenheit (oben) oder Anwesenheit (unten) eines „Dirigenten".*

Gibt es einen alternativen Antrieb für die Brown'sche Molekularbewegung?

Angesichts dieser theoretischen und experimentellen Probleme erscheint es lohnend, einen Schritt zurückzugehen und nachzudenken. Ein Jahrhundert ist vergangen, seit Einstein die innewohnende *Wärme* als Antrieb der Brown'schen Molekularbewegung vorgeschlagen hat. Ohne sein Ansehen infrage stellen zu wollen: Können wir wirklich sicher sein, dass Einsteins Annahme valide ist?

Lassen Sie mich einen alternativen Auslöser für die Brown'sche Molekularbewegung vorschlagen: die einstrahlende elektromagnetische Energie. Wenn absorbierte elektromagnetische Energie – wie beobachtet – andere auf Wasser basierende Umwandlungsprozesse auslöst (vgl. Kapitel 7), warum sollte das nicht auch für die Brown'sche Molekularbewegung gelten?

Einen Hinweis darauf, dass diese Hypothese vielversprechend ist, kann man finden, wenn man sich das Fließen von Wasser durch hydrophile Röhren ins Gedächtnis ruft. Stellen Sie sich diesen Fluss als Summe vieler gerichteter Bewegungen der Brown'schen Art vor. Aus dieser Perspektive organisiert die Röhre die Bewegungen nur in Form eines kollektiven Fließens. Da elektromagnetische Energie das Fließen durch die Röhre antreibt, ist sie auch Auslöser der *individuellen* Bewegungen, die gemeinsam diesen Fluss ausmachen. (Abb. 9.6)

Ein solcher externer Auslöser für die Brown'sche Molekularbewegung ergibt auch im Hinblick auf den Energiestrom Sinn: Wasser *absorbiert* laufend elektromagnetische Energie – die aber auch wieder *verbraucht* werden muss. So gesehen können wir die „Arbeit" der Brown'schen Moleküle sozusagen als Ablassventil betrachten, als einen Weg, die absorbierte Energie wieder freizusetzen. Anders ausgedrückt könnte die Brown'sche Molekularbewegung eine natürliche Widerspiegelung der ständigen Absorption elektromagnetischer Energie durch das Wasser sein.

Die Idee, dass elektromagnetische Energie die Brown'sche Molekularbewegung auslöst, mag radikal erscheinen, aber sie ist nicht neu. Mehrere Physiker des 19. Jahrhunderts dachten bereits, dass möglicherweise elektromagnetische Energie die Bewegung indirekt aktiviere – über die Induktion von Wärme. Und später dachte Max Planck, der Begründer der Quantenmechanik, in dieselbe Richtung: Er vertrat die Auffassung, dass elektromagnetische Interaktionen zufällige Molekülbewegungen auslösen könnten. Planck hat schließlich andere Richtungen weiterverfolgt, als seine Gedankengänge nicht zu der Fülle an wertvollen Erkenntnissen führten, die er sich davon versprochen hatte. Gleichwohl blieb die Idee eines elektromagnetischen Auslösers für zwei Jahrzehnte ganz oben auf Plancks Agenda. Diese Auffassung ist also gar nicht so radikal und durchaus begründbar.

Die Kraft, die die Brown'sche Molekularbewegung antreibt

Zwar helfen uns die oben beschriebenen Erwägungen, die Brown'sche Energetik in einen plausiblen Rahmen zu stellen, aber sie sagen uns noch nichts über die Antriebskraft selbst. Welche Kraft schiebt die Partikel hin und her? Wenn wir einmal hypothetisch annehmen, dass elektromagnetische Energie diese Bewegungen auslöst, wie wird diese Energie dann in Bewegung umgesetzt?

Das unter dem Namen „Occams Rasiermesser" bekannte Sparsamkeitsprinzip in der Wissenschaftstheorie besagt: Unter mehreren möglichen Erklärungen für dasselbe Phänomen ist diejenige zu bevorzugen, die die wenigsten Variablen oder Hypothesen beinhaltet und somit die einfachste Theorie darstellt; demnach erscheint es sinnvoll, den möglichen Beitrag von Ausschlusszonen hier mit in Betracht zu ziehen: Wenn elektromagnetische Energie Ausschlusszonen bildet, dann könnte oder sollte das eine oder andere Merkmal von Ausschlusszonen auch in die besagte Überlegung Eingang finden. Eine Ausschlusszone oder EZ hat zwei grundlegende Merkmale: das Ordnen von Molekülen und die Ladungstrennung. Beide Attribute scheinen es wert, in Betracht gezogen zu werden. Insbesondere *Ladung* kann beträchtliche Kräfte erzeugen – gut vorstellbar, dass diese die Brown'sche Molekularbewegung auslösen.

Um zu beobachten, wie Ladung ein Partikel bewegt, stellen Sie sich eine einzelne Mikrosphäre in Wasser suspendiert vor. Die Mikrosphäre ist von einer schalenförmigen EZ umgeben. Käme die Energie von allen Seiten gleichmäßig und einheitlich, so müsste auch die EZ gleichmäßig geformt sein. Praktisch gesehen ist eine absolut gleichmäßige Einstrahlung von Energie jedoch nicht zu erreichen; und jede Ungleichmäßigkeit der Einstrahlung lässt auch eine ungleichmäßige Schalenform der EZ mit einer entsprechenden uneinheitlichen Ladungsverteilung erwarten. (Abb. 9.7)

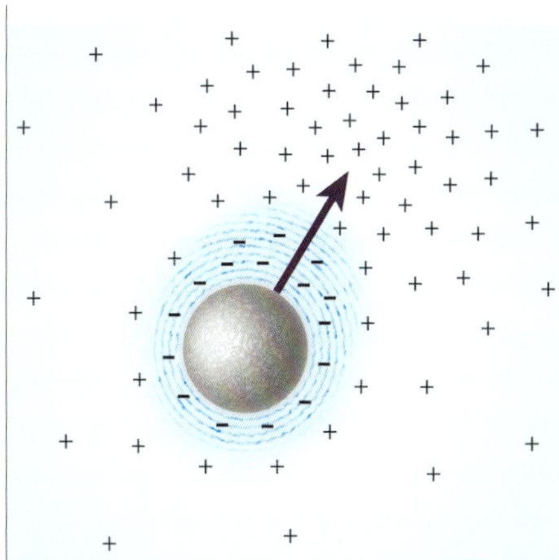

Abb. 9.7: *Intensiver einstrahlende Energie (von oben rechts) wird vermutlich eine asymmetrische Ladungsverteilung erzeugen. Diese Asymmetrie lässt auf eine elektrostatische Kraft schließen, die das Objekt und seine EZ in Richtung der maximalen einströmenden Energie bewegt.*

In welche Richtung wird sich die hier abgebildete suspendierte Mikrosphäre wohl bewegen? Das bewegbare Gebilde besteht nicht nur aus der Mikrosphäre, sondern aus der Mikrosphäre und der daran hängenden EZ. Dieser Tropfen könnte sich theoretisch in jede Richtung bewegen, aber da er negativ geladen ist, wird er unausweichlich in die Richtung der höchsten positiven Ladung wandern. In der Abbildung ist dies oben rechts.

Wir versuchten, die bewusst so gezeichnete Asymmetrie der EZ in der schematischen Abbildung 9.7 auch im Experiment zu überprüfen – und erhielten ein positives Ergebnis: Abbildung 9.8 zeigt die Aufnahme einer Gelperle (mit einem Durchmesser von circa 0,5 mm), die am Boden eines Gefäßes liegt. Die Ausschlusszone bildet sich normalerweise *gleichmäßig* um die Perle herum. Als wir jedoch Licht aus *einer* bestimmten Richtung einfallen ließen, wuchs die EZ mehr in Richtung des Lichts. Also kann

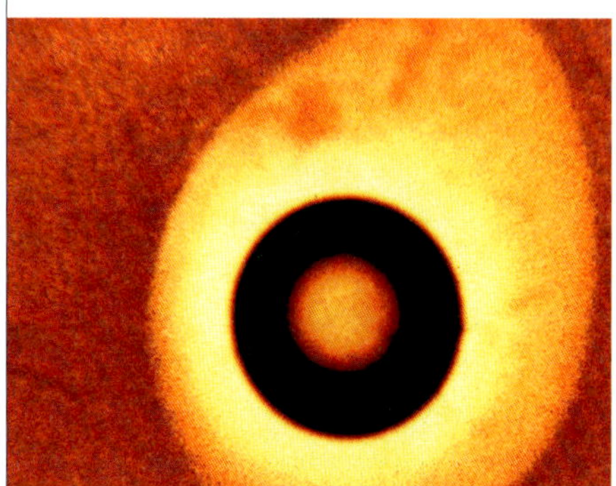

Abb. 9.8: *Asymmetrische Ausschlusszone um eine Gelperle herum; ihre ovale Form ist durch das von rechts oben einfallende Licht entstanden.*

die willkürlich gezeichnete Asymmetrie in Abbildung 9.7 sich auch in der Wirklichkeit tatsächlich ergeben.

Als Nächstes testeten wir, ob sich eine negative EZ in Richtung positiver Ladung bewegt, wie Abbildung 9.7 vermuten lässt. Um das zu prüfen, verwendeten wir einen anderen Versuchsaufbau. Wir positionierten ein Arrangement, das hauptsächlich aus einem langen Band bestand, waagrecht in ein Experimentiergefäß, sodass die Ränder des Bandes oben und unten am Gefäß zu liegen kamen. Das Band wurde an einem Ende fixiert. (Abb. 9.9, Bild a) Nahe dem anderen, freien Ende des Bandes befestigten wir eine Nafion-Röhre.

Als wir zu der Anordnung aus Band und Nafion-Röhre Wasser hinzufügten, wuchs die EZ um das Nafion herum und erzeugte auf die übliche Weise Protonen. (Bild b) Das Band war jedoch breit genug, um die Diffusion der Protonen zu blockieren, sodass die Protonen auf *einer* Seite des Bandes blieben. Während diese Protonen sich ausbreiteten, bog sich das an der Röhre befestigte Bandende eindrucksvoll in Richtung dieser Protonen.[9] (Siehe Bild c) Dies bestätigte, was wir erwartet hatten: Negativ geladene Ausschlusszonen bewegen sich in Richtung positiv geladener Protonen, die die EZ selbst erzeugen. Das belegt auch das Prinzip, das wir in Abbildung 9.7 illustriert sehen.

Daher ist zu erwarten, dass Partikel wie die in den Abbildungen 9.7. und 9.8 sich stets in Richtung der höchsten positiven Ladung bewegen – nach oben rechts in den genannten Abbildungen. Alles, was man dafür braucht, ist eine örtlich begrenzte Ladungsasymmetrie – eine beinahe unvermeidliche Gegebenheit bei einer Ansammlung von Partikeln, die ungleichmäßig einstrahlender Energie ausgesetzt sind. Die Bewegung in Richtung der positiven Ladung könnte man als *Basisvorgang einer Brown'schen Molekularbewegung* betrachten.

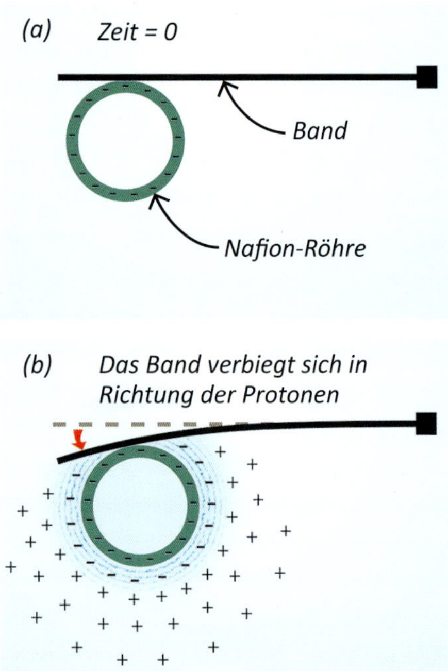

Abb. 9.9: *EZ-Verformung in Richtung der Protonen. a) Nafion-Röhre, befestigt an einem Band. b) Das Band verbiegt sich in Richtung der Protonen. c) Gemessener Zeitverlauf der Verbiegung*

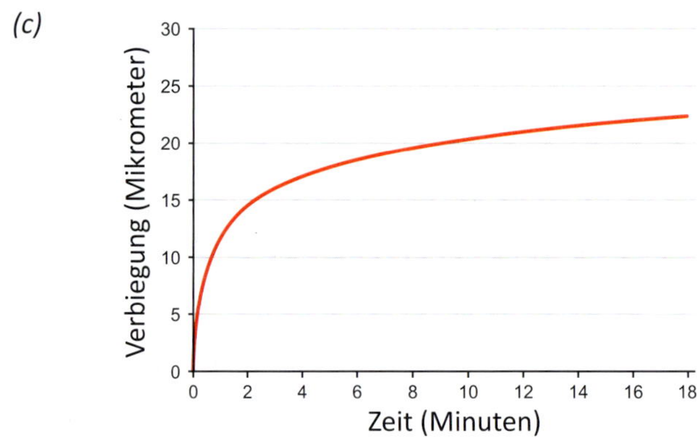

Bewegen sich Teilchen wirklich in Richtung Licht?

Wenn das Prinzip „Ladung zieht an“ wirklich funktioniert, sollten sich daraus Konsequenzen ableiten lassen. *Eine* Konsequenz folgt aus der Einwirkung von einfallendem Licht. Einfallendes Licht bildet Ausschlusszonen und trennt Ladungen um die Partikel herum. Wenn das Licht hauptsächlich aus *einer* Richtung kommt, dann müssten sich die Ladungen in dieser Richtung mehr trennen als in den anderen Richtungen. Suspendierte Partikel müssten sich in Richtung des einfallenden Lichts bewegen. Ich zeige Ihnen vier Beispiele, die dieses Verhalten widerspiegeln:

Im vorangehenden Kapitel gab es Anhaltspunkte für die Anziehung in Richtung von Licht – wenn sie auch subtil war. Ich erwähnte, dass zusätzliches Licht kolloidale Partikel näher zueinanderzieht. Dies geschieht, weil sich die Ladungen trennen, die diese Anziehung dann bewirken. Daher sollten Bereiche, die mehr Licht erhalten, auch verstärkt Anziehung und Verdichtung beinhalten. Diese Verdichtung zieht laufend weitere Mikrosphären an – was gleichbedeutend damit ist, zu sagen, dass die Mikrosphären in Richtung Licht gezogen werden.

Ein zweiter Befund, der auf die Anziehung in Richtung Licht hinweist, kommt von Experimenten, die den Strahl des einfallenden Lichts begrenzten. Wir haben einen Lichtstrahl durch ein Loch in eine einheitliche Suspension von Mikrosphären geschickt. Die Mikrosphären bewegten sich in den Bereich, der das Licht empfing, um sich zuletzt ganz in dieser eng begrenzten beleuchteten Zone zu konzentrieren. (Abb. 9.10)

Bakterien tun größtenteils dasselbe. (Abb. 9.11) Sie bewegen sich auf dieselbe Weise in Richtung von Licht, das dem Infrarotbereich nahekommt, wie sich die eben beschriebenen Mikrosphären in den begrenzten Lichtstrahl bewegten. Die Bewegung der Bakterien wird angeblich von einem Infrarotsensor ausgelöst, der sich in der Zelle befindet.[10] Zwar kann dies durch aus der Fall sein, doch erinnert die Bewegung in Richtung Licht dermaßen an die Bewegung der Mikrosphären, dass man sich fragen muss, ob nicht der physikalische Mechanismus, um den es uns hier geht, dabei eine Rolle spielt.

Ein drittes Beispiel: Erinnern Sie sich an den senkrecht ausgerichteten, von Mikrosphären freien Zylinder, der sich in der Nähe des Zentrums eines Becherglases bildete? Ich habe diese Abnormität im Kapitel 1 vorgestellt. Ursprünglich waren die Mikrosphären in dem mit Wasser gefüllten Becherglas gleichmäßig verteilt. Doch schließlich bewegten sie sich an den Außenrand des Glases und hinterließen dabei den senkrecht ausgerichteten, von Mikrosphären freien Zylinder. (Abb. 9.12) Wir fanden heraus, dass das, was die Mikrosphären an den Rand zog, das von allen Seiten einfallende Licht war.

Abb. 9.10: *Lichtinduzierte Anziehung von Mikrosphären. Licht scheint durch ein Loch in einer Aluminiumplatte. Nach einiger Zeit sammeln sich die Mikrosphären, die sich im Gefäß unterhalb der Platte befinden, im Zentrum des Lochs.*

Abb. 9.11: *Bakterienzellen und Partikel bewegen sich in Richtung der höchsten Lichtintensität.*

Abb. 9.12: *Mikrosphärenfreie Zone in einem Becherglas (von oben gesehen). Die klare Zone erstreckt sich von oben nach unten in der Mitte der wässrigen Mikrosphärensuspension.*

Hatte sich der Zylinder erst einmal geformt, konnten wir die Wirkung von Licht noch weiter untersuchen. Als wir von einer Seite Licht einfallen ließen, wurden die Mikrosphären ganz schnell auf diese Seite gezogen; die Verschiebung bewegte den Zylinder schrittweise in Richtung der nicht beleuchteten Seite, wo er schließlich in sich zusammenfiel. All das passierte innerhalb von ein bis zwei Minuten.[11]

Ähnliche von Licht induzierte Verschiebungen haben wir auch in anderen Konfigurationen gesehen. Wir befestigten zum Beispiel eine Gelscheibe an einem Ende eines langen, zylindrischen Gefäßes, das wir danach mit Wasser und Mikrosphären füllten.

Wir legten danach den Zylinder auf die Seite und beobachteten, wie sich die Ausschlusszone bildete. Die EZ veränderte ihre Form – sie begann als Scheibe (die die Form der Gelscheibe widerspiegelte), verengte sich dann aber zu einer ungefähr konischen Form und nahm zuletzt eine eher pfahl- oder stangenartige Form an, während sie fortfuhr, sich entlang des Zylinders aufzubauen. Wir beleuchteten diese stangenartigen Ausschlusszonen oft mit einem Blitzlicht oder einem Laserstrahl. Jedes Mal, wenn wir das Licht einschalteten, bewegte sich die EZ von der Lichtquelle weg. (Abb. 9.13) Die Verschiebung schien ein Nebenprodukt der Bewegung der Mikrosphären zu sein, die sich in Richtung der Lichtquelle bewegten, wie oben beschrieben.

Ein viertes Beispiel bezieht sich auf ein Phänomen, das wir in gewöhnlichen Mikrosphärensuspensionen beobachten: Ablagerung. Mikrosphären setzen sich für gewöhnlich nach einiger Zeit am Boden des Gefäßes ab und bilden eine Ablagerungsschicht. Wir haben herausgefunden, dass sich das Ablagern *verzögerte*, wenn wir das Glas von *oben* beleuchteten,

Optische Pinzette

Die Anziehung von Partikeln durch Licht, die wir in den vier auf diesen Seiten geschilderten Beispielen gesehen haben, ist die Grundlage für ein weitverbreitetes Experimentierinstrument, das als „optische Pinzette" bezeichnet wird. Biophysiker verwenden optische Pinzetten, um Partikel von einem Ort zu einem anderen zu bewegen. Man richtet dabei nur einen intensiven Lichtstrahl auf ein Partikel oder eine Zelle, bewegt den Strahl – und tatsächlich: Das angestrahlte Objekt folgt dem Strahl. Das Partikel wird tatsächlich im Lichtstrahl „eingefangen" und sucht immer den Punkt der höchsten Lichtintensität.

Dieses „Star-Wars"-Phänomen wird für gewöhnlich einem sogenannten „Strahlungsdruck" zugeschrieben, aber der Mechanismus, der in Abbildung 9.7 gezeigt wird, bietet dafür eine alternative, einfache Erklärung. Diese Alternative ist nicht nur bei Experimenten mit niedrigeren Intensitäten – wie soeben beschrieben – anwendbar, sondern auch bei den hohen Intensitäten, die für gewöhnlich bei optischen Pinzetten Verwendung finden. Je höher die Lichtintensität, umso stärker ist der Effekt des Einfangens. Das zugrunde liegende Prinzip dürfte aber bei allen Lichtintensitäten dasselbe sein.

während von *unten* kommendes Licht es *beschleunigte*. Auch hier gilt also wiederum: Licht zieht Mikrosphären an.

Diese verschiedenen Beispiele lassen wenig Zweifel daran, dass sich suspendierte Partikel in Richtung Licht bewegen. Wir tappen also buchstäblich nicht im Dunkeln: Wir haben die Realität einer durch Licht in Gang gesetzten Kraft als Ursache der Brown'schen Molekularbewegung belegt.

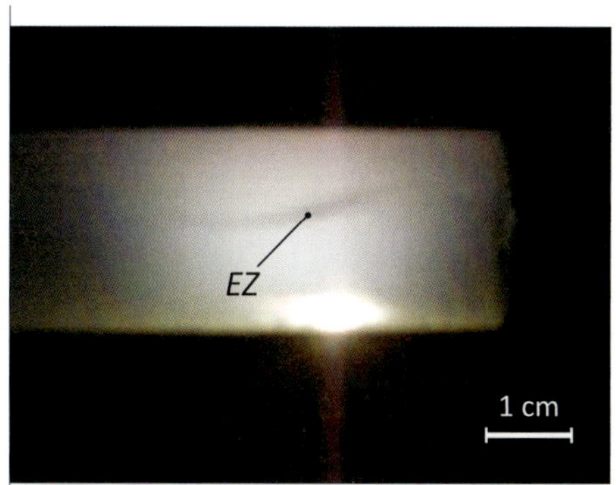

Abb. 9.13: *Lichtinduzierte Ablenkung der mikrosphärenfreien Zone. Diese EZ geht von einer formgebenden Oberfläche am äußeren linken Rand aus. Der Lichtstrahl kommt von unten nach oben. Mikrosphären, die in Richtung des Lichts angezogen werden, sind der Auslöser dafür, dass sich die EZ in die Gegenrichtung verschiebt.*

Die Dynamik der vereinten Kräfte

Was wir noch nicht behandelt haben: wie diese von Licht ausgelösten Verschiebungen die scheinbar zufälligen Bewegungen erzeugen, die für die Brown'sche Molekularbewegung so typisch sind. Bisher haben wir uns auf einzelne Partikel konzentriert: Einstrahlendes Licht erzeugt eine asymmetrische Ladungsverteilung um das Partikel herum, welche es in Richtung der höchsten positiven Ladung und damit in Richtung der höchsten Lichtintensität zieht.

Wenn *viele* Partikel sich im Wasser aufhalten, wird das Szenario komplexer. (Abb. 9.14) Die EZ *einer* Mikrosphäre erzeugt positive Ladungen. Diese positiven Ladungen ziehen benachbarte Mikrosphären an, die sich entsprechend bewegen. Sie bewegen sich gemeinsam mit ihrer jeweiligen EZ und den daran hängenden Hydroniumionen. Diese Bewegungen verändern die lokale Ladungsverteilung. Sie können auch den Weg des Lichts zu anderen Mikrosphären blockieren oder frei machen – und so weiter. Die Dynamik wird so komplex, dass sie *zufällig* erscheint.

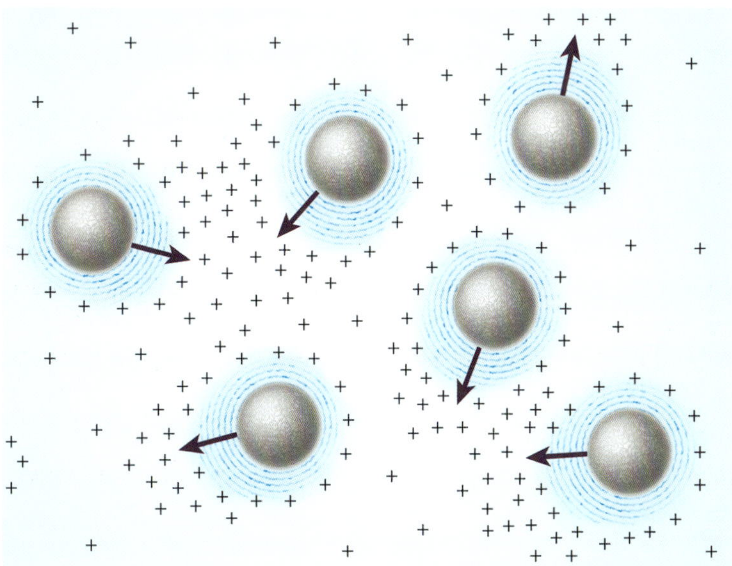

Abb. 9.14: *Die Ladungsverteilung um Mikrosphären in einer Suspension. Die Pfeile markieren die erwarteten Bewegungsrichtungen negativ geladener Partikel in Richtung eines positiven Ladungsmaximums. Die Richtungen ändern sich ständig, weil sich die Partikel ja dauernd bewegen.*

Um die Sache noch komplizierter zu machen, können die positiven Ionen *einer* EZ die Größe der EZ einer *anderen* Mikrosphäre beeinflussen; wir fanden heraus, dass die Größe der EZ von der jeweiligen lokalen Konzentration der positiven Ionen abhängt. Damit wird das Szenario aus vielen Partikeln so komplex, dass eine Voraussage der Bewegung einzelner Partikel praktisch unmöglich wird.

Andererseits, falls wir richtig liegen, ist die lokale Dynamik doch in gewisser Weise vorhersagbar. Da die Bewegung des einen Partikels das Verhalten von benachbarten Partikeln beeinflusst, sollten die Verschiebungen benachbarter Partikel locker gekoppelt sein. Das müsste man am besten bei hoher Partikelkonzentration sehen können – dann nämlich kann die Ladung des einen Partikels die Position eines anderen stärker beeinflussen. Experimente haben dies bestätigt: Wie bereits beschrieben, entsteht *Koordination* und sie ist am meisten ausgeprägt bei hoher Konzentration. Das geht also mit unseren Erwartungen konform.

Vorzüge der Annahme eines von Licht ausgelösten Mechanismus

Schließlich müssen wir uns hier fragen, ob das hier vorgeschlagene Erklärungsmodell für die Brown'sche Molekularbewegung mehr erklärendes Potenzial hat als das klassische.

Der klassische Ansatz *funktioniert* (abgesehen von den wichtigen Ausnahmen, die wir angeführt haben); sonst hätte er sich nicht so lange halten können, wie das der Fall ist. Die Einstein'sche Gleichung enthält drei Variablen (siehe Text im Rahmen): Viskosität der Flüssigkeit, Temperatur und Partikelgröße. Aufgrund dessen, wie die Gleichung diese Variablen verwendet, müsste sich die Brown'sche Molekularbewegung reduzieren, wenn man eine der folgenden Maßnahmen durchführt: die Viskosität der Flüssigkeit erhöhen; die Größe der Partikel erhöhen; die Temperatur der Flüssigkeit absenken. Experimentell wurde all dies bestätigt. So genügt das klassische Modell, um die grundlegenden Variablen zu erklären. Andererseits funktioniert unser neuer Ansatz ebenso. Und zwar:

Viskosität: Wenn Sie eine Hummel in ein Glas mit Honig tauchten, könnten Sie sehen, dass die Viskosität deren Bewegung dämpft. Die Dämpfung tritt auf alle Fälle auf, unabhängig von der Natur des Auslösers der

Einsteins Theorie der Brown'schen Molekularbewegung

Einsteins ursprüngliche Gleichung beschrieb die Diffusionskonstante ***D*** eines Partikels in einer Flüssigkeit wie folgt:

$$D = \frac{k_b T}{6 \pi \eta a}$$

Dabei ist $\boldsymbol{k_b}$ die Boltzmann-Konstante, ***T*** die absolute Temperatur, $\boldsymbol{\eta}$ die Viskosität der Flüssigkeit und ***a*** steht für den Durchmesser des Partikels.

Aus dem Wert ***D*** lässt sich wie folgt die örtliche Veränderung ***x*** innerhalb eines Zeitraums errechnen:

$$\overline{x^2} = 2Dt$$

Dabei meint $\overline{\boldsymbol{x^2}}$ die mittlere quadratische Ortsveränderung und ***t*** die Zeit. Mit dieser Gleichung lässt sich voraussagen, wie weit sich ein Partikel innerhalb einer bestimmten Zeit fortbewegt.

Bewegung. Dieses Prinzip gilt sowohl für die alte als auch für die neue Erklärung.

Teilchengröße: Größere Teilchen bewegen sich weniger als kleinere, denn die größeren müssen mehr Wassermoleküle verdrängen, um sich zu bewegen. Diese Erwartung folgt aus fast jedem theoretischen Ansatz und ist auch hier anwendbar.

Temperatur: Wie experimentell für den Temperaturbereich von 0 bis 30 °C nachgewiesen wurde, wächst die Größe der EZ an, wenn man die Wassertemperatur reduziert. Wenn die EZ anwächst, wird dadurch das effektive „normale" Wasser der Mikrosphäre erweitert. Die Masse des Teilchens wird insgesamt größer, was bedeutet, dass sich das Teilchen innerhalb eines bestimmten Zeitfensters nicht mehr so weit bewegen kann. Daher passt die Temperaturabhängigkeit zur neuen Erklärung genauso wie zur alten.

Abgesehen davon, dass diese drei grundlegenden Erwartungen mit einbezogen werden, erklärt unser EZ-Ansatz noch ein weiteres seltsames Phänomen: Die Mikrosphären hören fast auf, sich zu bewegen, wenn sie in ein kolloidales Kristallgitter geraten. Eine Mikrosphäre, die sich unmittelbar außerhalb davon befindet, wird mit der üblichen Dynamik vibrieren. Doch sobald sie in den geordneten Bereich gerät, kommt sie beinahe zum Stillstand. (Abb. 9.15) Dies geschieht nicht aufgrund der Begrenzung durch eine benachbarte Mikrosphäre. Denn der gewöhnliche Abstand zwischen Mikrosphären im Bereich von einigen Mikrometern bedeutet, dass viele Wassermoleküle dazwischenliegen. Die Mikrosphären hören *nicht deshalb* auf, sich zu bewegen, weil sie aneinanderstoßen.

Abb. 9.15: *Spuren der Teilchenwanderung innerhalb einer bestimmten Zeit, sowohl* ***innerhalb*** *des geordneten Bereichs (unten links) als auch* ***außerhalb*** *davon (oben rechts). Aus Dosho et al.*[12]

Der Grund, warum diese Mikrosphären praktisch zum Stillstand kommen, ist die Einschränkung durch das Prinzip „Gleiches zieht Gleiches an". Der Kolloidkristall erhält seine Stabilität aufgrund starker anziehender und abstoßender Kräfte, die sich die Waage halten; diese strikte Ausgeglichenheit sorgt für Stabilität. Sie stellt sicher, dass die Mikrosphären, die sich *innerhalb* des geordneten Bereichs befinden, relativ immun sind gegenüber Ladungsfluktuationen, die sich *außerhalb* abspielen. Daher unterliegen sie auch weniger der Brown'schen Molekularbewegung. So erklärt unsere neue Theorie plausibel das anderenfalls paradoxe Verhalten, das in Abbildung 9.15 zu sehen ist.

Ein anderes Phänomen, das das hier vorgestellte Modell erklären muss, ist die Existenz der Brown'schen Molekularbewegung in anderen Flüssigkeiten als Wasser. Ausschlusszonen gibt es in vielen polaren Lösungen und diese Ausschlusszonen bewirken Ladungstrennung.[13] Unsere neue Theorie ergibt also auch hier Sinn. Sie ermöglicht die Brown'sche Molekularbewegung in diesen Flüssigkeiten genauso wie in Wasser.

Das EZ-Modell muss außerdem die Unaufhörlichkeit der Bewegungen erklären. Sie können das Becherglas mit Wasser und Mikrosphären für einen Tag – aber auch für ein Jahr – beiseitestellen und (vorausgesetzt, die Mikrosphären setzen sich nicht am Boden ab) die Bewegungen werden unvermindert zu sehen sein. Die Partikel vibrieren dann immer noch. Die Bewegung hört nicht auf, weil auch die antreibende Energie unbegrenzt ist: Solange die Flüssigkeit elektromagnetische Energie absorbiert, wird die aufgenommene Energie die Brown'sche Molekularbewegung weiter antreiben.

Warum gibt es die Brown'sche Molekularbewegung auch in Staub?

Staub beinhaltet meistens Haar- und Hautpartikel; beide sind *negativ* geladen. Daher stoßen sie sich gegenseitig ab. Die Abstoßung wird stärker, wenn der Staub durch die Luft schwebt oder wirbelt: Staub lädt sich nämlich in derselben Weise auf, wie sich Ihr Haar (und Fussel) durch einen Haartrockner aufladen – wegen des triboelektrischen Effekts. Je schneller die relative Bewegung der Luft ist, desto stärker ist die negative Aufladung und dementsprechend auch die Abstoßung.

Andererseits enthält die Atmosphäre *positive* Ladung. Die bekannte positive Aufladung der Luft kann die negative Ladung des Staubs neutralisieren. Dieser Prozess dauert eine Weile, weil die in der Luft erzeugten Ladungen Zeit brauchen, um sich um ein Partikel herum anzusammeln. So werden sich *langsam* bewegende Teilchen eher neutralisiert, während das bei sich *schnell* bewegenden Teilchen nicht der Fall ist. Die Geschwindigkeit eines Partikels ist also ausschlaggebend. Seine Gesamtladung ist dadurch sehr dynamisch und führt zu dem scheinbar willkürlichen Brown'schen Tanz in der Luft.

Sie fragen sich vielleicht, warum die sich bewegenden Staubteilchen eher herumzutreiben oder zu *fließen* als herumzutanzen scheinen. Weil sie dichter als Luft sind, müssten diese Partikel stetig auf den Boden sinken; und doch schweben sie umher. Die negative Aufladung der

Erde spielt hier eine Rolle – eine Eigenschaft, die gut bekannt ist, aber zu wenig beachtet wird. Die negative Ladung der Erde stößt die negative Ladung des Staubs ab, daher bleiben die Teilchen in der Luft. Sie setzen ihren endlosen Tanz fort, lassen sich selten nieder und berühren einander wegen ihrer gegenseitigen Abstoßung nie.

Schlussfolgerungen

In seinem klassischen wissenschaftlichen Werk *Von der Natur* (entstanden circa 60 vor Christus) liefert der römische Dichter und Philosoph Lukrez eine bemerkenswerte Beschreibung der Brown'schen Molekularbewegung – wenn auch in Form der Beschreibung von Staubpartikeln. Im zweiten Buch heißt es im Kapitel „Sonnenstäubchen":

„Laß in ein dunkeles Zimmer einmal die Strahlen der Sonne
Fallen durch irgendein Loch und betrachte dann näher den Lichtstrahl;
Du wirst dann in dem Strahl unzählige, winzige Stäubchen
Wimmeln sehn, die im Leeren sich mannigfach kreuzend vermischen …
… Weil dergleichen Gewimmel beweist, auch in der Materie
Gibt's ein unsichtbares, verborgenes Weben der Kräfte. …
… Merke, die ganze Bewegung beginnt hier bei den Atomen.
Denn es erhalten zuerst die Urelemente den Anstoß,
Hierauf werden die Körper, die wenig Verbindungen haben
Und in der Kraft sich am nächsten den Urelementen vergleichen,
Durch unmerkbare Stöße von diesen dann weiter getrieben,
Und sie führen dann selbst den Stoß auf die größeren weiter.
So geht von dem Atom die Bewegung empor und sie endet
Mählich bei unseren Sinnen, bis endlich auch das sich beweget,
Was wir im Lichte der Sonne mit Augen zu schauen vermögen,
Ohne doch deutlich die Stöße zu seh'n, die Bewegung erregen."

(Zitiert nach der von Hermann Diels übersetzten und herausgegebenen Ausgabe, München: Artemis & Winkler, 1993)

Lukrez beschreibt – seiner Zeit damit weit voraus – die moderne Sicht der Brown'schen Molekularbewegung. Jedes Atom, jedes Molekül, jedes Teilchen und jeder größere Körper ist diesen zufälligen Lageveränderungen unterworfen. Die kleineren stoßen die größeren an und bringen diese in Bewegung. Diesen Prozess hat er vor zweitausend Jahren bereits wunderbar beschrieben. *Vor* dem Beitrag Albert Einsteins dazu verstand jedoch niemand die *Ursache* dieser Bewegungen. Einstein kam zu dem Schluss, dass die Wärme *innerhalb* eines Systems die treibende Kraft sei. Diese Wärme erzeuge die Bewegung, die wiederum Wärme erzeuge, die wiederum Bewegung auslöse, und so weiter; ein Prozess, der endlos ohne äußere Hilfe weiterlaufe.

Zu Einsteins Zeit konnten Wissenschaftler jedoch nicht begreifen, dass eine einfache wässrige Suspension Energie *von außerhalb* des Systems aufnehmen und diese Energie nutzen kann. Obwohl dieser Prozess bei Pflanzen *ständig* abläuft, konnte ihn sich niemand bei nichtlebenden Systemen (wie einem Glas mit Wasser) vorstellen. Doch die Hinweise, die ich weiter oben angeführt habe, zeigen, dass es wirklich vorkommt: Absorbierte Energie wird laufend aufgenommen und in eine nützliche

Anwendung überführt. *Eine* Art der Umsetzung stellt die Brown'sche Molekularbewegung dar.

Wenn sich diese *neue* Erklärung als valide erweist, müssen viele physikalische Phänomene überdacht werden. Ein wichtiges Thema ist dabei die „thermische Bewegung“. Dieser Ausdruck wird allgemein als Bezeichnung für die Brown'sche Molekularbewegung verwendet. Bis heute herrscht die Meinung vor, dass die thermische Bewegung von Atomen und Molekülen durch *interne* Energie entstehe. Falls sich aber herausstellt, dass eine *von außen kommende* Energie diese Bewegungen auslöst, dann taucht damit ein neues Paradigma mit sehr unterschiedlichen Konsequenzen auf.

Ein bedeutsamer Unterschied zwischen den beiden Theorien liegt im Einfluss benachbarter Partikel. (Abb. 9.16) In Einsteins Theorie hängen die Bewegungen ausschließlich von den Stößen benachbarter Wassermoleküle ab; jegliche Partikel, die jenseits dieser Moleküle liegen, haben wenig Bedeutung. In der auf Ausschlusszonen Bezug nehmenden Theorie ist das Gegenteil der Fall: Partikel, die sich etwas entfernt befinden, erzeugen Ladungen und diese sich verändernden Ladungen können die Bewegung des fraglichen Partikels beeinflussen. Diese Wirkungen können weitreichend sein. In dieser Hinsicht unterscheiden sich die beiden Theorien grundlegend, darüber hinaus dann auch noch in Bezug auf die Frage eines mechanischen oder elektrischen Ursprungs.

Abb. 9.16: *a) Einsteins Theorie hebt auf einen **lokalen** Einfluss ab. b) Die EZ-Theorie postuliert einen Einfluss, der weiter entfernt liegen kann.*

Als Konsequenz aus diesen Unterschieden sind Phänomene, die im Rahmen von Einsteins Paradigma anormal erscheinen, für die EZ-Theorie weniger ungewöhnlich. Ich habe bereits die koordinierte Bewegung benachbarter Teilchen und die Abwesenheit solcher Bewegungen innerhalb des Kolloidkristalls erwähnt. Keines dieser Phänomene passt in das *klassische* Paradigma, doch das EZ-Paradigma schließt sie beide ein. Das durch Salz entstehende Vibrieren findet im klassischen Paradigma keine einfache Erklärung. Das neue Paradigma macht dies zu einer einfachen Angelegenheit der Dimension: Salz reduziert die Größe der EZ[14]; das wiederum reduziert die effektive Partikelgröße. Dadurch können sich die Partikel aktiver bewegen. So finden Phänomene, die mit dem klassischen Paradigma nicht leicht zu vereinbaren waren, innerhalb des EZ-Paradigmas natürliche Erklärungen.

Ob die EZ-Theorie *alle* Merkmale der Brown'schen Molekularbewegung erklärt, ist noch offen. Doch ich glaube, dass sie eine gute Chance hat, weil sie ein neues Element enthält: den *externen* Energieinput. Dieses Element mag einerseits erfordern, dass das Verhältnis zwischen der EZ-Größe und der konventionellen Entropie neu überdacht wird, aber andererseits könnte es viele Geheimnisse der Brown'schen Dynamik entschlüsseln.

Bevor wir weitergehen, habe ich das Bedürfnis, einige Themen zu klären. Ist Ihnen das Konzept der durch Wärme induzierten Bewegung klar geworden, als Sie dieses Kapitel gelesen haben? Vielleicht ja. Ich persönlich muss zugeben, dass ich ziemlich verwirrt war, als ich zum ersten Mal hörte, dass intern vorhandene Wärme die Brown'sche Molekularbewegung verursache: Ich konnte nicht verstehen, wie Wärme diese Bewegung erzeugt, obwohl ich begriffen hatte, dass Physiker Wärme und Bewegung praktisch synonym verwenden. Die Assoziation war vertraut, doch der dahinterliegende Mechanismus erschien mir unklar.

Wärme und Temperatur sind Begriffe, die wir einfach so verwenden; aber inzwischen denke ich, dass ihre Bedeutung weit weniger eindeutig ist als angenommen. Wenn man diese Konzepte in einer intuitiven, zufrieden stellenden Weise verstehen will, muss man sie auf neue Art betrachten. Das nächste Kapitel versucht, dem gerecht zu werden.

Zusammenfassung

Gemäß der *konventionellen* Sichtweise kommt die Brown'sche Molekularbewegung von der molekularen kinetischen Energie, die wir normalerweise mit dem Begriff der Temperatur beschreiben. Man nimmt an, dass diese Energie Partikel sich in zufälliger (Brown'scher) Art endlos hin und her bewegen lässt. Zwar wird diese Theorie der Brown'schen Molekularbewegung generell so gelehrt, doch passt eine überraschend große Zahl experimenteller Beobachtungen nicht dazu.

Die alternative Hypothese, die ich hier vorgestellt habe, besagt, dass einfallende Strahlungsenergie die Brown'sche Molekularbewegung verursache. Die absorbierte Energie bildet Ausschlusszonen um die Partikel herum und trennt dabei Ladungen. Die getrennten Ladungen erzeugen Kräfte, die die Partikelbewegung auslösen.

Die Übereinstimmung mit den Hinweisen aus den Experimenten macht im Hinblick auf dieses neue Modell zuversichtlich. Das Modell ist auch intuitiv verständlich und unkompliziert: Energieinput erzeugt Energieoutput. Deshalb könnte es mit diesem sehr einfachen Modell gelingen, die vielen Widersprüche im Zusammenhang mit der Brown'schen Molekularbewegung aufzulösen. Wir werden schließlich vielleicht auch wirklich *verstehen, warum* sich die Partikel unaufhörlich bewegen.

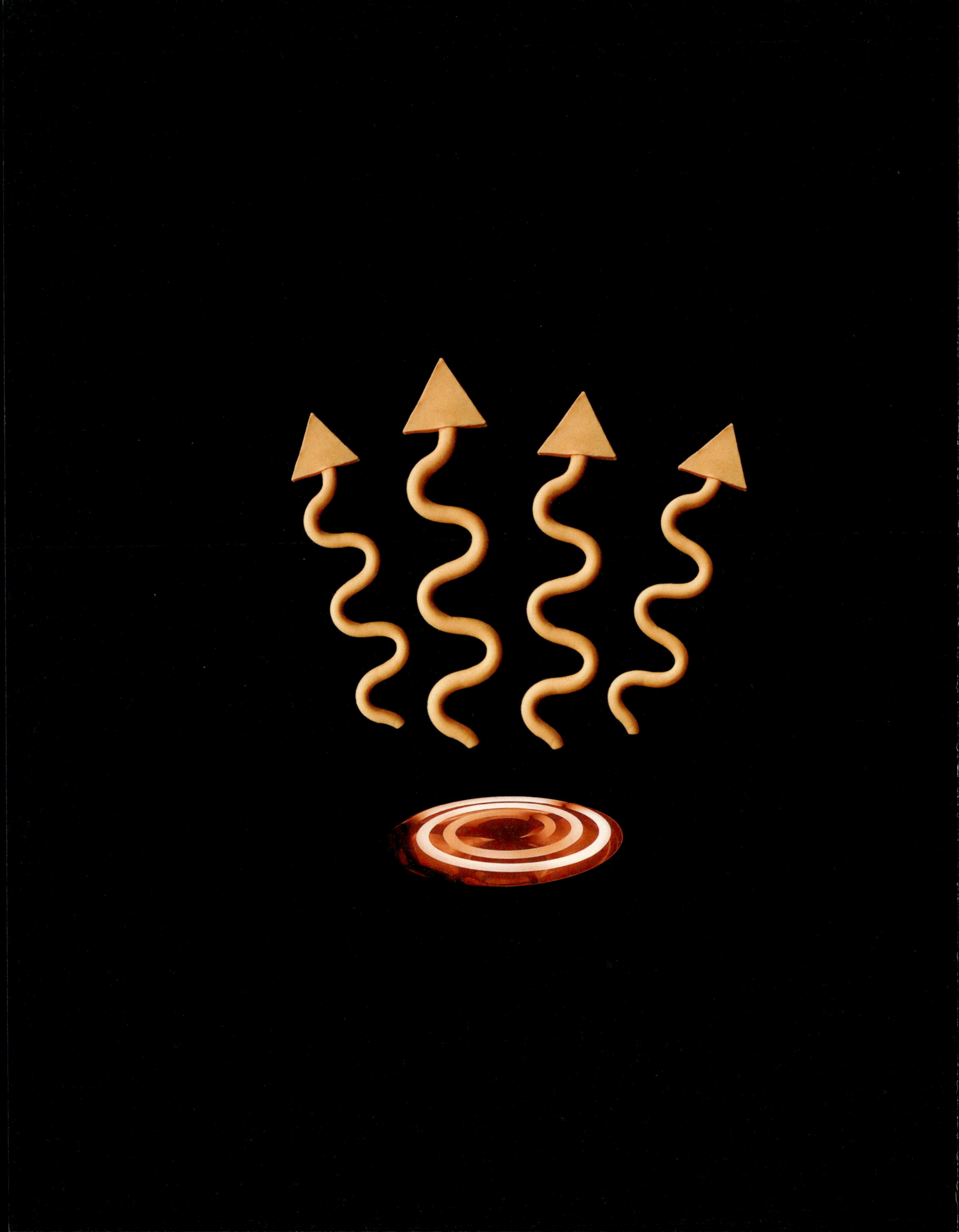

10 Wärme und Temperatur: Neues Licht in die thermische Dunkelheit

Während wir in einem bezaubernden Inselrestaurant nahe Seattle zu Mittag aßen, weckte eine beiläufige Bemerkung eines Kollegen mein Interesse. Seine Äußerung bezog sich auf das Thema Temperatur. Mein Kollege sagte, dass – wenn man ein Behältnis mit Wasser heftig herumwirbele und dabei ein Strudel entstehe – das Wasser sich abkühlen werde. „Auf keinen Fall!", rief ich aus. Das Herumwirbeln erzeugt doch Reibung. Und jeder weiß, dass Reibung mit Wärme einhergeht und dass dabei kein Abkühlen erfolgt. Er *konnte* nicht recht haben.

Letztendlich stellte sich aber heraus, dass mein Kollege doch recht hatte. Nachdem wir unsere Unterhaltung beim Mittagessen beendet hatten, bat ich einen unserer Studenten, das Experiment zu wiederholen. Er bemerkte, dass er das im Labor verwendete Wasser schon oft verstrudelt habe, und bestätigte mir, dass es dabei abkühle. Ich hatte dasselbe bereits von einem Kollegen aus Neuseeland gehört. Der versprach, zu bestimmen, um wie viel sich das Wasser abkühlte, aber er schaffte es nie, eine Abkühlung um mehr als 4 °C zu erreichen.

Strudel sind natürliche Phänomene, die in Flüssen und Strömen vorkommen, aber auch in Badewannenabflüssen und Spültoiletten. Eine bekannte Demonstration sehen Sie in Abbildung 10.1.

Abb. 10.1: *Demonstration eines Wasserstrudels*

Warum kühlt das sich verwirbelnde Wasser ab?

Sie werden vielleicht denken, wir könnten das Wesentliche dabei erfassen, indem wir uns einfach nur strikt Wärme und Temperatur anschauen. Genauigkeit ist immer gut. Wie das letzte Kapitel jedoch gezeigt hat, bringt auch die gründlichste Sorgfalt nicht notwendigerweise ein stimmiges Ergebnis, wenn ein Grundproblem zur Diskussion steht: Die Brown'sche Molekularbewegung wurde sehr lange als durch Wärme erzeugt angesehen, jedoch hat auch die genaueste Untersuchung durch hochgeachtete Wissenschaftler nicht dazu geführt, ein völlig zufriedenstellendes Verständnis zu gewinnen. Einige Elemente dieses Verständnisses fehlen immer noch – und es scheinen wesentliche zu sein.

Zu den Schlüsselelementen gehören Wärme und Temperatur. Die Begriffe „Wärme" und „Temperatur" (oder auch „Entropie") scheinen für praktisch jede Untersuchung von Energie von zentraler Bedeutung zu sein. Doch sind diese Begriffe überraschend vage, wie wir sehen werden. Wenn man sie in einer normalen Unterhaltung verwendet, mögen sie ausreichen; aber wissenschaftliches Verstehen auf vage definierten Begriffen aufzubauen, das kann sich als gefährlich erweisen. Wenn man das tut, kann es beispielsweise dazu verleiten zu denken, dass etwas wärmer werden müsse, wenn es tatsächlich kühler wird.

Wegen dieses Risikos werden wir es vermeiden, solche *vagen* Begriffe zu verwenden, und uns an genauer definierte halten. Einer dieser Begriffe, „Strahlungsenergie", bezieht sich zwar auch auf Temperatur und Wärme, aber er hat den Vorteil, dass es eine eindeutige Definition dafür gibt. Andererseits finden manche es befremdlich, von Strahlungsenergie zu sprechen. Ich hoffe, Sie können es ertragen, mit mir ein kurzes „Seminar" darüber zu besuchen, mit dem dieses Kapitel beginnt. (Ein kleiner Schmerz, der Ihnen aber großen Gewinn bringen wird!)

Abb. 10.2: *Verschiedene Quellen von Strahlungsenergie. Der Begriff der Strahlungsenergie deckt ein breites Spektrum von Wellenlängen ab.*

Der Ursprung von Strahlungsenergie

Strahlungsenergie ist elektromagnetische Energie. Sie kann ein breites Spektrum von Wellenlängen umfassen und jedes Segment dieses Spektrums zeigt unterschiedliche Eigenschaften. (Abb. 10.2) Lichtwellen können wir *sehen*; Mikrowellen kochen unser Essen; Radiowellen helfen uns, zu kommunizieren; Röntgenstrahlen erzeugen Bilder; Infrarotstrahlung hält uns warm. Diese Eigenschaften erscheinen so verschieden voneinander, dass man leicht vergessen kann, dass all diese Wellen zu einem einzigen elektromagnetischen Spektrum gehören.

Um die Wirkungsweise der Strahlungsenergie zu verstehen, muss man erst einmal wissen, wie diese elektromagnetischen Wellen entstehen: *immer durch die Bewegung von Ladungen*. Abbildung 10.3 zeigt dies in schematischer Form. Stellen Sie sich eine statische Ladung irgendwo im Weltraum vor (oberes Bild). Wenn Sie (oder Ihr Detektorgerät) nahe genug sind, ist diese Ladung spürbar. Wenn sich die Ladung bewegt, verändert sich gleichzeitig Ihre relative Position zu dieser Ladung (mittleres Bild). Bis Sie diese Veränderung wahrnehmen, dauert es vielleicht eine Weile; das ist abhängig davon, wie schnell sich die Information durch das dazwischenliegende Medium fortbewegen kann. Entsprechend gilt auch, dass eine Auf-und-ab-Bewegung der *Ladung* eine Auf-und-ab-*Schwingung*, ein Oszillieren erzeugt (unteres Bild), das Sie nach einer kurzen Zeit ebenfalls wahrnehmen können: Sie nehmen damit eine sich ausbreitende elektromagnetische Welle wahr.

Jegliches Oszillieren einer Ladung kann als Generator einer Welle fungieren. Die schwingende Ladung kann von einem Elektron, einem Proton, einem Atomkern oder auch von einem größere Ladung tragenden Gebilde stammen. Alle können „Generatoren" sein. Die auslösende Lageveränderung kann ganz winzig sein, wie bei einem Atom, oder auch enorm groß, wie bei einer großen, Strahlen aussendenden Antenne. Der die Wellen erzeugende Prozess ist jedoch immer derselbe: Da bewegen sich Ladungen auf und ab (oder auch hin und her).

Wechselwirkung von Wellen mit Stoffen

Stellen Sie sich jetzt vor, was passiert, wenn eine elektromagnetische Welle durch ein materielles Objekt hindurchgeht. Alle Materialien enthalten Ladungen. Wellen üben Kraft auf diese Ladungen aus; daher wird die hereinkommende Welle jegliche Ladung, auf die sie im Material trifft, entweder abstoßen oder anziehen. Diese Ladungen reagieren darauf, indem sie sich bewegen. Wenn die hereinkommende Welle periodisch ist, dann werden auch die Ladungen des Materials mit der gleichen Periodizität schwingen. Im Grunde erzeugt also die eine Ladungsschwingung eine andere Ladungsschwingung. Jeder *Empfänger* wird der nächste Wellenerzeuger (Generator). Dieser Prozess setzt sich fort.

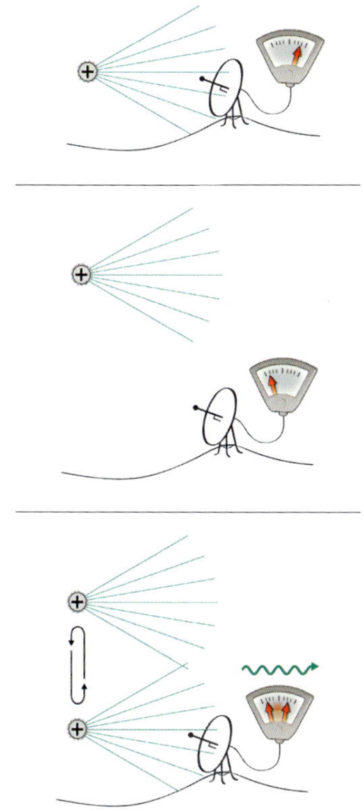

Abb. 10.3: *Die Entstehung einer elektromagnetischen Welle (vereinfacht). Die Auf-und-ab-Bewegung einer Ladung erzeugt ein schwingendes, oszillierendes elektrisches Feld, das mit einem Sensor aufgefangen werden kann.*

Wie sich der Vorgang fortsetzt, das ist abhängig von dem Medium, das die Welle gerade passiert. Wenn das Medium überall die gleiche Konsistenz hat, dann werden sich die wesentlichen Eigenschaften der Welle nicht verändern, wenngleich die Welle vielleicht schwächer wird. Wenn das Medium aber von unterschiedlicher Konsistenz ist, wird auch der Charakter der Schwingungen sich verändern, während die Welle hindurchgeht. Zum Beispiel könnte sie durch den einen Bereich *schneller* als durch einen anderen hindurchwandern; schnellere Fortbewegung ist gleichbedeutend damit, dass eine längere Entfernung innerhalb des gleichen Zeitintervalls zwischen zwei Maxima zurückgelegt wird; die Welle hat dann eine *größere Wellenlänge*. So können sich also die Wellenlängen verändern, während die Welle sich durch ein Material bewegt.

Schließlich kommen die Wellen aus dem Medium wieder heraus. Diese *austretenden* Wellen können sich aufgrund der gerade beschriebenen Veränderungen von den *eintretenden* Wellen unterscheiden. Eine eintretende Welle mit einer Wellenlänge von 10 Mikrometer könnte durch ein Medium wandern, absorbiert werden und danach wieder mit 5 oder mit 20 Mikrometer Wellenlänge herauskommen, je nach Eigenschaft des Mediums. Wellen, die durch *komplexe* Medien wandern, können mit kürzeren oder mit längeren Wellenlängen wieder austreten. (Das ist die sogenannte Stokes- und Anti-Stokes-Verschiebung, siehe Abbildung 10.4.)

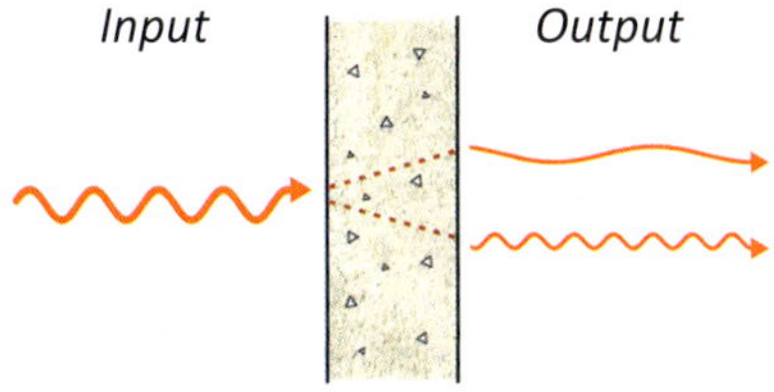

Abb. 10.4: *Elektromagnetische Strahlung passiert ein komplexes Medium. Der Charakter der Strahlung kann sich verändern. Die Gesamtmenge der herauskommenden Energie muss nicht der Menge der eintretenden Energie entsprechen, wenn das Medium Energie speichert und diese Energie nutzt, um Arbeit zu verrichten.*

Fluoreszenz ist ein Beispiel für eine solche Veränderung der Wellenlänge. Einfallendes Licht einer bestimmten Wellenlänge bringt die Elektronen eines Materials vorübergehend auf ein höheres Energieniveau;

wenn diese Elektronen wieder zurückkommen, strahlen sie eine längere Wellenlänge ab. So kann etwa einfallendes *blaues* Licht das Material dazu bringen, *rotes* Licht abzustrahlen. Man sagt dann, dass das Material rot fluoresziere.

Spektrale Verschiebungen gibt es auch bei Wellenlängen im Infrarotbereich. Ein bekanntes Beispiel ist Ihr Haus. Sonnenlicht trifft auf die Außenwände, die die einstrahlende Energie absorbieren. Ein Teil der absorbierten Energie wird an die Innenseiten der Wände weitergeleitet; diese Energie strahlt dann in das Rauminnere ab – es wird warm! Die Wellenlängen und Amplituden, die von diesen Innenwänden kommen, können sich völlig von denen des außen eingestrahlten Sonnenlichts unterscheiden.

Diese Beispiele zeigen eine fundamentale Dynamik: Strahlung, die in ein System hineinkommt, verursacht die Bewegung von Ladung, die elektromagnetische Wellen erzeugt, die wiederum die Bewegung von Ladung zur Folge haben und so fort. Schließlich verlassen die Wellen das System, aber erst, nachdem sie verschiedenste Wellenlängen- und Amplitudenverschiebungen erfahren und vielleicht die Verrichtung von Arbeit ermöglicht haben. (Vgl. Kapitel 7 und 9) Also hängen die Emissionen eines Materials nicht nur von dem ab, was in das System eintritt, sondern auch vom Charakter des Mediums selbst.

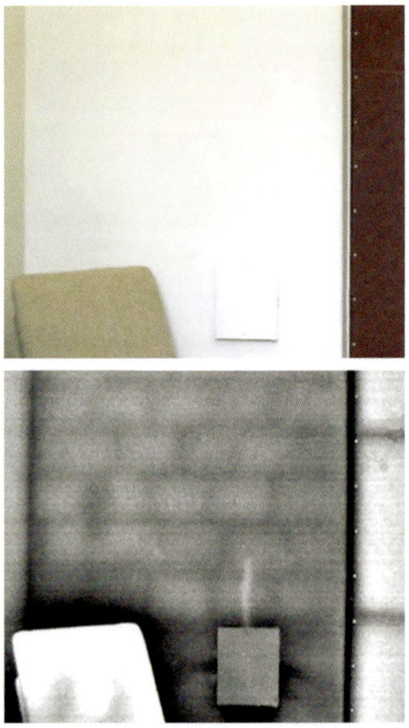

Abb. 10.5: *Innenwand eines Zimmers unmittelbar neben einem Korridor. Aufgenommen mit sichtbarem Licht (Foto oben) und mit einer Infrarotkamera (unten).*[1] *Die Infrarotaufnahme zeigt Details der inneren Struktur der Wand.*

Strahlungsenergie aus dem Wasser

Wie kann der Charakter, die Natur, die Beschaffenheit des Mediums uns dabei helfen, zu verstehen, was im Wasser passiert?

Die Qualität der Abstrahlung eines Mediums wird im Allgemeinen mit dem Begriff Emissionsgrad ausgedrückt. Objekte mit einem *höheren* Emissionsgrad strahlen *mehr* Energie ab als Objekte mit niedrigerem Emissionsgrad. Sie scheinen stärker „energetisiert" zu sein. Wenn die emittierte Strahlung innerhalb des Infrarotbereichs liegt, erscheinen Objekte mit einer höheren Emission in einer Infrarotkamera heller als benachbarte Objekte mit niedrigerer Emission.

Betrachten Sie zum Beispiel die Abbildung 10.5. Das bei normalem sichtbarem Licht aufgenommene Bild einer Bürowand (Foto oben) zeigt nur langweilige oberflächliche Details. Die Infrarotaufnahme (unten) enthüllt mehr von der inneren Struktur. Manche der genauen Details werden nur sichtbar durch Unterschiede im Emissionsgrad.

Ein noch aufschlussreicheres Infrarotbild, das Wolken zeigt, sehen Sie in Abbildung 10.6. Regionen mit solchen Wolken erzeugen beträchtliche Strahlungsenergie. Die konventionelle Denkweise ordnet die Infrarotintensität direkt der Temperatur zu (siehe Temperaturskala rechts im Bild). Daher könnte ein Experte, der diese Phänomene auf konventionelle Weise interpretiert, sagen, dass die Wolke wärmer sei als der kalte Winterhimmel um sie herum. Die Wolke sieht dann auch wärmer aus als der Schornstein darunter. Diese Interpretationen ergeben wenig Sinn. Irgendetwas muss in diesem auf der Temperatur basierenden Erklärungsmodell fehlen.

Abb. 10.6: *Infrarotaufnahme im Bereich von Wellenlängen zwischen 9 und 12 Mikrometer. Die Bodentemperatur liegt etwa bei 0 °C. Am unteren Bildrand sind ein Schornstein und Baumspitzen zu sehen. Die Temperaturskala, die vom Hersteller der Kamera mitgeliefert wird, zeigt für die entfernteren Wolkenbereiche mehr als 15 °C an, trotz einer Umgebungstemperatur von minus 20 °C. So vermittelt die Temperaturskala paradoxerweise einen bestehenden Temperaturgradient von 35 °C.*

Das auf der Strahlungsenergie beruhende Erklärungsmodell impliziert im Gegensatz dazu die Annahme, dass die Wolke eine höhere Emissionsintensität besitzt als ihre Umgebung. Die sich bewegenden Ladungen in der Wolke erzeugen einfach einen Überschuss an Infrarotenergie. Die Wolke mag vielleicht „wärmer“ aussehen, aber in Wirklichkeit sind einfach die Ladungen der Wolke mehr in Bewegung.

Dieses Bild zeigt, wie blindes Vertrauen in bekannte Konzepte manchmal in die Irre führen kann: Natürlich kann die Wolke am kalten Himmel nicht wie ein Ofen im Kühlschrank funktionieren. Diese Fehlinterpretation kommt dann auf, wenn man sich auf vertraute Begriffe wie Wärme und Temperatur verlässt. Also Vorsicht beim Gebrauch solcher alltäglicher Begriffe!

Betrachten Sie nun noch eine dritte Infrarotaufnahme; Sie haben sie bereits gesehen (aus Gründen der Bequemlichkeit hier noch einmal abgebildet): Abbildung 3.15 zeigt eine Infrarotaufnahme des Wassers in der Nähe einer Nafion-Oberfläche. Da die Ausschlusszone und das Bulkwasser zur Zeit der Entstehung dieser Aufnahme bereits lange nebeneinanderlagen, sollte sich jeglicher physikalische Unterschied zwischen den beiden Zonen eigentlich aufgehoben haben; dennoch ist die Ausschlusszone dunkler geblieben. Sie strahlt weniger infrarote Energie ab. Wir könnten nun leicht sagen, dass die EZ eine niedrigere „Temperatur“ habe als das umgebende Wasser, doch diese Beurteilung führte uns wieder in die Irre.

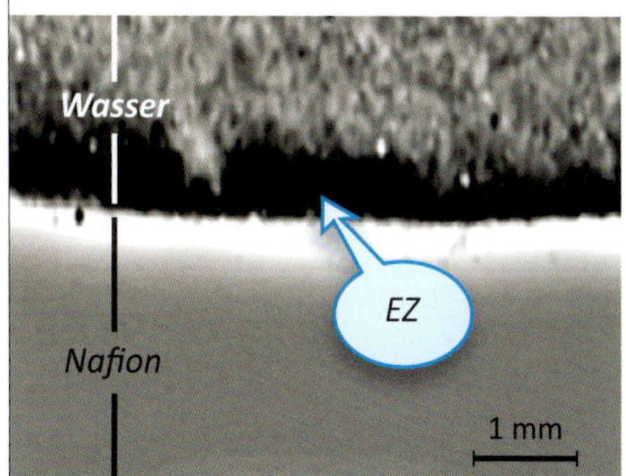

Abb. 3.15: *Infrarotaufnahme von Nafion, das an Wasser grenzt. Die Probe war an die Raumtemperatur angepasst. Das schwarze Band, das horizontal durch die Bildmitte läuft, entspricht der erwarteten Lage der Ausschlusszone.*

Warum sollte die EZ weniger infrarote Energie abstrahlen als das sie umgebende Bulkwasser? Denken Sie an die Bewegung der Ladungen in den beiden Zonen. In der EZ sind die Ladungen in einem Gitter fixiert; sie können von einem Gitterpunkt zum nächsten springen, aber meistens bleiben sie am selben Ort. Im angrenzenden Umgebungswasser sind die Ladungen frei: Sie können sich ungehindert bewegen. Weil sich bewegende Ladungen Strahlungsenergie erzeugen, ist anzunehmen, dass die Region des Umgebungswassers heller erscheint. Aus diesem Grund sieht das Umgebungswasser „wärmer“ aus als die EZ, aber – um es genauer auszudrücken – in Wirklichkeit bewegen sich seine Ladungen einfach aktiver.

So sind also Helligkeit oder Dunkelheit in Infrarotaufnahmen nicht notwendigerweise mit höherer oder niedrigerer *Temperatur* verknüpft; genauer gesagt reflektieren sie nämlich höhere oder niedrigere Intensitäten der Ladungsbewegung. Zu sagen, dass hellere Objekte eine „höhere Temperatur“ hätten, mag in normalen Unterhaltungen noch angehen, aber für eine wissenschaftliche Diskussion ist es angebracht, die Wörter „Temperatur“ und „Wärme“ zu vermeiden und bei tragfähigeren Begriffen wie Strahlungsenergie zu bleiben.

Dieser Punkt spricht die zentrale Botschaft dieses Kapitels an: *Die Strahlungsemission spiegelt die Intensität der Ladungsbewegung wider.* Dies gilt für alle Wellenlängen des elektromagnetischen Spektrums. Wenn wir uns strikt an diesen fundamentalen Zusammenhang halten und nicht der Versuchung erliegen, die Begriffe Temperatur oder Wärme zu verwenden, geraten wir bei der Suche nach tieferem Verständnis nicht auf Abwege.

Was genau sind denn Temperatur und Wärme?

Ein paar Worte zum Ursprung dieser vertrauten Begriffe möchte ich noch sagen. Um zu verstehen, warum sie Verwirrung stiften, sollte man wissen, was sie bedeuten.

Was die „Wärme“ betrifft, gibt es keine maßgebliche Definition. Erwärmung wird oft (aber nicht immer) als Übertragung von Energie von einem physischen Körper auf einen anderen beschrieben; ausgeschlossen bleibt dabei, dass an dem Körper irgendeine Arbeit verrichtet wird. So kann man einen Körper mit Strahlungsenergie versorgen und dies als „Erwärmen“ bezeichnen; aber Sie können es nicht als „Erwärmung“ bezeichnen, wenn Sie einen Felsbrocken bis auf eine Bergspitze transportieren, denn *Arbeit* zählt nicht als Übertragung von Energie. Im Prinzip heißt das also: Je mehr Strahlungsenergie Sie liefern, desto mehr Wärme übertragen Sie.

Betrachten wir nun Erwärmung in Zusammenhang mit Wasser. Wie andere Materialien absorbiert Wasser einfallende Strahlungsenergie, wandelt sie um und strahlt sie wieder ab. Die bedeutsamsten Wellenlängen liegen im Infrarotbereich des Spektrums, insbesondere zwischen 3 und 15 Mikrometer. Es gibt einen Grund für diesen Bereich: Die Ladungen des Wassermoleküls liegen in bestimmten charakteristischen Abständen zueinander, was bedeutet, dass – wann immer diese Ladungen schwingen – sie das bei Wellenlängen tun, die mit diesen typischen Dimensionen übereinstimmen, also 3 bis 15 Mikrometer. Wasser absorbiert und emittiert bevorzugt Strahlung mit diesen infraroten Wellenlängen.

So können wir verstehen, warum „Infrarot“ und „Erwärmung“ praktisch in einem Atemzug genannt werden, wenn die Begriffe mit Wasser in Verbindung stehen. Wasser absorbiert infrarote Energie; daher „erwärmt“ es sich. Wasser strahlt auch Infrarot ab, daher „fühlt es sich warm an“.

Wir müssen uns dennoch vergegenwärtigen, dass „Infrarot“ und „Erwärmung“ nicht austauschbar sind. Wasser absorbiert nicht nur diese infraroten Wellenlängen, sondern auch viele andere aus dem elektromagnetischen Spektrum. Sogar sichtbares Licht kann Wasser erwärmen, vorausgesetzt, es ist genug davon vorhanden. Und Mikrowellen erhitzen Wasser äußerst effizient. *Also ist Erwärmung nicht allein mit Infrarotabsorption gleichzusetzen*. Auch können wir nicht behaupten, dass erwärmtes Wasser einzig und allein infrarote Wellenlängen abstrahle. Tatsächlich kann Wasser sogar Wellenlängen im sichtbaren Bereich abstrahlen. (Vgl. Kapitel 7)

Aufgrund der nicht klar und eindeutig definierten Beziehung zwischen Strahlungsenergie und Wärme sollten wir den Begriff „Wärme“ nur mit der allergrößten Vorsicht verwenden, wenn wir ein besseres Verständnis entwickeln wollen.

Lassen Sie uns nun die „Temperatur“ betrachten. Wenn sich Wasser durch IR-Energie oder eine andere absorbierte Energie erwärmt, sagen wir, dass die Temperatur des Wassers zunehme. Wieder sollten wir wissen: Was genau meinen wir mit Temperatur?

Unglücklicherweise gibt es auch für Temperatur keine einheitliche Definition. Die Definition ist abhängig vom jeweiligen Bereich, in dem der Begriff gebraucht wird. So wird unter „Temperatur“ unter anderem Folgendes verstanden: Grad oder Intensität der vorhandenen Wärme; die Fähigkeit einer Substanz, Wärmeenergie auf eine andere Substanz zu übertragen; ein Maß für die durchschnittliche, kinetische Energie der Atome oder Moleküle einer Substanz; eine Widerspiegelung der Teilchenbewegung, die durch Umwandlung, Vibration oder Anregung des Energieniveaus eines Elektrons entsteht; und, in einem Gas, die wahrscheinliche Verteilung der Bewegungsenergie von Gaspartikeln.

Sogar die wohlbekannten Endpunkte von Temperatur helfen nicht dabei, Klarheit zu schaffen. Man sagt, dass Wasser bei 0 °C gefriere und bei 100 °C koche. Sie denken vielleicht, dass diese Orientierungswerte nützliche Bezugspunkte darstellen, um die wahre Bedeutung von Temperatur festzuklopfen. Sie sind es nicht, denn *reines* Wasser kann unter normalen Druckverhältnissen bei Temperaturen gefrieren, die viel niedriger als 0 °C sind (insbesondere in eng begrenzten Räumen), und es kann bei Temperaturen verdampfen, die manchmal über, manchmal aber auch unter 100 °C liegen. Wir könnten uns dafür entscheiden, diese Varianten *Anomalien* zuzuschreiben, aber vielleicht illustrieren sie doch eine unserem Verständnis innewohnende Mehrdeutigkeit. Da es eine solche Vielfalt an Definitionen gibt, erscheint der Begriff „Temperatur" uns genau so vieldeutig wie „Wärme".

Zu der Mehrdeutigkeit, die aus den Definitionen resultiert, kommt ein fundamentales Problem in Bezug auf Systeme, die nicht im thermischen Gleichgewicht sind – wie Wasser. Thermodynamiker warnen uns, dass bei solchen Systemen empirische Messungen nicht eindeutig zeigen können, welcher von zwei Körpern wärmer ist als der andere. Das bedeutet, dass ein System, das sich außerhalb des thermischen Gleichgewichts befindet, keine eindeutig definierte Temperatur hat. In Bezug auf Wasser ist das ein grundlegendes Problem. Solange wir es nicht gelöst haben, *können wir einfach nicht wissen, was „Temperatur" und „Wärme" bedeuten.*

Sie werden nun verstehen, warum ich es möglichst unterlasse, diese beiden geläufigen Begriffe zu verwenden. Was aber soll man im täglichen Sprachgebrauch anders sagen als: „Der Herd ist heiß!"? In wissenschaftlichen Diskussionen jedoch führen schwammige Definitionen unausweichlich zu schwammigen oder sogar völlig falschen Schlussfolgerungen. Die Brown'sche Molekularbewegung ist ein solches Beispiel, die Wirkung von Strudeln ein anderes; in beiden Fällen werden wir durch die Verwendung des Begriffs „Temperatur" als grundlegende Variable in die Irre geleitet.

Andererseits haben wir größere Chancen auf wirkliches Verständnis, wenn wir uns an physikalisch definierbare Größen halten, und ein solcher Begriff ist „Strahlungsenergie". Untersuchen wir nun, ob er dabei hilft, vernünftige Antworten auf offene Fragen zu finden.

Abb. 10.7: *Ihre Hand spürt die Menge der vom Wasser abgegebenen Strahlungsenergie.*

Abkühlung, Erwärmung und Strahlungsenergie

Wenn Ihre Hand einen Behälter mit Wasser umfasst, nimmt sie die abstrahlende Energie auf, die das Wasser (durch den Behälter hindurch) abgibt. Wenn das Wasser eine Menge infraroter Energie abgibt, interpretieren Sie dies als Wärme; wenn *nicht* viel IR erzeugt wird, spüren Sie Kälte. Ihre Hand spürt die emittierte Strahlung, leitet sie weiter an Ihr Gehirn – und sofort wissen Sie, ob es heiß ist! (Abb. 10.7)

Thermometer „empfinden" weitgehend auf dieselbe Weise. Bei ihnen gibt es zwei mögliche Messmethoden: Ein Thermometer misst entweder die Strahlung oder die Leitfähigkeit. Angeblich unterscheiden sich diese beiden Methoden – aber ich meine, dass sie einander mehr ähneln, als dass sie sich unterscheiden. Lassen Sie mich das erklären:

Thermometer, die die *Strahlung* messen, zeigen die Menge an infraroter Strahlung an, die sie empfangen haben. Sie funktionieren im Prinzip wie Ihre Hand.

Im Gegensatz dazu sagt man von Thermometern, die die *Leitfähigkeit* messen, dass sie Wärme „leiteten". Der Stahlkolben „leite" die Wärme von außen ab, durch den Kontakt mit etwas, was außerhalb des Kolbens liegt. Ist dies Wasser, dann übertragen sich die „thermischen Vibrationen" des Wassers direkt auf den Kolben und regen die Elektronen des Kolbens zum Vibrieren an; diese wiederum regen dann die entfernteren Elektronen zum Vibrieren an und so weiter. Letztendlich setzen sich diese Vibrationen bis zum Quecksilber fort, dessen daraus resultierende Ausdehnung das Ablesen auf der Skala ermöglicht.

Diese Messmethode scheint mir nur wenig von der Art, Strahlung zu registrieren, abzuweichen. In beiden Fällen „wandert" Strahlungsenergie durch ein Medium und ihre Stärke wird registriert und als Temperatur skaliert. Im Wesentlichen macht Ihre Hand dasselbe: Je fester sie das Glas umfassen, desto intensiver ist die Wahrnehmung (das heißt, das Wasser erscheint dann „heißer").

Alle diese Methoden des Wahrnehmens und Messens weisen Infrarotstrahlung nach und diese Energie kommt durch die Vibration von Ladung zustande. Ich hoffe, dass dieser hier aufgezeigte Zusammenhang eine nachvollziehbare, verstehbare Verbindung zwischen Strahlungsenergie und den eher vage definierten Begriffen von Wärme und Temperatur herstellt.

Nun fahren wir also fort damit, das Konzept der Strahlungsenergie weiter zu erschließen und zu nutzen. Im Rahmen dieses Konzepts gibt es zwei brauchbare, nützliche Aspekte, die uns helfen, die Eigenschaften von Wasser zu verstehen:

- Protonen, die während der Bildung einer EZ in das Umgebungswasser gelangen, bewirken, dass Ladungen in Bewegung geraten, die reichlich Strahlungsenergie erzeugen. Diese Strahlungsenergie erzeugt die Empfindung von Wärme.
- EZ-Wasser erzeugt relativ wenig Infrarotstrahlung, weil die Bewegung seiner Ladung begrenzt ist. Die niedrige Infrarotemission erzeugt die Empfindung von Kälte.

Mit diesen Hilfsmitteln ausgerüstet gehen wir einige Themen an, die bei Wissenschaftlern für reichlich Verwirrung gesorgt haben: Mischung und Strudelbildung.

Enthält Strahlungsenergie Information?

Wasser emittiert Strahlungsenergie. Das Meiste davon stammt aus dem umgebenden Bulkwasser, aber auch eine Ausschlusszone strahlt Energie ab. Die Wellenlängen, die von der EZ emittiert werden, sind abhängig von ihrer Struktur.

Zwar ist die EZ-Struktur von allgemeiner, sozusagen gattungsmäßiger Natur, doch sind auch Varianten davon zu erwarten. Ausschlusszonen bilden sich ja an Oberflächen mit jeweils einzigartigen Ladungsverteilungen. Diese je eigenen Ladungsverteilungen erzeugen notwendigerweise auch Varianten der allgemeingültigen EZ-Struktur. Aus diesem Grund beinhaltet die Energie, die von einer EZ abgegeben wird, möglicherweise auch oberflächenspezifische Informationen.

Wenn dem so ist, dann kann Wasser in derselben Art Informationen aussenden, wie Fernsehstationen das über ihre Antennen tun. Die abgestrahlte Energie könnte anders als nur von immer gleicher, typischer Art sein.

Was passiert, wenn Wasser diese Strahlungsenergie absorbiert? Falls die abgestrahlte Energie Information enthält, dann können wir erwarten, dass diese verfälscht wird oder ganz verschwindet. Falls jedoch einige der Vibrationsmodi der Energie neue Strukturvarianten der EZ erzeugt haben, könnten Teile der Information erhalten geblieben sein. Jede solche Speicherung würde auf nichts weniger als auf eine elektromagnetisch mitgeteilte strukturelle Information hinauslaufen – eine Art wasserbasierter E-Mail.

Jegliche Kommunikation dieser Art wird vermutlich zunächst zwar bestenfalls als weit hergeholt erscheinen, jedoch haben erstaunliche Befunde des Nobelpreisträgers Luc Montagnier dieser Art von Informationsübermittlung Glaubwürdigkeit verliehen. (Siehe Abbildung) Dieser französische Virologe (Nobelpreis für Medizin 2008) behauptet, erfolgreich DNA-Struktur-Signale an Wasser übermittelt zu haben. Er erzeugte zunächst eine wässrige Suspension von einer DNA-Probe. Danach stellte er die Suspension in einer versiegelten Flasche neben eine zweite, ebenfalls versiegelte Flasche mit Wasser. Die Flaschen standen für einen längeren Zeitraum nebeneinander, während dessen er beide einer Quelle gewöhnlicher elektromagnetischer Energie aussetzte.

Das neu „informierte" Wasser in der zweiten Flasche wurde daraufhin mit „Rohmaterial" für DNA-Synthese gemischt. Dieses Verfahren erzeugte neue DNA. Die Sequenz in dieser DNA war nicht zufällig: Es war dieselbe wie diejenige der Probe in der ersten Flasche. Obgleich die beiden Flaschen fest versiegelt und nicht in physischen Kontakt gekommen waren, wurden die Informationen offensichtlich von der einen Flasche in die andere übertragen.[3, 4]

Die ersten Reaktionen auf Montagniers Bericht waren von Skepsis geprägt. Einige Wissenschaftler allerdings, die sich durch elektromagnetische Übertragungsphänomene (die auf Gurwitsch[5], fast ein Jahrhundert zuvor, zurückgehen) und durch die neuere Arbeit von Benveniste[6] überzeugen ließen, sind ihm dicht auf den Fersen. Zu dem Zeitpunkt, als ich dies hier schrieb, hatten zwei Labore gerade verkündet, dass sie Montagniers Ergebnisse bestätigen könnten. Es wird noch sehr interessant werden zu verfolgen, was sich aus diesen Studien entwickelt.

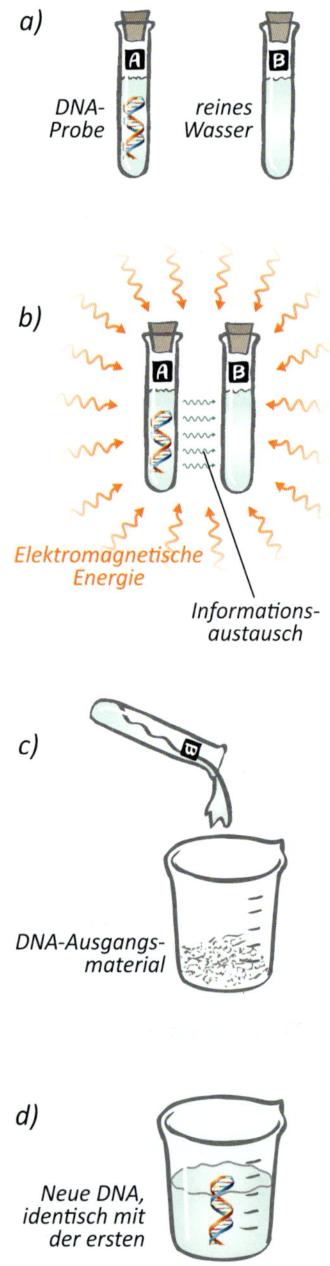

Mischung

Auffällige Wärme und fehlendes Volumen

Wenn sich Substanzen mit Wasser vermischen, kann etwas Verblüffendes eintreten. Sie erwarten vermutlich, dass abgesehen von der Auflösung der Substanz nichts Besonderes von Interesse passiert. Doch kann ganz einfaches Mischen gravierende Konsequenzen haben (Abb. 10.8a): Wenn man nur wenige Tropfen Wasser in Schwefelsäure gibt, kann daraus ein Kochen, ein Spritzen und manchmal sogar eine Explosion entstehen.

Das ist nicht das einzige Ergebnis des Mischens, das nicht gleich einleuchtet. Wenn sich *Flüssigkeiten* mit Wasser vermischen, ist das daraus resultierende Volumen nicht immer identisch mit der Summe der beiden ursprünglichen Volumina (Abb. 10.8b): Das Volumen kann größer sein, aber häufiger ist es kleiner. In extremen Fällen kann die Reduktion des Volumens um die 20 Prozent betragen. Wenn man *feste Stoffe* mit Wasser vermischt, kann das zu ähnlichen Ergebnissen führen: Wenn man eine kleine Menge von Natriumhydroxid-Kügelchen in eine Flasche mit Wasser gibt, reduziert sich das ursprüngliche Volumen; um wieder auf dasselbe Volumen zu kommen, muss man noch viele weitere Kügelchen hinzugeben.

Sie können dieses Phänomen selbst überprüfen, indem Sie ein Glas bis zum Rand mit Wasser füllen und dann Salz hinzufügen. Das Wasser wird nicht überlaufen, selbst wenn Sie so viel Salz hineinschütten, dass sich am Boden ein Belag bildet. Das Volumen scheint zu schwinden.

Chemiker kennen dieses Phänomen gut. Gemäß der vorherrschenden Theorie rührt der Hitzeausbruch, der entsteht, wenn man ein wenig Wasser in Schwefelsäure schüttet, von den thermischen Begleiterscheinungen untergeordneter Prozesse her, die mit dem Lösungsprozess einhergehen. Ihre Summe liefert die „Hydrationswärme". Die Hitze macht das Wasser wärmer.

Das Phänomen der Volumenveränderung hat eine andere Erklärung: Die Veränderung hängt davon ab, ob das Mischen der Moleküle dazu führt, dass sie besser oder schlechter zueinander passen als vor dem Mischen.

Diese Erklärungen erscheinen zunächst klar und einfach. Aber es gibt keine einfache Methode, wirklich nachzuweisen, ob sie richtig sind oder nicht. Daher bleibt es ungesichert, ob die beiden Erklärungen korrekt sind.

Als ich begann, diese beiden Phänomene zu untersuchen, verblüffte mich eine unerwartete Korrelation: *Wärmeausstrahlung und Volumenänderung schienen miteinander verknüpft zu sein.* Wann immer Wärme *emittiert* wurde, stellte sich gleichzeitig dieses „Schrumpfen" ein; und umgekehrt: In Fällen, in denen Wärme *aufgenommen* wurde, zeigte sich gewöhnlich eine Ausdehnung. Ich fragte mich deshalb, ob die thermischen Veränderungen und die Änderungen des Volumens vielleicht einen gemeinsamen Ursprung hätten.

(a)

(b)

Abb. 10.8: *Wenn man Substanzen mit Wasser mischt, kann dies unerwartete Folgen haben.*

Der Faktor, der vorher nicht berücksichtigt worden war, das war der uns gut vertraute: die Ausschlusszone. Wenn man einen Stoff mit Wasser mischt, ist es wahrscheinlich, dass der Gehalt an EZ auf die eine oder andere Weise verändert wird; enthielt die Substanz zum Beispiel vorher kein Wasser, sollte beim Hinzufügen von Wasser die Bildung einer EZ ausgelöst werden, denn die Bildung einer EZ ist die Grundlage des Lösungsprozesses (vgl. Kapitel 8).

Nehmen wir einmal den Fall an, dass die Zunahme von Ausschlusszonen aus dem Vermischen einer Substanz mit Wasser resultiere: Wie mag dies wohl „Temperatur" und „Volumen" beeinflussen?

- Wenn sich eine EZ aufbaut, werden Protonen freigesetzt. Diese Protonenladungen bewegen sich und erzeugen dabei Strahlungsenergie; daher sollte die Mischung sich „erwärmen".
- Gleichzeitig sollte die Mischung „schrumpfen", denn die Dichte der EZ übersteigt die Dichte des Umgebungswassers. (Siehe Kapitel 3 und 4) Die Wandlung von Bulkwasser zu EZ-Wasser wird daher das Volumen verkleinern.

Das Anwachsen der EZ kann also die Erwärmung und das Schrumpfen erklären, zumindest theoretisch. Wir haben Experimente durchgeführt, um zu testen, ob unter diesen Umständen tatsächlich Ausschlusszonen wachsen.

Die Lösung des Rätsels um Wärme und Volumen

Zuerst wollten wir uns vergewissern: Erwärmung und Volumenreduktion schienen eng miteinander verbunden zu sein, aber wir wollten sichergehen. Daher untersuchten wir sieben Wärme produzierende Lösungen. In all diesen Fällen konnten wir die Verknüpfung von Wärme und Volumen bestätigen. Das Schrumpfen fand typischerweise innerhalb von Zehntelsekunden statt, genauso wie die maximale Wärmeentwicklung. Die beiden Phänomene verliefen schön parallel, wie wir es erwartet hatten.

Als Nächstes untersuchten wir, ob diese Lösungen Ausschlusszonen erzeugten. Unser Standardtest für EZ-Wasser ist das Vorhandensein eines 270-Nanometer-Absorptionsmaximums. In allen Fällen zeigte die Mischung dieses Maximum oder aber ein ganz in der Nähe liegendes. Manchmal war der Gipfel um 10 bis 20 Nanometer in die eine oder andere Richtung verschoben. Manchmal zeigten sich auch *mehrere* Gipfel anstatt eines einzigen; und einige waren höher oder niedriger als andere. Doch in allen Fällen erhielten wir ein Ergebnis, das dem erwarteten Maximum nahe kam. Ein repräsentatives Beispiel zeigt Abbildung 10.9.

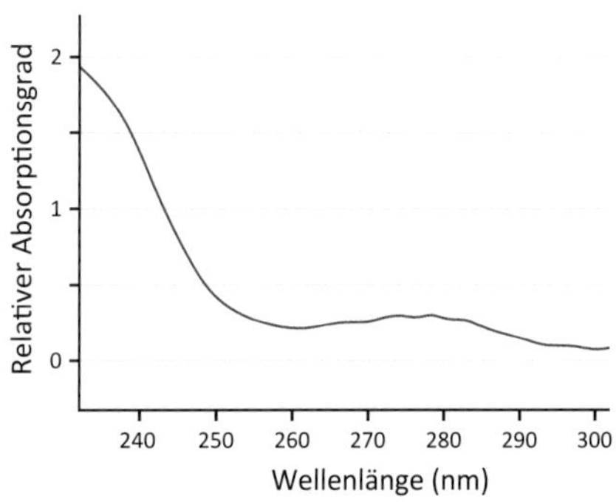

Abb. 10.9: *UV-Vis-Spektrometer-Aufzeichnung einer 50-zu-50-Mischung von HCl und Wasser. Maximum bei 278 Nanometer.*

Diese Ergebnisse bestätigten, dass es einen Zusammenhang zwischen Erwärmung und Schrumpfen gibt, und sie bestätigten, dass sich eine EZ gebildet hat, wann immer eine Mischung mit Wasser dessen Erwärmen und Schrumpfen zur Folge hatte. Es schien, als wären wir auf dem richtigen Weg – zumindest in Bezug auf diejenigen Mischungen, die Wärme und eine Volumenverkleinerung erzeugten.

Die andere Seite der Münze ist ein weniger häufiges Ergebnis: Abkühlung und Ausdehnung. Um diese Variante aufzuspüren, konzentrierten wir uns auf ein gut bekanntes Beispiel: eine Mischung aus Ammoniumpersulfat und Wasser. Ammoniumpersulfat gibt es in Form eines Kristallpulvers. Wenn man das Pulver ungefähr zu gleichen Teilen mit Wasser vermischt, wird das Volumen größer als die Summe der Volumina der beiden Ausgangsstoffe. Wir konnten die erwartete Ausdehnung bestätigen, wenngleich technische Schwierigkeiten die genaue Quantifizierung dieses Effekts verhinderten. Andererseits war die Veränderung der Temperatur leicht mit einem Thermometer zu verfolgen: Sie fiel um 8 °C. So verhielt sich die Mischung wie erwartet: Sie kühlte sich ab und dehnte sich aus.

Eine entscheidende Frage war, ob das Mischen den Gehalt an Ausschlusszonen reduzierte. Abbildung 10.10 zeigt, dass dies der Fall war. Anfangs zeigte sich ein breites Maximum von eindrucksvoller Größe, dessen Zentrum bei circa 270 Nanometer lag. Dieses Maximum wurde im Laufe des Experiments mit jeder weiteren Verdünnung geschmälert.

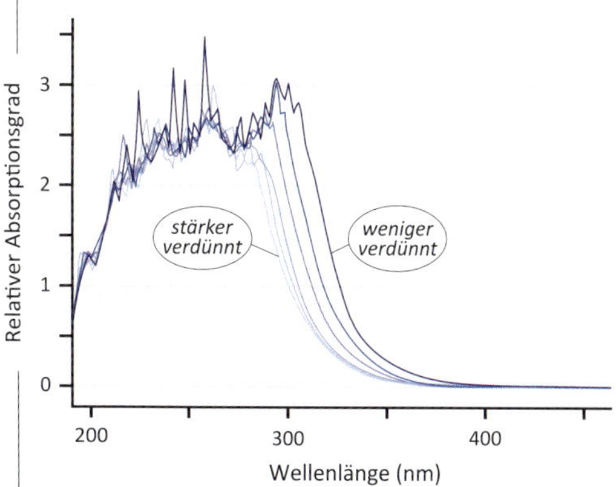

Abb. 10.10: *Ammoniumpersulfat in Wasser gelöst. Mit zunehmender Verdünnung (von rechts nach links) wurde die Fläche unterhalb des Absorptionsgipfels kleiner.*

Um den Grund für diese Beobachtungen zu verstehen, hilft es zu wissen, wie Substanzen wie dieses Ammoniumpersulfat-Kristallpulver hergestellt werden. Zwar gibt es verschiedene Methoden, aber gewöhnlich bilden sich Kristalle, wenn man die Lösung intensiver Strahlungsenergie (Wärme) ausgesetzt hat. Strahlungsenergie bildet Ausschlusszonen. Wir dürfen daher annehmen, dass die massive Infrarotbestrahlung, die man verwendet hat, um dieses Material herzustellen, beträchtliche Ausschlusszonen und die damit verbundenen Protonen um jedes Molekül gebildet hat. Diese Fülle an gleichen und gegensätzlichen Ladungen *ordnet* die Moleküle, die dann Kristalle bilden, wenn das Wasser verdunstet. (Kapitel 8, siehe Text im Rahmen) Das scheinbar trockene Kristallpulver enthält kein flüssiges Wasser, aber es enthält EZ-Material im Überfluss – das liefert die Erklärung für das ungewöhnlich stabile 270-Nanometer-Maximum. (Abb. 10.10)

Wenn man diese Kristalle in Wasser gibt, wird die kristalline Ordnung reduziert. Das Wasser bildet ein großes Reservoir, in dem die gegensätzlichen Ladungen verschwinden können. Wenn die Anzahl der Protonen sinkt, werden auch die Wechselwirkungen zwischen ihnen reduziert; und mit verminderter Bewegung geht auch ein reduzierter IR-Strahlungsoutput einher. Daher fühlt sich die Lösung kühler an. Gleichzeitig werden, wenn Wasser eindringt, die Ausschlusszonen kleiner, denn ihre ursprünglich größere Dimension war von der intensiven Strahlungsenergie abhängig, die jetzt nicht mehr präsent ist. Die Verkleinerung der EZ erklärt die Verschmälerung des 270-Nanometer-Gipfels. (Abb. 10.10)

Wodka und Viskosität

Dimitri Mendelejew, der russische Chemiker, der das Periodensystem der Elemente entwickelt hat, erforschte auch das Mischen von Ethanol und Wasser. Wie bei den meisten Mischungen resultieren daraus Wärme und eine Volumenverminderung. Mendelejew bemerkte eine weitere Eigenschaft: das Ansteigen der Viskosität, beinahe um das Dreifache. Der Grund dafür blieb unklar, aber die hohe Viskosität der Ausschlusszonen (siehe Abb. 3.17) könnte das Ergebnis erklären. Ethanol bildet genau so viele Ausschlusszonen wie Wasser.[7] Daher könnte eine Mischung aus Ethanol und Wasser sich vermischende Ausschlusszonen erzeugen und daher eine wesentlich höhere Viskosität zeigen.

Dies ist Spekulation, aber das praktische Ergebnis ist nicht von der Hand zu weisen: Die höchste Viskosität fand Mendelejew bei einem Mischungsverhältnis von 40 zu 60 (Ethanol zu Wasser) – daher betrachtete er dieses spezielle Verhältnis als ideal für die Herstellung von Wodka. Genau dieses Verhältnis wird noch heute verwendet. Die hohe Viskosität verleiht dem Getränk einen angenehmen „Körper" (– vielleicht der Grund dafür, dass Russen so viel davon trinken ...).

Dimitri Mendelejew (1834–1907)

Beton

Das Standardverfahren besteht darin, dem Zement Wasser hinzuzufügen, das Ganze gründlich zu vermischen, ihn dann zu gießen und die gegossene Mischung einen oder zwei Tage sich setzen zu lassen. Schließlich härtet der Beton aus. Haben Sie schon einmal bemerkt, dass Wärme frei wird, während er fest wird? Warum ist das so?

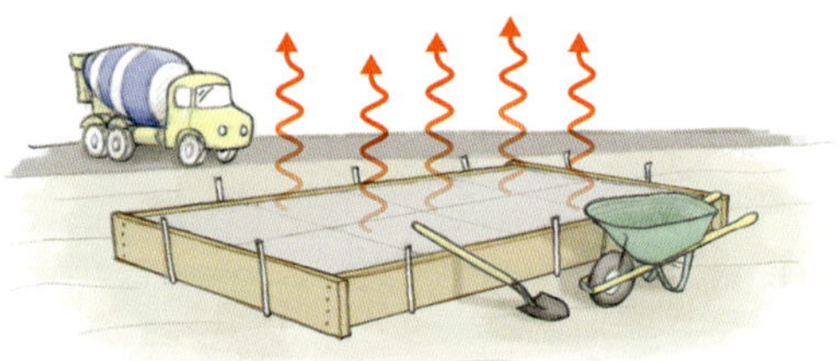

Wenn man Wasser zu der Mischung gibt, wird so etwas wie eine Spachtelmasse erzeugt, die man verarbeiten kann, ähnlich wie nassen Sand. Die einer Spachtelmasse ähnliche Konsistenz entsteht auf die übliche Weise: Freiwerdende Protonen erzeugen Anziehung nach dem Prinzip „Gleiches zieht Gleiches an". So beginnen die Teilchen, aneinander festzukleben. Am Anfang kleben die Partikel nur leicht aneinander (mit einer Konsistenz, die Füllspachtel ähnlich ist) und dann schrittweise immer fester, während sich Ladungen weiter aufbauen und die anziehenden Kräfte stärker werden.

Erwartungsgemäß geht damit Erwärmung einher. Der Aufbau der EZ liefert schrittweise die Freisetzung von Protonen. Wenn sich diese konzentrierten Protonen bewegen, erzeugen sie dabei einen Überfluss an Strahlungsenergie – die wir als Wärme wahrnehmen.

Gleichzeitig bringt diese Strahlungsenergie den Prozess zu Ende. Die Energie bewirkt weiteres Wachstum der EZ, weitere Freisetzung von Protonen und daher stärkere Anziehungskräfte. Das ist es, was den Beton durch und durch hart macht. Dieses vereinfachte Prinzip gilt aber nicht nur für Beton, sondern auch allgemein.

So sind die Eigenschaften, die Thermik und Volumen betreffen, jetzt geklärt: Die Temperatur fällt, weil sich der Output an Strahlung verringert, und das Volumen dehnt sich aus, weil sich dichteres EZ-Wasser in weniger dichtes Umgebungswasser verwandelt.

Das EZ-Paradigma ist daher nicht nur geeignet, die Gesetzmäßigkeit von Erwärmung und Schrumpfung zu erklären, sondern auch die Beziehung von Abkühlung und Ausdehnung. Um diese Beobachtungen zu quantifizieren und zu systematisieren, bedarf es umfassenderer Studien. Vielleicht wird dann klar, warum ein solch „harmloser" Vorgang wie das Träufeln von ein wenig Wasser in ein Fass mit Schwefelsäure eine Explosion verursachen kann.

Wirbel

Warum Wirbelbildung Abkühlung mit sich bringt

Als Nächstes betrachten wir das zweite paradoxe Phänomen: Wirbel. Warum fühlt sich verwirbeltes Wasser kühler an als nicht verwirbeltes Wasser?

Wasser mit Wirbelbildung wurde durch die Arbeit des legendären österreichischen Naturforschers Viktor Schauberger zu einem Gegenstand von breiterem Interesse. Schauberger hat einen großen Teil seines Lebens damit verbracht, Wasser zu erforschen. Dieses lebenslange Studium brachte ihn zu der Überzeugung, dass das Fließen in Form von Strudeln dem Wasser eine besondere „Vitalität" verleihe. Schauberger betrachtete Wasser, das aus schnell fließenden, strudelreichen Flüssen stammte, als „lebendiger" als stehende Gewässer, die er als tot ansah. Er hielt verwirbeltes Wasser auch für kühler.

Schauberger trat vor einem guten Jahrhundert in die Fußstapfen eines anderen legendären Österreichers, Rudolph Steiner, zu dessen Betätigungsfeldern auch die Landwirtschaft gehörte. Steiner begründete die „biodynamische Landwirtschaft", die als zentrales Element das Verwirbeln von Wasser beinhaltet. Bis heute schätzen manche Bauern und Obstbauern verwirbeltes Wasser dafür, dass es ohne Dünger Ernten von erstaunlicher Fülle einbringt.

Das Verwirbeln ist bei manchen Gruppen auch heute noch erstaunlich populär. Es gibt allerdings – abgesehen von den empirischen Beobachtungen, die seine unterschiedlichen, viel gepriesenen Eigenschaften zeigen – nur wenige Hinweise aus der Grundlagenforschung, die herangezogen werden können, um seine Wirksamkeit wissenschaftlich zu untermauern.

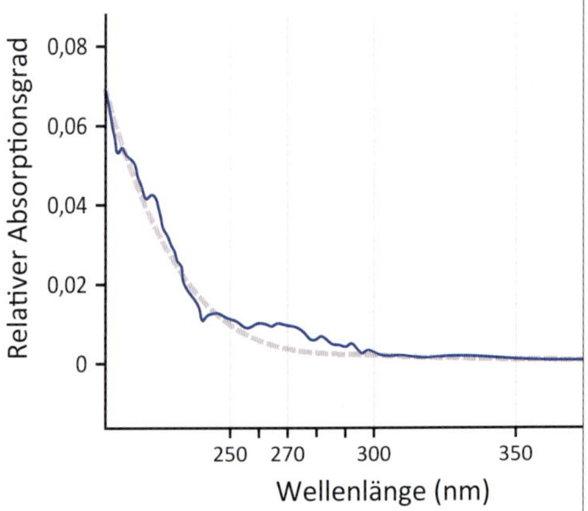

Abb. 10.11: *Spektralanalyse verwirbelten Wassers. Erste Beobachtungen zeigen ein Wachstum von Ausschlusszonen.*

Ich vermute, dass zumindest einige der Eigenschaften des verwirbelten Wassers aus der Entstehung von EZ-Wasser resultieren. Vorläufige Experimente haben einen Absorptionsgipfel bei 270 Nanometer bestätigt (Abb. 10.11), der annehmen lässt, dass Ausschlusszonen tatsächlich vorliegen. Weitere Experimente folgen.

Wenn EZ-Wasser präsent ist, wie vorläufige Beobachtungen annehmen lassen, könnte das, was Schauberger als „Vitalität" bezeichnet hatte, der Energie entsprechen, denn Ausschlusszonen sind Träger potenzieller Energie. Was das Abkühlen betrifft: Wenn das Verwirbeln einen Teil des normalen Wassers in EZ-Wasser umwandelt, dann muss sich das Gemisch kühler anfühlen, weil EZ-Wasser weniger Energie abstrahlt als normales Wasser. Abnahme der Strahlung führt zu Abkühlung.

(Vielleicht bemerken Sie einen möglichen Haken: Die frisch entstandene EZ erzeugt Protonen, die die Abkühlung wieder ausgleichen könnten, indem sie Strahlung erzeugen; jedoch werden sich solche Protonen wegen des großen Wasservolumens, das sich in der Nähe eines Wirbels befindet, ganz schnell verdünnen; das reduziert den Beitrag dieser Protonen zur Erwärmung. Das Gesamtergebnis beim Verstrudeln ist eine Abkühlung.)

Dass Verwirbelung die Bildung von EZ nach sich zieht, erscheint weniger mysteriös, wenn Sie sich in Erinnerung rufen, dass EZ-Wasser mehr Sauerstoff enthält als normales Wasser. Das Wirbeln bringt Wasser in ständigen Kontakt mit Sauerstoff, sowohl mit dem aus der Luft darüber als auch mit dem Sauerstoff aus den Blasen darunter. Daher vermengt sich das Wasser laufend mit Sauerstoff, was die Bildung der EZ ermöglicht. Außerdem werden Substanzen, die mit Luft in Berührung kommen, automatisch negativ aufgeladen (siehe Kapitel 9) und auch die negative Ladung fördert den Aufbau einer EZ (vgl. Abb. 5.8). All diese Faktoren lassen es naheliegend erscheinen, dass die weitere Untersuchung des Prozesses, wie Verwirbelung Ausschlusszonen bildet und sich daraus Abkühlung ergibt, ein lohnendes Ziel wäre.

Nachdem wir sowohl das Rätsel der Abkühlung durch Verstrudeln als auch das Verdünnungsparadox aufgelöst haben, sind wir jetzt in der Lage, die Aufmerksamkeit auf das Schlüsselthema dieses Kapitels zu lenken: Um die thermischen Eigenschaften von Wasser zu verstehen, müssen wir zu den Grundlagen zurückkehren. Ganz im Zentrum dieser Grundlagen steht die *Ladung*. Vermehrtes Bewegen von Ladung erzeugt mehr Strahlungsenergie, was die emittierenden Substanzen „heißer" erscheinen lässt. Geringere Ladungsbewegung erzeugt weniger Strahlungsenergie und lässt sie „kühler" wirken.

Indem wir an diesem fundamentalen Konzept festgehalten haben, konnten wir einige „Anomalien" erklären; das wird uns helfen, auch noch weitere natürliche Phänomene zu ergründen.

Zusammenfassung

Die thermischen Merkmale von Wasser sind weiterhin mit Anomalien und Paradoxien „gespickt". Um diese aufzulösen, haben wir von den Standarderklärungen, die auf Wärme und Temperatur basieren, Abstand genommen und uns auf eine tiefergehende Betrachtungsweise eingelassen. Insbesondere haben wir uns auf Strahlungsenergie konzentriert.

Strahlungsenergie entsteht durch die Bewegung von Ladungen. Eine Auf-und-ab-Bewegung von Ladung lässt elektromagnetische Wellen entstehen, die durch Materialien hindurchgehen und oft mit einer anderen Beschaffenheit wieder herauskommen. Im Fall von Wasser liegen die bedeutsamsten Wellenlängen im Infrarotbereich. Aufgrund seiner atomaren Struktur absorbiert und strahlt Wasser gleichermaßen bedeutsame Mengen infraroter Energie ab. Deshalb sind die infraroten Wellenlängen von besonderer Bedeutung. Dies war hilfreich bei dem Bemühen, zu verstehen, wie Wärme und Temperatur mit Strahlungsenergie in Verbindung stehen.

Ein zweites Merkmal unserer Herangehensweise bestand darin, uns den Beitrag von Ausschlusszonen für die Erzeugung von Strahlungsenergie bewusst zu machen. Die Bildung einer EZ erzeugt Protonen, deren Bewegungen eine Menge infraroter Strahlung generieren. Wir nehmen diese infrarote Strahlung als Wärme wahr. Wenn die EZ-Bildung aufhört und keine Protonen mehr ins Wasser freigesetzt werden, ist *der* Anteil des Wassers am bedeutsamsten, der zu EZ-Wasser geworden ist. Größere Anteile von EZ-Wasser erzeugen relativ wenig Infrarot-Output – das wird als Abkühlung wahrgenommen.

Diese Merkmale halfen zu verstehen, dass das Mischen von Substanzen zu Temperatur- und Volumenänderungen führen kann. Auch konnte damit das Paradox vom Anfang des Kapitels aufgelöst werden: warum verwirbeltes Wasser sich kühl anfühlt.

Zu all diesen Erkenntnissen kamen wir, weil wir das Konzept der Strahlungsenergie heranzogen und die Bezugnahme auf die Begriffe „Wärme" und „Temperatur" vermieden. Zwar sind diese Begriffe im alltäglichen Sprachgebrauch unverzichtbar, doch macht ihre Mehrdeutigkeit sie zu unzuverlässigen Begriffen, wenn es darum geht, ein wissenschaftliches Verständnis zu gewinnen.

Um dieses Verständnis zu erlangen, führen wir unsere Untersuchungen mithilfe des Konzepts der Strahlungsenergie fort. Wir werden sehen, wie die Einbeziehung der Idee der Strahlungsenergie dabei helfen kann, das alltägliche Verhalten von Wasser zu begreifen.

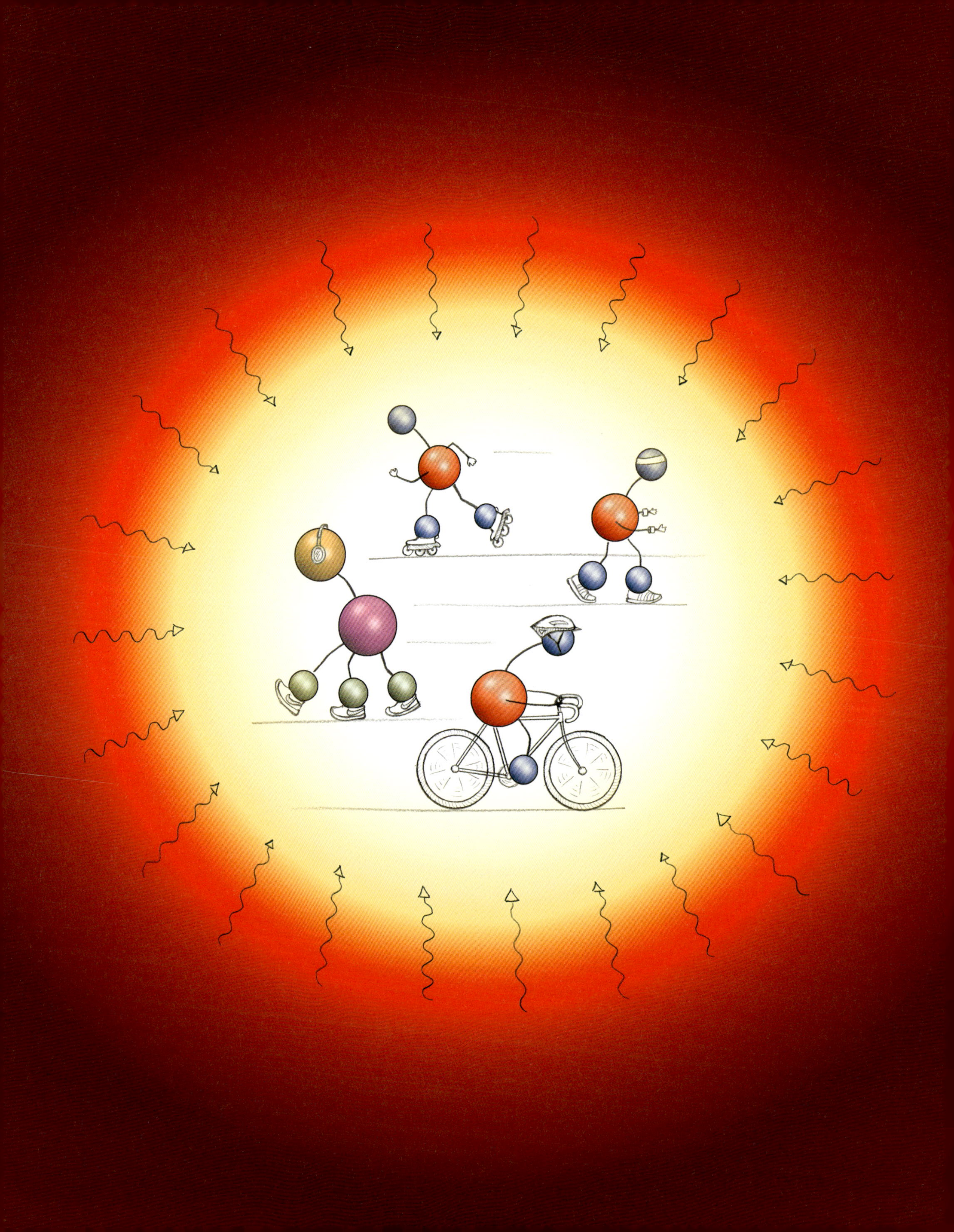

11 Osmose und Diffusion passieren nicht einfach so

Ein berühmter Garfield-Cartoon zeigt den übergewichtigen Kater mit einem hoch aufragenden Stapel Bücher auf seinem Kopf. Garfield behauptet: „Ich lerne durch Osmose." Die Osmose bietet dem faulen Kerl einen Funken trügerischer Hoffnung auf einen „schmerzfreien" Wissenstransfer: dass die Informationen aus dem Reich des Wissens einfach in das wartende Gehirn sickern.

Echte Osmose, der Prototyp für diese Metapher, ist der Prozess, der Wasser von einem Ort, an dem es in konzentrierter Form existiert, zu einer anderen Stelle hinleitet, an der es weniger konzentriert ist. Das Wasser bewegt sich. Osmotische Wasserbewegung spielte eine zentrale Rolle in Einsteins Verständnis der Brown'schen Molekularbewegung. Im vorliegenden Kapitel erfülle ich mein früheres Versprechen (aus Kapitel 9), den Vorgang der Osmose neu zu überdenken.

Wenn man sich mit Osmose befasste und dabei nicht auch die Diffusion mit einbezöge, wäre das eine zu enge, kurzsichtige Herangehensweise, denn diese beiden Prozesse spiegeln einander. Diffusion beinhaltet die Bewegung von Partikeln oder Molekülen durch eine Flüssigkeit, während Osmose die Bewegung der Flüssigkeit in Richtung von Partikeln oder Molekülen beschreibt (normalerweise durch eine Membran). Vereinfachend ausgedrückt sind diese beiden Prozesse also Gegensätze. Beide reduzieren ein Konzentrationsgefälle, indem sie Substanzen in *die* Bereiche bewegen, wo sie weniger konzentriert auftreten. Sie sind sozusagen die grundlegenden Vehikel, Instrumente oder Techniken, mit denen die Natur Dinge von einem Ort zu einem anderen bringt.

In diesem Kapitel geht es um die Fragen rund um die Funktionsweise dieser Prozesse. Laufen sie spontan ab als Folge eines fundamentalen Gesetzes? Oder werden sie durch eine zugrunde liegende Energie ausgelöst und vorangetrieben – wie der Wind eine Windmühle in Gang setzt?

Diffusion: Osmose von innen nach außen

Stellen Sie sich vor: Sie streuen eine Prise Salz in die Hühnersuppe (mit oder ohne Suppeneinlage). Das Salz verteilt sich. In Fachsprache ausgedrückt „diffundiert" es. Die Suppe wird schließlich gleichmäßig lecker.

Die Theorie der Diffusion folgt der vorherrschenden Theorie der Brown'schen Molekularbewegung: Aufgrund „thermischer" Bewegungen hüpft jedes Molekül in Form sogenannter Zufallsbewegungen herum; dadurch wird die Ausbreitung der Moleküle gewährleistet. Wir können diese Molekülbewegungen mit dem Gang betrunkener Seeleute vergleichen: Wenn der Bewegungsradius „eingezäunt" ist und Absperrungen sie lenken, werden sich die Matrosen letztendlich auf eine statistisch gleichmäßige Weise verteilen. (Abb. 11.1) So ähnlich verteilt sich auch das Salz in der Suppe.

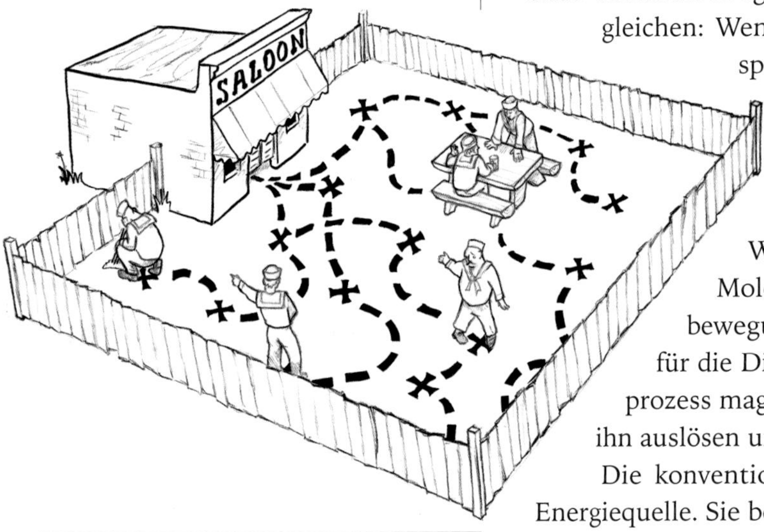

Abb. 11.1: *Zufallsbewegungen führen letztendlich zu einer gleichmäßigen Verteilung innerhalb eines definierten Raums.*

Solche Zufallsbewegungen erfordern Energie: Wenn Diffusion das Gesamtergebnis der Brown'schen Molekularbewegung ist und die Brown'sche Molekularbewegung Energie erfordert (Kapitel 9), so gilt dies auch für die Diffusion. Es kann nicht anders sein. Der Diffusionsprozess mag passiv erscheinen, aber eine Art von Energie muss ihn auslösen und in Gang halten.

Die konventionelle Theorie der Diffusion kennt keine externe Energiequelle. Sie beschreibt den Verteilungsprozess mithilfe der Diffusionskonstante D, die von verschiedenen physikalischen Faktoren abhängig ist (siehe Rahmen in Kapitel 9, S. 170), aber nicht von Energieinput. Sie geht davon aus, dass der Diffusionsprozess spontan erfolgt.

Jedoch passt die in der *Theorie* beschriebene Ausbreitung sehr oft nicht zur *beobachteten* Ausbreitung. Ein klassisches Beispiel ist die Diffusion geladener Polymere in einer wässrigen Lösung: Die Diffusion erfolgt sowohl auf gewohnte als auch auf ungewohnte Weise.[1] Die vorherrschende Art der Diffusion hängt von der Salzkonzentration ab. Eine winzige Verringerung der Salzkonzentration kann zu einer plötzlichen Veränderung führen: von der gewohnten *schnellen* Diffusion zu einer außerordentlich *langsamen* Diffusion. Der Grund für dieses bistabile Verhalten ist für diejenigen, die der *klassischen* Theorie verhaftet sind, schwer nachvollziehbar.

Unterschiede zwischen Beobachtungen und Theorie haben zur Einführung solcher Hilfsbegriffe wie „Sub-Diffusion" oder „Super-Diffusion" geführt. Von Proteinen sagt man zum Beispiel, dass sie eine „Sub-Diffusion" zeigten,[2] während Partikel in Meteorschweifen angeblich „Super-Diffusion" aufweisen. Diese Begriffe machen nur deutlich, dass die klassische Theorie der Diffusion nicht so konsistent anwendbar ist, wie man es eigentlich erwarten sollte. Das heißt: In dieser Theorie fehlt etwas.

Sogar alltägliche Phänomene demonstrieren diese Begrenzung. Ein Beispiel ist das Vermischen von Flusswasser mit dem Wasser des Ozeans. Flüsse entleeren ihr Wasser ins Meer und die konventionelle Theorie der Diffusion lässt erwarten, dass sich die beiden Wasserarten problemlos vermischen. Doch diese theoretische Erwartung lässt sich nicht bestätigen: An manchen Stellen bleiben Salz- und Süßwasser praktisch unendlich lange getrennt.[w1] Sogar zwei unterschiedlich salzhaltige Gewässer vermengen sich nicht leicht: In der Nähe des Ferienortes Skagen in Dänemark, wo die Ostsee auf die Nordsee trifft, bleibt die Trennungslinie ständig sichtbar.[w2]

Aufgrund dieser wohlbekannten Abweichungen von der Theorie neugierig geworden, machten wir mit eigenen Experimenten weiter. Wir gossen eine gesättigte Salzlösung in ein Becherglas und füllten das Glas danach mit reinem Wasser auf. Das reine Wasser (oben) enthielt Farbstoffe oder Mikrosphären, die es uns ermöglichten, zu beobachten, wie sich die obere und die untere Lösung miteinander vermischten. Viele Stunden lang erfolgte keine sichtbare Vermengung; und manchmal dauerte es Tage, bis sich die beiden einigermaßen vermischten. Dasselbe geschah, wenn wir die Lösungen in umgekehrter Reihenfolge einfüllten, also das Salzwasser auf das reine Wasser gossen: Immer noch kein sichtbares Vermengen. Dieses Ergebnis legt nahe, dass Unterschiede in der Dichte die Aufrechterhaltung der Trennung nicht erklären können. Eigentlich hätte die Diffusion die Moleküle und Partikel veranlassen müssen, sich zu bewegen, aber sie haben sich nicht einfach gleich vermischt, ähnlich, wie Flusswasser und Meerwasser sich auch nicht leicht vermengen.

Wir machten weiter, indem wir einen Klecks Farbe in eine Ecke eines Gefäßes gaben, um zu sehen, wie sie sich ausbreitet. Manche Ergebnisse verblüfften uns gewaltig: Wenn sich die Farbe in einem Behälter mit reinem Wasser befand, diffundierte sie mehr oder weniger so, wie die Theorie der Diffusion es voraussagt: sehr langsam. (Abb. 11.2 oben) Wenn wir aber dieselbe Farbe in konzentrierte Salzlösung gaben, diffundierte sie so schnell in eine dünne Oberflächenschicht, dass wir dies mit den Augen gar nicht verfolgen konnten; innerhalb einer Sekunde bedeckte sie praktisch die gesamte Oberfläche. (Abb. 11.2 unten) Nachdem dies passiert war, diffundierte die Farbe kaum noch nach unten in die Lösung, nicht einmal nach einer Woche.

Erstaunt über diese Ergebnisse machten wir uns daran, herauszufinden, ob diese Unterschiede vielleicht durch eine Eigenart des speziellen Farbstoffs oder des Salzes hervorgerufen worden waren. Mehrere Farbstoffe erbrachten dasselbe Ergebnis und auch das Ersetzen des Farbstoffs durch Algenzellen änderte nichts. Auch machte es keinen Unterschied, ob wir als Salz Kaliumchlorid oder verschiedene andere bekannte Salze verwendeten. Wir beobachteten stets einen qualitativen Unterschied zwischen der Diffusion in *reinem* Wasser und der Diffusion in *Salzwasser*.

Diese Experimente zeigten, wie sehr sich reale von theoretischer Diffusion unterscheiden kann. Die Diffusionsgleichung mag einfach sein, leicht anzuwenden und im Rahmen ganz bestimmter Voraussetzungen auch zuverlässig. Jedoch greift die Gleichung zu kurz, um eine *generelle* Erklärung zur Ausbreitung von Molekülen liefern zu können.

Inwiefern liegt diese Theorie falsch?

Das Zusammentreffen der Ostsee mit der Nordsee erzeugt eine beständige Grenzlinie.

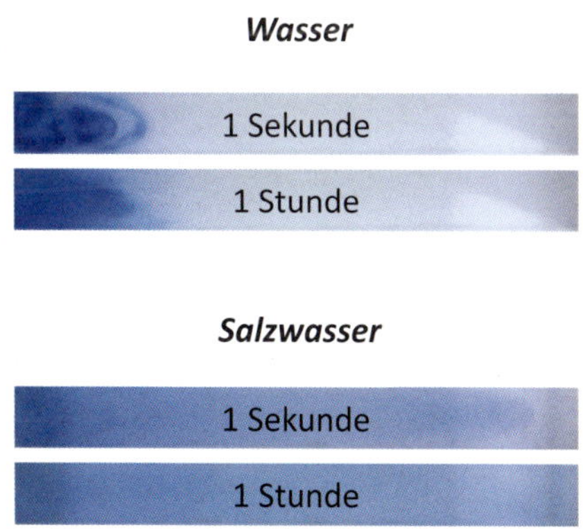

Abb. 11.2: *Diffusion von blauem Methylen-Farbstoff. Länge des Behälters: 7,5 cm. In reinem Wasser diffundiert der Farbstoff wie erwartet; in Salzwasser (4 M KCl oder 4 mol/l KCl) diffundiert der Farbstoff extrem schnell.*

Die Theorie der Diffusion beruht auf dem Konzept der thermischen Bewegung: Substanzen diffundieren als Ergebnis ihres Herumzitterns. Jedoch: Wenn eine *externe* Energie diese Zitterbewegung erzeugt (Kapitel 9), muss die externe Energie auch die Diffusion auslösen. So kann man nicht erwarten, dass die Diffusionsgleichung adäquat funktioniert, wenn man externe Energie nicht beachtet. Wenn wir diese Energie in einer modifizierten Theorie berücksichtigten, könnte dies einen nützlichen ersten Schritt darstellen. (Abb. 11.3 oben).

Ein zweiter Schritt müsste Kräfte berücksichtigen, die „ablenken“: Eine örtlich begrenzte, konzentrierte Ladung wird gelöste Substanzen in derselben Weise von ihrem normalen Verhalten ablenken, wie es eine reizvolle Frau bei den meisten betrunkenen Matrosen tun würde. (Abb. 11.3 unten) Die gelösten Stoffe werden sich in eine vorhersehbare Richtung bewegen, also sich entweder der betreffenden Ladung annähern oder von ihr wegbewegen.

So ist Diffusion nicht nur einfach eine Angelegenheit von Temperatur, Partikelgröße und Viskosität eines Mediums, wie das die klassische Theorie annimmt. *Um eine korrekte Vorhersage zu ermöglichen, muss die Theorie die absorbierte Strahlungsenergie und ebenso ablenkende Ladungen berücksichtigen, die möglicherweise vorhanden sind.* Nur dann wird sie die Realität adäquat widerspiegeln.

Wir können uns vorstellen, wie man die Entwicklung einer angemesseneren Theorie angehen könnte. Das sollte damit beginnen, dass man sich auf die zentrale Rolle der externen Energie konzentriert. Absorbierte Energie bildet Ausschlusszonen um Partikel und Moleküle herum. Diese Ausschlusszonen trennen Ladungen, die dann den „Launen“ *ablenkender* geladener Elemente ausgeliefert sind. Positiv geladene Elemente werden negative Ausschlusszonen und jegliche freie OH^--Gruppen anziehen. Negativ geladene Elemente werden positiv geladene Ausschlusszonen und Hydroniumionen anziehen. *Höhere* Strahlungsenergie wird diese Anziehungen intensivieren. Die Quintessenz ist, dass diese auf Energie basierenden Anziehungen mehr als nur zweitrangige Phänomene sind: *Energieabhängige, auf Ladung basierende Kräfte steuern weitgehend die Bewegungen der Diffusion.*

Das Diffundieren von Substanzen ähnelt dann sehr stark den Wegen der betrunkenen Matrosen: Wenn man die aktuellen Aufenthaltsorte der Seeleute bestimmen will, muss man die steuernde Energie und die ablenkenden Faktoren berücksichtigen.

Abb. 11.3: *Eine Analogie zur Diffusion: Diffundierende Bewegungen können durch externe Energie in Gang gesetzt (oben) und durch ablenkende Elemente beeinträchtigt werden (unten).*

Warum reines Wasser und Salzwasser sich nicht leicht vermischen

Dass *reines* Wasser sich so schlecht mit *Salzwasser* vermischt, das ist möglicherweise eine Auswirkung des Prinzips „Gleiches zieht Gleiches an". Salzmoleküle umgeben sich mit Ausschlusszonen.[4] Wenn sich diese EZ bilden, erzeugen sie entgegengesetzte Ladungen außerhalb ihrer selbst – und damit Anziehung nach dem Prinzip „Gleiches zieht Gleiches an". Wenn die Konzentration des Salzes hoch genug ist, verdichten sich diese EZ zu geordneten Strukturen, ähnlich wie Kolloidkristalle (siehe Kapitel 8).

In der Tat erbrachte eine lange Serie von Experimenten, bei denen die optische Streuung untersucht wurde, Hinweise darauf, dass die gelösten Salzmoleküle sich zu massiven, Wasser enthaltenden Clustern verdichten.[5] Diese Cluster können Kolloidkristallen ähneln.

Bei hoher Salzkonzentration herrscht also in der Gitterstruktur EZ-Wasser vor. Ausschlusszonen schließen fast alles aus – sogar „normales" Wasser (Bulkwasser; siehe Abb. 11.6, weiter unten). Also wird jegliches Wasser in der Nähe des Salzgitters *für sich* bleiben, auch über einen langen Zeitraum. Diese anhaltende Trennung könnte erklären, warum sich Flusswasser nicht leicht mit Meerwasser vermengt.

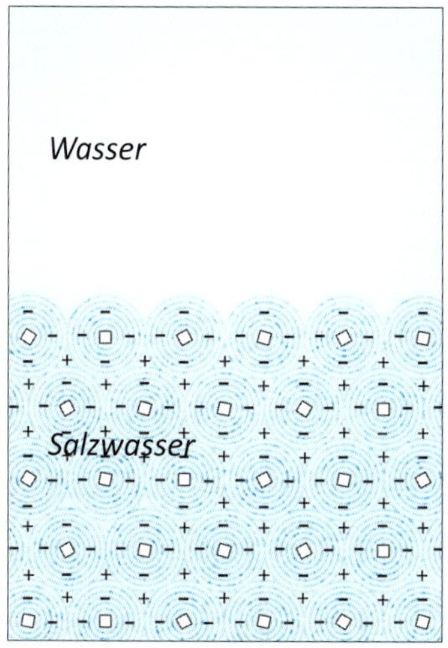

Normales *Wasser kann nicht leicht in einen Flüssigkristall aus Salzwasser eindringen.*

Osmose – ein weiteres ungeklärtes Phänomen

Wir haben bisher die eine Seite der Münze, die Diffusion, angeschaut und betrachten jetzt die andere Seite: Osmose, die Diffusionsbewegung des Wassers. Da Wasser ein Molekül ist, sollte es sich wie andere Moleküle verhalten: Seine Diffusionsbewegungen sollten sich nach denselben Prinzipien richten, auch nach denjenigen, die sich aus den externen Energiequellen und den auf Ladung basierenden Ablenkungen ableiten lassen.

Die konventionelle Theorie der Osmose berücksichtigt die Energie nicht, aber zumindest mögliche ablenkende Faktoren. Die Feststoffe sind hier solche ablenkenden Faktoren. Suspendierte oder gelöste Feststoffe ziehen der Theorie gemäß Wassermoleküle an, die danach in Richtung der gelösten Stoffe diffundieren. Die Anziehung wird nicht auf die Ladung zurückgeführt; sie wird vielmehr mit Bezugnahme auf die „Konzentration" erklärt: Die Wassermoleküle bewegen sich aus Bereichen *höherer* Konzentration (wie reines Wasser) in Bereiche *niedrigerer* Konzentration, wo sich zwischen den Wassermolekülen Feststoffe befinden. Auf diese Weise wird Wasser in Richtung der gelösten Stoffe hingezogen.

Indem sie diesem Ansatz folgten, haben die Wissenschaftler – Einstein eingeschlossen – das übernommen, was man als die „Garfield'sche Denkweise" über Osmose bezeichnen könnte: passives Fließen von Wasser, ähnlich dem passiven Einströmen von Wissen, wie Garfield es sich wünschte. Dabei gleicht die Wasserkonzentration sich aus, wie die Partikelkonzentration sich durch Diffusion ausgleicht.

Wir jedoch sind der Auffassung: *Osmose und Diffusion **können** nicht passiv sein!* Wenn der Osmose diffundierende Bewegungen zugrunde liegen und absorbierte Energie die diffundierenden Bewegungen antreibt, dann muss die absorbierte Energie auch bei der Osmose eine Rolle spielen. Den Beitrag der absorbierten Energie zu diesem Geschehen kann man nicht einfach ignorieren, nur damit die Theorie gut passt.

Warum also bewegt sich das Wasser?

Den meisten von uns wurden die folgenden allgemeinen Grundsätze beigebracht: Osmose geschieht, weil alle Dinge in Richtung Gleichgewicht tendieren. Auch Wasser tendiert dazu, seine Konzentration auszugleichen. Wenn eine dazwischenliegende Membran zwei Bereiche voneinander trennt, werden sich die Wassermoleküle in den Bereich bewegen, in dem mehr gelöste Stoffe sind. (Abb. 11.4 Das geschieht deshalb – so die Annahme –, weil die Wassermoleküle in endloser thermischer Bewegung hin und her springen; wenn sie durch die Membran hindurchgehen können, dann wird die Konzentration in den beiden Bereichen sich auszugleichen versuchen und das erhöht die Wasserkonzentration in dem Bereich, in dem sich die gelösten Stoffe befinden.

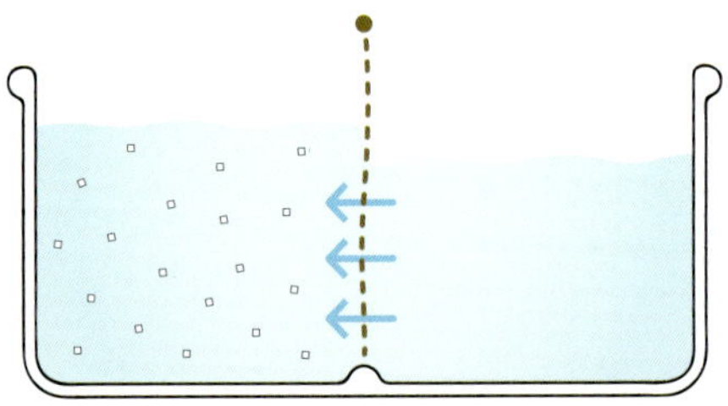

Abb. 11.4: *Der konventionelle Experimentaufbau, mit dem man Osmose beobachtet. Die Membran ist für Wasser durchlässig, doch nicht für gelöste Stoffe. Wasser bewegt sich aus dem Bereich niedriger Partikelkonzentration in den Bereich hoher Konzentration. Dabei steigt die Wasserhöhe an (links).*

Diese Beschreibung ist aber nicht die einzige. Wissenschaftler haben den Mechanismus der Osmose seit mehr als drei Jahrhunderten debattiert und dabei eine Reihe von Erklärungsvorschlägen gemacht, die immer noch auf dem Tisch liegen. Zu diesen Vorschlägen gehören:

- die „Wasser-Konzentrations-Theorie"
- eine Theorie, die das „Bombardement" von Feststoffen zugrunde legt, und
- die Theorie der Wasserspannung.

Außerdem gibt es aktuell noch eine Variante der letzteren Theorie, die in einem Buch des australischen Kollegen John Watterson vorgestellt wird. Argumente, die Anerkennung verdienen, stützen jeden dieser Vorschläge, aber kein Ansatz scheint *alles* zu erklären; daher ist bisher auch keiner allgemein anerkannt. Fazit: Es gibt immer noch keine überzeugende Erklärung für den Mechanismus der Osmose.

Osmose als Epiphänomen

Ein möglicher Grund dafür, dass der Prozess der Osmose immer noch so schwer fassbar ist, besteht darin, dass sich bisher niemand die Rolle absorbierter Energie in diesem Prozess vorstellen konnte; von absorbierter Energie ausgelöste Bewegung – das war ein fremdartiges Konzept.

Ein weiterer Grund ist, dass sich beim klassischen Membranexperiment, das man für das Studium der Osmose verwendete, niemand vorstellen konnte, dass sich die trennende Membran selbst als entscheidender Faktor erweisen könnte. Die Membran schien bisher nichts anderes zu sein als eine passive Barriere, die (feste) Stoffe blockiert, aber den (kleineren) Wassermolekülen die Passage von einem Bereich zum anderen erlaubt.

Wir wissen jetzt, dass hydrophile Membranen Ausschlusszonen bilden. Wenn auf beiden Seiten der Membran Ausschlusszonen entstehen, dann beinhalten beide Bereiche protonenhaltiges Wasser. Und wenn sich die Konzentration der Protonen in den beiden Bereichen unterscheidet, dann entsteht üblicherweise ein Protonengefälle von einer Seite der Membran zur anderen. Wie ich noch zeigen werde, wird jegliches Gefälle dieser Art in der Regel Hydroniumionen durch die Membran bewegen und damit Wasser von dem einen Bereich in den anderen „verschieben".

So könnte die Membran also ein Hauptakteur im „Drama" der Osmose sein. Sie könnte ein Hydroniumionengefälle erzeugen, das den osmotischen Wasserstrom auslöst. Andererseits wirft diese Hypothese eine heikle Frage auf: Jegliche EZ-Schicht würde eine Barriere darstellen, durch die die Wassermoleküle bei dem Versuch, von einem Bereich in den anderen zu gelangen, hindurch müssten. Wie kann sich Wasser durch diese EZ-Schicht bewegen?

Wir versuchten, die Hypothese vom Protonengefälle- zu überprüfen, und hofften dabei, dieses heikle Problem des Durchdringens zu lösen. Um das Protonengefälle zu überprüfen, verwendeten wir die klassische Versuchsanordnung, die aus zwei benachbarten Kammern besteht, die durch eine Osmosemembran voneinander getrennt sind. (Vgl. Abb. 11.4) Wir montierten die gewöhnlich verwendete Membran, deren Poren groß genug sind, um Wasser durchzulassen, aber keine Feststoffe. Mit diesem Versuchsaufbau konnten wir die Bewegung des Wassers in Richtung der Seite mit den gelösten Stoffen verfolgen. Wir konnten auch beide Seiten der Membran mit einem Mikroskop untersuchen.

Die oben im Detail ausgeführten Erwartungen wurden erfüllt.[6] Zuerst konnten wir das Vorhandensein von Ausschlusszonen bestätigen, die an die Membran grenzten. Wir beobachteten sie nicht nur in der Nachbarschaft der Zellulose-Azetat-Membran, die man routinemäßig für Osmoseexperimente verwendet, sondern auch neben einer Nafion-Membran, die ähnliche osmotische Ströme erzeugen konnte.

In beiden Fällen unterschieden sich die Ausschlusszonen jedoch in Bezug auf ihre Größe. (Abb. 11.5) Die *rechte* Membranfläche neben dem *reinen* Wasser sollte nach unserer Erwartung eine EZ in Standardgröße erzeugen – das tat sie auch. Neben der *linkseitigen* Membranfläche befand sich eine Salzlösung. Salz reduziert die EZ-Größe.[7] Daher war die EZ auf dieser Seite der Membran wesentlich kleiner.

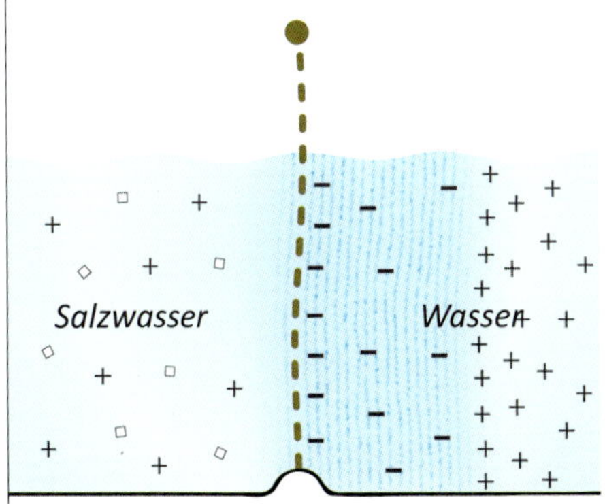

Abb. 11.5: *Standard-Osmoseexperiment mit Ausschlusszonen und Protonen, die sich asymmetrisch um die trennende Membran verteilten*

Was passierte mit den Protonen? Der Bereich auf der *rechten* Seite sollte nach unserer Erwartung aufgrund der großen EZ eine Vielzahl von Wassermolekülen mit Protonen enthalten. Die *linke* EZ sollte aufgrund ihrer geringeren Größe weniger Protonen erzeugen. Spannungsmessungen, die wir rechts und links der Membran durchführten, zeigten, dass die rechte Seite wesentlich stärker positiv geladen war als die linke Seite. So bestätigte sich also das erwartete elektrische Gefälle.

Führen Sie sich jetzt das Schicksal der Hydroniumionen auf der rechten Seite von Abbildung 11.5 vor Augen. Da sie positiv geladene Wassermoleküle sind, stoßen Hydroniumionen einander ab und wollen aus dem rechten Behälter ausbrechen. Ihr naheliegendes Ziel ist die linke Kammer, die weniger positiv geladen ist und daher ein niedrigeres elektrisches Potenzial aufweist. Die mit Protonen bestückten Wassermoleküle sollten aus diesem Grund nach links fließen und dabei die osmotische Strömung erzeugen, die so lange dauern sollte, bis das sie auslösende Gefälle verschwunden ist.

Dieses Szenario beschreibt, dass die Membran bei der osmotischen Anziehung eine Rolle spielt. Es zeigt, wie die Asymmetrie das Fließen des Protonen enthaltenden Wassers auslöst. Jedoch ist die Membran nicht das einzige „ziehende“ Element; die Salzmoleküle selbst fördern das Fließen ebenfalls und ich werde gleich noch darauf zurückkommen, wie das passiert.

Dieses Modell hat grundlegende energetische Auswirkungen. Absorbierte Strahlungsenergie führt zur Bildung von Ausschlusszonen, die Ladungen trennen und den osmotischen Strom in Gang bringen. Das bedeutet: *Osmose wird durch Energie ausgelöst*. Diese Schlussfolgerung unterscheidet sich gravierend von dem Verständnis, das all die anderen Theorien beinhalten, nämlich dass die Osmose ein passiver Prozess wäre, der gar keine Energie benötige. Osmose *benötigt sehr wohl* Energie. Etwas herauszubekommen, ohne etwas hineinzugeben, das ist eine Lösung, die nicht einmal die Natur anbieten kann.

Dämme mit Löchern

Wenn wir das osmotische Fließen betrachten, haben wir immer noch das Problem vor Augen, wie sich die Hydroniumionen durch eine scheinbar undurchdringliche EZ-Barriere bewegen.

Eine direkte Durchdringung ist aufgrund der engen Porenweite der EZ unwahrscheinlich. Das einheitliche Hexagon ist kaum groß genug, dass ein Wassermolekül hindurchkommt; die tatsächliche Gitteröffnung ist sogar noch geringer, weil die benachbarten EZ-Ebenen ja nicht genau übereinanderliegen. (Vgl. Abb. 4.15) Dies reduziert die effektive

Gitteröffnung etwa um den Faktor 3. Ein Wassermolekül dürfte also gar nicht hindurchkommen.

Eine versehentliche Panne im Labor bestätigte diese Erwartung: Ein Studienanfänger, der ein Osmoseexperiment mit einem ähnlichen Aufbau wie dem von Abbildung 11.5 durchführte, kam eines Morgens ins Labor und stellte fest, dass er am Abend zuvor das Aufräumen vergessen hatte. Aufgrund eines mangelhaften Verschlusses war Salzwasser aus der linken Kammer getropft – doch die Kammer auf der rechten Seite der Membran war voll geblieben: Die dazwischenliegende Membran hatte das Eindringen des reinen Wassers verhindert. Das überraschte uns zunächst, weil beim eigentlichen Osmoseexperiment das Wasser offensichtlich durch die Membran hindurchdringt.

Nachfolgende Experimente erbrachten das gleiche Ergebnis: Wenn die „salzige" Seite des Behälters *leer* und die andere Seite mit reinem Wasser gefüllt ist, findet kein Fließen durch die Membran statt. Nicht einmal dann, wenn wir den Behälter um 90 Grad drehten, um die Wirkung der Schwerkraft zu nutzen, lief das Wasser von oben nach unten! (Abb. 11.6)

Abb. 11.6: *Wasser dringt nicht durch die EZ hindurch.*

Das Paradox aber blieb bestehen: Obwohl das EZ-Gitter offensichtlich zu engmaschig ist, um Wasser hindurchzulassen, fließt während der Osmose Wasser nachweisbar von einer Kammer in die andere. Diesbezüglich tappten wir völlig im Nebel.

Die visuelle Beobachtung führte schließlich zur Aufklärung. (Abb. 11.7) Normalerweise bedecken Ausschlusszonen den *gesamten* Bereich der Membran, doch bei den Osmoseexperimenten tun sie das nicht: Die mikroskopische Untersuchung deckte überraschend große Lücken auf.[6] Diese Lücken wachsen sozusagen zu Toren an, durch die das Wasser leicht hindurchkommt – genauso, wie Wasser durch Löcher in Deichen fließen kann. Das Paradox war damit aufgelöst.

Wodurch entstehen diese Lücken? Die sich stellenweise entwickelnden Ausschlusszonen setzen bekanntlich Protonen frei. Diese Protonen fließen zurück durch die Bereiche der Membran, wo noch keine EZ-Bildung stattgefunden hat, in Richtung der linken Kammer. (Abb. 11.7 unten) Dieser Strom verhindert die Bildung einer EZ in den letztgenannten Bereichen; so bleibt die EZ-Bildung ein „Flickwerk", wie wir es beobachten konnten.

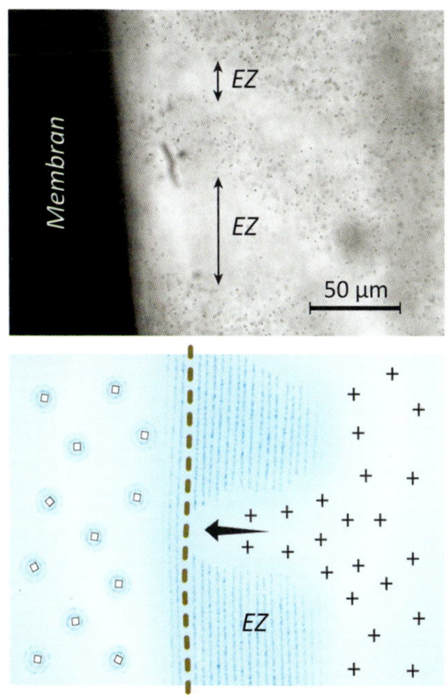

Abb. 11.7: *Lücken in der EZ, beobachtet unter dem Mikroskop (oben). Die Lücken werden erzeugt, indem positive Ladungen in die negative EZ wandern und sie an manchen Stellen erodieren (unten).*

Lücken in Ausschlusszonen tauchen nicht nur bei der Osmose auf. Wir sehen sie auch bei Ausschlusszonen, die sich an bestimmten Metallen bilden (siehe Kapitel 12); es ist anzunehmen, dass sie auch um Zellen herum existieren, wo Moleküle durch eine sonst geschlossene EZ hindurchgehen müssen, wenn sie in die Zelle hinein oder aus ihr heraus wollen. In der Tat könnte ein Ladungsgefälle zwischen dem Zelläußeren und dem Zellinneren dieses Fließen in derselben Weise auslösen wie bei der Osmose.

Die Anziehung von Salz

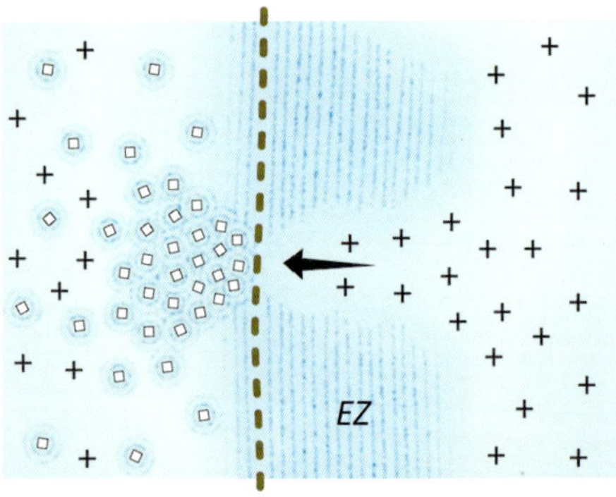

Abb. 11.8: *Die EZ-Cluster an der Membran ziehen die Hydroniumionen nach links.*

Ein weiteres Thema ist die Rolle der Salzmoleküle. Ausschlusszonen bilden sich um Salz (oder andere gelöste Stoffe) herum. Wir könnten uns fragen, welche Rolle diese Ausschlusszonen in Bezug auf den osmotischen Fluss spielen.

Betrachten Sie Abbildung 11.8: Positive Hydroniumionen grenzen an die rechte Seite der Membran und Salzpartikel müssten sich auf der linken Seite sammeln, weil sie negativ geladene Ausschlusszonen tragen. Das ist eine Angelegenheit einfacher Anziehung. Die negativen Ausschlusszonen bleiben an dieser Stelle haften; sie können sich nicht durch die Membran hindurchbewegen. Ihre Anwesenheit zieht die Hydroniumionen nach links. Dieser Strom erhält die Lücken in der rechtsseitigen Ausschlusszone aufrecht und sorgt damit für einen ununterbrochenen Strom von Hydronium durch diese Lücken.

Daher bewegen sich die Hydroniumionen nicht nur deshalb von der rechten Seite weg, weil die Abstoßung sie dort hinaustreibt, sondern auch – und wahrscheinlich hauptsächlich deswegen –, weil die negativen Ausschlusszonen eine anziehende Kraft ausüben. Dieses Ziehen verstärkt ihren linksgerichteten Strom.

Der zuletzt genannte Vorgang führt uns zu einem allgemeinen Statement über Osmose. Im Bericht oben hatten wir es mit dem klassischen Versuchsaufbau zur Erforschung der Osmose zu tun: mit einer Membran, die zwei Kammern mit niedriger und hoher Salzkonzentration trennt. Diese Anordnung erzeugte eine Menge Hydroniumionen auf der einen Seite der Membran und auf der anderen eine Menge an negativer Ladung. Diese verursachte den Strom von Hydroniumionen, der den Wasserpegel auf der Seite, die (mehr) Salz enthielt, zum Steigen brachte (vgl. Abb. 11.4).

Allerdings stellt diese spezielle Konfiguration nur eine von vielen dar, bei denen Ladungen getrennt werden. Jede abgetrennte Lösung mit Hydroniumionen wird einen solchen Strom zur Folge haben: Diese positiv geladenen Wassermoleküle werden unausweichlich in Richtung der negativ geladenen Ausschlusszonen strömen. Diese Strömung ist der osmotische Fluss.

Damit sind Membranen also gar nicht erforderlich – die Membran ist einfach nur ein passender Kunstgriff, um positive Hydroniumionen und negative Ladung zu erzeugen. Mit oder ohne Membran – *die zentrale Rolle bei der Osmose spielt das Hydroniumion, das durch die Absorption externer Energie erzeugt wird.* Hydroniumionen bewegen sich immer in Richtung negativer Ladung.

Hier stellt sich nun die Frage, warum dieses elektrische Ladungsgefälle vorher nicht entdeckt worden ist. Nach drei Jahrhunderten Osmoseforschung möchte man meinen, dass jemand es beobachtet haben müsse. Und tatsächlich hat dies jemand getan: In mittlerweile klassischen Experimenten, die vor einem Jahrhundert durchgeführt wurden, hat der deutsch-amerikanische Biologe Jacques Loeb die Existenz einer elektrischen Potenzialdifferenz zwischen der einen und der anderen Seite der osmotischen Membran nachgewiesen.[8]

Leider geriet dieses fundamentale Forschungsergebnis im Getümmel der Experimente im molekularen Bereich in Vergessenheit. Das elektrische Spannungsgefälle ist ganz klar zu beobachten. Wie Loeb treffend bemerkte, ist sein Vorhandensein sicherlich einer der Faktoren, die den osmotischen Fluss auslösen.

So ist die Osmose der Diffusion weitgehend ähnlich. (Abb. 11.9) Ladungsgefälle treibt *beide* Arten des Strömens an – ein Gefälle, das durch die absorbierte Strahlungsenergie erzeugt wird.

Diffusion

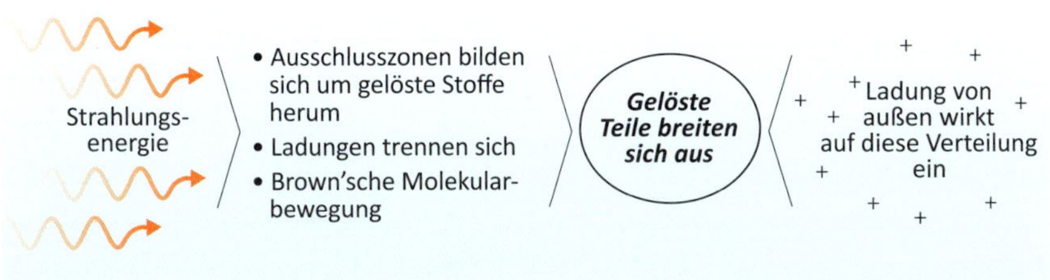

Osmose

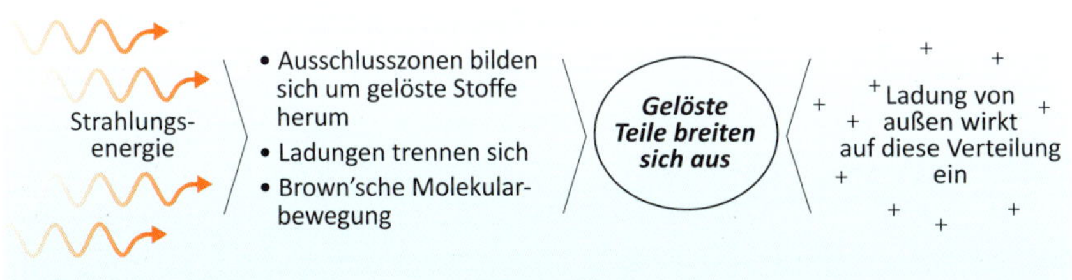

Abb. 11.9: *Dieser Überblick über die Prozesse von Osmose und Diffusion veranschaulicht ihre wesentlichen allgemeinen Merkmale.*

Windeln und Gele

Osmose funktioniert auch im Alltagsleben. Bekannte Beispiele, die die hier vorgestellten Prinzipien illustrieren, kann man in Gelen und Windeln finden.

Gele enthalten enorme Mengen an Wasser. Desserts mit Gelatine bestehen fast zu 95 % aus Wasser, während manche im Labor verwendeten Gele bis 99,95 % Wasser enthalten können.[9] Windeln (Babyhöschen) haben ähnliche Eigenschaften. Zum Glück können Windeln das Vielfache ihres Gewichtes an Wasser aufnehmen. Diese Kapazität ist insofern nachvollziehbar, als sich EZ-Wasser an die innen liegenden hydrophilen

Oberflächen der Windeln heften kann und diese Ausschlusszonen können von beträchtlicher Größe sein.

Das Aufnehmen von Wasser beginnt, wenn das trockene hydrophile Netzwerk des Gels (oder der Windel) mit Wasser in Berührung kommt. Das Wasser tut mehr, als nur die offenen „Maschenräume" auszufüllen: Es dehnt das Netzwerk aus. Innerhalb von Sekunden oder Minuten schwillt das Netzwerk an, manchmal zu beeindruckenden Dimensionen. Offensichtlich ist Osmose am Werk, denn das Wasser fließt in Richtung der Feststoffe.

Wie genau funktioniert dieses starke Einströmen?

Wenn das trockene Gel ins Wasser gelangt, beginnen die an der Oberfläche befindlichen Netzwerklagen und die herausragenden Polymerstränge mit Wasser zu reagieren. Ausschlusszonen bilden sich und Hydroniumionen beginnen sich jenseits davon anzusammeln. Wenn die Matrix negativ geladen ist, werden diese Hydroniumionen ihre einwärts gerichtete Bewegung starten, in Richtung der eigentlichen Matrix.

Negative Ladung ist typisch für hydrophile Netzwerke. Dafür gibt es mehrere Gründe: Einer davon ist, dass die Polymere selbst häufig negative Ladung tragen; ein anderer besteht darin, dass sogar „trockene" Polymere stets ein wenig eng gebundenes EZ-Wasser enthalten, das man unmöglich entfernen kann. Papier (Zellulose) zum Beispiel enthält typischerweise 7 bis 8 % Wasser; auch mehrere Tage Aufenthalt in einem Trockenofen können das Wasser nicht entfernen. Daher zieht ausreichend negative Ladung in der Matrix diese Hydroniumionen nach innen. Dabei werden unvermeidlich benachbarte dipolare Wassermoleküle auf dem Weg mitgenommen. So beginnt sich die Matrix mit Wasser und Hydroniumionen zu füllen. Das ist der bekannte „osmotische Fluss": Hydroniumionen folgen der negativen Ladung.

Sie können sich das weitere Fortschreiten des Prozesses nun vorstellen. Das eindringende Wasser liefert das Rohmaterial für die Bildung weiterer EZ-Schichten; wenn sich diese Ausschlusszonen durch Strahlungsenergie bilden, werden Protonen freigesetzt; die protonierten Wassermoleküle dringen noch tiefer in die negative Matrix und ziehen noch mehr Wasser mit und so fort. Bald ist das gesamte Gel von Wasser erfüllt. An diesem Punkt haben alle Oberflächen der Matrix beachtliche Ausschlusszonen und die dazwischenliegenden Taschen sind mit protoniertem Bulkwasser (Umgebungswasser) gefüllt.

Was stoppt letztendlich das osmotische Einfließen? Sicher nicht die Neutralisation der Matrix, denn auch gut gefüllte Gele bleiben weiterhin negativ geladen. Mikroelektroden, die wir in diese Gele steckten, zeigten negatives elektrisches Potenzial (siehe auch Abb. 4.7). Daher müssten auch aufgequollene Matrices weiterhin die Kapazität besitzen, protoniertes Wasser nach innen zu ziehen.

Wenn Sie das lesen, denken Sie vielleicht, dass sich das Gel unendlich ausdehnen kann; mechanische Begrenzungen limitieren jedoch das Wachstum. Ein *elastisches* Maschenwerk kann eine ganz schöne Menge an Wasser verkraften, bevor die Elastizitätsgrenze erreicht ist und der Strom zum Stillstand kommt. Ein *starres* Gitter wird die Wasseransammlung früher begrenzen. Der Endpunkt der Füllung ist erreicht, wenn die mechanische Widerstandskraft die osmotischen Zugkräfte ausbalanciert.

In diesem Stadium enthält das Gel eine Menge EZ-Wasser. In den Taschen zwischen diesen Ausschlusszonen befindet sich protoniertes Wasser. Dieses heftet sich an die Ausschlusszonen und bleibt durch das Gel festgehalten, bis es herausgedrückt wird. Ihr Gelatinedessert ist so beschaffen und auch die nasse Windel eines Kindes.

Ein amüsanter Vorfall bestätigte den Charakter der osmotischen Anziehung. Während einer Reise, die ich nach Pisa machte, nahm mich ein Kollege mit in ein beliebtes örtliches Restaurant. Nachdem wir Platz genommen hatten, beobachteten wir die Kellnerin bei einer extravaganten Vorführung. Wie in einem Zeremoniell legte sie ein kleines weißes, zylindrisches Objekt auf unsere Teller. (Abb. 11.10, oben) Da diese Zylinder auf unseren Tellern lagen, nahm ich reflexartig an, sie seien essbar – vielleicht irgendwelche exotischen lokalen Meeresfrüchte ... Exotisch waren sie in der Tat: Als die Kellnerin einige Tropfen Wasser auf die Zylinder fallen ließ, wurden sie wie durch Weihwasser zum Leben erweckt: Auf magische Weise wuchsen sie zum Fünffachen ihrer ursprünglichen Höhe an. (Abb. 11.10, zweites Bild)

Die Kleckse waren allerdings nicht essbar. Sie entpuppten sich als Bänder, die aus einem faserigen Netzwerk bestanden, das zu dichten, gedrungenen Zylindern aufgerollt worden war. Als es auseinandergezogen war, erwies sich das befeuchtete Band als ein feuchtes Papiertaschentuch, das zum Reinigen unsauberer Hände gedacht war (unteres Bild). Das windelähnliche Material war clever in eine kompakte zylindrische Form gepackt worden, bereit für die Show.

Das Ergebnis der Vorführung fand unsere besondere Aufmerksamkeit, weil wir erst kurz zuvor begonnen hatten, sich mit Wasser füllende Maschenwerke mithilfe einer Infrarotkamera zu untersuchen. Wir platzierten ein Wassertröpfchen auf einem flachen Stück Maschengewebe. Während das Wasser sich ausbreitete, konnte die Infrarotkamera stets eine „heiße" Zone am äußeren Rande des Wassertröpfchens entdecken, das heißt, an dieser Stelle wurde eine Fülle infraroter Energie erzeugt. (Abb. 11.11, S. 209) Diese Beobachtung ist erklärbar und eigentlich zu erwarten: Sich bewegende Ladungen erzeugen infrarote Energie. Die sich bewegenden Hydroniumionen am äußeren Rand des einströmenden Wassers waren für diese hohe infrarote Emission verantwortlich. Die Ladungen der Hydroniumionen wiesen den Weg.

Abb. 11.10: *Durch Hydration ausgelöstes Anschwellen. Das hydrophile Netzwerk ist anfangs trocken (oben). Gibt man Wasser hinzu, dehnt sich das Maschenwerk aus (zweites Bild). Das auseinandergerollte Maschenwerk ist nun bereit zum Händesäubern (unteres Bild) ...*

Verletzung und Schwellung

Osmose spielt eine wichtige Rolle bei der Zellfunktion. Da eine Zelle dicht mit negativ geladenen Proteinen gefüllt ist, müsste das Zytoplasma einen osmotischen Strom generieren (allgemein als „osmotischer Druck" bezeichnet), ähnlich dem von Gelen, Papierhandtüchern und Windeln erzeugten. Physiologen wissen, dass das so ist.

Allerdings ist eine auffällige Eigenschaft von Zellen ihr relativ mäßiger Gehalt an Wasser. Im Vergleich zu vielen bekannten Gelen, deren Wasser-Feststoff-Verhältnis 20 zu 1 beträgt, ist dieses Verhältnis in den Zellen nur 2 zu 1. Eigentlich müssten die vielen negativ geladenen Makromoleküle im Zellinneren einen starken osmotischen Strom erzeugen; dennoch bleibt der relative Wassergehalt in der Zelle niedrig. Dieser begrenzte Wassergehalt könnte als Folge der Starrheit des makromolekularen Netzwerks angesehen werden: Das zelluläre Netzwerk enthält typischerweise kreuzweise röhrenförmige oder mehrsträngige Biopolymere. Die daraus resultierende Starrheit hindert das Netzwerk an der Ausdehnung bis zum vollen osmotischen Potenzial.

Würde man diese Kreuzverbindungen jedoch unterbrechen, wäre die volle Kraft der osmotischen Strömung wirksam; das Gewebe könnte sich dann enorm ausdehnen. In Experimenten mit einzelnen Muskelfasern konnten wir diese Ausdehnung allzu häufig beobachten: Wenn der Untersuchende versehentlich mit seiner Pinzette ausrutschte, erzeugte die lokale Membranschädigung einen Knoten, der sich sehr schnell auf das mehrfach Zehnfache des Durchmessers der übrigen Faser ausdehnen konnte. Die Bandstruktur war lokal unterbrochen worden, Wasser strömte von außen ein und das Gewebe schwoll an. In diesem Stadium wussten wir, dass das Experiment nicht mehr zu retten war.

Schwellungen tauchen in ähnlicher Form auf, wenn Körpergewebe verletzt wurde, speziell bei Verrenkungen. Die Verletzung unterbricht fibröse Makromoleküle und Kreuzverbindungen. Dabei werden die eingrenzenden Kräfte eliminiert, die die Osmose sonst „in Schach halten"; dann kann die osmotische Ausdehnung praktisch ungehindert weiterlaufen.

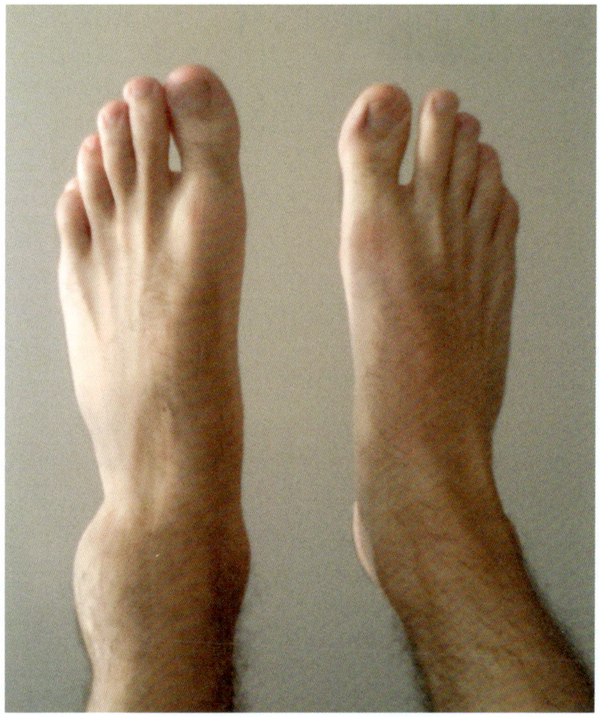

Beispiel einer Schwellung nach einer Verletzung

Der Grund, warum eine Schwellung so eindrucksvoll sein kann, ist der, dass die Unterbrechung schrittweise abläuft. Wenn eine Kreuzverbindung bricht, erzeugt dies noch größeren Stress in den benachbarten Kreuzverbindungen; so erfolgt das Fortschreiten wie bei einem Reißverschluss. Wenn dies geschieht, kann das osmotische Einströmen von Wasser ins Gewebe praktisch unbegrenzt weiterlaufen. Das Ergebnis sind die enormen plötzlichen Schwellungen, die man oft sieht. Das Gewebe wird erst dann zum Normalzustand zurückkehren, wenn die Kreuzverbindungen geheilt sind und die Matrix zu ihrer normal begrenzten Konfiguration zurückkehrt.

So setzen Ladungen das Eindringen von Wasser in hydrophile Gitterstrukturen in Gang – genau so, wie sie das Eindringen von Wasser in Richtung gelöster Stoffe auslösen. Bei beiden osmotischen Phänomenen agieren Hydroniumionen, die sich in Richtung negativer Ladung bewegen. Und beide werden durch externe Energie gespeist, die die Ladungen trennt, die für den osmotischen Strom verantwortlich sind.

Zusammenfassung

Kennen Sie die Redensart, dass Salz Wasser anzieht oder entzieht? Allerdings haben wir herausgefunden, dass nicht eigentlich das *Salz* das Wasser anzieht. Vielmehr: Salz (und andere Partikel) erzeugen negative Ausschlusszonen um sich herum und ziehen *damit* positive Hydroniumionen an. Das elektrische Gefälle löst den osmotischen Strom aus.

So ist Osmose ein sekundärer Prozess der Absorption von Strahlungsenergie. Diese Energie trennt Ladungen, die den Strom in Gang setzen. Die Osmose ist *nicht die elementare Kraft der Natur*, wie es die klassische Theorie der Brown'schen Molekularbewegung annimmt. (Kapitel 9)

Wie die Osmose ist die Diffusion ein Mischvorgang. Diffusion hat eher mit der Bewegung von gelösten Stoffen als mit der Bewegung des Lösungsmittels zu tun. Wieder ist der Auslöser externe Energie, die Ladungen trennt. Die getrennten Ladungen bringen die Lageveränderungen in Gang, die für das Vermischen verantwortlich sind.

Daher sind die Fragen und die Prozesse rund um Osmose und Diffusion ähnlich. Beide erfordern Energie und eine von Energie veranlasste Ladungstrennung steht im Zentrum beider Bewegungsformen. Man könnte Osmose und Diffusion als natürliche Konsequenzen der Einstrahlung von Sonnenenergie bezeichnen.

Wenn es Ihnen so vorkommt, dass die Begriffe Energie und Ladung Ihnen auf diesen Seiten hier sehr oft begegnet sind, dann ist Ihre Wahrnehmung korrekt. Im nächsten Teil des Buches geht es in dieser Art weiter. Er beginnt mit der Erforschung einfacher, alltäglicher Phänomene, etwa, warum Eis glatt ist und warum Ihre Gelenke bei einer Bewegung nicht quietschen. Die getrennten Ladungen liefern auch hier überraschend einfache Erklärungen.

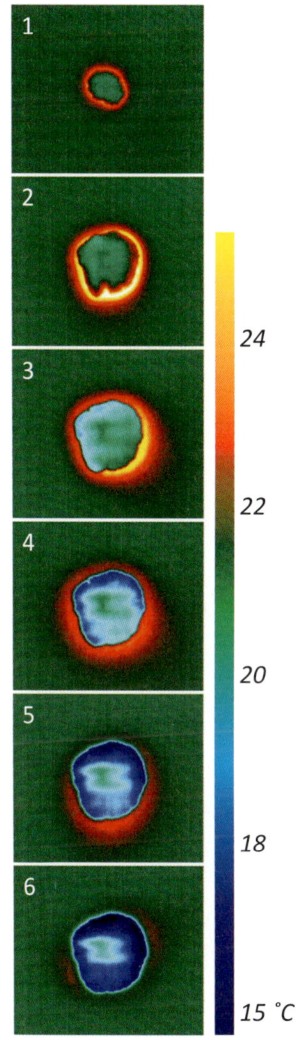

Abb. 11.11: *Eine Folge von Infrarotaufnahmen eines Wassertröpfchens, das sich auf einer Serviette ausbreitet. Während des Ausbreitens zeigt sich am äußeren Rand eine „heiße" Zone.*

Dieser Teil baut auf den Grundlagen auf. Er untersucht, inwieweit die bisher entwickelten Konzepte uns helfen können, ein breiteres Verständnis alltäglicher Phänomene zu erlangen – von der Kraft einer Batterie bis hin zum Verschmelzen von Blasen.

Viele von diesen Erklärungen dürften durch die bisher verfügbaren Belege gut begründet sein. Einige sind vielleicht noch vorläufig und spekulativ: Angesichts von so viel Dunkelheit kann ein erster Lichtstrahl möglicherweise nicht gleich *alles* erhellen. Wo die Erklärungen spekulativ bleiben, werde ich das jeweils deutlich machen: mit der Zeichnung hier unten, die Sie gelegentlich wiedersehen werden …

Teil IV

Erscheinungsformen des Wassers in der Natur

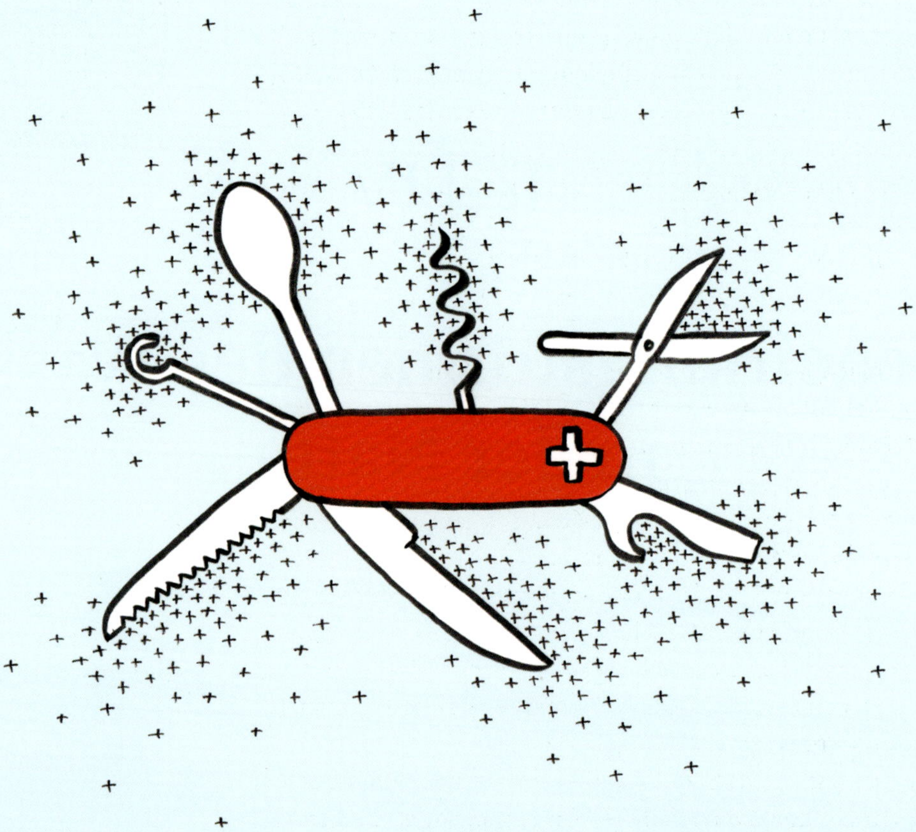

12 Die Kraft protonierten Wassers

Halb eingeschlafen hinten im Chemiehörsaal habe ich es irgendwie nicht mitgekriegt. Ich war Studienanfänger. Es ging um das Proton.

Jeder weiß, dass Protonen positiv geladene Teilchen sind, die sich eng zusammengeballt im Zentrum eines Atoms befinden, aber der Professor erzählte uns, dass sie auch weitergegeben werden können. Säuren, so sagte er, sind Protonenspender. Demgemäß müssten sich Protonen auch irgendwo in der Peripherie des Atoms aufhalten. Das war ja in Ordnung, nur konnte ich nicht einsehen, wie dieses positive Proton, das sich bereits an ein peripheres Elektron angehängt hatte, einfach so „gespendet“ werden kann. Eigentlich sind entgegengesetzte Ladungen doch so fest miteinander verbunden wie Magnete.

Der Professor fuhr fort, uns all die wundersamen Dinge darzulegen, die diese Protonen vollbringen könnten, vom Auslösen verschiedener Reaktionen bis hin zum Funktionieren einer Batterie. Aber bei dieser Logik blickte ich einfach nicht durch. Es fehlte mir an Mut, zu riskieren, dass meine Dummheit offenbar würde, und so hielt ich meinen Mund und verdammte mich selbst zu einem Zustand bleibender Unwissenheit. Nie würde ich Chemiker werden! Diese Protonen schienen mit allerlei Arten geheimnisvoller Kräfte verschiedener Funktion ausgestattet, aber mir schien die Natur dieser Kräfte schwer fassbar.

Spenden für eine gute Sache

Nach vielen Jahren ist die Saat der Erkenntnis schließlich doch aufgegangen. Ich kann jetzt klarer sehen, was den Protonen diese viel gerühmte Kraft verleiht. Die „Magie“ reduziert sich auf drei einfache Eigenschaften:

- Die erste ist die: Es gibt sie in Überzahl; die Bildung einer EZ erzeugt kolossale Mengen von Protonen.
- Die zweite ist die, dass sich diese Protonen ganz schnell an Wassermoleküle heften; dabei entstehen geladene Wassermoleküle, die nur so von potenzieller Energie strotzen.
- Die dritte besteht darin, dass diese geladenen Wassermoleküle den Gesetzen der Physik gehorchen: Sie bewegen sich in Richtung *negativer* Ladung und ziehen sich vor *positiver* Ladung zurück.

So reduziert sich die Macht der Protonen auf Elektrostatik. Elektrostatische Kräfte spielen eine Schlüsselrolle bei der Osmose (Kapitel 11). Hier erweitern wir dieses einfache elektrostatische Konzept, um zu erkunden, ob ein halbes Dutzend alltäglicher Phänomene, die sich bisher einer einfachen Erklärung entzogen haben, mithilfe der Phänomene elektrostatischer Anziehung und Abstoßung verstanden werden können.

Die Abstoßung von Protonen reduziert Reibung

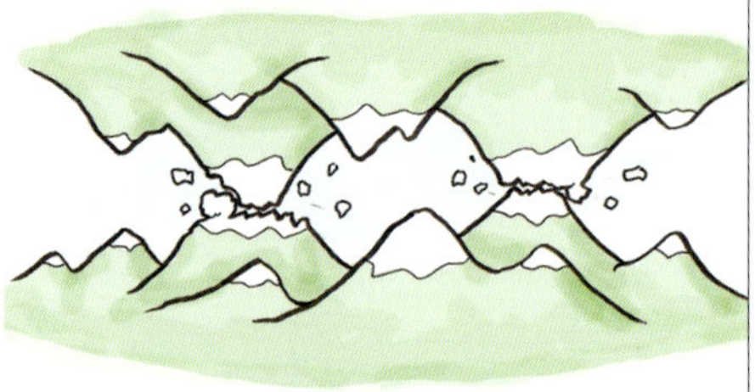

Abb. 12.1: *Eine Analogie für Reibung: Wenn die obere „Bergkette" auf der unteren entlangrutscht, erzeugt der Widerstand Reibung.*

Reiben Sie zwei weiche Oberflächen aneinander. Der Widerstand, den Sie spüren, kommt von „Rauheiten", also von rauen Unebenheiten, mikroskopischen Vorsprüngen, die aus den eigentlich weichen Oberflächen herausragen. Diese Vorsprünge verhaken sich miteinander und das erzeugt Reibung. (Abb. 12.1)

Nehmen Sie als bekanntes Beispiel Sandpapier. Wenn Sie zwei Bögen Sandpapier aneinanderreiben, veranschaulicht dies die Situation, die Sie in Abbildung 12.1 schematisch sehen. Sand trifft auf Sand und man sagt dann, der Reibungskoeffizient sei hoch. Wenn Sandpapier jedoch auf weichem Holz angewendet wird, hat das Sandpapier einen niedrigeren Reibungskoeffizient; nasse Seife auf Ihrer Haut hat einen noch niedrigeren Koeffizient.

Aus Abbildung 12.1 können Sie eine einfache Methode ableiten, Reibung zu reduzieren: Drücken Sie die jeweiligen Oberflächen *auseinander*, sodass die „Gipfel" weniger miteinander kollidieren. Stellen Sie sich zum Beispiel vor, dass die einander berührenden Materialien aus hydrophilen Polymeren bestehen. Weil Polymerstränge aus beiden Oberflächen wie die Borsten einer Bürste hervorragen, wird der Reibungskoeffizient beträchtlich sein; die Stränge verhaken sich unausweichlich miteinander. Bringt man jedoch Wasser zwischen die beiden Polymeroberflächen, wird jede Oberfläche eine Ausschlusszone bilden, die die Materialoberflächen auseinanderdrückt. Dieses Auseinanderdrücken reduziert die Reibung.

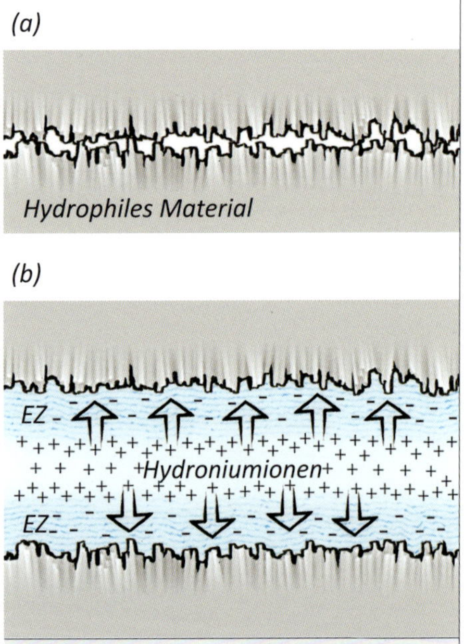

Abb. 12.2: *Wasser und Reibung. a) Hydrophile Oberflächen können Reibung erzeugende raue oder spitze Stellen haben. b) Befindet sich dazwischen Wasser, werden die Oberflächen durch die abstoßenden Kräfte von Hydroniumionen auseinandergedrückt.*

Die Geschichte von Wasser und Polymeren endet hier noch nicht. Jede negativ geladene EZ wird Hydroniumionen erzeugen. (Abb.12.2) Diese stoßen einander ab und generieren dabei eine abstoßende Kraft, die die jeweiligen Oberflächen auseinanderdrückt. Wenn man Maßnahmen ergreift, um die Hydroniumionen daran zu hindern, aus der Lücke dazwischen auszutreten, kommen die rauen Stellen gar nicht mehr miteinander in Kontakt; der Reibungskoeffizient kann dann verschwindend gering sein.

Diese positiven Ladungen fungieren gemeinsam wie *Gleitlager*. Sie verhindern, dass die jeweiligen Oberflächen miteinander interagieren, so ähnlich, wie die *abstoßenden* magnetischen Kräfte die Magnetschwebebahn von Shanghai daran hindern, auf den darunterliegenden Gleisen herumzuschrammen. Die abstoßenden Kräfte hier in unserem Kontext stammen von einfallender Strahlungsenergie: Solange Strahlungsenergie verfügbar ist, um Ausschlusszonen aufrecht und Ladungen getrennt zu halten, werden Hydroniumionen die Lücke bevölkern und die Reibung wird niedrig bleiben. So kommt wasserbasierte „Schmierung" billiger als Öl – sie ist praktisch kostenlos, wenn man die Energie der Sonne nutzen kann.

Es besteht jedoch Gefahr, wenn diese Hydroniumionen entweichen. Da sie einander abstoßen, können sie aus der engen Lücke entkommen –

es ist sogar wahrscheinlich, dass dies passiert. Wenn genügend Hydroniumionen ausbrechen, können die wenigen noch verbleibenden positiven Ionen die negativen Ausschlusszonen zusammenkleben und dabei eine Kristallstruktur bilden, die sich über die gesamte Strecke zwischen den beiden Oberflächen ausdehnt. Eine solche durchgängige Struktur kann diese Materialien fest miteinander verbinden.

Diese Art des Aneinanderhaftens erklärt möglicherweise das bekannte Glasscheibenphänomen: Glasscheiben, die aufeinanderliegen, lassen sich dann leicht voneinander lösen, wenn sie *trocken* sind. Falls jedoch ein dünner Wasserfilm zwischen zwei Glasscheiben gerät, kann es eines Pferdegespanns bedürfen, um sie voneinander zu trennen (obwohl sie

Warum Ihre Gelenke nicht quietschen

Knochen *drücken* in den Gelenken aufeinander. Und Knochen *drehen* sich auch, etwa bei Kniebeugen oder Liegestützen. Man könnte denken, dass solche Rotation unter Druck „quietschenden" Reibungswiderstand hervorruft, aber die Reibung in den Gelenken bleibt bemerkenswert gering. Warum?

Die Enden der Knochen sind von Knorpeln bedeckt. Diese Knorpelschichten sind letztlich der Schauplatz, wo der Druck ausgeübt wird. So reduziert sich das Problem der Reibung innerhalb von Gelenken auf die Oberfläche von Knorpeln und die Synovialflüssigkeit, die dazwischenliegt. Wie verhält sich dieses System unter Druck?

Knorpel besteht aus klassischem Gelmaterial: aus Polymeren mit hoher Ladung und Wasser; mit anderen Worten: *Knorpel ist ein Gel.* Da Geloberflächen in der Regel Ausschlusszonen haben, sollten auch Knorpeloberflächen solche EZ bilden, die viele Hydroniumionen in der Synovialflüssigkeit zwischen den Oberflächen erzeugen. Die Flüssigkeit selbst könnte weitere Hydroniumionen beisteuern, erzeugt durch die Ausschlusszonen auf den Molekülen, die in dieser Flüssigkeit sind. Wenn also zwei Knorpeloberflächen einander gegenüberliegen, werden sich viele Hydroniumionen dazwischen befinden. Die abstoßende Kraft der Hydroniumionen hält die beiden Flächen voneinander fern. Einige Mediziner behaupten in der Tat, dass sich die beiden Flächen *nie* berühren. Diese Trennung ist für die niedrige Reibung verantwortlich.

Damit dieser Mechanismus der Abstoßung wirklich funktionieren kann, muss es eine Art eingebauter Begrenzung oder Umhüllung geben, die die Hydroniumionen an Ort und Stelle hält; sonst würde der *Verlust* an Ladung den Schmiereffekt beeinträchtigen. Die Natur hat ein solches „Sicherheitsnetz" geschaffen: Eine Struktur, die als Gelenkkapsel bezeichnet wird, umgibt das Gelenk. Indem sie dafür sorgt, dass Hydroniumionen nicht entschwinden können, erhält diese Umkapselung die niedrige Reibung aufrecht. Das ist der Grund dafür, dass Ihre Gelenke normalerweise nicht quietschen.

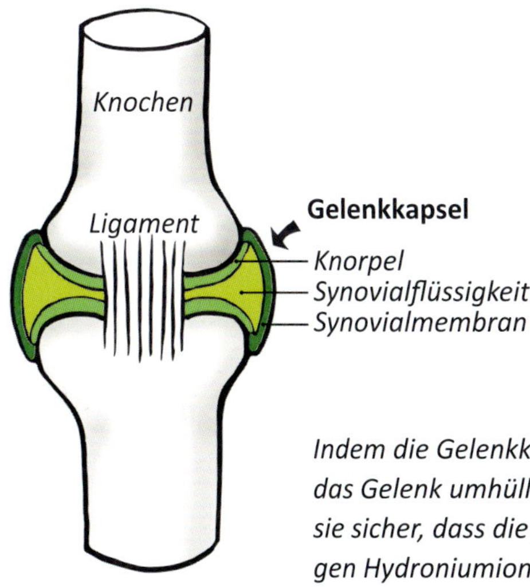

Indem die Gelenkkapsel das Gelenk umhüllt, stellt sie sicher, dass die flüssigen Hydroniumionen nicht entweichen können. Hohe Konzentration an Hydroniumionen sorgt für niedrige Reibung.

relativ leicht aufeinander zu verschieben sind). Der Kraftaufwand, den man braucht, um sie auseinanderzuziehen, könnte nicht nur die Bildung einer durchgängigen EZ widerspiegeln, die von einer Scheibe zur anderen reicht, sondern auch die beträchtlichen Kräfte, die die beiden EZ-Ebenen zusammenhalten. (Vgl. Kapitel 4)

Andererseits könnte man die beiden Glasscheiben *leicht* voneinander lösen, wenn man genügend Hydroniumionen zwischen den beiden Ausschlusszonen positionieren könnte. Das zu erreichen ist mit dieser „Glasscheiben-Sandwich-Konfiguration" nicht einfach: Die offenen Ränder machen es möglich, dass die Ionen entkommen. Daher muss es gelingen, die Hydroniumionen an Ort und Stelle zu halten, um die niedrige Reibung zu erhalten, und Gleitlager auf Wasserbasis tun genau das.

In der Tat ist diese auf Wasser basierende „Schmierung" gar kein so exotisches Phänomen: Es zeigt sich bei alltäglichen Situationen. Zum Beispiel sind nasse Holzplanken (über die man geht) rutschig und nasse Böden sind generell gefährlicher als trockene Böden. Die Wasserschmierung war Standard, bevor man die Schmierung auf Ölbasis einführte. Jetzt erfährt sie ein Comeback. Wenn Sie im Internet „Wasserhydraulik" eingeben, werden Sie eine Menge an Anwendungen finden, insbesondere im Bereich der Nahrungsmittelherstellung, wo auch die geringste Verunreinigung durch Öl nicht zu tolerierende Folgen hätte; dagegen macht ein wenig Wasser in der Nahrung nichts aus.

Die heute stark verbreitete Anwendung von Polymeren zeigt in großem Ausmaß die Wirksamkeit der Wasserschmierung. Bekannte Substanzen, die aneinander entlanggleiten, haben Reibungskoeffizienten in der Größenordnung von 1. Wenn sie jedoch mit Wasser „geschmiert" werden, haben diese Polymeroberflächen Reibungskoeffizienten von 0,00001.[1] Hydration kann die Reibung um das Hunderttausendfache reduzieren.

Die Gründe für die außergewöhnliche Leistungsfähigkeit des Wassers als Schmiermittel sind bisher nicht ganz klar. Wir können nun annehmen, dass die *Hydroniumionen* möglicherweise die Ursache sind. Indem sie einander abstoßen, halten die positiven Ionen die unebenen, rauen oder spitzen Stellen auseinander, die normalerweise das Gleiten behindern. So können die Oberflächen praktisch ohne Reibung aneinander vorbeigleiten.

Oberflächen auseinanderbrechen

Durch „Protonen-Stoß" kann nicht nur die Reibung reduziert, sondern auch eine Oberfläche wie mit einem Keil gespalten werden.

Denken Sie an die Pyramiden. Die Konstruktion der Pyramiden erforderte Schlusssteine, die aus den monumentalen Granitplatten herausgeschnitten wurden, die man normalerweise in Steinbrüchen findet.

Um die notwendigen Schnitte durchzuführen, nutzten die Ägypter einen Trick: Sie klopften hölzerne Keile in Spalten und machten diese Keile anschließend nass. (Abb. 12.3) Die ägyptische Sonne lieferte eine Menge Strahlungsenergie, um das Wasser in das Holz zu ziehen. (Vgl. Kapitel 11) Die sich bildenden Ausschlusszonen setzten dann Protonen frei. Der Druck, der durch die wachsenden Ausschlusszonen und speziell durch die freigesetzten Protonen entstand, war offenbar ausreichend, um das harte Gestein aufzusprengen.

Abb. 12.3: *Aufbrechen von Gestein mithilfe von Hydration*

Wenn Sie den Realitätsgehalt dieses ägyptischen Meisterstücks bezweifeln, so denken Sie einmal daran, was passieren kann, wenn Grundwasser Baumwurzeln unter städtischen Gehwegen anschwellen lässt. Ich erinnere mich bei dieser Gelegenheit an die Ginkgobäume, die mein Nachbar und ich anpflanzten, um die Gehwege vor unseren Häusern zu schmücken. Tom und ich betrachteten die Bäume als ästhetischen Gewinn. Das Bauamt der Stadt Seattle war jedoch anderer Ansicht und ordnete ihre sofortige Entfernung an. Ginkgowurzeln, so erklärten sie uns, könnten genug Druck ausüben, um die Gehwege aufzubrechen. Ich war Zeuge solchen Aufbrechens in Brooklyns übermäßig betonierten Straßen geworden, als ich dort aufwuchs. So konnte ich den Behörden nicht widersprechen – obwohl ich wehmütig daran denke, wie schön diese Ginkgos gewesen wären, wenn wir sie hätten zu voller Größe wachsen lassen können.

Ein anderes Beispiel solchen Protonendrucks kann man in einer einfachen Nuss finden. Nüsse sind sozusagen Pflanzenembryos, die aus ihrer Schale ausbrechen müssen, indem sie Wasser aufsaugen. Diese Aufgabe ist beeindruckend: Gemäß den Aussagen der klassischen Biologie[2] ist ein Druck von (umgerechnet) 270 kg pro Quadratzoll notwendig, um eine Walnussschale aufzubrechen. (1 Zoll = 2,54 cm) Das entspricht ungefähr dem Druck, den drei große, kräftige Männer mit ihrem gesamten Gewicht auf eine briefmarkengroße Fläche ausüben würden.

Angesichts dieses riesigen Drucks können Sie den Wahrheitsgehalt verschiedener „Legenden" besser beurteilen: Aufsprengen von Granitbrocken durch Eicheln, die in deren Spalten lagen; Deformation von Metallcontainern durch getrocknete Linsen in ihrem Inneren, weil sie Luftfeuchtigkeit aufnahmen; oder das Auseinanderbrechen von Segelschiffen, als Wasser in ihre mit Reis beladenen Frachträume eindrang. In all diesen Szenarien sind wahrscheinlich die lästigen Protonen daran schuld. Solange Strahlungsenergie deren Freisetzung auslöst, werden diese Protonen unvermeidlich Druck ausüben, der zu erstaunlicher Stärke anwachsen kann.

Wie das Eis rutschig wird

Protonen könnten auch die Glätte von Eis erklären. Sie denken vielleicht, Eis sei vollständig fest. Tatsächlich aber liegt ein dünner Wasserfilm auf seiner Oberfläche. Michael Faraday hat 1842 als Erster das Vorhandensein eines solchen Films behauptet und die Ansicht vertreten, dass das *Wasser* die glitschige Natur von Eis erkläre. Seither haben viele Experimente die Existenz eines solchen Films bestätigt. Wenn Ihre Schlittschuhe auf flüssigem Wasser statt auf festem Eis gleiten, können Sie erwarten, dass Sie *leichter* Schlittschuh laufen.

Eine Fülle von Protonen in dieser Wasserschicht würde die Reibung weiter vermindern. Protonen scheinen vor Ort zu sein: Eis enthält – wie Sie sich vielleicht aus Kapitel 4 erinnern – durch Protonen aneinandergeheftete EZ-Schichten. Daher müsste geschmolzenes Eis diese Bestandteile enthalten: EZ plus Protonen. Die Existenz einer Ausschlusszone in gerade geschmolzenem Eis konnte bestätigt werden.[3] Also sollte es auch Protonen geben. Und diese Protonen sollten die Reibung reduzieren. (Abb. 12.4)

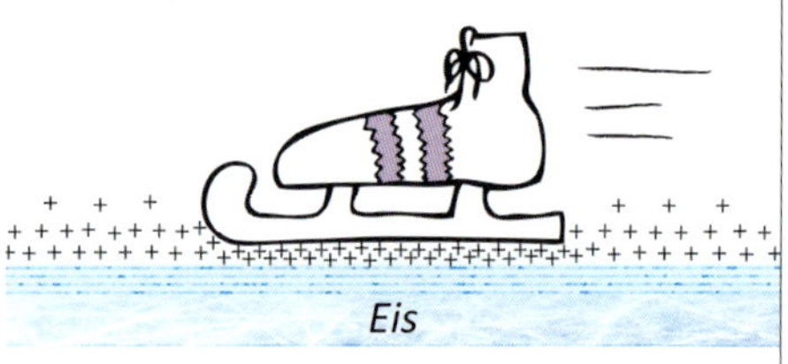

Abb. 12.4: *Protonen trennen die Schlittschuhkufen vom harten Eis. Die abstoßende Ladung erzeugt die geringe Reibung.*

Das ist aber noch nicht die ganze Geschichte – nicht einmal das Wesentliche der Geschichte. Viele weitere Protonen entstehen durch den Druck der Schlittschuhe. Das gesamte Gewicht des Schlittschuhläufers liegt auf zwei schmalen Kufen und oft sogar nur auf einer Kufe. Das entspricht einem vergleichbaren Druck, als ob Sie mehrere Elefanten auf Ihren Schultern stehen hätten.

Extremer Druck drückt das Eis zusammen und „quetscht" die Protonen heraus, die sich zwischen den Ebenen befinden, (Abb. 12.5, a und b) Diese Protonen befinden sich dann auf der Eisoberfläche und lassen protonen*freies* Eis unter sich zurück. (Das von Protonen freie Eis ist nichts anderes als eine EZ, siehe Teil c).) Je höher der Druck, umso größer die Anzahl der herausgequetschten Protonen – ein praktischer Wirkungszusammenhang, wenn man die Glätte erhalten will: Einfach nur Druck ausüben!

Wenn diese Protonen allerdings durch Verdunstung verloren gehen, dann kann diese Glätte (im Sinne von Glitschigsein) verschwinden. Denken Sie an einen Eiswürfel, der eine Zeit lang in trockener Luft liegt. Wenn Sie ihn berühren, kleben Ihre Finger fest.

Wenn die Protonen durch Verdunstung verloren gehen, dann ist auf dem Eis nur noch die negativ geladene EZ; diese negative Ladung induziert eine gleich hohe entgegengesetzte Ladung auf jeder Oberfläche in der Nähe – etwa auf der Haut Ihrer Finger. Deshalb kleben Ihre Finger am Eis fest. Wenn das Wasser an Ihrer Haut weiter gefriert, werden Sie und das Eis noch fester vereint – wie ein Kind, das es wagt, einen gefrorenen Laternenmast mit seiner Zunge zu berühren. (Abb. 12.6)

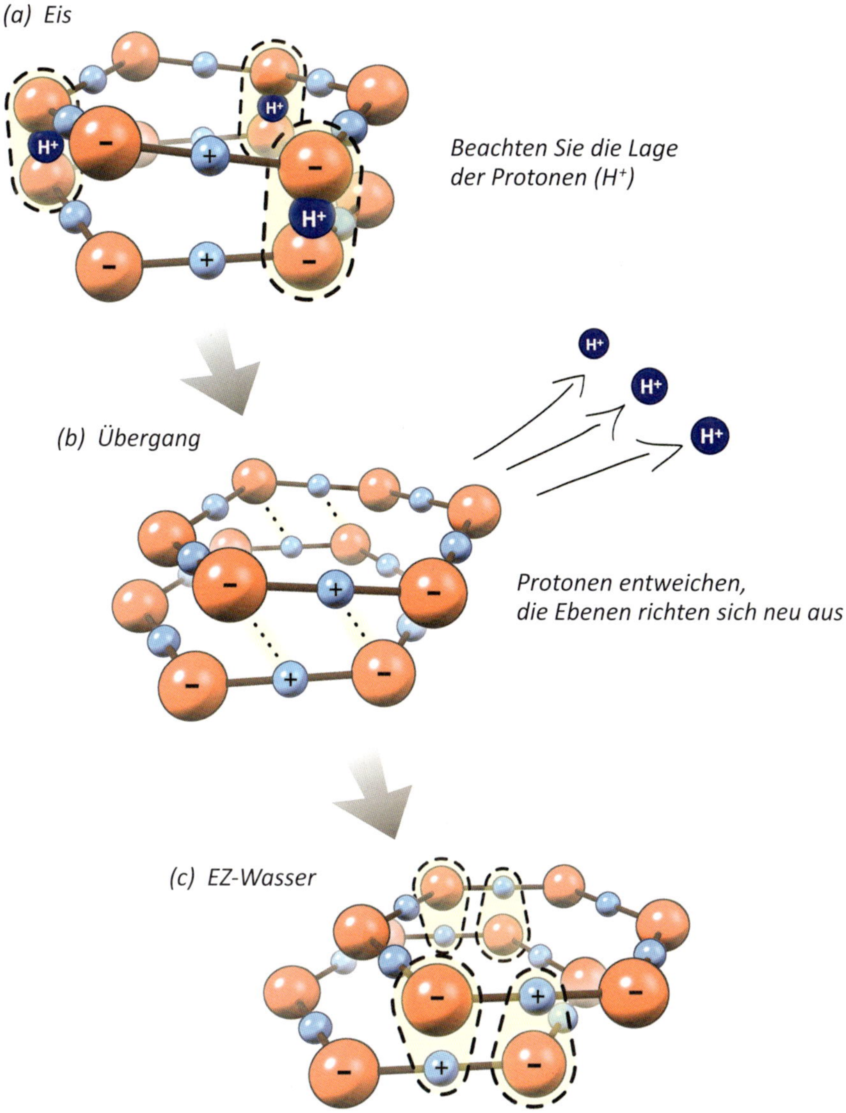

Abb. 12.5: *Die Auswirkung von Druck auf Eis. Der Druck „quetscht" Protonen heraus; das wandelt das Eis in EZ-Wasser um.*

Das Szenario des Anhaftens erinnert mich an die Geschichte, die ich über die erste Verabredung eines jungen Paares aus Seattle hörte. Sie planten einen Winterausflug zu den nahe gelegenen *Cascade Mountains*, um unter netten Skifahrern einige Drinks zu nehmen. Alles ging gut, doch die Fahrt nach Hause dauerte länger als erwartet und die Natur begann, sich mit einem dringenden Bedürfnis zu melden. Als es unaufschiebbar wurde, hatte der junge Mann keine andere Wahl, als am Straßenrand zu halten und seine neue Freundin das tun zu lassen, was dringend erledigt werden musste. Diskret wandte er seine Augen ab, als sie in die Hocke ging und sich dabei am eiskalten Auto abstützte, um sich

Abb. 12.6: *Das unglückliche Ergebnis eines Missgeschicks bei niedrigen Temperaturen*

Mehr Gefahren durch Eisberge

Schiffe, die durch Regionen mit schmelzenden Eisbergen fahren, verlieren manchmal die Fähigkeit, schnell zu manövrieren. In solchen Fällen sind die Schiffe teilweise sogar gezwungen, anzuhalten.[w1] Dieser Widerstand kommt nicht notwendigerweise von titanicähnlichen Zusammenstößen. Es ist eher so, dass das frisch geschmolzene Wasser dick und viskös bleibt. Es ist plausibel, dass dieses Wasser mit hoher Viskosität durch massive Konzentrationen von EZ-Wasser entsteht, das sich aufgrund des gerade geschmolzenen Eises ansammelt. Schiffe, die sich durch ein solches Medium bewegen, werden nur schwer vorankommen.

zu erleichtern. Sie fühlte sich auch sofort erleichtert – bis sie merkte, dass ihr Hinterteil an der Seite des Wagens festgefroren war …

Wenn Sie bei dieser Geschichte lachen mussten, werden Sie auch wissen wollen, wie die Geschichte endete. Die verzweifelte junge Frau konnte natürlich nicht über Nacht in dieser Lage bleiben. Um sich aus der unziemlichen Verbindung zu befreien, benötigte sie ein schnelles Abtauen und dazu eine Quelle warmer Flüssigkeit. Können Sie sich vorstellen, woher der junge Mann die warme Flüssigkeit nahm?

Der wichtige Punkt ist, dass Eisoberflächen zwei Extreme aufweisen können: Sie können sehr haftfähig oder sehr glatt sein. Der Unterschied liegt in den Protonen der Oberfläche: Sind *keine* da, lässt dies Stoffe aufgrund der elektrostatischen Anziehung *festhaften*; das *Vorhandensein* von Protonen hingegen erzeugt eine *abstoßende* Kraft, die die beiden Oberflächen auseinanderdrängt. So entsteht auch die „ultraniedrige" Reibung, die es uns ermöglicht, mit Schlittschuhen praktisch über das Eis zu „fliegen".

Wie Batterien funktionieren

Lassen Sie uns von den Niederungen der menschlichen Bedürfnisse in die höheren Regionen der Energie wechseln, speziell zum Thema Batterie. Batterien liefern elektrische Energie. Moderne Batterien können das wunderbar und selbst die bescheidene Kartoffelbatterie kann dieselbe Funktion erfüllen, allerdings in geringerem Umfang: Sie müssen nur zwei unterschiedliche Metalle als Elektroden in eine große Kartoffel (oder zwei kleine) stecken – und fertig! Schon haben Sie genügend Energie, um eine digitale Uhr damit zu „speisen". (Abb. 12.7)

Abb. 12.7: *Die Kartoffelbatterie. Tomaten funktionieren genauso gut, und wenn gerade nicht Gemüsesaison ist, können Sie auch Salzwasser nehmen.*

Dass solche Low-Tech-Materialien Ähnliches bewirken können, wie es heutzutage High-Tech-Akkus erledigen, mag überraschen. Natürlich generieren die Low-Tech-Versionen weit weniger Power und sie sind weit weniger haltbar. Und doch erzeugen sie Energie, indem sie dieselben Komponenten nutzen: Elektroden aus unterschiedlichen Metallen, von denen eines ein hoch reaktives Metall ist wie zum Beispiel Zink.

Sogar die Originalbatterie des italienischen Physikers Alessandro Volta hatte vergleichbare Bestandteile. Sie wurde vor mehr als zwei Jahrhunderten gebaut und bestand aus Scheiben von Zink und Kupfer (später Zink und Silber), die durch in Salzwasser getränkten Karton oder Stoff getrennt waren. Die Metallscheiben wurden zu einer Säule aufgeschichtet (Volta'sche Säule). (Abb. 12.8)

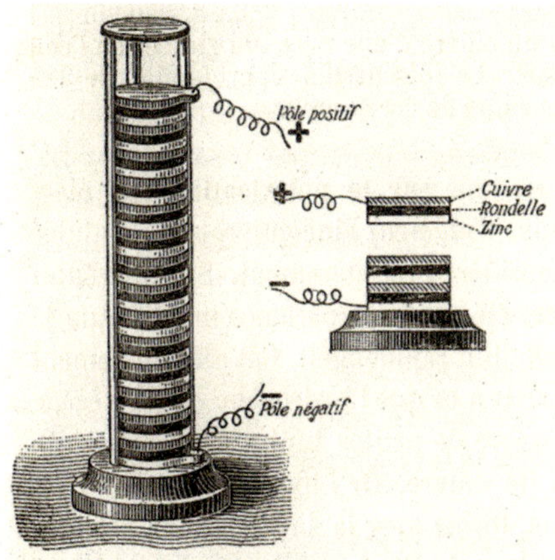

Fig. 283. — Pile de Volta.

Abb. 12.8: *Die Volta'sche Säule*

So tauchen stets dieselben Elemente in Batterien auf, angefangen von Voltas Originalapparatur über die Kartoffelbatterie bis hin zu den heutigen Alkalibatterien: Die *eine* Elektrode besteht aus Zink oder einem anderen reaktiven Material, die andere aus einer weniger reaktiven Substanz. Zwischen den Elektroden liegt ein ionenhaltiges Medium, das den beständigen Fluss aufrechterhält. Weit verbreitet ist die Meinung, dass die Energie durch elektrochemische Reaktionen erzeugt werde, die sich an den Metalloberflächen abspielen. Diese Reaktionen schickten angeblich Ladungen durch das Ionen enthaltende Medium und dann zu den Austrittsstellen. Dabei werde die austretende, abgegebene Energie erzeugt.

Zwar finden an diesen Kontaktflächen in der Tat Reaktionen statt, doch können uns die Phänomene, die wir bereits weiter vorn in diesem Buch behandelt haben, etwas Neues über die Natur dieser Reaktionen mitteilen. Immer wieder ist uns absorbierte elektromagnetische Energie begegnet, die über die Bildung von Ausschlusszonen Ladungen trennt. Batterien trennen ebenfalls Ladungen. Es ergibt sich die Frage, ob die Ladungstrennung in einer Batterie vielleicht eine EZ-basierte Ladungstrennung beinhaltet.

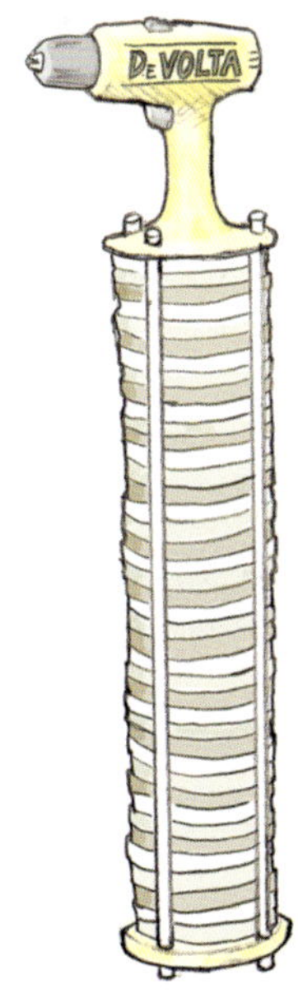

Frühes Modell eines Akkuschraubers

Diese Frage gewann an Bedeutung, als klar wurde, wie viel Energie gewöhnliche Batterien liefern. Betrachten wir die Alkalibatterien. Sie wurden in der einen oder anderen Form verwendet, seit Thomas Edison sie vor mehr als einem Jahrhundert erfunden hatte. Während ihrer Lebensdauer kann eine moderne AA-Alkalibatterie 1mA Strom für 1400 Stunden liefern. Das Produkt aus Strom und Zeit ergibt 5000 Coulomb. Das heißt also, eine AA-Batterie liefert 5000 Coulomb Ladung. Ein typischer Blitzschlag liefert 15 Coulomb. Daher enthält die zierliche AA-Batterie theoretisch genügend interne Energie, um mehr als 300 Blitzschläge zu erzeugen.

Kann eine so winzige chemische Fabrik überhaupt so viel Energie liefern? Vielleicht. Aber einiges von dieser Energie könnte woanders herkommen – beispielsweise aus dem Prozess der Absorption elektromagnetischer Energie, den ich bereits beschrieben habe. Das Ergebnis

der Reaktion könnte dasselbe sein wie das, was man konventionell annimmt; aber die Energie, die diese Reaktionen auslöst, stammte von der elektromagnetischen Energie, die von außen absorbiert wurde. Sichtbares Licht kann nicht durch das Batteriegehäuse dringen; doch *infrarote* Energie kann es. Infrarote Energie, die von diesen Gehäusen aufgenommen wird, strahlt in die inneren Hohlräume der Batterie ab. Da stellt sich nur die Frage, ob diese Energie zu dem bemerkenswerten Output der Batterie beiträgt.

Weil wir neugierig waren und wissen wollten, ob neben diesen reaktiven Metallen EZ-ähnliche Zonen erscheinen, steckten wir ein Stück Zink in Wasser. Wir fügten Mikrosphären hinzu und sahen, wie sich an der Zinkoberfläche sofort große Ausschlusszonen entwickelten. (Abb. 12.9a) Die Ausschlusszonen wuchsen beinahe auf eine Größe von 200 Mikrometer an. Andere reaktive Metalle zeigten ähnliche Eigenschaften. Es schien plausibel, dass die reaktiven Metalloberflächen, die in so vielen Batterien verwendet werden, Ladungen auf dieselbe Weise trennen konnten wie andere Ausschlusszonen.

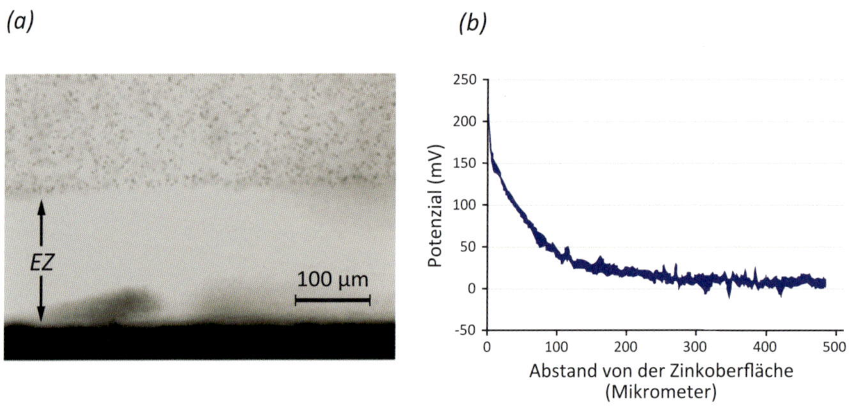

Abb. 12.9: *a) Ausschlusszone an einer Zinkoberfläche; b) Das elektrische Potenzial in der EZ* [4]

Wir untersuchten, ob tatsächlich Ladungen getrennt wurden. Wir verwendeten dieselbe Apparatur mit den Mikroelektroden, die wir bereits früher benutzt hatten, und fanden dabei „Gold“: Die Ausschlusszonen waren tatsächlich geladen! Die Ausschlusszonen neben den reaktiven Metallen waren *positiv* geladen (Abb. 12.9b); pH-sensitive Farbstoffe bestätigten, dass das Wasser *außerhalb* dieser Ausschlusszonen freie *negative* Ladungen enthielt, vermutlich in Form von (OH^-)-Gruppen.[4]

So waren in der Nachbarschaft reaktiver Metalloberflächen also tatsächlich Ladungen getrennt. Wir waren in der Lage, aus diesen getrennten Ladungen eine beachtliche Menge an Strom zu gewinnen, ähnlich viel, wie wir es von anderen EZ-Systemen bereits kannten.[5] Dieses Ergebnis schien wesentlich zu sein: Weil Batterien reaktive Metalle enthalten und weil diese Metalle EZ-basierte Ladungstrennung bewirkten, ließ das Ergebnis vermuten, dass zumindest *ein Teil* der Energie der Batterie aus einem externen Energieinput stammen könnte.

Blieb noch die Frage zu beantworten: *Wie viel* von dieser Energie? Wir stellen uns moderne Batterien so vor, dass ihre gesamte lieferbare Energie in der Batterie steckt – sozusagen in einem in sich abgeschlossenen Lagerhaus chemischer Energie. Wenn man aber den phänomenalen Output im Verlauf der gesamten Lebensdauer betrachtet, fragt man sich, ob das wahr sein kann. Batterien nehmen mit Sicherheit elektromagnetische Energie auf, aber machen sie von diesem Geschenk Gebrauch oder werfen sie es weg? Es erscheint plausibel, dass die winzige chemische Fabrik, die wir Batterie nennen, ihren elektrischen Output produziert, indem sie zumindest *etwas* von der einstrahlenden elektromagnetischen Energie nutzt. (Abb. 12.10)

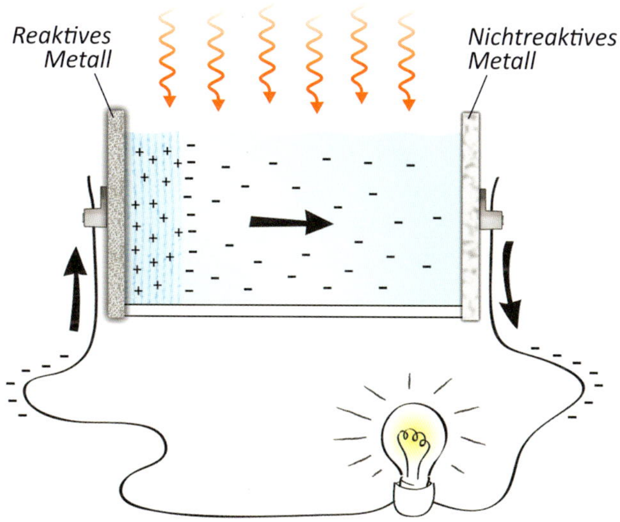

Abb. 12.10: *So könnte die EZ-basierte Produktion von elektrischer Energie in Standardbatterien aussehen: Absorbierte elektromagnetische Energie trennt Ladungen und trägt dadurch zur Stromproduktion bei.*

Protonen treiben die Katalyse an

Katalyse ist der mysteriös erscheinende Prozess, der chemische Reaktionen beschleunigt – manchmal um das Millionenfache. Der Katalysator wird dabei nicht verbraucht; er bleibt erhalten und vollführt seine erstaunliche Meisterleistung immer wieder.

Am bekanntesten unter den Katalysatoren sind die sogenannten Säurekatalysatoren; sie beschleunigen Reaktionen, indem sie Protonen mobilisieren. Andere Katalysatoren beschleunigen Reaktionen durch die Mobilisierung von (OH^-)-Gruppen. Ich fragte mich, ob diese Ladungsgruppen vielleicht von Ausschlusszonen stammten. (Abb. 12.11) Ausschlusszonen erzeugen für gewöhnlich freie Protonen und weniger häufig

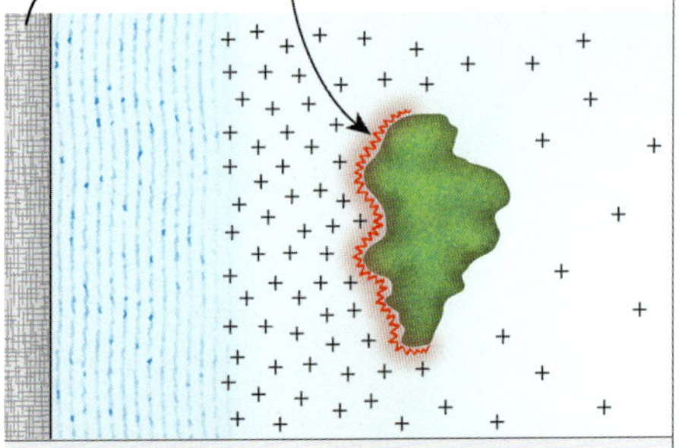

Abb. 12.11: *EZ-basierte Katalyse. Die Oberfläche des Katalysators erzeugt das EZ-Wachstum, das wiederum Protonen (oder OH⁻) freisetzt. Die Protonen (oder (OH⁻)-Gruppen) beschleunigen die angestrebte Reaktion.*

freie (OH^-)-Ionen. Daher könnten hydrophile Oberflächen natürliche Katalysatoren sein. Diejenigen mit der höchsten Ladung müssten die sein, die am besten als Katalysator wirken. Die kraftvolle katalytische Aktivität von Nafion würde dieser Erwartung entsprechen.

Katalyse auf der Basis einer EZ erfolgt nicht einfach so. Strahlungsenergie bildet Ausschlusszonen, die die erforderlichen Ladungsgruppen generieren. So kann die EZ-basierte Katalyse etwas potenziell Nützliches liefern, aber man muss dafür mit Energie „bezahlen".

Wenn letztlich einfallende Strahlungsenergie die Katalyse in Gang setzt, könnte man erwarten, dass Licht als Auslöser zumindest *einiger* katalytischer Prozesse infrage käme. Das ist tatsächlich der Fall. Ein gut bekanntes Beispiel: Titandioxid zeigt einen spektakulären Anstieg katalytischer Aktivität, wenn man es UV-Licht aussetzt.

Um zu überprüfen, ob diese besondere Eigenschaft EZ-basiert ist, haben wir Platten von Titandioxid in Wasser getaucht. Ohne einfallendes Licht (abgesehen von einem Minimum, das wir zum Beobachten brauchten) gab es keine EZ; als die Platte vor dem Eintauchen in Wasser mit UV-Licht bestrahlt wurde, zeigten sich beim nachfolgenden Untertauchen Ausschlusszonen, die bis annähernd 200 Mikrometer anwuchsen. Indem wir pH-empfindliche Farbstoffe einsetzten, konnten wir das Vorhandensein zahlreicher Protonen im restlichen Wasser (außerhalb der EZ) bestätigen. So waren also EZ-basierte Protonen vor Ort und konnten ihr katalytisches Werk ausführen. Letztendlich verlieh einfallendes Licht diesen Protonen ihre Kraft.

Platin, ein anderer bekannter katalytischer Stoff, zeigte am Anfang keine klaren Ausschlusszonen, wenn wir auch einige oberflächennahe Bereiche mit geringerer Mikrosphärenkonzentration finden konnten.[4] Nachfolgende Studien zeigten von Licht abhängige Veränderungen in der dem Wasser zugewandten Platinoberfläche[6] und auch klare Ausschlusszonen, wenn das Platin elektrisch mit einem reaktiven Metall verbunden war.[5] Daher könnten EZ-basierte Ladungen auch die Katalyse mit Platin erklären. Allerdings erfordert diese Möglichkeit noch weitere Untersuchungen.

Katalysatoren gibt es auch in biologischen Zusammenhängen: in Form von Enzymen. Enzyme sind große Proteine, die biologische Reaktionen beschleunigen. Man nimmt an, dass der katalytische Prozess in enzymspezifischen Interaktionen mit reagierenden Molekülen begründet liegt. Bis ins frühe 20. Jahrhundert war die vorherrschende Meinung jedoch eine andere: Man nahm an, dass Enzyme Veränderungen im umgebenden Wasser auslösten, die dann Reaktionen in benachbarten Molekülen beschleunigten. Die Oberflächen von Enzymen tragen häufig beträchtliche negative Ladung (wie die meisten Oberflächen von Proteinen); daher könnten diese Oberflächen EZ-Schichten enthalten. Wenn das so

Wenn Sie an einem kalten Morgen Ihr Auto starten wollen ...

Nehmen wir an: Das Wetter draußen ist bitterkalt. Aufgrund der Kälte hat das Öl im Motor Ihres Wagens die Konsistenz von Erdnussbutter. Die Kolben kämpfen gegen diese zähe Pampe, wenn Sie beginnen, den Anlasser zu betätigen; es nützt aber nicht viel. Der Motor will einfach nicht anspringen. Die Fortsetzung des Startversuchs erschöpft nur die Batterie und nach kurzer Zeit ist sie praktisch leer. Zeit, um aufzugeben und einen Abschleppwagen zu rufen.

Eine andere Strategie könnte Ihnen diesen Frust ersparen. Wenn Sie aufhören, den Anlasser zu betätigen, und geduldig *warten*, bevor Sie es wieder versuchen, wird der Funke möglicherweise schnell überspringen und Sie können Ihren Geschäften nachgehen. Das bloße Warten erscheint wie ein magischer Trick, um Ihre Batterie wieder aufzuladen.

Warum macht das Warten einen Unterschied? Autobatterien enthalten Wasser und Säure, eine Kombination, die Ausschlusszonen bildet (siehe Abb. 10.9). Falls EZ-Energie zur Energie der Batterie beiträgt, dann ist es erforderlich, die EZ-Ladung aufrechtzuerhalten, um von der Batterie Energie zu bekommen. Sie können die EZ-Ladung mindestens auf zwei Arten wieder aufbauen: mit dem transportablen Ladegerät des herbeigerufenen Abschleppwagens oder mithilfe der Absorption der Strahlungsenergie, die von dem leicht erwärmten Motor kommt. Der letztgenannte Weg erfordert Zeit. Das ist der Grund dafür, dass Warten einen Unterschied macht und zum Erfolg führt.

Wird die EZ durch die Aufnahme von Strahlungsenergie wieder geladen und die „Erdnussbutter" ist durch die vorangehenden Startversuche geschmolzen, wird Ihr Wagen letztendlich anspringen. Geduld ist eine Tugend; hier kann sie Ihnen auch die Kosten für den Abschleppwagen ersparen.

wäre, dann ähnelte die biologische Katalyse der allgemeinen Katalyse; dazu bedürfte es nichts weiter als hoher Konzentrationen von EZ-erzeugten Protonen.

Protonen treiben Flüssigkeitsströme an

Betrachten wir zu guter Letzt, wie diese vielseitigen Protonen eine Strömung erzeugen könnten.

Stellen Sie sich eine mit einem Korken verschlossene Flasche vor, die in einem großen Wasserbad liegt. (Abb. 12.12) In einem Gedankenexperiment nehmen wir an, es gäbe eine Möglichkeit, in diese verkorkte Flasche Protonen hineinzubringen. Die Ionen würden sich gegenseitig abstoßen und innen Druck erzeugen. Wenn man dann den Korken abnähme, würden diese eingesperrten Hydroniumionen ganz schnell entweichen – wie Luft aus einem prall gefüllten Luftballon. Das protonenhaltige Wasser würde herausströmen und dabei eine messbare Strömung erzeugen. Das ist die Art von Strom, von der wir sprechen.

Ein Strom dieser Art könnte unaufhörlich anhalten, wenn die Protonen und das Wasser ständig aufgefüllt würden. Falls Ausschlusszonen beteiligt sind, dann kommt die Ergänzung der Protonen auf natürliche Weise, weil Ausschlusszonen permanent Protonen erzeugen, solange Energie aus der Umgebung verfügbar bleibt, um ihre Freisetzung zu bewirken. Die Protonen bilden sofort Hydroniumionen. Diese geladenen Wassermoleküle werden sich dann in Bereiche niedrigerer Ladung bewegen. *Deshalb erscheint ein beständiger Wasserstrom unvermeidlich in fast jedem Szenario, an dem Ausschlusszonen und Strahlungsenergie beteiligt sind.*

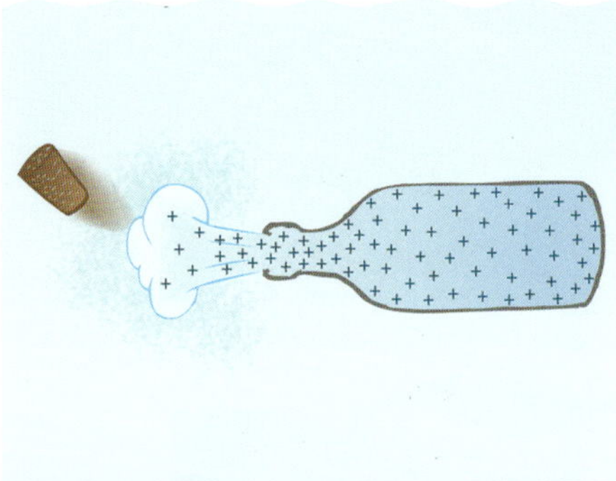

Abb. 12.12: *Der Protonendruck setzt das Ausfließen in Gang.*

Experimente haben diese Unvermeidlichkeit bestätigt: Wir haben kontinuierlichen Wasserfluss bei einer Vielzahl physikalischer Konfigurationen beobachtet, in denen Ausschlusszonen vorhanden sind. Von einigen haben Sie bereits in Kapitel 7 gelesen; es lohnt sich, sie sich hier nochmals ins Gedächtnis zu rufen:

Die erste Versuchsanordnung dieser Art war die hydrophile Röhre (Abb. 12.13), in der sich eine ringförmige EZ aufbaut, die Protonen im Zentrum der Röhre erzeugt; diese Protonen innen generieren ein Hydroniumionen-Gefälle vom Zentrum zu den Röhrenöffnungen, das eine Strömung in die eine oder andere Richtung anzutreiben scheint.

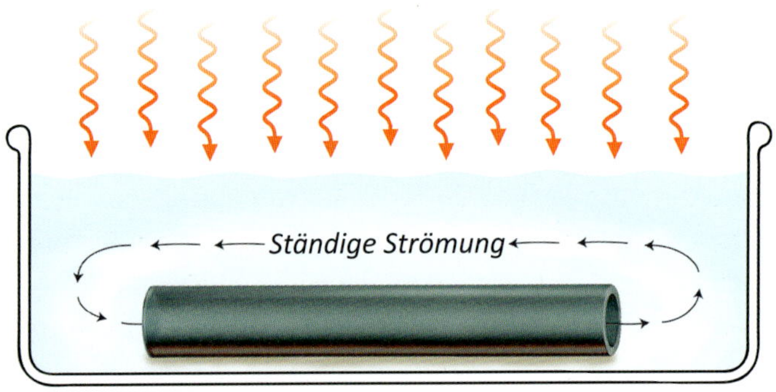

Abb. 12.13: *„Spontanes" Fließen durch eine hydrophile Röhre*

Eine zweite Versuchsanordnung ähnelt der ersten, es ist eine Röhre mit einem Loch in der Wand. Wenn ein kleines Loch in eine hydrophile Röhre gebohrt wird, die in Wasser getaucht ist, läuft ständig Wasser durch das Loch nach innen (siehe Abb. 7.11). Wieder scheint ein Hydroniumionen-Gefälle für das Auslösen dieser Strömung verantwortlich zu sein.[7]

Eine dritte Konfiguration, die eine durch Ladung ausgelöste Strömung zeigt, ist diejenige mit den Gelperlen (siehe Abb. 7.12). Wenn eine hydrophile Gelperle am Boden eines Wasserbads liegt, wird sie von einer schalenartigen Ausschlusszone umhüllt. Hydroniumionen befinden sich außerhalb derselben. Diese Hydroniumionen fließen permanent nach unten, wie das Schaubild zeigt. (Abb. 12.14) Die auslösende Kraft scheint ein senkrecht verlaufendes Hydroniumionen-Gefälle zu sein, das entstehen könnte, weil der obere Bereich der Suspension mehr Strahlungsenergie erhält als der untere Bereich. Der nach unten gerichtete Strom zieht dann das oben liegende Wasser aus allen Richtungen an die Perle und ersetzt dabei die Moleküle, die durch den Strom nach unten verloren gegangen sind. Sobald die nach unten fließenden Moleküle den Boden erreichen, bleibt ihnen nichts anderes übrig, als von der Perle wegzuströmen. So *zirkuliert* das Wasser, in Gang gehalten durch ein senkrechtes Hydroniumionen-Gefälle.

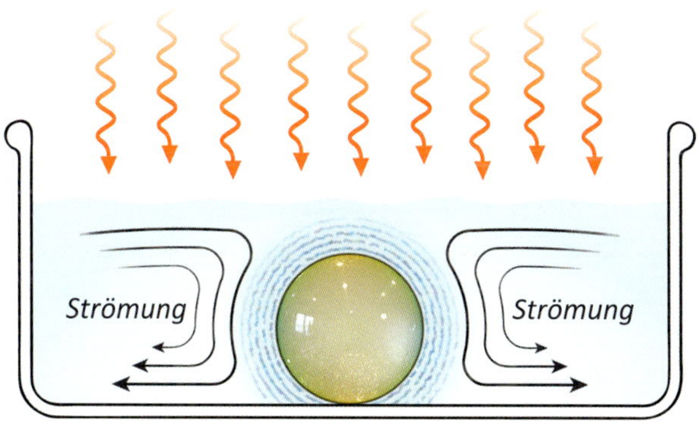

Abb. 12.14: *Permanente Strömungslinien im Umfeld einer hydrophilen Sphäre*

So tauchen durch Ladung ausgelöste Ströme in einer Vielzahl von Konfigurationen auf. Fast jede hydrophile Oberfläche, die in Wasser getaucht ist, reicht dafür aus. Die sich aufbauenden Ausschlusszonen erzeugen Protonen: Die Unvermeidlichkeit eines Hydroniumionen-Gefälles macht die Strömung auf ähnliche Weise unausweichlich.

Tatsächlich könnten einige der Strömungen, die Wissenschaftler gewohnheitsmäßig einem thermisch bedingten Dichtheitsgefälle zuschreiben, leicht durch ein Ladungsgefälle entstehen. Ladungsbasierte Kräfte sind viel stärker als die Kräfte der Gravitation. Um dies richtig einschätzen zu können, stellen Sie sich ein Proton und ein Elektron nebeneinander vor. Überlegen Sie, welche Kraft wohl dominiert: die elektrostatische Anziehung oder die auf der Masse basierende Anziehung der Gravitation? Sie werden sicher sagen, dass die elektrostatische Anziehung dominiert, aber das Überraschende ist, um welche Dimension es bei diesem Unterschied geht: um einen Faktor von 10 hoch 38. So können ladungsbasierte Kräfte also absolut dominant sein. Wie wir gerade gesehen haben (und in Kapitel 15, wo wir es mit warmem Wasser zu tun haben, noch einmal sehen werden), können kleine Ladungsgefälle gewaltige Ströme erzeugen.

Weil all diese Ströme durch Ladung in Gang gehalten werden, werden Sie vielleicht dafür optieren, sie als osmotisch zu klassifizieren (Kapitel 11). Hydroniumionen-Gefälle stellen eine mächtige und universelle Naturkraft dar.

Zusammenfassung und Überlegungen dazu

Dieses Kapitel hatte hauptsächlich protonenhaltiges Wasser zum Thema – die positiv geladenen Wassermoleküle, die bei Vorhandensein von Ausschlusszonen unvermeidlich entstehen. Diese geladenen Moleküle können „Chaos" anrichten. Ihre unterschiedlichen Aktionsfelder umfassen die Reduktion von Reibung, das Auseinandersprengen von Oberflächen, das Glitschigmachen von Eis, das Betreiben von Batterien, die Erzeugung von Katalyse und das Auslösen von Flüssigkeitsströmen. Man kann mit Recht dafür plädieren, dass all diese Prozesse, zumindest zum größten Teil, durch Ladungen in Gang kommen, die durch die EZ-Bildung erzeugt wurden.

Ich möchte Sie ermuntern, diese Sichtweise mit der jeweils *vorherrschenden* in Bezug auf den Ursprung jedes dieser Phänomene zu vergleichen. Studenten, die in mein Labor kommen, sind ausnahmslos begierig, die herrschende Sichtweise zu überprüfen, um sich mit dem Arbeitsfeld vertraut zu machen. Viele kommen verwirrt zurück – fassungslos wegen der Komplexität der Interpretationen, und fühlen sich als Versager aufgrund ihrer Unfähigkeit, etwas zu begreifen, von dem sie meinen, dass andere es leicht verstehen. Vielleicht ergeht es Ihnen besser als diesen unglücklichen Studenten.

Die zentrale Botschaft dieses Kapitels lautet, dass all diese Phänomene als direkte Auswirkung der Bildung von Ausschlusszonen entstehen können. Strahlungsenergie aktiviert sie alle. Pflanzen nutzen mit Sicherheit Strahlungsenergie, aber die Idee, dass diese verschiedenen wässrigen Systeme sie ebenso nutzen, ist bisher außerhalb des Horizonts des gegenwärtigen Denkens geblieben. Ich glaube, dass dieses Defizit erklärt, warum keine weiteren Forschungen erfolgten, um die letzten Punkte zu klären. Wenn Ausschlusszonen existieren, dann müssen wir ihren Auswirkungen nachgehen, und genau das haben wir getan.

Die Ladungen der Ausschlusszonen haben unser Denken über viele Kapitel hinweg dominiert und wir sind immer noch nicht fertig. Als Nächstes kommen wir zu Blasen und Tröpfchen. Sie haben in kochendem

Wasser die Bildung von Blasen gesehen, aber haben Sie jemals innegehalten, um darüber nachzudenken, wie sie entstehen? Die nächsten beiden Kapitel gehen dieser Frage nach und zeigen, dass EZ-basierte Ladungen wieder eine zentrale Rolle spielen. Blasen mögen geheimnisvoll erscheinen – beinahe romantisch; wenn die nachfolgenden Kapitel dazu beitragen, dieses Romantische zu entmystifizieren, entschuldige ich mich dafür schon jetzt.

13 Tröpfchen und Blasen – Geschwister in der Wasserfamilie

Die meisten Passagiere schliefen. Ich war auf einem Transatlantikflug, wie immer mit meinem Laptop beschäftigt, als die Stewardessen ihre Runden drehten und pflichtbewusst jedermanns Becher mit Wasser auffüllten. Die Flugbegleiter schienen den Risiken der Dehydrierung gegenüber wachsam zu sein. Ich schätze das und ich nickte jedes Mal, trank einige Schlucke … und driftete schließlich doch ins Traumland ab.

Als ich einige Stunden später erwachte, sah ich, dass mein halb gefüllter Becher anders aussah. An der Innenseite befanden sich Blasen im Wasser. (Abb. 13.1) Ich fragte mich, wie diese Blasen wohl dorthin gelangt waren?

Zunächst dachte ich mir, während meines Nickerchens müsse sich wohl einiges an Luft im Wasser gelöst haben; und diese gelöste Luft habe wohl genügt, um diese Blasen zu erzeugen. Oder doch nicht?

Diese Erklärung schien mir zu passen – bis ich mich weiter wunderte: Die Blasen, die ich sah, hatten eine Größenordnung von *Millimetern*, während die Gasmoleküle in den Blasen im Bereich von *Nanometern* lagen. Um eine Blase zu bilden, deren Volumen 10^{18} Mal größer ist als die einzelnen Gasmoleküle, aus der sie besteht, braucht man zig Millionen von diesen Molekülen. Das warf naheliegende Fragen auf: Was leitet diese vielen Gasmoleküle dorthin, wo sich Blasen bilden, und nicht etwa in die Räume dazwischen? Warum gibt es mehrere separate Blasen anstatt – sagen wir – einer einzigen riesigen Blase?

Leicht verunsichert, verdutzt und immer noch im Halbschlaf, begann ich zu fantasieren. Ich stellte mir vor, wie ich auf die Größe eines Protons schrumpfte und mich umsah. Ich hatte kein Problem damit, mir die gelösten Gasmoleküle vor Augen zu halten, die um mich herum waren; aber ich hatte Schwierigkeiten damit, mir vorzustellen, was diese Moleküle *vorzugsweise* in Richtung der wachsenden Blase nebenan lenkte. Und wenn eines der Gasmoleküle es schaffte, sich dieser freundlichen Blase nebenan irgendwie zu nähern, wie konnte es durch die unter Spannung stehende Wasser-Gas-Grenzfläche nach innen gelangen? Würde das nicht die Blase zerstören?

Während ich meine „Unterwasser-Odyssee" fortsetzte, schaute ich nach oben, in den Bereich *über* der Wasseroberfläche. Dort konnte ich weitere Blasen sehen, die sich an den Rand des Bechers geheftet hatten. Aber schnell wurde mir bewusst, dass ich mich wahrscheinlich geirrt hatte: *Über* der Wasseroberfläche sind es normalerweise *Tröpfchen*, keine *Blasen*. Blasen und Tröpfchen können manchmal von außen sehr ähnlich

Abb. 13.1: *An der Innenseite mit Wasser gefüllter Plastikbecher sammeln sich irgendwann Blasen.*

vor, dass eine steife Hülle Druck innerhalb des Vesikels erzeugt. Allerdings bedeuten auch Umhüllungen aus *Stahl* nicht unbedingt, dass innerhalb Druck herrscht. Wir können nicht von vornherein sagen, ob die *Steifigkeit der Umhüllung* oder aber die *Masse*, die sich in der Hülle befindet, Ursache des Drucks ist. Um den Ursprung des Drucks müssen wir uns also noch kümmern und das werden wir bald tun.

Jedenfalls lässt die nahezu kugelartige Form des Tröpfchens das Vorhandensein einer Art Umhüllung vermuten. Ein solcher Rückschluss erscheint logisch. Was jedoch nicht zu passen scheint, ist das Ergebnis des „Guillotine-Experiments": Wenn eine gespannte Membran das Tröpfchen umgibt, sollte das Zerschneiden dieser Membran fatale Folgen haben; das Tröpfchen müsste sich auflösen. Warum bildet sich das durchgeschnittene Tröpfchen problemlos sofort wieder zurück?

Eine plausible Erklärung könnte sein, dass manche Tröpfchen vielleicht Cluster *kleinerer* Tröpfchen enthalten. (Abb. 13.5) Die Minitröpfchen würden zusammenhalten, wie Blasen es tun; sie wären in der Lage, sich nach dem mechanischen Zerteilen wieder zu vereinen. Tatsächlich sahen die „Unterwasser-Tröpfchen" im Mikroskop manchmal wie Cluster aus; allerdings müssen wir noch genauere Aufnahmen machen, um sicherzugehen.

Die Clusteridee hat durch Hochgeschwindigkeits-Videoaufnahmen von fallenden Regentropfen an Zugkraft gewonnen. Während die Regentropfen vom Himmel fallen, brechen viele von ihnen zu einer Myriade von Minitröpfchen auseinander.[w1] Diese Minitröpfchen könnten sich zusammenfinden, während sie fallen, aber sie könnten auch schon vorher existiert haben und dann durch die Kräfte getrennt werden, denen sie beim Herunterfallen ausgesetzt sind. Wenn dem so ist, könnten Tröpfchen *allgemein* wie Cluster aussehen. (Abb. 13.5)

Abb. 13.5: *Tröpfchen-Wachstum durch Verschmelzung. Viele Minitröpfchen könnten sich zu größeren Tröpfchen zusammenschließen.*

In diesem Zusammenhang könnte das „Guillotine-Experiment" Sinn ergeben. Die beim Zerschneiden eingesetzten Kräfte könnten Untergruppen von Tröpfchen getrennt haben; aber kohäsive Kräfte zwischen ihren Oberflächen könnte die bestehenden Untergruppen wieder miteinander verbinden, genauso, wie getrennte *Blasen* dazu tendieren, sich zusammenzuschließen.

Daher könnten sich Tröpfchen also wie Blasen verhalten. Blasen können in Form von Clustern existieren; die Mitglieder eines Clusters können sich zu einer einzigen, größeren Blase vereinigen. Dasselbe könnte auch für Tröpfchen zutreffen: Ein Tröpfchen könnte eine Reihe von Minitröpfchen enthalten; oder diese Minitröpfchen könnten sich zu einer größeren Einheit zusammenfinden. All diese Verschmelzungsaktionen würden durch die Beschaffenheit der umgebenden Membran entstehen.

Der Grund dafür, dass wir auf dieses Thema näher eingehen, geht über die Frage hinaus, wie sich Tröpfchen in „Guillotinen" verhalten: Wir haben überhaupt keine Ahnung, wie Tröpfchen oder Blasen sich bilden. Wir brauchen Ideen dafür. *Eine* Idee folgt aus unserer Erörterung: Blasen und Tröpfchen haben Membranen; wenn diese Membranen zufällig aus demselben Material bestünden, dann wäre ein nahtloser Übergang, ein Wandel von Tröpfchen zu Blase (und umgekehrt) denkbar. Mit anderen Worten, *Blasen könnten aus Tröpfchen entstehen, deren flüssiger Inhalt sich in Dampf verwandelt hat.* Tröpfchen könnten dann die Vorgänger von Blasen gewesen sein.

Um dieser Spekulation nachzugehen, müssen wir die relevanten Hinweise näher betrachten. Wir fragen zuerst, ob tatsächlich Membranen diese beiden vesikulären Strukturen umgeben, wie wir vermuten. Und wenn das so ist, wie könnten diese Membranen zusammengesetzt sein? Wenn es sich herausstellt, dass die Membranen beider Gebilde dieselbe Zusammensetzung haben, wäre das ein verdächtig guter Ausgangspunkt, um den Übergang von Tröpfchen in Blasen zu beleuchten.

Tröpfchen enthalten EZ-Membranen

Der erste Hinweis, der uns dazu führte, ernsthaft über Tröpfchenmembranen nachzudenken, kam aus dem Experiment mit dem schwimmenden Tröpfchen (siehe Abb. 1.5). Wassertropfen, die auf Wasser fallen, verbinden sich nach allgemeiner Erwartung sofort mit dem Wasser. Aber *wir* beobachteten, dass diese Tröpfchen für viele Sekunden bestehen bleiben konnten.[1] Irgendetwas verzögerte anscheinend ihre Auflösung – und eine begrenzende Membran schien uns dafür logischerweise nahezuliegen.

Die vorherrschende Erklärung für die verzögerte Vereinigung mit der Wassermasse war, dass zwischen der Oberfläche der Wassermasse und dem darauffallenden Tröpfchen ein unsichtbarer Luftfilm liege. Wir jedoch verwarfen diesen Gedanken, weil wir beobachteten, dass die Tröpfchen offenbar auch dann noch weiterbestehen konnten, nachdem sie über das vermeintliche Luftkissen hinaus gerollt waren. In Wirklichkeit *verlängerte das Rollen* die Existenz der Tröpfchen als separate Einheiten.[1] Es gab offensichtlich einen anderen Grund als die dazwischenliegende Luft und wir nahmen als wahrscheinlichste Ursache eine membranähnliche Umhüllung an. Diese Hülle musste sich auflösen, um die Verbindung des Tröpfchens mit einer Wassermasse zu ermöglichen, aber ihre Auflösung konnte eine gewisse Zeit erfordern.

Was die Natur dieser Hülle betrifft, so schien die Antwort in einer einfachen Schlussfolgerung zu liegen: Tröpfchen enthalten nur Wasser. Daher müsste jegliche membranöse Hülle aus irgendeiner Form von Wasser bestehen. Die beiden naheliegenden Optionen waren EZ-Wasser und normales (Bulk-) Wasser. Zur Erklärung der beobachteten Stabilität und Dauerhaftigkeit der Membran schien uns EZ-Wasser die plausiblere Lösung zu sein.

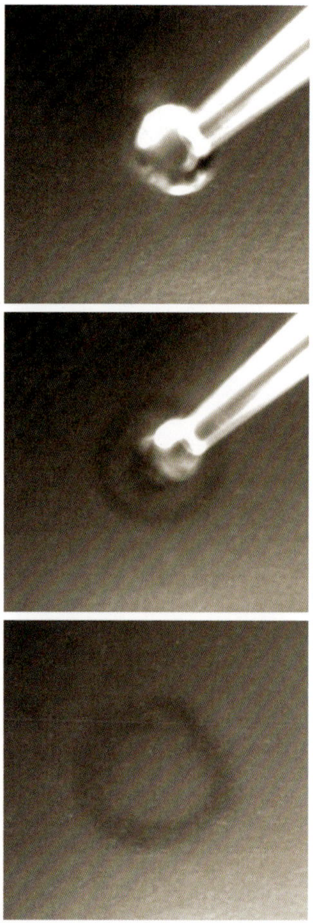

Abb. 13.6: *Die Auflösung eines Tröpfchens, unter dem Mikroskop beobachtet. Ein Tröpfchen aus 10 Mikroliter Wasser wurde auf Wasser gesetzt, das 1-Mikrometer-Carboxyl-Mikrosphären enthielt. Eine ringförmige, klare Zone ließ vermuten, dass das Tröpfchen von einer EZ-Hülle umgeben war.*

Eine EZ-Hülle ergab auch funktional gesehen einen Sinn. Eine Hülle aus EZ-Material könnte auch Protonen liefern. Wenn sich diese Protonen innerhalb des Tröpfchens ansammelten, könnten die *abstoßenden* Kräfte den Druck erzeugen, den man brauchte, um die Kugelform des Tröpfchens zu erklären. Diese Lösung erschien uns geradezu elegant. Außerdem ergab die EZ-Hülle auch theoretisch gesehen einen Sinn. Eine umfangreiche theoretische und experimentelle Studie folgerte, dass eine negativ geladene Hülle dieser Art eine Minimalanforderung für die Existenz eines Tröpfchens darstelle.[2] Eine EZ-Hülle genügt sicherlich dieser Anforderung.

Aufgrund dieser Hinweise und Annahmen fuhren wir damit fort, zu überprüfen, ob wir eine solche EZ-Hülle auf experimentelle Weise finden konnten. Wir fanden drei Belege, die deutlich dafürsprachen:

- Der erste Beleg stammte aus Experimenten, die mit einer Mikrosphärensuspension starteten. Auf die Oberfläche dieser trüben Suspension setzten wir Wassertröpfchen. Wir dachten, dass sich eine EZ-Hülle anders verhalten müsse als das *Innere* eines Tröpfchens: Während das Wasser aus dem Inneren des Tröpfchens sich durch eine Lücke in der Hülle direkt mit der trüben Suspension darunter verbinden könnte, würde die *Hülle* des Tröpfchens das vielleicht nicht tun; wenn es sich um eine EZ-Hülle handelte, dann würde sie möglicherweise auf der Oberfläche der Suspension zurückbleiben. Abbildung 13.6 zeigt, dass es diese klare Zone gibt. Dieser klare Bereich erscheint zu Beginn der Vermischung des Tröpfchens mit der Wasserfläche und wird größer, während die Vermischung voranschreitet. Seine ringförmige Form und die Klarheit schienen in unseren Augen den Überbleibseln einer EZ-Hülle zu entsprechen.
- Ein weiterer Beleg für eine EZ-Hülle stammt aus Studien zu optischer Absorption. Wenn Tröpfchen Ausschlusszonen enthalten, dann sollten sie den charakteristischen EZ-Absorptionsgipfel bei 270 Nanometer aufweisen. Daher sammelten wir Regentropfen. Wir untersuchten die Regenwasserproben mit einem UV-VIS-Spektrometer. Abbildung 13.7 bestätigt das Vorhandensein der charakteristischen Absorptionsspitze in Proben, die wir an zwei verschiedenen Tagen gesammelt hatten.
- Auch eine dritte Beobachtung spricht für die Annahme von EZ-Membranen: Tröpfchen, die auf Glasscheiben getrocknet werden. Mein Kollege Georg Schröcker erforscht solche Tröpfchen hobbymäßig. Getrocknete Wassertröpfchen aus verschiedenen Quellen hinterlassen ringförmige Überreste. (Abb. 13.8) Typischerweise ist die Zone in der Mitte leer, was anzeigt, dass das gesamte Wasser verdunstet ist. Die ringförmige Zone, die den mittleren Bereich umgibt, verdunstet jedoch nicht; ein Überrest haftet an der hydrophilen Glasoberfläche – ein Rest, der von einer anhaftenden EZ stammen könnte. Außerdem fluoresziert die ringförmige

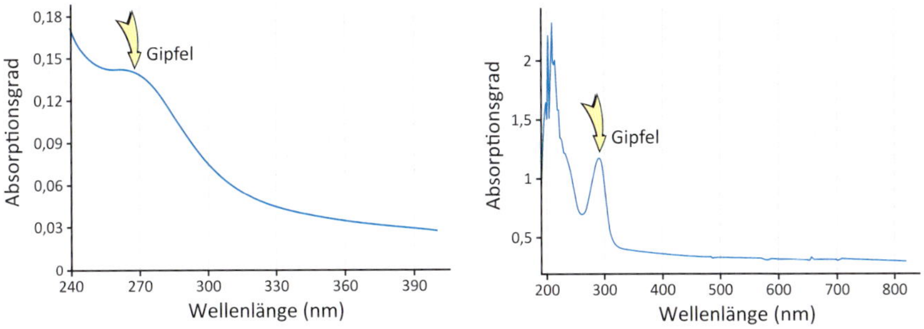

Abb. 13.7: *Die UV-VIS-Spektren von Regentropfen, die aus zwei verschiedenen Regenschauern stammten. Die abfallenden Kurven zeigen jeweils deutlich einen Gipfel bei 270 Nanometer.*

Struktur hauptsächlich blau-violett, beinahe genauso wie eine EZ.[3] Weiterhin sieht der Überrest manchmal geschichtet aus, wie die übereinanderliegenden Schichten einer EZ; allerdings ist das Sichtbare größer als molekulare Strukturen. Die Hüllen getrockneter Tröpfchen haben also sehr ähnliche Merkmale, wie wir sie bei einer EZ-Hülle erwarten würden.

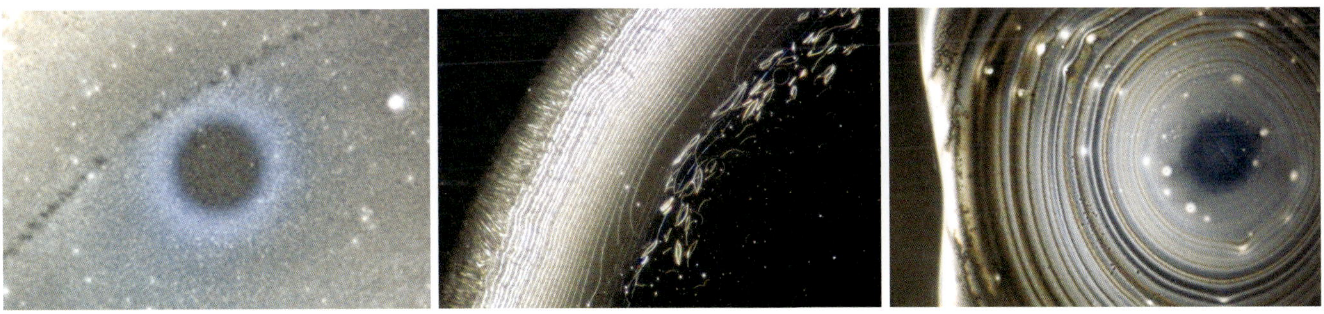

Abb. 13.8: *Getrocknete Tröpfchen im Dunkelfeldmikroskop. Links: Quellwasser; Mitte: homöopathische Aufbereitung; rechts: Tautröpfchen. Beachten Sie die blaue Farbe und die konzentrischen Schichten der Hülle.*

Diese Ergebnisse untermauern unseren Vorschlag, dass Tröpfchen eine EZ-Hülle haben. Sie *beweisen* diese Annahme nicht definitiv, geben aber starke Hinweise darauf. Wenn die Protonen, die mit einer EZ assoziiert sind, innerhalb der Grenzen einer solchen Schale liegen würden, wäre damit auch die kugelartige Form erklärt, denn die Abstoßung der Protonen erzeugt Druck. (Vgl. Kapitel 12)

EZ-Membranen umgeben Blasen

Als Nächstes fragen wir, ob auch *Blasen* von EZ-Hüllen umgeben sind. Blasen besitzen eine membranähnliche Umhüllung, die sich als halbkugelförmige Haube zeigt, wenn Wasser kocht. Noch nicht geklärt ist damit, ob diese Umhüllung EZ-Material enthält.

Um dies herauszufinden, untersuchten wir wiederum, ob sich ein 270-Nanometer-Absorptionsgipfel finden ließ. Wir erhitzten Töpfe mit Wasser langsam auf eine Temperatur kurz vor dem Siedepunkt. Es bildeten sich kleine Blasen am Boden, doch die meisten von ihnen platzten innerhalb des Wassers. Als wir das Wasser mit dem Spektroskop untersuchten, um zu sehen, ob die Überbleibsel der geplatzten Hüllen EZ-Material enthielten, erhielten wir die Bestätigung: Alle Proben zeigten ein 270-Nanometer-Absorptionsmaximum. (Abb. 13.9)

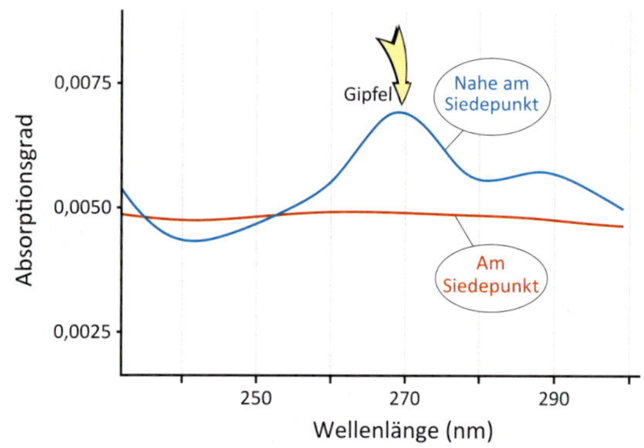

Abb. 13.9: *Absorptionsspektren von Wasser, das zuvor bis kurz unter den Siedepunkt erhitzt worden war und das wir bis 60 °C abkühlen ließen (blaue Kurve). Die rote Kurve erhielten wir auf dieselbe Weise, doch das Wasser war hier zuerst zum Kochen gebracht worden.*

Andererseits enthielten Proben, die den Siedepunkt erreicht hatten und bei denen die Blasen an der Oberfläche platzten, keine solche Spitze (rote Kurve in Abb. 13.9). Auch konnten wir diese Spitze nicht bei Wasser finden, das *nicht* erhitzt worden war. Blasenhüllen scheinen also EZ-Material zu enthalten.

Um die Frage nach EZ-Material in der Hülle in einer völlig anderen Weise weiterzuverfolgen, sahen wir uns Interaktionen zwischen den Blasen an. Wenn Blasen EZ-Hüllen haben, dann müssten diese Interaktionen zwischen Blasen den Interaktionen zwischen Partikeln ähneln, denn auch diese haben EZ-Hüllen. In Kapitel 8 haben wir uns bereits das „Sozialverhalten" von Partikeln angeschaut. Anziehungskräfte nach dem Prinzip „Gleiches zieht Gleiches an" zogen dabei gleich geladene Partikel manchmal in geordnete Reihen und manchmal zu einer Verschmelzung zueinander. Wir überlegten, dass die von Ausschlusszonen umgebenen Blasen sich ziemlich ähnlich verhalten müssten. Die Blasen müssten einander anziehen, sich ordnen und vielleicht sogar miteinander verschmelzen.

Die Anziehung zwischen Blasen ist für gewöhnlich in frisch aufgegossenem Kaffee oder heißem Wasser zu sehen. Die Blasen haben die Tendenz, sich zusammenzuschließen und zwischen sich blasenfreie Räume zu lassen. Manchmal werden kleinere Cluster zu größeren. Die Anziehung zwischen Blasen kann man auch unter Wasser sehen. Diese

Anziehungen werden normalerweise in hohen Wassersäulen erforscht, wo Blasen, die man am Boden entstehen lässt, über eine lange Strecke beobachtet werden können, wenn sie nach oben steigen. Während des Aufsteigens werden die Blasen zueinandergezogen und manche schließen sich zu größeren Blasen zusammen. Dieses Phänomen der Anziehung wurde bereits gut erforscht, aber der Grund für die Anziehung scheint noch nicht gefunden worden zu sein.[4]

Wenn genügend Zeit zur Verfügung steht, können Anziehungen zwischen Blasen Ordnung erzeugen. Ein Beispiel sehen Sie in Abbildung 13.10. Die Ordnung in diesem Bild ist nicht präzise, wahrscheinlich deshalb, weil die Blasen dieser Oberfläche unterschiedliche Größe haben. Jedoch zeigen Bereiche mit ähnlich großen Blasen gleichmäßige Abstände.

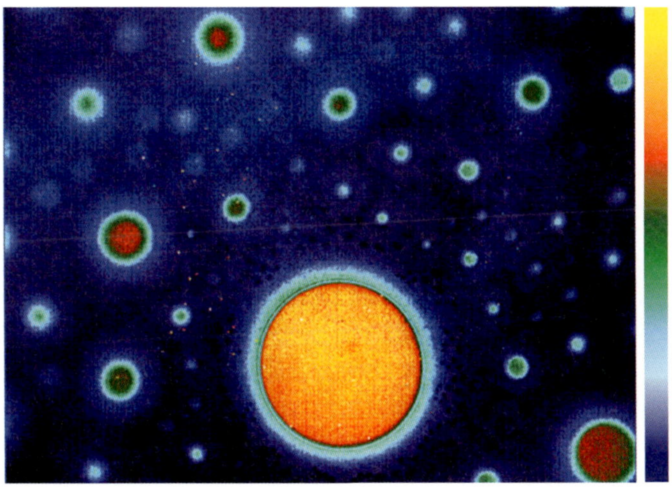

Abb. 13.10: *Oberflächenblasen tendieren zur Bildung geordneter Arrangements. Die Blasen wurden durch Pumpen von Luft in eine wässrige Reinigungsmittellösung erzeugt. Die Maßeinheit der Zahlenskala ist: °C.*

Im Rahmen dieses Erklärungsmodells müssten Elemente, die die Anziehung behindern, auch die Clusterbildung behindern. Nehmen Sie zum Beispiel Salz. Salz reduziert die Größe der Ausschlusszone[5] und damit die Anzahl getrennter Ladungen. Daher müsste Salz die Anziehung gleicher Ladungen vermindern. Wenn man genügend Salz hinzufügt, dürften sich die Blasen gar nicht mehr vermengen – und genau das haben Experimente belegt: Ist Salz im Wasser, vereinigen sich kleine Blasen, die am Boden einer Flasche entstehen, nicht mehr zu größeren Blasen, sie bleiben getrennt.[6]

Vielleicht die eigentümlichste Erwartung, die man an eine EZ-Hülle haben kann, ist ihre Anziehung zu Licht: Von einer EZ umhüllte Partikel bewegen sich beständig in Richtung einer Lichtquelle (vgl. Kapitel 9). Blasen verhalten sich ähnlich. Blasen bewegen sich sowohl bei infraroten als auch bei Wellenlängen des sichtbaren Lichts zum Licht hin.[8] Forscher schreiben diese Eigenschaft dem „thermokapillaren Migrationseffekt" zu, wenngleich es ihnen bisher nicht gelungen ist, die Grundlage dieses Effekts zu finden. Es scheint offensichtlich, dass *Licht Blasen und Partikel gleichermaßen anzieht*. Wenn EZ-basierte Ladungstrennung für die Anziehung von Teilchen verantwortlich ist (Kapitel 9), dann ist es plausibel, dass dies auch für die Anziehung von Blasen gilt. Mit anderen Worten, diese Anziehung von Blasen lässt vermuten, dass Blasen EZ-Hüllen haben.

Die Wandstärke einer Blasen-EZ-Hülle ist schwierig zu ermitteln. Viele Arten von Blasen zeigen membranähnliche Hauben, wenn sie die Oberfläche einer Flüssigkeit durchdringen. Für gewöhnlich sind diese Hauben Hunderte Nanometer dick, aber es ist auch nicht ungewöhnlich, Stärken im Bereich von 1000 Nanometer zu finden.[9] Ein 1000 Nanometer starker EZ-Film müsste circa 40 000 Molekülschichten enthalten. Auch weniger Lagen könnten genügen, um eine einigermaßen stabile Membran zu erzeugen.

Schließlich ist es interessant zu erwähnen, dass sich EZ-Hüllen auf natürliche Weise Volumenänderungen anpassen können. Ausschlusszonen bestehen aus übereinanderliegenden Ebenen. Bei genügend starkem aufblähendem Druck können sich diese Lagen, aneinander durch Scherung vorbeigleitend, neu anordnen. Dabei dehnt sich die Hülle aus (und wird entsprechend dünner). So können sich EZ-Hüllen ohne Beeinträchtigung gegen die Kraft eines beträchtlich zunehmenden Drucks ausdehnen. Andererseits könnte eine zu extreme Dehnung ein Reißen zur Folge haben; wahrscheinlich passiert dies beim Kochvorgang.

Wie schon die Tröpfchen, besitzen anscheinend auch Blasen EZ-Hüllen. Das charakteristische Absorptionsmaximum bei 270 Nanometer wurde bestätigt; das „Sozialverhalten" von Blasen passt zu dem, was man beim Vorhandensein einer EZ erwartet; Licht zieht Blasen an, genauso, wie es Teilchen anzieht, die von einer EZ umgeben sind; und die EZ-Struktur aufeinandergeschichteter Lagen lässt Volumenänderungen zu.

Wir nehmen also weiterhin an, dass Blasen und Tröpfchen strukturell ähnlich sind – obwohl das Innere des Tröpfchens *Flüssigkeit* und das Innere einer Blase *Gas* enthält. Die strukturelle Ähnlichkeit wird sich als folgenreich erweisen, wenn wir im Folgenden untersuchen, wie Blasen sich bilden.

Zusammenfassung

Tröpfchen und Blasen ähneln einander. Beide Gebilde sind charakteristischerweise kugelähnlich und durchsichtig; und beide können oberhalb oder unterhalb der Wasseroberfläche existieren. Wir spekulierten, dass diese gemeinsamen Merkmale möglicherweise durch das Vorhandensein einer sie umgebenden Hülle bedingt sind. Wir haben Hinweise darauf gefunden, dass es bei beiden Arten von Vesikeln eine membranähnliche Umhüllung gibt und dass diese Hüllen EZ-Material enthalten.

Da die Bildung einer EZ Protonen erzeugt, könnten auch Protonen, die sich im Vesikel befinden und einander abstoßen, den Druck erzeugen, der notwendig ist, um die kugelartige Form der Vesikel aufrechtzuerhalten. Diese Protonen könnten sowohl in der Flüssigkeit des Tröpfchens als auch im Gas der Blasen enthalten sein.

Die Erzeugung von Protonen erfordert Energie von außen. Die Erhöhung der Energie von außen müsste eine Druckerhöhung und eine daraus resultierende Vesikelausdehnung zur Folge haben. Diese Ausdehnung kann Folgen haben – wie wir im nächsten Kapitel sehen werden. Glauben Sie, dass es eine Umwandlung von Flüssigkeit in Gas gibt?

„Heute, lieber Tropfen, wirst du eine Blase!"

14 Die Geburt einer Blase – eine Reise bis zur Reife

Der Winter in Seattle ist oft trist. Graue Wolken bedecken den Himmel, die ihren Inhalt so oft ausschütten, dass alten Hasen beinahe Schwimmhäute an den Füßen wachsen. Willkommene Ruhepausen treten ein, wenn sich die Sonne durchkämpft. Wenn diese sonnigen Wintertage endlich da sind, fallen die Nachttemperaturen oft in die Nähe des Gefrierpunkts.

Wenn ich mich an einem solchen kalten Wintermorgen meinem Auto nähere, sehe ich auf dem Seitenfenster oft einen feinen Schleier. Dieser Schleier sieht aus wie gefroren, wie Reif, aber es sind feine Wassertröpfchen, die man einfach mit einem Tuch abwischen kann. Merkwürdigerweise erscheint dieser Schleier nur an der Fahrerseite und nicht an der Beifahrerseite. Dieser Unterschied hat mir über Jahre hinweg Kopfzerbrechen bereitet.

Die Beifahrerseite des Autos liegt in der Richtung zum Haus meines Nachbarn hinüber, während sich auf der Fahrerseite eine relativ freie Fläche befindet. Ich erklärte mir das so, dass durch die Nachbarschaft mit dieser kalten, leeren Fläche Wärme verloren gehe, was zur Kondensation führen könnte. Allerdings konnte ich manche Aspekte dieses Phänomens nicht verstehen: Warum erschien das Kondensat in Form von Tropfen? Warum hingen diese Tröpfchen so beharrlich am Fenster? Und vor allem: Warum bildeten sich solche Tröpfchen nie auf der Beifahrerseite? Lag das vielleicht an der „netten Ausstrahlung“ meines Nachbarn?

Das vorliegende Kapitel beschäftigt sich mit diesen Tröpfchen; allgemeiner ausgedrückt befasst es sich mit *Vesikeln,* also mit Tröpfchen und Blasen. Wir beginnen da, wo das letzte Kapitel geendet hat: bei der *Ähnlichkeit* von Tröpfchen und Blasen. Darauf aufbauend werden wir uns anschauen, ob diese Ähnlichkeit von funktionaler Bedeutung ist. Ich werde meine Auffassung erörtern, dass *Tröpfchen die Vorgänger von Blasen sind.*

Unter anderem werden wir uns Fragen wie die folgenden stellen:

- Wie bilden sich Tröpfchen in einem Wasserbad?
- Wie vermischen sich mehrere Tröpfchen und bilden dann größere Tropfen?
- Wie können sich diese größeren Tropfen in eine mit Gas gefüllte Blase verwandeln?
- Wie kann das Verschmelzen verschiedener Blasen zum Sieden führen?

Dieses Kapitel wird auch über diese Grundlagen hinausgehen und damit verwandte alltägliche Themen behandeln: Warum geben Wasserkocher diese lauten Geräusche von sich, während das Wasser sich erwärmt? Warum stellt sich bei älteren Wasserkesseln zum Schluss das vertraute Pfeifen ein? Und warum können Sie die Suppe riechen, die gerade kocht, wenn Sie in eine Küche kommen?

Das Konzept der embryonalen Blase

Blasen enthalten Gas. Um zu verstehen, wie sich Blasen bilden, müssen wir wissen, woher dieses Gas (oder der Dampf) kommt.

Ich erinnere mich daran, wie ich vor einigen Jahren über diese Frage nachdachte, während ich in einem gepflegten Eisenbahnwaggon von Wien nach Graz fuhr. Die Frage bezüglich der Blasen, die ursprünglich bei einem Transatlantikflug aufgetaucht war (siehe Kapitel 13), beschäftigte mich immer noch. Welcher plausible Mechanismus konnte all diese Gasmoleküle zu ganz bestimmten Stellen hinführen, um dort diese Blasen zu bilden? Und wenn es den Gasmolekülen gelungen war, dorthin zu gelangen, wie schafften sie es, die aufgespannte Blasenmembran so zu durchdringen, dass die Blase dabei heil blieb?

Während ich so dasaß, von der idyllischen Landschaft in einen Tagtraum „eingelullt“, hatte ich plötzlich ein „Heureka-Erlebnis“: Nehmen wir einmal an, die Gasmoleküle *müssten* sich eigentlich gar nicht zu einem solchen Ort bewegen. Nehmen wir weiter an, dass der gleiche Prozess, der die EZ-Umhüllung erzeugt, auch das Gas im Inneren produziert. Dann wären jene verwirrenden Fragen möglicherweise irrelevant: Die Gasmoleküle müssten gar keine Membran durchdringen und es wäre auch nicht nötig, dass sie ihren Weg zu der sich bildenden Blase fänden.

Diese Idee konnte beide Probleme lösen, aber sie schien mir anfangs doch ein wenig an den Haaren herbeigezogen: Welcher Prozess könnte wohl aus Wasser eine EZ-Umhüllung erzeugen? Und wie könnte bei diesem Prozess das innen befindliche Gas entstehen – wahrscheinlich Wasserdampf? Diese Fragestellungen schienen schwierig zu beantworten. Doch das Konzept erschien vielversprechend, weil es auf vernünftige Weise die Probleme umging, die zu Verwirrung geführt hatten. Das Konzept schien es wert zu sein, zumindest im Hinterkopf behalten zu werden.

Dann hatte ich einen zweiten Heureka-Moment: Tröpfchen und Blasen enthalten ja beide EZ-Umhüllungen. Aufgrund dieser Ähnlichkeit könnte sich das *eine* Gebilde möglicherweise in das *andere* verwandeln. Nehmen wir an, das Tröpfchen bildet sich zuerst. Ein Tröpfchen könnte sich etwa bilden, wenn eine hydrophile Oberfläche im Wasser eine EZ hervorgebracht hätte. Falls sich diese EZ irgendwie zu einer Kugel zusammenrollen würde, hätten wir ein von einer EZ umhülltes Tröpfchen. Diese Stufe 1 erschien realistisch.

Als Nächstes käme dann Stufe 2 – die Verwandlung des Tröpfchens in eine Blase: Wenn das Tröpfchen nur genügend Strahlungsenergie aufnähme, dann wäre es denkbar, dass das Wasser innerhalb des Tröpfchens verdunstete. Damit wäre aus dem Tröpfchen eine Blase geworden!

Inzwischen fuhr mein Zug im Bahnhof Graz ein. Ich war dermaßen berauscht von dieser neuen Möglichkeit – beinahe schwindelig –, dass ich es nicht abwarten konnte, wieder Zeit zu finden, um weiter darüber nachzudenken, ob ein Tröpfchen tatsächlich eine Art Blasenembryo sein und wie das funktionieren könnte.

Wie die Embryostruktur entsteht

Wenn eine EZ-Hülle entstehen soll, bedarf es einer EZ erzeugenden (hydrophilen) Oberfläche. Solche erzeugenden Elemente, die sich in einem Becher Wasser befinden, unterscheiden sich auf vielfache Weise von denen, die wir uns bisher angeschaut haben. Erstens wird ein Becher Wasser unvermeidlich gelöste Stoffe und suspendierte Partikel enthalten; sogar „reines" Wasser wird eine Menge von diesem und jenem enthalten, denn Wasser ist ein universelles Lösungsmittel. Diese „Junk-Moleküle" bleiben gelöst beziehungsweise suspendiert insbesondere deshalb, *weil* sich eine EZ um sie herum bildet (siehe Kapitel 8). Daher enthält grundsätzlich *jedes* Wasser Ausschlusszonen erzeugende Stellen.

Ein zusätzlicher Auslöser für die EZ-Bildung könnte der Becher selbst sein: Wenn das Material hydrophiles Glas ist, dann kann die Oberfläche eine Ausschlusszone bilden, speziell an rauen Stellen (siehe weiter unten). Wenn die Oberfläche hydrophob ist, ist sie theoretisch ungeeignet; jedoch könnten geladene Partikel im Wasser auf die übliche Art entgegengesetzte Ladung an der Oberfläche des Behälters induzieren und sich dann daran festsetzen. Die so festhaftenden Substanzen könnten als Erhebungen fungieren, die dann wiederum Ausschlusszonen erzeugen könnten.

Wir hätten also mögliche EZ-Erzeuger im Überfluss und Ausschlusszonen könnten sich auf die übliche Weise bilden, Schicht um Schicht. Diese Schichten könnten auch seitlich wachsen: Wir beobachten im Labor regelmäßig ein seitliches Wachstum, wenn wir kleine, begrenzte, in Wasser getauchte Oberflächen untersuchten. (Abb. 14.1, oberes Bild) Wir beobachten dann, dass sich die Ausschlusszonen nicht nur im rechten Winkel zur Oberfläche bilden, sondern auch in seitlicher Richtung wachsen – manchmal mit einer Ausdehnung über die Ecken des „Keims" hinaus.

Solche Ausschlusszonen erzeugen auf die übliche Art Protonen und die Protonen erzeugen blitzschnell Hydroniumionen. Einige dieser Ionen verschwinden, weil positive Ladungen einander abstoßen; diese Hydroniumionen sind verloren. Andere bleiben aufgrund ihrer Anziehung zur

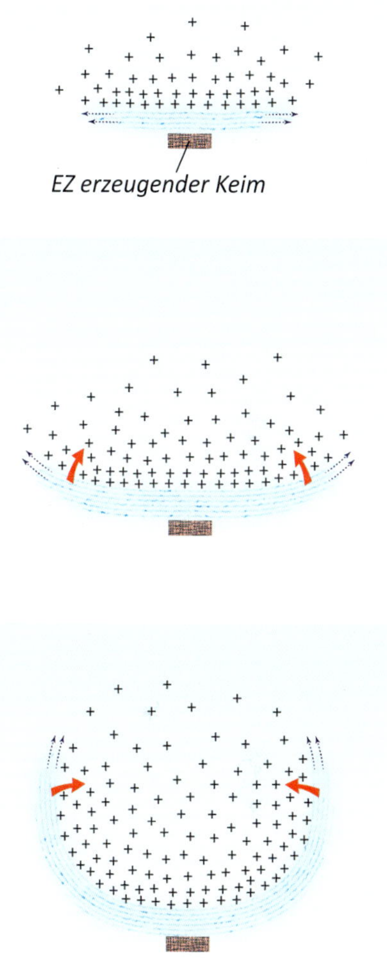

Abb. 14.1: *Stadien der Vesikelbildung. Oben: Eine EZ baut sich Schicht um Schicht auf, auch seitlich (siehe Pfeile). Protonen erzeugen außerhalb davon positive Ladung. Mitte: Die EZ krümmt sich wegen der Anziehung in Richtung der positiven Ladung. Die roten Pfeile zeigen die Krümmungsrichtung an. Unten: Bei fortgesetzter Krümmung bildet sich ein Vesikel.*

negativen EZ nahe an der Oberfläche (siehe Kapitel 5). Diese Anziehungen haben zwei Dinge zur Folge: Positiv geladene Hydroniumionen bewegen sich in Richtung der negativen EZ und die negative EZ – dünn und biegsam in ihrem Frühstadium – krümmt sich in Richtung der positiven Hydroniumionen. Die Flanken der EZ müssten sich daher beständig in Richtung der höchsten Konzentration positiver Ladung ausdehnen. (Abb. 14.1, mittleres Bild) Wir haben die Krümmung der negativen EZ in Richtung der positiven Hydroniumionen experimentell nachgewiesen (vgl. Abb. 9.9).

Eine solche fortgesetzte Krümmung führt notwendigerweise zur Rundung. (Abb. 14.1, unteres Bild) Während sich die Hydroniumionen bilden und das seitliche Wachstum weitergeht, werden sich die neu gebildeten Bereiche der EZ weiter zu den Hydroniumionen (in der Mitte) hinbeugen. Die Ausschlusszonen müssten sich letztendlich treffen und damit eine runde Struktur bilden. Natürlich ist die *reale* Struktur *kugelförmig* und nicht nur eine kreisrunde Form, wie im Bild gezeigt. Kugelförmige Strukturen sollten sich ganz natürlich schließen. (Abb. 4.11) Die geschlossenen kugelförmigen Strukturen ergeben winzige Tröpfchen.

Jedes solche Minitröpfchen hat eine negativ geladene EZ-Hülle, die flüssiges Wasser und Hydroniumionen einschließt. Die Hydroniumionen stoßen einander ab; da sie in alle Richtungen auseinanderstreben, üben sie Druck auf die EZ-Hülle aus und verleihen dem Gebilde die kugelrunde Form. (Abb. 14.2) Eine kugelförmige Blase ist damit noch nicht geboren, aber ein kleines Vesikelembryo ist entstanden, bereit, seine Entwicklung bis zur Reife zu vollenden.

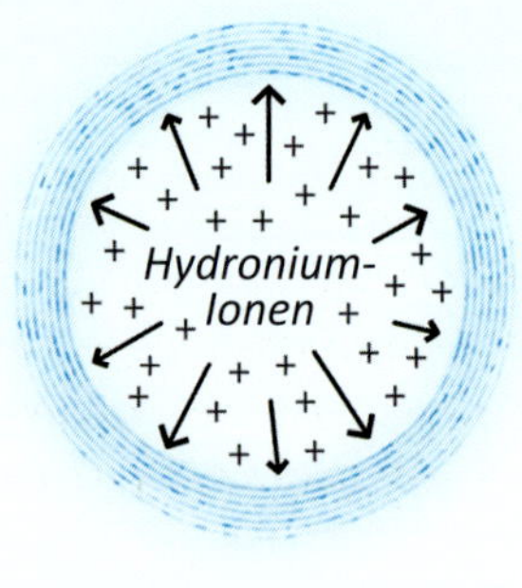

Abb. 14.2: *Hydroniumionen erzeugen Druck, indem sie an die EZ-Wand stoßen. Dieser Druck lässt die Kugelform entstehen.*

Es ist von Bedeutung, darauf hinzuweisen, dass diese inneren positiven Ladungen nicht notwendigerweise die negative Ladung der EZ ausgleichen. Eine solche Balance könnte man automatisch erwarten; das würde Neutralität ergeben. Während der Vesikelbildung werden jedoch einige Hydroniumionen aufgrund der Abstoßungsvorgänge unvermeidlich entkommen. (Abb. 14.1) Daher ist das Vesikel nicht neutral. *Das **geschlossene** Vesikel sollte eine negative Gesamtladung **in** sich tragen.* Diese Art von Negativität wird später noch einmal auftauchen.

Vom Tröpfchen zur Blase

Die embryonale Tröpfchenstruktur, die ich gerade beschrieben habe, wird wesentlich sein für das, was jetzt kommt. Bevor wir weitermachen, lassen Sie uns zuerst untersuchen, ob das Vesikel stabil genug ist, um am Leben zu bleiben. Kleine Vesikel sind nämlich nicht sonderlich stabil.

Absorbierte Energie kann das Vesikel verändern. Nehmen wir an, das Vesikel absorbiert Strahlungsenergie. Die EZ baut sich auf. Während sich die EZ bildet, wird die innere Hydroniumionen-Konzentration sich ebenfalls aufbauen. Weitere Hydroniumionen werden den Innendruck erhöhen. Die EZ-Hülle kann diesem erhöhten Druck bis zu einem bestimmten Punkt widerstehen; wenn der Druck eine kritische Schwelle überschreitet, dann werden die Schichten der EZ wahrscheinlich beginnen, sich tangential gegeneinander zu verschieben, und damit das Vesikel ausdehnen. (Abb. 14.3)

Dieses Ausdehnen muss noch keine „Katastrophe" bedeuten; sie kann schrittweise erfolgen. Die Ebene, die ganz außen liegt, muss zuerst den anderen, zusammengedrückten Ebenen Platz machen. Sobald die äußere Ebene bricht, können ihre Bruchstücke zur nächsten Ebene gleiten und sich an einer der vielen Stellen mit entgegengesetzter Ladung verankern. Dort wird das Gebilde stabiler. Derselbe Prozess geht dann bei der nächsten Ebene weiter … Auf diese Weise kann sich das Vesikel schrittweise ausdehnen, ohne notwendigerweise auseinanderzubrechen; dies kann allerdings auch passieren. Nach und nach kann es so zu einer beträchtlichen Größe anwachsen.

Was passiert als Nächstes?

Stellen Sie sich die Wassermoleküle innerhalb des Vesikels vor: Als „Zuschauer" befinden sich diese Wassermoleküle mitten unter den verstreuten Hydroniumionen, die das Ausdehnen bewirken. Die Wassermoleküle sind einem Druck ausgesetzt, weil die umhüllende Membran nach innen auf sie drückt, wie ein Ballon auf das innen sich befindende Gas drückt. Wenn die Vesikelhülle sich plötzlich ausdehnt, reduziert sich der Druck ebenso plötzlich – und die Wassermoleküle erfahren eine Verminderung des Drucks.

Die Druckänderung kann einen Wechsel des Aggregatzustands einleiten. Beständiger Druck auf Dampf könnte diesen zum Beispiel in Flüssigkeit verwandeln; das *Vermindern* des Drucks könnte die Flüssigkeit wieder in Dampf zurückverwandeln. Dasselbe bekannte Prinzip könnte auch hier zur Anwendung kommen: Wenn sich das Vesikel ausdehnt und damit der Druck auf das Wasser innen geringer wird, könnte sich das flüssige Wasser in Dampf verwandeln. Als Ergebnis dieses Wechsels verwandelt sich das Tröpfchen in eine Blase. (Abb. 14.4)

Es scheint, dass wir damit einen Schritt vorwärts gemacht haben, zumindest theoretisch. Wir gingen aus von der unvermeidlichen Bildung einer EZ in Behältern mit Wasser. Aus dieser Formation entstand die Bildung von Blasen. Dann kam eine Tröpfchen-Blasen-Umwandlung: Wenn ein Tröpfchen genügend Strahlungsenergie absorbiert, dann erhöht die Ladung innen den Druck, bis sich das Tröpfchen ausdehnt. Dies bewirkt den Übergang zum Dampf und zur Entstehung einer Blase.

Die Frage taucht auf, ob für diese logisch gesehen automatische Entwicklung *mehr* spricht als nur eine gedankliche Spinnerei. Findet diese

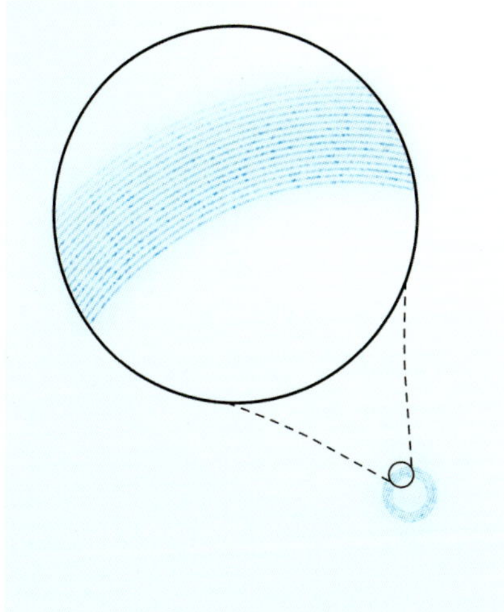

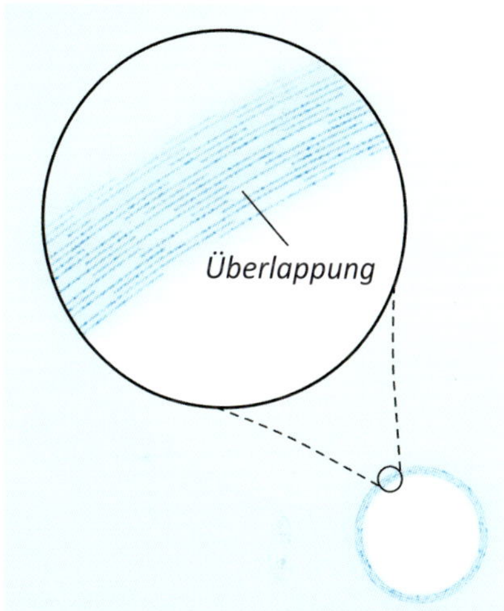

Abb. 14.3: *Das Ausdehnen eines Vesikels. Um sich der durch Druck entstehenden Ausdehnung anzupassen, gleiten die EZ-Ebenen übereinander und überlappen sich teilweise.*

Bläschen in Champagnergläsern

Um visuell interessante und prickelnde Bläschenbildung im Champagner zu erzeugen, ätzen die Hersteller von Sektgläsern absichtlich kleine Unebenheiten auf die Innenseiten der Gläser. Die Bläschen entspringen an diesen geätzten Stellen. Auch können kleine Unebenheiten, die sich ganz natürlich auf der Innenseite eines Glases befinden, als Auslöser für Bläschen dienen. Alle diese Stellen erzeugen endlose Ströme von Bläschen, wie Sie sie im nebenstehenden Bild sehen.

Im Fall von Champagner (oder Sprudelwasser) enthalten die Bläschen nicht nur Wasserdampf, sondern auch CO_2. Die beschwingten Bläschen bleiben erhalten. Geätzte Unebenheiten erzeugen also Ausschlusszonen. Die damit verbundenen Protonen können dann die negativen HCO_3^--Ionen anziehen, die sich aus dem gelösten CO_2 bilden. Die daraus entstehenden CO_2-gefüllten Bläschen entspringen dann an den Unebenheiten.

Wenn diese Unebenheiten nach einem besonders kunstvollen Muster eingeätzt sind, verführt der Zauber des Bläschenmusters Sie möglicherweise dazu, *mehr* Champagner zu kaufen ...

Abfolge von Ereignissen tatsächlich statt? Nachdem wir den einen der beiden notwendigen Faktoren für die vorgeschlagene Abfolge, nämlich die Bildung der EZ-Hülle, im vorangehenden Kapitel empirisch belegt haben, kommen wir zur zweiten Frage: Beinhalten diese kugelförmigen Hüllen tatsächlich positive Ladungen?

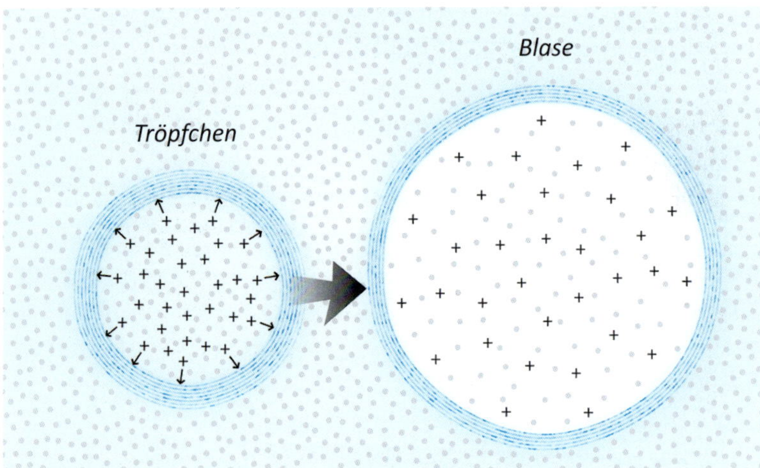

Abb. 14.4: *Die Verwandlung des Tröpfchens in eine Blase. Druck dehnt das Vesikel aus; die Wassermoleküle innen erfahren damit* ***weniger*** *Druck – dies kann das flüssige Wasser in Wasserdampf verwandeln.*

Gibt es in Vesikeln tatsächlich Protonen?

Der direkteste Weg, um den Innenraum von Vesikeln auf Protonen zu untersuchen, ist einfach: Man muss nur Moleküle aus dem Inhalt der Vesikel sammeln und dann überprüfen, ob die gesammelten Moleküle Protonen enthalten. Wir sind dieser Strategie gefolgt und haben als Hilfsmittel den Kochvorgang genutzt. Wenn Wasser kocht, platzen Blasen an der Oberfläche und ihr Inhalt wird als Dampf freigesetzt. Wir fingen diesen Dampf auf, ließen ihn zu Flüssigkeit kondensieren und maßen den pH-Wert der Flüssigkeit. Der pH-Wert verminderte sich mit der Kochzeit schrittweise. Das bedeutet, dass der Inhalt der zerplatzenden Blasen positive Ladung enthält. (Abb. 14.5, blaue Kurve)

Da das Kochgefäß positive Ladung verloren hatte, musste sich dieser Verlust eigentlich im verbleibenden Wasser widerspiegeln; der pH-Wert dieses Wassers musste schrittweise ansteigen. Diese Erwartung konnten wir bestätigen. (Abb. 14.5, rote Kurve) Also waren Protonen aus dem Wasser in den Dampf übergegangen, wahrscheinlich dann, als die Blasen platzten und sie dann aus dem Inneren der Blasen freigesetzt wurden.

In einem zweiten Test benutzten wir eine Infrarotkamera, um die Protonen aufzuspüren. Falls das Innere einer Blase nur Wasser ohne Protonen enthielt, musste dieses Wasser nicht viel anders strahlen als das umgebende Wasser. Das Innere strahlte jedoch wesentlich mehr als das Äußere. (Abb. 14.6) Zusätzliche Strahlungsenergie bedeutet Ladungsbewegung (Kapitel 10) – die zu erwarten ist, wenn konzentrierte Protonen sich innerhalb der Blase schnell bewegen.

Bei einem dritten Test in Bezug auf die inneren Protonen untersuchten wir, ob das Platzen von Blasen ein Verschwinden von Protonen mit sich

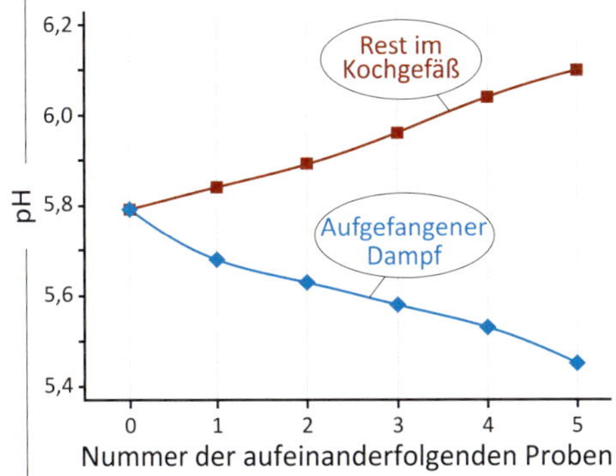

Abb. 14.5: *Ergebnisse von Experimenten mit kochendem Wasser. Die blaue Kurve zeigt den pH-Wert des Dampfes, den wir nach unterschiedlich langen Kochzeiten auffingen. Die rote Kurve zeigt den pH-Wert des Wassers, das nach dem Kochen im Kochgefäß übrig blieb.*

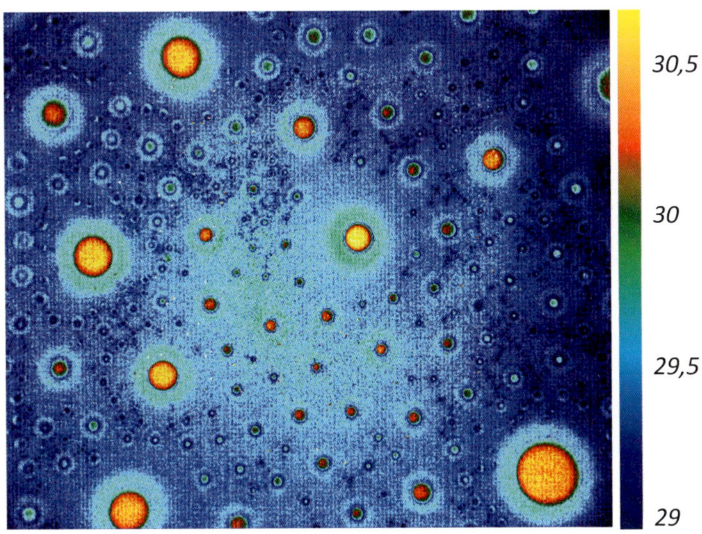

Abb. 14.6: *Infrarotaufnahme von Blasen an der Oberfläche. Die Blasen wurden erzeugt, indem wir Luft in eine Tensidlösung (TWEEN 20/ Wasser) eingeleitet haben. Das Innere der Blasen (orange) lieferte mehr Infrarotenergie als das Äußere (blau). Die Dunkelheit der dünnen Blasengrenzen war zu erwarten – denn Ausschlusszonen erzeugen wenig infrarote Energie. (Maßeinheit der Skala: °C)*

brachte. Falls die innere Strahlungsenergie durch ein experimentelles Artefakt und nicht durch Protonen erzeugt wurde, musste sie im Moment des Platzens verschwinden. Falls sie andererseits von den bewegten inneren Hydroniumionen herrührte, dann musste das Platzen diese Ionen zerstreuen. Abbildung 14.7 bestätigt diese Zerstreuung. Wenn die Blase platzt, breitet sich der Bereich hoher Energie aus und verschwindet letztendlich, wenn sich die Ionen mit dem Wasser vermischen. Es scheint so, als würde die Strahlungsenergie aus dem im Vesikel befindlichen Material stammen.

Aufgrund der hier beschriebenen Befunde scheint es klar, dass im Inneren der Blase Hydroniumionen existieren. Für den angenommenen Prozess ist das Vorhandensein positiver Ladung sehr wichtig: Sie ist der wesentliche Faktor zur Entwicklung von Druck, der den Übergang vom Tröpfchen zur Blase einleitet.

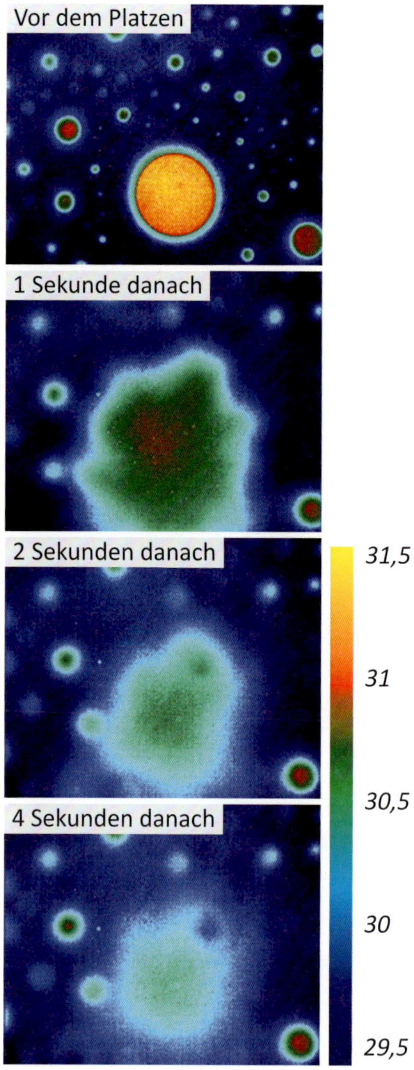

Abb. 14.7: *Das Platzen einer Blase. Ähnlich wie in Abbildung 14.6, nur dass* ***eine*** *der Blasen spontan zerplatzt. Beachten Sie die Zerstreuung der Zone mit hoher Strahlungsenergie. (Maßeinheit der Skala: °C)*

Interaktion zwischen Vesikeln – der Reißverschlussmechanismus

Nachdem wir die Existenz positiver Ladung innerhalb einer umhüllenden, schalenähnlichen EZ belegt haben, betrachten wir nun Zwischenstadien des vorgeschlagenen Blasenbildungsmodells: wie ein Vesikel mit einem anderen verschmilzt.

Die Fusion von Vesikeln muss ein wesentliches Merkmal des Blasenbildungsprozesses sein, weil Tröpfchen aus dem Mikrometerbereich nicht direkt in Zentimeter große Blasen übergehen können; der Größenunterschied ist viel zu hoch. Ein Wachstum in Phasen ist erforderlich und das ist der Punkt, an dem das Verschmelzen ins Spiel kommt. Durch die schrittweise erfolgende Fusion kleinerer Vesikel, die nach und nach größere Vesikel bilden, entstehen letztendlich zentimetergroße Blasen, die man beim Kochvorgang sieht.

Um die hinter der Fusion liegenden Prinzipien zu verstehen, betrachten Sie zunächst, was in einer einfacheren Situation passiert, nämlich wenn ein einzelnes Tröpfchen auf eine hydrophile Oberfläche trifft. Die meisten hydrophilen Oberflächen tragen bereits einige EZ-Ebenen, die aus der Luftfeuchtigkeit stammen (Kapitel 11). Daher umgeben Schichten von Ausschlusszonen nicht nur das Tröpfchen, sondern auch die hydrophile Oberfläche. Die Kontaktstelle zwischen Tröpfchen und Oberfläche bedeutet, vereinfacht ausgedrückt, Interaktion zwischen einer gebogenen und einer ebenen Ausschlusszone.

Nehmen wir an, dass das Tröpfchen auf die hydrophile Oberfläche fällt. Wenn sich das Tröpfchen nähert, ist der wichtigste Aspekt, dass positive und negative Ladungen vorhanden sind, die die jeweiligen

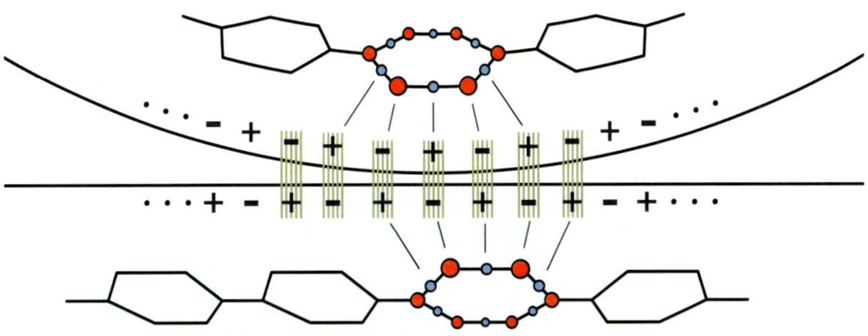

Abb. 14.8: *Die EZ des Tröpfchens interagiert mit der EZ der Oberfläche. Gegensätzliche Ladungen ziehen einander an und ordnen sich einander gegenüber an.*

EZ-Schichten bilden. (Abb. 14.8) Entgegengesetzte Ladungen ziehen einander an und passen die EZ des Tröpfchens an die EZ der Oberfläche an. Das Tröpfchen haftet dann durch die anziehende Kraft entgegengesetzter Ladungen an der Oberfläche.

Am Anfang ist das Anheften aufgrund der gekrümmten Oberfläche des Tröpfchens nur auf einen Punkt beschränkt. (Abb. 14.8). Andererseits ist dieser empfindliche Punkt erst der Anfang: Ladungen, die diesen Anheftungspunkt flankieren, ziehen nach und nach entgegengesetzte Ladungen in der anliegenden EZ der Oberfläche an; die jeweiligen Kontaktflächen wachsen etwa so zusammen, wie wenn man einen Reißverschluss zuzieht. (Abb. 14.9) Die Fusion der Ausschlusszonen erzeugt einen Bereich, in dem sie flach aufeinanderliegen.

Wie weit sich der „EZ-Reißverschluss“ schließt, das hängt vom Druck im Tröpfchen ab. Der Druck sorgt für die Kugelform, während der Reißverschlussmechanismus Abflachung unterstützt. Die Ausschlusszonen werden so lange miteinander verschmelzen, bis die anziehende Kraft mit der Kraft, die die Kugelform aufrechterhält, im Gleichgewicht ist. Das Ergebnis wird etwa so aussehen wie die Abbildung 14.9.

Der Reißverschlussmechanismus ist im Kern das Gegenteil des Mechanismus, der Vesikel erzeugt. Während der Reißverschluss sich schließt, wird die kugelförmige Ausschlusszone *flach*. (Abb. 14.9) Bei der Vesikelbildung wird die flache EZ *kugelförmig*. (Abb. 14.1) Diese beiden Prozesse scheinen „symmetrisch“ zu sein.

Das Reißverschlusssystem stellt einen Mechanismus dar, mit dem EZ-Hüllen fusionieren können. Alle Vesikel haben EZ-Umhüllungen. Daher kann uns dieser Mechanismus dabei helfen, zu verstehen, wie sich zwei Hüllen verbinden, um ein größeres Vesikel zu bilden – oder zumindest den ersten Schritt dorthin zu tun.

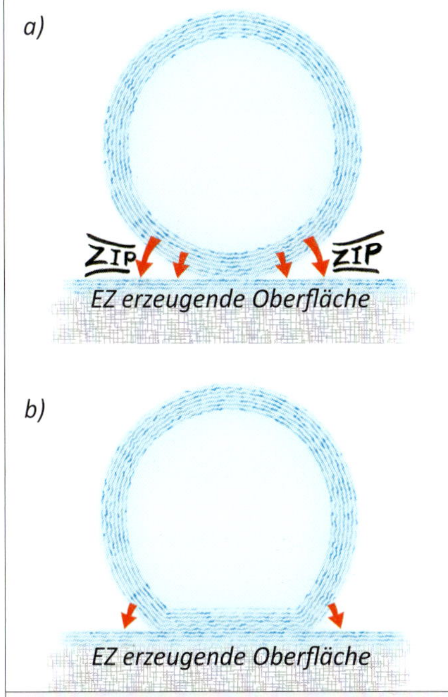

Abb. 14.9: *Verbindung von Tröpfchen und Oberfläche nach Art eines Reißverschlusses. Aufgrund anziehender Kräfte verbindet sich die EZ des Tröpfchens mit der EZ der Oberfläche. Dabei wird die Unterseite der Kugel flach.*

Das Paradox von hydrophil und hydrophob: Wie sehr „lieben" Sie Ihr Vesikel?

Inzwischen sind Ihnen die Begrifflichkeiten sicher geläufig: Oberflächen, die Wasser verteilen, werden als hydrophil (oder Wasser liebend) bezeichnet; das Wasser hält sich hier an der Oberfläche wie ein Liebhaber fest, der jemanden umarmt. Im Gegensatz dazu werden Oberflächen, die Wasser *abperlen* lassen, als hydrophob (oder Wasser abweisend) bezeichnet: Sie „verabscheuen" Wasser. Manchmal verabscheuen sie es so intensiv, dass während des Schüttens von Wasser auf eine solche Oberfläche die Flüssigkeit sich in Form völlig runder Tropfen zusammenzieht. Ein klassisches Beispiel dafür ist das Lotusblatt: Wasser, das auf Lotusblätter fällt, wird sich zu Kugeln formen, die unverzüglich herunterrollen und das Blatt trocken zurücklassen.

Um die eine von der anderen Oberfläche zu unterscheiden, wenden Wissenschaftler einen Trick an, der auf der Form des Tröpfchens basiert. Wenn das Tröpfchen kugelförmig bleibt, dann wird die Oberfläche als hydrophob eingestuft; wenn sich das Tröpfchen verteilt (und dabei Ausschlusszonenebenen bildet), wird die Oberfläche als hydrophil bezeichnet. Das ist ganz einfach. Etwas problematisch ist, dass die Tröpfchenform meistens *zwischen* diesen beiden Extremen liegt (siehe Abbildung). Das Tröpfchen behält normalerweise eine fast kugelrunde Form, doch mit ein wenig seitlicher Ausdehnung und einer abgeflachten Unterseite (mittleres Bild).

Die allgemein anerkannte Lösung des Problems der Klassifizierung besteht darin, den Grad der Hydrophilität zu bestimmen. Die Geometrie macht dies möglich: Die Unterseite des Vesikels flacht sich gegen die Oberfläche hin ab; durch diese Abflachung kann man Tangenten anlegen, mit denen man einen Kontaktwinkel bestimmen kann. Ist der Kontaktwinkel kleiner, so ist die Oberfläche hydrophiler (links); größere Winkel zeigen ein eher hydrophobes Verhalten an (rechts).

Jetzt ist Ihnen sicher klar, warum der Kontaktwinkel ein vernünftiger Maßstab dafür ist, hydrophiles Verhalten zu bestimmen; ist ein Material sehr hydrophil (mit einer hoch geladenen Ausschlusszone), dann wird es auch in hohem Maße den Reißverschlussmechanismus ausbilden; das Tröpfchen wird sich maximal abflachen und dabei einen *kleinen* Kontaktwinkel zeigen (links). Wenn die Ladungen der EZ geringer sind, dann wird die mäßige Anziehung auch eine begrenzte Abflachung zur Folge haben (Mitte). Und wenn das Material hydrophob ist und sich gar keine Ausschlusszone bildet, kann auch keine Abflachung entstehen – in diesem Fall ist der Kontaktwinkel groß (rechtes Bild). So folgt die Einordnung durch die Bestimmung des Kontaktwinkels vernünftigerweise diesem Grundverständnis.

Diese Erklärung der relativen Hydrophilie beinhaltet eine nützliche Gedankenstütze: Hydrophobie ist nichts weiter als die Abwesenheit von Hydrophilie. Das heißt, dass hydrophobe Oberflächen praktisch keinen Kontakt mit Wasser eingehen und keine Ausschlusszonen bilden. Hydrophobie ist daher kein eigenständiges Merkmal; es spiegelt eher die Abwesenheit eines anderen Merkmals wider.

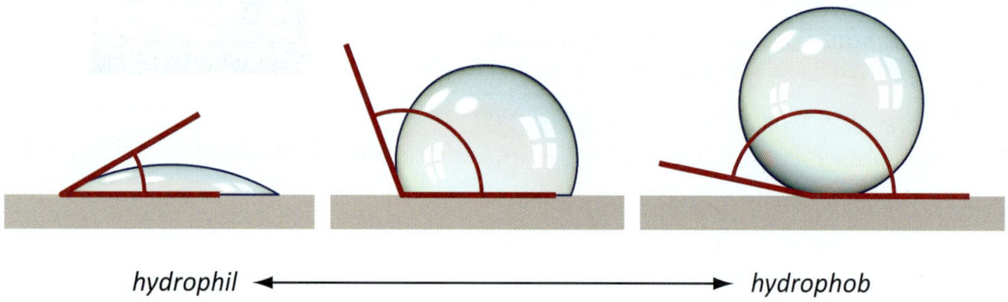

Tröpfchenform auf einer extrem hydrophilen Oberfläche (links), auf einer mäßig hydrophilen (Mitte) und auf einer extrem hydrophoben Oberfläche (rechts). Der Kontaktwinkel wird oft als Maß für die Hydrophilie verwendet.

Die Fusion von Vesikeln

Bisher hatten wir es mit einer gekrümmten EZ zu tun, die auf eine ebene EZ traf. Häufiger sind *beide* beteiligten Oberflächen gekrümmt: Etwa wenn zwei Tröpfchen sich zu einem größeren Tropfen vereinigen oder wenn zwei Blasen zu einer einzigen Blase verschmelzen.

Diesen Fusionen liegt wahrscheinlich dieselbe Art von „Reißverschlussprinzip" zugrunde, wie weiter oben beschrieben. Die beiden auf diese Weise zusammengefügten Ausschlusszonen erzeugen eine Schicht, die die beiden Vesikel trennt. Wenn ein einzelnes größeres Vesikel aus dieser Verschmelzung hervorgehen soll, muss diese trennende Zwischenlage erst einmal verschwinden.

Um diesen Verschmelzungsprozess zu untersuchen, analysierten wir Hochgeschwindigkeits-Videoaufnahmen. Wir beschichteten die inneren Oberfläche von zwei Glasplatten mit einem Material, das einen Kontaktwinkel für Wassertropfen von beinahe 90° erzeugte. Dann hielten wir die beiden Platten parallel, sodass sie nur wenig voneinander entfernt waren, und positionierten zwei Wassertropfen in der Lücke dazwischen. Die eng benachbarten Platten mit ihren Beschichtungen verformten das dazwischenliegende Wasser zu scharf umrissenen Scheiben bei minimaler optischer Verzerrung. Dadurch konnten wir die Verschmelzung der beiden abgeflachten Tröpfchen gut verfolgen. (Abb. 14.10)

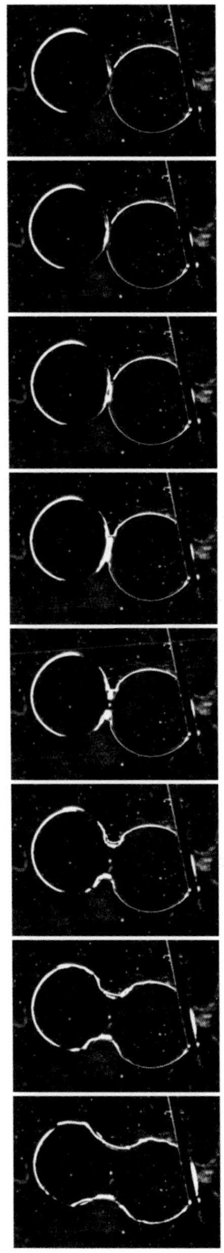

Abb. 14.10: *Hochgeschwindigkeits-Videoaufnahmen von einer Tropfenfusion (Erklärung dazu im Text)*

Die Bildsequenz der Abbildung 14.10 zeigt, dass die beiden EZ-Membranen tatsächlich verschmelzen. Die beiden sich vereinigenden Ausschlusszonen bilden eine exakte Grenze zwischen den beiden Vesikeln, wahrscheinlich mithilfe des Reißverschlussmechanismus. Die Grenze scheint sich beträchtlich zu verdicken, doch könnte diese Verstärkung auch eine Täuschung sein: Jegliche Grenzebenenneigung würde wegen der großen optischen Tiefenschärfe verdickt aussehen. Das Wichtige ist, dass sich die beiden EZ-Membranen entlang einer einzigen Grenzlinie verbinden.

Auf einmal wird diese Grenzlinie plötzlich durchbrochen. Der Bruch beginnt gewöhnlich beim Mittelpunkt der Grenzfläche; das Material, aus dem die Grenzfläche besteht, zieht sich sozusagen nach außen zurück.

Dieses Zerbrechen ist wahrscheinlich die Folge sehr hoher Spannung. Um zu verstehen, wie sich das abspielt, betrachten Sie die Gleichung, die die Spannung auf einer dünnen Membran beschreibt. Für kugelförmige Membranen mit dünner Wand gilt die Laplace-Beziehung $T = Pr/2$, wobei „T" die Membranspannung ist, „P" der Druckunterschied über die Membran hinweg und „r" für den Radius steht. Wenn eine gekrümmte Ebene sich abflacht, geht der Radius der Krümmung gegen unendlich.

Der Zähler dieser Gleichung kann damit extrem groß werden. Sogar ein kleinerer Druckunterschied über die Membran hinweg (P) wird eine enorme Membranspannung zur Folge haben. Diese kleine Druckdifferenz könnte entstehen, wenn, sagen wir, eines der beiden aneinanderliegenden Vesikel etwas mehr Strahlungsenergie erhält als sein Gegenstück. Jeder derartige kleine Druckunterschied kann hohe Spannung erzeugen. Dann wird die Grenze durchbrochen.

Die Videos bestätigen, dass sich die Membranen von ihrem Berührungspunkt weg nach beiden Seiten zurückziehen. An jedem Rand kann man Stückchen des Materials sehen. Was daraus wird, ist nicht sofort ersichtlich, aber wir können irgendeinen Einfluss erwarten. Da sich Ausschlusszonen aneinanderheften, wird sich das von der geplatzten Grenzfläche übrig gebliebene EZ-Material an anderes EZ-Material anhängen. Die Wandbereiche des Vesikels müssten sich daher verstärken und stabiler werden. Diese Versteifung könnte erklären, warum einige ansonsten gerundete Vesikelwand-Segmente gerade erscheinen, nachdem die Grenze aufgebrochen wurde. (Abb. 14.10, letztes Bild)

Als Folge der hier beschriebenen Vorgänge wird aus zwei Vesikeln eines. Interaktionen zwischen den beiden EZ-Hüllen dominieren diesen Prozess. Was sich innen abspielt, ist auch wichtig, aber hauptsächlich dafür, dass das Vesikel unter Druck gehalten wird. Abgesehen davon spielt das Innere der Vesikel keine große Rolle; es könnte Flüssigkeit, aber genauso gut auch Gas sein – der Fusionsprozess bleibt so ziemlich derselbe. Daher sollte es möglich sein, mit demselben Mechanismus sowohl die Fusion zweier Tröpfchen als auch die Fusion zweier Blasen zu erklären.

Dieser mechanisch identische Vorgang könnte einige seltsame Phänomene erhellen: Tröpfchen, die sich in Blasen befinden, und Blasen, die in Tröpfchen sind. (Abb. 14.11) Der bekannte Reißverschlussprozess könnte die Existenz dieser kombinierten Strukturen erklären.

Abb. 14.11: *Vesikelverbund: Tröpfchen innerhalb einer Blase. Das große Tröpfchen an der unteren linken Seite entstand aus der Fusion kleinerer Tröpfchen. Noch nicht vollständig fusionierte Tröpfchen könnten die beobachteten Hohlräume erklären.*

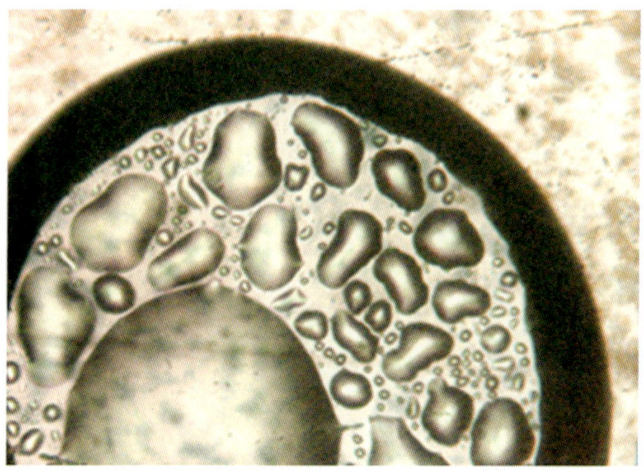

Wir rekapitulieren: Der Reißverschlussmechanismus kann die Fusion zweier Vesikel erklären. Sobald zwei Vesikel einander berühren, ist eine Fusion so gut wie unvermeidlich; die Vesikel verschmelzen zu einem einzigen größeren Vesikel. Nachfolgende Fusionen sind dann eine Erklärung dafür, warum sich winzige Vesikel innerhalb großer Tropfen oder Blasen heranbilden können, wie wir es häufig zu sehen bekamen.

Fusion verstärkt die Stabilität der Vesikel, deren Wachstum unvermeidlich ist

Die Fusion ist wichtig, nicht nur weil sie das Anwachsen fördert, sondern auch, weil sie die *Dauerhaftigkeit begünstigt*. Der Grund dafür ist pure Geometrie. Wenn sich Vesikel ähnlicher Größe zu einem einzigen größeren Vesikel zusammenschließen, verdoppelt sich die *Masse* der Hülle in etwa. Andererseits wird die *Oberfläche* der Hülle um *weniger* als das Zweifache größer. (Das können Sie gerne nachrechnen!). Das bedeutet, dass ein Teil des Hüllenmaterials der Verstärkung der Wand dienen muss. Das neue Vesikel muss eine dickere Wand haben als seine Vorgänger; das macht das neue, größere Vesikel robuster: Es müsste höheren Druck aushalten können, ohne zu zerplatzen. Das größere Vesikel müsste stabiler sein.

Ein Problem könnte sein: Widerstandsfähigere Wände würden die Stabilität nicht erhöhen, wenn der *Druck* des neuen Vesikels höher wäre als der seiner Vorgänger. Dies ist jedoch nicht der Fall. Der Druck ist abhängig von der Ladungskonzentration. Wenn zwei Vesikel gleicher Ladungsdichte fusionieren, ändert sich die Ladungskonzentration nicht: Das Volumen verdoppelt sich und damit auch die Anzahl der Ladungen. So bleibt der Vesikeldruck konstant.

Obwohl das neue, größere Vesikel keiner Änderung des Innendrucks unterliegt, werden seine Wände dicker – das stabilisiert es. Denkt man in dieser Richtung weiter, so müsste mit jeder nachfolgenden Fusion die Stabilität zunehmen. Das könnte erklären, warum kleine Vesikel kurzlebig sein können (und daher schwer zu entdecken), während größere Vesikel leicht zu sehen sind. Die größeren können zerstörerische Kräfte leichter abwehren als die kleineren. Größere Vesikel sind widerstandsfähiger.

Dieses Paradigma gilt für Tröpfchen und Blasen gleichermaßen. Indem sie verschmelzen, werden kleinere Tröpfchen robuster; dasselbe gilt für kleine Blasen. Alle Fusionen begünstigen die Haltbarkeit und diese wiederum erhöht die Wahrscheinlichkeit, dass die Vesikel zum Zweck weiterer Fusionen zur Verfügung stehen. Unter passenden Bedingungen (siehe weiter unten) müsste das auf Fusion basierende *Wachstum* unvermeidlich sein – kleinere Vesikel werden stets zu größeren.

(a) Vesikel treffen aufeinander.

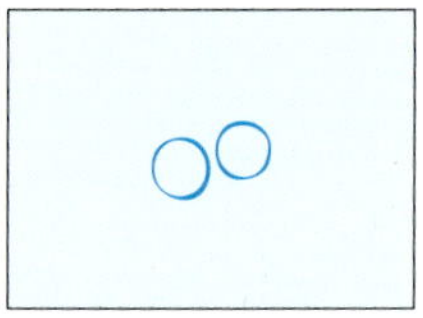

(b) Die Vesikel fusionieren, die EZ verdickt sich, mehrfache Fusionen erhöhen das Volumen.

(c) Das Vesikel dehnt sich durch hohen Energieinput aus, es geht in eine dampfgefüllte Blase über.

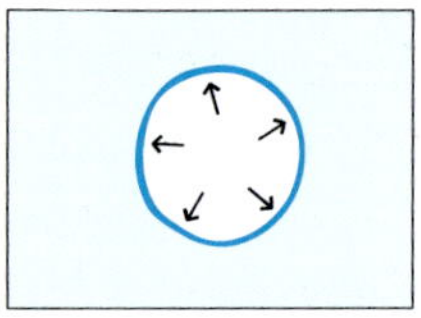

(d) Blasen treffen sich.

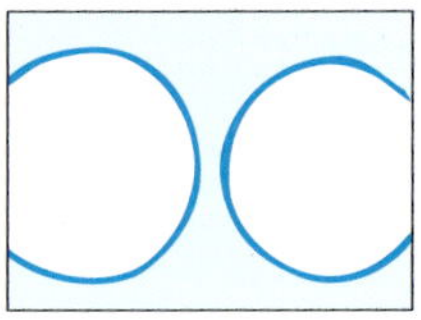

(e) Blasen fusionieren, mehrfache Fusionen erhöhen das Volumen.

(f) Große, dampfgefüllte Blasen kommen an die Oberfläche und zerplatzen.

Abb. 14.12: *Die Vorgänge, die durch hohen Input von Strahlungsenergie zum Kochen von Wasser führen*

Wasser zum Kochen bringen

Die Fusion macht – wie Sie gleich sehen werden – den Kochvorgang erst möglich. Wenn Sie genau beobachten, während Sie einen Topf Wasser erwärmen, werden Sie Zeuge aufeinanderfolgender Wachstumsstadien, die letztendlich zum Kochen führen.

Am Anfang sehen Sie vereinzelt kleine Vesikel, die auf geheimnisvolle Art zu verschwinden scheinen; wahrscheinlich platzen sie im Wasser. Dann tauchen größere Vesikel in größerer Anzahl auf. Diese werden bald genügend robust und konzentriert – was ihnen das Verschmelzen zu größeren Vesikeln ermöglicht. Letztendlich gehen diese größeren Vesikel in Blasen über, die an der Oberfläche platzen und dabei Dampf in die Luft entweichen lassen. So weiß man, dass das Wasser kocht. Der Vorgang ist alltäglich, aber ihn zu beobachten kann ihn in ein neues, geheimnisvolles Licht tauchen – als würde man Hexen dabei zusehen, wie sie einen geheimen Trank brauen:

- Was geschieht genau, wenn sich mikrometergroße Tröpfchen in zentimetergroße Blasen verwandeln? Das Verhältnis der beiden Durchmesser liegt bei 1 zu 10 000, folglich liegt das Verhältnis der Volumina bei 1 zu 1 000 000 000 000 – offensichtlich viel zu groß für einen einzelnen Übergang. Das Wachstum muss also in verschiedenen Stufen ablaufen. Hier kommt der Faktor Stabilität ins Spiel. Da die verschmolzenen Vesikel robuster sind als ihre Vorgänger, überleben größere Vesikel mit höherer Wahrscheinlichkeit. Je größer die Vesikel werden, umso höher ist die Wahrscheinlichkeit, dass die den Zustand des Übergangs zur Blase erreichen, ohne auf dem Weg dorthin zu zerplatzen.
- Ob ein Tröpfchen letztendlich den kritischen Punkt erreicht, hängt von den Bedingungen der Umgebung ab. Da das Erreichen des kritischen Punkts von vorhergehenden Fusionen abhängt und vorhergehende Fusionen von der Konzentration abhängig sind, besteht der Trick darin, dass sich eine Menge Vesikel zur selben Zeit bilden müssen. Dieser Kraftakt ist vom Energieinput aus der Umgebung abhängig.
- Damit sich eine Menge Vesikel bilden können, bedarf es eines genügend großen Inputs von Strahlungsenergie. Das ist nicht notwendigerweise zu Beginn des Erwärmungsvorgangs der Fall, also dann, wenn die Energie *allein* von der Wärmequelle stammt. Wenn die Erwärmung jedoch weitergeht, kommt die Strahlungsenergie sowohl von der Wärmequelle als auch vom erwärmten Wasser. Beide Quellen steuern Energie bei. Wenn die aufsummierte Energie groß genug ist, wird eine Schwelle überschritten: Dann werden die Vesikel zahlreich genug, um die nachfolgenden Fusionen und den erfolgreichen Übergang zu Blasen zu ermöglichen. Die Blasen können sich dann zu größeren Blasen zusammenschließen und das Wasser kocht. (Abb. 14.12)

Das Geräusch kochenden Wassers

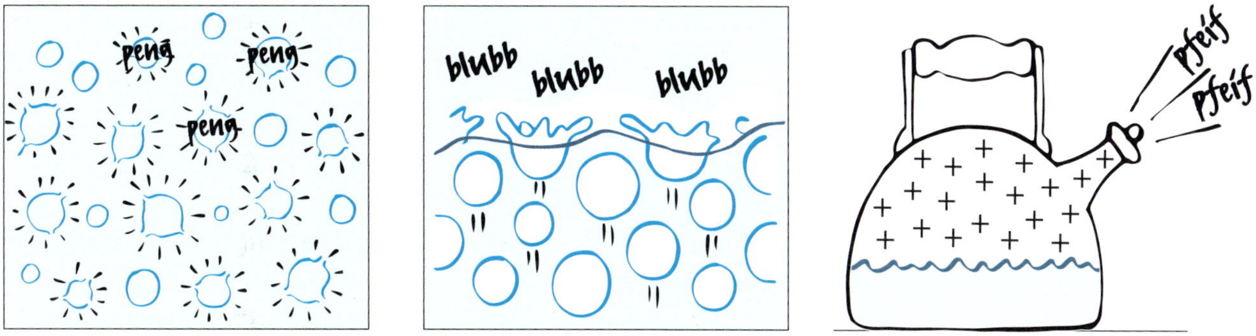

Erhitzen Sie einen Topf mit Wasser und hören Sie zu. Ein Geräusch wird hörbar, wenn Sie am Topfboden die Bildung von Vesikeln sehen. Sobald mehr Vesikel auftauchen, nimmt der Geräuschpegel zu, bis er schließlich zu einem lauten Rauschen, Rumpeln und Blubbern wird. Dann, kurz bevor das Wasser zu sieden anfängt, verebbt das laute Geräusch auf geheimnisvolle Art und wird zu einem niederfrequenten gurgelnden Geräusch – als ob die Wasserkobolde, die gegen die höllengleiche Hitze protestieren, letztendlich aufgeben und ihr Protestgeschrei in ein schluchzendes Geblubber übergeht.

Wir hören diese Geräusche so gewohnheitsmäßig, dass wir ihre Existenz schlicht ignorieren. Ein guter Weg, Ihr Gedächtnis aufzufrischen, ist der, eine kleine Menge Wasser in einem dünnwandigen Metallkessel zu erhitzen. Die dünnen Wände verstärken Geräusche. Das übliche Geräusch wird dann zu einem echten Gedröhne, das man ohne einen lärmschluckenden Kopfhörer kaum ertragen kann. Dieses Geräusch kann einen nahezu taub machen.

Was erzeugt diese charakteristischen Geräusche?

Geräusche kommen von mechanischen Vibrationen. Wenn Wasser erhitzt wird, beginnen sich Vesikel zu bilden. Diese flüssigen Vesikel können entweder fusionieren oder platzen. Beide Ereignisse erzeugen mechanische Vibrationen. Das Platzen generiert besonders laute Knallgeräusche – wie zerplatzende Luftballons. Wir interpretieren durch Druck erzeugtes Knallen als Geräusch. Je öfter die Vesikel knallen, um so häufiger wird das Geräusch und es erscheint daher lauter. Daher erzeugt heißeres Wasser ein intensiveres Dröhnen.

Sobald die Vesikel aufhören, die knallenden Töne von sich zu geben, hört auch das Dröhnen auf. Das geschieht dann, wenn die Vesikel schnell genug fusionieren und dabei in Blasen übergehen. Die Blasen erzeugen ein leiseres Geräusch, wenn sie an die Oberfläche kommen und sich dann an der Luft öffnen. Jedes Platzen einer Blase trägt zu dem gluckernden Geräusch bei.

Ganz zuletzt kommt das Pfeifen. Wenn man Wasser in einem Wasserkessel kocht, der pfeifen kann, wird letztendlich das vertraute hohe Pfeifgeräusch zu hören sein; Ihr Wasser ist dann für das Aufgießen des Tees bereit. Auf sonderbare Weise taucht das Geräusch *noch nicht* auf, wenn das Wasser *ganz nah* am Siedepunkt ist; erst wenn das Wasser tatsächlich kocht, beginnt das Pfeifen. Ist das nicht eine tolle Erfindung? Doch wie kann das sein?

Wenn Blasen platzen, werden Protonen freigesetzt. Diese Protonen bauen sofort abstoßende Kräfte innerhalb des Kessels auf. Der Druck schiebt den Dampf mit hoher Geschwindigkeit durch die Pfeife hinaus. (Manchmal kann man diesen Dampf auch sehen, wie er in hohem Tempo aus dem Ausguss des Kessels herausströmt.) Dabei wird das Geräusch so ähnlich wie bei einer Klarinette erzeugt. Die Protonen tauchen erst auf, wenn das Sieden beginnt. Wenn Sie das Pfeifen hören, können Sie sicher sein, dass das Wasser tatsächlich kocht.

Aus dieser Analyse geht hervor, dass die kritische Variable in der Gleichung des Kochvorgangs *nicht* die Temperatur ist; *fundamentaler ist die Vesikelkonzentration*. Es kann passieren, dass die Vesikelkonzentration die Schwelle üblicherweise bei einer Temperatur von annähernd 100 °C, aber nicht genau bei 100 °C erreicht.[1]

Neugierig geworden, ob es möglich ist, hohe Temperaturen ohne Kochen zu erreichen, nahm mein Student Zheng Li ein glattes, von Unebenheiten freies Becherglas und füllte es mit destilliertem, ionenfreiem Wasser in Laborqualität. (Dadurch sollten Stellen, an denen sich eine Ausschlusszone bilden kann, nur in ganz geringer Zahl oder gar nicht vorhanden sein.) Dann erhitzte er das Glas. Auch wenn das Wasser reichlich über die normale Siedetemperatur erhitzt wurde, war kein Kochen zu erkennen – so lange nicht, bis er ein wenig Schmutz hineinwarf. Sobald solche Auslöser für Ausschlusszonen vorhanden waren, kochte das Wasser sofort. Er erhielt dasselbe Ergebnis, wenn er einen Glasrührstab eintauchte – sofortiges Sieden.

Aufgrund dieser Experimente scheint klar, dass die Temperatur nicht der kritische Faktor sein kann. Schmutz in heißes Wasser zu werfen müsste die Wassertemperatur eigentlich gesenkt haben, und doch hatte es sofortiges Kochen zur Folge. Wenn man diese Initiatoren für Ausschlusszonen hinzufügte, bildeten sich offensichtlich Vesikel, die dann das Kochen verursachten. So erscheint ausreichende Bildung von Vesikeln entscheidender zu sein als die Temperatur.

Diese Schlussfolgerung trifft sich mit einer seltsamen Beobachtung bei einer Knoblauchsuppe. (Sollten Sie bisher noch keine Knoblauchsuppe probiert haben, kann ich Ihnen versichern, dass sie unerwartet köstlich ist – dick, cremig und sättigend.) Wir schöpften die blubbernd heiße Suppe aus dem Topf in mehrere grob strukturierte Keramiksuppenteller. Die Suppe begann sofort, sich abzukühlen, doch blubberte sie weiter vor sich hin. Das Blubbern hörte auch dann nicht auf, als die Suppe auf angenehme Esstemperatur abgekühlt war. Es ist anzunehmen, dass die Unebenheiten in den rauen Keramiktellern eine genügend große Anzahl an Vesikeln produziert hatten, die sich dann zu größeren Blasen vereinigten (die beim Kochen so charakteristisch sind) – und das bei einer Temperatur, die weit unter der normalen Siedetemperatur lag.

Dass die Temperatur nur eine zweitrangige Rolle spielt, dürfte angesichts der Diskussion in Kapitel 10 keine große Überraschung mehr sein. Temperatur wird mehrdeutig definiert. Angesichts dieser Mehrdeutigkeit wäre es in der Tat überraschend, wenn der kritische Punkt für das Sieden nur auf einen einzigen Temperaturwert begrenzt wäre.

Tröpfchen auf Autofenstern – die Ausstrahlung meines Nachbarn?

Am Anfang dieses Kapitels habe ich die Frage aufgeworfen, wieso sich auf kalten Glasoberflächen Tröpfchen sammeln. Die *Position* spielte dabei eine Rolle. Nun, da wir das Verhalten von Tröpfchen ein wenig besser verstehen, komme ich auf dieses Thema zurück, um zu sehen, ob die Abhängigkeit von der Ausrichtung tatsächlich etwas mit der speziellen Ausstrahlung meines Nachbarn zu tun hat.

Ein bedeutsamer Faktor ist die Natur der Luftfeuchtigkeit. Zwar behandeln wir dieses Thema erst im nächsten Kapitel, doch lassen Sie mich einen Schritt nach vorn tun: Ich nehme an, dass die Luftfeuchtigkeit hauptsächlich in Form von Vesikeln existiert. Diese kleinen Vesikel kann man nicht sehen, da sie wenig Licht streuen. Jedoch kann man auf ihr Vorhandensein schließen, wenn sie zu sichtbaren Wolken kondensieren.

Diese in der Luft entstehenden Vesikel können auch auf hydrophilen Oberflächen kondensieren. Kondensation findet statt, wenn die jeweiligen Ausschlusszonen sich festheften (siehe Abb. 14.8). Das ist der Fall bei den kalten Autoscheiben und vielleicht auch auf dem Badezimmerspiegel, wenn Sie ausatmen, bevor es drinnen warm wird. Die Vesikel hängen sich fest. Wenn Sie genau hinschauen, sehen Sie Myriaden von Tröpfchen und jedes einzelne klebt an der Glasscheibe.

Um diese Tröpfchen von der Glasscheibe zu lösen, bedarf es der Strahlungsenergie. Die Strahlungsenergie lässt Ausschlusszonen entstehen, die innere Protonen erzeugen; die Protonen bauen Druck auf, der die Tröpfchen runder werden lässt. Die zunehmende Kugelform reduziert die Größe des Bereichs der Anhaftung. Wenn dieser Bereich sich der Null nähert, kann das Vesikel nicht länger haften bleiben; dann kehrt es in die Atmosphäre zurück und das Fenster wird wieder trocken.

Die Erfahrung, die ich mit dem Autofenster gemacht habe, beruht direkt auf diesem Verständnis: Das Fenster der Fahrerseite liegt in Richtung einer Freifläche, wo der kalte Kosmos keinen bemerkenswerten Strahlungsinput liefert. So bleiben die Tröpfchen hängen – zumindest so lange, bis die Morgensonne hoch genug steigt, um die Tröpfchen zu vertreiben. Die andere Seite des Autos erhält einen kontinuierlichen Strom von Strahlungsenergie durch das Haus meines Nachbarn, das die ganze Nacht über warm und gemütlich gehalten wird. So wird jedes Tröpfchen, das sich am Beifahrerfenster festhängen will, sofort vertrieben.

So ist es also doch auf eine bestimmte Art die „Ausstrahlung" meines Nachbarn, die hier von Belang ist. (Allerdings habe ich es bisher unterlassen, ihm diese gute Nachricht mitzuteilen ...)

Warum Sie Suppe riechen können

Ob es sich um Knoblauch-, Zwiebel- oder Hühnersuppe handelt – das Aroma riechen Sie sofort, wenn Sie sich einer Küche nähern. Warum ist das so? Man denkt, durch die Hitze verflüchtigten sich die Suppenmoleküle mit dem verdampfenden Wasser; diese Moleküle erreichten dann Ihre Nase und machten es möglich, die Suppe zu riechen.

Doch etwas Ähnliches geschieht sogar, wo gar keine Hitze vorhanden ist – am Meer. Oft weiß man schon durch den Salzgeruch in der Luft, dass man sich dem Meer nähert. Salz kann aus dem Meerwasser in die Luft gelangen, vermutlich durch die Verdunstung. Das sich verflüchtigende Salz kann dabei oft bis in die Wolken steigen. Tatsächlich ist die Menge ausreichend genug, um Wissenschaftler spekulieren zu lassen, das Salz könne tatsächlich die Wolkenbildung „bewirken".

In beiden Fällen bewegt sich etwas aus einer Wassermasse zu einem entfernten Platz. Im ersten Beispiel ist Hitze beteiligt, im zweiten nicht. Wenn ein allgemeiner „Transportmechanismus" existierte, müsste es einer sein, der keine Hitze erfordert. Ein gemeinsames Transportmittel könnte das Vesikel sein. Vesikel, die durch Unebenheiten entstehen, bilden sich in der köchelnden Suppe mit Sicherheit. Vesikel existieren auch in Form von Tröpfchen in den sich brechenden Wellen des Meeres, die dann mit dem Wind weggetragen werden.

Könnten diese Vesikel die vermuteten Moleküle transportieren?

Um zu sehen, wie das geschieht, beobachten Sie die Suppe. Sobald sich Vesikel bilden, umschließen die Hüllen der Ausschlusszonen jede Flüssigkeit, die gerade in der Nähe ist. Typischerweise ist diese Flüssigkeit Wasser (mit Protonen); jedoch liegen auch die Zutaten der Tagessuppe neben der sich bildenden EZ. In diesem Fall enthalten die Vesikel auch Suppenmoleküle.

Da sie aus Suppenmoleküle enthaltenden Vesikeln entstanden sind, werden mit dem Platzen der reifen Blasen an der Oberfläche auch die aromatischen Moleküle freigesetzt. So kann man die Suppe riechen. Oder die Moleküle könnten auch ganz einfach in den verdampfenden Vesikeln bleiben – die Sie dann einatmen können. Sogar wenn sich die Suppe (oder jedes andere Essen) abkühlt, können Sie es immer noch riechen, wenn die Vesikel weiter verdunsten. (Kapitel 15) Die Vesikel behalten den Geruch.

Zusammenfassung

In diesem Kapitel haben wir das Verschmelzen eines Vesikels mit anderen Vesikeln beleuchtet. Das zugrunde liegende Prinzip war der Reißverschlussmechanismus. Die Ausschlusszonen der Vesikel schließen sich zusammen und erzeugen dabei die flachen Grenzflächen zwischen den Kugeln.

Eine flache Grenzfläche dieser Art löst sich leicht auf und führt dabei zur Bildung eines größeren Vesikels mit dickerer Wand. Die verdickte Wand macht das neue Vesikel widerstandsfähiger. Die Haltbarkeit nimmt mit jeder nachfolgenden Fusion zu und erhöht die Chancen, dass das neue Vesikel lange genug überlebt, um noch größere Vesikel zu erzeugen. Dieser sich wiederholende Prozess begünstigt das Wachstum des Vesikels.

In einem bestimmten Stadium kann sich das flüssige Innere des Vesikels in Dampf verwandeln. Das passiert, wenn das Vesikel ausreichend Strahlungsenergie aufnimmt. Diese Energie erhöht die Anzahl von Hydroniumionen im Inneren des Vesikels, die den Innendruck erhöhen. Wenn der Druck ausreichend ansteigt, gibt die Hülle nach; das hat die Ausdehnung des Vesikels zur Folge. Wenn dies passiert, sinkt der Druck auf jedes vorhandene Wassermolekül abrupt; das führt zu seiner Umwandlung in Dampf. Dampfgefüllte Vesikel, die an die Oberfläche steigen, führen zum Sieden.

Die kritische Schwelle für das Sieden dürfte weniger von der Temperatur als von der Konzentration der Vesikel abhängen. Wenn Vesikel in genügend hoher Konzentration vorhanden sind – was in intensiv erhitztem Wasser der Fall ist –, erfolgen Fusionen häufig. Die verschmolzenen Vesikel werden immer robuster. An einem bestimmten Punkt wird stetiges Wachstum so gut wie unvermeidlich. Dann steigen große Blasen an die Oberfläche, die das Phänomen des Kochens auslösen.

Der Reißverschlussmechanismus, der das Fusionieren von Vesikeln auch bestimmt, hat ebenfalls praktische Konsequenzen. Wenn ein Tröpfchen auf einer flachen Oberfläche liegt, flacht seine Unterseite durch denselben Reißverschlussmechanismus ab. Je hydrophiler eine Oberfläche ist, umso mehr flacht das Tröpfchen ab und um so niedriger ist seine Seitenansicht. Wenn man dies mithilfe des sogenannten Kontaktwinkels misst, ist ein Unterschied im Tröpfchenprofil der geeignete Weg, den Grad der Hydrophilie einer Oberfläche zu bestimmen.

Vesikel sind nicht nur für das Kochen, sondern auch für die Verdunstung von Bedeutung. Das nächste Kapitel zeigt, wieso. Und das mit überraschenden, wenn nicht sogar umwerfenden Belegen.

15 Wolken aus dem Kaffee – die bemerkenswerte Natur der Verdampfung

Es war nicht die *Starbucks*-Kette, die die allererste Tasse Kaffee der Welt aufgebrüht hat. Nach der Legende gebührt die Ehre einem äthiopischen Ziegenhirten namens Kaldi. Er lebte im 13. Jahrhundert. Kaldi bemerkte eines Tages, dass seine Ziegen auf anormale Weise energetisiert waren; sie hatten gerade von hellroten Beeren genascht. Kaldi kaute selbst auf einigen dieser roten Beeren herum und spürte sofort ihren belebenden Effekt.

Stolz auf seine Entdeckung brachte Kaldi dem örtlichen Priester einige Beeren. Der heilige Mann war jedoch nicht beeindruckt. Er bekundete sein Missfallen, indem er die Beeren ärgerlich ins Feuer warf. Schluss damit!

Bald jedoch begann das volle Aroma der gerösteten Beeren zu locken. Weiterhin neugierig rettete Kaldi einige der verbrannten Beeren aus dem Feuer. Er brachte sie nach Hause, zermahlte sie, löste das Pulver in heißem Wasser auf – und da war sie, die erste Tasse Kaffee der Welt!

Abb. 15.1: *Dampf steigt auf, in einer Reihe von Dampfstößen und dünnen Strömen*

Heißer Kaffee wirkt auf alle unsere Sinne, auch auf das Sehen. Dampf entweicht und schlängelt sich wie eine Kobra aus dem Korb des Schlangenbeschwörers. (Abb. 15.1) Das Foto wird Sie nicht wirklich überraschen – doch das sollte es: Folgt man der konventionellen wissenschaftlichen Denkweise, dann dürfte der Dampf eigentlich gar nicht sichtbar sein, denn Substanzen im Gaszustand sind normalerweise unsichtbar.

Welche Voraussetzungen müssen gegeben sein, damit man etwas *sieht*? Die Sichtbarkeit hängt von der Streuung des Lichts ab. Der Kaffeedampf ist sichtbar, weil die Vesikel im Dampf einfallendes Licht streuen; Ihre Augen sehen dieses Licht. Die Menge des gestreuten Lichts ist von der Vesikelgröße abhängig: Um eine deutliche Streuung hervorzurufen, muss der Durchmesser des Vesikels mindestens der Wellenlänge des einfallenden Lichts entsprechen, grob gesagt ist das ein halber Mikrometer. Jedes der Vesikel, aus denen der Dampf besteht, muss daher Milliarden von Wassermolekülen enthalten.

Es ist noch mehr dazu zu sagen: Wenn Sie sich Abbildung 15.1 anschauen, werden Sie bemerken, dass der Dampf nicht gleichmäßig hochsteigt; da entweicht eine Reihe von „Dampfstößen", einer nach dem anderen. Die Oberfläche des Kaffees scheint jeweils nur einen Dampfstoß abzugeben. Jeder Dampfstoß beinhaltet zahlreiche Vesikel und in jedem Vesikel ist eine riesige Anzahl von Wassermolekülen enthalten. Daher steigt mit jedem dieser Stöße eine astronomische Menge an Wassermolekülen auf.

Delfinringe

Ringe aus dampfähnlichen Strukturen haben Sie vielleicht schon woanders gesehen: Delfine atmen sie aus. Danach spielen sie unendlich lange mit diesen Ringen aus Dampf, anscheinend aus reinem Vergnügen. Wenn sich die Ringe letztendlich auflösen, entstehen Myriaden winziger Vesikel. Sehen Sie sich die bezaubernden Videos an.[w1]

Wir waren völlig überrascht von diesen Ergebnissen und fühlten uns wie Kinder, die zum allerersten Mal ihre Welt erleben und dann ganz begierig sind, weitere Überraschungen zu finden. Und wir haben sie gefunden: Wir bemerkten bald, dass die röhrenartigen Gebilde nur aus *bestimmten* Bereichen der Oberfläche aufstiegen. *Ein* Bereich entließ eine Wolke oder setzte eine Art Strähne frei, während in Bereichen unmittelbar *daneben* gar nichts passierte – wir sahen zumindest keine sichtbaren Anzeichen von Dampf. Die aktiven Zonen verschoben sich allmählich, doch in regelmäßigen Abständen stiegen die Wolken nur von diesen ganz bestimmten Bereichen der Oberfläche auf.

Diese Beobachtungen erstaunten uns. Wir wussten, dass der Dampf Vesikel von beträchtlicher Größe enthalten musste, damit er überhaupt sichtbar war; auch hatten wir das Gefühl, bereits etwas über die Struktur der Vesikel zu wissen (Kapitel 14). Diese Aufnahmen sagten jedoch noch mehr aus: Die Vesikel schienen sich selbst in Form dieser großen röhrenartigen Gebilde zu organisieren und traten bereits in organisierter Form aus dem Wasser aus. Einige Röhren blieben anscheinend in einem Verbund, während sie in die Luft aufstiegen – wenngleich die zahlreichen Vesikel, aus denen die Röhren bestehen, sich wahrscheinlich auflösten, wenn sich die sichtbare Wolke in einigem Abstand zur Flüssigkeit verflüchtigte.

Solche röhrenförmigen Dampfmuster können nicht auf irgendeine „magische" Weise entstehen. Da die Muster direkt aus dem Wasser kommen, wäre zu überlegen, ob das Wasser *entsprechend* strukturierte Muster enthält, die dann die Dampfmuster hervorbringen. Die Neugier beflügelte uns: Gibt es im Wasser tatsächlich solche Muster?

Räumliche Muster in Wasser

Sie haben sich die Oberfläche warmen Wassers schon oft genau angeschaut. Sie sieht perfekt eben und formlos aus. Jedoch zeigen experimentelle Beobachtungen ein anderes Bild. Zum Beispiel enthüllten Infrarotaufnahmen, die wir von oberhalb des warmen Wassers gemacht haben, ringähnliche Mosaikstrukturen, ähnlich wie die Strukturen, die wir im Dampf gesehen haben. Abbildung 15.3 zeigt ein Beispiel. Weiter unten (Abb. 15.11) werden wir Beweise dafür vorlegen, dass diese Ringe den oberen Bereich röhrenförmiger Strukturen darstellen, die sich im Wasser nach unten fortsetzen.

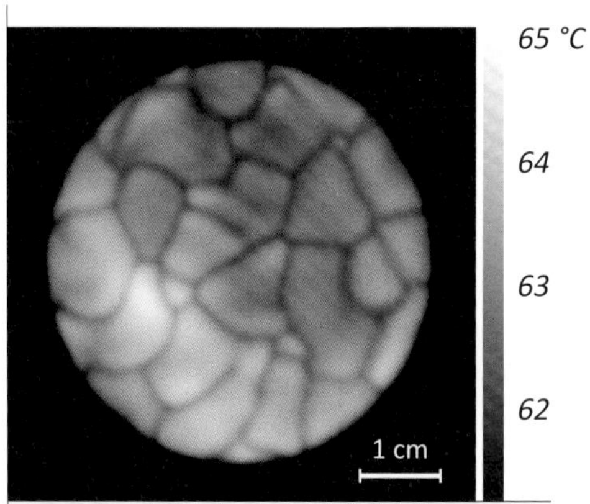

Abb. 15.3: *Infrarotaufnahme eines Gefäßes mit warmem Wasser, aufgenommen von oben. Die entsprechende Temperaturskala steht rechts daneben.*

Die dunklen Grenzlinien in diesem Bild vom Wasser entsprechen den hellen Grenzlinien im Bild vom Dampf. (Vgl. Abb. 15.2 und Abb. 15.3) In beiden Fällen bestehen diese ringförmigen Strukturen aus Wasser. Wenn mehrere dieser im Wasser sichtbaren zusammenhängenden Ringe irgendwie in die darüberliegende Luft entweichen würden, würde dies genau die Dampfmuster erzeugen, die wir vorher beobachtet hatten. Natürlich existiert das Wasser im Behälter darunter als *Flüssigkeit*, während es in der Wolke darüber *Dampf* ist – ein Thema, das wir noch ansprechen müssen. Gleichwohl ist die Entsprechung zwischen dem Muster in der Flüssigkeit und dem Muster im Dampf zu offensichtlich, um ignoriert zu werden.

Wir haben auch einige relativ *kleine* Ringe beobachtet (zum Beispiel oben rechts in Abb. 15.3); falls solche kleinen Ringe aus der Flüssigkeit aufsteigen, könnte das die spaghettiähnlichen Stränge erzeugen, die ebenso ein Merkmal des Dampfes waren (vgl. Abb. 15.1).

So konnten wir also die strukturellen Merkmale, die wir im *Dampfmuster* gesehen hatten, auch im Wasser wiederfinden. Diese Entsprechung existiert über eine große Bandbreite von Temperaturen. Bei *hohen* Temperaturen sind die Flüssigkeitszellen kleiner, dynamischer und häufiger. (Abb. 15.4) Diese Strukturen ergeben Sinn: Die höheren Verdampfungsraten bei erhöhten Temperaturen bedeuten gleichzeitig, dass mehr Vesikel aus dem Wasser verdampfen und dass sich damit auch eine größere Menge von mehr dynamischen Vesikeln im Wasser befindet. Insofern korrelieren die Dampf- und die Wassermuster.

Abb. 15.4: *Infrarotaufnahmen von Mustern auf der Wasseroberfläche bei unterschiedlichen Temperaturen*

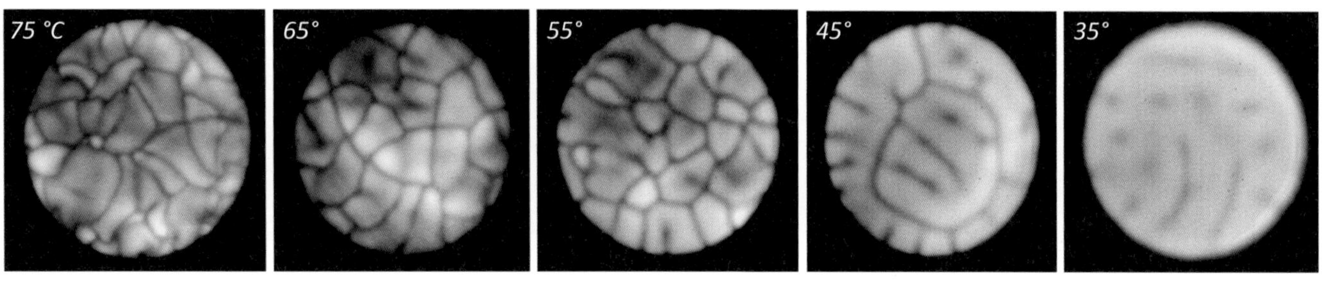

Der Ursprung der Mosaikmuster im Wasser

Was könnte die Mosaikmuster im Wasser erzeugen? – Wir haben diese Muster mit einer Infrarotkamera untersucht. Die *dunkleren* Teile des Bildes stehen für Bereiche, die *weniger* infrarote Energie abstrahlen. Das heißt, dass die ringförmigen Grenzlinien weniger infrarote Energie abstrahlen als die Bereiche, die sie umschließen. Man könnte sagen, die Grenzlinien sind „kühler".

In der Tat gründet sich die konventionelle Interpretation von Infrarotbildern auf die Temperatur. Diese Art der Interpretation ist so zum Standard geworden, dass Hersteller solcher IR-Kameras dazu praktische Temperaturskalen liefern, wie Sie auf der rechten Seite von Abbildung 15.3 eine sehen können. Gemäß dieser Skala würde sich die Temperatur der Grenzlinien im Bild um die 62 °C bewegen, während die helleren, inneren Zonen eher um die 64 °C oder 65 °C lägen. Die Referenzskala ermöglicht eine bequeme Interpretation. Allerdings wird man damit in die Irre geführt, wie ich gleich erläutern werde.

Muster wie die in den Abbildungen 15.3 und 15.4 werden als Rayleigh-Bénard-Zellen bezeichnet und sind den Fachleuten tatsächlich gut bekannt. Solche Zellen wurden in vielen Flüssigkeiten und in begrenztem Umfang auch in Wasser erforscht.[2]

Normalerweise werden diese Zellen mit starkem Temperaturgefälle in Verbindung gebracht. So wird argumentiert: Erwärmtes Wasser am Boden eines Behälters hat eine geringere Dichte als das Wasser darüber; daher steigt das untere Wasser nach oben. Wenn dieses Wasser die Oberfläche erreicht und verdampft, kühlen sich die in der Nähe befindlichen Wassermoleküle ab – also ist das Verdampfen ein abkühlender Prozess. Das kühlere, dichtere Wasser sinkt unmittelbar danach nach unten. Das Sinken findet in den Außenbereichen jeder Mosaikzelle statt und dabei entstehen die kühlen (dunklen) Grenzlinienringe. So liefert die konventionelle Interpretation ein in sich schlüssiges Erklärungsmodell. Tatsächlich kann man diese Ströme von oben nach unten auch beobachten.

Es sind jedoch auch andere Interpretationen möglich, die besonders dann relevant werden, wenn man sich die Mehrdeutigkeit des Begriffs „Temperatur" vor Augen hält (Kapitel 10). Eine plausible Alternative stützt sich auf ein *Ordnungsmodell*. Die stärker geordnete Substanz der Grenzlinien strahlt möglicherweise weniger als die Bereiche, die sie umgeben. In der geordneten Zone bewegen sich Ladungen weniger und die eingeschränkte Ladungsbewegung erzeugt weniger Infrarotstrahlung.

Um zu prüfen, was diese alternative Erklärung untermauert, erinnern Sie sich an die Infrarotaufnahme der Abbildung 3.15. Die Ausschlusszone ist dunkler als das angrenzende Umgebungswasser, weil ihre geordnete Struktur weniger infrarote Energie abstrahlt. So könnte es auch hier sein.

Die dunklen Mosaikgrenzlinien könnten EZ-Material enthalten, das aufgrund seiner flüssig-kristallinen Stabilität weniger infrarot abstrahlt.

Um entscheiden zu können, welche der Optionen vielversprechender ist, haben wir eine einfache Strategie angewandt. Wir forschten nach, ob die Mosaikmuster auch bei normalem, sichtbaren Licht zu sehen waren. Normale Kameras erzeugen Bilder, die auf optischen, nicht auf temperaturabhängigen Eigenschaften beruhen. (Tatsächlich verändert die Temperatur leicht die optischen Eigenschaften von Wasser, aber angesichts der hier relevanten Spanne von einigen wenigen Grad kann man die Wirkung vernachlässigen.) Jedenfalls, wenn wir die Mosaikmuster mit blankem Auge erkennen oder sie mit einer normalen Kamera festhalten konnten, würde dies die auf der Temperatur basierende Erklärung schwächen und die auf EZ-Material beruhende Erklärung wahrscheinlicher machen.

Die Bilder in Abbildung 15.5 belegen, dass die Muster bei normalem Licht perfekt zu sehen sind. Sie erscheinen vielleicht weniger deutlich als die mit einer Infrarotkamera aufgenommenen, aber man kann sie mit bloßem Auge erkennen und mit einer normalen Kamera festhalten.

Das Foto in Abbildung 15.6 zeigt das Muster noch deutlicher. Wir haben dieses Bild von einer Pfanne mit warmem Wasser erhalten, die wir mit einer normalen Lichtquelle mit einem sehr flachen Einfallswinkel beleuchteten. Der Kontrast entstand durch das gestreute Licht der Vesikel an der Oberfläche, die sich in den helleren und in den dunkleren Bereichen offensichtlich *unterschiedlich* konzentrieren. Bilder von Mosaikmustern, die auf diese Weise gemacht wurden, sind im Wesentlichen identisch mit denen, die wir gleichzeitig mit einer Infrarotkamera aufnahmen.[1]

Offensichtlich beinhalten die sichtbaren Grenzlinien in all diesen Bildern etwas ganz anderes als das umgebende Wasser. Es könnte EZ-Wasser sein. Die optischen Eigenschaften von Ausschlusszonenwasser unterscheiden sich von denen des Umgebungswassers in mindestens zwei Punkten: Erstens ist die Lichtabsorption eine andere.[3] Zweitens hat dieses Wasser einen anderen Brechungsindex – die EZ hat einen Brechungsindex, der um circa 10 % höher liegt als der von Umgebungswasser.[4, 5] Diese optischen Unterschiede könnten leicht den sichtbaren Kontrast zwischen den Bereichen mit und ohne EZ erzeugen.

Die Interpretation, die sich auf Ausschlusszonen beruft, scheint hier wunderbar zu passen. Doch es gibt noch einen ungeklärten Punkt. Erinnern Sie sich an die vertikalen Strömungen? Diese Ströme sind für die konventionelle Interpretation wesentlich und sie existieren definitiv. Passen diese Ströme auch in das neue Erklärungsmodell? Und wenn dem so ist, was erzeugt dann diese Ströme und welche Rolle spielen sie?

Abb. 15.5: *Mosaikmuster in einem Topf mit warmem Wasser (oben) und in einer Tasse mit warmem Wasser (unten). Die Bilder wurden mit einer normalen Kamera aufgenommen.*

Abb. 15.6: *Mosaikmuster bei Verwendung einer normalen Lichtquelle unter einem kleinen Einstrahlungswinkel*

EZ-Material und charakteristische Ströme

Abb. 15.7: *Warme Misosuppe mit sichtbarem Mosaikmuster*

Um Informationen über die senkrecht verlaufenden Ströme zu erhalten, untersuchten wir die Mosaikmuster, die in unterschiedlichen Wasser enthaltenden Flüssigkeiten sichtbar sind. Suppen sind ein bequemes Studienobjekt, denn die darin suspendierten Nahrungsteilchen sind oft deutlich sichtbar und können daher gut beobachtet werden. Warme Misosuppe erwies sich als besonders geeignet, da sie mosaikartige Grenzlinien zeigt, ähnlich wie in den Abbildungen weiter oben. (Abb. 15.7)

Mosaikmuster in Misosuppe zu beobachten wurde in unserem Labor zu einer Lieblingsbeschäftigung, jeder machte sich daran. Genaues Hinsehen enthüllte zwei hervorstechende Merkmale. Zum einen waren die Grenzlinien durchsichtiger als die Flächen, die von ihnen eingeschlossen wurden; diese Grenzlinien schließen offensichtlich Suppenpartikel aus, die *innerhalb* der Parzellen suspendiert bleiben. Dieses ausschließende Verhalten erhärtete sofort den Gedanken, dass die Grenzlinien eine Art von EZ-Material enthalten.

Zum zweiten: Die beobachteten Suppenpartikel waren in ständigem Fluss. Sie fließen innerhalb jeder Parzelle nach oben und in der Nähe des äußeren Randes der Parzelle wieder nach unten. Diese Art des Strömens erinnerte an einen Whirlpool. Die Grenzlinien der Mosaikparzellen nehmen an diesen Strömen nicht sichtbar teil; sie umschließen eher jede in sich zirkulierende Parzelle. So ist die in der klassischen Interpretation beschriebene Strömung von oben nach unten tatsächlich existent; soweit wir jedoch sagen konnten, *sind die Grenzlinien von der Strömung nicht betroffen.* Die angeblich „kalten", dichten, nach unten fließenden Grenzlinien gibt es so *nicht*.

Diese Grenzlinien sind so deutlich, dass man sie sogar beobachten kann, *ohne* dass eine vertikale Strömung vorhanden ist: Abbildung 15.8 zeigt eine 50-zu-50-Mischung aus normaler Milch und Mandelmilch. Jeder der Bestandteile wurde vor der Mischung frisch dem Kühlschrank entnommen. Das abgebildete Muster ist hier extrem stabil. Wir konnten *keinen* Strom von oben nach unten entdecken, auch nicht bei zahlreichen weiteren Versuchen. Daher ist – zumindest in einigen Flüssigkeiten – *der Strom von oben nach unten kein zwingendes, unerlässliches Merkmal der Mosaikbildung.* Dieses Strömen ist ein sekundäres Merkmal, das am deutlichsten bei höheren Temperaturen zutage tritt.

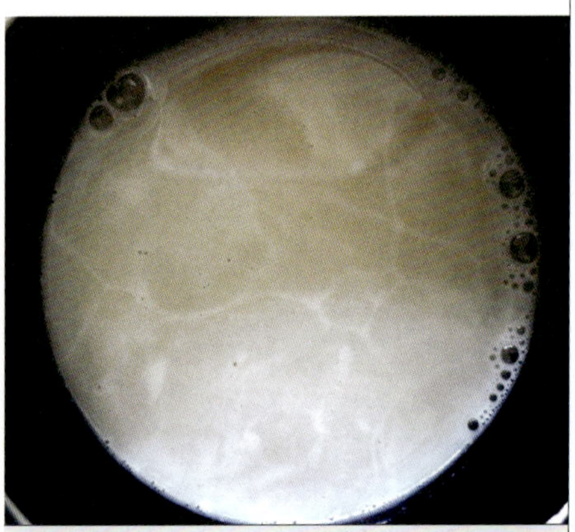

Abb. 15.8: *Mosaikmuster an der Oberfläche einer kalten Mischung aus Milch (1 % Fett) und Mandelmilch*

Die Untersuchungen an unterschiedlichen Flüssigkeiten untermauerten nicht nur unsere Überlegungen, sondern stillten auch unseren Wissensdurst. Einfache Beobachtungen zeigten uns, dass die Mosaike ein vorrangiges Merkmal und die Ströme ein zweitrangiges Merkmal waren. Außerdem deutete die beobachtete Durchsichtigkeit der Grenzlinien darauf hin, dass das, woraus sie bestehen, frei von Partikeln ist; die Grenzlinien schließen Partikel aus.

Wenn die Ströme von oben nach unten gegenüber den Mosaiken auch zweitrangig sind, so ist ihr Auftreten doch potenziell von Bedeutung. Insbesondere bei wärmeren Flüssigkeiten, wo wir die kräftigsten Strömungen und die höchste Verdampfung beobachtet hatten. Wir wollten verstehen, wie die Ströme in den übergeordneten Prozess passen. Doch zuerst wollten wir die Natur des EZ-Materials genaue bestimmen, aus denen die Mosaikgrenzen bestehen.

Die Zusammensetzung der Wassermosaik-Grenzlinien

Die erste Möglichkeit: Die Grenzlinien könnten aus normalen Ausschlusszonen gebildet sein, wie sie gewöhnlich an hydrophilen Oberflächen entstehen. Diese Annahme entsprach sozusagen unserer *instinktiven* Einschätzung. Allerdings bildet die Standard-EZ für gewöhnlich keine großen ringähnlichen Mosaikstrukturen, wie wir sie beobachtet hatten. Also lassen Sie uns diese Möglichkeit zunächst in Reserve behalten.

Eine zweite Möglichkeit wäre, dass das Mosaik aus vielen Vesikeln gebildet wird – so ähnlich wie beim Dampfmosaik. Von Ausschlusszonen-Hüllen umgeben könnten die Vesikel das Prinzip „Gleiches zieht Gleiches an" nutzen, um sich selbst in großen geordneten Reihen oder sogar netzähnlichen Strukturen anzuordnen. Diese netzähnlichen Strukturen wären für das Ausschließen verantwortlich. Das Rohmaterial zu ihrer Bildung wäre vorhanden, denn warmes Wasser enthält ausreichend Vesikel (Kapitel 14). Extrem warmes Wasser enthält Scharen von Vesikeln und genau dort treten die Mosaike am häufigsten auf. So erschien diese Option mit den Vesikeln vielversprechend.

Tatsächlich sind im Mosaik einzelne Vesikel erkennbar. Abbildung 15.9 a zeigt das frühe Stadium einer Mosaikbildung in warmem Wasser; einzelne Vesikel sind zu sehen. Vesikel sind offensichtlich auch in Abbildung 15.9 b vorhanden, die warmes Wasser aus einem gewöhnlichen Wasserhahn zeigt. In beiden Fällen scheinen sich die ringähnlichen Grenzlinien aus nebeneinanderliegenden Vesikeln zu bilden.

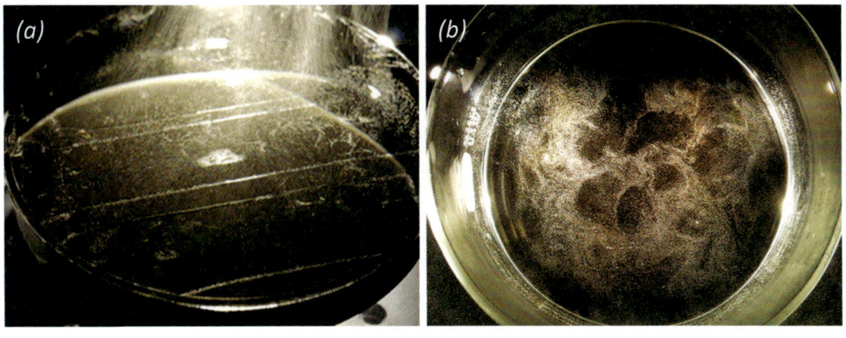

Abb. 15.9: *Beginn der Mosaikbildung. a) Warmes Wasser, das in einen Behälter gegossen wurde. Wenn man im Bild oben rechts genau hinschaut, sieht man, dass sich die Mosaikringe aus einzelnen Vesikeln bilden. b) Wasser aus dem Wasserhahn, 60 °C, läuft langsam in eine durchsichtige Schüssel. Ein schwarzes Stück Stoff, das darunter gelegt wurde, verstärkt den Kontrast. Die Vesikel sammeln sich an den Grenzlinien und lassen das Innere der Parzellen relativ leer*

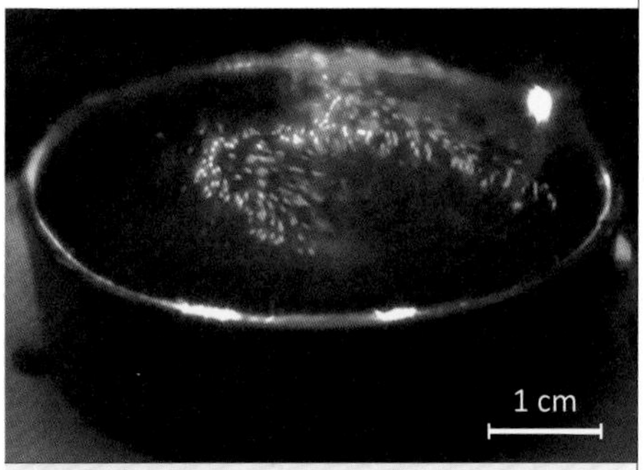

Abb. 15.10: *Dampf über warmem Wasser. Die Beleuchtung wurde so gewählt, dass man die Vesikelstruktur des Dampfes erkennen kann.*

Auch die Dampfhüllen bestehen aus nebeneinanderliegenden Vesikeln, wie bereits vorher bemerkt. Sie werden häufig als Aerosoltröpfchen bezeichnet. Sie streuen Licht und verleihen dem Dampf Sichtbarkeit. Abbildung 15.10 belegt, dass der Dampf aus Vesikeln besteht; geeignete Beleuchtungsbedingungen machen es möglich, die einzelnen Vesikel zu sehen, die die Dampfgrenzlinien bilden.

Flüssige und dampfförmige Mosaikringe haben also ähnliche Strukturen. Beide bestehen aus zusammenhängenden Vesikeln, die ringähnliche Muster bilden. Es sind keine großen logischen Sprünge nötig, um daraus abzuleiten, dass die gemusterten Strukturen aus dem Wasser möglicherweise aufsteigen und dann die ähnlich gemusterten Strukturen im Dampf bilden. Videos belegen genau dies. Sie zeigen Schichten von Vesikeln, die sich aus den Grenzlinien im Wassermosaik erheben und dann die Grenzlinien im Dampfmosaik bilden.[1] *Demnach sind die Wassermosaike der Ursprung der Dampfmosaike.*

Unter Wasser liegende Mosaikstrukturen und Zirkulation

Die Dampfwolke hat eine senkrechte Ausrichtung; sie nimmt die Form aufsteigender Röhren an. Wenn dieses Dampfmosaik ja aus dem Wassermosaik entsteht, dann könnte man annehmen, dass auch das Wassermosaik eine entsprechend senkrechte Ausrichtung hat; so könnte die eine Struktur problemlos in die andere übergehen. Mit anderen Worten, das an der Wasseroberfläche sichtbare Mosaik erstreckt sich möglicherweise auch röhrenartig *abwärts*. Abbildung 15.11 bestätigt diese Annahme. Die dunklen Grenzlinien des Wassermosaiks verlaufen von der Oberfläche aus nach unten und erzeugen im Wasser genauso röhrenförmige Mosaikstrukturen wie im Dampf.

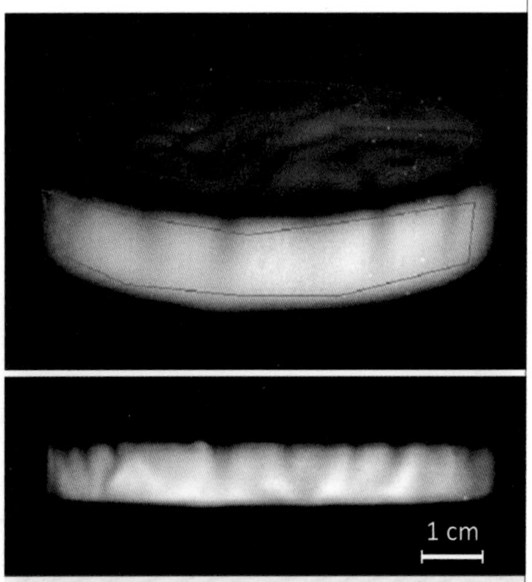

Abb. 15.11: *Schräg- und Seitenansicht von warmem Wasser, aufgenommen mit einer Infrarotkamera. Man sieht deutlich die sich nach unten erstreckenden dunklen Linien.*

Diese vertikalen Linien sind ziemlich dynamisch. In schnell verdampfendem Wasser können sie sich verbiegen oder in Richtung Boden schlängeln, so, als ob die unteren Enden der Linien durch Projektion von oben nach unten zustande kämen. Da ist ständig etwas in Bewegung. Die Videos geben auch einen Hinweis: Sie zeigen, dass eine Menge an Material beständig entlang der vertikalen Linien nach unten strömt.

Dieses nach unten fließende Material besteht ziemlich sicher aus Vesikeln. Da das Gefäß in diesem Experiment nur reines Wasser enthielt, muss irgendeine Art von Wasser für das nach unten fließende Material verantwortlich sein. Nur die Vesikel, die in dem warmen Wasser in großer Menge vorhanden sind, kommen – realistisch gesehen – dafür in Frage. Es scheint also klar, dass Vesikel an den Grenzlinien entlang nach unten fließen und diese beobachtbare Dynamik bewirken.

Wir können aus unseren Beobachtungen an der Misosuppe auf die Natur dieses Vesikelstroms schließen. (Abb. 15.12) Wir haben beobachtet, dass Miso mit der Masse der Mosaikzelle nach oben geflossen ist und dann entlang der Grenzlinien wieder nach unten. Es ist anzunehmen, dass Vesikel in reinem Wasser einem ähnlichen Muster folgen. Vesikel, die sich am Boden oder nahe dem Boden des Behälters mit warmem Wasser bilden (Kapitel 14), werden in diesen Strom gezogen. Die Vesikel könnten sogar die *Auslöser* des Stroms sein, wenn intensive infrarote Energie ihren flüssigen Inhalt verdampft und ihre Dichte reduziert. Diese blasenähnlichen Vesikel steigen auf. Tatsächlich erzeugen diese aufsteigenden Vesikel sichtbare Aufwölbungen oben in der Mitte jeder Mosaikzelle – man kann diese Wölbungen in warmer Misosuppe sehen. Die Aufwölbungen sehen wie eine Landschaft mit kleinen gewölbten Hügeln aus.

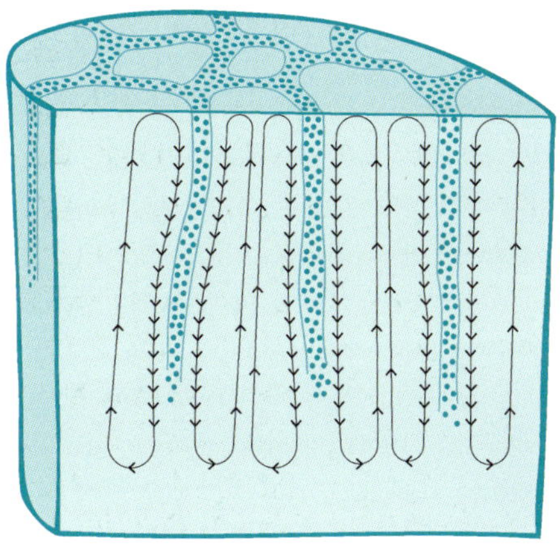

Abb. 15.12: *Zirkulierende Ströme, beobachtet in warmem Wasser. Nach unten gerichtete Ströme konzentrieren sich nahe den Mosaikgrenzlinien.*

Sobald sie die Oberfläche erreichen, müssen die Vesikel irgendwo hingehen. In die Luft verdampfen ist eine Möglichkeit, doch die Dampfmuster machen diese Option unwahrscheinlich, da sie den Dampf nur von den Grenzlinien aus zeigen und nicht von innerhalb der Mosaikzellen. Ein Grund dafür, dass die oberen Vesikel nicht verdampfen, könnte sein, dass sie in der Nähe der kühlen Luft abkühlen. Wenn sie wieder in flüssigkeitsgefüllte Vesikel übergehen, ist ein Entweichen nicht möglich.

Eine andere Möglichkeit wäre, dass die Vesikel wieder nach unten gelangen. Da sie wegen des Prinzips „Gleiches zieht Gleiches an“ von den Grenzlinien angezogen werden, müssten sich die Vesikel zuerst nach außen bewegen. Wenn sie dann die Grenzlinien erreichen, fließen sie wieder nach unten, vielleicht von all den anderen Vesikeln angestoßen, die sich dahinter aufreihen. Dieser nach unten gerichtete Fluss erscheint neben den Grenzlinienwänden – wie bei den Partikeln in der Misosuppe. Bilder zeigen diese nach unten fließenden Vesikel deutlich, weil sie durch die Grenzlinien angezogen werden und sich dort konzentrieren.

Die nach unten fließenden Vesikel spielen eine entscheidende Rolle: *Sie füllen das Vesikelmosaik wieder auf.* Da das bestehende Mosaikmaterial durch das Verdampfen kontinuierlich abnimmt, muss es ersetzt werden. Die nach unten sinkenden Vesikel erfüllen diese Aufgabe; weil sie angezogen werden (aufgrund des Prinzips „Gleiches zieht Gleiches an"), hängen sie sich an die existierende Wand von Vesikeln. Durch das entsprechende Auffüllen wird das Mosaik aufrechterhalten und die Verdampfung kann unvermindert weitergehen. Die Mosaikstruktur bedarf dieser Ströme, um erhalten zu bleiben.

Die vertikale Strömung ist auch aus energetischer Sicht sinnvoll. Das Wasser wird zuerst warm, weil es Strahlungsenergie aufnimmt. Diese absorbierte Energie bringt das Wasser aus dem thermischen Gleichgewicht mit seiner Umgebung. Um zum Gleichgewicht zurückzukehren, muss das Wasser Energie loswerden. Dies kann entweder durch das Abstrahlen von Energie passieren oder durch das Verrichten von Arbeit. Die Ströme beinhalten beides. Die Wassermoleküle *arbeiten*, indem sie die molekulare Reibung überwinden und fließen – dies erfordert einen Aufwand an Energie, der sich in Arbeit ausdrückt. Der Strom kann auch Strahlungsenergie erzeugen, da sich die geladenen Vesikel schnell durch das Wasser bewegen. Dies verwandelt den vertikalen Strom in ein Hilfsmittel des Wassers, um überschüssige Energie loszuwerden – ein weiteres Beispiel dafür, dass Wasser ein Energieumwandler ist. (Vgl. Kapitel 7)

Zwei Botschaften ergeben sich aus dieser Erörterung. Die erste: Das Wassermosaik ist ein dreidimensionales Gebilde, genauso wie das Dampfmosaik; beide nehmen die Form röhrenartiger Gebilde an. Die zweite: Die Röhrenstrukturen des Wassermosaiks sind erneuerbar: Wenn die röhrenförmigen Gebilde aus dem Wasser aufsteigen und zu Dampf werden, ersetzen neue Vesikel, die entlang der Mosaikwand nach unten fließen, die entwichenen. Dieses Auffüllen sorgt dafür, dass der Verdampfungsprozess weitergehen kann.

Der Verdampfungsvorgang

Was löst einen Dampfstoß aus? – Diese Frage wirft eine weitergehende, größere Frage auf: Welche Energie bringt den Verdampfungsprozess in Gang? Da Wasser sehr schnell verdampft, wenn es ausreichend Umgebungswärme erhält oder von der Sonne bestrahlt wird, könnte es Strahlungsenergie sein. Das Material aus dem vorangehenden Kapitel bietet ein plausibles Szenario an: Strahlungsenergie erzeugt Ausschlusszonen an Vesikeln; die Vesikel steuern interne Protonen bei, die den inneren Druck erhöhen; der angestiegene innere Druck dehnt dann die Vesikel aus und verwandelt ihr flüssiges Inneres in Dampf; die dampfgefüllten

Vesikel verdampfen danach. So erzeugt Strahlungsenergie den Verdampfungsvorgang …

Aber warum gehen diese Vesikel in die Luft über? Dampfgefüllte Vesikel haben sicher eine geringere Dichte als Vesikel, die mit Flüssigkeit gefüllt sind; vielleicht ist es die geringere Dichte, die sie zum Aufsteigen bringt. Doch die Verringerung der Dichte innen kann jedoch nicht alles sein, denn die Vesikel haben Hüllen. Die Hülle besteht aus dichtem EZ-Material, das sogar dichter ist als das flüssige Wasser. In Abhängigkeit von dem Verhältnis der Massen von Hülle und Innenraum können die Vesikel ganz leicht dichter als Luft bleiben. Etwas anderes als die verringerte Dichte scheint nötig, um die Vesikel aufwärts zu transportieren.

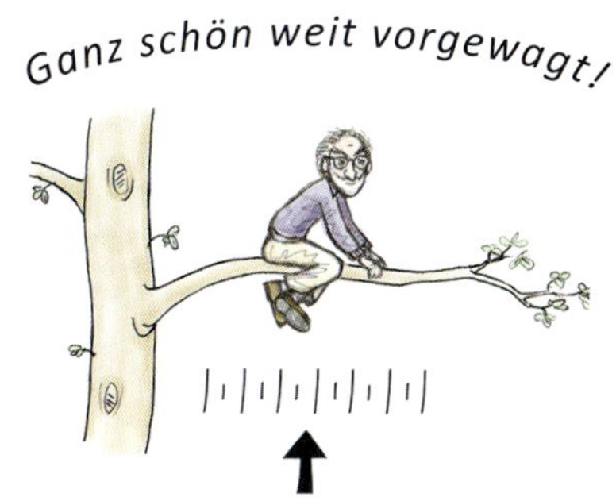

Dieser aufwärtstreibende Faktor könnte die Ladung sein. Lassen Sie mich das mit einer kleinen Abschweifung erklären.

Stellen Sie sich verdampfte Vesikel vor, die hoch in die Atmosphäre aufsteigen. Diese verdampften Vesikel – oft als Aerosoltröpfchen bezeichnet – kondensieren letztendlich und bilden Wolken. Das in diesen Wolken enthaltene Wasser kann ein beträchtliches Gewicht haben: Ein Kollege, der auf diesem Gebiet wissenschaftlich tätig ist, schätzt das Gewicht von Wolken nicht in Kilogramm, sondern mithilfe einer Maßeinheit, unter der man sich leichter etwas vorstellen kann: Elefanten! In einer großen Cumulonimbus-Wolke kann das Gesamtgewicht dieser Aerosoltröpfchen bis zu fünfzehn *Millionen* Elefanten betragen! Das sind eine Menge Elefanten, die da suspendiert am Himmel gehalten werden (und ein ganz besonderer Grund, warum man einen guten Schirm dabeihaben sollte).

Diese riesige Menge Wasser fällt schließlich auf die Erde – es regnet. Die Wolkenvesikel haben ganz klar zwei Möglichkeiten – herunterfallen oder nicht. Das Herunterfallen muss eine Reduzierung der aufwärtsgerichteten Kraft beinhalten, die das suspendierte Wasser normalerweise hoch am Himmel festhält. Was wäre, wenn diese aufwärtsgerichtete Kraft dieselbe wäre wie die aufwärtsgerichtete Kraft, die die Vesikel aus dem Wasser hebt?

Diese Hebekraft könnte elektrostatisch sein, das heißt, sie könnte auf Ladung basieren. Erinnern Sie sich daran, dass Vesikel negativ geladen sind (Kapitel 14). Die negative Ladung allein kann die Bewegung nach oben nicht erklären; jedoch ist auch die Erde negativ geladen (siehe Kapitel 9). Die negative Ladung der Erde könnte die Vesikel abstoßen und sie nach oben drücken. Diese nach oben gerichtete Kraft könnte die Aufwärtsbewegung beim Verdampfen ermöglichen (Abb. 15.13).

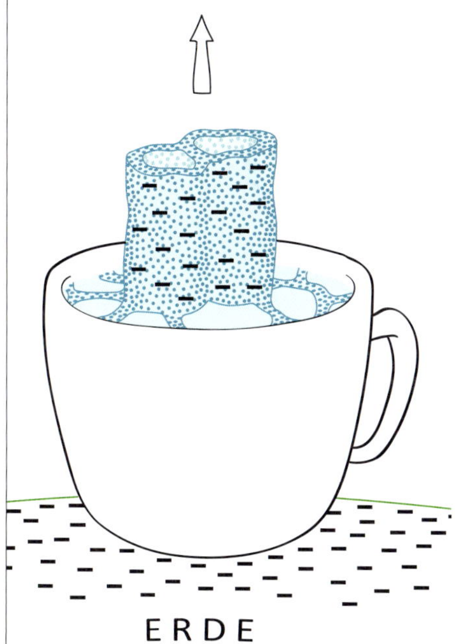

Abb. 15.13: *Negativ geladene Vesikel werden von der negativ geladenen Oberfläche der Erde abgestoßen.*

Ein bekanntes Beispiel für diese elektrostatische Hebekraft sieht man bei Wasserfällen. Das herunterfallende Wasser erzeugt einen Tröpfchennebel, der aufsteigt und Wolken bildet. Solche Wolken können sich bis *über* die Abflusskante des Wasserfalls hinaus erheben. (Abb. 15.14)

Abb. 15.14: *Die Niagara-Fälle*[w2]. *Beachten Sie die stets vorhandene Wolke aus Wassertröpfchen, die nach oben steigen.*

Da die Tröpfchen nicht auf *mechanische* Weise höher aufsteigen („zurückspringen") können als bis zu dem Punkt, an dem sie erzeugt wurden, deutet dies auf eine andere Kraft hin und dies könnte die elektrostatische Aufladung sein. Die aufwärtsgerichtete Kraft, die aus der negativen Ladung des Tröpfchens stammt, könnte dieselbe sein, die die „Elefantenwolken" suspendiert – und vielleicht auch dieselbe Kraft, die die röhrenförmigen Strukturen aufwärts bewegt, von denen wir ausgingen. Diese röhrenförmigen Strukturen müssen nur genügend negative Ladung aufnehmen, die ihnen die Aufwärtsbewegung erleichtert.

Mit diesem auf Ladung basierenden Mechanismus ist es auch erklärbar, dass die Dampfwolken *stoßweise* auftauchen. Die Mosaikröhren sind negativ geladen, weil die Vesikel, aus denen sie bestehen, ebenso negativ geladen sind. Protonen, die zwischen den Vesikeln liegen, schwächen die Negativität ab. Jedoch steuern jene Gleiches-liebt-Gleiches-Attraktoren nur geringe Mengen von positiver Ladung bei. Damit bleiben die röhrenförmigen Strukturen insgesamt negativ. Wenn sich immer mehr Vesikel anlagern, steigt diese Negativität an und die innere Abstoßung nimmt zu. Wenn die innere Abstoßung eine kritische Schwelle erreicht, reißt sich die Röhrenform an der schwächsten Stelle sprichwörtlich selbst auseinander. Dann kann der oberste Bereich aufwärts entweichen – abgestoßen durch die darunter befindlichen negativ geladenen Vesikel und letztendlich auch durch die Negativität der Erde.

Dieser auf Ladung basierende Prozess erzeugt die einzelnen Dampfstöße. Dieser Prozess ist *katastrophenartig, das* heißt, er wird ausgelöst aufgrund einer ladungsbasierten Instabilität, die die Zerstörung eines Teils der Mosaikmatrix nach sich zieht. Der Prozess wiederholt sich immer wieder und liefert dabei die bekannte Abfolge von einzelnen Dampfwolken – ähnlich den Dampfwolken, die Sie aus Ihrer Tasse heißen Kaffees entschweben sehen.

Die Vervollständigung des Verdampfungszyklus

Die Dampfwolken, die aus dem heißen Kaffee aufsteigen, verschwinden letztendlich; sie verflüchtigen sich in die Luft darüber. Wir können zurecht fragen, warum und wie diese Wolken verschwinden. Und was passiert danach?

Mir fallen zwei mögliche Erklärungen für das Verschwinden ein: Aggregate von Vesikeln könnten auseinanderbrechen oder die Vesikel selbst brechen auseinander. Das Aufbrechen der Vesikel ist denkbar, aber physikalisch kaum nachvollziehbar. Das Auseinanderbrechen der Aggregate kann man sich dagegen einfacher vorstellen, weil die positiven

Die Ladung von Vesikeln und der Kelvin'sche Wassertropfengenerator

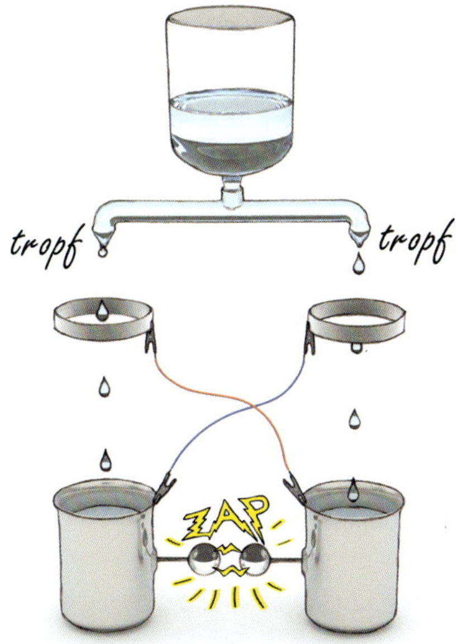

Zapp! Da haben wir eine elektrische Entladung zwischen zwei wassergefüllten Behältern aus Metall, beide gefüllt aus derselben Wasserquelle. Es ist wirklich unheimlich – aber das ist das Experiment mit dem Kelvin'schen Wassertropfengenerator (Kapitel 1). Die beobachtbare Entladung demonstriert die Fähigkeit fallender Tropfen, Ladung zu tragen.

Und so funktioniert es: Stellen Sie sich vor, dass das erste fallende Tröpfchen nur einen Hauch Ladung hat, sagen wir, negative. Wenn das Tröpfchen in den linken Eimer fällt, wird der linke Eimer eine Spur negativ geladen sein.

Im Kelvin'schen Experiment sind alle Eimer und Ringe aus Metall; sie sind leitfähig. Wenn der linke Behälter eine negative Aufladung erhält, wird der rechte Ring ebenso negativ geladen (sie sind ja verbunden). Die negative Ladung des rechten Rings – und hier liegt der Schlüssel – überträgt gleiche und entgegengesetzte Ladung auf den gerade darüber entstehenden Tropfen. (Induktion entgegengesetzter Ladung ist eine Grundlage der Elektrostatik.) Die Spitze dieses Wassertropfens, der gerade im Fallen begriffen ist, wird daher positiv geladen. Wenn der Tropfen in den rechten Eimer fällt, wird dieser damit eine Spur positiver Ladung erhalten.

Die positive Ladung des rechten Eimers wird im Gegenzug positive Ladung auf den linken Ring übertragen, der in der darüber befindlichen Wassersäule Negativität induziert. Daher hat das nächste fallende Tröpfchen eine negative Aufladung.

So trägt jeder Tropfen, der in den linken Eimer fällt, negative Ladung und jedes Tröpfchen, das in den rechten Eimer fällt, positive Ladung. Da sich in jedem Eimer Ladung aufbaut und auch in jedem der Ringe, wird der Induktionseffekt immer stärker. Letztendlich sind die Eimer so stark geladen, dass sich zwischen den Eimern ein Lichtbogen entlädt.

Abgesehen von diesem beeindruckenden „Zapp!" zeigt das dynamische Verhalten der Tröpfchen noch etwas anderes. Die Tröpfchen „spüren" die zunehmende Ladung und beginnen „abzubiegen", sich vom Eimer wegzubewegen. Sie können sich sogar nach oben bewegen und verfehlen dabei ihren Zieleimer ganz und gar (siehe Abbildung unten). Das macht deutlich, dass Ladungseffekte so stark sein können, dass sie sogar die Schwerkraft überwinden.

Die zuletzt beschriebene Beobachtung stützt die Annahme, dass das Aufsteigen von Vesikeln aus warmem Wasser elektrostatisch bedingt sein könnte. Elektrische Kräfte können offensichtlich Tröpfchen nach oben bewegen.

Tröpfchen, die in einen Eimer des Kelvin'schen Generators fallen, beleuchtet mit rotem Licht. Wenn das Wasser im Eimer stark genug geladen ist, werden die fallenden Tropfen nach oben abgestoßen.

Ladungen, die die Vesikel miteinander verbinden, sich leicht in der Luft auflösen können. Die Vesikel wären dann frei – aber intakt.

Sind sie erst einmal frei, müssten sich diese Vesikel verteilen. Verstreute Vesikel sind unsichtbar: Zwar streuen einzelne Vesikel Licht, aber von diesen weit verstreuten Vesikeln wird man nicht die geringste Lichtstreuung erkennen können. In feuchter Sommerluft haben wir ein anderes Bild. Die höheren Vesikelkonzentrationen müssten Licht beträchtlich streuen, was den Dunst – den man während dieser Jahreszeit häufig sieht – erklären könnte. Das gestreute Licht beeinträchtigt die Fernsicht. Es ist, als würde man durch eine dünne Wolke schauen.

Das weist auf einen anderen Punkt hin: Diese verstreuten Vesikel können Wolken bilden. Die Vesikel müssen sich nur sammeln (wie sie es in warmem Wasser tun). Dieser Prozess ist nicht kompliziert – er braucht nur etwas positive Ladung – doch um mich hier kurzzufassen, verschiebe ich eine detaillierte Darstellung dieses Prozesses auf einen anderen Zeitpunkt.

Wir haben gesehen, dass die Vesikel ein Instrument der Kontinuität darstellen. Die Vesikel bilden sich zuerst in Wasser; sie steigen als Dampf auf, verteilen sich, bilden Wolken und fusionieren letztendlich miteinander, um Regentropfen zu bilden, die wieder auf die Erde fallen. Damit ist der Kreislauf komplett. Daher ist die Vesikeldynamik möglicherweise ein zentrales Merkmal des Wasserkreislaufs und damit wesentlich für jedes Wettergeschehen.

Insektenschutzgitter und Luftzirkulation

Trotz der Versuchung, das Kapitel hier zu beenden, möchte ich doch noch kurz ansprechen, was mit den Vesikeln passiert, die sich in der Luft verteilen. Einige dieser Vesikel kondensieren letztendlich zu Wolken. Alle anderen, so nehmen Sie vielleicht an, bleiben in der Luft suspendiert, jedes einzelne ziellos und unabhängig umhertreibend, wie die Luftblasen der Kinder.

So bezaubernd dieses Bild auch erscheinen mag: Das Szenario des freien Herumschwebens ist unrealistisch. Mindestens zwei Gründe sprechen für eine Interaktion zwischen Vesikeln und der Luft. Der erste Grund: Das einzelne Vesikel ist geladen; geladene Vesikel werden unweigerlich von entgegengesetzten Ladungen angezogen und heften sich dort an. Die Atmosphäre enthält eine Menge dieser entgegengesetzten Ladungen. Der zweite Grund: Auch Luftmoleküle zeigen eine Tendenz zur Bindung an geladene Teilchen – die geladenen Vesikel könnten da bevorzugte Kandidaten sein. In den nächsten Abschnitten möchte ich die letztgenannte Möglichkeit beleuchten, denn diese Verbindung erwartet man nicht.

Um Belege für solche Verbindungen zu erhalten, versuchen Sie folgendes Experiment (Abb. 15.15). An einem feuchten Tag achten Sie einmal darauf, wie eine Brise angenehm durch ein offenes Fenster Ihres Hauses hereinweht. Dann setzen Sie ein Insektengitter in den Fensterrahmen und beachten dabei die Verminderung der Geschwindigkeit des Luftstroms. Einige Kollegen haben mir von diesem Phänomen erzählt. Meine eigene Erfahrung bei mir zuhause war, dass sich die Geschwindigkeit auf der dem Wind abgewandten Seite beträchtlich verringerte. Ein einfaches Messgerät zeigte an, dass sich die Geschwindigkeit beinahe halbierte. Man erwartet eine gewisse Reduzierung der Geschwindigkeit, weil das abschirmende Material die Luftpassage zum Teil blockiert; doch der Anteil fester Stoffe in meinem Insektengitter beträgt höchstens 10 bis 15 %, ist ganz und gar nicht proportional zum Abnehmen der Geschwindigkeit. Da scheint noch etwas anderes zu passieren.

Abb. 15.15: *Gewöhnliche Insektengitter reduzieren das Einströmen feuchter Luft mehr als erwartet.*

Lassen Sie mich das Phänomen unter einem eher quantitativen Aspekt betrachten. Luftmoleküle werden in Nanometer gemessen, während die Öffnungen im Insektengitter millimetergroß sind. Das entspricht einem linearen Verhältnis von 1 zu 1 000 000 000.

Um diesen Unterschied in der Größenordnung bewerten zu können, stellen Sie sich ein Gitter vor, dessen Löcher so groß wie Berge sind. Sie nehmen eine dieser rechtwinkligen Öffnungen, schneiden sie aus und stellen sie hochkant auf. (Abb. 15.16) Und nun stellen Sie sich vor, Sie werfen Golfbälle durch diese Öffnung. Sie werden bemerken, dass allein das Vorhandensein dieser Fensterbegrenzung genügt, um das Hindurchfliegen der Bälle zu verlangsamen. Wenn Sie diese Begrenzung entfernen, geht die Geschwindigkeit aufs normale Maß zurück. So seltsam dies auch scheinen mag, genau dasselbe passiert, wenn sich die Luftmoleküle durch das Insektengitter bewegen. Das Größenverhältnis ist ähnlich.

Abb. 15.16: *Die Insektengitter-Analogie. Obwohl die Umgrenzung riesig ist, reduziert allein ihr Vorhandensein die Geschwindigkeit passierender Golfbälle.*

Turbulenzen und Luftwirbel können bei der Verlangsamung des Luftstroms eine Rolle spielen, aber die Verminderung der Geschwindigkeit ist zu beeindruckend, um sie mit solchen Begleiterscheinungen zu erklären. Etwas anderes muss noch geschehen. Eine unkonventionelle Möglichkeit: Angenommen, die Luftmoleküle wären miteinander *verbunden* und würden ein lockeres *Netz* bilden. Dann würde jegliches Molekül, das auf das Gitter trifft, auch die anderen Moleküle verlangsamen.

Natürlich sind in der Theorie Luftmoleküle nicht miteinander verbunden: Molekulare Unabhängigkeit ist ein wesentlicher Punkt bei der Definition eines Gases – zumindest eines idealen Gases. Das Insektengitterexperiment verlangt jedoch nach einer Erklärung und die Möglichkeit, dass theoretisch eigenständige Moleküle doch irgendwie verbunden sein könnten, wäre es wert, erforscht zu werden. Kann ein verdampftes Gebilde Verbindungen knüpfen?

Verbindungen in der Luft?

In verdampften Gebilden befinden sich sowohl Vesikel als auch der „Protonenkleister", der mit ihnen aufsteigt. Wenn sich die Vesikel zerstreuen, dann zerstreuen sich auch die Protonen. Zuerst schienen diese Protonen attraktive Bindeglieder zu sein: Ihre positive Ladung könnte sich an negative Stellen der in der Luft enthaltenen Stickstoff- und Sauerstoffmoleküle binden. Aber trotz ihrer anfänglichen Attraktivität, als Bindeglied zu fungieren, können die Protonen nicht mehr nur Molekül*paare* erzeugen. Paare allein aber reichen nicht aus; die Ergebnisse aus dem Insektengitterexperiment verlangen nach weiterreichenden Luftverbindungen.

Nichtsdestotrotz kam mir durch die ausführliche Beschäftigung mit diesen möglichen Verbindungen durch Protonen ein altbekanntes Paradox in den Sinn, das auf einmal ganz neuen Sinn bekam. Das Paradox besteht im konstanten Stickstoff-Sauerstoff-Verhältnis. Trockene Luft besteht in ihrem Volumen aus 78,09 % Stickstoff und 20,95 % Sauerstoff. Das Verhältnis ist 3,727. Während sich die Konzentration von Gasen, die nur in Spuren vorkommen, wie Argon und Kohlendioxid, von Ort zu Ort und von Zeit zu Zeit stark unterscheiden kann, bleibt das Verhältnis zwischen Stickstoff und Sauerstoff stets konstant – es hat vier signifikante Ziffern.[w3] Das ist ein unglaublich konstantes Verhältnis.

Dieses konstante Verhältnis gilt überall – in Städten, auf dem Land, auf Berggipfeln, in Wüsten, über Ozeanen. Auch in Gegenden wie dem frostigen Sibirien, wo die Fotosynthese sicher weit weniger Sauerstoff liefert als im Dschungel des Amazonas, bleibt das Verhältnis erhalten. Tatsächlich ist das Verhältnis so unveränderlich, dass Wissenschaftler emsig daran arbeiten, Instrumente zu entwickeln, die die Genauigkeit von *drei* Stellen hinter dem Komma auf *vier* erhöhen; wenn ihnen das gelingt, könnte es das Auffinden auch winziger Unterschiede im Sauerstoffgehalt erleichtern.

Eine mögliche Erklärung für diese Konsistenz wäre, dass der Umsatz dieser Gase auf der Erde zu geringfügig ist – bezogen auf den Gehalt der gesamten Atmosphäre. Das bedeutet, das Gros der Sauerstoff produzierenden Flora, die die Erde bedeckt, beeinflusst nicht wirklich den Gehalt an Sauerstoff. Dies ist möglich, doch es ist nicht leicht mit dem gängigen Verständnis zu vereinbaren – dass der Sauerstoff in der Atmosphäre eigentlich von der Flora *erzeugt* wird.

Eine andere mögliche Erklärung – und hier wage ich mich wirklich ganz schön weit vor – ist die, dass Stickstoff und Sauerstoff stöchiometrische Komplexe bilden – das sind Komplexe mit festen Verhältnissen zwischen Sauerstoff und Stickstoff. Komplexe dieser Art werden als Gasklathrate bezeichnet (Käfigeinschlussverbindungen für Gase). Gasklathrate enthalten typischerweise eine bestimmte Menge an Gasmolekülen innerhalb eines „Wasserkäfigs“. Im vorliegenden Fall würden die Komplexe eine bestimmte Menge an Stickstoff- und Sauerstoffmolekülen enthalten, elektronegative Gebilde, die durch positive Protonen zusammengehalten werden.

Wie viele Moleküle?

Gasklathrate enthalten normalerweise bis zu Dutzenden von Molekülen. In der Luft liegt das Verhältnis von Stickstoff- zu Sauerstoffvolumen etwa bei 4 zu 1. Wäre das Verhältnis exakt 4 zu 1, dann würde das Klathrat nur aus fünf Molekülen bestehen. (Abb. 15.17) Das ist *eine* Möglichkeit. Andere ganzzahlige Verhältnisse würden größere Mengen mit unterschiedlicher Anordnung beinhalten, aber die Essenz wäre dieselbe: stöchiometrische Gebilde aus Stickstoff und Sauerstoff.

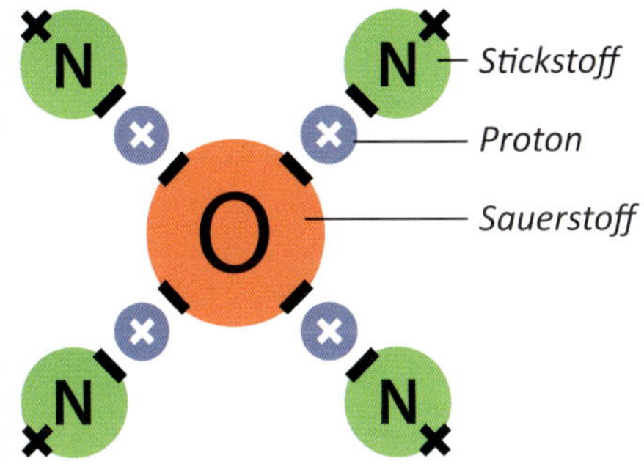

Abb. 15.17: *Vereinfachtes Schema möglicher Gasverbindungen (nicht maßstabsgerecht). Protonen könnten sich an elektronegative Stellen an Sauerstoff und Stickstoff binden und dabei stöchiometrische Verbindungen wie die dargestellte erzeugen. Die tatsächliche Anzahl an Molekülen wäre größer.*

Wenn außerdem die Wahrscheinlichkeit der Bildung eines solchen Komplexes hoch wäre, könnten theoretisch alle Stickstoff- und Sauerstoffmoleküle in der Luft auf diese Weise zu Komplexen verbunden sein; das hätte zur Folge, dass das Stickstoff-Sauerstoff-Verhältnis stets unveränderlich bleiben würde, egal, wo und wann.

Die „Klathrat-Hypothese“ hat den Vorteil, dass sie der bekannten positiven Ladung der Luft eine Rolle zuweist. Wissenschaftler sind sich der positiven Ladung bewusst, aber sie kennen ihren Ursprung nicht. Die Ladung könnte durch die während der Verdampfung freigesetzten Protonen entstehen. Diese freien Ladungen könnten die Molekülverbindungen erzeugen, die wiederum die Konstanz des Verhältnisses zwischen den Gasen stützen.

Während dieses Problem dadurch gelöst wäre, bringen uns die Protonen in Bezug auf ein anderes Problem, das wir noch lösen müssen, noch

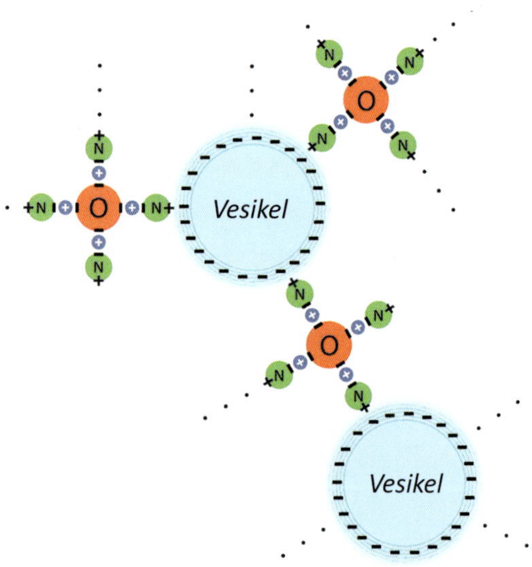

Abb. 15.18: *Vesikel verbinden möglicherweise die Stickstoff-Sauerstoff-Komplexe locker und schaffen dadurch eine durchgängige Struktur.*

nicht weiter: die weitreichenden Verbindungen zwischen Gasmolekülen. Dabei könnte das *andere* Gebilde, das bei der Verdampfung auftritt, ins Spiel kommen: das Vesikel. Negativ geladene Vesikel sind immer auf der Suche nach positiv geladenen Elementen. Die am ehesten verfügbare positive Quelle ist das exponierte Ende des Stickstoffmoleküls, das am äußeren Ende der Einzelklathrate sitzt. (Abb. 15.17) Negative Vesikel, die sich an diese positiven Stellen hängen, könnten die fraglichen weitreichenden Verbindungen erzeugen. (Abb. 15.18)

Zwar bedürfen die vermuteten Verbindungen weiterer seriöser wissenschaftlicher Erforschung, aber sie eignen sich immerhin dazu, die Insektengitterexperimente zu erklären. Diese Verbindungen müssten schwach genug sein, um einer zufälligen Entdeckung zu entgehen, aber stark genug, um zu erklären, warum feuchte Luft gewöhnlich als „dick" oder „schwer" bezeichnet wird. Die vielen Vesikelverbindungen könnten auch erklären, warum ein Insektengitter den Luftstrom bei hoher Luftfeuchtigkeit verlangsamt.

Atmosphärische Leitfähigkeit und Reibung

Abgesehen von der Lösung des „Insektengitter-Problems" könnten die vorgeschlagenen Verbindungen dabei helfen, zwei paradoxe und scheinbar unzusammenhängende Phänomene zu erklären. Das erste ist die bemerkenswerte Fähigkeit der Atmosphäre, Radiosignale zu übertragen.

Als Kind fragte ich mich, wie in Australien erzeugte Radiowellen die ganze Strecke bis nach Brooklyn reisen konnten. Mein Radio und auch das Radio meines Freundes nebenan empfingen solche entfernten Signale. Irgendwie wurde unsere Atmosphäre vor Ort von Energie angefüllt, die am anderen Ende der Welt ausgestrahlt wurde. Auch wenn diese Wellen mehrfach zwischen der Ionosphäre und der Erde hin und her sprangen, konnte ich nicht verstehen, wie sie über solche immensen Strecken hinweg ihre Stärke behalten konnten.

Mein einfaches Kristallradio funktionierte beinahe genauso beeindruckend; es konnte aus weiten Entfernungen gesendete Radiosignale empfangen. Es hatte jedoch keine Batterie. Diese weitreisenden Signale müssen die erforderliche Energie mit enthalten haben – Energie genug, um meine Kopfhörer zu speisen. Unglaublich! Nach meiner Kenntnis steht eine zufriedenstellende Erklärung für diese Meisterleistung immer noch aus.

Ob die weiter oben postulierten Luftmolekülverbindungen eine Lösung für das Übertragungsproblem wären, bleibt spekulativ – sogar mehr als die Existenz dieser Verbindungen. Jedoch könnten solche Verbindungen elektrische Kontinuität liefern. Ein in Australien gesendetes

Signal könnte entlang dieser „atmosphärischen“ Drähte reisen, in derselben Art, wie sich Signale entlang von Kupferdrähten bewegen. Die Signale könnten praktisch überall hinreisen. Verluste wären vorhersehbar, aber da einfallende Strahlungsenergie die Vesikel ständig aktiviert, könnten diese Vesikel als signalverstärkende Knotenpunkte fungieren, die überall die Signale verstärken, genauso, wie Transistoren Signale verstärken. In diesem Fall wären eine Menge Signale verfügbar, um sogar passive Kristallempfänger zu betreiben.

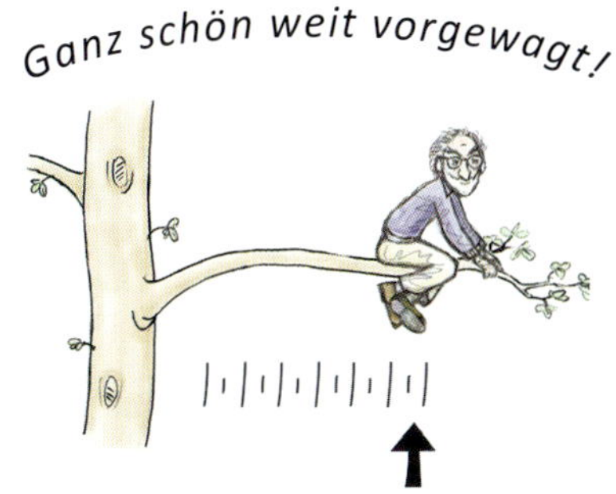

Ich gehe mit meiner Spekulation noch einen Schritt weiter und behaupte, dass diese losen Verbindungen ein weiteres ungeklärtes atmosphärisches Rätsel lösen könnten: warum sich die Atmosphäre „im Gleichschritt“ mit der Erde bewegt. Betrachten Sie einmal Folgendes: Die Erde dreht sich unermüdlich um ihre eigene Achse. In Relation zum Universum zischen Sie mit 1500 Stundenkilometer durch die Gegend – mit der doppelten Geschwindigkeit eines Jets. Die Luft um Sie herum bewegt sich offenbar gleichzeitig – denn wenn sie es nicht täte, würden Sie stets einen heulenden Sturm wahrnehmen. (Abb. 15.19, S. 284).

Um zu erklären, warum sich die Luft synchron mit der Erde bewegt, könnten Sie vielleicht argumentieren: So ist das eben einfach! Als sich die Erde bildete, hat sich auch die Luft mit ihr gedreht; und aufgrund der Dynamik der Luft, bleibt ihre Geschwindigkeit unvermindert bestehen – genauso wie die der Erde. Doch diese Erklärung genügt nicht: Die Luftgeschwindigkeit kann sich praktisch von einer Minute zur anderen ändern; daher müssen andere Faktoren jegliche Trägheit ausgleichen.

Eine alternative Erklärung für die gekoppelte Rotation wäre eine mechanische Kopplung: Die Bestandteile der Atmosphäre bleiben in einer schwachen Verbindung und dieses Gebilde der verbundenen Atmosphäre koppelt sich durch Reibung an die Erde. Aufgewölbte Hügel, große Gebäude und herausragende Berge ziehen die oberflächennahe Luft mit der Erde mit. Würden die *oberen* Luftmoleküle von den unteren Luftmolekülen „abgehängt“, so blieben sie Teil des Kosmos. Wenn jemand die Erde beobachtete, müssten *diese* oberen atmosphärischen Moleküle mit Überschallgeschwindigkeit entgegen der Erdrotation umherzischen. Das ist aber nicht der Fall.

Luft und Erde müssen aus diesem Grund mechanisch gekoppelt sein, sogar ganz oben in der Atmosphäre. Die beiden Gebilde müssen sich als Einheit drehen. Die Kopplung ist schwer zu erklären, wenn die Luftmoleküle nicht zumindest locker miteinander verbunden sind. Wenn sich dann die unteren Luftmoleküle mit der Erde bewegen, tun es auch die oberen. Die Kopplung ist ein glücklicher Umstand; denn anderenfalls würden wir ständig unter der höllischen Präsenz ewig heulender Super-Hurrikane leiden.

Abb. 15.19: *Die Kopplung von Erde und Atmosphäre. Die Atmosphäre bewegt sich gemeinsam mit der Erdoberfläche (oben). Würde keine Kopplung zwischen Luftmolekülen existieren, würde sich die Atmosphäre so gut wie gar nicht bewegen (unten). Ein Beobachter auf der Erde würde einen beständigen Ost-West-Wind von hoher Geschwindigkeit wahrnehmen.*

Die Kopplung von Luftmolekülen kann auch dabei helfen, zu erklären, warum die Luft so viel Reibung hat. Denken Sie an Meteoriten, die beim Eintritt in die Atmosphäre verbrennen; denken Sie an die Flugzeuge, die so unendlich viel Sprit brauchen; und denken Sie an Gegenstände, die von hohen Gebäuden fallen und eine Endgeschwindigkeit erreichen, die spürbar kleiner ist als im Vakuum. All diese Phänomene resultieren aus der Luftreibung, die sich wiederum aus dem Verbund der Moleküle ableitet.

Natürlich gäbe es noch mehr Fragen zur Luft-Erde-Kopplung zu erörtern als die Themen Molekülbindung und Reibung. Ich zögere allerdings, noch mehr vom Thema dieses Kapitels – der Verdampfung – abzuschweifen. Aber ich kann nicht aufhören, ohne das Offensichtliche kurz zu formulieren: Die Erde ist negativ und die Atmosphäre positiv. Sie ziehen einander an. Ob diese Anziehung substanziell genug ist, um die Luft mit der Erde zu koppeln, ist eine Frage für die zukünftige Forschung; sie könnte ein dominierender Faktor sein – und vielleicht sogar den sogenannten Luftdruck erklären.

Die offensichtlich spekulative Materie der letzten Abschnitte habe ich hauptsächlich deshalb eingefügt, um Fragen aufzuwerfen, anstatt sie zu beantworten. In diesem Kapitel haben wir einen genauen Blick auf die wenig bekannten, doch sehr erstaunlichen Teilvorgänge des Verdampfungsprozesses geworfen. Ich hoffe, dass das Phänomen der Verdampfung nun besser verständlich geworden ist – besonders im Hinblick auf die Vesikelcluster, die in regelmäßigen Abständen in Form von Dampfstößen aufsteigen.

Zusammenfassung

Vesikel ordnen sich im Wasser von selbst. Sie tun das aufgrund des Prinzips „Gleiches zieht Gleiches an". Dabei bilden sie weitreichende netzartige Strukturen. Diese Strukturen ähneln Mosaiken, wenn man sie von oben betrachtet; aber eigentlich sind es Röhren, die tief in das Wasser hinabreichen. Mit ausreichender Absorption von Strahlungsenergie können die Röhren genügend negative Ladung aufnehmen, um einzeln oder als Kollektiv aus dem Wasser zu entweichen. Die aufsteigenden Strukturen, die man als Dampfstöße wahrnimmt, erheben sich einer nach dem anderen von der Oberfläche. Diese austretenden Dampfstöße sind ein wesentliches Element der Verdampfung.

Wie hängen diese Verdampfungsschritte mit dem Vesikel erzeugenden Prozess im vorangehenden Kapitel zusammen? Der Energieinput ist entscheidend. Mit infrarotem (Wärme-) Input bilden sich Vesikel im Überfluss; die Vesikel strömen vertikal und vermehren dabei die röhrenförmigen Mosaike – die dann als Dampf aufsteigen. Mehr Energieinput bedeutet, dass sich die Vesikel schneller bilden und auch die Mosaike schneller aufsteigen. Mehr Energieinput ist gleichbedeutend mit schnellerer Verdampfung.

Mit noch höherem Infrarotinput erfolgt die Vesikelbildung so schnell, dass die Vesikel gar keine Gelegenheit mehr haben, sich den Mosaiken anzuschließen. Diese Vesikel verbinden sich einfach miteinander, verwandeln sich in Blasen und steigen an die Oberfläche. Dies ist das bekannte Phänomen des Kochens. Kochen ist das Extrem des Verdampfens, es ist so chaotisch, dass die Regelmäßigkeit der Mosaike praktisch verschwindet.

Am anderen Ende des Wärmespektrums liegt *nicht* erwärmtes Wasser. Man kann annehmen, dass die Verdunstung dort genauso wie in diesem Kapitel beschrieben vor sich geht, nur in geringerem Umfang! Andererseits bringt Zimmertemperatur eine gewisse Stabilität mit sich. Begleitend zu dieser Stabilität treten mehrere unerwartete Effekte auf, die wir im nächsten Kapitel erforschen.

16 „Wassertrampoline“ – Schichten an der Wasseroberfläche

Steine über die Oberfläche von Gewässern springen zu lassen war einmal ein beliebtes Spiel. Als ich noch ein Jugendlicher war, herrschte insgeheim ein Wettbewerb unter den Steinschleuderern – eine Art Probe auf die „Männlichkeit“, von deren Ausgang Rückschlüsse auf den möglichen Erfolg bei den Mädchen abgeleitet wurden. Wer die Steine am weitesten springen lassen konnte, der hatte sich auf jeden Fall als Alphamännchen qualifiziert.

Warum springen die Steine auf dem Wasser? Sicher können Steine von Trampolins hochschnellen, aber die Wasseroberfläche scheint doch zunächst alles andere als ein elastisches Gewebe zu sein. Wasser ist eine viskose *Flüssigkeit* – Steine können davon nicht einfach wegspringen. Andererseits treten, wenn Wasser auf Luft trifft, bestimmte Eigenschaften oder Phänomene auf: EZ-Mosaike bedecken die Oberfläche und setzen sich auch nach weiter unten im Wasser in beträchtlichem Maße fort. (Abb. 15.11) So unterscheidet sich das Oberflächenwasser von der Masse des Wassers weiter unten und es taucht die Frage auf, ob diese Eigenart der Oberfläche dazu geeignet ist, die Steine springen zu lassen.

Dieses Kapitel nimmt die *Oberfläche* des Wassers gründlich unter die Lupe. Es enthüllt einige überraschende mechanische Merkmale, die dabei helfen, bestimmte Phänomene aufzuklären: vom Gehen über das Wasser bis hin zur Begründung dafür, dass Schiffe schwimmen.

Oberflächenwasser unterscheidet sich von Bulkwasser

Finnische Skispringer trainieren gern das ganze Jahr über. Im Winter haben sie dafür ausreichend Schnee, doch der Sommer stellt eine Herausforderung dar. Dann improvisieren die erfinderischen Skispringer: Sie nutzen Schanzen mit Kunststoffbelag, die strategisch so angelegt sind, dass man mit den Skiern im Wasser landen kann.

Das Wasser ist jedoch nicht so unproblematisch, wie man erwarten würde. Die Skispringer würden sich die Knochen brechen, wenn das Wasser nicht durch kräftiges Aufsprudeln „weich“ gemacht würde: Die Blasen „durchlöchern“ kontinuierlich die Oberfläche, reduzieren so die Oberflächenspannung und ermöglichen den Skispringern eine sichere Landung. Anfänger im Turmspringen wenden oft eine ähnliche Strategie an; nur wenige von ihnen brechen sich die Knochen.

Abb. 16.1: *Ein beispielhafter Beleg für die hohe Oberflächenspannung des Wassers*

Die Steifheit der Wasseroberfläche sollte keine allzu große Überraschung sein, denn die hohe Oberflächenspannung ist eine der bekannten Anomalien des Wassers. Die Spannung ist so hoch, dass kleine, leichte Gegenstände darauf schwimmen: von Stahlnägeln über Büroklammern bis hin zu alten Münzen. (Abb. 16.1)

Wissenschaftler schreiben die hohe Oberflächenspannung des Wassers im Allgemeinen einer zusätzlichen Wasserstoffbindung zu: Wassermoleküle an der Oberfläche haben keine Bindungspartner *über* sich; die offenen Bindungsstellen können den *benachbarten* Molekülen zur Verfügung stehen. Diese zusätzlichen *seitlichen* Bindungen erhöhen die Steifheit und bewirken die hohe Oberflächenspannung.

Die Oberflächenschicht, in der sich diese Extrabindungen befinden, ist gewöhnlich weniger als 1 Nanometer dick. Um sich zu vergegenwärtigen, wie viel 1 Nanometer im Vergleich zu unseren normalen Maßstäben ist, stellen Sie sich zunächst eine 1 Millimeter dicke Scheibe Salami vor. Machen Sie diese in Gedanken 1000 Mal dünner; dann nehmen Sie eine dieser dünneren Scheiben und schneiden diese noch einmal in 1000 dünnere Scheiben (sofern Sie das können). Ein hauchdünner Film, ein Zehntel der Wandstärke einer Zellmembran, entscheidet also offensichtlich darüber, ob man sich die Knochen bricht oder nicht.

Für die ungewöhnlichen Oberflächeneigenschaften des Wassers scheint allerdings etwas Bedeutsameres notwendig und verantwortlich zu sein als einige wenige Extrabindungen in einem so dünnen Film.

Auf dem Wasser laufen

Wasser kann lebendige Wesen tragen, von Wasserläufern bis hin zu zentralamerikanischen Eidechsen. Erstaunliche Videos zeigen Eidechsen in Costa Rica, die auf Teichoberflächen herum flitzen.[w1] Weil sie auf dem Wasser laufen können, werden sie als „Jesus-Christus-Eidechsen" bezeichnet. Dieses Phänomen macht klar, dass natürliche Wasseroberflächen beträchtlich starrer sein können, als man annimmt.

EZ-ähnliche Zonen an der Grenzfläche von Luft und Wasser

In der Tat ist etwas Bedeutsames an der Oberfläche vorhanden: ein Mosaik (vgl. Kapitel 15). Diese Struktur zieht sich von der Oberfläche weiter nach unten ins Wasser und erzeugt eine relativ dicke, netzartige Schicht. Diese netzartige Schicht beeinflusst die mechanischen Eigenschaften der Wasseroberfläche erheblich.

Wir stolperten eher zufällig über diese markante Eigenschaft der Oberfläche – bevor wir davon träumten, eine Infrarotkamera einzusetzen, um ihre Eigenschaften zu erkunden: In Behältern mit Wasser und Mikrosphären bemerkten wir eine von Mikrosphären freie Zone, mit der die Wasseroberfläche sozusagen bedeckt war.

Wir sahen diese klare Zone erstmals in Bechergläsern. Die wässrige Lösung im Glas war anfangs trüb von Mikrosphären. Bald jedoch entwickelte sich unmittelbar an der Oberfläche eine mikrosphärenfreie Zone, die für einen beträchtlichen Zeitraum sichtbar blieb. Was Besucher aber noch mehr beeindruckte als diese tellerähnliche Zone, das war der klare Zylinder, der viel später auftauchte und sich nahe der Mitte des Becherglases senkrecht nach unten erstreckte (siehe Abb. 9.12). Dieser hervorstechende vertikale Zylinder bildete sich aus der eher unscheinbaren, scheibenförmigen klaren Zone oben.[1]

Die obere klare Zone zeigte sich auch in einem anderen Typ von Gefäß, das aus zwei parallelen, nah beieinander angeordneten Glasscheiben bestand; wir versiegelten diese Scheiben entlang dreier Kanten, sodass eine Art schmales Becken entstand. Es sah aus wie ein enges Aquarium. (Abb. 16.2) Unter bestimmten experimentellen Bedingungen konnten wir stabile klare Zonen erkennen. Suspensionen mit Mikrosphären sahen anfangs einheitlich trüb aus. Doch innerhalb von Minuten entwickelte sich eine von Mikrosphären freie Zone oben. Diese klare Zone blieb etwa einen Tag lang erhalten, danach setzten sich alle Mikrosphären am Boden ab.

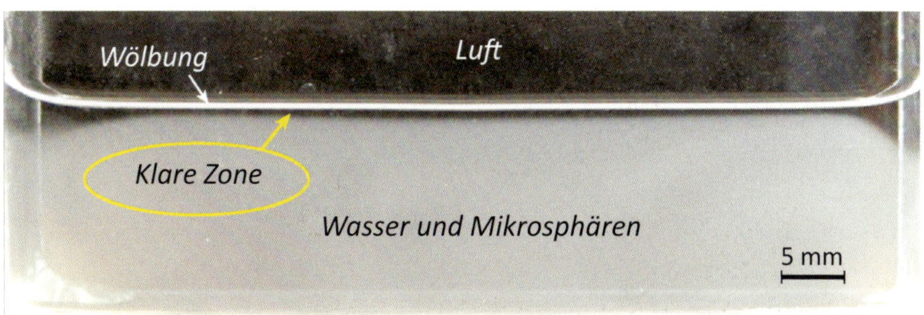

Abb. 16.2: *Klare Zone an der Oberfläche einer Suspension mit Mikrosphären in einer Kammer, die aus zwei parallelen Glasscheiben besteht, die links, rechts und am Boden versiegelt sind*

So haben wir also klare Oberflächenzonen sowohl bei zylindrischen als auch bei rechtwinkligen Behältnissen gefunden, eine Zeit lang, bevor uns klar wurde, dass diese den mosaikartigen Strukturen entsprechen könnten. Diese Zonen stachen uns sofort als eine Art Ausschlusszonen ins Auge. Sie schlossen Mikrosphären aus und die Oberseite dieser Zonen enthielt das für Ausschlusszonen typische negative Potenzial, wie wir später herausfanden. Falls diese klare Zone direkt unter der Oberfläche EZ-Material enthalten würde, dann wäre die Festigkeit der Oberfläche möglicherweise ausreichend, um Stahlnägel und alte ungarische Münzen zu tragen.

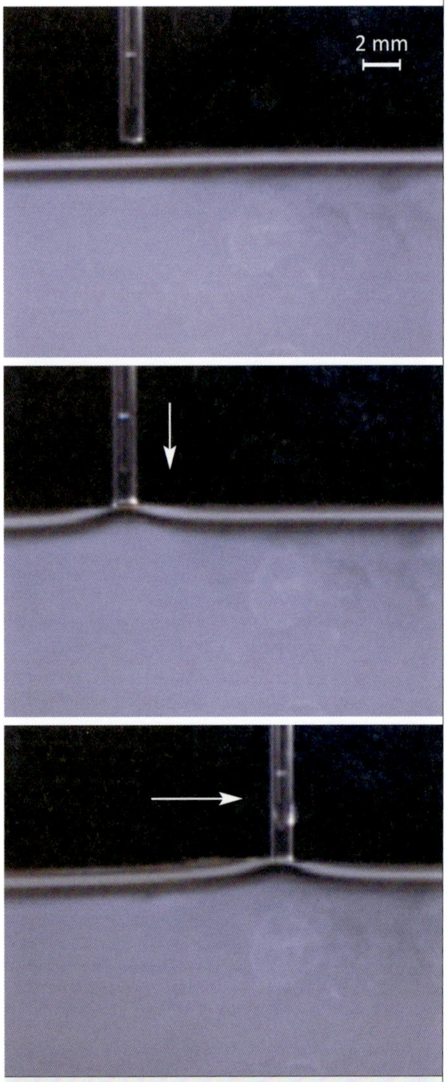

Abb. 16.3: *Eine Glaspipette wird einer Wasseroberfläche angenähert. Die Stärke der EZ wird durch diesen mechanischen Eingriff kaum verändert, auch nicht durch eine Seitwärtsbewegung der Pipette.*

Wir konnten die Steifheit dieser Oberfläche sehr schnell bestätigen. (Abb.16.3) Wir näherten eine Glaspipette ganz langsam der Wasseroberfläche. An einem bestimmten Punkt, bevor wir ihre Berührung mit dem Wasser erwarteten, stülpte sich die Oberfläche *aufwärts* (vielleicht aufgrund induzierter Ladung) und verband sich mit der Pipette. Während dieser mechanischen Störung veränderte die klare Zone unter der Pipette kaum ihre Stärke; auch dann nicht, als wir die Pipette von einer Seite zur anderen hin und her bewegten. Die klare Zone verhielt sich wie ein anhaftendes Band, ein Gummiband, die sich über die Wasseroberfläche erstreckte. Da es Millionen von Molekülschichten stark war, konnte dieses Band möglicherweise problemlos auch schwerere Gegenstände tragen.

Diese Oberflächenschicht schien der Struktur zu entsprechen, die wir im vorangehenden Kapitel kennengelernt haben: von der Seite gesehen eine klare Zone und von oben betrachtet eine Mosaikstruktur. Keine der beiden Ansichten allein reicht für das vollständige Bild aus; nur miteinander enthüllen sie umfassender, was sich unmittelbar unter der Wasseroberfläche abspielt. (Abb. 16.4)

Die Beobachtungen des vorangehenden Kapitels gewannen wir hauptsächlich an *warmem* Wasser, während wir die hier beschriebene Beobachtung bei *Raumtemperatur* machten. Wenn die beiden Beobachtungen dieselbe Struktur widerspiegeln, dann können wir mutmaßen, dass die Eigenschaften der Oberfläche bei Raumtemperatur denen, die wir bei *höheren* Temperaturen gefunden haben, zumindest qualitativ *ähnlich* sind: mosaikartige Ausschlusszonen, die die Oberfläche bedecken und sich beträchtlich nach unten ins Wasser erstrecken.

Die EZ-Mosaike beinhalten hauptsächlich Cluster von Vesikeln. Sie könnten jedoch auch das Standard-EZ-Material enthalten. Das Standard-EZ-Material könnte aus zwei Quellen stammen. Die erste mögliche Quelle: Die äußere Grenze des Mosaiks liegt direkt innerhalb einer Kammerwand; die Wand könnte eine Standard-EZ-Struktur erzeugt haben, die ein Teil der Mosaikformation sein könnte. Die zweite mögliche Quelle: Einige der Vesikel könnten sich durch den Reißverschlussmechanismus in Standard-EZ-Material umgewandelt haben (Kapitel 14). Das daraus resultierende Mosaik vermischt dann nahtlos die Standard-EZ mit der Ausschlusszone der Vesikel, wobei die EZ-Anteile von den Umgebungsbedingungen abhängig sind.

Die Umgebungsbedingungen könnten auch bestimmend dafür sein, welcher Anteil der Oberfläche durch das EZ-Mosaik bedeckt wird. Abbildung 16.4 zeigt eine relativ offene Struktur mit mäßig fraktionierter Bedeckung. Theoretisch könnten sich die Öffnungen der Mosaike weiter ausdehnen. Die fraktionelle Bedeckung der Oberfläche hängt von der Anzahl an Vesikeln ab, die aus dem Gleichgewicht zwischen Vesikelproduktion und Vesikelabsorption der bestehenden Matrix und dem Verlust von Vesikeln durch Verdunstung resultiert. Bei Zimmertemperatur könnte die begrenzte Verdunstungsrate diese Balance zugunsten des Auffüllens der Oberfläche mit EZ enthaltenden Vesikeln verschieben.

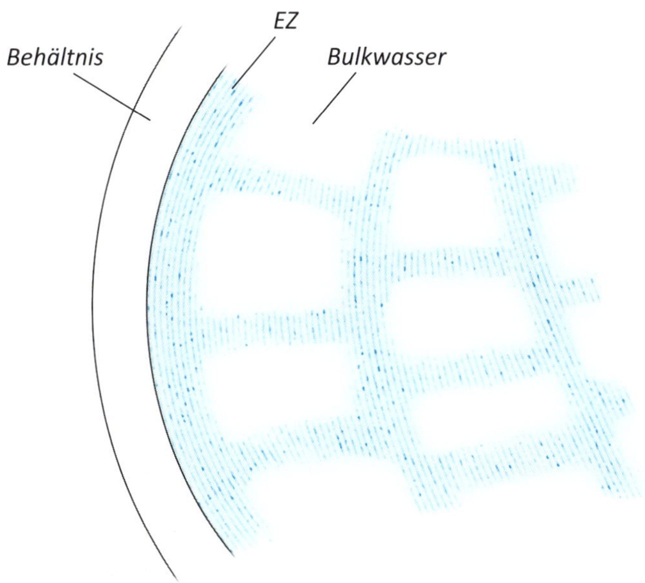

Abb. 16.4: *Blick von oben auf die mosaikartige Oberflächenstruktur. Von der Seite betrachtet wird diese Struktur als klare Zone erscheinen, besonders dann, wenn die Mosaiköffnungen (Bulkwasseröffnungen) relativ klein sind.*

Trotz quantitativer Unsicherheiten sollte man annehmen, dass das netzartige Mosaik für die harte Oberfläche verantwortlich ist. Diese „Verhärtung“ könnte die anomale hohe Oberflächenspannung des Wassers erklären.

Diese Versteifung könnte ebenso auch den Widerstand erklären, den Turmspringer beim Eintauchen ins Wasser wahrnehmen. Andererseits ist die Verhärtung nicht die ganze Geschichte: Wenn Skispringer oder Turmspringer die Oberfläche berühren, muss das darunterliegende Wasser ausweichen; das Wasser muss die Trägheitskräfte überwinden, die es an seinem Platz halten. Die netzartige Schicht engt die Wassermoleküle ein; sie behindert ihre Beschleunigung. Für Turmspringer stellt das Oberflächenmosaik also ein zweifaches Hindernis dar: Es verhärtet die Oberfläche und es behindert das Wasser beim Ausweichen. Glücklicherweise kann dieses Oberflächenhindernis dadurch beseitigt werden, dass man kontinuierlich Blasen von unterhalb der Oberfläche sprudeln lässt, eine gängige Praxis beim Turmspringen in einer Halle.

Weiterreichende Oberflächenzonen in offenem Wasser?

Die im vorangehenden Abschnitt beschriebenen Beobachtungen wurden hauptsächlich unter Laborbedingungen durchgeführt. Die Bedingungen sind bei großen natürlichen Wassermassen, die kontinuierlich relativ hoher Strahlungsenergie ausgesetzt sind, wahrscheinlich andere. Dort wird sich die fraktionelle Mosaikbedeckung der Oberfläche und deren vertikale Ausdehnung vielleicht anders gestalten als in Bechergläsern. Tatsächlich könnten diese Strukturen dort wesentlich tiefer reichen.

Ein Hinweis auf diese weiter in die Tiefe reichende Ausdehnung kommt von Berichten über Freitauch-Wettbewerbe. Die Athleten können 8 oder 9 Minuten lang (!) unter Wasser bleiben, ohne zu atmen, und mehr als 100 Meter in die Tiefe tauchen, bevor sie wieder an die Oberfläche gelangen. Alle berichten von einer physikalischen Veränderung bei einer Tiefe von 15 bis 20 Metern. Oberhalb dieser Tiefe sei der Körper in einem neutral schwebenden Zustand, während er weiter unten wie ein Stein sinke.

Diese Situation könnte man analog zur Situation eines Nagels in einem Wasserglas sehen: Er schwimmt möglicherweise, wenn man ihn ganz sanft auf die Oberfläche legt; wenn er aber bis zu einem Punkt unterhalb der Oberfläche eingetaucht und dann losgelassen wird, sinkt er sofort nach unten. Dieser Übergangspunkt liegt nur einige Millimeter unterhalb der Oberfläche; im Fall der Freitaucher scheint er einige Meter unterhalb der Oberfläche zu liegen.

Ein zweiter Hinweis auf ein tieferes Hinabreichen der Mosaikstruktur kommt von Ingenieuren der Marine, die mit Sonar arbeiten. Wenn man Schallwellen senkrecht nach unten richtet, reichen diese für gewöhnlich bis auf den Meeresgrund. Wenn man die Wellen aber schräg einleitet, dann werden sie von einer Diskontinuität irgendwo unter der Oberfläche zurückgeworfen und gelangen nie auf den Grund. Dasselbe passiert, wenn man die Schallwellen von unten nach oben richtet: Werden sie schräg ausgesendet, erreichen sie nie die Oberfläche. Die dafür verantwortliche Diskontinuität scheint bei unterschiedlichen Tiefen aufzutreten. In flacheren Gewässern in der Nähe der Küste ist die Tiefe ähnlich der, von der die Freitaucher berichten: einige Meter. In tieferen Ozeangewässern tritt diese Grenzfläche nach den Berichten bei Tiefen von mehreren Hundert Metern oder mehr auf. Die Quelle dieser Diskontinuität ist unbekannt, könnte aber der unteren Grenze der besagten Mosaikstruktur entsprechen.

Eine dritte bedeutsame Beobachtung kommt von einer Studie an Bord eines Schiffs.[2] Messungen, die in der Ostsee durchgeführt wurden, haben einmal mehr eine senkrecht nach unten reichende Diskontinuität enthüllt. Von der Oberfläche nach unten bis in etwa 60 Meter Tiefe fanden die Forscher einen praktisch konstanten Sauerstoffgehalt, der danach innerhalb von 10 Metern senkrecht nach unten steil auf ein wesentlich niedrigeres Niveau abfiel. (Abb. 16.5) Der hohe Sauerstoffgehalt nahe der Oberfläche lässt auf die Anwesenheit von EZ-Material schließen, denn die Ausschlusszonen sind dicht mit Sauerstoff „bepackt“ (Kapitel 4). Darüber hinaus enthielt die obere Zone eine Salzkonzentration, die weniger als die Hälfte des Wertes von weiter unten betrug. Da Ausschlusszonen Salz ausschließen, spricht die niedrige Salzkonzentration ebenfalls für das Vorhandensein einer EZ.

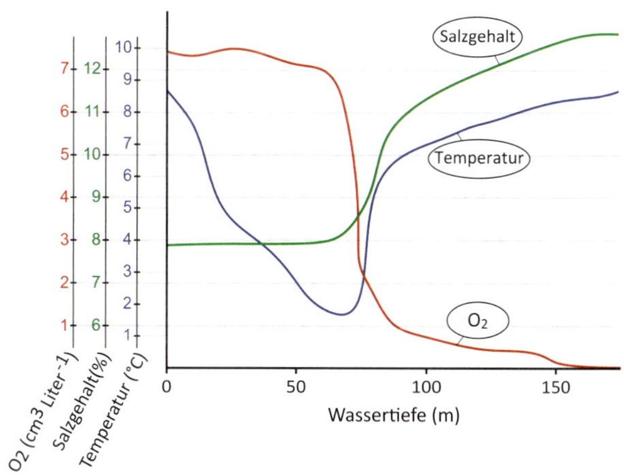

Abb. 16.5: *Vertikalprofile im Meer.[2] Temperatur-, Sauerstoff- und Salzgehaltprofile, gemessen auf einer Ostsee-Messstation am 26. Mai 1979.*

Ein ganz besonders verblüffendes Ergebnis dieser Studie ist die Verteilung von Aminosäuren. Während die Sonne tagsüber herunterbrannte, verminderte sich die Konzentration an gelösten Aminosäuren in der oberen Zone schrittweise, während sie sich in den darunterliegenden Tiefen erhöhte; offensichtlich bewegten sich die Aminosäuren nach unten. Wenn Sonnenlicht die Strukturierung der Oberfläche verstärkt, ist eine Verlagerung ausgeschlossenen Materials nach unten zu erwarten. Diese Verlagerung müsste sich wieder umkehren, wenn es Richtung Sonnenuntergang geht. Genau das hat man beobachtet. Offensichtlich schwankte die Menge ausgeschlossenen Materials mit der Sonneneinstrahlung. Das ist nicht anders zu erwarten, wenn es sich bei dem verantwortlichen Auslöser um EZ-Material handelt.

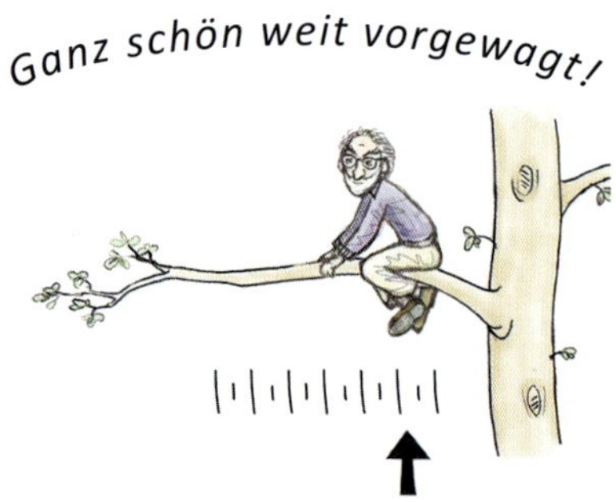

Diese Sammlung von Beobachtungen führt uns zu der Spekulation, dass ausgedehnte Bereiche der oberen Zone im Meer EZ-ähnlich sein könnten. Im Labor reichen diese EZ-ähnlichen Zonen nur einige Millimeter, gelegentlich auch einige Zentimeter nach unten; im Meer könnten sie sich in der Nähe der Küstenlinien um ein Mehrfaches von 10 Metern nach unten erstrecken und weiter draußen vielleicht sogar mehrere Hundert Meter. Diese Tiefe überrascht nicht, wenn man sich den Überfluss an Strahlungsenergie und Sauerstoff bewusst macht und die zahlreichen Jahrtausende vor Augen hält, die bereits vergangen sind, um einen solch stabilen Zustand zu erreichen.

Zwar reichen sie möglicherweise bis in beeindruckende Tiefen hinab, doch sind diese EZ-artigen Zonen wahrscheinlich nicht durchgängig, auch wenn sie so kleine „Fensteranordnungen“ besitzen mögen wie in Abbildung 16.4. Das Meer wird ja ständig von Ebbe und Flut bewegt und durch Winde aufgepeitscht; daher ist es wahrscheinlich, dass in den EZ-Strukturen häufig Brüche auftreten. Darüber hinaus wird die obere Zone von marinen Gelen bevölkert und von Kreaturen aller Art „durchlöchert“. Daher ist die obere Zone eher ein strukturelles Patchwork als ein durchgängiges Netzwerk. Gleichwohl wird die dicke, netzartige Struktur zweifellos die Wasseroberfläche verhärten.

Tsunamis

Eine dicke Schicht von EZ-Material auf der Meeresoberfläche könnte es erleichtern, bestimmte Phänomene zu erklären – insbesondere solche, die mit Wellen zu tun haben. Wellen durchziehen die Meeresoberfläche. Die aktuell gängige Erklärung zur Wellenbildung geht von der Annahme aus, dass Ozeane nur aus einer einheitlichen Wassermasse bestehen

(Bulkwasser); daher dominieren Begriffe wie Masse und Viskosität. Die Erklärungen basieren auf so geheimnisvollen Phänomenen wie den „Stokes-Strömungen" (*Stokes drifts*), Frequenzverteilungen, Boussinesq-Gleichungen und Ähnlichem; diese Erklärungen erfordern aber unterschiedliche Erklärungsmodelle für die verschiedenen Tiefen. Diese Erklärungsmodelle sind unglaublich komplex. Wenn man nur das geringste intuitive Verständnis erlangen will, braucht man Vereinfachungen.

Im Gegensatz dazu sind in elastischen Medien Wellen etwas Natürliches: Denken Sie an das Anschlagen einer Gitarrensaite: Die Klangwelle bricht nicht plötzlich ab, wie es in viskosen Medien der Fall ist. Wenn man einer Wasseroberfläche das Modell einer ausgedehnten elastischen Ebene zuordnen würde, könnten Wellenphänomene sich auch auf intuitive Weise erfassen lassen.

Das Modell einer elastischen Schicht scheint dem Phänomen gerecht zu werden: Das Mosaiknetz existiert; und wenn man es moderat dehnte und wieder losließe, würde das Netz nur schnell in seine ursprüngliche, nicht gedehnte Ausgangsposition zurückkehren müssen. Das Mosaiknetz könnte dieser Forderung entsprechen.

Wenn wir dieser Überlegung folgen, ist es lohnend, sich die extremen Beispiele anzuschauen: Tsunamiwellen. Diese turmhohen und meist zerstörerischen Wellen können die Erde mehrere Male umrunden, bevor sie sich letztendlich auflösen. Sich eine solche fortgesetzte Weiterbewegung innerhalb einer viskosen Flüssigkeit vorzustellen, ist nicht leicht; die Reibung müsste die Wellen eigentlich ganz schnell dämpfen. Andererseits kann man sich diese Ausbreitung im Zusammenhang mit einer festen, aber dennoch elastischen Schicht (analog einem Bettlaken) leichter vorstellen: Jegliche Turbulenz kann sich da schnell über weite Entfernungen fortsetzen. Dieses Schichtmodell könnte erklären, warum sich Tsunamis so weit fortbewegen und ausbreiten, wie sie es tun.

Abb. 16.6: *Die Tsunamidynamik im Modell einer elastischen Oberflächenschicht. Die Bildung des Wellenkamms zieht die elastische Schicht vom Ufer weg in Richtung Meer – wie man es beobachten konnte.*

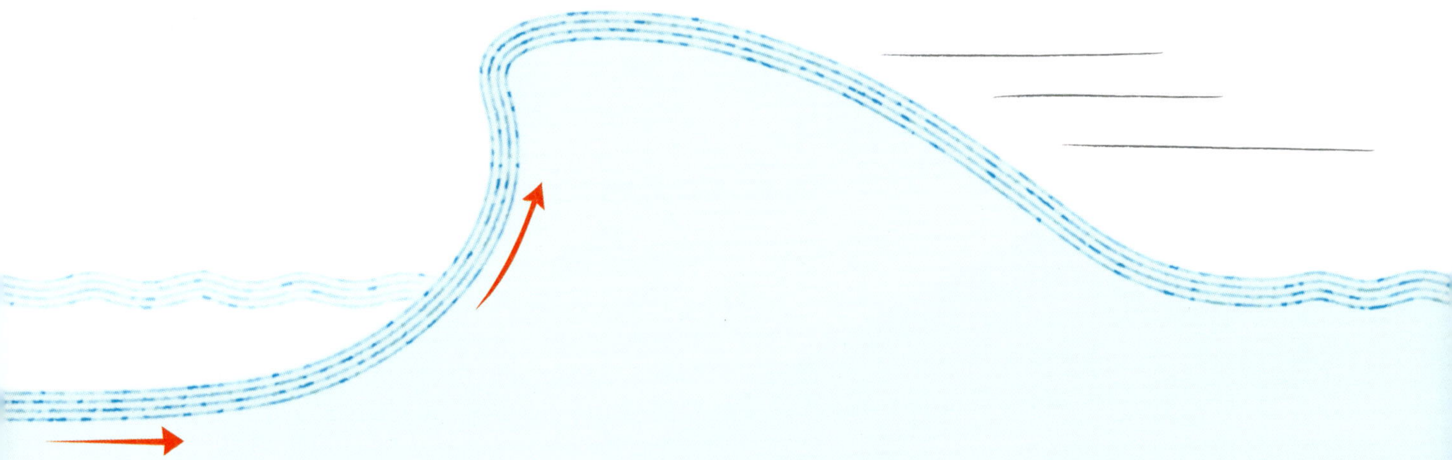

Das Modell einer durchgängigen Schicht könnte auch dieses Geheimnis lüften: warum sich das Meer kurz vor der Ankunft eines Tsunamis am Ufer vom Land zurückzieht. Die Bildung eines Wellenkamms beinhaltet eine aufwärtsgerichtete Ausbuchtung der Wasseroberfläche. (Abb. 16.6) Eine solche Ausbuchtung einer zusammenhängenden Oberflächenschicht muss das Wegziehen von der Peripherie bewirken. Im Fall der Tsunamiwelle würde die Wellenbewegung also den Rand der Schicht meereinwärts ziehen und damit das „Zurückziehen" des Meeres vom Strand kurz vor der Überflutung erklären. Auf solche Rückzugsbewegungen sollte man also ein wachsames Auge haben!

Was auch noch zu erwarten ist: das Zischen. Wenn sich die obere Schicht in Richtung Meer zurückzieht, bleibt einiges von der Wassermasse (unterhalb dieser Schicht) an seinem Platz. Dieses „Wasserbett" müsste reich an Protonen sein – wie jedes Wasser, das an eine EZ-Schicht grenzt. Da sie nun freigesetzt sind, stoßen sich die Hydroniumionen gegenseitig ab und sprühen nach oben in die Luft, wie ein Softdrink aus einer Dose, die man gerade geschüttelt und dann geöffnet hat. Dieses Sprühen könnte das Zischen erklären, von dem oft berichtet wird.

Entdeckung unter Wasser

EZ-Material, das unter der Meeresoberfläche liegt, erzeugt gewöhnlich eine beträchtliche Unterwasserschicht unterhalb der Oberfläche. Diese Schicht sollte verformbar sein – wie in Abbildung 16.3 zu sehen. Daher könnten mechanische Störungen, die unterhalb dieser Schicht auftreten, die Schicht verformen und diese Verformungen müssten von weiter oben sichtbar sein. Tatsächlich haben Infrarotlaser Aufwölbungen an der Wasseroberfläche entdeckt, die durch unten passierende U-Boote verursacht wurden und die als Bernoulli-Aufwölbungen bezeichnet werden.

Die Fragilität der Wasseroberfläche

Zwar kann das Modell einer elastischen Schicht ein nützliches Instrument zum Verständnis von Wellen sein, doch reicht es nicht aus, um die Wasseroberfläche voll und ganz zu beschreiben. Zum größten Teil besteht die Wasseroberfläche aus Clustern von Vesikeln. Diese Ansammlung von Vesikeln ist möglicherweise geeignet, die *Elastizität* der Oberfläche zu erklären. Doch was ist mit der *Fragilität oder Brüchigkeit* der Oberfläche?

Die Oberfläche muss ja fragil sein, denn sonst könnten Fische sich nicht hindurchbewegen.

Die Zerbrechlichkeit kann mithilfe des Begriffs der Thixotropie verstanden werden. – Mit Thixotropie ist eine bestimmte Eigenschaft eines Materials gemeint: Wenn man thixotropische Materialien vorsichtig verformt, kehren sie quasi elastisch wieder zu ihrer anfänglichen Gestalt zurück; jenseits einer bestimmten Deformationsschwelle jedoch beginnen sie zu zerfließen. Denken Sie an Eiweiß …

Eiweiß ist ein gutes Modell für die Art der Fragilität, die ich hier meine. Eiweiß beinhaltet geordnetes Wasser[3] – in unserem Kontext verstehen wir es als EZ-Wasser. Das EZ-Wasser von Eiweiß schließt aus, wie erwartet. Damit Sie dies selbst sehen können, bringen Sie Eiweiß mit verschiedenen Lebensmittelfarben zusammen: Vorausgesetzt, dass das zähflüssige Albumin mechanisch unzerstört bleibt, schließt das Eiweiß diese Farben aus.[4]

EZ-Material wie Eiweiß verhält sich aufgrund der elektrostatischen Natur seiner Bindungen thixotropisch. Denken Sie an die Anordnung der Vesikel. Gegensätzliche Ladungen halten die Vesikel zusammen. Diese Bindungen sollten kleine Verformungen aushalten, ohne sich zu lösen; sie verhalten sich mehr oder weniger elastisch. Wenn man an dieser Struktur jedoch fest genug zieht und diese Bindungen aufbrechen, dann löst sie sich auf und das Vesikelmaterial zerfließt. Ein Zerbrechen von dieser Art könnte die Fragilität der Wasseroberfläche erklären – und damit auch die Tatsache, dass Schwimmer und Fische problemlos hindurchgleiten können.

Die Thixotropie kann auch erklären, warum Münzen *schwimmen*, wenn man sie sanft auf die Wasseroberfläche legt, aber *sinken*, wenn man sie einfach so hineinwirft. Unsanftes Berühren verletzt möglicherweise die Oberflächenstruktur und ermöglicht damit das sofortige Absinken; das Objekt fällt einfach hindurch. Ein *behutsames* Platzieren kann diese Art des Zerreißens der Oberfläche verhindern und das Objekt bleibt dann schwimmend an der Oberfläche.

Dasselbe Prinzip gilt für Schiffe. Sich fortbewegende Schiffe erzeugen starke Scherkräfte. Diese Scherung bricht die Wasseroberfläche leicht auf und das Schiff kann problemlos hindurchfahren. Die „Verletzung" der Oberfläche ist seitlich und unterhalb des Schiffs weniger ausgeprägt, wo die EZ-Struktur intakt bleibt, aber einer Anspannung ausgesetzt wird, allerdings nicht so weit, dass die Schwelle des Aufbrechens erreicht wird.

Schiffe, die durch das Wasser gleiten, hinterlassen Spuren dieses Aufbrechens der Wasseroberfläche. Die am deutlichsten zu beobachtende Nachwirkung ist das Kielwasser, das in einem vorhersagbaren Winkel hinter dem Schiff aufgeworfen wird. Sie können die dadurch erzeugten Wellen spüren, wenn Sie in der Nähe in einem Ruderboot sitzen. Die sanftere

Abb. 16.7: *Eine Fähre bei der Anfahrt auf Seattle. Beachten Sie die Spur dahinter, die lange erhalten bleibt. (Abdruck mit freundlicher Erlaubnis von Michael Raghunath)*

Nachwirkung ist die Veränderung der Oberflächenstruktur – die lange, schleppenartige Spur hinter dem vorbeifahrenden Schiff. (Abb. 16.7)

Ich hatte dieses Phänomen noch nicht wirklich wahrgenommen, bis mich mein Kollege Michael Raghunath darauf aufmerksam machte. Jetzt sehe ich es andauernd. Diese Spur, die „Schleppe", erscheint typischerweise ruhiger als das Wasser jenseits davon. Diese Ruhe ergibt Sinn, wenn das Schiff vorher die unter der Oberfläche liegende EZ-Struktur verletzt hat; die materielle „Erschütterung" des Wassers dürfte seine Fähigkeit beeinträchtigen, Wellen in Gang zu erhalten.

Die Glattheit der Oberfläche kann noch lange, nachdem das Schiff vorbeigefahren ist, erhalten bleiben, manchmal 15 bis 30 Minuten; und dann verschwindet sie wieder. Die Zeit, die es dauert, bis sie verschwunden ist, stellt wahrscheinlich die Zeitspanne dar, die die Oberfläche benötigt, um sich zu restrukturieren und wieder so auszusehen wie das restliche Wasser.

So kann die Oberflächenschicht des Wassers insgesamt elastisch, doch lokal unterbrochen sein – an jeder beliebigen Stelle. Die Fragilität ist durch die Thixotropie bedingt – ein schwieriges Wort, aber bedeutsam für das Verständnis dessen, was an der Wasseroberfläche passiert.

Kreuzfahrtschiffe, Badewannen und Archimedes

Abb. 16.8: *Kohäsion verhindert das Absinken des Bootes.*

All diese Beobachtungen führen uns zu Archimedes, der bereits vor langer Zeit Wasseroberflächen beobachtet hat. Als er sich in eine Badwanne setzte und das Wasser ansteigen sah, hatte Archimedes eine Erleuchtung: Bei nur zum Teil eingetauchten Objekten – so überlegte er – muss die Auftriebskraft dem Gewicht des verdrängten Wassers entsprechen. Es ist ein einfaches Prinzip, das bis zum heutigen Tag dazu verwendet wird, zu erklären, warum Schiffe schwimmen. Aber es könnte noch mehr dahinterstecken.

Denken Sie einmal an ein relativ schweres Modellboot, das auf einem weichen, nassen Schwamm liegt. Das Gleichgewicht der Kräfte ist einfach: Das Boot drückt nach unten, während die leicht eingedrückte Unterlage (der Schwamm) mit einer gleich großen entgegengesetzten Kraft aufwärts drückt. (Abb. 16.8) Der Grund dafür, dass der Schwamm nach oben drücken kann, ist der, dass seine Moleküle trotz der auf sie einwirkenden Kraft miteinander verbunden bleiben; die Bindekraft der Moleküle macht das Zurückdrücken möglich.

Setzen Sie das Schiff nun auf Wasser statt auf einen Schwamm. Das Gleichgewicht der Kräfte sollte ähnlich sein: Das Boot drückt nach unten und das Wasser drückt nach oben. Aber wie genau „drückt" das Wasser nach oben? Wären die Wassermoleküle unterhalb des Schiffs nicht kohäsiv miteinander verbunden, dann würde das Gewicht des Bootes das Wasser teilen, wie Moses das Rote Meer geteilt hat; das Boot würde ganz schnell sinken. Wir sprechen üblicherweise von einem Drücken nach oben; jedoch muss diese molekulare Kohäsion mit ins Bild aufgenommen werden.

Abb. 16.9: *EZ-Schichten erzeugen Kohäsion und Aufwärtsdruck. So lassen sie das Schiff schwimmen.*

Leser, die mit der Physik des Schwimmens vertraut sind, werden wissen, dass die übliche Erklärung das Phänomen der Kohäsion nicht mit einschließt; sie spricht nur von Druck. Das Gewicht des Wassers oben erzeugt Druck nach unten. Der Druck erstreckt sich in jede Richtung, auch nach oben. Je weiter man nach unten geht, um so höher der Druck. Daher müsste ein Boot, das weiter nach unten sinkt, auch höherem Druck ausgesetzt sein – bis zu dem Punkt, an dem der nach oben wirkende Druck das Gewicht des Bootes ausgleicht. Dann sollte das Boot harmonisch dahinschwimmen. Es scheint gar nichts weiter erforderlich zu sein; von Kohäsion ist nicht die Rede.

Führen Druck einerseits und Kohäsion andererseits zu unterschiedlichen Erklärungen? Die auf Druck basierende Erklärung geht davon aus, dass der Druck des Wassers gleichmäßig in alle Richtungen wirke. Das beruht auf der Annahme, dass die physikalischen Eigenschaften des Wassers in jeder Richtung dieselben sind. Dies ist jedoch nicht notwendigerweise wahr: Das „einschneidende" Vordringen des Schiffs kann die oberen Mosaikschichten leicht durchbrechen, doch die nur wenig beschädigten Schichten *unterhalb* und entlang des Schiffsrumpfes können aufgrund ihrer hohen Kohäsion intakt bleiben. Wenn dem so ist, wird das Schiff von dem elastischen Mosaik wie von einer Wiege getragen. (Abb. 16.9)

Da es weitgehend intakt bleibt, sollte dieses gespannte, elastische Mosaik eigentlich einen Aufwärtsschub erzeugen, der in gleicher Weise wie ein Trampolin nach oben drückt. Dieser Aufwärtsschub könnte das Schiff schwimmen lassen. Wenn Blasen von unten aufsteigen und die Mosaikstruktur beschädigen würden, müsste das Schiff tiefer einsinken (siehe unten).

Ganz schön weit vorgewagt!

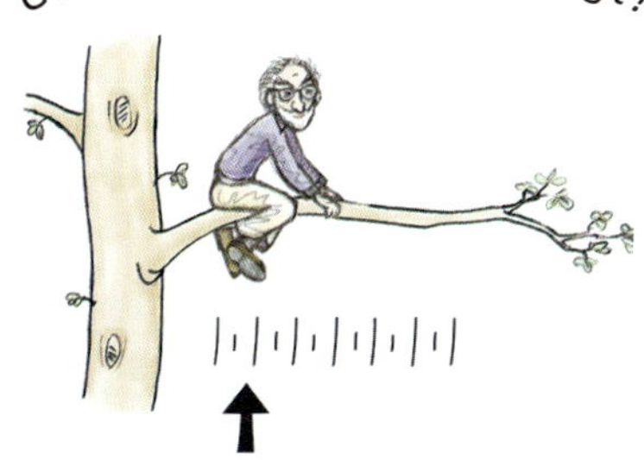

Daher hat Archimedes möglicherweise nur teilweise recht gehabt. Natürlich drückt die Druckkraft das Schiff nach oben. Aber das Ausmaß dieser Auftriebskraft beruht nicht nur auf der Einsinktiefe und der Kohäsion des das Schiff umgebenden Wassers, sondern auch auf der Kohäsion des unter dem Schiffsrumpf liegenden EZ-Netzes. In dem Maße, wie das Netz intakt bleibt (obwohl es angespannt ist), könnte es auch den notwendigen Auftrieb liefern.

Die Strukturen der EZ-Oberfläche können nicht nur dazu beitragen, zu verstehen, wie Schiffe schwimmen, sondern auch, warum sie untergehen können. Bestimmte Regionen sind berüchtigt dafür, dass *in großer Zahl* Schiffe auf mysteriöse Weise untergehen. Das Bermudadreieck ist die bekannteste dieser Regionen (und vielleicht die umstrittenste), doch auch andere wurden beschrieben. (Abb. 16.10) Während bestimmter Epochen sind in diesen Zonen viele Schiffe auf geheimnisvolle Weise gesunken, viel öfter, als dass man es dem Zufall zuschreiben könnte.[5] Militärische Untersuchungsberichte über die bekanntesten Fälle von Schiffsuntergängen im Bermudadreieck erbrachten ein Paradox: Überbleibsel, wie sie normalerweise nach einem Schiffsunglück auftauchen, konnten nicht gefunden werden – rein gar nichts – trotz intensiver Suche. Dies lässt vermuten, dass die Schiffe *als ganze* auf den Meeresgrund gesunken sind; die glücklosen Schiffe sind anscheinend wie Steine untergegangen.

Abb. 16.10: *Auf geheimnisvolle Weise im Bermudadreieck gefangen? (Künstlerische Darstellung)*

Ausbrüche unter Wasser ergeben möglicherweise eine Erklärung dafür, dass Schiffe auf diese Weise untergehen. Thermische Strömungen und Methanablagerungen werden periodisch aktiv und setzen Blasen frei, die die empfindliche Oberflächenstruktur leicht zerstören können. Tatsächlich haben Piloten bei der Suche nach den verschwundenen Schiffen von lokalen, bizarr aussehenden Wasseroberflächen berichtet. Der Kapitän eines Schleppers, der gerade noch dem Untergang entkommen war, beschrieb die Oberfläche als schaumig und bewegt, obwohl die umgebende See perfekt glatt geblieben sei.[w3] Die Oberfläche scheint also eine Rolle zu spielen. In der gleichen Weise, wie die unterhalb der Wasseroberfläche künstlich erzeugten Blasen den Turmspringern ein leichteres Eintauchen ermöglichen, könnten natürlich entstandene Blasen den Untergang von Schiffen verursachen.

Fasziniert von der umfangreichen Dokumentation solcher Schiffsverluste haben einige Forscher versucht, experimentell zu bestimmen, ob Blasen ein Sinken zur Folge haben können. Und es scheint so, als ob dies möglich wäre: Ein amüsantes Video zeigt das Sinken in einem kleinen Behälter[w4], während ein ernsthafteres Video, das von der BBC aufgezeichnet wurde, ein Speedboat beim Untergang in flachen Gewässern zeigt.[w5] So können von unten aufsteigende Blasen anscheinend Boote zum Sinken bringen; Bestätigung aus anderen Forschungsbereichen wäre allerdings sicherlich noch willkommen.

Was in Kapillaren passiert

Legen Sie einen nassen Teebeutel auf ein Papiertuch und beobachten Sie. In kurzer Zeit wird der größte Teil des Papiertuchs ebenfalls nass sein. Das Wasser kann auch Papiertücher „hinaufklettern", die vertikal angebracht werden. Phänomene dieser Art werden oft als „Kapillareffekt" bezeichnet.

Eine Standarddemonstration des Kapillareffekts zeigt enge Röhren, die als Kapillaren bezeichnet werden. Wenn eine Kapillarröhre aus Quarzglas senkrecht in einen Behälter mit Wasser getaucht wird, steigt das Wasser in der Röhre schnell zu einem höheren Niveau an, als das umgebende Wasser es hat. (Abb. 16.11) Das Wasser scheint die Schwerkraft zu überwinden.

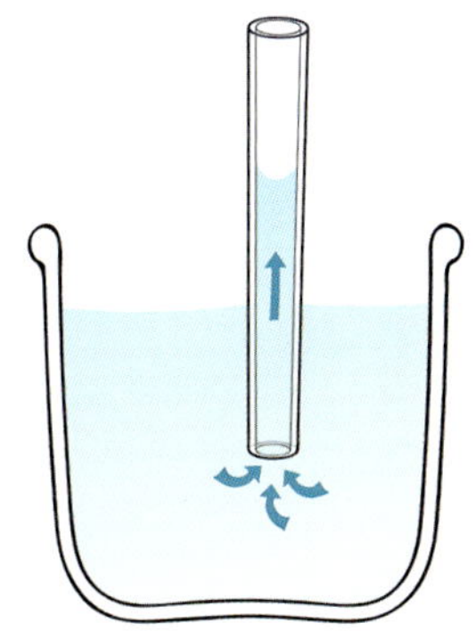

Abb. 16.11: *Beispiel eines Kapillareffekts*

Die klassischen Erklärungen sind nicht sehr hilfreich. Sie konzentrieren sich auf das Endergebnis – den oberen, konkaven Meniskus in der Kapillare – nicht auf das Steigen des Wassers. Man nimmt an, dass die konkave Wölbung der Wasseroberfläche in der Kapillare dadurch entsteht, dass das Wasser an den Rändern anhaftet und dann durch das Gewicht der darunterhängenden Wassersäule nach unten gezogen wird. Diese hängende Last erzeuge die nach innen gewölbte Oberfläche. Um ein Gleichgewicht der Kräfte zu erreichen, gleiche die nach oben gerichtete Spannung der Wasseroberfläche das Gewicht der Wassersäule aus. (Abb. 16.12)

Diese Erklärung geht implizit davon aus, dass die Wassersäule ohne Kontakt zur angrenzenden Kapillarwand „hängt". Wir wissen aber, dass die hydrophilen Wände dieser Röhren einen sehr intensiven Kontakt mit Wasser eingehen. Daher kann diese Erklärung nicht ganz korrekt sein. Gleichwohl hat sich dieses Erklärungsmuster als praktisch und dauerhaft erwiesen; Studenten lieben es.

Diese klassische Betrachtungsweise lässt aber das grundlegende Thema außen vor: Warum steigt die Säule an? Die ursächliche Kraft wird nicht spezifiziert, wenn man sich auch oft vage auf die Idee der „Oberflächenenergie" beruft – das heißt also, man denkt schon an irgendeine Interaktion mit der Kapillarwand.

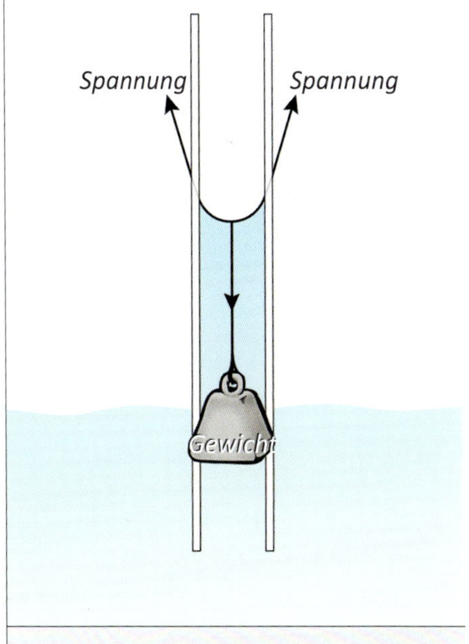

Abb. 16.12: *Gleichgewicht der Kräfte nach der konventionellen Theorie. Der nach oben gerichtete Zug der Oberflächenspannung gleicht das Gewicht der nach unten hängenden Wassersäule aus.*

Warum steigt das Wasser in Kapillarröhren?

Um diese Auftriebskraft leichter identifizieren zu können, ist es hilfreich, bei der funktionellen „Anatomie" des Wassers anzufangen. Direkt unter der Wasseroberfläche liegt die mosaikartige Vesikelstruktur. Da diese Struktur negativ geladen ist, könnte eine auf Ladung beruhende Auftriebskraft die Ursache sein – entweder von oben *ziehend* oder von unten *drückend*. Es gibt gute Gründe dafür, beides zu berücksichtigen.

Abb. 16.13: *Vorschlag zur Erklärung des Steigens des Wassers in einem Kapillarrohr. Positive Ladungen von oben ziehen die negative Schicht der Oberfläche nach oben (Bild oben); und positive Ladungen von unten drücken die Hydroniumionen, die sich unmittelbar unter der Oberflächenschicht gebildet haben, nach oben. Beide Kräfte könnten für den Anstieg des Wassers verantwortlich sein.*

Betrachten Sie zunächst den Bereich der Kapillarröhre *oberhalb* der Wasseroberfläche. (Abb. 16.13) Wenn EZ-Schichten die innere Wand der Röhre bekleiden, dann erzeugen diese Schichten Protonen in Richtung der Rohrachse. Die positive Ladung dieser Protonen könnte dazu beitragen, negativ geladene Vesikel nach oben zu ziehen.

Die Bereiche der inneren Kapillarwandung, die der Luft ausgesetzt sind, tragen zumindest einige EZ-Schichten. Alle hydrophilen Oberflächen ziehen die Luftfeuchtigkeit an. Beispielsweise werden trockene Substanzen wie Kochsalz an der Luft feucht; einige dieser Substanzen ziehen Luftfeuchtigkeit so stark an, dass sie sich über Nacht verflüssigen, auch in relativ trockener Umgebung. Ein besonders begieriger Feuchtigkeitsabsorber, Nafion, wird als Trockenmittel vermarktet. Je hydrophiler eine Substanz ist, umso mehr Feuchtigkeit aus der Atmosphäre nimmt sie auf.

Die Feuchtigkeit in der Luft kommt in Form von Vesikeln (Kapitel 15). Vesikel sammeln sich auf der hydrophilen Röhre (sowohl an der inneren als auch an der äußeren Oberfläche) durch den bereits bekannten Reißverschlussmechanismus (vgl. Abb. 14.19). Ist er abgeschlossen, sind Ausschlusszonen und Protonen entstanden. Bereits mit wenigen Protonen an der inneren Oberfläche ist die positive Ladung, die benötigt wird, um den Zug nach oben zu initiieren, vorhanden. Die Wände können beginnen, Oberflächenvesikel nach oben zu ziehen.

Sobald dieser Zug nach oben anfängt, nimmt seine Kraft zu. Wenn sich die nach oben steigenden Vesikel an die Protonen an der inneren Wand heften, werden durch den Reißverschlussmechanismus weitere positive Ladungen freigesetzt. Diese Ladungen werden die ziehende Kraft weiter verstärken und mehr Vesikel nach oben ziehen, die durch den Reißverschlussmechanismus dann wiederum weitere positive Ladungen erzeugen, und so fort. Wenn das Wasser also einmal zu steigen begonnen hat, steigt es bis zuletzt – also so lange, bis der durch die Schwerkraft auf das Wasser ausgeübte Zug nach unten keinen weiteren Anstieg mehr erlaubt. Man könnte sagen, das Wasser habe sich selbst in der Röhre nach oben gezogen.

Den Zug der positiven Ladung nach oben könnte man auch als Verdunstungsverstärker betrachten. Verdunstung entsteht normalerweise dann, wenn die lokale negative Ladung des Mosaiks über eine bestimmte Schwelle ansteigt; dann brechen Teile der Mosaikstruktur aus und steigen auf (Kapitel 15). Wenn man oberhalb dieser negativen Struktur positive Ladung anbringt, beschleunigt dies nur das Ansteigen – indem die positive Ladung das verdunstende Wasser nach oben zieht. Wir konnten bestätigen, dass eine positiv geladene Elektrode über dem Wasser tatsächlich die Verdunstung verstärken kann. So scheint dieses Prinzip des Ziehens gut fundiert zu sein.

Indessen erleichtert möglicherweise auch ein Aufwärtsdruck den Anstieg. Dieser Aufwärtsdruck kommt von den positiven Ladungen unterhalb.

Betrachten Sie den Bereich der Röhre, der unter der Wasseroberfläche liegt. (Abb. 16.13, unteres Bild) Nachdem sie gerade ins Wasser getaucht wurde, wird die hydrophile Kapillarröhre schnell ringförmige Ausschlusszonen entwickeln, innerhalb und außerhalb. Die innen liegenden Hydroniumionen bilden sich aufgrund der einengenden Geometrie in hoher Konzentration. Diese Hydroniumionen werden sich an jede negativ geladene Stelle hängen: an die ringförmige EZ und das Mosaik aus Vesikeln, das von der Grenzfläche direkt darüber herunterhängt. Diese beiden dicht beieinanderliegenden beträchtlichen Cluster positiver Ladung stoßen einander ab. Diese abstoßende Kraft müsste die Wasseroberfläche nach oben drücken.

Demnach bestehen Kapillarkräfte in jedem Fall aus zweierlei: *Eine elektrostatische Kraft von oben übt einen Aufwärtszug aus, während eine elektrostatische Kraft von unten einen Aufwärtsdruck erzeugt.* Beide Kräfte resultieren aus den positiven Ladungen, die von den Ausschlusszonen der Kapillare erzeugt werden.

Haben diese ladungsbasierten Mechanismen Erklärungskraft? Newton war anscheinend der Meinung: Ja! Isaac Newton dachte vor langer Zeit schon, dass der Kapillareffekt elektrischen Ursprungs sein könnte.[6] Seine lange vergessene Auffassung scheint jetzt wieder aktuell zu werden. Zu beantworten bleibt noch die Frage: Können diese elektrostatischen Mechanismen für die Grundmerkmale des Kapillareffekts verantwortlich sein?

Wenn dem so ist, dann können wir zunächst vorhersagen, dass der Anstieg in den Kapillaren am deutlichsten in der Nähe der *Wände* auftritt, also dort, wo die Kräfte entstehen. In Röhren mit *großem* Durchmesser sollte ein nennenswerter Anstieg nur unmittelbar an der Wand sichtbar sein und dabei eine Randwölbung erzeugen; die restliche Oberfläche sollte glatt bleiben. In *engen* Röhren müsste man den Anstieg über den gesamten Querschnitt hin sehen können. Diese Erwartungen wurden bereits durch viele Experimente bestätigt: Die Wölbung *an der Wand* tritt ungeachtet des Röhrendurchmessers auf, während der Anstieg des Wassers über den gesamten Querschnitt hinweg nur bei *engen* Röhren vorkommt.

Eine damit verbundene Erwartung ist, dass *engere* Röhren einen *größeren* Anstieg erzeugen müssten. Das Ansteigen hört auf, wenn die nach unten wirksame Kraft (Gewicht) so groß wird, dass sie die nach oben wirkende Kraft ausgleicht. Diese beiden Kräfte verändern sich in charakteristischer Weise: Die nach oben wirksame Kraft erhöht sich mit dem *Röhrenumfang*, während die nach unten wirksame Kraft mit dem Querschnitt der Kapillare zunimmt. Wenn man die Röhre verengt, werden der Umfang und die Steigungskraft reduziert, doch gleichzeitig wird der Röhrenquerschnitt proportional noch mehr vermindert. Daher ist in engeren Röhren aufgrund eines wesentlich geringeren Gewichts der Wassersäule ein höheres Aufsteigen möglich. Dieses höhere Ansteigen wird durch die allgemeine Erfahrung erhärtet.

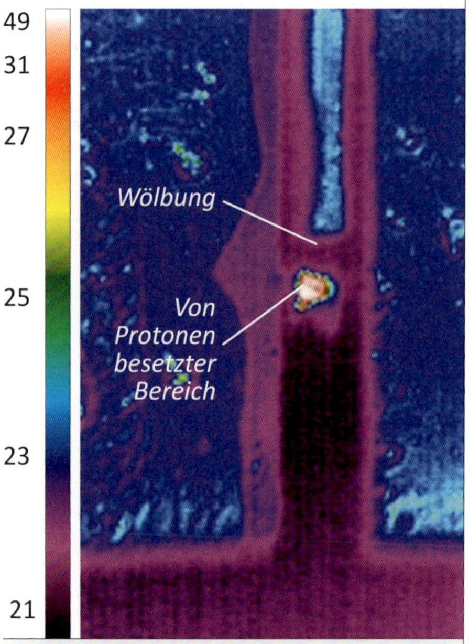

Abb. 16.14: *Infrarotaufnahme von Wasser, das in einer quadratischen Kapillarröhre aufsteigt. Beachten Sie den „Hotspot" direkt unterhalb der Wölbung. (Skala in °C)*

Eine zweite Annahme ist, dass wärmeres Wasser schneller aufsteigt. Das Erhitzen fördert die Verdampfung und eine höhere Verdampfungsrate müsste ein schnelleres Aufsteigen zur Folge haben. Wir konnten bestätigen, dass warmes Wasser dreimal so schnell aufsteigt wie Wasser mit Raumtemperatur.

Eine dritte Erwartung ist mit dem Druckmechanismus verbunden. Dieser Mechanismus schiebt hoch konzentrierte Protonen in die Zone unmittelbar unterhalb des Oberflächenmosaiks. Protonen in hoher Konzentration erzeugen starke infrarote Signale – wir haben in diesem Buch bereits viele Beispiele dafür gesehen. Dasselbe haben wir hier gefunden: Starke infrarote Signale erscheinen durchgehend direkt unterhalb der Oberflächenwölbung. (Abb. 16.14)

Eine vierte Annahme betrifft das Ausbleiben jeglichen Steigens in *hydrophoben* Röhren. Die Antriebskräfte, die wir hier betrachten, stammen alle aus positiven Ladungen, die durch die EZ-Bildung erzeugt werden. Hydrophobe Oberflächen erzeugen keine Ausschlusszonen; daher dürfte Wasser in hydrophoben Röhren nicht aufsteigen – und das tut es tatsächlich nicht.

Ein fünfter Punkt ist die Universalität dieses Mechanismus: Der Mechanismus, der hier vorgeschlagen wird, ist grundsätzlich dem ähnlich, den wir für die Osmose von Wasser vorgebracht haben (Abb. 11.8), sowie dem, den wir vorgestellt haben, um Wasser entlang von netzähnlichen Substanzen zu ziehen (Abb. 11.11). Alle werden von Protonen ausgelöst. Also können ladungsbasierte Mechanismen eine Vielzahl von wasserbewegenden Phänomenen steuern – vielleicht sogar alle. Diese Universalität spricht sehr stark für den elektrostatischen Mechanismus.

Wassertransport in hohen Bäumen

Der Kapillareffekt ist nicht nur auf Quarzröhren und Papiertaschentücher beschränkt. Er taucht überall in der Natur auf. Kapillaren sind besonders auffällig im Pflanzenreich, wo Wasser sogar bis an die Spitzen von über

100 Meter hohen Redwood-Bäumen steigt. In solchen Bäumen verlaufen enge Gefäße im Xylem (= holziger Teil der höheren Pflanzen) von den Wurzeln bis hin zu den Blättern. Sie transportieren das Wasser ständig nach oben.

Dieser Mechanismus des Gefäßtransports wird lebhaft diskutiert. Viele Wissenschaftler meine, dass eine Art kapillarer Aktivität das Wasser nach oben ziehe. Jedoch stehen zwei Dinge dieser Hypothese entgegen: Erstens ist die „hängende Wassersäule" zu schwer, um mehr als 100 Meter nach oben transportiert zu werden; und zweitens müssten die häufig in der Flüssigkeit von Xylem-Röhren gefundenen Lufttaschen den Prozess des Nach-oben-Ziehens verhindern, wie das in Strohhalmen passiert. Mit diesen beiden Problemen haben die Wissenschaftler noch ihre Mühe.

Im Kapillarmechanismus, den ich vorher skizziert habe, sind diese beiden Dinge nicht unbedingt ein Hindernis. Die Wassersäule hängt nicht – sie *haftet* an den Wänden; und Lufttaschen müssen ein ladungsbasiertes Aufsteigen nicht behindern. Die Frage ist, ob dieser Mechanismus tatsächlich in Pflanzen und Bäumen stattfindet. Und ein Schlüsselproblem ist, ob die Xylem-Röhren Ausschlusszonen enthalten. Die Antwort scheint „ja" zu lauten.

Um herauszufinden, ob es in Xylem-Röhren Ausschlusszonen gibt, kontaktierte ich meinen australischen Freund Martin Canny, *die* Autorität im Bereich der Pflanzengefäße. Martin wohnt in Canberra. Ich erinnere mich an einen Besuch vor einigen Jahren, als die Cannys so nett waren, mich im Appartement der Schwiegermutter (im Parterre) unterzubringen. Martin erwähnte die Spinnen: Man brauche sich wegen der Grünen Huschspinne nicht zu beunruhigen, deutete er beiläufig an – sie sei riesig und haarig, aber völlig harmlos. Aber ich solle auf die kleinen schwarzen Spinnen mit roten Tupfen achten. Sie lauerten überall in versteckten Winkeln. Sollte man durch ihr Gift sterben, so gehe das sehr schnell, aber es sei auch sehr qualvoll. Ich muss Ihnen sicher nicht erklären, dass mein dreitägiger Aufenthalt praktisch ohne Schlaf verlief.

Immerhin hatten wir Gelegenheit, den Kapillareffekt zu diskutieren, und Martin schien neugierig in Bezug auf die Ausschlusszonen. *Nach* meinem Besuch legte er los und überprüfte den Sachverhalt. Er brachte kleine Tintenpartikel in Xylem-Röhren ein, fror die Proben ein und untersuchte die eingefrorenen Proben mit einem Elektronenmikroskop. Die Ergebnisse waren positiv. (Abb. 16.15) Ich bin nicht sicher, wer aufgeregter war, Martin oder ich, doch die Ergebnisse bestätigten das Vorhandensein von Ausschlusszonen in diesen Gefäßen.

Diese Bestätigung ließ annehmen, dass wir auf einem konstruktiven Weg waren. Wenn es in Xylem-Gefäßen ringförmige Ausschlusszonen gibt, spielen sie sicherlich eine Rolle in der Physiologie der Röhren. Ringförmige Ausschlusszonen in Nafion-Röhren erzeugen einen ständigen

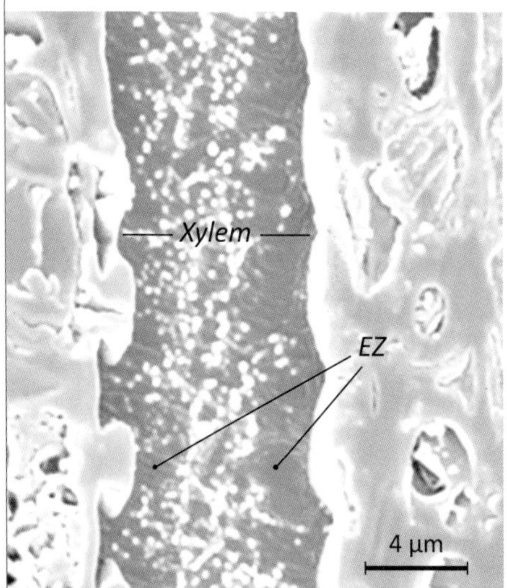

Abb. 16.15: *Aufnahme eines Cryo-Scan-Elektronenmikroskops von Tintenpartikeln, die in ein Xylem-Gefäß eingebracht wurden. Die Partikel konzentrieren sich in der Mitte und werden von den Zonen an den Wänden ausgeschlossen. (Abdruck mit freundlicher Genehmigung von Martin Canny)*

Strom in der Röhre (Kapitel 7) und ein Strom in der Röhre ist genau das, was wir hier brauchen. Tatsächlich könnte der Strom in der Nafion- (oder Gel-) Röhre ein Modell für das sein, was in *natürlichen* Gefäßen geschieht.

Im Modell mit der Nafion-Röhre ist das Vorhandensein von Protonen in der Röhrenmitte eine zentrale Eigenschaft. Diese Protonen lösen den Strom aus. Aber gibt es auch in der Xylem-Flüssigkeit Protonen? Die gängigen Lehrbücher bestätigen einen erwartet niedrigen pH-Wert des Saftes und moderne Methoden grenzen diese niedrigen pH-Werte weiter ein: Zum Beispiel beträgt der pH-Wert in Maissämlingen je nach den Bedingungen zwischen 5 und 4.[7]

So scheinen die Xylem-Röhren den Nafion-Röhren sehr ähnlich zu sein. Beide beinhalten ringförmige Ausschlusszonen und beide haben in ihrer Mitte Protonen. Um darauf zu kommen, dass der jeweilige Auslöser des Stromes derselbe ist, muss man keinen großen Sprung machen. Wir könnten damit fortfahren, diese Ströme wie gewohnt als *durch den Kapillareffekt ausgelöst* zu betrachten, aber es ist wohl genauer, sie als *durch Protonen aktiviert* zu beschreiben.

Ein von Protonen aktivierter Wasserstrom ersetzt also den Verlust von Wasser durch Verdunstung. Wasser verdunstet aus den Blättern der Pflanze. Während der Verdunstung kann das obere Ende des Xylem-Gefäßes vorübergehend trocken werden – abgesehen von einigen verbleibenden EZ-Schichten. Die an diesen EZ-Schichten haftenden Protonen ziehen dann das Wasser durch denselben Mechanismus von unten nach oben, mit dem Wasser in engen Kapillarröhren aus Quarzglas nach oben gezogen wird. Diese Aufwärtsbewegung hält die Blätter feucht.

Die Höhe dürfte für diesen Mechanismus kein begrenzender Faktor sein, denn die Röhren sind eng genug, um die Zugkraft stärker wirken zu lassen als die Gravitationskraft. Die oberen Gefäße von Bäumen haben Durchmesser in der Größenordnung von Mikrometern. Die Gefäße weiter unten sind weiter, doch ihr Lumen ist normalerweise mit einer Menge hydrophiler Polymerstränge durchsetzt, die die Röhren effektiv verengen. Ausschlusszonen heften sich an all diese Oberflächen und das Bulkwasser hängt aufgrund der vielen Hydroniumionen an den Ausschlusszonen. Diese Anhängsel *tragen* einen großen Teil des Gewichts der Wassersäule. Aufgrund der Enge der Röhre und ihrer beträchtlichen Kapazität, Gewicht zu tragen, dürfte es für das Wasser nicht schwierig sein, in große Höhen aufzusteigen.

Die energetischen Verhältnisse dieses Prozesses verdienen einen Kommentar. Der Aufwärtsstrom erfordert Energie, genauso, wie es Energie kostet, Wasser zu einem höher liegenden Wassertank zu pumpen. Die Energie*quelle* ist Ihnen vertraut: einfallende Strahlungsenergie. In ähnlicher Weise, wie Strahlungsenergie das Fließen von Wasser in hydrophilen Röhren auslöst, müsste sie auch den Wasserstrom durch die Xylem-Röhren aktivieren.

Nimmt man einmal als gegeben an, dass die Strahlungsenergie diesen Strom direkt mitverursacht, dann kann man verstehen, warum er auch von den Jahreszeiten abhängt. Der Wasserstrom beginnt, sobald es Frühling wird – also dann, wenn die Strahlungsenergie so richtig in Fahrt kommt. Der Strom wird mit dem herannahenden Sommer stärker, vermindert sich im Herbst und hört im Winter ganz auf. Die herbstliche Reduzierung des „strahlenden Treibstoffs" könnte also die Verminderung des Wasserstroms direkt erklären – und auch die Tatsache, dass im Herbst die Blätter austrocknen und sanft zur Erde fallen.

Wenn im Herbst die Blätter fallen ...

Schwimmende Wassertröpfchen

Abschließend schauen wir uns noch einmal die Oberflächen natürlicher Gewässer an und fragen uns, was passiert, wenn Regen auf diese Oberflächen fällt. Intuitiv möchten wir annehmen, dass sich die Wassertropfen sofort mit dem Gewässer vermischen. Wenn jedoch sowohl die Wasseroberfläche als auch die Tröpfchen von einer Ausschlusszone umgeben sind, muss das Vermischen nicht notwendigerweise sofort erfolgen.

Zum ersten Mal stieß ich auf das Phänomen verzögerter Vermischung, als mir ein Student von seiner Erfahrung beim Segeln unmittelbar nach einem Regenschauer berichtete: Das Wasser lief auf die Seitendecks des Bootes und fiel in Form von Tropfen auf den See darunter. Oft *schwammen* diese Tröpfchen eine Zeit lang auf der Wasseroberfläche, bevor sie sich auflösten. Wenn Sie solche schwimmenden Tröpfchen *einmal* irgendwo gesehen haben, dann schauen Sie *überall* danach, ob Sie sie wieder einmal sehen. Bei heftigen Regenfällen können sie geradezu surreal aussehen – wie durchsichtige Murmeln, die auf der Wasseroberfläche schwimmen.

Diese verzögerte Vermischung von Tröpfchen erweist sich allerdings als ein bekanntes Phänomen, das über ein Jahrhundert hinweg immer wieder einmal untersucht worden ist. Wenigen Menschen ist dies bewusst. Wir bauten darauf, dass weitere Studien mehr von den wohlgehüteten Geheimnissen des Wassers preisgeben würden, und führten eine detaillierte Untersuchung des Phänomens durch, indem wir eine Hochgeschwindigkeits-Videokamera benutzten.[8] Solange wir die Versuchsanordnung entsprechend sorgfältig gestalteten und die Tröpfchen aus weniger als 10 Millimeter Höhe oberhalb der Wasseroberfläche fallen ließen, schwammen sie Tröpfchen durchweg, bevor sie sich vermischten. (Abb. 16.16)

Abb. 16.16: *Wassertröpfchen, die auf eine Wasseroberfläche fallen. Unter bestimmten Bedingungen können die Tröpfchen eine Zeit lang erhalten bleiben, bevor sie sich mit dem übrigen Wasser vermischen.*

Außerdem: Wenn die Tröpfchen zufällig seitwärts rollten oder rutschten, dauerte es viel länger, manchmal viele Sekunden, bis sie sich vermengten. Diese Verzögerung könnte verursacht sein durch die Zeit, die es dauert, bis die EZ-Hülle des Tröpfchens aufbricht. Wenn das Tröpfchen rollt, ändert sich laufend der Kontaktpunkt und der Prozess des Aufbrechens muss immer wieder von Neuem beginnen. Daher braucht die Vermischung mehr Zeit.

Die Vermischung selbst erfolgt dann in mehr als einem einzigen Schritt.[8] Dieser Prozess umfasst eine Folge von fünf oder sechs Spritzern, mit denen jeweils ein Teil des Tröpfcheninhalts in das Wasser unterhalb abgegeben wird. Einige dieser nach unten gerichteten Spritzer haben so viel Kraft, dass sie im Wasser Wellen erzeugen – und das noch verbleibende Tröpfchen sogar aufwärts bewegen. (Abb. 16.17)

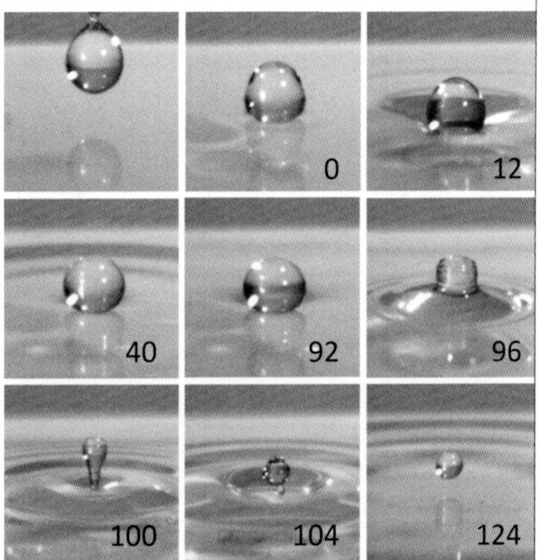

Abb. 16.17: *Verschiedene Stadien der Auflösung eines Wassertropfens, der auf eine Wasseroberfläche fällt.[8] Die Zahlen zeigen die Zeit an, gemessen in Millisekunden, beginnend mit dem Zeitpunkt, zu dem das Tröpfchen „landet".*

Einige Fotos in Abbildung 16.17 kommen Ihnen vielleicht bekannt vor. Ähnliche Bilder werden oft in Büchern, Zeitschriften oder auf Websites gezeigt. Die charakteristischen „Tanzschritte" der Tropfen bleiben rätselhaft – eine Herausforderung für die Leser, über die Lösung nachzudenken. Möglicherweise wird beim ersten Spritzer ein großer Teil des inneren Drucks des Tröpfchens freigesetzt. Wenn das verbleibende Tröpfchen noch einen Rest positiver Ladung besitzt, kann sich der Ablauf wiederholen. Erst nach mehreren Spritzern wird das Tröpfchen leer sein – dann verschwindet der sprichwörtliche Tropfen im Ozean.

Zusammenfassung

Direkt unter der Wasseroberfläche liegen Strukturen, die Ausschlusszonen enthalten. Diese Strukturen bestehen hauptsächlich aus Vesikelaggregaten und möglicherweise auch aus Standard-EZ-Material, das sich selbst zu mosaikähnlichen Anordnungen organisiert. Diese Strukturen können sich in Laborbehältern einige Millimeter oder Zentimeter von der Oberfläche nach unten erstrecken; in offenen Gewässern mit genügend einfallender Strahlungsenergie können sie zehn bis Hunderte von Metern in die Tiefe reichen. Diese röhrenartigen Mosaikstrukturen erzeugen Grenzflächenspannung.

Die Grenzflächenspannung in natürlichen Gewässern kann tatsächlich extrem hoch sein – sicherlich hoch genug, um kleine Eidechsen zu tragen und vielleicht auch Schiffe beim Schwimmen zu unterstützen. Auslöser für diese Spannung ist das direkt unter der Oberfläche liegende EZ-Wassermosaik. Seine Existenz kann viele beobachtbare Phänomene erklären: dass Schiffe im Wasser die bekannten Spuren hinterlassen, dass Tsunamiwellen sehr beständig sind, dass es in Bäumen einen Kapillarstrom gibt und dass Wassertropfen auf Wasseroberflächen schwimmen.

Ob die Mosaikstrukturen Ihnen helfen können, über das Wasser zu gehen, ist ein anderes Thema. Aus dem Blickwinkel unserer Untersuchungen erscheint es zweifelhaft – auch wenn uns überliefert wurde, dass dies schon einmal geschehen sei …

Omas legendäres Eisrezept
ZUTATEN:
– 1 Liter EZ-Wasser
– Protonen nach Bedarf
· Das EZ-Wasser in eine Schüssel geben, die Protonen untermischen und gut umrühren
· Die Mischung in Eisbehälter füllen
· Nach dem Kristallisieren rasch servieren

17 Man kann sich auch für Eis erwärmen

Im Jahr 1963 war Erasto Mpemba Schüler an einer Mittelschule in Tanganika (heute: Tansania). Das Tagesthema seiner Koch-Ausbildungsklasse war Eiscreme. Die meisten Schüler beziehungsweise Auszubildenden hatten kaum den Ehrgeiz, einmal Küchenchef zu werden, und so war es üblich, die Themen recht kurz abzuhandeln. Um Eiscreme herzustellen, sollten die Schüler einfach nur eine Pulvermischung in Wasser geben, umrühren und das Ganze in einen Gefrierschrank stellen. Bald darauf konnten sie ihre Leckerei genießen.

Erasto Mpemba bemerkte allerdings etwas Seltsames: Wenn er sein Pulver mit *warmem* statt mit kaltem Wasser vermischte, war das Eis schneller fertig. Das warme Wasser schien schneller zu gefrieren. Das erschien ihm sehr auffallend und bemerkenswert –seine Lehrer hingegen betrachteten es als sehr unwahrscheinlich.

Mpemba konnte diese ungewöhnliche Beobachtung nicht vergessen. Als er in die Highschool kam, erwähnte er dieses Paradox seinem Lehrer gegenüber, einem Physikprofessor, den man engagiert hatte, um Highschool-Studenten für die Wunder der Wissenschaft zu begeistern. Denis Osborn war davon ganz und gar nicht beeindruckt. Alles, was er über das Gebiet der Thermodynamik wusste, ließ ihn zum Schluss kommen, dass warmes Wasser nicht schneller gefrieren könne als kaltes Wasser. Gleichwohl ließ Mpemba nicht locker. Schließlich gelang es ihm, Osborn dazu zu überreden, dieses Experiment selbst einmal mit reinem Wasser zu wiederholen. Zu seiner großen Überraschung konnte Osborn Mpembas Beobachtung schnell bestätigen.

Die von beiden gemeinsam veröffentlichten Publikationen gehören inzwischen zu den Klassikern.[1, 2] Sie können sich auch aktuelle Videodemonstrationen dieses Phänomens ansehen.[w1, 2] Diese Entdeckung ist das Verdienst des Studenten, der aufgeweckt genug war, um die Bedeutung dieser paradoxen Beobachtung wahrzunehmen. Er wusste allerdings nicht, dass einige bedeutende Persönlichkeiten – darunter Aristoteles – schon viel früher ähnliche Beobachtungen gemacht hatten.

Der sogenannte „Mpemba-Effekt" ist nicht das einzige paradoxe Phänomen bei der Bildung von Eis. Das Eis mag vielleicht wie ein Feststoff aussehen, wie ein lebloser Block aus Wasser, doch sein Entstehungsprozess zeitigt weitere paradoxe Merkmale, die wir erklären müssen, wenn wir wirklich *verstehen* wollen, wie sich Eis bildet.

Erasto Mpemba

Wir beginnen damit, uns die mittlerweile vertraute Frage zu stellen: Könnten Ausschlusszonen hier eine Rolle spielen? Wenn man sich die strukturelle Ähnlichkeit einer EZ mit Eis anschaut, scheint irgendein Zusammenhang mit Ausschlusszonen unbestreitbar zu sein. So könnte zum Beispiel der EZ-Zustand dem Gefrieren vorausgehen; oder der EZ-Zustand könnte dem Schmelzen von Eis folgen. Wenn dem so wäre, könnten wir fragen, ob die Temperaturreduktion wirklich der ausschlaggebende Faktor für die Bildung von Eis ist. Oder ist die Abkühlung möglicherweise nur der Ausgangspunkt, die Grundlage für einen anderen eisbildenden Prozess?

Wir beginnen mit einem „Eisbildungsparadox", das noch fundamentaler ist als das von Erasto Mpemba.

Das Energieparadox

Wenn wir Wasser gefrieren lassen wollen, sagt uns die allgemeine Erfahrung, dass wir Energie entziehen müssten. Denken Sie an den Entstehungsprozess: Sie stellen einen Eiswürfelbehälter mit Wasser in Ihr Tiefkühlfach. Wenn genug Hitze entzogen worden ist, wird das Wasser zu Eis. Dann können Sie das Gegenteil davon tun: Setzen Sie den Eiswürfelbehälter warmer Luft aus, so schmilzt das Eis. Wenn man also Energie *zuführt,* wird daraus ungeordnete Flüssigkeit – Wasser. *Entzieht* man Energie, entstehen geordnete Kristalle – das Eis.

Diese Zusammenhänge sind zwar allgemein bekannt und vertraut, und doch scheint da *etwas* kurios und merkwürdig zu sein: Gemäß allem, was wir aus den vorangehenden Kapiteln wissen, erfordert das Erzeugen kristalliner Ordnung die *Zufuhr* von Energie; um Ordnung zu schaffen (und Entropie zu reduzieren), muss man gewöhnlich Energie zuführen. Um geordnete Ausschlusszonen zu erzeugen, bedarf es elektromagnetischer Energie – je mehr Energie zur Verfügung steht, desto größer wird die geordnete Zone.

Dieses Phänomen entspricht dem gesunden Menschenverstand. Wenn man eine kunstvoll strukturierte Sandburg bauen will, muss man für ihre Konstruktion Energie aufwenden. Um das Bauwerk zu zerstören, braucht man fast *keine* Energie – da genügt ein sanfter Klaps auf die richtige Stelle; doch der *Aufbau* einer geordneten Struktur benötigt stets einen beträchtlichen Energieinput.

Wenn das alles einleuchtend und nachvollziehbar erscheint, dann haben wir ein echtes Problem, weil das Szenario des Gefrierens genau anders herum zu funktionieren erscheint. Eis ist ein bis ins Letzte geordneter Kristall. Bei einem solchen möchte man annehmen, dass eine Menge an Energie aufgewendet werden muss, um seine Bildung zu erzeugen. Doch die gängige Erfahrung scheint dafür zu sprechen, dass man Energie *entziehen* muss.

Wissenschaftler haben diese Anomalie bei der Eisbildung zu erklären versucht, indem sie das Konzept der thermischen Bewegung zu Hilfe nahmen. Die thermische Bewegung nimmt ab in dem Maße, wie die Temperatur abnimmt. So könnte die Temperaturreduktion es den Wassermolekülen ermöglichen, ihrer natürlichen Tendenz zur Selbstorganisation entsprechend kristallines Eis zu bilden. Oberflächlich betrachtet erscheint das plausibel; doch taucht dann die thermodynamische Frage auf: Wenn zunehmende Ordnung bei der Bildung einer Ausschlusszone Energie*input* benötigt, wie kann dann die zunehmende Ordnung bei der Eisbildung einen *Entzug* von Energie erfordern?

Mein Freund Lee Huntsman, Wissenschaftskollege und Ingenieur, der von der wissenschaftlichen Arbeit Abschied genommen hatte, um Präsident unserer Universität zu werden, brachte dieses Paradox in den Fokus meiner Aufmerksamkeit. Lee sprach mich nach einer öffentlichen Vorlesung an, die ich an unserer Universität hielt. Er kam mit seiner Frage in Bezug auf das thermodynamische Paradox inmitten der Gratulationen und Zustimmungsbekundungen nach der Vorlesung auf mich zu; dies war jedoch letztendlich derjenige Dialog, den ich bei dieser Gelegenheit am meisten schätzte. Er brachte mich zum Nachdenken.

Letztlich lösten wir das Paradox und entwickelten dabei ein neues Verständnis. Mir wurde klar, dass ein gewaltiger Vorrat an interner Energie vorhanden ist, um den Übergang von flüssigem Wasser zu Eis zu bewirken. Um die Freisetzung dieser Energie in Gang zu setzen, bedarf es entsprechender Abkühlung. Am Ende wird tatsächlich Energie aufgewendet, um Ordnung zu erzeugen – genau wie wir das früher bei der Bildung einer EZ beobachtet hatten.

Die Lösung des Energieparadoxons: Die EZ als wichtigster Faktor

Zwar bildet Eis sich ganz offensichtlich aus Wasser, doch ist weniger klar, ob es aus EZ-Wasser oder aus Bulkwasser entsteht. Da sowohl die Ausschlusszonen als auch Eis honigwabenförmige Schichten enthalten, scheint es naheliegend zu sein, eine Verbindung zwischen diesen beiden Aggregatzuständen herzustellen. Den Übergang von einer EZ zu Eis kann man sich ganz einfach vorstellen.

Die Unterschiede zwischen den Strukturen von EZ und Eis liefern den Schlüssel zu dem, was einen solchen Übergang bewirken könnte. (Abb. 17.1) In der EZ-Struktur sind die Atome in benachbarten Ebenen versetzt zueinander platziert. (Bild a) Die Ladungen der einen Ebene sind *gegenüber*

(a) EZ-Struktur

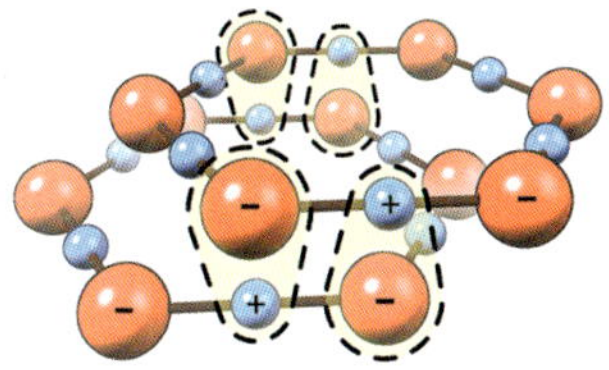

(b) Eingeschleuste Protonen

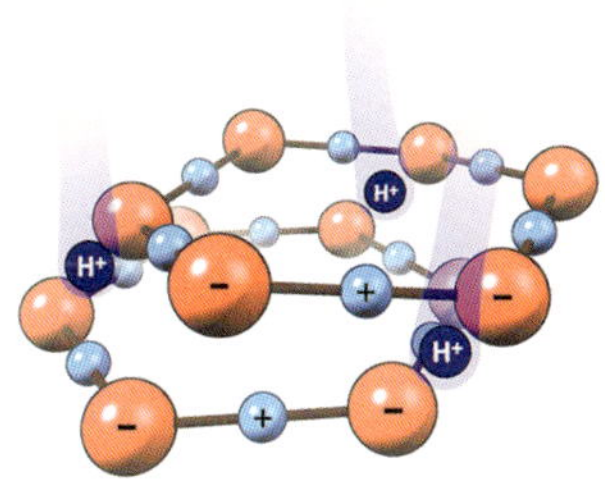

(c) Die Ebenen verschieben sich bei der Eisbildung in eine nicht versetzte Gitterstruktur.

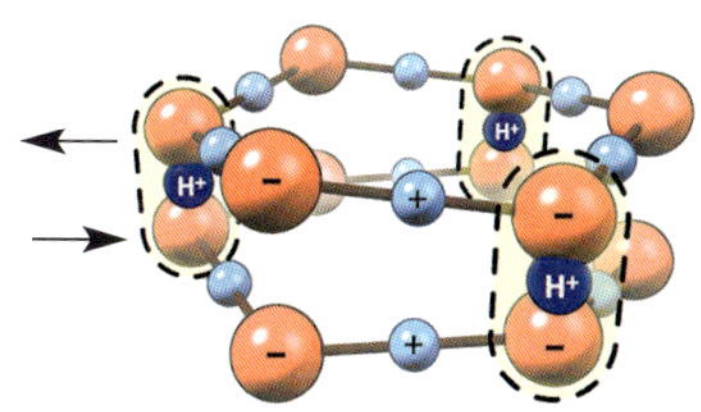

Abb. 17.1: *Der Übergang von EZ (a) zu Eis (c). Der Übergang erfordert Protonen (b) und eine Verschiebung der Ebenen (c). (Die Ebenen des Eises sind aufgrund der lokalen Anziehungen und Abstoßungen nicht plan.)*

den entgegengesetzten Ladungen in der anderen Ebene angeordnet. Die Anziehung hält die EZ-Ebenen zusammen. Im Gegensatz dazu sind bei Eis die Honigwabenebenen nicht versetzt übereinander geordnet. (Bild c) Sauerstoffatome liegen gegenüber von Sauerstoffatomen und Wasserstoffatome liegen gegenüber von Wasserstoffatomen. Diese Nähe erzeugt lokale Abstoßung. Diese abstoßenden Kräfte würden normalerweise die hexagonalen Ebenen voneinander wegdrücken und die Struktur auseinandersprengen. Doch die Natur wendet einen cleveren Trick an: Sie „klebt" die Ebenen mit Protonen aneinander. (Bild c). Die Protonen schieben sich selbst zwischen die einander gegenüberliegenden Sauerstoffatome (benachbarter Ebenen). Auf diese Weise verbindet *eine* positive Ladung zwei negativ geladene Atome. Dies verfestigt die EZ zu Eis.

Offensichtlich erfordert jeglicher Übergang von EZ zu Eis einen gewaltigen Zustrom von Protonen. (Bild b) Diese Protonen steuern positive Ladung bei und verschieben die normalerweise negativ geladene Struktur hin zur elektrischen Neutralität von Eis. Die Protonen brauchen auch Platz: Ihre Präsenz schiebt die EZ-Ebenen auseinander. Daraus resultiert die geringere Dichte von Eis (die auch das Schwimmen möglich macht). Somit scheint das Modell des Übergangs von einer EZ zu Eis eine vielversprechende Option zu sein; es kann zumindest einige der grundlegenden Merkmale von Eis erklären.

Ein Übergang von EZ zu Eis ergibt auch energetisch gesehen einen Sinn. Ausschlusszonen schließen Protonen aus. Diese ausgeschlossenen Protonen stellen potenzielle Energie dar: positive Ladungen, die von negativen getrennt sind. Wenn zu einem bestimmten Zeitpunkt Protonen in das Strukturgitter zurückkommen – also die negative EZ neutralisieren und dabei Eis erzeugen –, wird die potenzielle Energie wieder abgegeben. Damit wird das Modell unseren Erwartungen gerecht: Es wird Energie aufgewendet, um eine geordnete Struktur in eine noch mehr geordnete Struktur zu verwandeln. (Abb. 17.2)

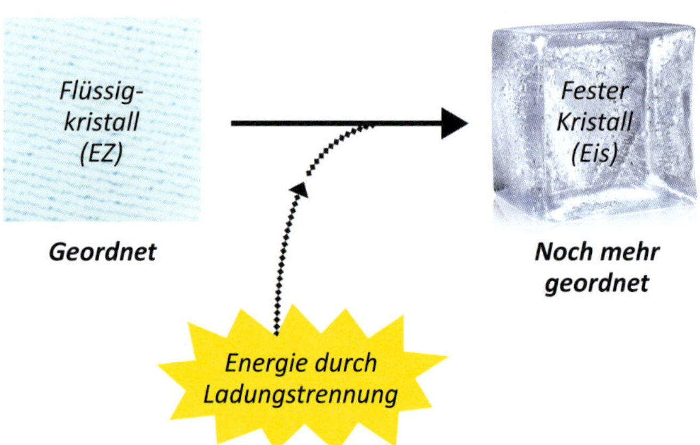

Abb. 17.2: *Energetische Aspekte des Übergangs von EZ-Wasser in Eis. Die erforderliche Energie kommt von den isolierten Protonen.*

Da uns diese strukturellen Vorstellungen plausibel erschienen, gingen wir dazu über, zu testen, ob das Modell des Übergangs von EZ zu Eis mehr ist als nur eine theoretische Spitzfindigkeit; wir untersuchten *genau*, wie sich Eis bildet.

Hinweise darauf, dass der Eisbildung eine Ausschlusszone vorangeht

Um diese Experimente durchzuführen, benutzten wir eine große Kühlplatte. Auf die Platte legten wir einen Streifen Nafion, daneben gossen wir ein wenig Wasser (Abb. 17.3, Schaubild). Dann begannen wir, die Platte zu kühlen.

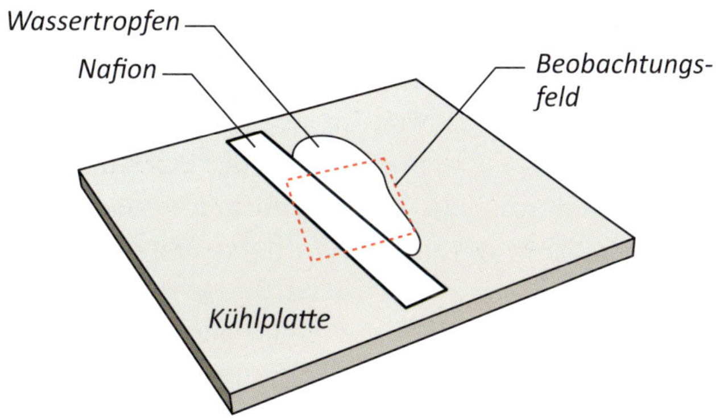

Die Zone in der Nähe des Nafion-Streifens war immer die erste, wo das Wasser gefror, lange vor dem restlichen Wasser. Typischerweise begann das Gefrieren bei einem Punkt an der Nafion-Wasser-Grenzfläche (oberes Foto, weißer Fleck). Die Eisbildung wanderte dann weiter, für gewöhnlich *entlang* der EZ schneller als im rechten Winkel dazu; manchmal gefroren lange Streifen der EZ vor jedem anderen Restwasser, das sich direkt außerhalb davon befand (unteres Bild, Pfeil).

Wir haben dasselbe Gefrieren der Ausschlusszone bei einer völlig anderen Versuchsanordnung gefunden. (Abb. 17.4) Wir schoben dabei einen Teil eines wärmeleitenden Materials zungenartig in ein kleines

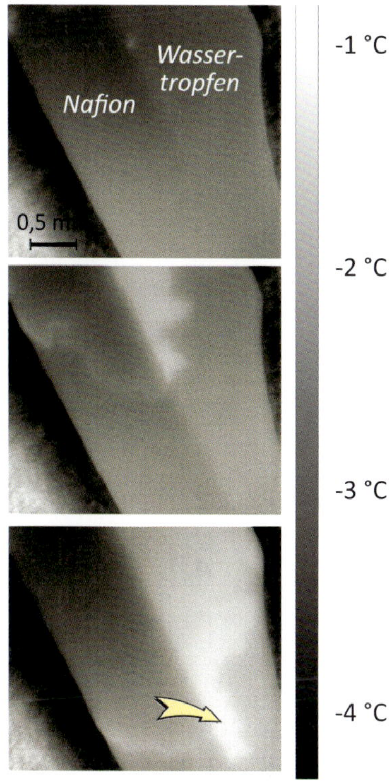

Abb. 17.3: *Stufenweise erfolgendes Gefrieren eines Tröpfchens auf einer Kühlplatte, aufgenommen mit einer Infrarotkamera. Das Tröpfchen befindet sich neben einem Streifen Nafion. Der Bereich des Gefrierens beginnt in der EZ neben dem Nafion (oberes Foto, weißer Fleck) und scheint sich am schnellsten entlang der EZ fortzusetzen (Pfeil auf dem unteren Foto).*

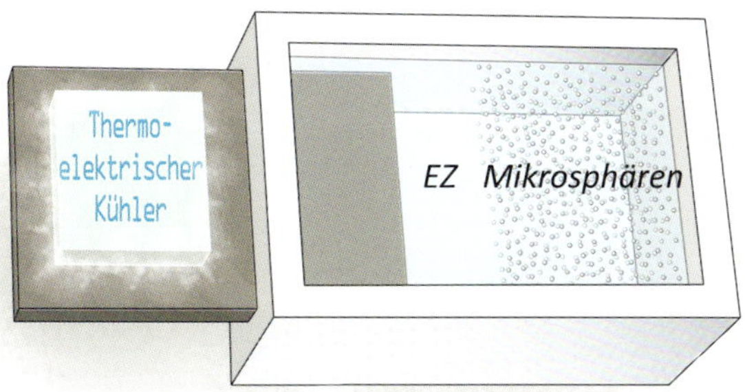

Abb. 17.4: *Kühlapparat zur Erforschung des Zusammenhangs zwischen EZ und Eisbildung.*

Experimentierbehältnis, das Wasser und Mikrosphären enthielt. Wir konnten den eingeführten Teil von außen entweder mit einem thermoelektrischen Gerät oder durch die Anwendung eines Flüssigkühlmittels kühlen. In beiden Fällen nahm das Material Wärme aus dem Wasser auf.

Als das Wasser abzukühlen begann, passierte zunächst nicht viel. Dann begann sich in der Nachbarschaft des eingeschobenen Materials eine Ausschlusszone zu bilden. (Das Material selbst beeinflusste den Prozess nicht sehr, es musste nur wärmeleitfähig sein.) Mit fortschreitender Kühlung wurde die EZ schrittweise größer – oft bis 500 Mikrometer breit oder mehr. Dann geschahen zwei Dinge: In einigen Fällen sahen wir eine Invasion von Mikrosphären in die EZ, sie sammelten sich an und gefroren. Wir wussten, dass die EZ gefroren war, denn die eingeschlossenen Mikrosphären waren gänzlich zerdrückt. In anderen Fällen blieben die Mikrosphären ausgeschlossen und die ursprüngliche EZ gefror. In beiden Fällen war stets die EZ der Vorläufer von Eis, genau so, wie wir es bereits zuvor im Nafion-Experiment beobachtet hatten.

Eine Frage nebenbei: Warum erzeugt das sich abkühlende Material eine EZ? Dieses scheinbare Paradox verwirrte uns zunächst, weil die Bildung einer EZ normalerweise Input an Infrarotenergie erfordert. Wenn die sich abkühlende Oberfläche Infrarotenergie *entzieht*, ist normalerweise zu erwarten, dass eine anfängliche EZ schrumpft, anstatt sich auszudehnen.

Wir folgerten schließlich, dass die EZ bei dieser Konstellation aufgrund einer Asymmetrie eine Menge mehr an infraroter Energie erhält, als früher angenommen. Im Experimentaufbau bei Abbildung 17.4 zieht die gekühlte Platte sicherlich Infrarotenergie nach links, aus dem angrenzenden Wasser heraus. Jedoch pumpt das Wasser außerhalb des angrenzenden Bereichs ebenfalls IR-Energie in Richtung der gekühlten Platte. Diese Energie wird nach außen abgeleitet, während die EZ im Entstehen begriffen ist. Dieses Szenario von Drücken und Ziehen erzeugt einen beträchtlichen infraroten Durchfluss: Infrarotenergie fließt reichlich durch die EZ hindurch; daher dehnt sich die EZ aus. Es ist die größer gewordene EZ, die sich letztendlich in Eis verwandelt.

Diese Antwort auf die Nebenfrage erschien uns zufriedenstellend, denn EZ-Wachstum bedeutet, dass sich außerhalb der wachsenden EZ Protonen ansammeln. Diese isolierten Protonen wären dann für eine „Invasion" in die EZ prädestiniert. Wir hatten das Gefühl, hier genau richtig zu liegen.

Was gibt es über das Schmelzen zu sagen? Wenn das *Gefrieren* den Übergang von einer Ausschlusszone in Eis mit sich bringt, dann müsste das Schmelzen den Übergang von Eis in eine Ausschlusszone mit sich bringen. Diese Annahme konnten wir sehr leicht bestätigen.[3] Wir platzierten kleine Eiswürfel in gewöhnlichen Spektrometer-Kuvetten und untersuchten das Schmelzwasser. Die 270-Nanometer-Signatur der EZ tauchte andauernd auf, als das Eis zu schmelzen begann. Der Gipfel zeigte sich bei jeder beliebigen Art von Wasser. (Abb. 17.5) Er blieb für das Mehrfache von 10 Sekunden erhalten und verschwand dann, als das schmelzende Eis seinen Übergang in gewöhnliches Wasser vollendet hatte.

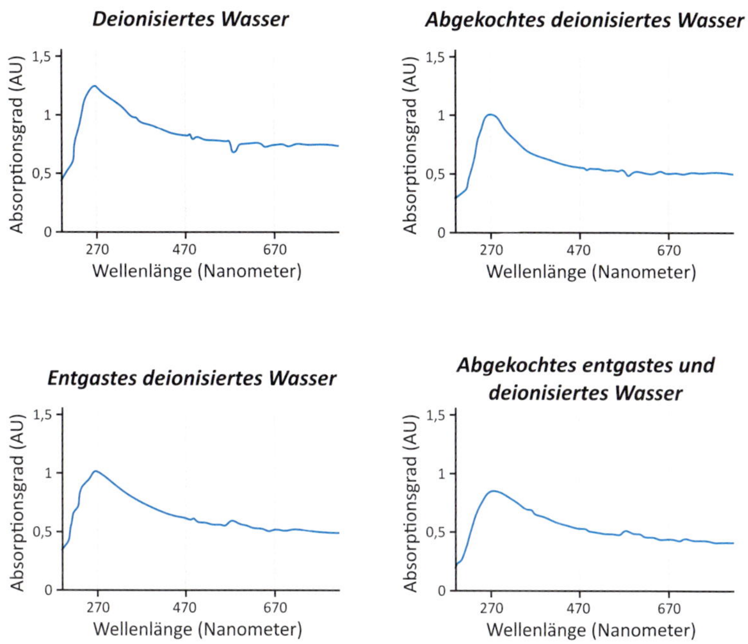

Abb. 17.5: *Spektrometer-Aufzeichnungen von gerade geschmolzenem Wasser. Das 270-Nanometer-Maximum ist überall präsent.*

Es spielte also keine Rolle, ob das Wasser gefror oder schmolz – in beiden Fällen waren Ausschlusszone und Eis eng miteinander verbunden. Das war angesichts ihrer ähnlichen Struktur für uns keine Überraschung.

Schneekristalle

Jeder hat wohl schon einmal die Pracht des sanft fallenden Schnees erlebt. Schneeflocken zeigen für gewöhnlich hexagonale Symmetrie: Übereinandergeschichtete Lagen formieren sich an ihren Kanten und erzeugen eine hexagonale Ordnung (siehe Bild). Um diese symmetrischen Strukturen zu erzeugen, muss eine Art geschichtete hexagonale Schablone diesen Prozess vereinfachen, und die geschichteten Ebenen einer EZ wären dazu durchaus in der Lage.

Temperatur und Eisbildung

Nachdem wir den Zusammenhang zwischen EZ und Eis bestätigt hatten, wollten wir das zweite Merkmal unserer Hypothese untersuchen: den Zustrom von Protonen. Diese Protonen schienen leicht verfügbar zu sein – entstanden bei der Bildung der EZ und bereit, in die EZ einzudringen und das Eis zu erzeugen.

Doch zuerst mussten wir das Problem der Temperatur angehen. Die meisten Wissenschaftler schließen sich der gängigen Auffassung an, dass die Abkühlung, nicht das Einströmen von Protonen, der kritische Punkt bei der Eisbildung sei. Wenn wir belegen könnten, dass der Protonenzustrom die primäre Rolle spielt, würde das den Faktor des Abkühlens sekundär machen – was aber wiederum merkwürdig erschien: Wie kann Abkühlung eine untergeordnete Rolle spielen, wenn doch das Gefrieren immer bei einer bestimmten Temperatur erfolgt? Dieser Gefrierpunkt ist allgemein so sehr anerkannt, dass er sogar als Fixpunkt auf der Celsiusskala dient.

Zwar kennen sogar Kinder bereits den Gefrierpunkt bei 0 °C, doch es stellt sich heraus, dass Wasser *nicht immer* bei dieser Temperatur gefriert. Ich meine damit nicht Wasser mit gelösten Feststoffen, in dem sogenannte kolligative Eigenschaften den kritischen Gefrierpunkt um einige Grad nach unten verlegen. Ich spreche vielmehr von reinem Wasser unter normalen Bedingungen, bei dem der Gefrierpunkt manchmal bis weit unter 0 °C abfallen kann.

Wissenschaftler erkennen an, dass reines Wasser bei atmosphärischem Druck auf Meereshöhe manchmal so lange nicht gefriert, bis die Temperatur auf etwa –40 °C gefallen ist. In engen Räumen kann diese Temperatur noch tiefer liegen, sogar bis –80 °C. Schwierig zu gefrierendes Wasser ist durchaus bekannt, doch man hat dafür so gut wie keine Erklärung. Wasser dieser Art wird als „supergekühlt" klassifiziert, eine Bezeichnung, die eigentlich nur die Aufmerksamkeit davon weglenkt, dass man es nicht wirklich versteht.

Dass der Gefrierpunkt so tief liegen kann, ist ein glücklicher Umstand. Wenn Wasser stets bei 0 °C frieren würde, dann wäre in kühleren Regionen das Leben aller Pflanzen ausgelöscht: Jede Flüssigkeit in Pflanzen würde zu Eis gefrieren, das gnadenlos die ganze Pflanze zerreißen und auch ihre Organellen zerstören würde. Dies geschieht aber nicht, weil der Gefrierpunkt auf wesentlich tiefere Werte absinken kann als die der kalten Umgebungstemperatur.

Andererseits: Wenn wir erkennen, dass die Temperatur nicht die entscheidende Variable darstellt, wie man einfach so annimmt, dann sollte uns dies angesichts der dem Begriff innewohnenden Ungenauigkeit nicht sehr überraschen (siehe Kapitel 10). Die Mehrdeutigkeit von „Temperatur" hat uns dazu geführt, nach einer anderen, bedeutungsvolleren Variablen zu suchen, die für die Bildung von Eis verantwortlich ist. Diese Variable sollte – gemäß der Hypothese, die wir hier untersuchen – mit den einströmenden Protonen in Verbindung stehen.

Eine Forschergruppe aus Israel erhellte dieses Thema, indem sie die Rolle von Ladung während des Gefriervorgangs untersuchte.[5] Die Forscher positionierten ein pyroelektrisches Bauelement in einem extrem gekühlten Behälter. (Abb. 17.6) Pyroelektrische Bauelemente können die Ladungspolarität ihrer Oberfläche kontrollieren. Dies ermöglichte den Forschern herauszufinden, wie negative, neutrale oder positive Oberflächenladung den Gefriervorgang beeinflusst.

Negative Oberflächenladung machte es schwierig, das angrenzende Wasser zu gefrieren (oberes Bild); das heißt, die Wassertemperatur musste auf sehr niedrige Werte abfallen, bevor das Wasser gefrieren konnte. Positive Ladung bewirkte das Gegenteil – sie *förderte* das Gefrieren (unteres Bild). Das heißt, wenn die Oberfläche positiv geladen war, konnte das Wasser gefrieren, bevor seine Temperatur stark abfiel. Positive Ladung förderte den Gefriervorgang.

Ein bemerkenswerter Aspekt dieses Experiments war der geordnete Ablauf des Gefriervorgangs. Der wassergefüllte Behälter wurde von allen Seiten gekühlt; Eis hätte sich zuerst an den Außenbereichen des Behälters bilden müssen. Im Allgemeinen bildete es sich dort auch zuerst, aber nicht bei dem Experiment, in dem das Material positiv geladen war. Bei diesem Experiment begann die Eisbildung direkt an der pyroelektrisch positiv geladenen Grenzfläche, was auf die Bedeutung positiver Ladung für den Eisbildungsprozess hinweist. Und was noch aussagefähiger ist: Um diese positive Ladung zu erzeugen, musste man das pyroelektrische Material erwärmen. Mit anderen Worten, das Wasser gefror vorzugsweise in der Nähe des Bauelements, sogar dann, als das Material dem Wasser *Hitze zuführte*. Das letztgenannte Ergebnis zeigt also kristallklar, dass die Temperatur nicht die entscheidende Variable für das Gefrieren sein kann. Je nach den Umständen kann sogar das *Zuführen* von Hitze Eis erzeugen.

Diese experimentellen Ergebnisse belegen die Bedeutung positiver Ladung für die Eisbildung. Sie stützen auch unsere Hypothese, dass die positiv geladenen Protonen, wenn sie in die EZ gelangen, ebenfalls die Eisbildung erleichtern können. Und sie lassen die Protonen mindestens genauso wichtig erscheinen wie das Reduzieren der Temperatur.

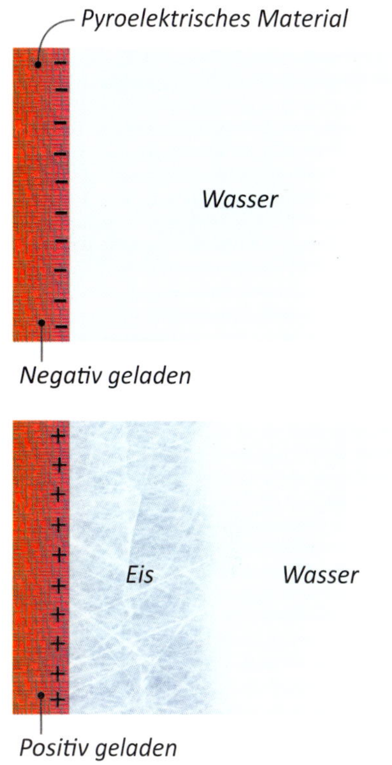

Abb. 17.6: *Pyroelektrische Experimente: Eine negative Ladung verzögert die Eisbildung, während die positive Ladung die Bildung von Eis fördert.*

Der Ansturm der Protonen

Durch diese Beobachtungen gestützt machten wir damit weiter, zu untersuchen, ob Protonen tatsächlich in Eisgebilde eindringen. Wir wiederholten zunächst frühere Beobachtungen – ein halbes Jahrhundert

Zimmertemperatur

Beginn des Gefrierens

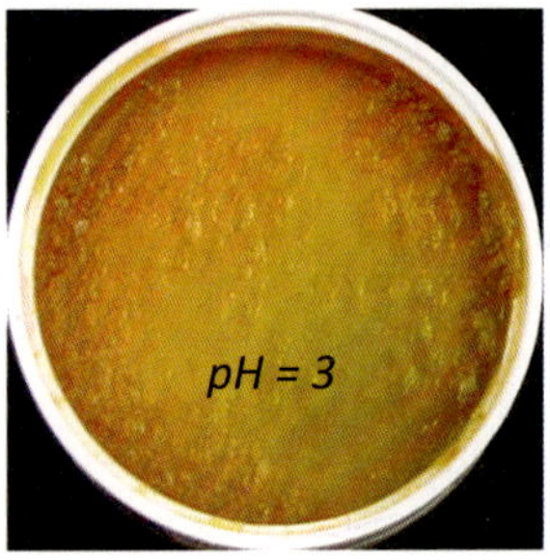

Abb. 17.7: *In Wasser gelöster pH-sensibler Farbstoff. Die pH-Werte beziehen sich auf die Randbereiche des Behälters.*

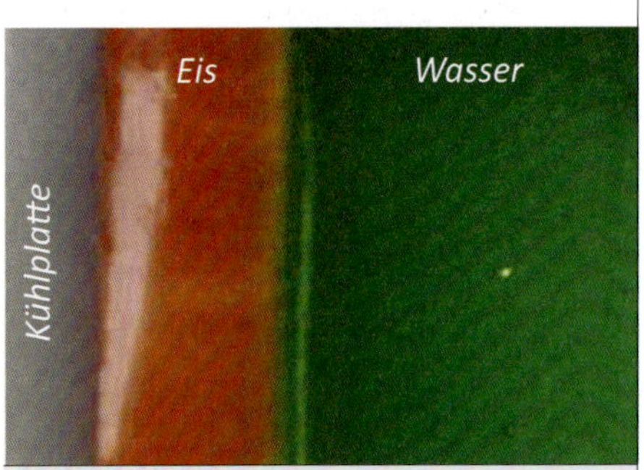

Abb. 17.8: *Veränderung des pH-sensitiven Farbstoffs beim Gefrieren. Das tiefe Orange steht für einen niedrigen pH-Wert und für die Anwesenheit vieler Protonen.*

alte, klassische elektrische Messungen, die auf das Vorhandensein positiver Ladung während des Gefrierens hindeuteten.[6] Wir stellten eine Elektrode vor eine vorrückende Eisfront. Als sich die Front annäherte, ging das elektrische Potenzial um mehr als 1 Volt nach oben. Diese Bestätigung einer positiven Ladung gab uns den Ansporn, weiter nachzuforschen und das Ganze direkt sichtbar zu machen.

Um dies zu erreichen, verwendeten wir pH-sensitive Farbstoffe (siehe Kapitel 5). In *einem* Experiment benutzten wir ein rundes Behältnis. (Abb. 17.7) Wir platzierten es auf einer mit flüssigem Stickstoff gekühlten Metallplatte. Bei Raumtemperatur zeigte sich die Farbe Grün (oben), die für Neutralität steht. Als das Wasser am Rand zu gefrieren begann, wurde die Farbe am Rand Tieforange (unten), was bedeutet, dass sich in den gefrierenden Regionen zahlreiche Protonen befanden. Diese Experimente konnten nicht enthüllen, *wie* diese Protonen dorthin gelangt waren, sondern nur, dass sie – wie erwartet – in die Region der Eisbildung hineingelangten.

Wir erhielten ein ähnliches Ergebnis, als wir eine Kühlplatte aus Aluminium in das Wasserbehältnis tauchten. Wieder wurde die Region, wo sich das Eis bildete, tieforange, was das Vorhandensein zahlreicher Protonen belegte. (Abb. 17.8)

Wir erhielten weitere, ähnliche Ergebnisse, als wir Tröpfchen beobachteten. Ein Tröpfchen auf einer gekühlten Platte gefror von seiner Basis nach oben. Wir konnten die äußeren Bereiche des Tröpfchens untersuchen, jedoch nicht das Innere. Als die äußeren Zonen gefroren, wechselte seine Farbe von Grün zu Orange, was auch wieder die einströmenden Protonen anzeigte. (Abb. 17.9)

Getragen von der Zuversicht, dass die Ergebnisse den erwarteten Protonenzustrom bestätigen würden, führten wir noch ein Experiment anderer Art durch, indem wir eine Infrarotkamera benutzten. Auch hier untersuchten wir ein Tröpfchen auf einer gekühlten Oberfläche. Wenn tatsächlich Protonen die Außenbereiche der EZ des Tröpfchens fluten sollten, dann müsste diese Ladungsbewegung ein Aufleuchten infraroter Energie in der Infrarotkamera erzeugen. Denn Ladungsbewegung erzeugt Infrarotenergie (Kapitel 10); wir haben davon schon viele Beispiele gesehen. Wir konnten diesen Infrarotblitz bestätigen – der Ausbruch des IR dauerte circa eine Sekunde. (Abb. 17.10) Das Auftreten dieses Blitzes stützte erneut unsere Hypothese eines Protonenzustroms. Auch wussten wir es sehr zu schätzen, dass das Tröpfchen seinen Übergang in Eis auf eine so „strahlende" Weise zeigen konnte.

Unsere Begeisterung über dieses Strahlen wurde kurz beeinträchtigt, als jemand eine andere Interpretation vorschlug: dass der Blitz einfach nur „Fusionswärme" signalisiere. Wasser gibt ja Energie ab, wenn es gefriert; dieser Wärmeverlust könnte sich in dem Infrarotblitz gezeigt haben. –

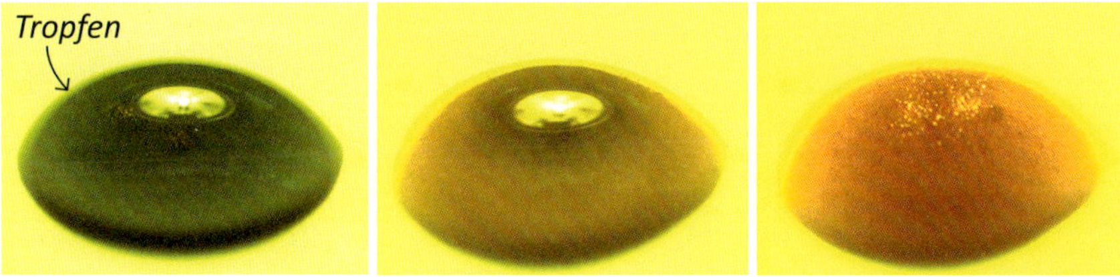

Abb. 17.9: *Abfolge des Farbwechsels während des Gefrierens eines Tröpfchens auf einer gekühlten Oberfläche. Die Farbe Orange zeigt die Konzentration oberflächennaher Protonen zu Beginn des Gefrierens.*

Zunächst erschien diese Interpretation plausibel; etwas jedoch passte nicht: Der Entzug von Wärme hätte das Tröpfchen abkühlen oder es zumindest auf derselben Temperatur halten müssen; doch die Temperaturskala (Abb. 17.10, rechte Seite) scheint anzuzeigen, dass sich das Tröpfchen während des Gefrierens *erwärmte* (drittes Bild). Warum sollte etwas während des Gefrierens *wärmer* werden? Das ergab überhaupt keinen Sinn.

Der Infrarotblitz ergibt wesentlich mehr Sinn, wenn er als Signal eines rapiden Protonenzustroms gedeutet wird. Die Ladungsbewegung hat den Blitz erzeugt. Diese Interpretation ergänzt die Ergebnisse aus den pH-Experimenten, die den Strom von Protonen noch direkter zeigen. Die beiden Ergebnisreihen stützen einander: Protonen strömen also ganz offensichtlich ein und erzeugen das Eis.

Der „Protonen-Freisetzer"

Wenn die Protonen die erwartete Rolle spielen, dann muss irgendein Auslöser die ausgeschlossenen Protonen freisetzen, damit sie in die EZ eindringen. Ohne einen Auslöser für diese Freisetzung würden die Protonen kontinuierlich in die EZ zurücksickern und ständig Eis erzeugen. Das geschieht aber nicht.

Was könnte eine solche Protoneninvasion auslösen?

Erinnern Sie sich daran, dass die Eiskristallbildung isolierte Protonen benötigt; diese Protonen schleusen sich selbst zwischen die Ebenen der EZ, um das Eis zu erzeugen (vgl. Abb. 17.1) Isolierte Protonen sind jedoch normalerweise gar nicht existent. Etwas, was diese Protonen enthält, ist das Hydroniumion – ein Wassermolekül, an das sich ein Proton angehängt hat.

Vielleicht denken Sie, dass diese Hydroniumionen bereits als Auslöser genügen, doch die Größe spielt eine Rolle. Sie werden zwar sehr stark in Richtung des negativ geladenen EZ-Strukturgitters gezogen, doch ihre Sperrigkeit verhindert das Eindringen. (Abb. 17.11) Sogar Wassermoleküle sind zu groß, um hineinzugelangen. Das Ausmaß dieser Behinderung wird klar, wenn man sich die Größe der „Portale" bewusst macht, die sich in der EZ befinden. Diese hexagonalen Einheiten sind winzig klein. Noch dazu liegen die Hexagone der benachbarten Ebenen nicht in Register

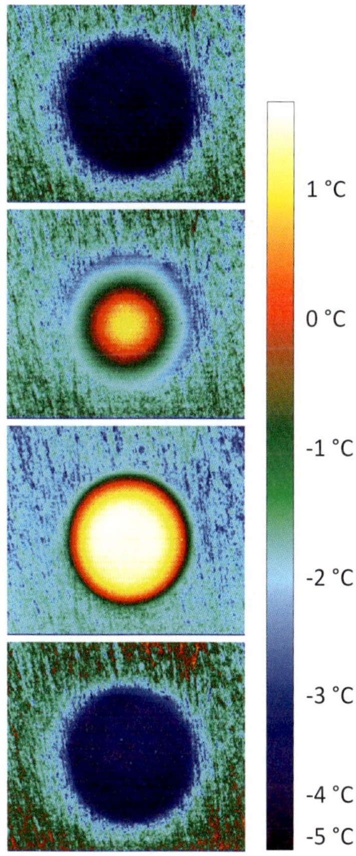

Abb. 17.10: *Infrarotemission eines Wassertröpfchens, das auf einer Kühlplatte gefriert. Das Tröpfchen emittiert einen kurzen Blitz infraroten Lichts, während es gefriert (von oben nach unten). Die Zeitspannen, nach denen die Aufnahmen gemacht wurden, in Sekunden (von oben nach unten): 3,3, 29,0, 29,3, 30,0.*

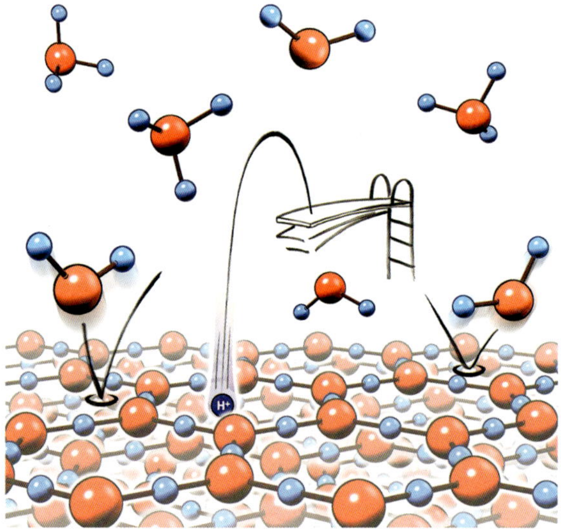

Abb. 17.11: *Nur Protonen sind klein genug, um in das EZ-Strukturgitter zu gelangen.*

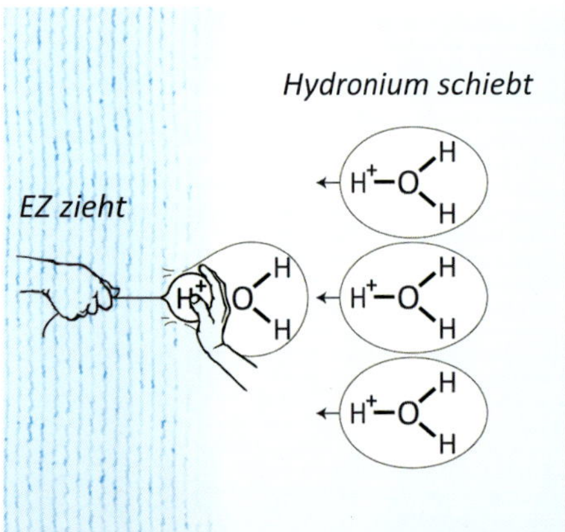

Abb. 17.12: *Krafteinwirkungen an einem neben einer EZ liegenden Hydroniumion. Die EZ* ***zieht*** *an dem Proton (links), während viele andere Hydroniumionen im restlichen Wasser* ***schieben*** *(rechts) und es letztendlich von seinem Elternteil, dem Wassermolekül, ablösen. Sobald es abgelöst ist, kann das Proton ganz leicht in die EZ eindringen.*

(Kapitel 4); diese Faktoren reduzieren die Öffnungen fast auf null. Nur das sehr winzige Proton ist klein genug, um hindurchzukommen.

Protonen sind allerdings normalerweise nicht frei verfügbar. Um verfügbar zu werden, müssen sie sich erst von ihren„Eltern“, den Hydroniumionen, lösen. Nur dann können sie in das EZ-Gitter einströmen und Eis erzeugen. Also ist die Freisetzung der Protonen möglicherweise ein Trigger für die Eisbildung. Nur der Faktor, der die Protonen von Hydroniumionen ablösen kann, ist in der Lage, die Eisbildung in die Wege zu leiten.

Um diesen Auslöser zu identifizieren, denken Sie an die Kräfte, denen das Proton ausgesetzt ist. Eine Kraft kommt direkt von der negativen Ladung der EZ, die an dem positiven Proton zieht, als ob sie es in die EZ hineinsaugen wollte. (Abb. 17.12) Diese ziehende Kraft ist aber nicht stark genug, um das Proton abzulösen; andererseits könnten, da diese Kraft stets präsent ist, die Protonen *ständig* in die EZ eindringen und würden damit jegliche Aussicht ruinieren, die beobachtete Positivität des restlichen Wassers aufrechtzuerhalten. Die Anziehung vonseiten der EZ könnte das Proton dabei *unterstützen*, sich frei zu machen, aber diese Kraft alleine reicht nicht aus.

Eine zweite Kraft ist der *Schub*. Dieser kommt von all den Hydroniumionen, die *hinter* den angreifbaren Hydroniumionen liegen (in Abb. 17.12 rechts außen). Ihre positive Ladung stößt die in Richtung der EZ liegenden Protonen ab. Diese Stoßkraft verschiebt die Protonen, woraufhin die negative EZ sie nach innen ziehen kann.

Um das Proton tatsächlich abzulösen, muss die Druckkraft eine bestimmte Schwelle überschreiten. Die Stärke dieser Kraft hängt von der Anzahl der abstoßenden Hydroniumionen ab, die wiederum von der

Gesamtmenge und der Verteilung dieser Hydroniumionen abhängt. Sobald die Anzahl der Hydroniumionen groß genug ist, können die EZ-nahen Protonen ausbrechen. Diese Protonen müssten dann sofort in die EZ eingesaugt werden und sich sofort in Richtung der tiefsten EZ-Ebene mit der größten negativen Ladung bewegen. Dieses Ereignis müsste die Eisbildung initiieren.

Ein Zusammenspiel bei der Eisbildung: Warum Eis unausweichlich fest wird

Der oben beschriebene Zusammenhang könnte die Entstehung von Eis erklären: Eine EZ wächst heran, während die Hydroniumionen außerhalb der EZ immer mehr werden. Protonen, die von diesen Hydroniumionen abgelöst werden, dringen direkt zu der am meisten negativ geladenen (das heißt zur tiefsten) EZ-Ebene vor, dann zu der nächst negativen, und so fort. Schrittweise bildet sich Eis.

Alles scheint damit in Ordnung zu sein – man könnte meinen, dass das Eis durch diesen Mechanismus zu einer festen Masse wird. Jedoch könnte die kleinste Abweichung, die auch nur eine einzige Ebene von Protonen frei lässt, sich verheerend auswirken – und statt eines einzigen großen Eisblocks könnten zwei *kleine* Blöcke entstehen. Da das aber nicht vorkommt, nutzt die Natur wahrscheinlich eine bestimmte Eigenschaft, die die Kohäsion von Eis sichert: Zum Beispiel könnte eine gerade gebildete Eisschicht die Bildung der nächsten erleichtern. Ein Zusammenspiel dieser Art könnte dafür sorgen, dass Eiswürfel fest bleiben.

Zusammenspiel oder Kooperation scheint ein innewohnendes Merkmal des vorgeschlagenen „Protonen-Invasions-Mechanismus" zu sein. Stellen Sie sich zwei benachbarte Schichten vor. (Abb. 17.13) Im Stadium der EZ liegen diese Ebenen nicht genau übereinander (links); im „Eisstadium" liegen sie genau übereinander (Mitte). Um Eis zu bilden, muss sich die Ebene B relativ zur Ebene A verschieben.

Wenn Sie sich diese Verschiebung vorstellen, beachten Sie die Position der Elektronen des Sauerstoffs. In der EZ-Konfiguration im Bild sind die Elektronen des Sauerstoffs von Ebene B in Richtung Ebene A gelegen, weil sie durch die benachbarte positive Ladung angezogen werden (links, Bild im Rahmen). Die Anziehung hält die Ebenen zusammen. Sobald sich die Ebene B zur Eiskonfiguration verschiebt, verändert sich die Umgebung. Ein Sauerstoffatom ersetzt das darunterliegende Wasserstoffatom (Mitte, Bild im Rahmen). Die benachbarten Sauerstoffatome, die nicht durch hereinkommende Protonen zusammengehalten werden, stoßen sich jetzt ab und verschieben ihre Elektronen voneinander weg (Mitte, Bild im Rahmen). Die Elektronen des oberen Sauerstoffatoms zeigen jetzt

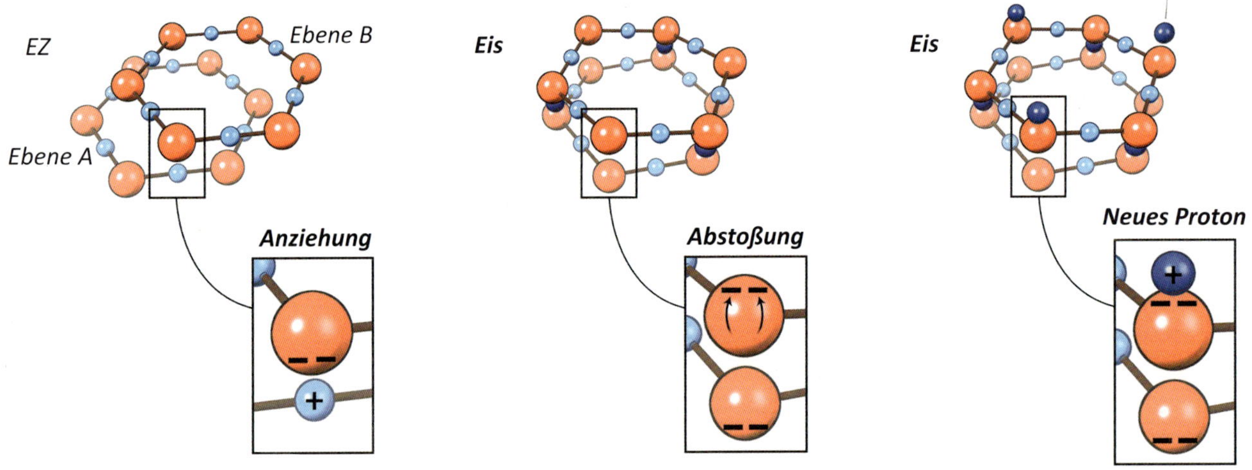

Abb. 17.13: *Kooperation in der Natur bei der Bildung von Eis. Die EZ-Entstehung sehen Sie links. In einer neuen Eisschicht (Mitte) verschiebt sich die negative Ladung des Sauerstoffs nach oben (Bild im Rahmen) und zieht hereinkommende Protonen an. Die Verschiebung erfolgt bei den drei Sauerstoffatomen der Ebene, die den anderen Sauerstoffatomen der darunterliegenden Ebene gegenüberliegen. Die einströmenden Protonen heften sich an diese drei Punkte (rechts) und bereiten das Aktionsfeld für die nächste Eisschicht.*

in Richtung der nächsten Welle von oben hereinströmender Protonen und stellen für diese eine anziehende Kraft dar (rechts). Man könnte sagen, dass durch die Verschiebung für die hereinkommenden Protonen der „rote Teppich" ausgerollt wird.

Dieser rote Teppich liegt auf der Oberfläche des Eises, das sich gerade bildet. Sein Vorhandensein stellt sicher, dass die hereinströmenden Protonen sich dort festsetzen, wo die nächste Schicht gebildet werden soll. Auf diese Weise kann das Eis sicher Ebene um Ebene anlegen, ohne Unterbrechung. Damit ist das Eis wirklich fest.

Ein überzeugendes Kennzeichen dafür, dass die Eisschichten auf die vorgeschlagene Weise anwachsen, ist, dass sie korrekt strukturiert sind. Bitte beachten Sie die Lage der Protonen zwischen den einzelnen Schichten (Abb. 17.13, rechtes Bild, dunkelblaue Punkte); die Protonen verbinden jedes zweite Sauerstoffatom. Diese Protonen liegen jeweils 60° versetzt zu den Protonen der nächsten Schicht. Diese regelmäßige Verschiebung von 60° pro Schicht bildet die korrekte Eisstruktur.

Gefrieren erfolgt von oben nach unten

Dass der Prozess des Gefrierens von oben nach unten vor sich geht, das hat die Natur sehr vorteilhaft so eingerichtet: Wenn das Gefrieren von unten nach oben erfolgen würde, wäre nicht nur das Schlittschuhlaufen schwierig, sondern die aus dem gefrorenen Wasser ausgesperrten Fische müssten auch um ihr Leben kämpfen ... Glücklicherweise wächst das Eis stets von der Oberfläche nach unten. Ein Glück für die Fische!

So scheint das Modell der Eisbildung stimmig zu sein. Die kooperative Natur des Modells stellt sicher, dass das Eis fest wird; und die genau abgestimmten einzelnen Entstehungsschritte des Modells ermöglichen eine korrekte Position aller Protonen.

Natürliche Eisbildung

Um zu verstehen, wie sich Eis in der Natur gemäß dem vorgeschlagenen Modell bildet, betrachten Sie das Gefrieren eines Sees. Sagen wir, eine winterliche Kaltfront ist im Anzug. Die Luft über dem See wird eisig kalt. Die Verdunstung wird geringer. Die Ausschlusszonen an der Oberfläche bleiben zum großen Teil an ihrem Platz und bilden eine relativ stabile EZ-Deckschicht – so etwas wie einen Deckel, den man auf einen Behälter mit Wasser legt. (Abb. 17.14a)

Diese EZ-Deckschicht strahlt infrarote Energie nach oben in die kühlere Luft ab, während die Deckschicht aus dem darunterliegenden wärmeren Wasser infrarote Energie *erhält*. Dieser große Durchlauf an infraroter Energie lässt die EZ wachsen – ähnlich wie in dem Szenario, das in Abbildung 17.4 gezeigt wird. Die Hydroniumionen, die sich unter der Deckschicht sammeln, können nicht entweichen – die Deckschicht verhindert dies. Sobald ihre Konzentration groß genug wird und eine kritische Schwelle überschreitet, beginnen abgelöste Protonen, in die EZ einzudringen, und bewegen sich in den stark negativ geladenen oberen Bereich. Diese Protonen erzeugen die Eisschicht, ganz oben. (Abb. 17.14b)

Inzwischen wächst die EZ weiter, weil der Durchfluss an infraroter Energie ununterbrochen weitergeht. Auf diese Weise wird das Eis dicker. Das Zusammenwirken der verschiedenen Kräfte sorgt für gleichmäßige Eisbildung. Je kälter die Luft, umso dicker das Eis. Wenn das Eis dick genug ist, um den vertikalen Gradienten der Infrarotenergie zu reduzieren, wird das Eis letztendlich stabil.

Demnach scheinen die Gesetzmäßigkeiten der Eisbildung, wie sie im Labor gelten, in der Natur in ähnlicher Weise zu funktionieren.

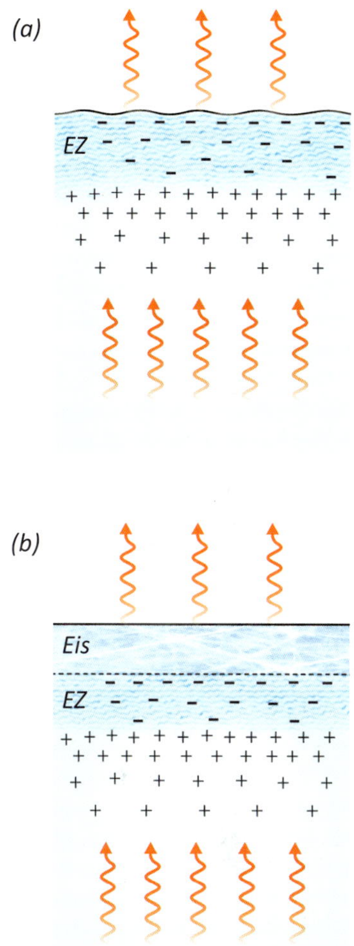

Abb. 17.14: *Eisbildung in natürlichen Gewässern. Infrarote Energie aus dem wärmeren* ***unteren*** *Wasser bildet die EZ an der Oberfläche und trennt dabei die Ladungen (a). Einströmende Protonen erzeugen dort Eis (b). Solange dieser Prozess anhält, wird das Eis immer dicker.*

Geklärte Energieverhältnisse

Mit diesem Hintergrundverständnis können wir uns nun den energetischen Problemen zuwenden. Es tauchten ja zwei Fragen auf; die erste: Warum weichen die energetischen Gegebenheiten der Eisbildung anscheinend von unseren Erwartungen, also von unseren Erfahrungswerten ab? Diese Frage konnten wir bereits beantworten: Die Eisbildung *erfordert* Energie. Sie nutzt die potenzielle Energie der Ladungstrennung, die entsteht, wenn sich die positiven Ladungen der Protonen mit der negativen EZ verbinden und dabei kristallines Eis entsteht. So entsprechen die energetischen Verhältnisse der Eisbildung den energetischen Verhältnissen beim Aufbau einer EZ. Beide Prozesse benötigen Energie.

Dass zum Erzeugen von Ordnung Energie benötigt wird, ist ein Prinzip, das zunächst Verwirrung stiften kann. Denn zumindest für *eine* Art von Energie – nämlich für die Wärme – behauptet die konventionelle Thermodynamik das Gegenteil: Wärme verstärke die „thermische Bewegung" und erzeuge dabei *Unordnung*. Im Zeitalter der Dampfmaschinen, aus der die Thermodynamik stammt, galt es als gesichert, dass das Erhitzen eines Kessels mit Wasser bis zur Verdampfung die *Zufallsbewegung* der beteiligten Elemente erhöht. In Kapitel 15 habe ich jedoch Belege dafür vorgestellt, dass *mehr* Ordnung (und nicht *weniger* Ordnung) entsteht, wenn Strahlungsenergie Wasser in Dampf verwandelt. Damit wird also einer der zentralen Grundsätze der klassischen Thermodynamik fragwürdig. Führt Wärmeenergie tatsächlich zu Unordnung?

Abb. 17.15: *So entsteht Kandiszucker: Eingetauchte Fäden dienen als Ansatzstellen für das Kristallwachstum von Zucker. Die Zuckerlösung wird zuerst erwärmt; während sie abkühlt, bilden sich die Kristalle.*

Diese Frage öffnet eine weitere Büchse der Pandora: das Problem der *Art* der Energie. Die Prinzipien der Thermodynamik entstanden durch die Beobachtung von *Wärme*. Später leitete man daraus die Prinzipien für *alle* Energieformen ab. Diese Ableitung enthält einen Widerspruch in sich: Man sagte, dass Wärmeenergie *Unordnung* erzeuge, während im Allgemeinen der *Input* von Energie vonnöten ist, um Entropie zu verringern und *Ordnung* zu erschaffen. Das letztere Prinzip stimmt mit der allgemeinen Erfahrung überein und mit allem, was wir in diesem Buch erörtert haben; das vorausgehende Prinzip könnte sich also als Irrtum erweisen (vgl. Kapitel 15). Möglicherweise erzeugt ja *jede* Form von Energieinput irgendeine Form von Ordnung, etwa auch die Ordnung von elektrischen Ladungen.

Energetische Fragen ähnlicher Art tauchen auf, wenn man sich die Bildung von Salz- und Zuckerkristallen anschaut (Kapitel 10). Auch hier findet die Kristallisation bei *Abkühlung* der Substanzen statt. (Abb. 17.15) Daher scheint es so, als ob Ordnung entsteht, wenn man Energie *entzieht*. Doch da gibt es eine Falle: Diese Lösungen werden im Allgemeinen vorher *erhitzt*. Für den Fall, dass dies nicht geschieht, könnte die erforderliche infrarote Energie von außen absorbiert werden. Diese absorbierte Energie erzeugt Ausschlusszonen und trennt Ladungen. Die getrennten Ladungen liefern die Energie, die eine geordnete Kristallbildung in Gang setzt, in diesem Fall nach dem Prinzip „Gleiches zieht Gleiches an" (Kapitel 8). Daher könnte die Energiezufuhr bei der Bildung von Salz- und Zuckerkristallen genauso erfolgen, wie es bei der Bildung von Ausschlusszonen oder Eis der Fall ist. Energie setzt Prozesse des Ordnens in Gang.

Dasselbe Prinzip könnte auch für Metalle zutreffen. Normale Metalle zeigen eine kristalline Atomstruktur. Wenn sie durch Erhitzung geschmolzen werden, werden sie amorpher. Die Frage taucht auf, ob der

Strahlungsinput, der für das Schmelzen von Metallen erforderlich ist, auch die nötige Energie liefert, um die Rekristallisation zu bewirken, wie bei Salz- und Zuckerkristallen. Wenn dies der Fall wäre, könnte man dasselbe thermodynamische Prinzip geltend machen: Ordnen erfordert Energie.

Um wieder auf das Eis zurückzukommen, lassen Sie uns nun das zweite scheinbar anormale energetische Merkmal von Eis betrachten: die sogenannte latente Wärme. Im allgemeinen Verständnis ist die latente Wärme die Wärme, die beim Übergang von Wasser zu Eis abgegeben wird. Man glaubt, dass die abgegebene Wärme die unmittelbare Umgebung erwärmt, während man vom Wasser annimmt, dass seine Temperatur konstant bleibt. Das widerspricht dem, was wir beobachtet haben. Infrarotaufnahmen gefrierender Tröpfchen zeigen kaum eine Erwärmung des sie umgebenden Bereichs, wogegen sich das gefrierende Wasser während der Umwandlung in Eis „aufwärmt" (siehe Abb. 17.10). Eine

Mechanische Störungen können Eisbildung auslösen

Einige erstaunliche Szenarien belegen, dass die Eisbildung ziemlich abrupt ausgelöst wird, nämlich wenn eine bestimmte Schwelle überschritten wird.

Stellen Sie eine geschlossene Flasche mit Wasser in Ihre Tiefkühltruhe. Wenn das Wasser schon sehr weit abgekühlt, aber noch nicht gefroren ist, nehmen Sie die Flasche heraus. Ein heftiges Schütteln oder ein Aufschlagen auf den Tisch kann plötzliche massive Eisbildung auslösen:[w3]

Diese mechanische Einflussnahme könnte dadurch wirken, dass sie Protonen von ihren „elterlichen" Wassermolekülen ablöst; die Protonen können dann in die lokalen Ausschlusszonen einwandern und die Eisbildung initiieren. Das Schütteln kann diesen Prozess außerdem dadurch voranbringen, dass es Blasen erzeugt, die Ausschlusszonen und positive Ladung enthalten – die beiden wesentlichen Elemente, die der Gefriervorgang braucht. Das durch Aufschlagen oder Schütteln erzeugte mechanische Aufbrechen der Blasen könnte dem System dann die notwendigen Faktoren liefern, die das Gefrieren in Gang setzen.[w4]

Ein weiteres bemerkenswertes Beispiel: Nehmen Sie eine zweite Flasche mit beinahe gefrorenem Wasser aus Ihrer Tiefkühltruhe. Schrauben Sie den Deckel ab und gießen Sie das fast gefrorene Wasser in ein Glas mit kaltem Wasser von circa 20 Zentimetern Höhe. Wenn das hineingeschüttete Wasser auf die Wasseroberfläche im Glas trifft, kann dies eine sofortige Eisbildung auslösen.[w5] Der auslösende Vorgang ist möglicherweise auch hier wiederum die mechanische Ablösung von Protonen, die damit freigesetzt werden, in das EZ-Strukturgitter eindringen und Eis bilden.

konventionelle Interpretation dieser Infrarotaufnahmen würde behaupten, dass das Wasser beim Übergang zu Eis wärmer wird. Das kann eigentlich nicht sein.

Eine plausiblere Erklärung der „latenten Wärme“ leitet sich aus unserem bereits früher gewonnenen Verständnis ab, dass die Infrarotstrahlung durch Ladungsbewegung entsteht. Der Protonenzustrom ist genau das – eine gewaltige Bewegung von Ladung. So ist also die sogenannte latente Wärme möglicherweise nichts weiter als ein Ausdruck dieses Protonenzustroms. Die „Hitze“, auf die man wegen des infraroten Blitzes schließt, hat also keine wirkliche Bedeutung.

Auf *Wärme* basierende Interpretationen werden noch fragwürdiger, wenn man ihre Dynamik untersucht. Gemäß der konventionellen Ansicht ist latente Wärme Ausdruck für den physikalischen Übergang von Wasser zu Eis. Entsprechend dieser Auffassung müsste ein einzelner Hitzeausstoß in dem Moment erfolgen, wenn das Wasser in kristallines Eis übergeht. Ein solcher zeitlicher Zusammenhang ist jedoch nicht zu beobachten. Stattdessen fanden wir eine beträchtliche Verzögerung zwischen dem Auftreten der latenten Wärme und dem physikalischen Übergang zu Eis.

Bei einem dieser Experimente wurde ein Wassertröpfchen auf einer gekühlten Metallplatte platziert. Im Verlauf des Gefrierens erzeugte das Tröpfchen einen Blitz infraroter Energie, wie in Abbildung 17.10 gezeigt. Das Aufscheinen der IR-Energie dauerte etwa eine halbe Sekunde, bevor das Gefrieren einsetzte, das heißt, bevor wir irgendein Zeichen der Volumenausdehnung sehen konnten, die für die physikalische Bildung von Eis kennzeichnend ist. Wir beobachteten noch längere Verzögerungen bei einer Wassersäule, die in einer Röhre senkrecht auf der Kühlplatte stand. Die Infrarotemission begann am Boden der Säule. Sie erstreckte sich schrittweise nach oben, bis sie schließlich das obere Ende der Säule erreichte – es war jedoch bis zu diesem Zeitpunkt oben keine Volumenzunahme erkennbar – erst circa 1,5 Sekunden danach. Diese Verzögerungen widersprechen der konventionellen Annahme, dass latente Wärme und Eisbildung gleichzeitig erfolgen.

Das hier vorgeschlagene Modell stellt sich demgegenüber die Eisbildung als zweistufigen Prozess vor: Zuerst fluten Protonen die Ausschlusszone und erzeugen dabei den infraroten Blitz; danach reihen sich diese Protonen geordnet zwischen die EZ-Schichten ein, verschieben die Ebenen und drücken sie auseinander. Das erzeugt Eis. Der *auslösende* Vorgang geht dem *strukturellen* Vorgang voran – das lässt sich aus der oben beschriebenen Beobachtung der infraroten Energie schlussfolgern.

Dies ist also die Lösung für das zweite der beiden energetischen Probleme, die latente Wärme. Ich denke, dass das von uns vorgeschlagene Modell allen wichtigen energetischen Faktoren gerecht wird.

Eis bei Zimmertemperatur?

Zwar mag sich der *Gefrierpunkt* unter verschiedenen „nicht standardmäßigen" Bedingungen unterscheiden, aber meines Wissens hat noch nie jemand Eisbildung bei *Zimmertemperatur* beobachtet. Allerdings, wenn der Zustrom von Protonen der Schlüsselfaktor für die Eisbildung ist, dann könnte auch eine Eisbildung bei Raumtemperatur im Bereich des Möglichen liegen. Eis könnte sich dann bei Zimmertemperatur bilden, wenn Protonen und Ausschlusszonen in ungewöhnlich großer Menge vorhanden und in der passenden Weise nebeneinander positioniert wären.

Eine solche Situation könnte die „Wasserbrücke" sein (siehe Kapitel 1). Das auffälligste Merkmal der Bücke ist ihre Festigkeit; es gibt trotz der Länge von mehreren Zentimetern so gut wie kein Durchhängen. (Abb. 17.16) Es scheint, als könnte man sogar über diese Brücke *gehen*. Man fragt sich, ob vielleicht das Vorhandensein eines eisähnlichen Zustands für diese offensichtliche Festigkeit verantwortlich ist.

Abb. 17.16: *Wasserbrücke zwischen zwei Bechergläsern. Die Brücke hat einen beinahe zylindrischen Querschnitt, der aus einer ringförmigen Struktur und einem Kern besteht, was man aber bei diesem Foto nicht unterscheiden kann. Die Länge der Brücke beträgt circa 3 cm.*

Der Querschnitt der Brücke ist zweiteilig: Außenring und Kern. Die Kernzone beinhaltet Wasser mit Protonen, die vom positiven zum negativ geladenen Becherglas fließen. Man darf aus diesem Protonenfluss ein starkes infrarotes Signal erwarten; das konnten wir auch beobachten.[7, Abb.5] Die ringförmige Struktur bewegt sich langsamer in die andere Richtung. Sie hat mehrere EZ-ähnliche Eigenschaften: Sie schließt Partikel aus; sie ist negativ geladen (weil sie der negativ geladenen Elektrode entstammt); und sie ist doppelbrechend[7], was Ordnung impliziert.

Die ringförmige EZ und die große Menge an Protonen, die in ihrer Nachbarschaft strömen, scheinen günstig zu sein, um Eis zu erzeugen. Abhängig davon, welche der beiden Strukturen beweglicher ist, könnte sich das Eis sowohl in der ringförmigen Struktur als auch im inneren Kern oder in *beiden* Strukturen bilden. Das Eis wird wohl nur vorübergehend existieren; gleichwohl könnte auch eine vorübergehende Eisstruktur, die überall in der Brücke verteilt und in dynamischem Fluss ist, die Festigkeit der Brücke aufrechterhalten. Solche eisähnlichen Merkmale der Brücke wurden bereits zu einem früheren Zeitpunkt vorgeschlagen.[8]

Eis bei Zimmertemperatur kann sich auch in anderen Formen als bei der Wasserbrücke zeigen. Es bildet sich zum Beispiel, wenn man in engen Spalten, die Wasser enthalten, elektrische Felder anlegt.[9] Vermutlich erzeugt das angelegte Feld genügend positive Ladung, um die Ausschlusszonen an den Grenzflächen in Eis umzuwandeln, sogar bei Zimmertemperatur. Alles, was in den beschriebenen Situationen benötigt wird, ist eine genügend große Anzahl von Ausschlusszonen und eine große Menge an Protonen in deren Nähe.

Diese Protonen könnten auch andere Phänomene erklären – darunter die von Erasto Mpemba beobachtete Anomalie. Warmes Wasser enthält

Warum ist die Dichte des Wassers bei 4 °C am höchsten?

Wenn Wasser abkühlt, ändert sich seine Dichte. Die Wissenschaft hat noch nicht herausgefunden, *warum* die Dichte des Wassers bei 4 °C am größten ist. Was ist an dieser Zahl so „magisch"?

Gekühltes Wasser kann verschiedene Aggregatzustände enthalten, jede mit einer anderen Dichte (Bild a). Da EZ-Wasser dichter ist als Bulkwasser (Kapitel 3, 4) und letzteres dichter ist als Eis (das ja auf dem Wasser schwimmt), ist der relative Anteil jedes Aggregatzustands von Bedeutung. Um die Gesamtdichte auszurechnen, muss man wissen, wie viel von jedem Aggregatzustand sich in einem Behälter befindet.

Nehmen wir an, ein Behälter mit Wasser wird schrittweise gekühlt. Der Infrarotgradient steigert den Infrarotdurchfluss und dieser baut eine Ausschlusszone auf (Abb. 17.4); mit einem anwachsenden EZ-Anteil wird das Volumen schrittweise kleiner (Bild b). Man könnte sagen, dass sich dann die Gesamtdichte erhöht hat.

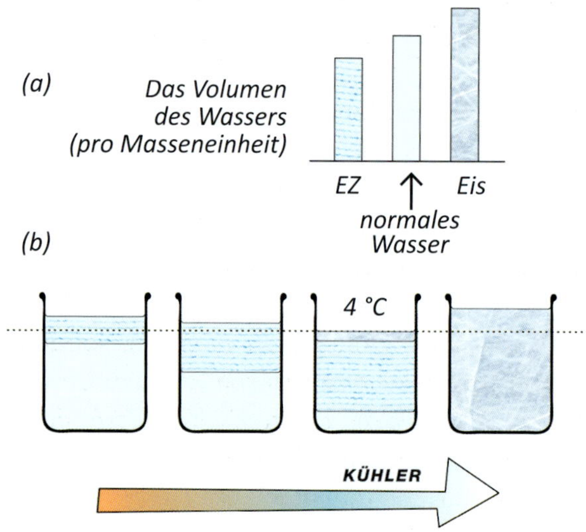

Wenn das Abkühlen eine bestimmte Schwelle erreicht, können diese Ausschlusszonen anfangen, sich in Eis zu verwandeln. Diese Umwandlung findet anfangs vielleicht nur in begrenzten Regionen statt, wo die Protonenkonzentration einen bestimmten Schwellenwert erreicht hat; ein „Flickwerk" aus Eis könnte anfangen, die Ausschlusszonen zu ersetzen. Da Eis wesentlich voluminöser ist als EZ-Wasser, nimmt das Gesamtvolumen zu. Die Temperatur, bei der dies geschieht, kann geschätzt werden. Wenn das massive Gefrieren bei Standardbedingungen nahe 0 °C erfolgt, beginnt das „Eis-Flickwerk" möglicherweise schon bei einigen Graden höher – durchaus einleuchtend wäre das bei 2 bis 3 °C. Daher wäre 4 °C die Temperatur des geringsten Volumens (dritte Zeichnung, Bild b). Hier wäre die Dichte am größten.

einen Überfluss an beiden für den Gefriervorgang benötigten Zutaten: von Ausschlusszonen umgebene Vesikel und die damit verbundenen Protonen (Kapitel 14). Wenn diese beiden Zutaten vorhanden sind, dauert es nur kurze Zeit, um aus Eiscremepulver und warmem Wasser gefrorenes Eis herzustellen. Hut ab vor Erasto Mpemba!

Zusammenfassung

Der Übergang von Wasser in Eis erfordert ein Ausschlusszonen-Zwischenstadium. (Abb. 17.17) Während das Wasser abkühlt, bilden sich Ausschlusszonen (Bild a); währenddessen sammeln sich Hydroniumionen direkt daneben (Bild b). Sobald die Konzentration der Hydroniumionen ein kritisches Niveau erreicht, lösen sich Protonen ab und dringen in die negativ geladene EZ ein (Bild c). Die Protonen verbinden benachbarte EZ-Schichten und initiieren den strukturellen Übergang zu Eis. Mit dem Fortgang dieses Prozesses wächst das Eis (Bild d).

Dieses Modell einer „Protoneninvasion" löst ein energetisches Paradox: Um kristalline Ordnung zu erzeugen, sodass eine Ausschlusszone entsteht, bedarf es eines *Inputs* von Energie. Um kristalline Ordnung in Form von Eis zu bilden, ist ein Abkühlen erforderlich, das einen *Entzug* von Energie vermuten lässt. Das Modell der Protoneninvasion löst dieses Paradox auf: Der Zustrom von Protonen in die EZ liefert die potenzielle Energie der Ladungstrennung, Energie, die zuvor gespeichert wurde. In beiden Situationen benötigt man also Energie, um Ordnung zu erzeugen. Die energetischen Merkmale der Kristallisation von Wasser bleiben bestehen.

Mit diesem Kapitel schließen wir die wissenschaftliche Erörterung unserer Untersuchungen von Wasser und seinen Aggregatzuständen ab. Wir haben viele unterschiedliche Aspekte von Wasser erforscht, vom Kochen bis zum Gefrieren, und haben dabei die zentrale Rolle des vierten Aggregatzustands des Wassers in praktisch all seinen Funktionsweisen aufgezeigt.

Im nachfolgenden Kapitel beenden wir unsere Reise, indem wir dorthin zurückkehren, wo wir begonnen haben: zu der damit verbundenen Philosophie. Wir reflektieren unsere Ergebnisse, alles, was wir erfahren haben, und wohin uns dies womöglich führt.

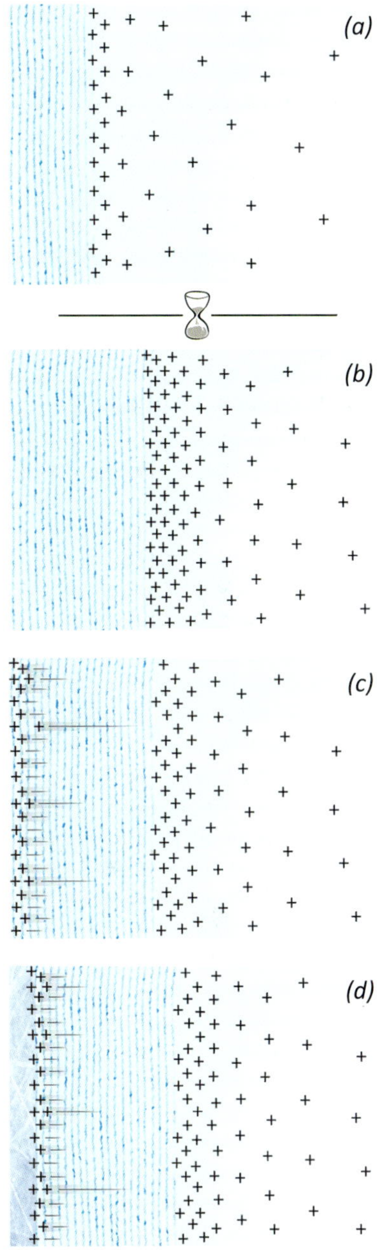

Abb. 17.17: *Der Prozess der Eisbildung. Die Kühlung erfolgt von links. Infrarote Energie fließt von rechts nach links durch die EZ. Dieser Durchlauf erweitert die EZ und trennt zunehmende Mengen von positiver und negativer Ladung. Das Eindringen von Ladung erzeugt Eis.*

Teil V

Resümee: Wie die Geheimnisse der Erde sich lüften lassen

Ergebnisse

18 Die geheimen Regeln der Natur

Als ich mich vor einigen Jahren gerade mit einigen Studenten im Labor unterhielt, wurde mir plötzlich schwarz vor Augen – beinahe wäre ich ohnmächtig geworden. Gesundheitlich war bei mir bis zu diesem Zeitpunkt alles bestens in Ordnung gewesen, sodass unser Hausarzt kaum meinen Namen kannte oder sich an mein Gesicht erinnern konnte. Er vermutete einen Tumor und empfahl, einen Gehirnscan durchzuführen. Ich war sehr beunruhigt, als ich in dieser langen, beängstigenden Röhre steckte und darauf wartete, zu erfahren, ob mein Leben bald ein Ende haben würde.

Die Klinikmitarbeiter, die das MRI-Gerät bedienten, zeigten keinerlei Anzeichen von Beunruhigung. Ja, ihre Gelassenheit ließ mich fast erwarten, gleich einen Witz über die Qualität meines Gehirns zu hören. Es kam aber kein Witz. Gleichwohl ertappte ich mich dabei, über das nachzugrübeln, was wir kürzlich über das Gehirn eines anderen gehört hatten (– das Gehirn eines prominenten Politikers der Vereinigten Staaten von sehr zweifelhaftem Intellekt). Während er den Scan von dessen Gehirn betrachtete, soll der Arzt angeblich zu Protokoll gegeben haben: „Sir, es tut mir leid, aber es sieht so aus, als wäre auf der linken Seite nichts in Ordnung und auf der rechten Seite nichts mehr übrig." (Im Englischen war das ein etwas makabres Sprachspiel: … *nothing right on the left side and nothing left on the right side*).

Gut, in *meinem* Gehirn war anscheinend doch noch einiges an gesunder grauer Substanz. Alles schien normal zu sein (soweit man das vom MRI her sagen konnte).

Diese Technik des MRI hilft, alles bisher in diesem Buch Gelesene zu untermauern. (MRI = *Magnetic Resonance Imaging*) Das MRI-Gerät liefert eine detaillierte Abbildung aller Nischen und Spalten des Gehirns. Die Technik beruht auf den Relaxationseigenschaften von Protonen. Da die überwiegende Mehrheit der Protonen im Körper aus Wasser stammt, bedeutet dies, dass das MRI eigentlich die Eigenschaften des Wassers im Körper misst. Wäre das Wasser von den lokalen Strukturen vor Ort unbeeinflusst, würde das Gerät kein Bild produzieren; alles würde gleich aussehen. Das MRI kann Ihr Gehirn erfolgreich abbilden, weil der Zustand jeder Gehirnregion das daran angrenzende Wasser tiefgreifend beeinflusst.

Das führt uns zur zentralen Botschaft dieses Buches zurück: Wasser ist praktisch überall beteiligt. Sein Verhalten resultiert aus der Beschaffenheit des Ortes, an dem es sich befindet, und aus der „Mikroumgebung".

Die Technik des MRI belegt diese Abhängigkeit, denn sie beruht auf der Fähigkeit des Wassers, sich in unterschiedlichen Umgebungen jeweils unterschiedlich zu organisieren.

Nachdem Sie durch siebzehn „wässrige“ Kapitel gewatet sind, haben Sie es jetzt verdient, eine Zusammenfassung des gesamten Inhalts zu erhalten und eine Art Wegweiser, wohin diese Erkenntnisse führen können. Lassen Sie mich damit beginnen, wie unsere Erkenntnisse in den allgemeinen wissenschaftlichen Rahmen passen, und dann zum Wesentlichen kommen – zu den Kernaussagen, die Sie aus diesem Buch vielleicht mitnehmen möchten.

Die Kultur der Wissenschaft

Bis in die moderne Zeit haben sich die Wissenschaftler darauf konzentriert, fundamentale Zusammenhänge zu entdecken. Sie haben versucht zu verstehen, wie die Welt funktioniert. Wenn ihre Bemühungen Paradigmen aufdeckten, die verschiedene Phänomene auf *einfachere* Weise erklären konnten, dann wussten sie, dass sie auf etwas Bedeutsames gestoßen waren. So konnte das Periodensystem der chemischen Elemente – 1869 von Mendelejew und Meyer beinahe zeitgleich entwickelt – eine Vielzahl bekannter chemischer Reaktionen erklären. Galileis heliozentriertes System räumte die Notwendigkeit aus dem Weg, erst komplexe Epizyklen zu erzeugen, um die Umlaufbahnen von Planeten zu beschreiben.

Das Prinzip, den *einfachsten* Weg der Erklärung zu wählen, scheint die Wissenschaftsgemeinde inzwischen weitestgehend vergessen zu haben. Während meiner vierzigjährigen wissenschaftlichen Tätigkeit habe ich erlebt, wie diese edle Kultur, der Einfachheit zu folgen, einer weniger

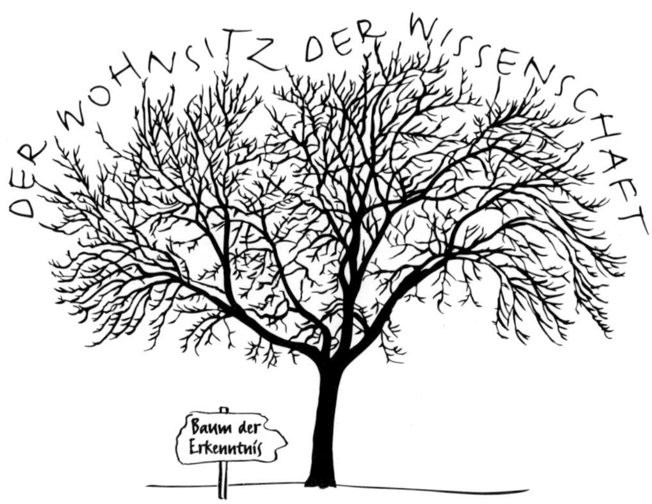

Abb. 18.1.: *Die Wissenschaft von heute fokussiert sich hauptsächlich auf die kleinen Zweige am Baum der Erkenntnis, um immer noch weitere Details hinzuzufügen. Sie setzt als gegeben voraus, dass die großen Äste, an denen die Zweige sitzen, tragfähig sind.*

kühnen und eher pragmatischen Kultur gewichen ist. Die Verwegenheit ist verschwunden. Die Wissenschaftler geben sich zufrieden mit Erkenntnissen, die nur geringe Reichweite und kurze Laufzeit haben, statt nach fundamentalen Wahrheiten zu suchen, die möglicherweise Erklärungspotenzial für weite Bereiche der Natur haben. Die Suche nach dem Detail scheint die Suche nach einfachen, übergeordneten Wahrheiten verdrängt zu haben.

Die auf solche kleinen Schritte ausgerichtete Vorgehensweise scheint auf eine Kultur hinzuweisen, in der etwas schiefgelaufen ist. Sie können sich dazu selbst ein Urteil bilden, wenn Sie sich die Ergebnisse anschauen – die karge Anzahl an konzeptionell revolutionären Erkenntnissen, die in den letzten drei Jahrzehnten erschienen sind. Ich meine damit nicht technische Fortschritte (wie die Computer oder das Internet) und ich meine nicht irgendwelche Hypes oder *in Aussicht gestellte* revolutionäre Fortschritte (wie zum Beispiel Krebsheilmittel). Ich meine *konzeptionell bahnbrechende und realisierte Erkenntnisse*, die bereits erfolgreich die Welt verändert haben. Wie viele können Sie mir aufzählen?

Die einst mutige wissenschaftliche Kultur ist zunehmend ängstlicher geworden. Sie sucht nach Fortschritten in Details. Ganz selten stellt sie die fundamentalen Konzepte infrage, auf denen diese „Fortschritte im Detail" beruhen, insbesondere solche fundamentalen Konzepte, die bereits Anzeichen dafür erkennen lassen, dass sie sich überlebt haben. Diese Kultur ist brav und gehorsam geworden. Sie beugt sich dem Regime der vorherrschenden Dogmen. Und dabei produziert sie eine Menge an Daten, doch sehr wenig von dem, was unser Verständnis fundamental weiterbringt.

Ich habe versucht, diesen Trend umzudrehen, indem ich zur traditionellen Art, Wissenschaft zu betreiben, zurückgekehrt bin. Indem ich bekannte, alltägliche Phänomene beobachtet und einfache Logik angewandt habe, wollte ich die einfachen Wie- und Warum-Fragen beantworten, die zu grundlegenden Wahrheiten führen können. Dabei habe ich die „Wieviel-" und „Von-welcher-Art-Fragen" vermieden, die die detailorientierte Herangehensweise charakterisieren. Ich weiß, dass dies nicht in Mode ist, aber ich denke, dies ist ein besserer Weg, wissenschaftlichen Fortschritt zu erzielen.

Die Besonderheit dieses Buches entstand aus einem Gefühl heraus, dass am aktuellen Denken über das Wasser etwas schrecklich falsch ist. Ich hatte das Gefühl, dass die Natur im innersten Wesen *einfach* sein müsse. Doch alles, was ich las, erschien kompliziert. Ich konnte jedem Interessierten die offiziellen Lehrsätze vermitteln, doch wenn ich nur wenig unter der Oberfläche dieses Verständnisses kratzte und weiterbohrte, blieben ständig wesentliche Fragen, die ich schwer zu beantworten fand. Das beunruhigte mich.

Meine Suche nach tieferem Verständnis machte es notwendig, Bereiche zu erkunden, die für mich völlig neu waren. Manchmal fand ich das entnervend, weil umfangreiche Wissensgebiete außerhalb meines Sichtfeldes zu liegen schienen. Andererseits hatte ich den Vorteil geistiger Freiheit: Ich konnte mich völlig frei auf diesen Gebieten bewegen, unbelastet von den Begrenzungen der Glaubenssätze des jeweiligen Feldes. Es gab nur wenige Gebiete, die mir heilig genug waren, um unangetastet zu bleiben.

Mein einziges Ziel war, einfache, grundlegende Prinzipien zu entwickeln, die zu einem breiten Verständnis führen können. Ich habe diese Prinzipien nicht aus dem Hut gezaubert. Es bedurfte einer langen, schwierigen Reise, sie aus der Masse von relevanten Beobachtungen abzuleiten. Am Ende glaube ich, dass diese grundlegenden Konzepte sich in Gestalt von vier zentralen Prinzipien herausgebildet haben, die unser Verständnis des Wassers prägen.

Vier fundamentale Prinzipien

Prinzip Nr. 1: Wasser kommt in vier Aggregatzuständen vor

Abb. 18.2: *Die vier Aggregatzustände des Wassers*

Von Kindheit an haben wir gelernt, dass es drei Aggregatzustände von Wasser gebe: fest, flüssig und gasförmig. Jetzt haben wir etwas herausgefunden, was sich als ein vierter Zustand beschreiben lässt: das „Ausschlusszonen-Wasser". (Abb. 18.2) Es ist weder flüssig noch fest, sondern es ist vielleicht am besten zu beschreiben als Flüssigkristall mit physikalischen Eigenschaften, die dem rohen Eiweiß nahekommen.

Der Begriff „Ausschlusszone" mag vielleicht unglücklich gewählt sein. Mein Freund John Watterson hat den Begriff sehr früh geprägt, als das offensichtlichste Merkmal dieser Zone ihr „ausschließendes" Verhalten war. Diese Definition ist geblieben. Es hat uns Spaß gemacht, Witze darüber zu machen, dass sich im Englischen die Abkürzung „EZ" (für *exclusion zone*) in der Aussprache sehr ähnlich wie *„easy"* anhört (also das Gegenteil von *hard* = schwer, hart). Hartes Wasser ist voller Mineralien, die das EZ-Wasser ausschließt. Unter diesem Aspekt schien der Name doch wieder passend gewählt. Rückblickend wären Bezeichnungen wie „Flüssigkristallzustand" oder „Halbflüssigkeitszustand" sinnvoller gewesen, denn diese Beschreibungen passen besser in das an den Zuständen des Wassers orientierte Klassifikationsschema.

Sei es, wie es will, die Abfolge der drei Aggregatzustände, die man gewöhnlich reflexartig aufzählt (fest – flüssig – gasförmig), unterscheidet sich von dem, was wir nun gefunden haben. Wenn die vorausgehenden Kapitel eine abgesicherte Erklärung für den Charakter von Wasser liefern, dann wäre eine angemessenere Reihenfolge der Zustände: fest – flüssigkristallin – flüssig – gasförmig, also *vier Aggregatzustände, nicht drei.*

Prinzip Nr. 2: Wasser speichert Energie

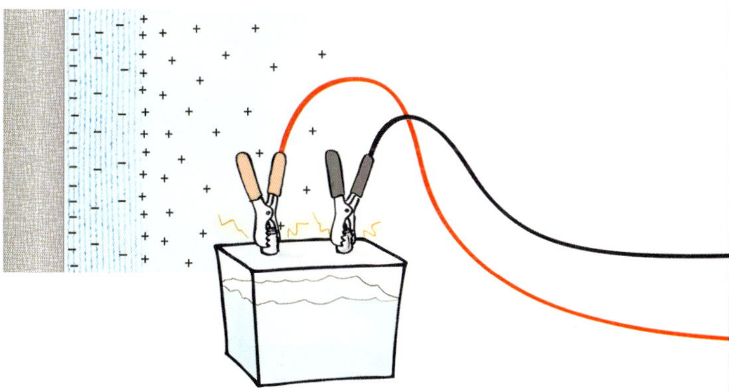

Abb. 18.3: *Die Wasserbatterie*

Der vierte physikalische Zustand des Wassers (Ausschlusszonenwasser) speichert Energie auf zweierlei Weise: durch Ordnung und Ladungstrennung. Ordnung bildet potenzielle Energie, die in Form einer bestimmten Anordnung gespeichert ist und dann verfügbar wird, wenn sich die Ordnung zu Unordnung verändert. Für die lebende Zelle bildet der Übergang von Ordnung zu Unordnung einen zentralen Mechanismus der Energiegewinnung.[1] Ladungstrennung, die zweite Art der Energiespeicherung, hat zur Folge, dass Elektronen entstehen, die die für die „Ausschlusszone" typische *negative* Ladung haben, während Hydroniumionen die entsprechende *positive* Ladung aufweisen. Diese getrennten Ladungen entsprechen einer Batterie, also einem örtlich begrenzten Speicher potenzieller Energie. (Abb. 18.3)

Die Natur gibt Energiereserven selten einfach so frei. Sie teilt die Energie weise für die verschiedenen Bedürfnisse ein. In diesem Buch haben Sie dafür zahlreiche Beispiele gesehen und es gibt noch eine Menge mehr davon.

Von Albert Szent-Györgyi, dem Begründer der modernen Biochemie, gibt es einen berühmten Ausspruch: Arbeit könne in der Biologie als die Ausnutzung von Elektronenenergie verstanden werden. Die Ausschlusszone liefert eine verfügbare Quelle von Elektronen, die jede der zahlreichen biologischen Reaktionen in Gang setzen können. Die zusätzlichen Hydroniumionen könnten eine ähnlich aktive Rolle spielen. Die Konzentrationen positiver Ionen bauen Druck auf, der etwas zum Fließen bringen kann. Fließende Bewegungen existieren praktisch überall: in einfachen oder differenzierten Zellen, in unserem Kreislaufsystem und in den Gefäßen kleiner Pflanzen und großer Bäume. Hydroniumionen könnten viele dieser Strömungen in Gang setzen.

Die potenzielle Energie der EZ kann auch praktische Geräte antreiben. Ein solches Gerät ist ein Wasserreiniger. Weil die EZ gelöste Teilchen inklusive Giftstoffe ausschließt, braucht man nur Wasser aus den Ausschlusszonen zu sammeln, es ist sauber. Ein einfacher und bemerkenswert wirksamer Prototyp wurde bereits gezeigt.[2] Er kommt einem „filterlosen Filter" gleich, der dank seiner innewohnenden elektromagnetischen Energie reinigt.

So kann die potenzielle Energie, die mit dem vierten Aggregatzustand des Wassers verbunden ist, auf vielfältige Weise genutzt werden. Energie und Wasser sind praktisch Synonyme. Das ist der Grund dafür, dass ich in Kapitel 7 die Gleichung $E = H_2O$ vorgeschlagen habe. Diese Gleichung mag „hinken", weil ihre verschiedenen Einheiten nicht zueinander passen, aber sie beschreibt das Wesentliche unseres zweiten Prinzips: *Wasser speichert Energie.*

Prinzip Nr. 3: Wasser erhält Energie vom Licht

Jeder versteht, dass die Sonne die Erde erhellt und viele Prozesse auf der Erde steuert. Was aber neu ist: dass die Sonne (vielleicht gemeinsam mit anderen kosmischen und irdischen Quellen) viele Prozesse steuert, wo das nicht so offensichtlich ist, insbesondere solche, bei denen Wasser im Spiel ist. (Abb. 18.4)

Die elektromagnetische Energie der Sonne erzeugt die potenzielle Energie im Wasser. Photonen laden die EZ wieder auf, indem sie Ordnung erzeugen und Ladungen trennen. Sie tun das, indem sie die Wassermoleküle aufspalten. Dabei wird die EZ geordnet, es entsteht *eine* Ladungspolarität in der geordneten Zone und die *entgegengesetzte* Polarität in der benachbarten Bulkwasserzone.

Wenn wir an Wasser denken, fällt uns normalerweise nicht ein, dass Wasser Energie erhält. Ein mit Wasser gefülltes Glas wird mehr oder weniger als im Gleichgewicht mit seiner Umgebung betrachtet. Dennoch, was sich in den vorangehenden Kapiteln abzeichnet, unterscheidet sich davon deutlich: Ein Glas Wasser ist im Allgemeinen weit von einem „Gleichgewicht" entfernt. Dieses Konzept mag Ihnen fremd erscheinen, doch die vorangehenden Kapitel haben ganz deutlich gezeigt, dass Wasser ständig Energie aus der Umgebung aufsaugt und diese Energie in „Arbeit" umwandelt.

Abb. 18.4: *Die Hauptquelle elektromagnetischer Energie auf der Erde*

Dieses „Umwandlungskonzept" wirkt weniger exotisch, wenn Sie sich bewusst machen, dass Pflanzen genau dasselbe tun. Pflanzen absorbieren Strahlungsenergie aus der Umgebung und nutzen diese, um Arbeit zu verrichten. Pflanzen bestehen bekanntlich hauptsächlich aus Wasser. Deshalb sollte es kaum überraschen, dass das Glas Wasser, das Sie neben Ihrer Topfpflanze stehen haben, die einfallende Photonenenergie genauso umwandeln kann wie die Pflanze.

Es könnte sich lohnen, mit einem frischen Blick jedes Szenario zu betrachten, bei dem Strahlungsenergie in Wasser einfällt. Unser Fokus war bisher hauptsächlich auf die Chemie gerichtet, doch die Physik und ganz besonders auch die Biologie sollten ebenso mit betrachtet werden. Wenn zum Beispiel die Sonne durch die Wolken bricht, können wir eine Art Energiestoß verspüren. Sicher beeinflusst dieses Gefühl unsere *Psyche,* doch wir könnten uns auch „energetisiert" fühlen, weil die einfallende Sonnenenergie eine echte chemische Energie in unseren *Zellen* erzeugt. Manche Wellenlängen dringen tief in unseren Körper ein: Halten Sie einmal ein Blitzlicht hinter eine Handfläche, lösen Sie es aus und beobachten Sie, wie das Licht die Hand durchdringt.

Zu behaupten, dass einfallende Sonnenenergie in unseren Körpern Energie erzeuge, mag übertrieben erscheinen, aber Zellen wachsen bei Wärme schneller, insbesondere dann, wenn sie infraroter Energie (Licht) ausgesetzt werden. Da Licht in Wasser Energie erzeugt und wir hauptsächlich aus Wasser bestehen, erscheint es plausibel, dass auch wir aus der Umgebung Energie aufnehmen. Man kann sich hier verschiedene Lichtnutzungsprozesse vorstellen, die in der Biologie vorkommen.

Ähnliche Prinzipien könnten in Physik und Technik Anwendung finden. Zum Beispiel könnte die Nutzung der im Wasser gespeicherten Lichtenergie die Produktion nützlicher elektrischer Energie ermöglichen. Die Ladungstrennung in der EZ kommt dem ersten Schritt der Fotosynthese sehr nahe, die das Aufspalten von Wasser neben einer hydrophilen Oberfläche zur Folge hat. Diese Ähnlichkeit könnte sehr günstig sein: Wenn dieser erste Schritt so effizient funktioniert wie bei der Fotosynthese, könnte irgendeine Art von wasserbasierter Nutzung der Lichtenergie eine vielversprechende Zukunft haben. Konstruktionen, die die innere Energie des Wassers nutzen, könnten eines Tages die heute aktuellen Solarzellen ersetzen.

Auf alle Fälle erzeugt elektromagnetische Energie potenzielle Energie im Wasser, das damit zum Energiespeicher wird. Diese Energie kann zu der Quelle zurückstrahlen, von der sie gekommen ist, und/oder sie kann genutzt werden, um Arbeit zu verrichten. Diese Energie ist ein Geschenk unserer Umgebung; sie ist *echte, freie Energie,* die wir vielleicht nutzen können, um die aktuelle Energiekrise zu meistern.

Prinzip Nr. 4: Gleich geladene Einheiten können einander anziehen

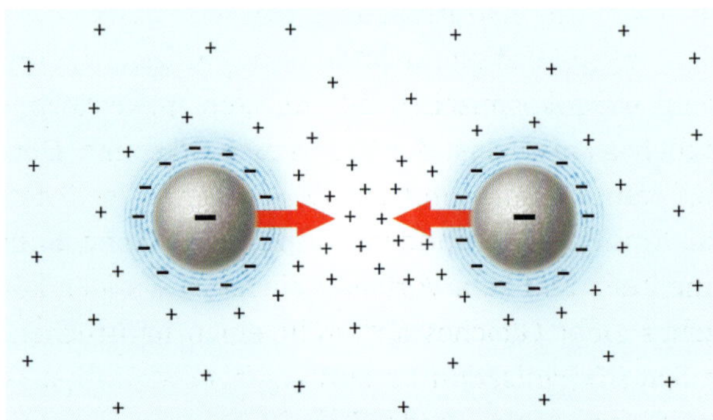

Abb. 18.5: *Die durch entgegengesetzte Ladungen vermittelte Anziehung gleich geladener Einheiten*

Das vielleicht am wenigsten gleich einleuchtende Prinzip ist dieses: „Gleiches zieht Gleiches an". (Abb. 18.5) Die Idee, dass gleiche Ladungen einander anziehen könnten, mag zunächst widersinnig erscheinen – bis Sie sich bewusst machen, dass sie keine Verletzung physikalischer Gesetze erfordert. Denn die gleich geladenen Einheiten sind es nicht selbst, die die Anziehung verursachen; die Anziehung wird durch Einheiten mit *entgegengesetzter* Ladung vermittelt, die sich *dazwischen* befinden. Diese entgegengesetzt geladenen Einheiten ziehen die gleich geladenen Einheiten so lange zueinander, bis die bekannte gegenseitige Abstoßung gleich geladener Teilchen das Ganze ausbalanciert.

Viele Physiker nehmen an, dass eine gegenseitige Anziehung gleich geladener Einheiten nicht existieren könne, und dies trotz der Akzeptanz vonseiten einiger sehr bekannter Physiker wie Richard Feynman. Letzterer prägte den Satz: *Like-likes-like through an intermediate of unlikes*, also: „Gleiches zieht Gleiches an, wenn etwas Ungleiches dazwischenliegt." Er verstand das auch so, dass eine Anziehung dieser Art für Physik und Chemie von grundlegender Bedeutung sei. Gleichwohl glaubt immer noch die Mehrheit der Physiker, dass gleiche Ladungen einander stets abstoßen. Nicht einmal ein flüchtiger Gedanke wird an die Möglichkeit verschwendet, dass diese gleich geladenen Einheiten einander doch *anziehen* können, sobald Einheiten mit entgegengesetzter Ladung dazwischenliegen.

Der Widerstand beruht möglicherweise auf rein sprachlichen, semantischen Problemen mit dieser Aussage. Wie dem auch sei: Die reflexartige Annahme, dass gleich geladene Einheiten einander stets abstoßen müssen, hat ziemlich sicher zu unnötig komplexen Deutungen oder einfach zu völlig falschen Antworten geführt.

Dieses Buch *untermauert* die eigentlich schon alte Erkenntnis: „Gleiches zieht Gleiches an." Es verfolgt diese Idee konsequent weiter und findet eine Quelle entgegengesetzter Ladungen. Diese entstehen im Überfluss bei der Bildung einer Ausschlusszone; diese liefert mehr als genug von den Protonen, die benötigt werden, um die Anziehung zu erklären.

Abgesehen von Demonstrationen im Labor kommt dieses Prinzip möglicherweise auch in der Natur in großem Umfang zur Anwendung, angefangen vom mikrokosmischen bis hin zum makrokosmischen Bereich. Ein mögliches Beispiel ist der Ursprung des Lebens. Der Ursprung des Lebens ist wahrscheinlich mit der Konzentration gelöster Stoffe zu kondensierten Einheiten verbunden. Ohne eine solche Kondensation hätte sich keine Zelle und kein Vorläufer einer Zelle bilden können. Das Prinzip „Gleiches zieht Gleiches an" stellt einen natürlichen Weg dar, diese Art der Selbstorganisation zu ermöglichen: Man füge noch etwas Licht hinzu, warte ein wenig – und voilà!

Ein anderes Beispiel kann man in den Wolken finden. Wolken bilden sich aus geladenen Aerosoltröpfchen. Nach konventionellem Denken sollten sich diese geladenen Tröpfchen abstoßen und auflösen. Doch das Prinzip „Gleiches zieht Gleiches an" erklärt, warum diese Tröpfchen sich in Wirklichkeit zu solchen Einheiten formen können, die wir als Wolken sehen. Die Sonne liefert die Energie, die entgegengesetzten Ladungen erzeugen die Kraft.

Wann immer die Abstoßung von Gleich und Gleich als Grund angegeben wird, um irgendein Phänomen zu erklären, fragen Sie sich zukünftig am besten, ob nicht das Gegenteil eine bessere Erklärung liefern kann. Bei manchen Dingen könnten Sie sich damit auf einem guten Weg befinden, der Ihnen die Aussicht eröffnet, ein einfacheres und direkteres Verständnis der Natur zu erlangen.

...

Die vier Prinzipien, die ich hier skizziert habe, können als Regeln der Natur betrachtet werden, die früher in einer entfernten Ecke verborgen waren und nun in einem klareren Licht erscheinen. (Abb. 18.6)

Abb. 18.6: *Verborgene Prinzipien werden ans Licht gebracht*

Diese Prinzipien bergen ein reichhaltiges Erklärungspotenzial. Sie helfen, einfache Fragen nach dem Warum und dem Wie zu beantworten: Warum behält ein Gel sein Wasser? Warum werden die Blasen im Champagner in scheinbar unendlichen Strömen immer mehr? Warum können einfach nur nass gemachte Holzkeile riesige Steine auseinandersprengen? Wie kommt das Wasser in die Spitzen der gigantischen Redwood-Bäume? Warum sehen wir Dampfwölkchen über unserem heißen Kaffee? Warum rutscht man auf Eis aus und fällt auf die Nase? ... Die vier Prinzipien können noch viele weitere Fragen beantworten, bei denen man bisher die Antwort schuldig geblieben ist. Wegen ihres großen Erklärungspotenzials glaube ich, dass diese vier Prinzipien sich als grundlegend für vieles in der Natur erweisen könnten.

Warum diese Prinzipien bisher verborgen geblieben sind

Wenn diese Prinzipien so nützlich sind, wie ich behaupte, warum blieben sie so lange unentdeckt? Wie kann es sein, dass sie bisher nicht in den Bestand des Allgemeinwissens aufgenommen wurden?

Mir kommen vier Gründe dafür in den Sinn.

- Der erste ist, dass die Wissenschaft vom Wasser eine sehr „bewegte", bunt schillernde Geschichte gehabt hat. Das Polywasser-Debakel hat Narben hinterlassen. Es hat neugierige Wissenschaftler für Jahre davon abgehalten, sich mit dem Thema Wasser zu befassen. Jeder Forscher, der es sich zutraute, dieses Feld zu betreten, und der das Glück hatte, etwas Unerwartetes zu entdecken, wurde unausweichlich mit den wieder ausgegrabenen Dart-Pfeilen attackiert, die man verwendet hatte, um das Polywasser der Lächerlichkeit preiszugeben. Sicher war das Wasser jener Wissenschaftler verunreinigt (– natürliches Wasser ist übrigens alles andere als rein!). Aber können deshalb deren Ergebnisse ganz sicher vernachlässigt und vom Tisch gewischt werden? Danach kam das „Gedächtnis des Wassers" auf. Dass Wasser ein Gedächtnis haben soll, erschien so unwahrscheinlich, dass dieser Ausdruck ein Hit unter den wissenschaftlichen Witzen wurde: „Hast du ein Problem, dir Namen zu merken? Versuch's doch mal mit Wassertrinken – es stellt die verlorene Information wieder her ..."

So wurde die Wissenschaft vom Wasser zweimal in Misskredit gebracht. Wenn Kritiker mit ihrem Spott an jeder Ecke lauern – welcher kluge Wissenschaftler will da noch im Bereich Wasser forschen? So wurde das ein heimtückisches Forschungsgebiet. Sich in die Erforschung des Wassers zu vertiefen, ist genau so gefährlich geworden, wie ein Bad in einer ätzenden Säure zu nehmen.

- Ein weiterer Grund dafür, dass das Wissen über Wasser erst so allmählich auftaucht, ist seine Omnipräsenz. Wasser ist überall. Wasser nimmt in so vielen natürlichen Vorgängen einen derart zentralen Platz ein, *dass nur wenige Menschen sich vorstellen können, dass die Grundlagen des Verständnisses noch infrage gestellt werden könnten.* Sicher hat doch schon irgendjemand die Grundlagen erforscht, wahrscheinlich vor ein oder zwei Jahrhunderten?! Diese Art der Einschätzung hält Wissenschaftler davon ab. Wenn sich überhaupt etwas getan hat, dann dies, dass der Widerstand gegen das Thema noch intensiver wurde: Die Wissenschaft von heute belohnt diejenigen, die sich in engem Rahmen mit trendigen Themen befassen, und lässt wenig Raum dafür, die überall gelehrten Ergebnisse der Grundlagenforschung infrage zu stellen. Besonders bei etwas, was so tief in unserem Leben verwurzelt und so bekannt ist wie Wasser, ist der Antrieb, die Grundlagen infrage zu stellen, völlig verschwunden.

- Ein dritter Grund dafür, dass es so langsam geht, bis solche neuen grundlegenden Prinzipien sich etablieren, ist etwas, was die gesamte Wissenschaft heimsucht: intellektuelle Ängstlichkeit. *Sich auf bekanntes Wissen zu stützen fühlt sich sicherer an, als sich mit den Unsicherheiten revolutionärer Umbrüche auseinanderzusetzen.* Vielleicht denken Sie, dass Wissenschaftler dramatische Fortschritte in der Grundlagenforschung begrüßen würden, doch den meisten ist es lieber, sich mit geringfügigen Erweiterungen des *Status quo* zu begnügen. Wissenschaftler können sich Revolutionen in derselben Art widersetzen wie jeder andere Verfechter irgendwelcher Glaubensgrundsätze.
- Ein vierter Grund ist einfach *Angst*. Wenn man anerkanntes Wissen infrage stellt, bedeutet das, den Wissenschaftlern auf die Füße zu treten, die ihre Karrieren darauf aufgebaut haben. Unangenehme Reaktionen sind zu erwarten. Ich zum Beispiel bin mit meinen Ausführungen hier vielfach auf „geheiligten Boden" getreten. Ich erwarte Schelte, insbesondere von denjenigen Wissenschaftlern, deren Anerkennung, deren Förderung, deren Patente und andere Machtattribute daran hängen, dass sie ihren wissenschaftlichen Standpunkt behaupten. Einem Kind kann man vergeben, wenn es seine Meinung ändert. Doch etablierten Wissenschaftlern ist dieses Verhalten nicht geläufig. Deshalb bleiben viele an ihrer Karriere orientierte Forscher in konservativer Haltung und distanzieren sich von allem, was nur nach einem umwälzenden Infragestellen riecht. Diese Einstellung hilft ihnen dabei, das Brot auf ihren wissenschaftlichen Tellern zu behalten.

Kurz gesagt sind letztlich diese vier Faktoren verantwortlich dafür, dass sich neue Prinzipien so schmerzlich langsam etablieren:

a) Die besudelte Geschichte der Erforschung des Wassers hält Wissenschaftler ab.
b) Wasser ist etwas so Bekanntes, dass jeder annimmt, es gäbe nichts Neues mehr in Bezug auf die Grundlagen.
c) Sich vom Mainstream zu entfernen, kann ungemütlich werden.
d) Den herrschenden Wissenskanon infrage zu stellen, das war in der Wissenschaft und auch sonst immer schon ein riskantes Unternehmen.

Die Kombination aus diesen Hindernissen hatte ein langfristiges Stocken der Forschung zur Folge. Ich versuche mein Bestes, den stecken gebliebenen Motor wieder anzukurbeln.

Die Zukunft

Wir haben damit begonnen, eine einfache Frage zu stellen: Warum schließen Ausschlusszonen Partikel aus? Je mehr wir uns mit dieser Frage befasst haben, desto mehr Antworten haben wir gefunden. Am Ende kristallisierten sich vier Hauptprinzipien heraus und verschiedenste Erkenntnisse, die Sie über das Buch verteilt gefunden haben.

Zu sehen, wie weit diese Prinzipien reichen können, ist eine Versuchung, bei der ich nicht widerstehen konnte. Eigentlich wollte ich Untersuchungen zur Physik und Biologie in dieses Buch integrieren, aber Leser früherer Versionen haben mir mehrheitlich geraten, bei der *Chemie* des Wassers zu bleiben. Trotzdem reichen die hier ausgeführten Prinzipien in andere Bereiche der Wissenschaft hinein. Deshalb plane ich eine Fortsetzung mit weiteren Büchern. Es gibt noch viel zu sagen, insbesondere im Bereich von Physik und Biologie.

Zu den Schlüsselqualifikationen für Fortschritte auf all diesen Gebieten gehört die unbefangene Bereitschaft, einzuräumen, dass der Kaiser keine Kleider trägt. Sogar die größten wissenschaftlichen Helden können sich geirrt haben. Diese Wissenschaftler waren menschlich: Sie aßen dieselbe Art von Nahrung, wie wir sie essen, hatten dieselbe Hingabe an ihre Arbeit wie wir und litten unter denselben Schwächen wie wir. Ihre Ideen sind nicht notwendigerweise unumstößlich. Es mag respektlos erscheinen, doch wenn wir hoffen wollen, bis zum Grund vorzudringen, brauchen wir den Mut, alle grundlegenden Annahmen infrage zu stellen, besonders diejenigen, die angreifbar erscheinen. Sonst laufen wir Gefahr, uns selbst zu fortdauernder Unwissenheit zu verdammen.

Wohin diese Reise führen mag, kann niemand vorhersagen. Der Reiz wissenschaftlichen Strebens liegt im Reich der Ungewissheit: Mit freiem Experimentieren, logischem Denken und dem gelegentlichen Glück, über etwas Unerwartetes zu stolpern, können wir beginnen, die noch im Dunkeln liegenden Nischen und Winkel der Natur zu erhellen.

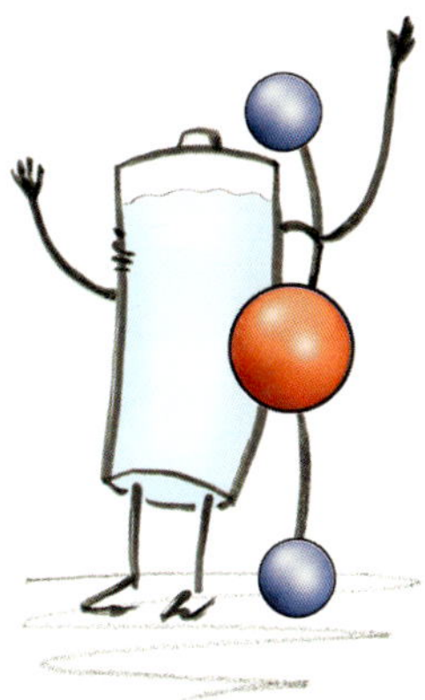

Anhang

Danksagungen

Genau so, wie ein Kind von seinem Dorf erzogen wird, entwickelte sich die Produktion dieses Buches aus den Anstrengungen vieler mehr oder weniger lose miteinander verbundener Menschen.

Zuallererst war da *Gilbert Ling*, dessen umfangreiche Arbeiten mein Interesse am Thema Wasser weckten. Ling war seiner Zeit weit voraus. Seine bahnbrechende Arbeit öffnete die Augen vieler Wissenschaftler für die Wahrnehmung, dass Wasser nicht etwa nur ein zweitrangiger Träger der bekannten Moleküle des Lebens ist, sondern dass es eine zentrale Rolle in allen Lebensprozessen spielt. Traurig ist, dass viele seiner Beiträge unbemerkt blieben, und seine Risikobereitschaft, die Wissenschaft in ihrem Kern herauszufordern, hat so etwas wie einen Außenseiter aus ihm gemacht. Seit dem ersten Mal, als ich Gilbert in der Mitte der Achtzigerjahre begegnet bin, hat er mich bis heute inspiriert; wenn es jemanden gibt, der die Saat für dieses Buch gelegt hat, dann ist es Gilbert Ling.

Der Zweite in der Reihe: *Vladimir Voeikov* von der Universität Moskau. Es gibt nur wenige Bereiche in der Wissenschaft, über die Vladimir nicht eine Menge weiß, und ich muss gestehen, dass viele Themen, die in diesem Buch behandelt werden, aus Unterhaltungen mit ihm hervorgingen. Seine weitreichenden Kenntnisse haben mein Sehvermögen auf Randgebiete erweitert. Auch danke ich ihm dafür, eine Reihe wunderbarer russischer Abendessen während der Zeit gekocht zu haben, in der wir es uns in einem Appartement in St. Petersburg gemütlich gemacht hatten. Die Mischung aus Pelmeni und Wodka hat unsere kreativen Neuronen so intensiv angefeuert, dass man es wahrscheinlich noch in Chicago spüren konnte.

Was die aktuellen Vorbereitungen für dieses Buch betrifft, schulde ich hauptsächlich drei Personen meinen Dank, die ich nachfolgend in chronologischer Reihenfolge nenne.

Die erste Person, *Brandon Reines*, half mir bereits, bevor wir uns getroffen hatten. Brandon und ich pflegten über einen längeren Zeitraum eine wissenschaftliche Korrespondenz. Als er mir eine herausfordernde Frage stellte, schlug ich vor, dass das Lesen eines Vorabentwurfs meines zukünftigen Buches die Antwort darauf liefern könnte. Brandon nahm den Vorschlag an. Er schrieb zurück, dass das Buch etwas zu weit gehe: Ein Eisbecher mit Karamellsauce kann als Dessert lecker schmecken, aber fünfzehn Portionen auf einmal seien einfach für niemanden zu verdauen. Brandons „kulinarischer" Beitrag erspart Ihnen Kapitel über Fragen wie diejenige, wie Vögel fliegen (nicht so, wie Sie denken), bis hin zur Begründung dafür, dass sich die Lebensspannen der verschiedenen Arten von Lebewesen von ein paar Tagen bis zu hin einigen Tausend Jahren erstrecken können. Ich werde diese und verschiedene, andere Themen für nachfolgende Bücher aufheben. Brandon war spektakulär hilfreich darin, das Material jedes Kapitels leserfreundlich zu verpacken und Überschriften zu komponieren, bei denen man nicht gähnen muss. Für all das schulden ich und meine Leser ihm ein ganz großes Dankeschön.

Der Zweite ist der Künstler – mein Sohn *Ethan Pollack*. Er zeichnete bereits, als er vier Jahre alt war, studierte später Bildhauerei an der Syracuse-Universität, entwickelte seine Fähigkeiten während eines Aufenthalts in Florenz weiter, ging in New York bei dem Weltklassekünstler Jeff Koons in die Lehre – und kam schließlich zurück nach Seattle. Mit ihm zu arbeiten war das reinste Vergnügen. Ethan zeigte ein tiefes Verständnis für die jeweiligen wissenschaftlichen Konzepte, ein hochgradig empfindsames Gespür und einen ungewöhnlich hohen Grad an Kreativität, eine starke Neigung, den Details Aufmerksamkeit zu schenken, und eine nie nachlassende Hingabe an den Gesamterfolg des Projekts. Wenn die Konzepte in diesem Buch klar und attraktiv illustriert erscheinen, ist Ethan die Person, die dafür Dank verdient.

Zuletzt danke ich meinem amerikanischen Lektor, Don Scott. Don ist einer der redegewandtesten Menschen, die ich kenne. Ein Philosoph durch seine Ausbildung und ein Sachverständiger durch sein Training. Don hat ein besonderes Geschick in Bezug auf meine Worte. Konsequent gelang es ihm, zu erahnen, was ich mich zu sagen bemühte, aber nicht genau wusste, wie. Er schlug alternative Sätze für die holprigen vor, die ich entworfen hatte. Und er zeigte eine unheimliche Fähigkeit darin, Lücken in der Logik zu entdecken, auch in Inhalten, die ganz außerhalb seiner eigenen Expertise lagen. Sollten nach wie vor einige Unklarheiten bestehen, liegt das wahrscheinlich an meiner hartnäckigen Neigung, seinen Rat zu ignorieren.

Über diese hauptsächlichen Mitwirkenden hinaus profitierte ich von drei Gruppen von Korrekturlesern; eine davon bestand aus den Mitarbeitern meines Labors. Sie scheuten nicht davor zurück, mir zu sagen, mit welchen Aspekten des Buches sie nicht einverstanden waren. Einige von ihnen drückten ihr Unbehagen über die Reichweite einiger meiner unorthodoxen Vorschläge aus; infolgedessen stellte ich klar, dass ich die Verantwortung dafür komplett allein übernähme und sie außen vor lasse. Ihre prägnanten Kommentare, die sie mir während einer Reihe von Feedbackrunden beim Mittagessen und über Bemerkungen neben den Texten übermittelten, waren hilfreich, um die endgültige Fassung in Form zu bringen – insbesondere die etwas schwierigeren Kapitel. Überflüssig zu erwähnen, dass sich viele *ihrer* experimentellen Beiträge als tragendes Gerüst durch das gesamte Buch ziehen.

Studenten lieferten mir ein ähnlich nützliches Feedback. Das Labor zieht eine beträchtliche Gruppe von Studierenden an, die hier freiwillig forschen. Vielen von ihnen erscheinen Experimente eher als Spiel statt als Arbeit; wir stellen die Spielzeuge zur Verfügung und sie nutzen ihr Vorstellungsvermögen, um Experimenten nachzugehen, die die „Erwachsenen“ in der Wissenschaft sich nicht trauen in Betracht zu ziehen. Studenten lieben diese Experimente. Einige brachten Ergebnisse ans Tageslicht, die völlig unerwartet waren, zum Teil sogar bahnbrechend. Dieses Buch stellt die gewonnenen Erkenntnisse im Detail dar. Neben ihren experimentellen Beiträgen haben viele dieser Studenten Folgeentwürfe des Textes gelesen und kritisiert, wofür ich ihnen herzlich danke.

Über diese beiden Gruppen von Mitwirkenden hinaus haben viele Kollegen weltweit frühere Fassungen des Manuskripts rezensiert. Unter diesen Kollegen waren Chemiker, Physiker, Ingenieure bis hin zu Biologen. Einige von ihnen wendeten viele Stunden dafür auf. Ihr kollektiver Rat hat mich davor bewahrt, zu weit abzudriften. Sie halfen mir auch dabei, das Material zu organisieren – eine Aufgabe, die bei Weitem nicht so einfach ist, wie Sie vielleicht denken. Mehrere merkten an, dass das Ziel, mit einem einzigen Band die komplette Wasserforschung darzustellen, nahezu ein Ding der Unmöglichkeit sei: Man könnte im Prinzip jedes der Kapitel zu einem ganzen Buch erweitern; und sich für eine angemessenes Gleichgewicht zwischen Lesbarkeit und Länge zu entscheiden war eine herausfordernde Aufgabe.

Aus ganz unterschiedlichen Gründen danke ich den Mitgliedern meiner Familie. Für meine Lebenspartnerin Emily Freedman mache ich hier ein öffentliches Geständnis: Ich habe das in meinem letzten Buch gegebene Versprechen gebrochen – dass das nächste Buch kürzer werden und weniger von meiner Zeit in Anspruch nehmen werde. Dieses Buch hier ist länger und ich habe zwei weitere Bücher in Arbeit. Emi hat sich außerordentlich verständnisvoll dafür gezeigt, dass Projekte dieser Größe sehr viel Aufwand erfordern. Sie hat die Geduld eines Engels gezeigt. Der Rest meiner Familie war genauso unterstützend: Mia, die praktisch einen Termin vereinbaren musste, um ihren Vater von seinem faszinierenden Laptop wegzulocken; Ethan, der liebenswürdigerweise meinen zahlreichen Wünschen zur Überarbeitung der Illustrationen mit stets gleichbleibender, positiver Haltung nachgekommen ist; und Seth, der sich ständig über meine Neigung lustig machte, auf jede Frage die Antwort „strukturiertes Wasser“ zu geben. Meine Familie hätte während dieses mehrjährigen Unterfangens nicht hilfreicher sein können.

Zuletzt möchte ich all diejenigen nennen, die das Manuskript oder Teile davon kritisch geprüft haben. Die Liste umfasst Studenten, Forscherkollegen, Wissenschaftler und einige Laien. Der Grad, in dem sie mir behilflich waren, stand häufig nicht im Verhältnis zu ihrem akademischen Status; folglich werde ich diese Mitwirkenden in alphabetischer Reihenfolge nennen, und falls ich einen Namen aus Versehen vergessen habe, bitte ich natürlich um Entschuldigung.

Ich danke den folgenden Personen: Peter Allen, Brandon Bowman, Brian Biccum, Frank Borg, Binghua Chai, Ruying Chen, Daniel Chiang, Chi Chuang, Cara Comfort, Charles Cushing, Ronnie Das, Ken Davidson, James deMeo, Aparajeeta Duttchoudhury, Nigel Dyer, Collin Eddington, Xavier Figueroa, Herb Fleschner, Ben Flowers, Emily Freedman, Gonzalo Garcia, Karl Gatterer, Matthew Gelber, Krystal Ginter, Matias Gonzalez, Ron Griffin, John Grigg, Zhanna Grigoryan, Emmanuel Haven, Maewan Ho, Arie Horowitz, Linda Hufnagel, Breanna Huschka, John Hwang, Federico Ienna, Hiromasa Ishiwatari,

Tengiz Jaliashvili, Manal Jmaileh, Konstantin Korotkov, Ethan Kung, Kurt Kung, Victor Kuz, Alysia Letourneau, Zheng Li, Molly McGee, Lior Miller, Francesco Musumeci, Kylie van Nguyen, Derek Nhan, Gabriela Patilea, Bernard Pennock, Ari Penttila, Orion Polinsky, Ethan Pollack, Seth Pollack, Leo Ramakers, Randy Randall, Sudeshna Sawoo, Rainer Stahlberg, Clint Stevenson, Masaaki Takarada, Shrutee Tandon, Yolene Thomas, Tony Thomson, Merry Toh, Gerard Trimberger, Karoly Trombitas, Outi Villet, Vladimir Voeikov, Jacob Woller, Jeff Yang, Hyok Yoo, and Rolf Ypma.

Drei von ihnen – Cara Comfort, Charles Cushing und Rolf Ypma – haben außergewöhnlich viel Zeit und Mühe investiert.

Ganz zuletzt danke ich Amanda Fredericks für ihren kreativen Beitrag zum Layout und ihre Aufmerksamkeit fürs Detail sowie Rolf Ypma für seine gewissenhafte Arbeit beim Erstellen des Inhaltsverzeichnisses.

Die Fertigstellung dieses Buches bedurfte der gemeinsamen Anstrengungen einer großen Gemeinschaft liebevoller und aufmerksamer Menschen. Ich bedanke mich bei allen, die dazu beigetragen haben.

Danksagungen für die deutsche Ausgabe

Die Idee für die Übersetzung ins Deutsche wurde in einem Restaurant hoch über dem Luganer See geboren, als ich Cornelia Gottwald zum ersten Mal traf. Cornelia war gerade dabei, mit meinen Kollegen Vladimir Voeikov und dem kürzlich verstorbenen Emilio del Giudice über unsere Forschungsergebnisse zu plaudern. Zu diesem Zeitpunkt beschäftigte sie sich mit Forschungen im Zusammenhang mit Wasser und Gesundheit. Sie sagte, dass es sehr schade sei, dass viele der deutschsprachigen Ärzte und Therapeuten unsere Forschungsergebnisse nicht kennen, und wie bedeutsam diese Ergebnisse eigentlich für deren Arbeit wären. Wenn man mein Buch ins Deutsche übersetzen würde, könnte dies die Lücke zwischen der Grundlagenforschung im Bereich Wasser und Basisthemen im Bereich Gesundheit verkleinern helfen. Das Buch könnte aufgeschlossene Kollegen aus Physik, Chemie und Technik dazu inspirieren, mehr über alle Aspekte des Wassers nachzudenken.

So wagten wir förmlich den Sprung ins Wasser. Mit Cornelia zu arbeiten, war eine große Freude. Meine Deutschkenntnisse bewegen sich irgendwo zwischen schwach und nicht existent. Doch meine deutschsprachigen Kollegen berichteten mir von einer Übersetzung, die sich gewissenhaft und buchstäblich an meinen Text hielt, gepaart mit einem offensichtlich tiefgehenden Verständnis für die Inhalte. Ich danke Cornelia nicht nur für die sorgfältige Übersetzung, sondern auch für die zuverlässige und stets liebenswürdige Art der Zusammenarbeit, die während jedes einzelnen Schrittes ein großes Vergnügen war.

Auch danke ich dem Verleger Alfred Schatz von der VAK Verlags GmbH. Normalerweise gehe ich geschäftliche Vereinbarungen eher zögerlich an, weil es mir auf diesem Gebiet an Erfahrung fehlt. Jedoch hat mich ein erstes Telefonat zu Beginn unserer Zusammenarbeit sofort beruhigt. Ich fand Alfred sympathisch, sehr sachkundig und geradeheraus. Er hörte geduldig all meinen Belangen zu und dachte gründlich darüber nach. Bei unserem zweiten Telefonat verspürte ich eine starke Resonanz und seit dem dritten Telefonat sind wir Freunde. Ich danke Alfred dafür, dass er den gesamten Ablauf sehr angenehm gestaltet hat.

Schließlich möchte ich noch dem Lektor Norbert Gehlen danken, der die deutsche Ausgabe durch sein Lektorat optimiert hat, und meinem deutschen Freund Professor Manfred Wussling, der jeden Satz fachlich genauestens überprüft hat, um sicherzustellen, dass die Übersetzung das vermittelt, was ich ausdrücken wollte.

Gerald H. Pollack

Fachbegriffe

Annulus: ringähnliche Struktur

Anode: Elektrode, durch die elektrischer Strom in ein elektrisches Gerät mit zwei Polen *hinein*fließt. (Man hat sich darauf geeinigt, dass die Richtung des elektrischen Stroms entgegengesetzt zur Richtung des Elektronenflusses steht.)

Arbeit: in der Physik das Produkt aus Kraft und der daraus resultierenden Ortsveränderung in Richtung dieser Kraft

Bernoulli-Aufwölbung: Anschwellung der Ozeanoberfläche, die von einem Objekt verursacht wird, das sich unter Wasser bewegt

Brechungs- oder Refraktionsindex: eine Zahl, die beschreibt, wie sich Licht oder eine andere elektromagnetische Strahlung durch ein Medium fortsetzt

Dalton: Standardeinheit für die Masse in atomarem oder molekularem Maßstab

Dewar: eine Flasche mit guter thermischer Isolierung (Thermosflasche)

Dielektrikum: ein elektrisches Isoliermaterial, das polarisiert werden kann. Befindet sich ein Dielektrikum in einem elektrischen Feld, fließen elektrische Ladungen nicht wie bei einem Stromleiter hindurch, sondern verschieben sich leicht. Es werden mehr positive Ladungen auf der einen und mehr negative Ladungen auf der andere Seite erzeugt.

Dipol: Trennung von positiver und negativer Ladung. Das einfachste Beispiel ist ein Paar elektrischer Ladungen gleicher Größe, aber unterschiedlichen Vorzeichens (+ und –), die durch eine (normalerweise kleine) Distanz voneinander getrennt sind.

Doppelbrechung: optische Eigenschaft anisotroper Stoffe, wobei der Brechungsindex von der Richtung abhängig ist. Kristalline Mineralien wie Calcit oder Quarz weisen Doppelbrechung auf.

Elektrode: ein elektrischer Leiter, den man verwendet, um den Kontakt zu einem Gerät oder einem Material herzustellen. Strom kommt durch einen solchen Leiter in einen Stromkreislauf hinein oder verlässt ihn dadurch.

Elektromagnetisches Spektrum: die Bandbreite aller möglichen Frequenzen elektromagnetischer Strahlung

Elektronegativ: negativ geladen; Tendenz eines Atoms oder einer funktionalen Gruppe, Elektronen anzuziehen

Elektrostatische Phänomene: Phänomene, die durch Kräfte entstehen, die elektrische Ladungen aufeinander ausüben

Enthalpie: Maßstab für die Gesamtenergie eines thermodynamischen Systems; die Menge an Wärme, die in einem System bei konstantem Druck entweder in Gebrauch ist oder abgegeben wird

Entropie: Ausdruck für Unordnung oder Zufälligkeit; Maßstab für die thermische Energie eines Systems, die nicht für das Verrichten nützlicher Arbeit zur Verfügung steht

Faraday-Käfig: ein Gehäuse, das aus leitendem Material oder Gewebe gebaut ist, um externe elektrische Felder zu blockieren

Filament: in der Biologie eine lange Kette von Proteinen

Fluoreszenz: Aussenden von Licht durch eine Substanz, die Licht oder eine andere elektromagnetische Strahlung absorbiert hat

Fotoelektrischer Effekt: Emission von Elektronen aus Materie als Ergebnis einer Absorption elektromagnetischer Energie

Gasklathrat: kristalliner, eisähnlicher Feststoff, in dem Gasmoleküle in „Käfigen“ von Wassermolekülen gefangen sind

Gitterstruktur: regelmäßige, periodische Anordnung von Teilchen oder Objekten, die durchgehend in einem Bereich oder Raum verteilt ist, insbesondere die Anordnung von Ionen oder Molekülen in einem kristallinen Feststoff

Gradient: die Raumveränderung irgendeiner Größe, die als Steigung dargestellt werden kann. Der Gradient repräsentiert Größe und Richtung der Steigung.

Hexamer: etwas, was aus sechs Untereinheiten besteht

Homogen: einheitlich zusammengesetzt

Hydration: die Versorgung mit oder die Speicherung von Wasser

Hydroniumion (H_3O^+): positiv geladenes Ion, das entsteht, wenn ein Proton sich mit einem Wassermolekül verbindet

Hydroxylion (OH^-): Ein negativ geladenes Ion, das ein Sauerstoff-Atom enthält, das kovalent an ein Wasserstoffatom gebunden ist.

Ionosphäre: der Teil der oberen Atmosphäre, der durch die Sonneneinstrahlung ionisiert wird

Katalyse: das Ansteigen des Grades einer chemischen Reaktion aufgrund der Beteiligung einer Substanz, die Katalysator genannt wird. Der Katalysator wird bei dieser Reaktion nicht verbraucht.

Kathode: Elektrode, durch die elektrischer Strom aus einem elektrischen Gerät mit zwei Polen *hinaus*fließt. (Man hat sich darauf geeinigt, dass die Richtung des elektrischen Stroms entgegengesetzt zur Richtung des Elektronenflusses steht.)

Kolligative Eigenschaften: Der Begriff bezieht sich auf physikalische Eigenschaften (zum Beispiel den Gefrier- oder Siedepunkt) von Lösungen. Kolligative Eigenschaften sind abhängig vom Verhältnis gelöster Partikel zu den Lösungsmolekülen und sind zum größten Teil unabhängig von der Natur einer Lösung.

Kolloid: eine Substanz, die gleichmäßig innerhalb einer anderen Substanz dispergiert ist; die dispergierten Partikel haben oft eine Größe zwischen 1 und 1000 Nanometer.

Kuvette: schmale Röhre mit rechteckigem oder rundem Querschnitt, die an *einem* Ende versiegelt ist. Man benutzt sie für Spektroskopiemessungen.

Lösung: eine Substanz, die einen gelösten Stoff enthält

Mikrometer: ein Millionstel von einem Meter oder ein Tausendstel eines Millimeters

Mikrosphären: mikroskopisch kleine Kügelchen aus Kunststoff, die man in verschiedenen Größen kaufen kann

Monoschicht (engl.: *monolayer*) bezeichnet (je nach Fachgebiet) eine einzige Schicht von Atomen, Molekülen oder Zellen auf einer Oberfläche, wobei die Schicht*höhe* nur *ein* Atom, *ein* Molekül oder *eine* Zelle beträgt.

Oberflächenenergie: die Überschussenergie an der Oberfläche eines Materials im Vergleich zum restlichen Material

Osmose: die Bewegung von Lösungsmolekülen durch eine Membran in Richtung einer höheren Konzentration gelöster Stoffe

Oxid: ein chemischer Bestandteil, der mindestens ein Sauerstoffatom und ein anderes Element enthält

Photon: winziges Energiepaket elektromagnetischer Strahlung; ein Begriff, den man meist im Zusammenhang mit Licht verwendet

Pole: die beiden Enden einer Batterie, positiv und negativ

Polymer: ein großes Molekül, das aus sich wiederholenden Untereinheiten besteht

Protoniertes Wasser: Wasser in Form von Hydroniumionen

Pyroelektrisches Verhalten: die Neigung bestimmter chemischer Stoffe, beim Erhitzen oder Abkühlen Ladung zu erzeugen

Reibungskoeffizient: Zwischen zwei Körpern ist der Reibungskoeffizient das Verhältnis aus der Kraft zur Überwindung der Gleitreibung und der Kraft, die die beiden Körper zusammendrückt.

Semi- oder Halbleiter: Material, dessen elektrische Leitfähigkeit sich zwischen einem Leiter oder einem Isolator bewegt

Stöchiometrie: bezieht sich auf die relativen Mengen von Reagenzien und Produkten einer chemischen Reaktion; wird normalerweise in ganzen Zahlen angegeben

Stöchiometrischer Komplex: bezieht sich auf ein festes Verhältnis zwischen zwei Bestandteilen einer Substanz

Synovialflüssigkeit: Flüssigkeit im abgeschlossenen Gelenkspalt

Thermodynamik: Bereich der Physik, der sich mit Wärme und ihrer Beziehung zu anderen Formen von Energie und Arbeit befasst

Thixotropie: charakteristische Eigenschaft von bestimmten Gelen, die zerfließen, wenn sie durch Schütteln oder ein Abscheren beeinflusst werden

Triboelektrischer Effekt: elektrische Aufladung bestimmter Materialien durch Kontakt untereinander oder durch Reibung mit einem anderen Material

Umwandler: Mittel oder Gerät, das *eine* Energieform in eine *andere* umwandelt

Vesikel: kleines Bläschen, insbesondere Flüssigkeit enthaltend

Wärmekapazität: die Menge an Wärme, die benötigt wird, um die Temperatur einer Substanz um 1 Grad Celsius zu erhöhen

Zirkadian: Der Begriff „zirkadianer Zyklus" steht für einen Ablauf, der sich täglich wiederholt.

Quellenverzeichnis

Kapitel 1

1. Osada Y, and Gong J (1993): Stimuli-responsive polymer gels and their application to chemomechanical systems. *Prog. Polym. Sci.*, 18, 187–226.
2. Ovchinnikova K, and Pollack GH (2009): Cylindrical phase separation in colloidal suspensions. *Phys. Rev. E.* 79(3), 036117.
3. Klyuzhin IS, Ienna F, Roeder B, Wexler A and Pollack GH (2010): Persisting water droplets on water surfaces *J. Phys. Chem.* B 114, 14020–14027.

w1: http://www.youtube.com/watch?v=FhBn1ozht-E
w2: http://www.youtube.com/watch?v=yDun7ILKrUI
w3: http://www.youtube.com/watch?v=oY1eyLEo8_A&feature=related

Kapitel 2

1. Ball, Philip (1999): *H_2O: A Biography of Water.* Weidenfeld & Nicholson.
2. Ball P. (2008): Water as an Active Constituent in Cell Biology *Chem. Rev.* 108, 74–108.
3. Roy R, Tiller WA, Bell I, Hoover MR (2005): The Structure of Liquid Water: Novel Insights From Materials Research; Potential Relevance to Homeopathy. *Materials Research Innovations Online* 577–608.
4. Schiff, Michel (1995): *The Memory of Water*, Thorsens.
5. Walach H, Jonas WB, Ives J, Van Wijk R, Weingartner O, (2005): Research on Homeopathy: State of the Art. *J. Alt. and Comp Med.* 11(5) 813–829.
6. Montagnier L, Aissa J, Del Giudice E, Lavallee C, Tedeschi A and Vitiello G (2011): DNA waves and water. *J. Phys: Conf. Series* vol. 306 (on line).

w1: http://www1.lsbu.ac.uk/water/

Kapitel 3

1. Henniker, JC (1949): The depth of the surface zone of a liquid. *Rev. Mod. Phys.* 21(2): 322–341.
2. Pollack, GH (2001): *Cells, Gels and the Engines of Life: A New Unifying Approach to Cell Function.* Ebner and Sons, Seattle.
3. Zheng, J-M, and Pollack GH (2003): Long-range forces extending from polymer-gel surfaces. *Phys. Rev E.* 68: 031408.
4. Zheng J-M, Chin W-C, Khijniak E, Khijniak E, Jr., Pollack GH (2006): Surfaces and Interfacial Water: Evidence that hydrophilic surfaces have long-range impact. *Adv. Colloid Interface Sci.* 127: 19–27.
5. Chai B, Mahtani A, Pollack GH (2012): Unexpected presence of solute-free zones at metal-water interfaces. *Contemporary Materials III-1–12.*
6. Zheng, J.-M., Wexler, A, Pollack, GH (2009): Effect of buffers on aqueous solute-exclusion zones around ion-exchange resins. *J. Colloid Interface Sci.* 332: 511–514.
7. Klyuzhin I, Symonds A, Magula J and Pollack, GH (2008): A new method of water purification based on the particle-exclusion phenomenon. *Environ. Sci and Techn,* 42(16) 6160–6166.
8. Yoo H, Baker DR, Pirie CM, Hovakeemian B, and Pollack GH (2011): Characteristics of water adjacent to hydrophilic interfaces. In: Water: The Forgotten Biological Molecule Ed. Denis Le Bihan and Hidenao Fukuyama, Pan Stanford Publishing Pte. Ltd. www.panstanford.com, pp. 123–136.
9. Green K, Otori T (1970): Direct measurement of membrane unstirred layers. *J Physiol (London)* 207: 93–102.
10. Ling GN (2001): *Life at the Cell and Below-Cell Level: The Hidden History of a Fundamental Revolution in Biology.* Pacific Press, NY.
11. Olodovskii PP and Berestova IL (1992). On Changes in the Structure of Water due to its contact with a solid phase. I NMR Spectroscopy Studies. *J. Eng'ng. Phys and Thermophys.* 62 622–627.
12. Yoo H. Paranji R and Pollack GH (2011): Impact of hydrophilic surfaces on interfacial water dynamics probed with NMR spectroscopy. *J. Phys. Chem Letters* 2: 532–536.
13. Bunkin NF (2011): The behavior of refractive index for water and aqueous solutions close to the Nafion interface. http://www.watercon.org/water_2011/abstracts.html

14. Tychinsky V (2011): High Electric Susceptibility is the Signature of Structured Water in Water-Containing Objects *WATER* 3, 95–99.
15. Ho, Mae-wan (2008): *The Rainbow and the Worm: The Physics of Living Organisms.* 3rd edition. World Scientific Co.
16. Roy R, Tiller, WA, Bell I, and Hoover MR (2005): The structure of liquid water; novel insights from materials research; potential relevance to homeopathy. *Mat. Res. Innovat.* 9, 98–103.
17. Ling, GN (2003): A new theoretical foundation for the polarized-oriented multilayer theory of cell water and for inanimate systems demonstrating long-range dynamic structuring of water molecules. *Physiol. Chem Phys. & Med. NMR.* 35: 91–130.

Kapitel 4

1. Franks, Felix (1981): *Polywater*, MIT Press.
2. Ling, GN, (2003): A new theoretical foundation for the polarized-oriented multilayer theory of cell water and for inanimate systems demonstrating long-range dynamic structuring of water molecules. *Physiol. Chem Phys. & Med. NMR.* 35: 91–130.
3. Roy R, Tiller WA, Bell I, and Hoover MR (2005): The structure of liquid water; novel insights from materials research; potential relevance to homeopathy. *Mat. Res. Innovat.* 9–4 93124 1066–7857.
4. Ling, GN (1992): *A Revolution in the Physiology of the Living Cell.* Krieger Publ. Co, Malabar FL.
5. Pollack GH (2001): *Cells, Gels and the Engines of Life.* Ebner and Sons, Seattle, WA.
6. Lippincott ER, Stromberg RR, Grant WH, Cessac GL (1969): Polywater *Science* 164, 1482–1487.
7. Chatzidimitriou-Dreismann CA, Abdul Redah T, Streffer RMF and Mayers J. (1997): Anomalous Deep Inelastic Neutron Scattering from Liquid H2O-D2O: Evidence of Nuclear Quantum Entanglement. *Phys Rev Lett.* 79(15): 2839–2842.
8. Henderson MA (2002): The interaction of water with solid surfaces: Fundamental aspects revisited. *Surface Science Reports* 46: 1–308.
9. McGeoch JEM and McGeoch MW (2008): Entrapment of water by subunit c of ATP synthase. *Interface (Roy. Soc.)* 5(20): 311–340.
10. Kimmel GA, Matthiessen J, Baer M, Mundy CJ, Petrik NG, Smith RS, Dohnalek Z, and Kay BD (2009): No Confinement Needed: Observation of a Metastable Hydrophobic Wetting Two-Layer Ice on Graphene. *JACS 131,* 12838–12844.
11. Ji N, Ostroverkhov V, Tian CS, Shen YR (2008): Characterization of Vibrational Resonances of Water-Vapor Interfaces by Phase-Sensitive Sum-Frequency Spectroscopy, *Phys Rev Lett* 100, 096102.
12. Michaelides A and Morgenstern K (2007): Ice nanoclusters at hydrophobic metal surfaces. *Nature Mater.* 597–601.
13. Xu, K, Cao P, and Heath JR (2010): Graphene Visualizes the First Water Adlayers on Mica at Ambient Conditions. *Science* 329: 1188–1191.
14. McGeoch JEM and McGeoch MW (2008): Entrapment of water by subunit c of ATP synthase. *J. Roy Soc Interface* 5, 311–318.
15. Chai B, Mahtani AG and Pollack GH (2012): Unexpected Presence of Solute-Free Zones at Metal-Water Interfaces. *Contemporary Materials,* 3(1) 1–12.

w1: http://www.aip.org/enews/physnews/2003/split/648-1.html

Kapitel 5

1. Feynman RP, Leighton RB and Sands M (1964): *The Feynman Lectures on Physics Addison-Wesley, Vol 2, Chapter 9.*
2. O'Rourke C, Klyuzhin IS, Park JS and Pollack GH (2011): Unexpected water flow through Nafion-tube punctures. *Phys. Rev. E.* 83(5) DOI: 10.1103/PhysRevE.83.056305.
3. Pollack GH (2001): *Cells, Gels and the Engines of Life.* Ebner and Sons, Seattle.
4. Pauling L (1961): A Molecular Theory of General Anesthetics. *California Institute of Technology Contribution* 2697.
5. Guckenberger R, Heim M, Cevc G, Knapp HF, Wiegrabe W, and Hillebrand A (1994): Scanning tunneling microscopy of insulators and biological specimens based on lateral conductivity of ultrathin water films. *Science* 266 (5190) 1538–1540.
6. Klimov A and Pollack GH (2007): Visualization of charge-carrier propagation in water. *Langmuir* 23(23): 11890–11895.
7. Ovchinnikova K and Pollack GH (2009): Can water store charge? *Langmuir* 25: 542–547.

Kapitel 6

1. Chai B, Yoo H and Pollack GH (2009): Effect of Radiant Energy on Near-Surface Water. *J. Phys. Chem B* 113: 13953–13958.

2. Kosa T, Sukhomlinova L, Su L, Taheri B, White TJ, and Bunning TJ (2012): Light-induced liquid crystallinity. *Nature* 485 347–349.
3. Del Giudice E, Voeikov V, Tedeschi A, Vitiello G (2012): Coherence in Aqueous Systems: Origin, Properties and Consequences for the Living State. Chapter 4 in "Fields of the Cell" ed. Daniel Fels and Michal Cifra, *In press.*
4. Beatty JT, Overmann J, Lince MT, Manske, AK, Lang AS, Blankenship RE, Van Dover CL, Martinson TA and Plumley FG (2005): An obligately photosynthetic bacterial anaerobe from a deep-sea hydrothermal vent. *PNAS* 102(26): 9306–9310.

Kapitel 7

1. Pollack GH (2001): *Cells, Gels and the Engines of Life.* Ebner and Sons, Seattle.
2. Piccardi G (1962): *Chemical Basis Of Medical Climatology* Charles Thomas Publisher, Springfield, IL. *In PDF format:* http://www.rexresearch.com/piccardi/piccardi.htm
3. Rao ML, Sedlmayr SR, Roy R, and Kanzius J (2010): Polarized microwave and RF radiation effects on the structure and stability of liquid water. *Current Sci* 98 (11): 1–6.
4. Yu A, Carlson P, and Pollack, GH (2013): Unexpected axial flow through hydrophilic tubes: Implications for energetic of water. In *Water as the Fabric of Life* eds. Philip Ball and Eshel Ben Jacob. *Eur. Phys. Journal, in press.*
5. Rohani M and Pollack GH (2013): Flow through horizontal tubes submerged in water in the absence of a pressure gradient: mechanistic considerations. *Submitted for publication*
6. O'Rourke C, Klyuzhin I, Park, J-S, and Pollack GH (2011): Unexpected water flow through Nafiontube punctures. *Phys. Rev. E.* 83(5) DOI:10.1103/PhysRevE.83.0563057.
   Zhao Q, Coult J, and Pollack GH (2010): Long-range attraction in aqueous colloidal suspensions. *Proc SPIE* 7376: 73716C1-C13.

w1: http://www.youtube.com/watch?v=4OklIm5a1Lc
w2: http://www.youtube.com/watch?v=JEjFJsocDW8

Kapitel 8

1. Langmuir I (1938): The Role of Attractive and Repulsive Forces in the Formation of Tactoids, Thixotropic Gels, Protein Crystals and Coacervates. *J. Chem Phys.* 6, 873–896. doi:10.1063/1.1750183
2. Feynman, RP, Leighton RB, Sands M (1964): *The Feynman Lectures on Physics*; Addison-Wesley: Reading, MA; Chapter 2, p 2.
3. Dosho S, Ise N, Ito K, Iwai S, Kitano H, Matsuoka H, Okumura H and Oneo T (1993). Recent Study of Polymer Latex Dispersions. *Langmuir* 9(2): 394–411.
4. Ito K, Yoshida H, and Ise N (1994): Void Structure in Colloidal Dispersions *Science* 263 (5413) 66–68.
5. Ise N (1986): Ordering of Ionic Solutes in Dilute Solutions through Attraction of Similarly Charged Solutes – A Change of Paradigm in Colloid and Polymer Chemistry. *Angew. Chem.* 25, 323–334.
6. Ise N and Sogami IS (2005): *Structure Formation in Solutions, Ionic Polymers and Colloidal Particles,* Springer.
7. Ise N (2010): Like likes like: counterion-mediated attraction in macroionic and colloidal interaction. *Phys Chem Chem Phys,* 12, 10279–10287.
8. Mudler WH (2010): On the Theory of Electrostatic Interactions in Suspensions of Charged Colloids. *SSSAJ*: 74 (1) 1–4.
9. Ise N (2007): When, why, and how does like like like? – Electrostatic attraction between similarly charged species. *Proc. Jpn. Acad., Ser. B* (83) 192 – 198.
10. Ise N and Sogami IS (2010): Comment on "On the Theory of Electrostatic Interactions in Suspensions of Charged Colloids" by Willem H. Mulder. *SSSAJ*: 74 (1) 1–2.
11. Nagornyak E, Yoo H and Pollack GH (2009): Mechanism of attraction between like-charged particles in aqueous solution. *Soft Matter,* 5, 3850–3857.
12. Zhao Q, Zheng JM, Chai B, and Pollack GH (2008): Unexpected effect of light on colloid crystal Spacing. *Langmuir,* 24: 1750–1755.
13. Chai, B, Pollack GH (2010): Solute-free Interfacial Zones in Polar Liquids. *J Phys. Chem* B 114: 5371–5375.
14. Tata BVR, Rajamani, PV, Chakrabarti J, Nikolov A, and Wasan DT (2000): Gas-Liquid Transition in a Two-Dimensional System of Millimeter-Sized Like-Charged Metal Balls. *Phys. Rev. Letters* 84(16): 3626–3629.
15. Thornhill W and Talbott D (2007): *The Electric Universe,* Mikamar, Portland OR.

Kapitel 9

1. Brush SG (1968): *A History of Random Processes.* I. Brownian Movement from Brown to Perrin. Springer, Berlin/Heidelberg.

2. Okubo T (1989a): Brownian Movement of Deionized Colloidal Spheres in Gaslike Suspensions and the Importance of the Debye Screening Length. *J Phys Chem* 93: 4352–4354.
3. Weeks ER, Crocker JC Levitt AC, Schofield A and Weitz DA (2000): Imaging of structural relaxation near the colloidal glass transition. *Science* 287: 627–31.
4. Ise N, Matsuoka, H, Ito K and Yoshida H (1990): Inhomogenity of Solute Distribution in Ionic Systems. *Faraday Discuss. Chem. Soc.* 90, 153–162.
5. Okubo T (1989b): Microscopic observation of gas-like, liquid-like, and crystal-like distributions of deionized colloidal spheres and the importance of the Debye-screening length. *J Chem Phys.* 90(4): 2408–2415.
6. Weeks ER and Weitz DA (2002): Properties of Cage Rearrangements Observed near the Colloidal Glass Transition. *Phys Rev Lett* 89(9): 095704.
7. Bursac P, Lenormand G, Fabry B, Oliver M, Weitz DA, Viasnoff V, Butler JP and Fredberg JJ (2005): Cytoskeletal remodelling and slow dynamics in the living cell. *Nature Materials* 4: 557–561.
8. Bhalerao A and Pollack GH (2001): Light-induced effects on Brownian displacements. *J Biophotnics* 4(3) 172–177.
9. Das R and Pollack GH (2013): Charge-based forces at the Nafion-water interface. *Langmuir, DOI: 10.1021/la304418p.*
10. Albrecht-Buehler G (2005): A long-range attraction between aggregating 3T3 cells mediated by nearinfrared light scattering. *Proc Natl Acad Sci U S A.* 102(14):5050–5055.
11. Ovchinnikova, K, Pollack GH (2009): Cylindrical phase separation in colloidal suspensions. *Phys Rev E* 79(3): 036117.
12. Dosho S, Ise N, Ito K, Iwai S, Kitano H, Matsuoka H, Okumura H and Oneo T (1993): Recent Study of Polymer Latex Dispersions. *Langmuir* 9(2): 394–411.
13. Chai B and Pollack GH (2010):Solute-Free Interfacial Zones in Polar Liquids. *J. Phys. Chem. B* 114: 5371–5375.
14. Zheng J-M and Pollack GH (2003): Long range forces extending from polymer surfaces. *Phys Rev E.*: 68: 031408.

Kapitel 10

1. Ivanitskii GR, Deev AA and Khizhnyak EP (2005): Water surface structures observed using infrared imaging. *Physics – Uspekhi* 48(11) 1151–1159.
2. Chang H (2011): The Myth of the Boiling Point. http://www.hps.cam.ac.uk/people/chang/boiling/
3. Montagnier L, Aissa J, Ferris S, Montagnier JL and Lavall C (2009): Electromagnetic Signals are Produced by Aqueous Nanostructures Derived from Bacterial DNA Sequences. *Interdisc. Sci Comput. Life Sci* 1: 81–90. DOI 10.1007/s12539-009-0036-7.
4. Montagnier L, Aissa J, Del Giudice E, Lavallee C, Tedeschi A and Vitiello G (2011): DNA waves and water. *J. Phys: Conf. Series* vol. 306, 2011 (on line). http://dx.doi.org/10.1088/1742-6596/306/1/012007
5. Gurwitsch AG, Gurwitsch LD (1943): Twenty Years of Mitogenetic Radiation: Emergence, Development, and Perspectives. *Uspekhi Sovremennoi Biologii* 16:305–334. (English translation: *21st Century Science and Technology.* Fall, 1999; 12(3): 41–53).
6. Thomas Y, Kahhak L, Aissa J. (2006): The physical nature of the biological signal, a puzzling phenomenon: The critical role of Jacques Benveniste. In Pollack GH, Cameron IL, Wheatley DN, editors: *Water and the Cell.* Dordrecht: Springer, p. 325–340.
7. Chai B and Pollack GH (2010): Solute-free Interfacial Zones in Polar Liquids. *J Phys. Chem B* 114: 5371–5375.

Kapitel 11

1. Lin SC, Lee WI and Schurr JM (1978): Brownian motion of highly charged poly(L-lysine). Effects of salt and polyion concentration. Biopolymers 17(4) 1041–1064.
2. Weiss M, Eisner M, Kartberg F, Nilsson T (2004): Anomalous Subdiffusion is a Measure for Cytoplasmic Crowding in Living Cells.Biophys J, 87(5): 3518–3524.
3. Halliday I (1963): Diffusion effects observed in the wake spectrum of a Geminid meteor. Smithsonian Contrib to Astrophys, 7, 161–169.
4. Chai B, Zheng JM, Zhao Q, and Pollack GH (2008): Spectroscopic studies of solutes in aqueous solution. *J Phys Chem A* 112: 2242–2247.
5. Sedlák M (2006): Large-Scale Supramolecular Structure in Solutions of Low Molar Mass Compounds and Mixtures of Liquids: I. Light Scattering Characterization, *J. Phys. Chem. B*, 110 (9), 4329–4338.
6. Zhao Q, Ovchinnikova K, Chai B., Yoo H, Magula J and Pollack GH (2009): Role of proton gradients in the mechanism of osmosis. *J Phys Chem B* 113: 10708–10714.
7. Zheng JM and Pollack GH (2003): Long range forces extending from polymer surfaces. *Phys Rev E.*: 68: 031408.

8. Loeb J (1921): The Origin of the Potential differences responsible for anomalous osmosis. *J Gen Physiol* 20; 4(2): 213–226.
9. Osada Y, and Gong J (1993): Stimuli-responsive polymer gels and their application to chemomechanical systems. *Prog. Polym. Sci.*, 18, 187–226.

w1: http://news.softpedia.com/news/Unmixed-Pool-of-Freshwater-Found-in-Arctic-Ocean-193373.shtml

w2: http://vivithemage.com/zen/blog/picturesaroundtheworld/13.jpg.php

Kapitel 12

1. Tada T, Kanekoa D, Gong, J -P, Kanekoa T, and Osada Y (2004): Surface friction of poly(dimethyl siloxane) gel and its transition phenomenon. *Tribology Letters*, Vol. 17, No. 3.
2. Stern KR, Bidlack J, Jansky, SH (1991): *Introductory Plant Biology*, McGraw Hill.
3. So E, Stahlberg R, and Pollack GH (2012): Exclusion zone as an intermediate between ice and water. in: *Water and Society*, ed. DW Pepper and CA Brebbia, WIT Press. pp 3–11.
4. Chai B, Mahtani AG, and Pollack GH (2012): Unexpected Presence of Solute-Free Zones at Metal-Water Interfaces. *Contemporary Materials*, III (1) 1–12.
5. Chai B, Mahtani A, Pollack GH (2013): Influence of Electrical Connection between Metal Electrodes on Long Range Solute-Free Zones. *Submitted for publication.*
6. Musumeci F and Pollack GH (2012): Influence of water on the work function of certain metals. *Chem Phys Lett* 536: 65–67.
7. O'Rourke C, Klyuzhin IS, Park JS, and Pollack, GH (2011): Unexpected water flow through Nafion-tube punctures. *Phys. Rev. E.* 83(5) DOI:10.1103/PhysRevE.83.056305.

w1: <http://en.wikipedia.org/wiki/Dead_water> und <http://www.youtube.com/watch?v=PCOL8kUtufg>

Kapitel 13

1. Klyuzhin, IS, Ienna, F, Roeder B, Wexler, A and Pollack GH: Persisting Water Droplets on Water Surfaces (2010): *J. Phys Chem B* 114:14020–14027.
2. Melehy, M. (2010): *Introduction to Interfacial Transport*. Author House, Bloomington IN.
3. Chai B, Zheng JM, Zhao Q, and Pollack GH (2008): Spectroscopic studies of solutes in aqueous solution. *J. Phys. Chem A* 112:2242–2247.
4. Bunkin, NF, Suyazov NV; Shkirin AV, Ignatiev PS, Indukaev KV (2009): Nanoscale structure of dissolved air bubbles in water as studied by measuring the elements of the scattering matrix. *J Chem Phys* 130, 134308.
5. Zheng JM and Pollack GH (2003): Long range forces extending from polymer surfaces. *Phys Rev E*.: 68:031408.
6. Ninham, BW and Lo Nostro, P (2010): *Molecular Forces and Self Assembly in Colloid, Nano Sciences, and Biology.* Cambridge University Press.
7. Zuev AL, and Kostarev KG (2008): Certain peculiarities of solutocapillary convection. *Physics – Uspekhi* 51 (10) 1027–1045.
8. Hu W, Ishii, KS and Ohta AT (2011): Micro-assembly using optically controlled bubble microrobots. *Appl. Phys. Lett.* 99 (094103), 1–3.
9. Spiel DE (1998): On the births of film drops from bubbles bursting on seawater surfaces. *J. Geophys Res* 103 (C11) 24,907–24918.

w1: http://www.youtube.com/watch?v=lkqSEApCSvM&feature=related

Kapitel 14

1. Chang H. (2011) http://www.hps.cam.ac.uk/people/chang/boiling/

Kapitel 15

1. Ienna F, Yoo H and Pollack GH (2012): Spatially Resolved Evaporative Patterns from Water. *Soft Matter* 8 (47), 11850 – 11856.
2. Ivanitskii GR, Deev AA, Khizhnyak EP (2005): Water surface structures observed using infrared imaging *Physics ± Uspekhi* 48 (11) 1151–1159.
3. Chai B, Zheng JM, Zhao Q, and Pollack GH (2008): Spectroscopic studies of solutes in aqueous solution. *J. Phys. Chem., A* 112 2242–2247.
4. Tychinsky V (2011): High Electric Susceptibility is the Signature of Structured Water in Water-Containing Objects. *WATER* 3: 95–99.
5. Bunkin N (2013): Refractive index of water and aqueous solutions in optical frequency range close to Nafion interface. (*submitted*).

w1: http://www.youtube.com/watch?v=bT-fctr32pE

w2: http://touristattractionsgallery.com/niagara-is-thelargest-waterfall-in-the-world
w3: http://www.engineeringtoolbox.com/air-composition-d_212.html

Kapitel 16

1. Ovchinnikova K and Pollack GH (2009): Cylindrical phase separation in colloidal suspensions. *Phys. Rev. E* 79 (3) 036117.
2. Mopper K and Lindroth P (1982): Diel and depth variations in dissolved free amino acids and ammonium in the Baltic Sea determined by shipboard HPLC analysis. *Limnol. Oceanogr.* 27(2): 336–347.
3. Pollack GH (2001): *Cells, Gels, and the Engines of Life.* Ebner and Sons, Seattle.
4. Cameron I (2010): Dye Exclusion and Other Physical Properties of Hen Egg White. *WATER* (2): 83–96.
5. Gaddis, V. (1965): *Invisible Horizons: True Mysteries of the Sea.* Chilton Books, Phila.
6. Heilbron JL (1999): Electricity in the 17th & 18th Centuries: A Study in Early Modern Physics (Dover Books on Physics), p 239.
7. Wegner LH and Zimmermann U (2004): Bicarbonate-Induced Alkalinization of the Xylem Sap in Intact Maize Seedlings as Measured in Situ with a Novel Xylem pH Probe. *Plant Physiol.* 136(3): 3469–3477.
8. Klyuzhin IS, Ienna F, Roeder B, Wexler A, and Pollack GH (2010): Persisting water droplets on water surfaces. *J. Phys. Chem. B* 114: 14020–14027.

w1: http://www.youtube.com/watch?v=45yabrnryXk
w2: http://oai.dtic.mil/oai/oai?verb=getRecord&metadataPrefix=html&identifier=ADB228588
w3: http://www.bermuda-triangle.org/html/don_henry.html
w4: http://www.youtube.com/watch?v=yf1n00LW1XI&feature=related
w5: http://www.youtube.com/watch?v=DkIIMEVnNDg

Kapitel 17

1. Mpemba EB, Osborne D G. (1969): "Cool?" *Physics Education* (Institute of Physics): 172–175. doi:10.1088/0031-9120/4/3/312.
2. Mpemba EB and Osborne DG (1979): The Mpemba effect. Physics Education (Institute of Physics): 410–412. Doi:10.1088/0031-9120/14/7/312. http://www.iop.org/EJ/article/0031-9120/14/7/312/pev14i7p410.pdf.
3. So E, Stahlberg R, and Pollack GH (2012): Exclusion zone as an intermediate between ice and water. in: *Water and Society*, ed. DW Pepper and CA Brebbia, WIT Press, pp 3–11.
4. Hori T. (1956): *Low Temperature Science A*15:34 (English translation) No. 62, US Army Snow, Ice and Permafrost Res. Establishment, Corps of Engineers, Wilmette, Ill
5. Ehre D, Lavert E, Lahav M, Lubomirsky I (2010): Water Freezes Differently on Positively And Negatively Charged Surfaces of Pyroelectric Materials *Science* 327: 672–675.
6. Workman, EJ and Reynolds SE (1950): Electrical Phenomena Occurring during the Freezing of Dilute Aqueous Solutions and Their Possible Relationship to Thunderstorm Electricity. *Phys. Rev.* 78(1): 254–260.
7. Woisetschlager J, Gatterer K, and Fuchs EC (2010): Experiments in a floating bridge *Exp Fluids* 48: 121–131.
8. Piatkowski L, Wexler AD, Fuchs EC, Schoenmaker H and Bakker HJ (2012): Ultrafast vibrational energy relaxation of the water bridge *Phys. Chem. Chem. Phys.* 14(18): 6160–6164.
9. Choi E-M, Yoon Y-H, Lee S, Kang H (2005): Freezing Transition of Interfacial Water at Room Temperature under Electric Fields. *Phys. Rev. Lett.* 95, 085701.

w1: http://www.youtube.com/watch?v=Gp8vc0DWf3U
w2: http://www.youtube.com/watch?v=ywh5TQ5B4Es
w3: http://www.youtube.com/watch?v=bDwZqBqrLQ&p=2556DBFD5031F40F&index=39
w4: http://www.youtube.com/watch?v=xuhUTaFmaX8&NR=1&feature=endscreen
w5: http://www.youtube.com/watch?v=fSPzMva9_CE

Kapitel 18

1. Pollack GH (2001): *Cells, Gels and the Engines of Life: A New Unifying Approach to Cell Function.* Ebner and Sons, Seattle.
2. Klyuzhin I, Symonds A, Magula J and Pollack GH (2008): A new method of water purification based on the particle-exclusion phenomenon. *Environ Sci and Technol* 42(16): 6160–6166.

Urheber der Fotos

Abbildung 1.4: Elmar Fuchs
Abbildung 2.3: Rustum Roy
Abbildung 3.19: Dr. Mae-Wan Ho
Abbildung 5.1: Basil Hovakeemian
Abbildung 5.5: Li Zheng und Ronnie Das
Abbildung 5.6: Hyok Yoo
Grafik zum Rahmentext „Zellbatterien: Nerven, Schmerz und Betäubung“: Nenad Kundacina
Abbildung 5.8: Andrey Klimov
Abbildung 6.1: Binghua Chai
Abbildung 6.3: Bora Kim
Abbildung 6.5: Nevit Dilmen
Abbildung 6.12: Office of Ocean Exploration and Research, NOAA
Abbildung 7.6: Rustum Roy
Abbildung 8.4: Norio Ise
Abbildung 8.11: Labor von Dr. G. Pollack
Abbildung 9.4: Labor von Dr. G. Pollack
Abbildung 9.8: Derek Nhan
Abbildung 9.9: Ronnie Das
Abbildung 9.10: Rainer Stahlberg
Abbildung 9.12: Kate Ovchinnikova
Abbildung 10.6: Eugene Khijniak
Abbildung 10.9: Anna Song
Abbildung 10.10: Anna Song
Abbildung 11.2: Ronnie Das
Abbildung 13.6: Sudeshna Sawoo
Abbildung 13.7: Rolf Ypma, Orion Polinsky
Abbildung 13.8: Georg Schröcker
Abbildung 13.9: Eric Gupta
Abbildung 13.10: Hyok Yoo
Abbildung 14.5: George Danilov
Abbildung 14.6: Hyok Yoo
Abbildung 14.7: Hyok Yoo
Abbildung 14.10: George Danilov
Abbildung 14.11: Rainer Stahlberg
Abbildung 15.1: Ethan Pollack
Abbildung 15.2: Labor von Dr. G. Pollack
Abbildung 15.3: Labor von Dr. G. Pollack
Abbildung 15.4: Labor von Dr. G. Pollack
Abbildung 15.5: Hyok Yoo, Ethan Pollack
Abbildung 15.6: Federico Ienna
Abbildung 15.7: ZiYao Wang
Abbildung 15.8: Yan Dong
Abbildung 15.9 a: Federico Ienna
Abbildung 15.9 b: ZiYao Wang
Abbildung 15.10: Federico Ienna
Abbildung 15.11: Federico Ienna
Foto zum Rahmentext „Die Ladung von Vesikeln und der Kelvin'sche Wassertropfengenerator“: Zheng Li
Abbildung 16.3: Laura Marshall, Hyok Yoo
Abbildung 16.14: Patrick Belenky
Abbildung 16.16: Ivan Klyuzhin
Abbildung 16.17: Labor von Dr. G. Pollack
Abbildung 17.3: Hyok Yoo
Abbildung 17.7: Rainer Stahlberg
Abbildung 17.8: Rainer Stahlberg
Abbildung 17.9: Rainer Stahlberg
Abbildung 17.10: Hyok Yoo
Abbildung 17.16: Elmar Fuchs

Stichwortverzeichnis

Gerald H. Pollack von der University of Washington

Über den Autor

Gerald H. Pollack (Ph. D. in *Biomedical Engineering,* 1968) lehrt seit 1981 als Professor für *Bioengineering* an der *University of Washington* und ist Gründer und Herausgeber des Wissenschaftsjournals *WATER*. Er wurde bereits mit mehreren Preisen ausgezeichnet, trägt einen Ehrendoktortitel der Universität von Jekaterinburg und ist Ehrenmitglied der Russischen Akademie der Wissenschaften.

G. Pollack ist außerdem Gründungsmitglied des *American Institute of Medical and Biological Engineering,* Mitglied der *American Heart Association* und der *Biomedical Engineering Society*. Er wurde von den amerikanischen Gesundheitsbehörden (NIH) für seine Forschungsarbeit über Wasser ausgezeichnet.

Der Autor betreibt ein eigenes Forschungslabor in Seattle. Seine ersten beiden Bücher zum Thema biologische Fortbewegung wurden von der *Society for Technical Communication* ausgezeichnet. Professor Pollack ist weltweit als wissenschaftlicher Referent gefragt. Nähere Informationen zu seiner Forschungsarbeit auf der folgenden Internetseite: faculty.washington.edu/ghp/

F. Batmanghelidj:

Wasser – die gesunde Lösung

Ein Umlernbuch

Leseprobe unter: www.vakverlag.de

Wasser besitzt Heilkräfte, die wir gewöhnlich unterschätzen. Ausführlich erläutert der Autor die medizinische Wirkung von Wassertrinken auf den Körper, zum Beispiel bei Verdauungsbeschwerden, Rheuma, Herzbeschwerden, Kopfweh, hohem Blutdruck, erhöhten Cholesterinwerten, Asthma, Übergewicht, Allergien ...

Wasser – die gesunde Lösung ist ein überzeugendes Buch, das umlernen hilft: Durst ist nicht ein Gefühl, sondern ein Symptom. Und oft reicht einfach Wassertrinken zum Gesundsein.

182 Seiten, 14 Abbildungen, Paperback (13 x 20,5 cm)

ISBN 978-3-924077-83-9

F. Batmanghelidj:

Die Wasserkur

Bei Übergewicht, Depression und Krebs

Leseprobe unter: www.vakverlag.de

Was haben Übergewicht, Depression und Krebs mit Wassermangel zu tun? Wenn wir zu wenig Wasser trinken, führt das schrittweise zu einer Änderung der Fettzusammensetzung im Körper. Dieser Prozess kann Auslöser für die Entwicklung vieler Gesundheitsprobleme sein ...

Zur Normalisierung dieser krankhaften physiologischen Prozesse plädiert Dr. Batmanghelidj für die Wasserkur. Sie hat bereits vielen ernsthaft Erkrankten geholfen. Engagiert tritt der Autor für ein Umdenken in der Medizin ein.

208 Seiten, Paperback (13 x 20,5 cm)

ISBN 978-3-935767-59-0

F. Batmanghelidj:

Wassertrinken wirkt Wunder

Erfolgsberichte von chronisch Kranken

Leseprobe unter: www.vakverlag.de

Die Erkenntnis, dass Wassertrinken die Gesundheit fördert und vielen Krankheiten vorbeugt, setzt sich immer mehr durch. Wie wirksam diese „Wasserkur" tatsächlich ist, das zeigt dieses Buch. Es enthält 140 Erfahrungsberichte von ehemals chronisch Kranken, die durch ausreichendes Wassertrinken wieder gesund wurden. Während Dr. Batmanghelidj in seinen anderen Büchern vor allem wissenschaftlich *erklärt, warum* viele Krankheiten letztlich durch Wassermangel verursacht sind, zeigt er hier, dass diese Krankheiten mit Wassertrinken tatsächlich *geheilt* werden können. Ein Buch, das Hoffnung macht.

Taschenbuch, 220 Seiten, 13 x 20,5 cm

ISBN 978-3-86731-141-0

James DiNicolantonio:

Der Salz-Irrtum

Warum Salz so wichtig ist und eine salzarme Ernährung krank macht

Leseprobe unter: www.vakverlag.de

Schon seit vielen Jahren lautet die gängige Meinung, dass man sich vor Bluthochdruck und Herzerkrankungen schützen kann, indem man weniger Salz zu sich nimmt. Aber was wäre, wenn zu wenig Salz genauso schädlich ist wie zu viel Salz? Der amerikanische Wissenschaftler James DiNicolantonio klärt nicht nur über die Gefahren einer Ernährung auf, die zu wenig oder zu viel Salz enthält, sondern stellt auch ein praktisches Fünf-Schritte-Programm vor, um die individuell richtige Salzversorgung ganz einfach selbst herzustellen.

288 Seiten, Paperback (15 x 21,5 cm)
ISBN 978-3-86731-210-3

Lee Know:

Die Mito-Medizin

Wie Sie Ihre Zellkraftwerke schützen, Krankheiten heilen und lange leben

Leseprobe unter: www.vakverlag.de

Warum altern wir? Welche Verbindung besteht zwischen Alzheimer und Herzinfarkt? Was haben chronische Erschöpfung und Stress mit dem Stoffwechsel zu tun? Die Antworten auf all diese Fragen liefern die Mitochondrien, die nahezu jede Zelle in unserem Körper mit Energie versorgen. Wenn wir verstehen, wie sie funktionieren, verstehen wir auch, wie wir bis ins hohe Alter gesund bleiben können. Hier erfahren Sie, wie Sie Ihre Mitochondrien gesund erhalten können, wenn Sie z. B. in Ihren Alltag mehr Bewegung einbauen oder Ihre Ernährung mit gesunden Fetten, spezifischen Vitaminen und Nährstoffen aufwerten.

320 Seiten, 11 Illustrationen, Paperback (15 x 21,5 cm)
ISBN 978-3-86731-212-7

Dr. Barbara Hendel:

Das Magnesium-Buch

Schlüsselmineral für unsere Gesundheit
Magnesiummangel rechtzeitig erkennen und behandeln

Leseprobe unter: www.vakverlag.de

Magnesium zählt zu den wichtigsten Mineralstoffen für den Menschen. Unsere Lebensmittel enthalten immer weniger davon – Magnesiummangel kann aber vielerlei Beschwerden verursachen. Das Buch informiert umfassend über dieses Schlüsselmineral und beschreibt die verschiedenen Möglichkeiten, Magnesium aufzunehmen, insbesondere die Selbsthilfe mit dem neuen *Magnesium Oil*, das über die Haut aufgenommen wird und den Körper deutlich besser mit Magnesium versorgt als die Nahrungsergänzung.

ca. 320 Seiten, ca. 100 vierfarb. Abb., Klappenbroschur (16,5 x 22,5 cm)
ISBN 978-3-86731-153-3

Bestellen Sie unsere kostenlosen Kataloge: www.vakverlag.de